Springer-Lehrbuch

Helfried Moosbrugger
Augustin Kelava (Hrsg.)

Testtheorie und Fragebogenkonstruktion

Mit 79 Abbildungen und 43 Tabellen

Univ.-Prof. Dr. Helfried Moosbrugger
Dipl.-Psych. Augustin Kelava
Johann Wolfgang Goethe-Universität Frankfurt
Institut für Psychologie
Abteilung Psychologische Methodenlehre, Evaluation und Forschungsmethodik
Mertonstraße 17, 60054 Frankfurt a.M.
E-Mail: moosbrugger@psych.uni-frankfurt.de
E-Mail: a.kelava@psych.uni-frankfurt.de

ISBN 978-3-540-71634-1 Springer Medizin Verlag Heidelberg

Bibliografische Information der Deutschen Nationalbibliothek
Die Deutsche Nationalbibliothek verzeichnet diese Publikation in der Deutschen Nationalbibliografie; detaillierte bibliografische Daten sind im Internet über http://dnb.d-nb.de abrufbar.

Springer Medizin Verlag
springer.de

Planung: Dr. Svenja Wahl
Projektmanagement: Michael Barton
Layout und Einbandgestaltung: deblik Berlin
Satz: Fotosatz-Service Köhler GmbH, Würzburg

SPIN 1168 9560

Gedruckt auf säurefreiem Papier 2126 – 5 4 3 2 1 0

Vorwort

So fundiert wie notwendig, aber so einfach wie möglich!

Unter dieser Maxime schien es Herausgebern und Verlag gleichermaßen lohnend, ein anspruchsvolles Lehrbuch zum Bereich Testtheorie und Fragebogenkonstruktion auf den Markt zu bringen, obwohl zu diesem Thema bereits eine Reihe von Texten mit unterschiedlichen Stärken und Schwächen existieren.

Der mit dem neuen Lehrbuch verfolgte Anspruch möchte jede Überbetonung einer zu spezifischen Sichtweise vermeiden, wie sie bei existierenden Texten z.B. in theoretisch-formalisierter oder in anwendungsorientierter, in statistisch-probabilistischer oder auch in computerprogrammlastiger Hinsicht vorgefunden werden kann. Vielmehr sollte ein Werk entstehen, das den theoretischen und anwendungspraktischen Kenntnisstand des Themenbereiches unter Beachtung von leser- und lernfreundlichen Aspekten in inhaltlich ausgewogener Form dokumentiert, und zwar in zwei Teilen, die sich an den neuen Bachelor- und Masterstudiengängen orientieren.

Die »Grundlagen« (Teil A) richten sich an Leser ohne besondere Vorkenntnisse und befassen sich in acht Kapiteln mit den Inhalten, die typischerweise im Bachelorstudiengang Psychologie behandelt werden sollten: Qualitätsanforderungen, Planung und Entwurf von Tests, Itemanalyse, Klassische Testtheorie, Reliabilität, Validität, Normierung und Testwertinterpretation sowie Teststandards.

Die »Erweiterungen« (Teil B) richten sich an fortgeschrittene Leser und befassen sich in weiteren sieben Kapiteln mit Inhalten, die typischerweise in psychologischen Masterstudiengängen von Bedeutung sind: Item-Response-Theorie, Adaptives Testen, Latent-Class-Analyse, Exploratorische und Konfirmatorische Faktorenanalyse, Multitrait-Multimethod-Analysen, Latent-State-Trait-Theorie sowie Kombination von MTMM- und LST-Analysen.

Mit gutem Grund wurden die zahlreichen Beispiele, mit denen die spezifischen Themenstellungen durchgängig illustriert sind, weitgehend dem Bereich der Psychologie entnommen. Neben einem soliden Grundverständnis sollen sie dem Leser auch das nötige Wissen für die Einordnung und Interpretation aktueller Forschungsergebnisse vermitteln, so z.B. von internationalen Large-Scale-Assessments (PISA-Studien etc.). Insgesamt wurde die jeweilige Gestaltung so gewählt, dass ein Transfer des »State-of-the-Art«-Wissens auch auf andere inhaltliche Disziplinen jederzeit gelingen sollte. Zu nennen wären hier z.B. die Wirtschaftswissenschaften, in deren Reihen ein zunehmender Bedarf nach einschlägigen Kenntnissen qualitätvoller Fragebogenkonstruktion festzustellen ist. Erwähnt sei hier, dass insbesondere die Grundlagenkapitel 1 bis 3 und 9 auch ohne jede testtheoretische und mathematische Vertiefung gewinnbringend gelesen werden können.

Um eine anspruchsvolle didaktische Sorgfalt zu erzielen, musste kapitelübergreifend auf eine möglichst einheitliche Darstellungsform geachtet werden. Dieser bei einem Herausgeberwerk keinesfalls selbstverständliche Qualitätsaspekt konnte vor allem dadurch sichergestellt werden, dass in der

Universität Frankfurt am Main und ihrem engeren Umfeld viele kompetente Autorinnen und Autoren mit einschlägiger Lehrerfahrung und Expertise für die einzelnen Kapitel gewonnen werden konnten. Die räumliche Nähe verkürzte den zeitlichen Aufwand der Peer-Reviewings beträchtlich und ermöglichte es den Herausgebern, die Autoren auch mehrmals um Einarbeitungen von Monita zu bitten, was sich letztlich sehr vorteilhaft auf die Darstellungsqualität und die Homogenisierung der verschiedenen Texte auswirkte. Darüber hinaus haben zur Darstellung der erst kürzlich gelungenen Verschränkung von LST- und MTMM-Modellen (► Kap. 16) auch internationale Autoren beigetragen.

Besonders hervorzuheben ist, dass im Zuge der Qualitätskontrolle nicht nur Peers um ihre Meinung gebeten wurden, sondern auch die wichtigste Zielgruppe des Lehrbuches selbst, nämlich die Studierenden: In einem einwöchigen Intensivseminar in den österreichischen Alpen wurden unter Leitung der Herausgeber die einzelnen Kapitel grundlegend diskutiert und von den Studierenden mit Hilfe eines ausführlichen Qualitätssicherungsschemas kritisch-konstruktiv evaluiert[1]. Problematische Stellen und festgestellte Mängel wurden den Autoren rechtzeitig rückgemeldet, so dass die monierten Punkte noch vor Drucklegung bereinigt werden konnten.

Marginalien (Randeintragungen)

All diese Maßnahmen haben dazu beigetragen, dass ein sehr sorgfältig gegliedertes Lehrbuch entstanden ist, das zahlreiche didaktisch-visualisierende Gestaltungshilfen aufweist. Dazu zählen Tabellen, Abbildungen, hervorgehobene Definitionen, Beispiele in Kästen, Marginalien zum besseren Verständnis der Absatzgliederungen, gekennzeichnete Exkurse, Rubriken »Kritisch hinterfragt«, präzise Siehe-Verweise auf andere Kapitel u.v.m. Außerdem enthält das Lehrbuch Zusammenfassungen am jeweiligen Kapitelende, ein ausführliches Sachverzeichnis und ein eigens zusammengestelltes Glossar, das in besonderer Weise auf Leserfreundlichkeit bedacht ist. Zusätzlich zum gedruckten Buch ist auch eine Lernwebsite entstanden: Kapitelzusammenfassungen, virtuelle Lernkarten, Glossarbegriffe und weiterführende Links finden sich unter www.lehrbuch-psychologie.de. Dies alles wäre ohne eine geeignete und geduldige Unterstützung von Seiten des Verlagshauses Springer in Heidelberg nicht möglich gewesen, weshalb der für den Bereich zuständigen Senior-Lektorin, Frau Dr. Svenja Wahl sowie Herrn Michael Barton, der mit der Koordination der Drucklegung befasst war, an dieser Stelle vielmals zu danken ist.

www.lehrbuch-psychologie.de

Für die termingerechte Fertigstellung gilt es aber noch weitere Danksagungen auszusprechen:

In erster Linie sind hier die Autorinnen und Autoren zu nennen, die sich trotz ihrer vielfältigen beruflichen Verpflichtungen die Zeit genommen haben, anspruchsvolle Kapitel zu erstellen und gemäß den Wünschen der Herausgeber

[1] Für dieses besondere Engagement gilt es neben den mitveranstaltenden Kollegen Prof. Dirk Frank, Dr. Siegbert Reiß und Dipl.-Psych. Wolfgang Rauch folgenden Studierenden des Diplom-Studienganges Psychologie der J. W. Goethe-Universität Frankfurt am Main sehr herzlich zu danken: Miriam Borgmann, Stephan Braun, Felix Brinkert, Bronwen Davey, Ulrike Fehsenfeld, Tim Kaufhold, Anna-Franziska Lauer, Marie Lauer-Schmaltz, Johanna Luu, Dorothea Mildner, Florina Popeanga, Zoe Schmitt, Nadja Weber und Michael Weigand.

an das Gesamtwerk anzupassen. Eine nicht zu unterschätzende Leistung wurde auch von unseren studentischen Mitarbeiterinnen und Mitarbeitern erbracht, die sich bei der Literaturarbeit, beim Korrekturlesen, beim Einarbeiten von Textpassagen, beim Vorbereiten der Register und des Glossars, beim Bearbeiten von Abbildungen sowie z.T. auch durch die Formulierung eigener Verbesserungsvorschläge große Verdienste erworben haben. Namentlich seien hier Nadine Malstädt, Benjamin Peters und Yvonne Pfaff genannt, sowie hervorgehoben für ihr besonderes Engagement in der Schlussphase Constanze Rickmeyer, Merle Steinwascher und Michael Weigand.

Allen zusammen gebührt unser herzlicher Dank für ihre Beiträge zum Gelingen dieses schönen Werkes.

Helfried Moosbrugger und Augustin Kelava

Kronberg im Taunus und Frankfurt am Main, Sommer 2007

Kapitelübersicht

Inhaltsverzeichnis

Autorenverzeichnis

David A. Cole, Prof. Dr.
Vanderbilt University
Department of Psychology
and Human Development
Professor für Psychologie am Vanderbilt Kennedy
Center for Research on Human Development
Peabody College, Box 512,
Nashville, Tennessee 37203, USA
E-Mail: david.cole@vanderbilt.edu

Delphine S. Courvoisier (geb. Gross), Dr.
Université de Genève
Faculté de psychologie et des sciences
de l'éducation
Wissenschaftliche Mitarbeiterin am Lehrstuhl
für Methodenlehre und Datenanalyse
40, Boulevard du Pont d'Arve,
1205 Genève, Schweiz
E-Mail: Delphine.Courvoisier@cisa.unige.ch

Michael Eid, Prof. Dr.
Freie Universität Berlin
FB Erziehungswissenschaften und Psychologie
Arbeitsbereich Methoden und Evaluation
Habelschwerdter Allee 45, 14195 Berlin
E-Mail: eid@zedat.fu-berlin.de

Andreas Frey, Dr.
Leibniz Institut für die Pädagogik
der Naturwissenschaften
Wissenschaftlicher Mitarbeiter
Olshausenstraße 62, 24098 Kiel
E-Mail: frey@ipn.uni-kiel.de

Christian Geiser, Dipl.-Psych.
Freie Universität Berlin
FB Erziehungswissenschaften und Psychologie
Wissenschaftlicher Mitarbeiter am Arbeitsbereich
Methoden und Evaluation
Habelschwerdter Allee 45, 14195 Berlin
E-Mail: christian.geiser@fu-berlin.de

Frank Goldhammer, Dr.
Deutsches Institut für Internationale Pädagogische
Forschung
Arbeitseinheit Bildungsqualität und Evaluation,
Bereich »Technology-Based Assessment«
Wissenschaftlicher Mitarbeiter
Schloßstraße 29, 60486 Frankfurt am Main
E-Mail: goldhammer@dipf.de

Mario Gollwitzer, Jun.-Prof. Dr.
Universität Koblenz-Landau
Fachbereich für Psychologie
Juniorprofessor im Arbeitsbereich Diagnostik,
Differentielle- und Persönlichkeitspsychologie
und Methodik
Fortstraße 7, 76829 Landau
E-Mail: gollwitzer@uni-landau.de

Johannes Hartig, Dr.
Deutsches Institut für Internationale Pädagogische
Forschung
Wissenschaftlicher Mitarbeiter
Schloßstraße 29, 60486 Frankfurt
E-Mail: hartig@dipf.de

Volkmar Höfling, Dipl.-Psych.
J.W. Goethe-Universität Frankfurt am Main
Institut für Psychologie
Wissenschaftlicher Mitarbeiter am Lehrstuhl
für Psychologische Methodenlehre, Evaluation
und Forschungsmethodik
Mertonstraße 17, 60054 Frankfurt am Main
E-Mail: v.hoefling@psych.uni-frankfurt.de

Ewa Jonkisz, Dipl.-Psych.
J.W. Goethe-Universität Frankfurt am Main
Institut für Psychologie
Wissenschaftliche Mitarbeiterin am Lehrstuhl
für Psychologische Methodenlehre, Evaluation
und Forschungsmethodik
Mertonstraße 17, 60054 Frankfurt am Main
E-Mail: jonkisz@psych.uni-frankfurt.de

Nina Jude, Dipl.-Psych.
Deutsches Institut für Internationale Pädagogische Forschung
Arbeitseinheit Bildungsqualität und Evaluation
Wissenschaftliche Mitarbeiterin
Schloßstraße 29, 60486 Frankfurt
E-Mail: jude@dipf.de

Augustin Kelava, Dipl.-Psych.
J.W. Goethe-Universität Frankfurt am Main
Institut für Psychologie
Wissenschaftlicher Mitarbeiter am Lehrstuhl für Psychologische Methodenlehre, Evaluation und Forschungsmethodik
Mertonstraße 17, 60054 Frankfurt am Main
E-Mail: a.kelava@psych.uni-frankfurt.de

Helfried Moosbrugger, Prof. Dr.
J.W. Goethe-Universität Frankfurt am Main
Institut für Psychologie
Lehrstuhlinhaber für Psychologische Methodenlehre, Evaluation und Forschungsmethodik
Mertonstraße 17, 60054 Frankfurt am Main
E-Mail: moosbrugger@psych.uni-frankfurt.de

Fridtjof W. Nussbeck, Dipl.-Psych.
Freie Universität Berlin
FB Erziehungswissenschaften und Psychologie
Wissenschaftlicher Mitarbeiter am Arbeitsbereich Methoden und Evaluation
Habelschwerdter Allee 45, 14195 Berlin
E-Mail: fridtjof.nussbeck@fu-berlin.de

Dominique Rauch (geb. Dahl), Dipl.-Psych.
Deutsches Institut für Internationale Pädagogische Forschung
Wissenschaftliche Mitarbeiterin
Schloßstraße 29, 60486 Frankfurt
E-Mail: dahl@dipf.de

Karin Schermelleh-Engel, PD Dr.
J.W. Goethe-Universität Frankfurt am Main
Institut für Psychologie
Wissenschaftliche Mitarbeiterin am Lehrstuhl für Psychologische Methodenlehre, Evaluation und Forschungsmethodik
Mertonstraße 17, 60054 Frankfurt am Main
E-Mail: schermelleh-engel@psych.uni-frankfurt.de

Karl Schweizer, Prof. Dr.
J.W. Goethe-Universität Frankfurt am Main
Institut für Psychologie
apl. Professor für Psychologie
Senckenberganlage 31, 60325 Frankfurt am Main
E-Mail: k.schweizer@psych.uni-frankfurt.de

Christina Werner, Dipl.-Psych.
J.W. Goethe-Universität Frankfurt am Main
Institut für Psychologie
Wissenschaftliche Mitarbeiterin am Lehrstuhl für Arbeits- und Organisationspsychologie
Mertonstraße 17, 60054 Frankfurt am Main
E-Mail: c.s.werner@psych.uni-frankfurt.de

Über die Herausgeber

Univ.-Prof. Dr. Helfried Moosbrugger, geb. 1944, Studium in Graz, Marburg und Innsbruck, Promotion 1969. Professor für Psychologie seit 1977 an der Universität Frankfurt am Main. Arbeitsschwerpunkte: Psychologische Forschungsmethoden, Evaluation, Diagnostik und Differentielle Psychologie. Zahlreiche Lehrbücher, Buchkapitel und Zeitschriftenveröffentlichungen zu spezifischen statistischen Verfahren, zur berufsbezogenen Eignungsbeurteilung und zur Testkonstruktion und Testtheorie. Autor der Frankfurter Konzentrationstests FAIR und FAKT sowie von Fragebogen zur Evaluation von Lehre und Studienbedingungen. Entwicklung des Self-Assessements für den Studiengang Psychologie. Vorsitzender des Testkuratoriums der Föderation deutscher Psychologenvereinigungen (DGPs und BDP). Hobbys: Parlamentarier, Oper, Skilehrer.

Dipl.-Psych. Augustin Kelava, geb. 1979, Studium der Psychologie, Diplomprüfung 2004, seither Forschungsassistent am Institut für Psychologie der Universität Frankfurt am Main. Lehrbeauftragter der Universität Landau. Forschungsinteressen: Differentielle Psychologie und psychologische Diagnostik, nicht-lineare latente Strukturgleichungsmodelle, Akkulturation. Mehrere Buch- und Zeitschriftenveröffentlichungen in internationalen Fachzeitschriften und Fachbüchern. Hobbys: Progressive Rock, Boxen.

1 Einführung und zusammenfassender Überblick

Helfried Moosbrugger & Augustin Kelava

Zielgruppe

Es ist ein großer Personenkreis, dem das vorliegende Lehrbuch »Testtheorie und Fragebogenkonstruktion« von Nutzen sein kann. In der Zielgruppe befinden sich zum einen die *Test- und Fragebogenkonstrukteure*, für die der »State of the Art« von Testplanung, Testentwicklung, Testerprobung, Testanalyse und Testdokumentation beschrieben wird. Zum anderen sind es auch die zahlreichen *Test- und Fragebogenanwender*, die vor der Aufgabe stehen, aus verschiedenen am Markt befindlichen Test- und Fragebogen eine qualifizierte, begründete Auswahl zu treffen, die Verfahren sachkundig zum Einsatz zu bringen, die Testwerte kompetent zu interpretieren und aus den Ergebnissen angemessene Schlussfolgerungen zu ziehen. Insbesondere auch für diese Zielgruppe wurde das Buch als praktisches Nachschlagewerk konzipiert.

Begriffsbestimmung

Um die Begriffe »Test« und »Fragebogen« näher einzugrenzen, geben wir zunächst folgende *Definition eines psychologischen Tests*:

Definition

»Test«

Ein Test ist ein wissenschaftliches Routineverfahren zur Erfassung eines oder mehrerer empirisch abgrenzbarer psychologischer Merkmale mit dem Ziel einer möglichst genauen quantitativen Aussage über den Grad der individuellen Merkmalsausprägung.

In dieser Definition[1] steht die »Wissenschaftlichkeit« im Vordergrund. Sie erfordert, dass möglichst genaue Vorstellungen über die zu messenden Merkmale vorliegen müssen, und dass testtheoretische Qualitätsansprüche an die Testprozeduren und Testwerte gerichtet werden.

Der *Begriff des »Fragebogens«* wird in mehreren Bedeutungen benutzt. In der englischen Bezeichnung »Questionnaire« unterscheidet sich ein Fragebogen, der häufig auch als »Scale« bezeichnet wird, hinsichtlich seiner Qualitätsanforderungen kaum von einem Test. Im Deutschen ist Fragebogen darüber hinaus aber auch ein Sammelausdruck für vielfältige Formen schriftlicher Befragungen in verschiedenen inhaltlichen Bereichen (biographische Daten, wirtschaftliche Daten, schulische Daten, medizinische Daten, demoskopische Daten usf.). Bei dieser Art von Fragebogen kann zwar nicht immer explizit auf testtheoretische Konzepte zurückgegriffen werden; dennoch sollten aber auch hierbei die mittels der »Testgütekriterien« geforderten Qualitätsansprüche möglichst große Beachtung finden.

Ziel dieses Buches ist es, die wissenschaftlichen Anforderungen an Tests und Fragebogen, die zugrunde liegenden Testtheorien, den gesamten Konstruktionsprozess und die wesentlichen Anwendungsfragen für einen kompetenten Einsatz anschaulich zu beschreiben. Das Buch ist in Teil A: Grundlagen (Kap. 2–9) und in Teil B: Erweiterungen (Kap. 10–16) gegliedert. Die einzelnen Kapitel befassen sich mit folgenden Inhalten:

---

[1] Die Definition orientiert sich an Lienert, G. A. & Raatz, U. (1998). *Testaufbau und Testanalyse*. Weinheim: Beltz, Psychologie Verlags Union; sie unterscheidet sich aber in wesentlichen Details.

Themengliederung
A Grundlagen

Kapitel 2 »Qualitätsanforderungen an einen psychologischen Test« führt in die »Gütekriterien« ein, die ein Test erfüllen muss, um wissenschaftlichen Ansprüchen zu genügen. Dazu gehören die Kriterien Objektivität, Reliabilität, Validität, Skalierung, Normierung (Eichung), Testökonomie, Nützlichkeit, Zumutbarkeit, Unverfälschbarkeit und Fairness.

Kapitel 3 »Planung und Entwicklung von Tests und Fragebogen« beschreibt die handlungsleitenden Basisüberlegungen bei der Konstruktion von neuen Tests oder Fragebogen. Der inhaltliche Schwerpunkt liegt dabei auf verschiedenen Formen von Merkmals- und Testarten, von Itemtypen und Antwortformaten sowie den typischen Konstruktionsstrategien für Testitems.

Kapitel 4 »Deskriptivstatistische Evaluation von Items (Itemanalyse) und Testwertverteilungen« vermittelt die Schritte der deskriptiven Evaluation eines Tests oder Fragebogens auf Itemebene. Hierzu zählen die Feststellung der Itemschwierigkeit, die Analyse der Itemvarianzen und die Trennschärfebestimmung. Auf Basis dieser deskriptiven Ergebnisse können diejenigen Aufgaben ausgewählt werden, die für eine differenzierte Informationsbeschaffung bezüglich der zu erfassenden Merkmale am geeignetsten erscheinen.

Kapitel 5 »Klassische Testtheorie (KTT)« beschreibt die grundlegenden theoretischen Annahmen, die notwendig sind, um von einem beobachteten, aber meist nicht messfehlerfreien Testergebnis auf den dahinterliegenden »wahren Wert« (true score) schließen zu können. Wie der Name schon sagt, zählt die KTT zu den »Klassikern« der Testtheorie und ist sehr verbreitet.

Kapitel 6 »Methoden der Reliabilitätsbestimmung« behandelt auf Basis der Klassischen Testtheorie das Konzept der Messgenauigkeit (Reliabilität) eines Tests, welches zugleich eines der wichtigsten Gütekriterien von Testverfahren darstellt. Im anschaulichen Vergleich werden die verschiedenen Methoden der Bestimmung der Messgenauigkeit eines Tests vorgestellt.

In *Kapitel 7 »Validität«* geht es um die besonders wichtige Frage nach der Gültigkeit eines Testverfahrens. Dabei ist die Validitätsbeurteilung eines Tests ein integrierendes bewertendes Urteil darüber, in welchem Ausmaß Schlussfolgerungen und Maßnahmen, die auf Basis der Testergebnisse getroffen werden, durch empirische Belege und theoretische Argumente gestützt sind. Je nach Fragestellung wird zwischen verschiedenen Validitätsaspekten unterschieden.

Kapitel 8 »Interpretation von Testresultaten und Testeichung« beschreibt die Möglichkeiten, ein Testergebnis zu interpretieren. Bei der sog. normorientierten Interpretation kann ein Testresultat nach erfolgreicher Testeichung im Vergleich mit den Testwerten anderer Personen (einer Bezugsgruppe) interpretiert werden. Sofern genauere theoretische Vorstellungen bestehen, kann das Testergebnis auch mit einem inhaltlich definierten Kriterium verglichen werden; dies wird als kriteriumsorientierte Interpretation bezeichnet.

Kapitel 9 »Standards für psychologisches Testen« behandelt allgemein anerkannte nationale und internationale Qualitätsstandards zur Entwicklung, Adaptation, Anwendung und Qualitätsbeurteilung psychologischer Tests. Hierbei kommt den amerikanischen »Standards for Educational and Psychological Testing« (SEPT) und den deutschen »Anforderungen zu Verfahren und deren Einsatz bei berufsbezogenen Eignungsbeurteilungen« (DIN 33430) eine besondere Bedeutung zu.

Themengliederung B Erweiterungen

Kapitel 10 »Item-Response-Theorie (IRT)« befasst sich mit einer Klasse von Testmodellen, die das interessierende Merkmal als latente Variable auffassen, deren Ausprägung mit Hilfe einer explizierten Zusammenhangsannahme aus den Antworten auf die Items erschlossen werden kann. Kennzeichnend ist, dass der Zusammenhang nicht deterministisch, sondern probabilistisch angenommen wird. Die Item-Response-Theorie ist beträchtlich jünger als die Klassische Testtheorie und stellt eine wichtige Ergänzung dar, da ein IRT-konformer Test wesentlich weitergehende Interpretationen ermöglicht.

In *Kapitel 11 »Adaptives Testen«* wird ein spezielles Vorgehen bei der Messung der individuellen Ausprägung des Merkmals behandelt, bei dem die Probanden nicht alle Testaufgaben zur Bearbeitung vorgelegt bekommen, sondern um eine Auswahl, die sich maßgeschneidert an der individuellen Leistungsfähigkeit der Person orientiert. Das bringt vor allem den Vorteil, dass die Testdauer verkürzt und die individuelle Messgenauigkeit erhöht werden kann. Das adaptive Testen wurde durch die Entwicklung der Item-Response-Theorie ermöglicht.

Kapitel 12 »Latent-Class-Analysis« beschreibt einen Teilbereich probabilistischer Verfahren, bei denen das diagnostische Interesse darin besteht, Personen auf Grundlage des Antwortverhaltens in latente Klassen oder Gruppen einzuteilen und die Richtigkeit der Zuordnung zu überprüfen.

Kapitel 13 »Exploratorische (EFA) und Konfirmatorische Faktorenanalyse (CFA)« stellt statistische Verfahren zur Dimensionalitätsbeurteilung von gemessenen Testwerten vor. Während die EFA nur datengeleitet vorgeht und die hinter den Testwerten stehende Anzahl unterscheidbarer Dimensionen (Faktoren) identifiziert, geht die EFA theoriegeleitet vor und erlaubt die Überprüfung von hypothetisch angenommenen Faktorenstrukturen.

Kapitel 14 »Multitrait-Multimethod-Analysen« und

Kapitel 15 »Latent-State-Trait-Theorie« bringen zum Ausdruck, dass es einen Einfluss auf die gemessenen Testwerte hat, welche Messmethode (z.B. eine Selbsteinschätzung im Fragebogen oder eine Fremdeinschätzung) zum Einsatz kommt und in welcher persönlichen Situation sich der Proband in der Testsituation befindet. Die beiden Ansätze erlauben es, diese Einflüsse in den gemessenen Testwerten zu identifizieren, indem einerseits Methodeneffekte und andererseits situationale Effekte festgestellt werden können.

Kapitel 16 »Konvergente und diskriminante Validität über die Zeit: Integration von Multitrait-Multimethod-Modellen und der Latent-State-Trait-Theorie« stellt schließlich eine hochaktuelle Kombination der beiden oben genannten Ansätze dar, die sich mehr oder weniger unabhängig voneinander entwickelt hatten.

A Grundlagen

2 Qualitätsanforderungen an einen psychologischen Test (Testgütekriterien)

Helfried Moosbrugger & Augustin Kelava

> Wenn man mit der Frage konfrontiert wird, worin der eigentliche Unterschied zwischen einem unwissenschaftlichen »Test« (etwa einer Fragensammlung) und einem wissenschaftlich fundierten, psychologischen Test besteht, so ist die Antwort darin zu sehen, dass sich ein psychologischer Test dadurch unterscheidet, dass er hinsichtlich der Erfüllung der sog. Testgütekriterien empirisch überprüft wurde.

Testgütekriterien

Die Testgütekriterien stellen ein Instrument der Qualitätsbeurteilung psychologischer Tests dar. Das Testmanual eines vorliegenden Tests sollte in geeigneter Weise darüber informieren, welche Testgütekriterien in welcher Weise erfüllt sind. Als Gütekriterien haben sich in den vergangenen Jahren eine Reihe von Aspekten etabliert (Testkuratorium, 1986), die nicht zuletzt auch die Basis der DIN 33430 zur berufsbezogenen Eignungsbeurteilung bilden (DIN 2002, vgl. Westhoff, Hellfritsch, Hornke, Kubinger, Lang, Moosbrugger, Püschel & Reimann, 2004). Üblicherweise werden folgende zehn Kriterien unterschieden (vgl. hierzu auch Kubinger, 2003):

1. Objektivität
2. Reliabilität
3. Validität
4. Skalierung
5. Normierung (Eichung)
6. Testökonomie
7. Nützlichkeit
8. Zumutbarkeit
9. Unverfälschbarkeit
10. Fairness

2.1 Objektivität

Die Objektivität eines Tests ist ein wesentliches Gütekriterium, das die Vergleichbarkeit von Testleistungen verschiedener Testpersonen sicherstellt.

Es wird wie folgt definiert:

Definition

Ein Test ist dann objektiv, wenn er dasjenige Merkmal, das er misst, unabhängig von Testleiter, Testauswerter und von der Ergebnisinterpretation misst.

Drei Aspekte der Objektivität

Objektivität bedeutet, dass den Testdurchführenden kein Verhaltenspielraum bei der Durchführung, Auswertung und Interpretation eingeräumt wird. Völlige Objektivität wäre also dann gegeben, wenn sowohl jeder beliebige Testleiter, der einen bestimmten Test mit einer bestimmten Testperson durchführt, als auch jeder beliebige Testauswerter die Testleistung der Testperson genau gleich auswertet und interpretiert.

Sinnvollerweise wird das Gütekriterium der Objektivität in drei Aspekte differenziert (z.B. Lienert & Raatz, 1998), nämlich in die *Durchführungs-, Auswertungs- und Interpretationsobjektivität*:

2.1.1 Durchführungsobjektivität

Kontrollierte Durchführungsbedingungen

Durchführungsobjektivität liegt vor, wenn das Testergebnis nicht davon abhängt, welcher Testleiter den Test mit der Testperson durchführt . Die Wahrscheinlichkeit einer hohen Durchführungsobjektivität wird größer, wenn der Test standardisiert ist, d.h. wenn die Durchführungsbedingungen nicht von Untersuchung zu Untersuchung variieren, sondern von den Testautoren bzw. Herausgebern eines Tests festgelegt sind. Zu diesem Zweck werden im Testmanual genaue Anweisungen gegeben. Sie erstrecken sich auf das Testmaterial, etwaige Zeitbegrenzungen und die Instruktion (das ist jener Teil, in dem den Testpersonen - mündlich oder schriftlich - erklärt wird, was sie im Test zu tun haben, einschließlich der Bearbeitung etwaiger Probebeispiele). Es muss auch angegeben werden, ob und wie etwaige Fragen der Testpersonen zum Test behandelt werden sollen. Normalerweise verweist man auf die Instruktion, weshalb dort alles Wesentliche enthalten sein sollte.

Standardisierung

Die Standardisierung eines Tests ist dann optimal, wenn die Testperson in der Testsituation die einzige Variationsquelle darstellt, alle anderen Bedingungen hingegen konstant oder kontrolliert sind, so dass sie nicht als Störvariablen wirken können. Die »Testleistung« soll also nur von der Merkmalsausprägung des Individuums abhängen. Es sind in bedeutsamem Maße Variablen bekannt (z.B. Versuchsleitereffekte in Form von »verbal conditioning« in Einzelversuchen), die als Bestandteil der Testsituation die Testleistung in unkontrollierter Weise beeinflussen (vgl. z.B. Rosenthal & Rosnow, 1969); sie können die interne Validität gefährden und zu Artefakten führen (vgl. Sarris & Reiß, 2005). Aus diesem Grunde wird oftmals so weit wie möglich auf eine über die Instruktion hinausgehende Interaktion zwischen Testleiter und Testperson verzichtet; nicht zuletzt deshalb ist eine computerbasierte Testdurchführung der Durchführungsobjektivität förderlich. ◘ Beispiel 2.1 veranschaulicht die Auswirkungen unterschiedlicher Instruktionen bei einem Leistungstest.

Beispiel 2.1

»Auswirkung der Instruktion bei einem Leistungstest«

Als Beispiel möge ein weit verbreiteter Konzentrationstest, *das Frankfurter Aufmerksamkeitsinventar* (FAIR; Moosbrugger & Oehlschlägel, 1996), dienen. Wenn man sich vorstellt, der Testleiter würde sagen, dass es darauf ankommt, in einem Fall ***»möglichst ohne Fehler, aber so schnell Sie können«*** zu arbeiten und in einem anderen Fall nur ***»so schnell Sie können«*** zu arbeiten, wird offensichtlich, dass das Testergebnis bedeutsam von der Instruktion beeinflusst werden kann.

2.1.2 Auswertungsobjektivität

Auswertungsobjektivität ist dann gegeben, wenn bei vorliegendem Testprotokoll (Antworten der Testpersonen auf die Testitems) das Testergebnis nicht von der Person des Testauswerters abhängt. Bei Tests mit Multiple-Choice-

Aufgaben (Mehrfachwahlaufgaben) ist Auswertungsobjektivität im Allgemeinen problemlos zu erreichen. Wenn hingegen ein offenes Antwortformat verwendet wird, müssen detaillierte Auswertungsregeln vorliegen, deren einheitliche Anwendung empirisch überprüft werden muss (■ Beispiel 2.2).

Übereinstimmung verschiedener Testauswerter

Das Ausmaß der Auswertungsobjektivität lässt sich messbar angeben im Grad der Übereinstimmung, die von verschiedenen Testauswertern bei der Auswertung einer bestimmten Testleistung erreicht wird. Ein Test ist umso auswertungsobjektiver, je einheitlicher die Auswertungsregeln von verschiedenen Testauswertern angewendet werden. Eine statistische Kennzahl der Auswerterübereinstimmung kann z.B. in Form des »Konkordanzkoeffizienten W« nach Kendall (1962) berechnet werden. (Für weitere Übereinstimmungsmaße sei im Überblick auf Wirtz & Caspar (2002) verwiesen.)

Beispiel 2.2

»Auswertungsobjektivität bei einem Intelligenztest«

Es ergeben sich beispielsweise Schwierigkeiten bei der Auswertung einer Intelligenztest-Aufgabe zum *Finden von Gemeinsamkeiten*, wenn für eine eher »schwache« Antwort nur ein Punkt, für eine »gute« Antwort hingegen zwei Punkte gegeben werden sollen. Nennt eine Testperson als Gemeinsames für das Begriffspaar »Apfelsine – Banane« beispielsweise »Nahrungsmittel«, eine andere hingegen »Früchte«, so muss der Test klare Anweisungen im Manual dafür enthalten, welche Antwort höher bewertet werden soll als die andere, um Auswertungsobjektivität zu gewährleisten.

Im Falle des HAWIE-R (Tewes, 1991) sind klare Anweisungen im Manual enthalten.

2.1.3 Interpretationsobjektivität

Regeln für die Testinterpretation

Die Standardisierung eines Tests umfasst über die Durchführungs- und Auswertungsvorschriften hinausgehend klare Regeln für die Testinterpretation. Interpretationsobjektivität liegt dann vor, wenn verschiedene Testanwender bei Testpersonen mit demselben Testwert zu denselben Schlussfolgerungen kommen. Hier kann der Testautor im Testmanual Hilfestellungen geben, indem er durch ausführliche Angaben von Ergebnissen aus der sog. Eichstichprobe (Normentabellen) den Vergleich der Testperson mit relevanten Bezugsgruppen ermöglicht (vgl. Goldhammer & Hartig, 2007, ► Kap. 8 in diesem Band).

Zusammenfassend kann man sagen, dass das Gütekriterium Objektivität dann erfüllt ist, wenn das Testverfahren, bestehend aus Testunterlagen, Testdarbietung, Testauswertung und Testinterpretation so genau festgelegt ist, dass der Test unabhängig von Ort, Zeit und Testleiter und Auswerter durchgeführt werden könnte und für eine bestimmte Testperson bzgl. des untersuchten Merkmals dennoch dasselbe Ergebnis zeigen würde.

2.2 Reliabilität

Messgenauigkeit des Tests

Das Gütekriterium der Reliabilität betrifft die Messgenauigkeit des Tests und ist wie folgt definiert:

> **Definition**
> Ein Test ist dann reliabel (zuverlässig), wenn er das Merkmal, das er misst, exakt, d.h. ohne Messfehler, misst.

Das Ausmaß der Reliabilität eines Tests wird über den sog. Reliabilitätskoeffizienten erfasst, der einen Wert zwischen Null und Eins annehmen kann ($0 \leq \text{Rel.} \leq 1$) (vgl. Schermelleh-Engel & Werner, 2007, ► Kap. 6 in diesem Band). Ein Reliabilitätskoeffizient von Eins bezeichnet das Freisein von Messfehlern. Eine völlige Reliabilität würde sich bei einer Wiederholung der Testung an derselben Testperson unter gleichen Bedingungen und ohne Merkmalsveränderung darin äußern, dass der Test zweimal zu dem gleichen Ergebnis führt. Ein Reliabilitätskoeffizient von Null hingegen zeigt an, dass das Testergebnis ausschließlich durch Messfehler zustande gekommen ist. Der Reliabilitätskoeffizient eines guten Tests sollte 0.7 nicht unterschreiten.

Formal ist die Reliabilität definiert als der Anteil der wahren Varianz an der Gesamtvarianz der Testwerte (vgl. Moosbrugger, 2007a, ► Kap. 5 in diesem Band). Die wahre Varianz bemisst dabei die Merkmalsstreuung der »wahren« Testwerte. Der verbleibende Anteil an der Gesamtvarianz der beobachteten Testwerte kommt aufgrund des Messfehlers zustande und repräsentiert damit die »Unreliabilität« oder Messfehlerbehaftetheit eines Messinstrumentes. ◘ Beispiel 2.3 hebt die Bedeutung eines reliablen Messinstruments hervor.

Beispiel 2.3

»Die Auswirkung von Messfehlern«

Als Beispiel für ein reliables Messinstrument soll in Analogie der Meterstab betrachtet werden. Mit diesem Messinstrument lassen sich Längen sehr genau bestimmen, z.B. die Körpergröße einer Person.

Nun stelle man sich vor, ein »Maßband« sei nicht aus einem längenbeständigen Material, sondern aus einem Gummiband beschaffen. Es ist offensichtlich, dass ein solches Maßband etwa bei einem Schneider zu äußerst unzufriedenen Kunden führen würde, die etwa über zu lange Hosen oder zu weite Blusen klagen müssten, wenn das Maßband bei der Messung zufällig gedehnt worden wäre.

In Übertragung z.B. auf die Intelligenzdiagnostik zur Identifizierung von Hochbegabungen (IQ > 130) resultieren bei mangelnder Reliabilität viele Fehlurteile, weil die Intelligenz je nach Größe und Vorzeichen des Messfehlers häufig über- oder unterschätzt würde.

Um das Ausmaß der Reliabilität zu bestimmen, wurden im Rahmen der Klassischen Testtheorie mehrere Verfahren entwickelt. So unterscheidet man vier Vorgehensweisen (vgl. Moosbrugger & Rauch, 2004):

1. Retest-Reliabilität
2. Paralleltest-Reliabilität
3. Testhalbierungs-Reliabilität
4. Innere Konsistenz

2.2.1 Retest-Reliabilität

Um die Reliabilität nach dem Retest-Verfahren zu bestimmen, wird ein und derselbe Test (unter der idealen Annahme, dass sich das zu messende Merkmal selbst nicht verändert hat) zu zwei verschiedenen Zeitpunkten vorgelegt. Die Reliabilität wird dann als Korrelation zwischen den beiden Testergebnissen ermittelt.

Bei der Retest-Reliabilität ist zu beachten, dass die ermittelte Korrelation in Abhängigkeit vom Zeitintervall zwischen beiden Testungen variieren kann. Je nach Zeitabstand ist nämlich eine Vielzahl von Einflüssen auf die Messungen denkbar, die sich reliabilitätsverändernd auswirken können, insbesondere Übungs- und Erinnerungseffekte oder ein sich tatsächlich veränderndes Persönlichkeitsmerkmal. Veränderungen der gemessenen Testwerte über die zwei Situationen hinweg können als »Spezifität« mittels der sog. Latent-State-Trait-Modelle (Steyer, 1987) explizit identifiziert und berücksichtigt werden (vgl. Kelava & Schermelleh-Engel, 2007, ▶ Kap. 15 in diesem Band).

2.2.2 Paralleltest-Reliabilität

Etliche reliabilitätsverändernde Einflüsse (z.B. Übungs- und Erinnerungseffekte, aber auch Merkmalsveränderungen) können eliminiert bzw. kontrolliert werden, wenn die Reliabilität nach dem Paralleltest-Verfahren bestimmt wird. Dieses Verfahren wird oftmals als »Königsweg« der Reliabilitätsbestimmung bezeichnet. Hierfür wird die Korrelation zwischen den beobachteten Testwerten in zwei »parallelen Testformen« berechnet, die aus inhaltlich möglichst ähnlichen Items (sog. »Itemzwillingen«) bestehen.

Parallel sind zwei Testformen dann, wenn sie trotz nicht identischer Itemstichproben zu gleichen Mittelwerten und Varianzen der Testwerte führen.

2.2.3 Testhalbierungs-Reliabilität

Oftmals ist es nicht möglich, einen Test zu wiederholen oder parallele Testformen herzustellen (sei es, dass die Testpersonen zu einem zweiten Termin nicht zur Verfügung stehen, dass die Verzerrungen durch eine Wiederholung zu hoch wären, oder dass ein Itempool nicht groß genug ist, um zwei parallele Testformen herzustellen). In solchen Fällen ist es angebracht, den Test in zwei möglichst parallele Testhälften zu teilen und die »Testhalbierungs-Reliabilität« (Split-Half-Reliabilität) als Korrelation der beiden Testhälften zu bestimmen. Gewöhnlich wird allerdings ein Korrekturfaktor berücksichtigt, um die verminderte Split-Half-Reliabilität wieder auf die ursprüngliche Testlänge hochzurechnen. Die Korrektur führt zu einer Aufwertung der Reliabilität (z.B. Spearman-Brown-Formel; Gleichung 6.5; vgl. Schermelleh-Engel & Werner, 2007, ► Kap. 6 in diesem Band).

2.2.4 Innere Konsistenz

Die Konsistenzanalyse stellt eine Verallgemeinerung der Testhalbierungsmethode in der Weise dar, dass jedes Item eines Tests als eigenständiger Testteil betrachtet wird. Je stärker die Testteile untereinander positiv korrelieren, desto höher ist die interne Konsistenz des Verfahrens (Cronbach-α-Koeffizient der Reliabilität; Cronbach, 1951; vgl. Moosbrugger & Hartig, 2003, S. 412).

Auf die systematische Herleitung der Reliabilitätsmaße aus der Klassischen Testtheorie und auf ihre Berechnung wird von Schermelleh-Engel und Werner (2007; ► Kap. 6 in diesem Band) näher eingegangen.

Hinweis

Während bei Tests, die nach der Klassischen Testtheorie (KTT; vgl. Moosbrugger, 2007a, ► Kap. 5 in diesem Band) konstruiert wurden, der Reliabilitätskoeffizient eine pauschale Genauigkeitsbeurteilung der Testwerte ermöglicht (s. Konfidenzintervalle; vgl. Moosbrugger, 2007a, ► Kap. 5 in diesem Band), ist bei Tests, die nach der Item-Response-Theorie (IRT; vgl. Moosbrugger, 2007b, ► Kap. 10 in diesem Band) konstruiert worden sind, darüber hinaus eine speziellere, testwertabhängige Genauigkeitsbeurteilung der Testwerte mit Hilfe der »Informationsfunktion« der verwendeten Testitems möglich.

2.3 Validität

Das Gütekriterium der Validität befasst sich mit der Übereinstimmung zwischen dem Merkmal, das man messen will, und dem tatsächlich gemessenen Merkmal. Die Validität (Gültigkeit) wird wie folgt definiert:

Definition

Ein Test gilt dann als valide (»gültig«), wenn er das Merkmal, das er messen soll, auch wirklich misst und nicht irgendein anderes.

Bei der Validität (vgl. Hartig, Frey & Jude, 2007, ► Kap. 7 in diesem Band) handelt es sich hinsichtlich der Testpraxis um das wichtigste Gütekriterium überhaupt. Die Gütekriterien Objektivität und Reliabilität ermöglichen eine hohe Messgenauigkeit, liefern aber nur die günstigen Voraussetzungen für das Erreichen einer hohen Validität, da ein Test, der eine niedrige Reliabilität aufweist, keine hohe Validität haben kann.

Generalisierung auf beobachtbares Verhalten außerhalb der Testsituation

Liegt eine hohe Validität vor, so erlauben die Ergebnisse eines Tests die Generalisierung des in der Testsituation beobachteten Verhaltens auf das zu messende Verhalten außerhalb der Testsituation. Formal könnte man daher die Validität eines Tests als Korrelation der Testwerte in der Testsituation mit einem korrespondierenden Verhalten außerhalb der Testsituation (Kriterium) definieren. Bei Vorliegen eines bestimmten zu messenden Kriteriums ist diese Form der Validität leicht angebbar. Anwendungspraktisch wird man die Validität eines Tests nicht nur mit einer einzigen Korrelation ausdrücken können. Vielmehr ist in Abhängigkeit seiner Anwendungsbereiche (Kriterien) eine Fülle verschiedener Validitäten möglich, die in ihrer Gesamtheit darüber Aufschluss geben, inwieweit ein Test das zu Messende misst und nicht etwas anderes.

Bei der Beurteilung der Validität können verschiedene Aspekte herangezogen werden (◘ Beispiel 2.4):

Beispiel 2.4

»Validitätsaspekte der Schulreife«

Wenn man beispielsweise die Validität eines Tests für das zu messende Kriterium »Schulreife« beurteilen will, wäre als erster Aspekt zu prüfen, ob Operationalisierungen von Schulreife in Testaufgaben (Items) umgesetzt wurden. Dabei wären insbesondere Items gefragt, die das interessierende Merkmal *inhaltlich repräsentativ* abbilden (*Inhaltsvalidität*). Im Falle der Schulreife wären insbesondere Testaufgaben z.B. für die Fähigkeit mit Zahlenmengen umzugehen, für das Sprachverständnis und für die sprachliche Ausdrucksfähigkeit zu konstruieren.

Die konstruierten Items würden vor allem dann eine hohe Akzeptanz erfahren, wenn sie Verhaltens- und Erlebensweisen überprüfen, die auch dem Laien als für das Merkmal relevant erscheinen. Dies ist dann der Fall, wenn diese Items eine hohe sog. *Augenscheinvalidität* haben. Jedem Laien ist intuitiv einsichtig, dass Schulreife sich auch dadurch kennzeichnet, dass Kinder mit kleinen Zahlenmengen umgehen können müssen etc. Insofern kann man vom bloßen Augenschein her jenen Items, die solche Fähigkeiten erfassen, Validität zusprechen.

Nun ist es aber so, dass das Merkmal »Schulreife« aus verschiedenen Merkmalen besteht; neben kognitiven Fähigkeiten sind auch soziale Kompetenzen sowie motivationale Variablen von Bedeutung. Die Beschaffenheit der verschiedenen Merkmale und die Homogenität der zur Erfassung der einzelnen Merkmale konstruierten Items sowie die Abgrenzung zu anderen Merkmalen werden im Rahmen der sog. *Konstruktvalidität* empirisch untersucht.

Letztlich ist es nicht immer möglich, das Zielmerkmal als Ganzes oder wenigstens Stichproben daraus in einem Test zusammenzustellen. Möchte man die diagnostische Aussagekraft eines Tests (also z.B. eines Schulreifetests) für konkrete Anwendungen beurteilen, so kann man den Zusammenhang zwischen Kriterium (tatsächliche Schulreife z.B. in Form des Lehrerurteils) und Testwert (Schulreifetest) als die Korrelation zwischen beiden berechnen und diese als Maß der *Kriteriumsvalidität* betrachten. Die Kriteriumsvalidität beschreibt, wie gut sich der Test zur Erfassung des zu messenden Kriteriums eignet.

Um ein differenziertes Bild der Gültigkeit eines Tests zu erhalten, untersucht man also sinnvollerweise folgende Validitätsaspekte:

1. Inhaltsvalidität
2. Augenscheinvalidität
3. Konstruktvalidität
4. Kriteriumsvalidität

2.3.1 Inhaltsvalidität

Definition

Unter Inhaltsvalidität versteht man, inwieweit ein Test oder ein Testitem das zu messende Merkmal repräsentativ erfasst.

Repräsentationsschluss

Man geht dabei von einem Repräsentationsschluss aus, d.h., dass die Testitems eine repräsentative Stichprobe aus dem Itemuniversum darstellen, mit dem das interessierende Merkmal erfasst werden kann. Die Inhaltsvalidität wird in der Regel nicht numerisch anhand eines Maßes bzw. Kennwertes bestimmt, sondern aufgrund »logischer und fachlicher Überlegungen« (vgl. Cronbach & Meehl, 1955; Michel & Conrad, 1982). Dabei spielt die Beurteilung der inhaltlichen Validität durch die Autorität von Experten eine maßgebende Rolle.

Am einfachsten ist die Frage nach der Inhaltsvalidität eines Tests dann zu klären, wenn die einzelnen Items einen unmittelbaren Ausschnitt aus dem Verhaltensbereich darstellen, über den eine Aussage getroffen werden soll (wenn z.B. Rechtschreibkenntnisse anhand eines Diktates überprüft werden oder die Eignung eines Autofahrers anhand einer Fahrprobe ermittelt wird).

2.3.2 Augenscheinvalidität

Mit inhaltlicher Validität leicht zu verwechseln (vgl. Tent & Stelzl, 1993) ist die Augenscheinvalidität, da oftmals inhaltlich validen Tests zugleich auch Augenscheinvalidität zugesprochen wird.

Definition

Augenscheinvalidität gibt an, inwieweit der Validitätsanspruch eines Tests, vom bloßen Augenschein her einem Laien gerechtfertigt erscheint.

Akzeptanz eines Tests

Vor dem Hintergrund der Mitteilbarkeit der Ergebnisse und der Akzeptanz von Seiten der Testpersonen kommt der Augenscheinvalidität eines Tests eine ganz erhebliche Bedeutung zu. Nicht zuletzt auch wegen der Bekanntheit der Intelligenzforschung haben z.B. Intelligenz-Tests eine hohe Augenscheinvalidität, da Laien aufgrund von Inhalt und Gestaltung des Tests es für glaubwürdig halten, dass damit Intelligenz gemessen werden kann. Aus der wissenschaftlichen Perspektive ist die Augenscheinvalidität allerdings nicht immer zufriedenstellend, denn die Validität eines Tests muss auch empirisch durch Kennwerte belegt werden.

2.3.3 Konstruktvalidität

Unter dem Aspekt der Konstruktvalidität beschäftigt man sich mit der theoretischen Fundierung des von einem Test tatsächlich gemessenen Merkmals.

Definition

Ein Test weist Konstruktvalidität auf, wenn der Schluss vom Verhalten der Testperson innerhalb der Testsituation auf zugrunde liegende psychologische Persönlichkeitsmerkmale (»Konstrukte«, »latente Variablen«, »Traits«) wie Fähigkeiten, Dispositionen, Charakterzüge, Einstellungen aufgezeigt wurde. Die Enge dieser Beziehung wird aufgrund von testtheoretischen Annahmen und Modellen überprüft.

Gemeint ist, ob z.B. von den Testaufgaben eines »Intelligenztests« wirklich auf die Ausprägung einer latenten Persönlichkeitsvariablen »Intelligenz« geschlossen werden kann oder ob die Aufgaben eigentlich ein anderes Konstrukt (etwa »Gewissenhaftigkeit« anstelle des Konstruktes »Intelligenz«) messen.

Bei der Beurteilung der Konstruktvalidität sind prinzipiell struktursuchende und strukturprüfende Ansätze zu unterscheiden.

Struktursuchendes Vorgehen

Der erste Ansatz basiert auf einer **struktursuchenden deskriptiven Vorgehensweise**:

- Zur Gewinnung von Hypothesen über die ein- bzw. mehrdimensionale Merkmalsstruktur der Testitems werden sog. Exploratorische Faktorenanalysen (EFA) zum Einsatz gebracht (vgl. Moosbrugger & Schermelleh-Engel, 2007, ► Kap. 13 in diesem Band).
- Innerhalb der einzelnen Merkmale geben die Faktorladungen analog der Trennschärfekoeffizienten einer Itemanalyse Auskunft über die Homogenität der Testitems (vgl. Kelava & Moosbrugger, 2007, ► Kap. 4 in diesem Band).
- Die solchermaßen gewonnenen Merkmalsdimensionen erlauben eine erste deskriptive Einordnung in ein bestehendes theoretisches Gefüge theoretischer Konstrukte. Dabei kann z.B. die Bildung eines »nomologischen Netzwerkes« nützlich sein (vgl. Hartig, Frey & Jude, 2007, ► Kap. 7 in diesem Band).

Bei der Bildung eines »nomologischen Netzwerkes« steht die Betrachtung theoriekonformer Zusammenhänge zu anderen Tests im Vordergrund. Dazu formuliert man a priori theoriegeleitete Erwartungen über den Zusammenhang des vorliegenden Tests bzw. des/der von ihm erfassten Merkmals/-e mit konstruktverwandten und konstruktfremden bereits bestehenden Tests. Danach wird der vorliegende Test empirisch mit den anderen Tests hinsichtlich Ähnlichkeit bzw. Unähnlichkeit verglichen, wobei zwischen konvergenter Validität und diskriminanter/divergenter Validität unterschieden wird (vgl. Schermelleh-Engel & Schweizer, 2007, ► Kap. 14 in diesem Band):

Konvergente Validität

Um zu zeigen, dass ein Test das zu messende Merkmal misst und nicht irgendein anderes, kann die Übereinstimmung mit Ergebnissen aus Tests für gleiche oder ähnliche Merkmale ermittelt werden. So soll z.B. die Korrelation eines neuartigen Intelligenztests mit einem etablierten Test, wie etwa dem HAWIE-R (Tewes, 1991), zu einer hohen Korrelation führen, um zu zeigen, dass auch der neue Test das Konstrukt »Intelligenz« misst.

Diskriminante bzw. divergente Validität

Um zu zeigen, dass ein Test das zu messende Merkmal misst und nicht eigentlich ein anderes, muss er von Tests für andere Merkmale abgrenzbar sein. So soll ein Konzentrationsleistungstest ein diskriminierbares eigenständiges Konstrukt, nämlich »Konzentration«, erfassen und nicht das Gleiche wie andere Tests für andere Konstrukte. Wünschenswert sind deshalb niedrige korrelative Zusammenhänge zwischen Konzentrationstests und Tests für andere Variablen. Zum Nachweis der diskriminanten Validität ist es nicht hinreichend, dass der zu validierende Test nur mit irgendwelchen offensichtlich konstruktfernen Tests verglichen wird, sondern dass er auch zu relativ konstruktnahen Tests in Beziehung gesetzt wird. So wäre z.B. eine niedrige Korrelation zwischen Konzentration und Intelligenz wünschenswert (so z.B. FAKT-II, Moosbrugger & Goldhammer, 2007).

Strukturprüfendes Vorgehen

Der zweite Ansatz erlaubt es anhand einer **strukturprüfenden Vorgehensweise** inferenzstatistische Schlüsse bzgl. der Konstruktvalidität zu ziehen. Dies ist allerdings nur auf der Basis von Testmodellen mit latenten Variablen möglich (insbesondere anhand von IRT-Modellen und latenten Strukturgleichungsmodellen), welche eine explizite und inferenzstatistisch überprüfbare Beziehung zwischen zuvor genau definierten, latenten Merkmalen (bspw. Intelligenz) und den manifesten Itemvariablen (bspw. Testitems) herstellen:

- Die in exploratorischen Faktorenanalysen gefundene Struktur kann an neuen Datensätzen mit Konfirmatorischen Faktorenanalysen (CFA) überprüft werden (Jöreskog & Sörbom, 1996; vgl. auch Moosbrugger & Schermelleh-Engel, 2007, ► Kap. 13 in diesem Band).
- Die einzelnen Dimensionen können mit Hilfe von IRT-Modellen konfirmatorisch bezüglich der Homogenität der Testitems eines Tests inferenzstatistisch überprüft werden (vgl. Moosbrugger, 2007b, ► Kap. 10 in diesem Band).
- Eine weitere konfirmatorische Vorgehensweise der Konstruktvalidierung ermöglichen Multitrait-Multimethod-Analysen im Rahmen latenter Strukturgleichungsmodelle (vgl. Eid, 2000; Schermelleh-Engel & Schweizer, 2007, ► Kap. 14 in diesem Band). Dabei wird der Zusammenhang zwischen verschiedenen Merkmalen (traits) unter Herauspartialisierung der Methodeneinflüsse strukturprüfend untersucht.

Auf die beiden Ansätze zur Überprüfung der Konstruktvalidität soll in späteren Abschnitten ausführlich eingegangen werden.

2.3.4 Kriteriumsvalidität

Praktische Anwendbarkeit eines Tests für die Vorhersage

Die Kriteriumsvalidität bezieht sich auf die praktische Anwendbarkeit eines Tests für die Vorhersage von Verhalten und Erleben.

Definition

Ein Test weist Kriteriumsvalidität auf, wenn vom Verhalten der Testperson innerhalb der Testsituation erfolgreich auf ein »Kriterium«, nämlich auf ein Verhalten außerhalb der Testsituation, geschlossen werden kann. Die Enge dieser Beziehung ist das Ausmaß an Kriteriumsvalidität (Korrelationsschluss).

Kriteriumsvalidität liegt z.B. bei einem »Schulreifetest« vor allem dann vor, wenn jene Kinder, die im Test leistungsfähig sind, sich auch in der Schule als leistungsfähig erweisen und umgekehrt, wenn jene Kinder, die im Test leistungsschwach sind, sich auch in der Schule als leistungsschwach erweisen. Die Überprüfung der Kriteriumsvalidität ist im Prinzip an keine bestimmten testtheoretischen Annahmen gebunden und erfolgt i. d. R. durch Bestimmung der Korrelation zwischen der Testvariablen und der Kriteriumsvariablen.

Zeitliche Verfügbarkeit des Kriteriums

Abhängig von der zeitlichen Verfügbarkeit des Außenkriteriums, nämlich ob es bereits in der Gegenwart oder erst in der Zukunft vorliegt, spricht man von *Übereinstimmungsvalidität* (sog. konkurrenter Validität) oder von *Vorhersagevalidität* (prognostischer Validität). Im ersten Fall ist also der Zusammenhang eines Testwertes mit einem Kriterium von Interesse, das zeitgleich »existiert«, im zweiten Fall steht die Prognose einer »zukünftigen« Ausprägung eines Merkmals im Vordergrund.

2.4 Skalierung

Das Gütekriterium der Skalierung betrifft bei Leistungstests vor allem die Forderung, dass eine leistungsfähigere Testperson einen besseren Testwert als eine weniger leistungsfähige erhalten muss, d.h., dass sich also die Relation der Leistungsfähigkeit auch in den Testwerten widerspiegelt. Die Forderung der Skalierung bezieht sich sowohl auf interindividuelle Differenzen als auch auf intraindividuelle Differenzen und in analoger Form auch auf Persönlichkeitstests.

Definition

Ein Test erfüllt das Gütekriterium der Skalierung, wenn die laut Verrechnungsregel resultierenden Testwerte die empirischen Merkmalsrelationen adäquat abbilden.

Skalenniveau

Die Umsetzbarkeit dieses Gütekriteriums hängt insbesondere vom Skalenniveau des Messinstrumentes ab. In der Regel reicht eine Messung des Merkmals auf Nominalskalenniveau nicht aus, um die größer/kleiner Relation zwischen den Testpersonen zu beschreiben. Damit eine leistungsfähigere Testperson einen besseren Testwert als eine leistungsschwächere erhält, muss zumindest eine Messung auf Ordinalskalenniveau erfolgen. Eine Messung auf Intervallskalenniveau erlaubt darüber hinaus eine Beurteilung der Größe inter- und intraindividueller Differenzen. Verhältnisse zwischen Testleistungen können nur auf Rationalskalenniveau bestimmt werden; dieses wird in der Psychologie nur selten erreicht.

Während man sich im Rahmen der »Klassischen Testtheorie« (vgl. Moosbrugger, 2007a, ► Kap. 5 in diesem Band) damit zufrieden geben muss, z.B. die Anzahl der gelösten Aufgaben zu einem Testwert zu verrechnen, ist im Rahmen der »Item-Response-Theorie« das Gütekriterium der Skalierung empirisch überprüfbar, indem untersucht wird, ob das Verhalten aller Testpersonen einem ganz bestimmten mathematischen Modell folgt (vgl. Moosbrugger, 2007b, ► Kap. 10 in diesem Band).

2.5 Normierung (Eichung)

Eichstichprobe

Der Zweck der Normierung eines Verfahrens besteht darin, möglichst aussagekräftige »Vergleichswerte« von solchen Personen zu erhalten, die der Testperson hinsichtlich relevanter Merkmale (z.B. Alter, Geschlecht, Schulbildung) ähnlich sind (»Eichstichprobe«).

Definition

Unter der Normierung (Eichung) eines Tests versteht man das Erstellen eines Bezugssystems, mit dessen Hilfe die Ergebnisse einer Testperson im Vergleich zu den Merkmalsausprägungen anderer Personen eindeutig eingeordnet und interpretiert werden können.

Man dokumentiert die Ergebnisse der Testeichung in Form sog. »Normtabellen«, wobei die Eichstichprobe aus einer möglichst großen und repräsentativen Stichprobe bestehen soll. Die Testergebnisse der untersuchten Person werden dann bei der normorientierten Beurteilung in Relation zu den Testergebnissen von Personen aus der Eichstichprobe interpretiert (vgl. Goldhammer & Hartig, 2007, ► Kap. 8 in diesem Band).

Prozentrangnormen

Bei der Relativierung eines Testergebnisses an der Eichstichprobe ist es am anschaulichsten, wenn der Prozentsatz derjenigen Personen bestimmt wird, die im Test besser bzw. schlechter abschneiden als die Referenztestleistung in der Eichstichprobe. Aus diesem Grunde wird als Normwert auch der *Prozentrang* der Testwerte in der Eichstichprobe verwendet. Er kumuliert die in der Eichstichprobe erzielten prozentualen Häufigkeiten der Testwerte bis einschließlich zu jenem Testwert, den die gerade interessierende Testperson erzielte.

Standardnormen

Weitere Normierungstechniken, die zur Relativierung eines Testergebnisses herangezogen werden, beziehen sich in der Regel auf den Abstand des individuellen Testwertes x_i vom Mittelwert in der entsprechenden Eichstichprobe $\bar{x}$ und drücken die resultierende Differenz in Einheiten der Standardabweichung SD der Verteilung aus (Standardwerte: $z_i = \frac{x_i - \bar{x}}{SD}$). Bekannt sind und verwendet werden darüber hinaus folgende Normwerte, die auf den Standardwerten aufbauen, z.B. *IQ-Werte, T-Werte, Centil-Werte, Stanine-Werte, Standardschulnoten.* Auf diese Normwerte wird von Goldhammer und Hartig (2007; ► Kap. 8 in diesem Band) näher eingegangen.

Bei der Interpretation der Normwerte ist zu berücksichtigen, ob das Merkmal in der Population normalverteilt ist. Andernfalls sind lediglich Prozentrangwerte zur Interpretation heranziehbar, da diese nicht verteilungsgebunden sind. Nichtnormalverteilte Merkmale können durch eine »Flächentransformation« normalisiert werden (vgl. Lienert & Raatz, 1998; McCall, 1939; s. Kelava & Moosbrugger, 2007, ► Abschn. 4.8 in diesem Band).

Geltungsbereich der Normtabelle

Bei einer Normierung ist darüber hinaus der Geltungsbereich der Normtabellen eines Tests klar zu definieren. D.h., die für die Normierung erhobene Vergleichsstichprobe (Eichstichprobe) muss repräsentativ für die Grundgesamtheit von Personen sein, für die der Test prinzipiell anwendbar sein soll.

Um eine angemessene Vergleichbarkeit der Personen zu ermöglichen, muss gewährleistet sein, dass die Normtabellen nicht veraltet sind. So sieht bspw. die DIN 33430 (Westhoff et al., 2005) bei Verfahren bzw. Tests zur berufsbezogenen Eignungsbeurteilung vor, dass spätestens nach 8 Jahren die Gültigkeit der Eichwerte zu überprüfen ist und ggf. eine Neunormierung vorgenommen werden muss.

Wesentliche Gründe für die Notwendigkeit von Neunormierungen können z.B. Lerneffekte in der Population (insbesondere in Form einer Bekanntheit des Testmaterials) oder auch im Durchschnitt tatsächlich veränderte Merkmale in der Population sein, wie das nachfolgende ◘ Beispiel 2.5 darstellen soll, das eine Verringerung der Testleistung in der Population beschreibt:

Beispiel 2.5

»Normenverschiebung im AID vs. AID2«
(entnommen aus Kubinger & Jäger, 2003)

In Bezug auf den AID aus dem Jahre 1985 und den AID 2 aus dem Jahre 2000 zeigte sich eine Normenverschiebung im Untertest »Unmittelbares Reproduzieren-numerisch« (Kubinger, 2001): Die Anzahl der in einer Folge richtig reproduzierten Zahlen (z.B.: 8-1-9-6-2-5) lag im Jahr 2000 im Vergleich zu früher, vor ca. 15 Jahren, über das Alter hinweg fast durchwegs um 1 niedriger. Waren es 1985 bei den 7- bis 8- bzw. 9- bis 10-Jährigen noch 5 bzw. 6 Zahlen, die durchschnittlich in einer Folge reproduziert werden konnten, so waren es im Jahr 2000 nunmehr 4 bzw. 5 Zahlen. Ein Nichtberücksichtigen dieses Umstandes würde bedeuten, dass Kinder in ihrer Leistungsfähigkeit im Vergleich zur altersgemäßen Durchschnittsleistung wesentlich unterschätzt würden.

2.6 Testökonomie

Wirtschaftlichkeit eines Tests

Die Ökonomie bezieht sich auf die Wirtschaftlichkeit eines Tests und wird durch die Kosten bestimmt, die bei einer Testung entstehen. I. d. R. stimmen die Interessen von Testpersonen, Auftraggebern und Testleitern in dem

Wunsch überein, keinen überhöhten Aufwand zu betreiben. Dennoch lassen sich oftmals die Kosten nicht beliebig minimieren, ohne dass andere Gütekriterien (etwa Objektivität und Reliabilität) darunter leiden.

Definition
Ein Test erfüllt das Gütekriterium der Ökonomie, wenn er, gemessen am diagnostischen Erkenntnisgewinn, relativ wenig Ressourcen wie Zeit, Geld oder andere Formen beansprucht.

Im Wesentlichen beeinflussen zwei Faktoren die Ökonomie bzw. die Kosten eines Tests, nämlich der finanzielle Aufwand für das Testmaterial und der zeitliche Aufwand für die Testdurchführung.

Finanzieller und zeitlicher Aufwand

Der bei einer Testung entstehende *finanzielle Aufwand* kann sich vor allem aus dem Verbrauch des Testmaterials ergeben oder aus der Beschaffung des Tests selbst. Zudem kann bei computergestützen Tests die Beschaffung aufwändiger Computerhardware und -software einen wesentlichen Kostenfaktor darstellen. Nicht zu vergessen sind anfallende Lizenzgebühren für Testautoren und Verlage, die mit den Beschaffungskosten des Materials einhergehen.

Das zweite Merkmal der Ökonomie, nämlich der *zeitliche Aufwand*, bildet oftmals einen gewichtigeren Faktor als die Testkosten alleine. Die Testzeit umfasst nicht nur die Nettozeit der Bearbeitung des Tests, durch die sowohl den Testpersonen als auch dem Testleiter Kosten entstehen, sondern auch die Zeit der Vorbereitung, der Auswertung und Ergebnisrückmeldung.

Sinnvollerweise kann man also sagen, dass der Erkenntnisgewinn aus dem Einsatz eines Tests größer sein muss als die entstehenden Kosten. Die Ökonomie in diesem Sinne ist oft nur im Vergleich mit ähnlichen Tests bestimmbar. Vor allem Tests, die am Computer vorgegeben werden können, erfüllen dieses Kriterium vergleichsweise leichter. Einen wichtigen Beitrag zur ökonomischeren Erkenntnisgewinnung kann auch durch das Adaptive Testen (vgl. Frey, 2007, ▶ Kap. 11 in diesem Band) geleistet werden, bei dem nur jene Aufgaben von der Testperson zu bearbeiten sind, die für sie den größten Informationsgewinn mit sich bringen.

Eine höhere Wirtschaftlichkeit darf natürlich nicht zu Lasten der anderen Gütekriterien im Vordergrund stehen. So ist eine geringere Ökonomie eines Tests bei einer konkreten Fragestellung insbesondere dann in Kauf zu nehmen, wenn z.B. aus Validitätsgründen der Einsatz gerade dieses Tests sachlich gerechtfertigt ist, weil nur mit ihm die konkrete Fragestellung fachgerecht beantwortbar ist.

2.7 Nützlichkeit

Definition
Ein Test ist dann nützlich, wenn für das von ihm gemessene Merkmal praktische Relevanz besteht und die auf seiner Grundlage getroffenen Entscheidungen (Maßnahmen) mehr Nutzen als Schaden erwarten lassen.

Praktische Relevanz eines Tests

Für einen Test besteht dann praktische Relevanz, wenn er erstens ein Merkmal misst, das im Sinne der Kriteriumsvalidität nützliche Anwendungsmöglichkeiten aufweist, und zweitens dieses Merkmal nicht auch mit einem anderen Test erfasst werden könnte, der alle übrigen Gütekriterien mindestens genauso gut erfüllt. Das Kriterium der Nützlichkeit wird am nachfolgenden ◘ Beispiel 2.6 veranschaulicht.

Beispiel 2.6

»Nützlichkeit des Tests für medizinische Studiengänge (TMS)«
Die Konstruktion eines Tests zur Studieneignungsprüfung für ein medizinisches Studium (TMS, Institut für Test- und Begabungsforschung, 1988) erfüllte seinerzeit das Kriterium der Nützlichkeit. Da ein Bedarf der korrekten Selektion und Platzierung der potentiellen Medizinstudenten angesichts der Kosten, die mit einem Studium eines medizinischen Faches verbunden sind, bestand, konstruierte man in den 1970er Jahren einen Test, der das komplexe Merkmal »Studieneignung für medizinische Studiengänge« erfassen und eine Vorhersage bezüglich des Erfolgs der ärztlichen Vorprüfung ermöglichen sollte (Trost, 1994). Da es zu diesem Zeitpunkt keinen anderen Test gab, der dies in ähnlicher Form in deutscher Sprache zu leisten vermochte. Der Nutzen des TMS wurde anhand aufwändiger Begleituntersuchungen laufend überprüft. (Der TMS wurde 1996 aus wirtschaftlichen Gründen wieder abgeschafft.)

2.8 Zumutbarkeit

Definition
Ein Test erfüllt das Kriterium der Zumutbarkeit, wenn er absolut und relativ zu dem aus seiner Anwendung resultierenden Nutzen die zu testende Person in zeitlicher, psychischer sowie körperlicher Hinsicht nicht über Gebühr belastet.

Zeitliche, physische und psychische Beanspruchung der Testperson

Psychologische Tests müssen so gestaltet werden, dass die Testpersonen bezüglich des Zeitaufwandes sowie des physischen und psychischen Aufwandes geschont werden. Die Zumutbarkeit eines Tests betrifft dabei ausschließlich die Testpersonen und nicht den Testleiter. Die Frage nach der Beanspruchung des Testleiters ist hingegen eine Frage der Testökonomie.

Im konkreten Fall ist eine verbindliche Unterscheidung zwischen zu- und unzumutbar oft schwierig, da es jeweils um eine kritische Bewertung dessen geht, was unter »Nutzen« zu verstehen ist. Dabei spielen gesellschaftliche Normen der Zumutbarkeit eine wesentliche Rolle. Beispielsweise gilt es als durchaus akzeptabel, einem Anwärter auf den Beruf des Piloten für die Auswahl einen sehr anspruchsvollen und beanspruchenden »Test« zuzumuten. Allerdings würde bei der Auswahl einer Sekretärin ein ähnlich beanspruchendes Verfahren auf weniger Verständnis stoßen.

2.9 Unverfälschbarkeit

Definition
Ein Testverfahren erfüllt das Gütekriterium der Unverfälschbarkeit, wenn das Verfahren derart konstruiert ist, dass die zu testende Person durch gezieltes Testverhalten die konkreten Ausprägungen ihrer Testwerte nicht steuern bzw. verzerren kann.

Eine solche Verzerrung gelingt der Testperson vor allem dann, wenn sie das Messprinzip durchschauen kann und somit leicht erkennen kann, wie sie antworten muss, um sich in einem besonders günstigem »Licht« darzustellen (Soziale Erwünschtheit).

Verfälschung durch Soziale Erwünschtheit

Begünstigt wird die Verfälschbarkeit durch eine hohe Augenscheinvalidität des Tests, wodurch es der Testperson gelingt, das Messprinzip zu erkennen. Während es bei Leistungstests unproblematisch ist, ob eine Testperson das Messprinzip durchschaut hat, sind Persönlichkeitsfragebögen prinzipiell anfällig für Verzerrungen (z.B. MMPI, Heilbrun 1964; Viswesvaran & Ones, 1999), da auch sie eine hohe Augenscheinvalidität besitzen. Allerdings ist zu beachten, dass nicht alle Persönlichkeitsfragebögen bzw. deren Skalen gleichermaßen anfällig sind für Verzerrungen durch Soziale Erwünschtheit. So ist bspw. von Costa und McCrae (1985) im Rahmen einer Studie zum NEO-PI gezeigt worden, dass lediglich die Skala »Neurotizismus« bedeutsam von der Sozialen Erwünschtheit beeinflusst wird.

Anmerkung: Um auch den Verfälschungstendenzen von Seiten der Testpersonen insbesondere in Richtung der »Sozialen Erwünschtheit« vorzubeugen, können sog. »Objektive Tests« (sensu R.B. Cattell, vgl. Kubinger, 1997) eingesetzt werden, bei denen die Testpersonen über das zu messende Merkmal im Unklaren gelassen werden. »Objektive Tests« sind für die Testpersonen in der Regel nicht durchschaubar, da sie die zu messenden Merkmale indirekt erschließen. Insoweit ist die Unverfälschbarkeit besonders hoch.

2.10 Fairness

Definition
Ein Test erfüllt das Gütekriterium der Fairness, wenn die resultierenden Testwerte zu keiner systematischen Benachteiligung bestimmter Personen aufgrund ihrer Zugehörigkeit zu ethnischen, soziokulturellen oder geschlechtsspezifischen Gruppen führen.

Dieses Kriterium bezeichnet das Ausmaß, in dem Testpersonen verschiedener Gruppen (z.B. Frauen vs. Männer, farbige Menschen vs. Menschen weißer Hautfarbe etc.) in einem Test oder bei den mit ihm verbundenen Schlussfolgerungen in fairer Weise, d.h. nicht diskriminierend, behandelt werden. Die Frage nach der Fairness eines Tests bzw. der daraus resultierenden Entscheidungen wird seit den 1970er Jahren insbesondere vor dem Hintergrund der Intelligenzdiagnostik zunehmend diskutiert (vgl. Stumpf, 1996). Fairness bezieht sich dabei vor allem auf verschiedene Aspekte, die unmittelbar mit den Inhalten der Testitems zu tun haben, wobei ein »*Itembias*« zu vermeiden ist (■ Beispiel 2.7).

Beispiel 2.7

»Unfairness durch Itembias«

Unfairness in Form eines Itembias liegt vor, wenn Aufgaben systematisch für verschiedene Personengruppen unterschiedlich schwierig sind. So würde z. B. ein Test zur Prüfung der Feinmotorik in Form einer Strick- oder Häkelaufgabe bei Jungen unseres Kulturkreises zu einer systematischen Benachteiligung führen. (Beispiel entnommen aus Schober, 2003)

Culture-Fair-Tests

Eine besondere Rolle spielen in diesem Zusammenhang sog. »Culture-Fair-Tests« (z.B. CFT 3, Cattell & Weiß, 1971), die zur Lösung einer Aufgabe nicht oder zumindest nicht stark an eine hohe Ausprägung sprachlicher Kompetenz gebunden sind. Darunter ist zu verstehen, dass die Aufgaben bei diesen Verfahren derart gestaltet sind, dass die Testpersonen weder zum Verstehen der Instruktion noch zur Lösung der Aufgaben über hohe sprachliche Fähigkeiten verfügen müssen oder über andere Fähigkeiten, die mit der Zugehörigkeit zu einer soziokulturellen Gruppe einhergehen. Dennoch bezeichnet »culture-fair« bei der Konstruktion von Testitems eher einen Ansatz als eine vollkommene Umsetzung. So konnte vielfach gezeigt werden, dass entgegen der Intention der Testautoren ein Rest von »Kultur-Konfundierung« dennoch erhalten bleibt (Süß, 2003).

Neben der Berücksichtigung von sprachlichen Schwierigkeiten bei der Itembearbeitung bezieht sich der Aspekt der »*Durchführungsfairness*« beispielsweise auf die Berücksichtigung von Fähigkeiten beim Einsatz von Computern bei älteren und jüngeren Menschen. Hierbei sind ebenfalls Verzerrungen in Form eines Ergebnisbias zu erwarten, da derzeit ältere Menschen im Umgang mit Computern weniger vertraut sind als jüngere.

In Hinblick auf die Beurteilung der Fairness eines Tests gilt es ebenfalls die »*Testroutine*« zu bedenken. Unterschiedliche Testerfahrung oder Vertrautheit mit Testsituationen (test sophistication) ist ganz allgemein eine Größe, die das Ergebnis unabhängig vom zu messenden Merkmal beeinflussen kann.

Die Frage der Fairness betrifft, wenn man die oben genannten Gesichtspunkte bedenkt, auch die Normierung eines Tests und die Interpretation der Testergebnisse. Da es keine Faustregeln zum Umgang mit diesem Gütekriterium gibt, ist jeder Test individuell auf seine Fairness hin zu beurteilen.

Literatur

Cattell, R. B. & Weiß, R. H. (1971). *Grundintelligenztest Skala 3 (CFT 3)*. Göttingen: Hogrefe.

Costa, P.T. & McCrae, R.R. (1985). *The NEO Personality Inventory Manual*. Odessa, FL: Psychological Assessment Resources.

Cronbach, L.J. (1951). Coefficient alpha and the internal structure of tests. *Psychometrika, 16*, 297-334.

Cronbach, L.J. & Meehl, P.E. (1955). Construct Validity in Psychological Tests. *Psychological Bulletin, 52*, 281-302.

DIN (2002). *DIN 33430: Anforderungen an Verfahren und deren Einsatz bei berufsbezogenen Eignungsbeurteilungen*. Berlin: Beuth.

Eid, M. (2000). A multitrait-multimethod model with minimal assumptions. *Psychometrika, 65*, 241-261.

Frey, A. (2007). Adaptives Testen. In H. Moosbrugger & A. Kelava (Hrsg.). *Testtheorie und Fragebogenkonstruktion*. Heidelberg: Springer.

Goldhammer, F. & Hartig, J. (2007). Interpretation von Testresultaten und Testeichung. In H. Moosbrugger & A. Kelava (Hrsg.). *Testtheorie und Fragebogenkonstruktion*. Heidelberg: Springer.

Hartig, J., Frey, A. & Jude, N. (2007). Validität. In H. Moosbrugger & A. Kelava (Hrsg.). *Testtheorie und Fragebogenkonstruktion*. Heidelberg: Springer.

Heilbrun, A.B. (1964). Social learning theory, social desirability, and the MMPI. *Psychological Bulletin, 61*, 377-387.

Lienert, G.A. & Raatz, U. (1998). *Testaufbau und Testanalyse* (6. Aufl.) Weinheimm: Beltz.

Institut für Test- und Begabungsforschung (Hrsg.) (1988). *Test für medizinische Studiengänge* (aktualisierte Originalversion 2). Herausgegeben im Auftrag der Kultusminister der Länder der BRD. 2. Auflage. Göttingen: Hogrefe.

Jöreskog & Sörbom (1996). *LISREL 8 User's Reference Guide*. Chicago: Scientific Software International.

Kelava, A. & Moosbrugger, H. (2007). Deskriptivstatistische Evaluation von Items (Itemanalyse) und Testwertverteilungen. In H. Moosbrugger & A. Kelava (Hrsg.). *Testtheorie und Fragebogenkonstruktion*. Heidelberg: Springer.

Kelava, A. & Schermelleh-Engel, K. (2007). Latent-State-Trait Theorie. In H. Moosbrugger & A. Kelava (Hrsg.). *Testtheorie und Fragebogenkonstruktion*. Heidelberg: Springer.

Kendall, M. G. (1962). *Rank Correlation Methods*. London: Griffin.

Kubinger, K.D. (1997). Zur Renaissance der objektiven Persönlichkeitstests sensu R.B. Cattell. In H. Mandl (Hrsg.), *Bericht über den 40.Kongreß der Deutschen Gesellschaft für Psychologie in München 1996* (S.755-761). Göttingen: Hogrefe.

Kubinger, K.D. (2003). Gütekriterien. In Kubinger, K.D. & Jäger, R.S. (Hrsg.). *Schlüsselbegriffe der Psychologischen Diagnostik*. Weinheim: Beltz PVU.

Kubinger, K.D. & Jäger, R.S. (Hrsg.). (2003). *Schlüsselbegriffe der Psychologischen Diagnostik*. Weinheim: Beltz PVU.

Kubinger, K.D. & Proyer, R. (2004). Kap. 5.4. Gütekriterien. In: K. Westhoff, L.J. Hellfritsch, L.F. Hornke, K.D. Kubinger, F. Lang, H. Moosbrugger, A. Püschel & G. Reimann (Hrsg.). Testkuratorium der Föderation Deutscher Psychologenvereinigungen. *Grundwissen für die berufsbezogene Eignungsbeurteilung nach DIN 33430* (S. 186-194). Lengerich: Pabst.

Michel, L. & Conrad, W. (1982). Testtheoretische Grundlagen psychometrischer Tests. In K.-J. Groffmann & L. Michel (Hrsg.). *Enzyklopädie der Psychologie* (Bd. 6, S. 19-70). Göttingen: Hogrefe.

McCall, W.A.(1939). *Measurement*. New York: Macmillan.

Moosbrugger, H. (2007a). Klassische Testtheorie: Testtheoretische Grundlagen. In H. Moosbrugger & A. Kelava (Hrsg.). *Testtheorie und Fragebogenkonstruktion*. Heidelberg: Springer.

Moosbrugger, H. (2007b). Item-Response-Theorie. In H. Moosbrugger & A. Kelava (Hrsg.). *Testtheorie und Fragebogenkonstruktion*. Heidelberg: Springer.

Moosbrugger, H. & Goldhammer, F. (2007). *Frankfurter Adaptiver Konzentrationsleistungs-Test (FAKT II)*. Göttingen: Hogrefe.

Moosbrugger, H. & Hartig, J. (2003). Klassische Testtheorie. In K. Kubinger und R. Jäger (Hrsg.). *Schlüsselbegriffe der Psychologischen Diagnostik*, S. 408-415. Weinheim: Psychologie Verlags Union.

Moosbrugger, H. & Oehlschlägel, J. (1996). *Frankfurter Aufmerksamkeitsinventar*. Bern, Göttingen: Huber.

Moosbrugger, H. & Rauch, W. (2004). Konstruktionsgrundlagen von Verfahren der Eignungsbeurteilung. In K. Westhoff, L. J. Hellfritsch, L. F. Hornke, K. D. Kubinger, F. Lang, H. Moosbrugger, A. Püschel, G. Reimann (Hrsg.) Testkuratorium der Föderation Deutscher Psychologenvereinigungen, *Grundwissen für die berufsbezogene Eignungsbeurteilung nach DIN 33430* (S. 195-200). Lengerich: Pabst Science Publishers.

Moosbrugger, H. & Schermelleh-Engel (2007). K. Exploratorische (EFA) und Konfirmatorische Faktorenanalyse (CFA). In H. Moosbrugger & A. Kelava (Hrsg.). *Testtheorie und Fragebogenkonstruktion*. Heidelberg: Springer.

Raven, J.C. (1965). *Advanced progressive matrices. Sets I and II*. London: H.K. Lewis.

Rosenthal, R., & Rosnow, R. L. (1969). The volunteer subject. In R. Rosenthal & R. L. Rosnow (Eds.), *Artifact in behavioral research* (pp. 59-118). New York: Academic Press.

Sarris, V. & Reiß, S. (2005). *Kurzer Leitfaden der Experimentalpsychologie*. München: Pearson.

Schermelleh-Engel, K. & Schweizer, K. (2007). Multitrait-Multimethod-Analysen. In H. Moosbrugger & A. Kelava (Hrsg.). *Testtheorie und Fragebogenkonstruktion*. Heidelberg: Springer.

Schermelleh-Engel, K. & Werner, C. (2007). Methoden der Reliabilitätsbestimmung. In H. Moosbrugger & A. Kelava (Hrsg.). *Testtheorie und Fragebogenkonstruktion*. Heidelberg: Springer.

Schober, B. (2003). Fairness. In K.D. Kubinger & R.S. Jäger (Hrsg.), *Stichwörter der Psychologischen Diagnostik* (S. 136-137). Weinheim: Beltz.

Stumpf, H. (1996). Klassische Testtheorie. In: E. Erdfelder, R. Mansfeld, T. Meiser & G. Rudinger (Hrsg.), *Handbuch Quantitative Methoden* (S. 411-430). Weinheim: Beltz PVU.

Steyer, R. (1987). Konsistenz und Spezifität: Definition zweier zentraler Begriffe der Differentiellen Psychologie und ein einfaches Modell zu ihrer Identifikation. *Zeitschrift für Differentielle und Diagnostische Psychologie, 8*, 245-258.

Süß, H.-M. (2003). Culture fair. In K.D. Kubinger & R.S. Jäger (Hrsg.), *Stichwörter der Psychologischen Diagnostik* (S. 82-86). Weinheim: Beltz.

Tent, L. & Stelzl, I. (1993). *Pädagogisch-psychologische Diagnostik. Band 1: Theoretische und methodische Grundlagen.* Göttingen: Hogrefe.

Testkuratorium (der Föderation deutscher Psychologenverbände). (1986). Mitteilung. *Diagnostica, 32*, 358-360.

Trost, G. (1994). *Test für medizinische Studiengänge(TMS): Studien zur Evaluation (18. Arbeitsbericht).* Bonn: ITB.

Tewes, U. (1991). *Hamburg-Wechsler-Intelligenztest für Erwachsene – Revision (HAWIE-R).* Göttingen: Hogrefe.

Tewes, U. Rossmann, R. & Schallberger, U. (1999). *Der Hamburg-Wechsler-Intelligenztest für Kinder (HAWIK-III).* Bern: Huber-Verlag.

Viswesvaran, C., & Ones, D. S. (1999). Meta-analysis of fakability estimates: Implications for personality measurement. *Educational and Psychological Measurement, 59*, 197-210.

Westhoff, K., Hellfritsch, L. J., Hornke, L. F., Kubinger, K. D., Lang, F., Moosbrugger, H., Püschel, A., Reimann, G. (Hrsg.). Testkuratorium der Föderation Deutscher Psychologenvereinigungen (2005). *Grundwissen für die berufsbezogene Eignungsbeurteilung nach DIN 33430.* Lengerich: Pabst.

Wirtz, M. & Caspar, F. (2002). Beurteilerübereinstimmung und Beurteilerreliabilität. Methoden zur Bestimmung und Verbesserung der Zuverlässigkeit von Einschätzungen mittels Kategoriensystemen und Ratingskalen. Göttingen: Hogrefe.

3 Planung und Entwicklung von psychologischen Tests und Fragebogen

Ewa Jankisz & Helfried Moosbrugger
(unter Mitarbeit von Holger Brandt)

Das Kapitel bietet einen Überblick über den Prozess der Entstehung eines Tests oder Fragebogens, angefangen von der ersten Testplanung, über die Testentwicklung bis hin zur Erstellung und einer vorläufigen Erprobung der Testvorversion mit dem Ziel der Revision zur endgültigen Version. Es soll verdeutlichen, welche Aspekte bei der Konstruktion eines Testverfahrens zu berücksichtigen sind und dass ein psychometrischer Test mehr ist als eine Ansammlung von Aufgaben oder Fragen. Der Unterschied besteht darin, dass psychometrische Tests psychische Merkmale quantitativ auf der Basis von Testtheorien erfassen und somit eine metrisch vergleichende Diagnostik ermöglichen.

Das Ziel der Darstellung besteht zum einen in der Vermittlung des Ablaufes der Konstruktion eines psychometrischen Tests, zum anderen aber auch in konkreten Empfehlungen und Richtlinien für die Erstellung bzw. Beurteilung von einzelnen Testaufgaben oder Fragen. Schritte, welche bei der Planung und der Konstruktion eines psychometrischen Tests durchlaufen werden müssen, sind nicht nur für die Testkonstrukteure von Bedeutung. Vielmehr qualifizieren sich auch gute Testanwender dadurch, dass sie Kraft ihrer Kenntnisse aus Testtheorie und Testkonstruktion die Güte eines Verfahrens und seinen Anwendungsbereich adäquat beurteilen können.

3.1 Testplanung

3.1.1 Merkmalsarten

Psychometrische Tests beziehen ihre Legitimation aus der Annahme, dass das Verhalten von Personen mit Hilfe von Persönlichkeitsmerkmalen (Konstrukten) erklärt werden kann. Diese Konstrukte sollen mit Hilfe des Tests erfasst werden. Am Beginn der Entstehung eines Tests steht deshalb die Wahl des zu messenden Persönlichkeitsmerkmals bzw. im Falle einer Testbatterie des zu messenden Merkmalsspektrums (► Abschn. 3.1.4). Hilfreich ist hierzu eine intensive Literaturrecherche sowie die Aufarbeitung von vorhandenen Theorien, empirischen Befunden und allenfalls bereits existierenden Tests.

Quantitative vs. qualitative Merkmale

Je nach der zugrundeliegenden Theorie ist das Konstrukt, das man zu messen beabsichtigt, qualitativer oder quantitativer Natur. Man spricht dann von einem qualitativen Merkmal, wenn sich Personen bezüglich ihrer Ausprägung zumindest in unterschiedliche Kategorien einteilen lassen; daraus resultieren Messungen auf dem Nominalskalenniveau. Lassen sich die Ausprägungen darüber hinaus in graduell abgestufte Merkmalskategorien einteilen, spricht man von einem quantitativen Merkmal; daraus resultieren Messungen auf Ordinal-, Intervall- oder auch auf Verhältnisskalenniveau.

Unidimensionale vs. multidimensionale Merkmale

Des weiteren lassen sich Merkmale in unidimensionale und multidimensionale Merkmale einteilen. Unidimensional bedeutet, dass das Merkmal nur ein Konstrukt repräsentiert (vgl. Bortz & Döring, 2006). Ein multidimensionales Merkmal liegt hingegen vor, wenn das interessierende Merkmal mindestens zwei Konstrukte umfasst. In diesem Falle spricht man von einer multidimensionalen Personenvariablen (Rost, 2004). Bspw. handelt es sich bei dem Konstrukt »gesundheitsbewusstes Verhalten« um ein multidimensionales

Merkmal, das sich u. a. aus der Gesundheitseinstellung der Person, aus ihrem Konsumverhalten sowie aus ihrer Ausübung sportlicher Aktivitäten konstituiert. Die einfachste Methode, ein multidimensionales Merkmal zu erfassen, besteht darin, für jede Dimension einen separaten Subtest zu entwerfen. Ein komplizierterer Fall läge hingegen vor, wenn unterschiedliche Antworten zu einzelnen Testaufgaben Hinweise für unterschiedliche Dimensionen liefern[1] (◘ Beispiele 3.7, Fall A für »Nicht exhaustive Antwortkategorien in Persönlichkeitstests«).

Zeitlich stabile vs. zeitlich veränderbare Merkmale

Eine weitere Differenzierung der Merkmale betrifft ihre zeitliche Stabilität. Es lassen sich zeitlich stabile Merkmale, sog. Traits, von zeitlich veränderbaren Merkmalen, sog. States, unterscheiden (vgl. Kelava & Schermelleh-Engel, 2007, ► Kap. 15 in diesem Band). Unter einem Persönlichkeitsmerkmal im engeren Sinn werden jedoch lediglich Traits verstanden. States beziehen sich auf Zustände und sind von den jeweiligen Situationen abhängig. Ein Beispiel für einen Test, in dem beide Arten von Merkmalen erhoben werden, ist das »State-Trait-Ärgerausdrucks-Inventar« (STAXI) von Schwenkmezger, Hodapp und Spielberger (1992) – ein Verfahren zur Messung von vier dispositionellen Ärgerdimensionen (Traits) sowie der Intensität von situationsbezogenen Ärgerzuständen (States).

In Abhängigkeit von der Zugehörigkeit des zu erfassenden Merkmals zu den oben aufgeführten Kategorien und vom Elaboriertheitsgrad der betreffenden Theorie wird man bei der Testkonstruktion auf unterschiedliche Strategien zurückgreifen (näheres zu Konstruktionsstrategien ► Abschn. 3.2).

3.1.2 Testarten

Je nach Art des zu erfassenden Konstrukts werden verschiedene Testarten unterschieden, auf die im Folgenden kurz eingegangen werden soll. Detaillierte Beschreibungen findet der interessierte Leser im Lehrbuch »Psychologische Diagnostik und Intervention« von Amelang und Schmidt-Atzert (2006) oder in »Brickenkamp Handbuch psychologischer und pädagogischer Tests« von Brähler, Holling, Leutner und Petermann (2002).

Leistungstests

Psychologische Leistungstests sind dadurch gekennzeichnet, dass sich die erfassten Konstrukte auf Dimensionen der kognitiven Leistungsfähigkeit beziehen. Den Probanden wird »die Lösung von Aufgaben oder Problemen (...), die Reproduktion von Wissen, das Unterbeweisstellen von Können, Ausdauer oder Konzentrationsfähigkeit« abverlangt (Rost, 2004; S. 43). Das Gemeinsame an den Leistungstests ist, dass immer das maximale Verhalten gefordert wird und nur eine sog. Dissimulation (Verfälschung »nach unten«) möglich ist. Üblicherweise kann davon ausgegangen werden, dass die Moti-

[1] Eine Auswertung derartigen Tests ist nur im Rahmen der sog. Item-Response-Theorie möglich (s. Carstensen, 2000; vgl. Moosbrugger, 2007b, ► Kap. 10 in diesem Band). Von einer Erfassung mehrerer Dimensionen mithilfe derselben Items ist aus testtheoretischen Gründen abzuraten.

vation zur Teilnahme an der Untersuchung gegeben ist und die Probanden um die an sie gestellten Anforderungen wissen. Die Testaufgaben sind meist so formuliert, dass die gegebenen Antworten als im logischen Sinn richtig oder falsch bewertet werden können.

Speed- vs. Powertests

Leistungstests lassen sich in zwei Gruppen unterscheiden:

Speed- oder *Geschwindigkeitstests* verwenden einfache Aufgaben, die meist von allen Probanden gelöst werden können. Die Differenzierung der Leistungen erfolgt durch eine Begrenzung der Bearbeitungszeit. Es wird erfasst, wie viele Aufgaben der Proband in der begrenzten Bearbeitungszeit richtig bearbeiten konnte. Dieses Pinzip wird vor allem zur Feststellung von basalen kognitiven Fähigkeiten genutzt, wie bspw. im »Frankfurter Aufmerksamkeits-Inventar« (FAIR; Moosbrugger & Oehlschlegel, 1996). Es handelt sich dabei um einen multidimensionalen Konzentrationstest für Jugendliche und Erwachsene.

Power- oder *Niveautests* verwenden schwierige Aufgaben, die auch bei unbegrenzter Zeitvorgabe theoretisch nicht von allen Teilnehmern richtig gelöst werden können. Die Differenzierung der Leistungen erfolgt über das Schwierigkeitsniveau der Aufgaben, die der Proband ohne Zeitbegrenzung bewältigen konnte. Verfahren dieses Typs werden primär zur Feststellung komplexerer kognitiver Fähigkeiten genutzt, wie bspw. im »Snijders-Oomen Non-verbaler Intelligenztest 2 ½–7« (SON; Laschkowski, Hermann, Mainka, Schütz, Schuster & Titera, 2000). Bei diesem Test handelt es sich um ein nonverbales Verfahren zur Diagnostik der Intelligenz bei Kindern im Vorschulalter bzw. Einschulungsalter.

Häufig wird auch eine Mischform der beiden genannten Testarten angewendet, wie z. B. im »Wechsler-Intelligenztest für Erwachsene« in seiner revidierten Form (WIE-III; Aster, Neubauer & Horn, 2006), bei dem einerseits schwierige Aufgaben vorgegeben werden, andererseits aber auch die Zeit zum Lösen der Aufgaben gemessen und bei der Auswertung berücksichtigt wird. Weitere Hinweise darauf, was bei einer Entscheidung für bzw. gegen eine Verwendung von Speed- und Powertests zu beachten ist, geben Lienert und Raatz (1998, S. 34ff).

Persönlichkeitstests

Erfassung von Persönlichkeitsmerkmalen

Im Gegensatz zu Leistungstests erfassen Persönlichkeitstests nicht das maximale Leistungsverhalten, sondern das für die Person typische Verhalten in Abhängigkeit der Ausprägung von Persönlichkeitsmerkmalen (Verhaltensdispositionen). Das Charakteristische an Persönlichkeitstests resp. Persönlichkeitsfragebogen ist, dass von den Befragten keine Leistung, sondern eine Selbstauskunft über ihr typisches Verhalten verlangt wird. Da es keine »optimale« Ausprägung von Persönlichkeitsmerkmalen gibt, werden die Antworten nicht im Sinne von »richtig« oder »falsch« bewertet, sondern danach, ob sie für das Vorhandensein einer hohen Ausprägung des interessierenden Merkmals sprechen oder nicht. Die Teilnehmer werden aufgefordert, die Items spontan und wahrheitsgetreu zu bearbeiten. Da es sich um subjektive Angaben handelt, ist eine Verfälschbarkeit im Sinne einer gezielten Beeinflussung in beide Richtungen möglich, d. h. sowohl eine Simulation einer scheinbar höheren, als auch eine Dissimulation einer scheinbar niedrigeren Merkmalsausprägung. In Abhängigkeit vom Kontext der Untersuchung ist bei den Probanden mit unterschiedlichen motivationalen Lagen zu rechnen. Die Auswirkungen von Motivation auf das Verhalten der Testteilnehmer beschreibt Krosnick (1999) in seinem Optimizing-Satisficing-Modell (► Abschn. 3.4.1).

Unter dem Begriff »Persönlichkeitstests« werden verschiedene Erhebungsverfahren subsummiert. Neben Instrumentarien und Fragebögen zur Erfassung von aktuellen Zuständen (z. B. Angst), Symptomen oder Verhaltensweisen existieren zahlreiche Verfahren zur Messung von Motivation, Interessen, Meinungen und Einstellungen. Persönlichkeits-Struktur-Tests resp. Persönlichkeitstestsysteme dienen der psychometrischen Erfassung von mehreren Persönlichkeitsdimensionen, wie bspw. das »Minnesota Multiphasic Personality Inventory 2« (MMPI-2; Hathaway, McKinley & Engel, 2000) oder das »NEO-Fünf-Faktoren Inventar« (NEO-FFI; Costa & McCrae, 1989; 1992; NEO-PI-R; Ostendorf & Angleitner, 2003) zur Erfassung der »Big-Five«-Persönlichkeitsdimensionen.

Objektive Persönlichkeitstests

Zwei Bedeutungen des Begriffs »Objektivität«

Der Begriff »Objektivität« hat in der psychologischen Diagnostik zweierlei Bedeutungen. Zum einen ist Objektivität eines der Gütekriterien von psychologischen Tests oder Fragebogen und bezieht sich auf die Standardisierung von Durchführung, Auswertung und Interpretation von Tests (vgl. Moosbrugger & Kelava, 2007, ► Kap. 2 in diesem Band). Zum anderen bedeutet Objektivität, dass eine subjektive Verfälschung der gegebenen Antworten, z. B. im Sinne der »Sozialen Erwünschtheit« (► Abschn. 3.4.2), ausgeschlossen oder zumindest erheblich reduziert ist, weil das Verfahren in dem Sinne »objektiv« ist, als es keine Augenscheinvalidität (s. Moosbrugger & Kelava, 2007, ► Kap. 2 in diesem Band) besitzt. Dies bedeutet, dass die Probanden aus den Testaufgaben nicht erkennen können, was der Test eigentlich misst. Somit können sie das Testergebnis auch nicht bewusst verfälschen.

In objektiven Persönlichkeitstests wird ein Merkmal nicht durch subjektive Urteile über die eigene Person, sondern über das Verhalten in einer standardisierten Testsituation erschlossen. Der Zweck solcher Verfahren liegt darin, bestimmten Verfälschungstendenzen wie bspw. der Sozialen Erwünschtheit (► Abschn. 3.4.2) sowie der Überrepräsentation verbaler Konzepte (Fragen, Antworten) entgegenzuwirken, ohne sich hierbei nur auf biografische Daten oder physiologische Parameter beschränken zu müssen.

Objektive Tests gehen auf R. B. Cattell zurück, der mit dieser Form von Tests eine Ergänzung und Kontrolle von Persönlichkeitsfragebögen forderte (Cattell, 1958). Prototypisch für die Testart ist die »Objektive Testbatterie« (OA-TB 75) von Häcker, Schmidt, Schwenkmezger und Utz (1975) zur Erfassung mehrerer Dimensionen der Persönlichkeit. Ein sehr gelungenes Beispiel für ein objektives Verfahren stellt der kürzlich entwickelte »Objektive Leistungsmotivations-Test« (OLMT) von Schmidt-Atzert (2004) dar, der computergestützt und verhaltensnah die Leistungsmotivation als Anstrengungsbereitschaft beim Bearbeiten von Aufgaben unter verschiedenen wichtigen Randbedingungen erfasst. Ausführliche Informationen zum Thema Objektive Tests finden sich in Ortner, Proyer und Kubinger (2006).

Projektive Verfahren

Projektive Verfahren, auch Persönlichkeits-Entfaltungsverfahren genannt, sind dadurch gekennzeichnet, dass sie auf die qualitative Erfassung der Gesamtpersönlichkeit unter der Berücksichtigung der Einmaligkeit von Erlebnis- und Bedürfnisstrukturen ausgerichtet sind. Bei diesen Verfahren kommt mehrdeutiges Bildmaterial zum Einsatz und es wird angenommen, dass Probanden unbewusste oder verdrängte Bewusstseinsinhalte in dieses Bildmaterial hineinprojizieren und dass Persönlichkeitsmerkmale auf diese Weise besser als durch direkte Befragung ermittelt werden können. Da bei projektiven Verfahren die Erfüllung der Gütekriterien (s. Moosbrugger & Kelava 2007, ► Kap. 2 in diesem Band) in der Regel unzureichend ist, genügen sie nicht den erforderlichen Qualitätsansprüchen. Projektive Tests können allenfalls als Explorationshilfen dienen, wie z. B. der »Rosenzweig Picture Frustration Test für Kinder« (PFT-K) von Duhm und Hansen (1957) oder der »Rorschachtest« von Rorschach (1954).

Apparative Tests

Bei den apparativen Tests handelt es sich um eine Gruppe von Verfahren, die insbesondere zur Erhebung sensorischer und motorischer Merkmale geeignet ist. Zum Teil werden mit ihnen aber auch kognitive Fähigkeiten erfasst. Typische Vertreter dieser Klasse sind sensumotorische Koordinationstests, Tests zur Messung der Muskelkraft als Indikator für Willensanstrengung, Montage- und Hantiertests sowie kognitive Verfahren vom Typ der »Finger-Labyrinth-Tests« (z. B. von Barker, 1931), die Wahrnehmungs- und kognitive Fähigkeiten erfordern.

Computerbasierte Tests

Eine andere, im Zunehmen begriffene Gruppe apparativer Tests bilden die computerbasierten Tests, die im Allgemeinen spezielle Varianten von Persönlichkeits- und Leistungstests sind, bei denen Anforderungen und Antworten über den Computer dargeboten und registriert werden, wodurch eine direkte Computerauswertung möglich ist. Eine spezielle Unterklasse stellen die adaptiven Tests dar, bei denen das Antwortverhalten der Probanden zur Steuerung der weiteren Aufgabenwahl verwendet wird und dadurch eine ökonomische Testdurchführung ermöglicht wird (vgl. Frey, 2007, ► Kap. 11 in diesem Band). Der »Frankfurter Adaptive Konzentrationsleistungs-Test« (FAKT-II; Moosbrugger & Goldhammer, 2007) ist ein bekanntes Beispiel für ein solches Verfahren.

3.1.3 Geltungsbereich und Zielgruppe

Mit dem Geltungsbereich werden die Anwendungsmöglichkeiten der Testung festgelegt.

Bei der Festlegung des Geltungsbereiches eines Tests ist zum einen auf die inhaltliche Validität zu achten (vgl. Hartig, Frey & Jude, 2007, ► Kap. 7 in diesem Band), nämlich auf die Übereinstimmung zwischen dem zu messenden Merkmal und seinen Operationalisierungen mittels des Ankreuzverhaltens; zum anderen ist man aber auch an einer oder mehreren Kriteriumsvalidität(en) interessiert. Will man z. B. den beruflichen Erfolg von Angestellten im Verkauf mit einem Test vorhersagen, so könnte als Kriterium die Anzahl der Kundenkontakte, die Anzahl der abgeschlossenen Verträge, die Gehaltssteigerungen der letzten Jahre oder aber auch die Beurteilung durch den Vorgesetzten erfassen werden. Je breiter der Geltungssbereich festgelegt wird bzw. je mehr Kriterien man vorhersagen möchte, desto mehr Informationen müssen erfasst werden und desto schwieriger wird es, alle Informationen in einem unidimensionalen Testwert auszudrücken. Unter testtheoretischem Gesichtspunkt ist es besser, den Geltungsbereich eng zu definieren, d. h. sich auf relativ wenige Verhaltensweisen zu beschränken und nur eines der Kriterien zu fokussieren (z. B. die Anzahl der abgeschlossenen Verträge). Allerdings würde eine solche enge Auffassung des Konstrukts zu einem sehr speziellen Test führen, der lediglich für sehr spezifische Fragen brauchbar wäre. Je enger der Geltungsbereich, desto *homogener*, d. h. inhaltlich einheitlicher, können die Aufgaben gewählt werden. Ein breiterer Geltungsbereich hingegen bringt eine höhere *Heterogenität* der Aufgaben mit sich. Darunter ist eine inhaltliche Vielgestaltigkeit zu verstehen, wie sie zweckmäßigerweise bei Tests angestrebt wird, die einen breiten Merkmalskomplex erfassen sollen.

Zielgruppe

Neben der Festlegung des Geltungsbereichs eines Tests muss auch eine Entscheidung über die Zielgruppe gefällt werden, d.h. über den Personenkreis, für den mit dem Test Aussagen getroffen werden sollen. Es macht hinsichtlich des Umfangs der Zielgruppe einen großen Unterschied, ob es sich um einen allgemeinen Einschulungtest für Kinder, um ein Verfahren zur Depressionsdiagnose für Personen mit einem entsprechenden Krankheitsverdacht oder um einen Auswahltest für Fluglotsen handelt.

Allgemein ist zu beachten, dass an einen Test, der für eine breite Zielgruppe konzipiert ist, mehr Anforderungen gestellt werden müssen als an einen Test, der für einen relativ engen Personenkreis bestimmt ist. Je breiter die Zielgruppe, desto mehr müssen die Aufgaben über einen breiteren Schwierigkeitsbereich streuen und ggf. auch inhaltlich breiter gefächert sein, um möglichst viele Merkmalsausprägungen abdecken zu können.

Analysestichprobe

Auch die Zusammensetzung der Stichprobe für die Erprobung des Tests (»Itemanalyse«, Kelava & Moosbrugger, 2007, ▶ Kap. 4 in diesem Band) sollte bereits im Planungsstadium bedacht werden. Will man bspw. einen Studienzulassungstest erstellen, so sollte die Itemanalyse nicht nur an bereits eingeschriebenen Studierenden durchgeführt werden. Andererseits könnte eine solche Analysestichprobe aber durchaus geeignet sein, um z. B. einen Fragebogen zum Optimismus zu testen, also ein Konstrukt, welches mit einer erfolgreichen Studienzulassung in keinem erkennbaren Zusammenhang steht.

Eichstichprobe

Außer der Stichprobe für die Itemanalyse muss bei der Zielgruppenüberlegung noch eine weitere Stichprobe (»Eichstichprobe«) zur Überprüfung der Kriteriumsvalidität eines Tests und zur Gewinnung von Normentabellen (s. Goldhammer & Hartig, 2007, ▶ Kap. 8 in diesem Band) eingeplant werden. Das wiederholte Heranziehen derselben Stichprobe nicht nur zur Itemanalyse, sondern auch zum Zweck der Normierung würde systematische Verzerrungen und fehlerhafte Schlussfolgerungen nach sich ziehen.

3.1.4 Struktureller Testaufbau

Von den drei bisher beschriebenen Entscheidungen (Testart, Geltungsbereich und Zielgruppe) hängt die Struktur des Tests ab. Psychologische Tests haben typischerweise eine komplexe Struktur. Sie bestehen aus mehreren Testaufgaben, die entsprechend der jeweiligen Zielsetzung generiert wurden. Einer der Gründe, warum Tests eine komplexe Struktur aufweisen müssen, besteht darin, dass eine einzelne Testaufgabe zur zuverlässigen, messgenauen Erfassung eines Konstrukts in der Regel nicht ausreichend ist; erst mehrere Items erlauben die Abschätzung der Reliabilität (s. Schermelleh-Engel & Werner, 2007, ► Kap. 6 in diesem Band). Darüber hinaus sollen häufig mehrere Facetten eines Merkmals untersucht werden; auch hierfür sind mehrere Testaufgaben erforderlich.

Unidimensionale vs. multidimensionale Tests

Wenn mit einem Test ein einzelnes Merkmal erfasst werden soll, so spricht man bei den hier dargestellten Konstruktionsansätzen von einem *unidimensionalen Test*. Verfolgen Fragebögen und Tests den Zweck, mehrere verschiedene Merkmale zu erfassen, so spricht man von einem *multidimensionalen Test*, wobei die einzelnen *Subtests* (Testteile) wiederum unidimensional erstellt werden müssen. Bei den sog. Persönlichkeits-Struktur-Tests handelt es sich beispielsweise um multidimensionale Tests, die den Anspruch haben, die Persönlichkeit in ihren zentralen Strukturdimensionen möglichst umfassend zu beschreiben (► Abschn. 3.1.2 zu »Persönlichkeitstests«). Die Instrumentarien zur Erfassung mehrerer Merkmalsdimensionen werden häufig auch als Testbatterien bezeichnet.

3.1.5 Testlänge und Testzeit

Unter dem Begriff »Testlänge« kann zweierlei verstanden werden. Es kann einerseits die Anzahl der Items in einem Test bezeichnen, andererseits aber auch die Zeit, welche für die Bearbeitung der Testaufgaben vorgesehen ist. In Übereinstimmung mit Lienert und Raatz (1998, S. 33) wird in diesem Buch die Itemanzahl als Testlänge bezeichnet, die Testdauer hingegen als Testzeit.

Testlänge

Welche Testlänge angemessen erscheint, hängt vom Geltungsbereich des zu erfassenden Merkmals ab. Die relativ homogene Merkmalsdimension »Gewissenhaftigkeit« lässt sich bspw. mit relativ wenigen Testaufgaben zuverlässig erfassen, während zur Erfassung der Ausprägung sämtlicher Big-Five-Dimensionen (Costa & McCrae, 1992) weit mehr Testaufgaben vorgegeben werden müssen.

Allgemein gilt, dass mit zunehmender Anzahl von Items zur Erfassung eines Merkmalsbereichs das Testergebnis präziser wird; der Messfehler geht bei unendlich vielen Items gegen Null und der Mittelwert der Messungen entspricht dem wahren Wert der Merkmalsausprägung (vgl. auch Moosbrugger, 2007a, ► Kap. 5 in diesem Band). Mit zunehmender Testlänge steigt auch die Reliabilität bzw. die interne Konsistenz des Tests. Je höher also die Reliabilität sein soll, desto mehr Information aus den Testaufgaben ist notwendig. Allerdings kann ab einer gewissen Itemzahl kein bedeutender Reliabilitätszuwachs mehr erzielt werden, weil testfremde Variablen (bspw. das Absinken der Konzentration oder der Motivation) die Genauigkeit der Messung beeinträchtigen.

Bei der Festlegung der Testlänge darf die Praktikabilität des Tests und insbesondere die Motivationslage der Probanden nicht aus den Augen verloren werden. Je länger der Test, desto mehr ist damit zu rechnen, dass die Items nicht mehr konstruktgemäß bearbeitet werden. Auf dieses Problem, das sogenannte Optimizing-Satisficing-Problem (Krosnick, 1999), wird in ▶ Abschn. 3.4.1 (»Fehlerquellen«) gesondert eingegangen; es macht deutlich, dass bei einem von den Testteilnehmern subjektiv als zu lang empfundenem Test die Bearbeitungsqualität sinkt, sodass nicht mehr von einem adäquaten Testergebnis ausgegangen werden kann.

Testzeit

Auch die zur Bearbeitung der Aufgaben vorgesehene Testzeit muss sorgfältig überlegt werden. Hierbei sind vor allem die Testart, die Zielgruppe und der intendierte Geltungsbereich zu berücksichtigen. Entscheidet man sich bspw. für ein Screeningverfahren, also für ein Instrument, das bei vielen Personen eingesetzt werden soll und nur grobe Hinweise auf das Vorhanden- bzw. Nicht-Vorhandensein eines Merkmals liefern soll, so reicht eine kürzere Testzeit aus, denn es bedarf nicht so vieler Testaufgaben wie ein Test, der für eine differenzierte Individualdiagnose konzipiert wurde.

Die Testzeit hängt zudem davon ab, ob der Test als *Speed-* oder *Powertests* konzipiert ist (▶ Abschn. 3.1.2 »Leistungstests«), bzw. von den Anteilen, in denen Schnelligkeits- und Niveaukomponenten im Test vertreten sind. Eine Zeitbegrenzung in einem primär als *Niveautest* konzipierten Verfahren dient dazu, unangemessen lange Bearbeitungsdauern zu unterbinden. Ein Beispiel für die Begrenzung der Testzeit bei Niveautests stellt der Intelligenztest WIE-III (Aster et al., 2006) dar.

Darüber hinaus sind zielgruppenbedingte Einschränkungen der Testzeit zu beachten. So sollte z. B. ein Schulleistungstest i. d. R. eine Dauer von einer Unterrichtsstunde nicht überschreiten. Hingegen können Studienbewerbern durchaus auch längere Testzeiten zugemutet werden.

3.1.6 Testadministration

Eine wichtige Entscheidung vor der Konstruktion eines Tests oder Fragebogens stellt die Form der Testadministration dar. Dazu gehört einerseits die Entscheidung über das grundsätzliche Format des Tests/Fragebogens (Papier und Bleistift-Test oder computerunterstützter Test) und andererseits die Entscheidung über die Testungsform (Einzel- oder Gruppentestung).

Paper-Pencil-Tests vs. computerunterstützte Tests

Papier und Bleistift-Tests (auch »Paper-Pencil-Tests«) stellen bis heute eines der am weitesten verbreitete Standardverfahren für empirische Untersuchungen dar. Sie sind dadurch gekennzeichnet, dass für ihre Bearbeitung nur Papier und Bleistift notwendig sind. Gegenüber Papier und Bleistift-Tests haben computerunterstützte Verfahren, die am Bildschirm präsentiert werden können und deren Bearbeitung durch direkte Eingabe der Antworten in den Computer möglich ist, den Vorteil, dass sie ökonomischer sind, da die Übertragung der Testergebnisse zur Auswertung wesentlich vereinfacht ist, und dass sie neue Möglichkeiten der Itemgenerierung (bspw. durch eingespielte

Audio- oder Videodateien) und Itemauswertung (Adaptives Testen, vgl. Frey, 2007, ▶ Kap. 11 in diesem Band) eröffnen. In den letzten Jahren hat die Bedeutung von computerunterstützten Verfahren immer weiter zugenommen.

Einzel- vs. Gruppentestung

Prinzipiell können Tests entweder in Einzeltestungen oder in Gruppentestungen durchgeführt werden. Beide Verfahren haben Vor- und Nachteile. Einzeltestungen, in denen jeweils nur ein Proband getestet wird, ermöglichen eine über den eigentlichen Test hinausgehende Erfassung weiterer Verhaltensdaten (z. B. bei dem WIE-III; Aster et al., 2006); sie sind zudem aber auch sehr aufwendig, da für jede Testung ein Versuchsleiter zur Verfügung stehen muss. Diesbezüglich sind Gruppentestungen, in denen mehrere Probanden zeitgleich getestet werden, wesentlich ökonomischer. Gruppentestungen hingegen sind für Fehler anfälliger, die dadurch entstehen, dass die Probanden keiner direkten Beobachtung ausgesetzt sind (▶ Abschn. 3.4).

3.2 Konstruktionsstrategien für die Entwicklung von psychologischen Tests und Fragebogen

Nach der Bestimmung des Merkmals und der Testart, der Eingrenzung des intendierten Anwendungsbereichs und der Zielgruppe sowie der Festlegung der Testlänge kommt man zum »Kern« der Testentwicklung, nämlich zu den Konstruktionsprinzipien des Tests und der Konstruktion der Testaufgaben (»Testitems«). Hier geht es um die Wahl des Aufgabentyps (auch »Itemtyp«), um die konkrete Generierung der Testaufgaben sowie um die Zusammensetzung der Testaufgaben zu einem Test.

Im Folgenden werden mehrere Strategien zur Testkonstruktion vorgestellt. Die Entscheidung zugunsten einer der Strategien erfolgt in Abhängigkeit von dem interessierenden Merkmal, dem Geltungsbereich und der Zielgruppe. In der Praxis folgt die Testkonstruktion nur selten einer einzelnen Strategie, meist wird eine gemischte, mehrstufige Vorgehensweise gewählt.

Intuitive Konstruktion

Die *intuitive Konstruktionsstrategie* wird verwendet, wenn der theoretische Kenntnisstand bezüglich des interessierenden Merkmals gering ist. Anstelle einer theoriegeleiteten Formulierung der Items ist die Konstruktion von der Intuition und Erfahrung des Testkonstrukteurs geleitet. Diese Strategie wird vor allem am Beginn neuer Forschungszweige angewendet. Dank intensiver Forschung liegen zu sehr vielen psychischen Merkmalen aber mehr oder weniger ausgereifte Theorien vor, die als Basis für eine rationale Testkonstruktion dienen können.

Rationale Konstruktion

Die *rationale Konstruktionsstrategie* bedient sich der Methode der Deduktion. Voraussetzung ist das Vorhandensein einer elaborierten Theorie über die Differenziertheit von Personen hinsichtlich der interessierenden Persönlichkeitseigenschaft (»Disposition« für bestimmtes Verhalten). Innerhalb der Eigenschaft wird in Abhängigkeit von der Häufigkeit und/oder Intensität des beobachteten Verhaltens bei der Konstruktion der Testaufgaben eine Abstufung vorgenommen.

Da der Inhalt, der Elaboriertheitsgrad und die Breite des Konstrukts unterschiedlich sein können, besteht der erste Konstruktionsschritt in der Definition und der Spezifikation des Konstrukts. Wollte man bspw. das Konstrukt »Impulsivität« untersuchen, könnte man auf die Definition der Impulsivität Eysencks (1993) zurückgreifen. Demnach besteht das Merkmal (die Verhaltensdisposition) aus der Impulsivität im engeren Sinne (Narrow Impulsiveness) und der Waghalsigkeit (Venturesomeness). Zu der Definition des Konstrukts gehört auch die Festlegung, in welchen Verhaltensweisen sich eine hohe Ausprägung des Merkmals äußert und in welchen eine niedrige. So stellt Impulsivität i. e. S. eine antisoziale Komponente dar, die sich in Handeln und Reden ohne Berücksichtigung von eventuellen Konsequenzen dieses Verhaltens äußert; Waghalsigkeit dagegen beinhaltet das bewusste, »wahre« Risikoverhalten (Eysenck & Eysenck, 1978). Zu jedem der Teilbereiche oder Unterkonstrukte werden anschließend Verhaltensindikatoren gesammelt, in Statement- oder Frageform gebracht und den Probanden als Testitems vorgelegt. Ein Item für Impulsivität i. e. S. wäre z. B. »Tun oder sagen Sie im allgemeinen Dinge, ohne vorher zu überlegen?«. Ein Item für Waghalsigkeit wäre »Springen Sie im Schwimmbad gerne von hohen Sprungtürmen?«.

Zu den klassischen Verfahren, die rational entwickelt worden sind, zählt im Leistungsbereich der Intelligenztest nach Wechsler (1958), welcher aktuell im deutschsprachigen Raum in Form von WIE-III für Erwachsene (Aster et al., 2006) und HAWIK III für Kinder (Tewes, Rossmann & Schallberger, 2002) vorliegt. Im Persönlichkeitsbereich wäre z. B. die »Manifest Anxiety Scale« von Taylor (1953) zu nennen. Ausgangspunkt für die Entwicklung dieses Tests war Hulls Triebtheorie (Hull, 1943), derzufolge sich Menschen offenbar stark bezüglich ihrer Ängstlichkeit unterscheiden. In Übereinstimmung mit der Theorie verwendete Taylor nur solche Items, die nach übereinstimmendem Expertenurteil einiger klinischen Psychologen Indikatoren für chronische Angstreaktionen darstellten.

Externale/Kriteriums-orientierte Konstruktion

Bei der *externalen* oder *kriteriumsorientierten Konstruktionsstrategie* werden Items danach ausgewählt, ob sie zwischen Gruppen mit unterschiedlichen Ausprägungen in einem externalen Merkmal (»Kriterium«) eindeutig differenzieren können. Aufgabeninhalte im Sinne der rationalen Konstruktionsstrategien sind hier nicht von Interesse; entscheidend ist hier nur der Nutzen, der dann vorhanden ist, wenn die Items das gewählte Kriterium geeignet vorhersagen können. Um Items zu finden, die zwischen diesen Gruppen differenzieren können, wird zunächst ein großer Itempool zusammengestellt und an Personengruppen erprobt, die sich hinsichtlich des Kriteriums möglichst stark unterscheiden. Aus dem Itempool werden dann diejenigen Items ausgewählt, die diese Differenzierung bestmöglich leisten; einer rationalen Erklärung darüber, worauf diese Differenzierungsleistung basiert, bedarf es nicht. (Für ein aktuelles Anwendungsbeispiel aus dem Bereich der Studierendenauswahl siehe Moosbrugger, Jonkisz & Fucks, 2006).

Zur Absicherung gegen rein situative Effekte, z. B. durch Auswahlverzerrungen durch spezifische Personengruppen, sollte das Ergebnis der Itemauswahl möglichst auch an anderen Stichproben getestet werden.

Ein klassisches Beispiel für die kriteriumsorientierte Konstruktionsstrategie stellt das bis heute weit verbreitete Testsystem »Minnesota Multiphasic Personality Inventory« dar, welches in einer überarbeiteten und komplett neu normierten Version (MMPI-2; Hathaway et al., 2000) vorliegt. Bei der Entwicklung des Verfahrens wurden 1000 Items von den interessierenden klinisch auffälligen Gruppen (Schizophrene, Hypochonder usw.) und einer Kontrollgruppe von »unauffälligen« Probanden bearbeitet. 566 Items, die signifikant zwischen der Gruppe der »Normalen« und den »psychiatrischen« Gruppen unterschieden, blieben übrig. Die Subtests des MMPI-2 erlauben eine breite Erfassung verschiedener klinischer Merkmale.

Internale/Faktorenanalytische Konstruktion

Die *internale* oder *faktorenanalytische Konstruktionsstrategie* lässt sich von dimensionsanalytischen Überlegungen leiten. Bei diesem theoriegeleiteten Konstruktionstyp wird eine Anzahl von Items zu hypothetischen Verhaltensdimensionen (bspw. Extraversion; Verträglichkeit; subjektives Wohlbefinden) konstruiert und einer Stichprobe von Probanden vorgelegt. Anhand von Faktorenanalysen (statistische Dimensionalisierungsverfahren, s. Moosbrugger & Schermelleh-Engel, 2007, ► Kap. 13 in diesem Band) werden diejenigen Aufgaben ausgewählt und zu »Faktoren« zusammengefasst, die untereinander hohe Zusammenhänge aufweisen und sich statistisch als jeweils eindimensional erweisen. Die solchermaßen ermittelten Aufgabengruppen (auch Subtests oder Testlets genannt) sollen im Sinne einer »Einfachstruktur« mit den anderen Aufgabengruppen nicht oder nur geringfügig korrelieren. Die Ergebnisse der Faktorenanalysen bedürfen einer sorgfältigen Interpretation im Hinblick darauf, durch welche Verhaltensweisen die jeweils gefundenen Faktoren konstituiert werden. Meist wird die inhaltliche Interpretation über die Inhalte der konstituierenden Items hinausgehen (s. Hartig, Frey & Jude 2007, ► Kap. 7 in diesem Band).

Ein Beispiel für die faktorenanalytische Konstruktionsstrategie im Leistungsbereich stellt der auf Thurstones mehrdimensionalem Intelligenzmodell (Thurstone, 1938) basierende »Intelligenz-Struktur-Test 2000 R« (Amthauer, Liepmann, Beauducel, & Brocke, 2001) dar, welcher vor allem in der Berufseignungsdiagnostik und im klinischen Bereich häufig eingesetzt wird. Der Test weist sieben Faktoren auf; u. a. erfasst er verbale und numerische Intelligenz.

Ein Beispiel für die faktorenanalytische Konstruktionsstrategie im Persönlichkeitsbereich stellt das »Freiburger Persönlichkeitsinventar« (FPI-R, Fahrenberg, Hampel & Selg, 2001) dar. Seinen Ursprung hat das Verfahren in einer 1968 entstandenen Vorform, mit der die Bereiche Emotionalität, Extraversion – Introversion, Aggressivität und psychovegetative Labilität gemessen wurden. In der jetzigen revidierten Form des FPI-R existieren zehn Subtests, mit denen u. a. die Dimensionen Lebenszufriedenheit und Soziale Orientierung erfasst werden können.

3.3 Aufgabentypen und Antwortformate für die Itemkonstruktion

Neben der Wahl der Konstruktionsstrategie muss bei der Konstruktion von Test- und Fragebogenitems auch eine Festlegung des Aufgabentyps und des Antwortformats erfolgen. Der »Aufgabentyp« (auch »Itemtyp«) bezeichnet die Art und Weise, wie die einzelnen Aufgabenstellungen vorgegeben werden und wie die Beantwortung einer Aufgabe vorzunehmen ist. Diese Festlegung ist für die Durchführung, Auswertung und Ökonomie eines Tests von Bedeutung (vgl. Lienert & Raatz, 1998, S. 18).

Aufgabenstamm

Die Aufgabenstellung setzt sich prinzipiell aus zwei Teilen zusammen – nämlich aus der Aufgabe selbst, die auch als *Aufgabenstamm* bezeichnet wird, und dem *Antwortformat* der Aufgabe (vgl. Rost, 2004). Sofern es sich um einen Leistungstest handelt, enthält der Aufgabenstamm eine Frage oder eine Problemstellung, für die der Proband die Lösung angeben soll. Handelt es sich hingegen um einen Persönlichkeitstest, so enthält der Aufgabenstamm eine Frage oder eine Aussage (Statement), zu der der Proband Stellung beziehen soll.

Antwortformate

Die Angabe der Lösung bzw. die Abgabe der Stellungnahme kann auf sehr verschiedene Arten in bestimmten Antwortformaten erfolgen, deren Klassifikation in der Regel nach ihrem Strukturiertheitsgrad vorgenommen wird (◘ Abb. 3.1). In grober Differenzierung können Aufgabentypen mit einem freien, einem gebundenen und einem atypischen Antwortformat unterschieden werden. Je nach Antwortlänge gliedern sich die Aufgaben mit dem freien Antwortformat in Kurzaufsatz- und Ergänzungsaufgaben. Die Aufgaben mit dem gebundenen Format wiederum gliedern sich in Ordnungsaufgaben, bei denen Antworten in einer bestimmten Art und Weise geordnet werden müssen (Zu- und Umordnungsaufgaben), in Auswahlaufgaben, bei denen die zutreffende Antwort aus mehreren Alternativen auszuwählen ist und in Beurteilungsaufgaben, bei denen individuelle Einschätzungsurteile (»Ratings«) zu bestimmten Aussagen abgegeben werden müssen. Auswahlaufgaben mit zwei Antwortalternativen nennt man dichotome Aufgaben; im Falle meh-

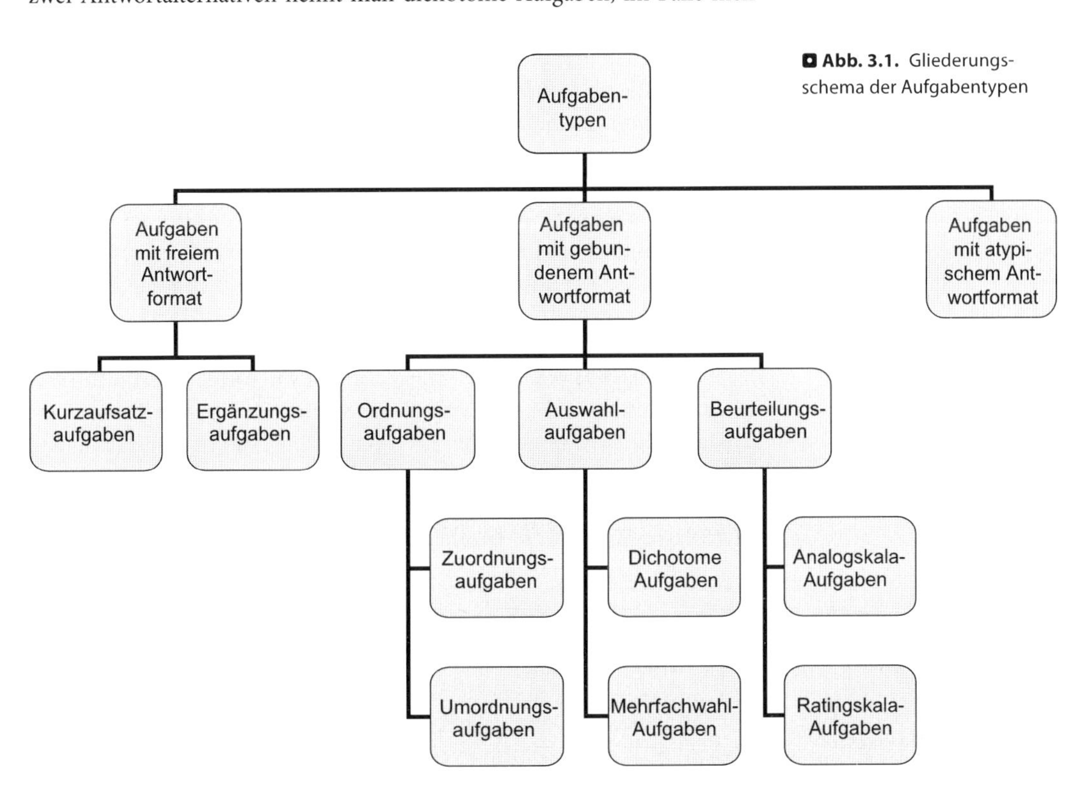

◘ **Abb. 3.1.** Gliederungsschema der Aufgabentypen

rerer Antwortalternativen nennt man sie Mehrfachwahlaufgaben (»Multiple Choice«). Bei Beurteilungsaufgaben unterscheidet man in Abhängigkeit vom Format der Beurteilungsskala kontinuierliche Analogskala-Aufgaben und diskrete Ratingskala-Aufgaben.

Über eine idealtypische Zuordnung von Aufgabeninhalt und Aufgabentyp gibt es keine allgemein gültige Regel. Bei Leistungstests kann fast jeder Inhalt im Prinzip in jede Form gekleidet werden. Bei Persönlichkeitstests zählen dichotome und Mehrfachwahlaufgaben, vor allem aber Beurteilungsaufgaben mit dem Ratingformat, zu den am häufigsten verwendeten Typen. Zur Erfassung von Einstellungen und Meinungen wird meist nur das Ratingformat herangezogen.

Im Folgenden werden die Charakteristika der vorgestellten Aufgabentypen detailliert beschrieben.

3.3.1 Aufgaben mit freiem Antwortformat

Bei Aufgaben mit einem freien Antwortformat sind keine Antwortalternativen vorgegeben. Die Antwort wird von der Person selbst formuliert bzw. produziert. Dennoch ist die Antwort nicht völlig unstrukturiert, denn das Format, d. h. die Art, wie auf das Item geantwortet werden kann, ist in der Instruktion festgelegt. So muss z. B. eine Aussage gemacht, ein Text geschrieben oder eine Zeichnung angefertigt werden. Ein Problem bei der Auswertung besteht darin, dass die Antworten verschlüsselt werden müssen, indem man sie nach einem vorgefertigten Kategoriensystem »kodiert«. Das freie Aufgabenformat wird nicht nur bei Erhebungen im schulisch-pädagogischen Bereich häufig verwendet, sondern z. B. auch bei der Erfassung von Kreativität, bei der ein gebundener Antwortmodus per se keine kreativen Antworten zulassen würde. Des Weiteren findet das freie Antwortformat bei den »projektiven Verfahren« Anwendung. Das Format wird auch bevorzugt, wenn angenommen wird, dass sich die Wichtigkeit des Erfragten in der Reihenfolge der gegebenen Antwortteile widerspiegelt, d. h. wenn anzunehmen ist, dass die Informationen, die der Proband zu Beginn gibt, wichtiger sind als die am Ende (z. B. bei der Frage: »Was ist Ihnen im Leben wichtig?«).

Kurzaufsatzaufgaben

Die zumeist verwendeten Aufgabentypen mit freiem Antwortformat sind Kurzaufsatz- und Ergänzungsaufgaben. Bei *Kurzaufsatzaufgaben* werden die Probanden angehalten, auf Fragen in Form von Kurzaufsätzen bzw. Essays zu antworten. Eine Antwort kann aber auch nur aus einem Wort oder einem Satz bestehen. Sollen die Fragen mit mehreren Sätzen beantwortet werden, ist es sinnvoll, die Anzahl der Worte auf höchstens 150 zu begrenzen (◘ Beispiele 3.1).

Beispiele 3.1

Kurzaufsatzaufgaben

A) *Geben Sie in kurzen Worten die Bedingungen für die Entstehung einer affektiven Erkrankung an.*

____

B) *Geben Sie so viele kreative Ideen wie möglich an, was man mit einer Garnrolle und einem Nagel machen könnte.*

____

C) *»Was meinst du wohl, was der Junge oder das Mädchen auf dem Bilde darauf antwortet? Schreib immer die erste Antwort, die Dir dazu einfällt, in das freigelassene Viereck.«*

Beispiel aus dem »Rosenzweig Picture Frustration Test für Kinder«, (PFT-K; Duhm & Hansen, 1957)

Vorteile: Kurzaufsatzaufgaben erfordern eine Reproduktion von Wissen bzw. eine selbst erzeugte Antwort. Eine zufällig richtige Antwort wie bei Auswahlaufgaben ist demnach nicht möglich. Bei der Erfassung von Merkmalen wie Kreativität oder stilistischen Begabungen und bei kognitiven Leistungen wie Leseverständnis oder Anwendung von Wissen stellt der Kurzaufsatz ein wichtiges Antwortformat dar. Im Persönlichkeitsbereich können Aufgaben dieses Typs v. a. im qualitativen Bereich zur Erfassung von Motiven und Gründen verwendet werden. Am häufigsten sind sie in projektiven Testverfahren anzutreffen, bei denen es wichtig ist, nicht zwischen vorgefertigten Antworten wählen zu können.

Nachteile: Bei der Bearbeitung nehmen Kurzaufsatzaufgaben sowohl für den Auswerter als auch für den Probanden (aufgund der hohen Bearbeitungszeit) erheblich mehr Zeit in Anspruch als andere Aufgabentypen. Dieser große Auswertungsaufwand sowie die eingeschränkte Auswertungsobjektivität sind die Hauptnachteile an diesem Antwortformat. Die Objektivität bei der Auswertung ist dabei um so eher beeinträchtigt, je länger und je komplexer eine Antwort sein darf. Probanden mit Formulierungsschwierigkeiten werden tendenziell benachteiligt. Kritik an diesem Itemtyp betrifft die Mehrdeutigkeit und die schwierige Auswertbarkeit. Dadurch wird deutlich, dass hier sehr genaue Angaben des Testkonstrukteurs bezüglich der richtigen Kodierung der Antworten unerlässlich sind.

Ergänzungsaufgaben

Ergänzungsaufgaben stellen den ältesten Aufgabentyp der Psychologie dar und werden bis heute im Leistungskontext häufig angewendet. Bei diesem Aufgabentyp kommt es darauf an, den Aufgabenstamm durch ein bestimmtes Wort (»Schlüsselwort«) oder durch eine kurze Darstellung (ein Symbol, eine Zeichnung) sinnvoll zu ergänzen. Deshalb werden diese Aufgaben auch »Schlüsselwortergänzungsaufgaben« genannt. Man spricht von »offenen Fragen«, wenn das Schlüsselwort am Ende von einzelnen Sätzen (Reihen) ausgelassen ist. Fehlt es in einem laufendenen Text, spricht man von einem »Lückentext« (◘ Beispiele 3.2).

Beispiele 3.2

Ergänzungsaufgaben

A) **Offene Fragen**

a) Kenntnisse: Kolumbus entdeckte Amerika im Jahre ________

b) Oberbegriffe: Specht und Ente sind ________

c) Analogien: Atheist verhält sich zu Religion wie Pazifist zu ________

d) Folgen: 2 4 8 ________

(Lösung: a) 1492; b) Vögel; c) Krieg; d) 16)

Lückentexte

B) Ergänzen Sie bei dem folgenden Text die fehlenden Worte:

Depression und ________ sind die dominierenden Emotionen bei ________ Störungen. Die meisten Menschen mit einer solchen Störung leiden ausschließlich an ________. Wenn beide Phasen mit jeweils einer dominierenden Emotion sich abwechseln, heißt dieses Muster ________.

(Lösung: Manie, affektiven, Depressionen, bipolar)

C) Ergänzen Sie bei dem folgenden Text die fehlenden Worthälften:

Mit int____ Validität ist die Eindeu______ gemeint, mit der ein Untersuchungsergebnis inh______ auf die Hy______ bezogen werden kann.

(Lösung: -erner, -tigkeit, -altlich, -pothese)

Vorteile: Auch Ergänzungsaufgaben verlangen vom Testteilnehmer eine Reproduktion gespeicherten Wissens und nicht nur eine Wiedererkennung. Somit ist die Wahrscheinlichkeit einer nur zufällig richtigen Beantwortung der Aufgaben sehr gering. Wenn eine standardisierte Instruktion und ein Auswertungsschema vorhanden sind, ist die Objektivität in der Regel gewährleistet, vor allem bei Leistungstests. Ergänzungsaufgaben können auch geeignet sein, wenn nicht nur die Antwort selbst, sondern auch der Lösungsweg für komplexere Denkprobleme interessiert (z. B. das Lösen einer komplexen mathematischen Aufgabe).

Nachteile: Mit Ergänzungsaufgaben wird meist nur Faktenwissen geprüft. Die Auswertungsobjektivität kann eingeschränkt sein, wenn mehrere Begriffe als Antwort passen, aber nicht alle bei der Konstruktion berücksichtigt wurden und als Richtigantworten zugelassenen sind. Auch besteht die Gefahr von Suggestivwirkungen, wenn dem Probanden durch die Art der Aufgabenformulierung eine bestimmte Antwort nahegelegt wird.

Darüber hinaus besteht bei diesem Aufgabentyp die Gefahr, dass eher die allgemeine Intelligenz und die Lesefähigkeit als der eigentlich intendierte Inhalt überprüft werden. Des Weiteren erfordert sowohl die Bearbeitung als auch die Auswertung von Ergänzungsaufgaben mehr Zeit im Vergleich zu Aufgabentypen mit gebundenem Antwortformat.

3.3.2 Aufgaben mit gebundenem Antwortformat

Aufgaben mit gebundenem Antwortformat sind dadurch gekennzeichnet, dass mehrere Alternativen für mögliche Antworten vorgefertigt sind. Der Proband ist in seinen Reaktionen nicht frei, sondern an die Antwortalternativen »gebunden«, indem er eine der möglichen Alternativen wählen muss.

Antworterfassung

Aufgaben mit gebundenem Antwortformat sind sehr ökonomisch in der Auswertung: Die Erfassung der gegebenen Antworten erfolgt manuell mit Schablonen, computergestützt mit Scannern oder im unmittelbaren Online-Betrieb mit Touchscreens o. Ä.; eine nachträgliche Kodierung der Antworten ist nicht notwendig, da sich die Probanden selbst für eine der Alternativen entscheiden müssen. Außerdem ist bei Aufgaben mit gebundenem Antwortformat die Auswertungsobjektivität meist höher als die von Aufgaben mit freiem Antwortformat.

Ordnungsaufgaben werden bearbeitet, indem die einzelnen Bestandteile der Aufgabe umgeordnet oder einander zugeordnet werden, sodass eine inhaltlich passende Ordnung entsteht. Es wird zwischen Zuordnungs- und Umordnungsaufgaben unterschieden.

Zuordnungsaufgaben

Bei ***Zuordungsaufgaben*** besteht die Anforderung an den Testteilnehmer, eine richtige Zuordnung von jeweils zwei Elementen – Worten, Zahlen, Zeichnungen etc. – zueinander vorzunehmen (■ Beispiele 3.3).

Beispiele 3.3

Zuordnungsaufgaben

Ordnen Sie jedem Land die entsprechende Hauptstadt zu.

Land	*Hauptstadt*	*Antwortkategorien*
1) Peru	a) Kuala Lumpur	a b c d (e) f
2) Laos	b) Quito	a b c (d) e f
3) Indonesien	c) Montevideo	a b c d e (f)
4) Equador	d) Vientiane	a (b) c d e f
5) Malaysia	e) Lima	(a) b c d e f
	f) Jakarta	

Vorteile: Zuordnungsaufgaben sind einfach, ökonomisch und objektiv. Eine große Anzahl von Aufgaben kann platzsparend auf einer kleinen Fläche untergebracht werden. Eine nur zufällig richtige Beantwortung stellt bei Zuordnungsaufgaben ein geringes Problem dar, da die Ratewahrscheinlichkeit gering ist. Deshalb sind sie besonders für Wissens- und Kenntnisprüfungen gut geeignet.

Nachteile: Bei diesem Antworttyp ist keine Reproduktionsleistung, sondern lediglich eine Wiedererkennnungsleistung erforderlich. Da die Antwortalternativen voneinander nicht unabhängig sind, nehmen mit jeder richtigen Zuordnung die Freiheitsgrade ab; gleichzeitig steigt die Wahrscheinlichkeit einer nur zufallsbedingten richtigen Lösung. Deshalb ist es ratsam, die Anzahl der zuzuordnenden Antwortalternativen innerhalb einer Aufgabe größer zu wählen, d. h. ein bis zwei nicht zuordenbare Antworten mit einzustreuen, um die Ratewahrscheinlichkeit zu verringern (◼ Beispiele 3.3). Hierbei sind die Überlegungen zur Konstruktion von gleich wahrscheinlichen Distraktoren (s. u.) zu beachten.

Umordnungsaufgaben

Eine Bearbeitung von ***Umordnungsaufgaben*** verlangt ein Umsortieren von Worten, Satzteilen, Zahlen, Bildern oder Gegenständen. Die Probanden sind angehalten, die einzelnen Teile der Aufgabe in eine sinnvolle Reihenfolge zu bringen.

Häufig wird dieser Aufgabentyp bei sogenannten Materialbearbeitungstests angewendet. Ein typisches Beispiel für dieses Antwortformat stellen Testaufgaben im HAWIK (Hardesty & Priester, 1963) dar, in dem Bildertafeln so angeordnet werden müssen, dass sie eine Geschichte ergeben (◼ Beispiele 3.4, Fall A). Auch nach einer Reihe kann gefragt werden (◼ Beispiele 3.4, Fall B).

Beispiele 3.4

Umordnungsaufgaben

A) Ordne die Bilder so, dass sie eine sinnvolle Geschichte ergeben.

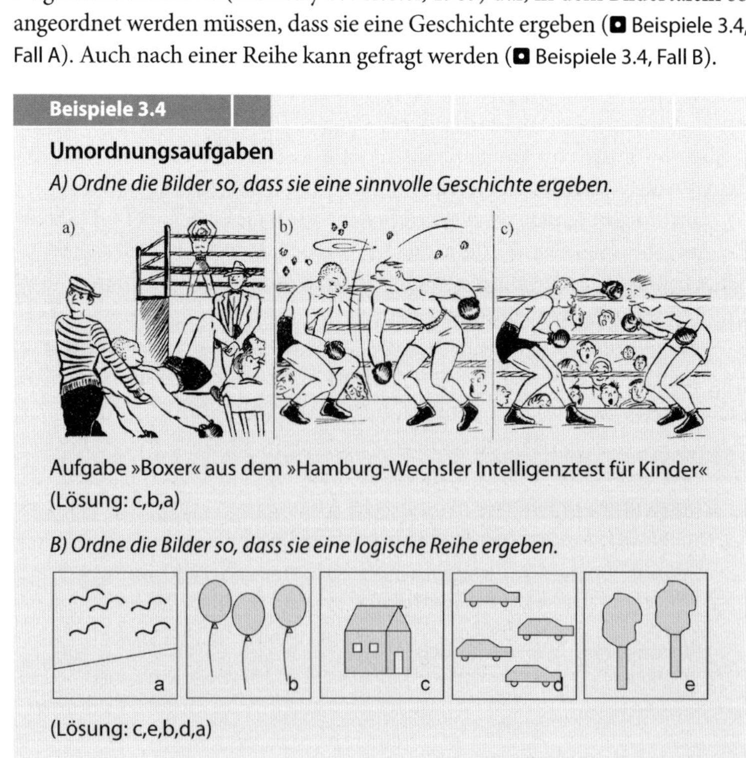

Aufgabe »Boxer« aus dem »Hamburg-Wechsler Intelligenztest für Kinder« (Lösung: c,b,a)

B) Ordne die Bilder so, dass sie eine logische Reihe ergeben.

(Lösung: c,e,b,d,a)

Vorteile: Dieser Aufgabentyp ist besonders in den Fällen gut geeignet, in denen die Gefahr besteht, dass die Testergebnisse z. B. durch Lesefähigkeit beeinträchtigt werden könnten. Im Leistungsbereich können durch Umordnungsaufgaben auch auf gute Weise z. B. schlussfolgerndes Denken, Ursache-Wirkungs-Zusammenhänge oder Abstraktionsfähigkeiten überprüft werden, mit dem Vorteil, nicht auf verbales Material beschränkt zu sein (◘ Beispiele 3.4).

Nachteile: Umordnungsaufgaben sind vor allem durch einen hohen Materialverbrauch gekennzeichnet. Für Gruppentestungen sind sie nur bedingt und dann nur als Papier und Bleistift-Tests anwendbar. Wegen der beschränkten Einsatzmöglichkeiten wird dieser Aufgabentyp nur für einige wenige Fragestellungen verwendet.

Auswahlaufgaben

Im Gegensatz zu Ordnungsaufgaben wird bei ***Auswahlaufgaben*** an die Probanden die Anforderung gestellt, aus mehreren vorgegebenen Antwortalternativen die richtige bzw. zutreffende Antwort zu identifizieren.

Im Folgenden werden wichtige Aspekte für die Konstruktion von Auswahlaufgaben vorgestellt. Bei Leistungstests sind die wichtigsten Aspekte die Wahl geeigneter Distraktoren sowie die Disjunktheit der Antwortmöglichkeiten; bei Persönlichkeitstests kommt die Exhaustivität der Antwortalternativen hinzu. Schließlich muss noch eine Entscheidung über die Anzahl der Antwortalternativen sowie über die Anzahl der »richtigen« Antwortalternativen getroffen werden.

Wahl geeigneter Distraktoren

Im psychologischen und pädagogischen Leistungskontext gehören Auswahl-Aufgaben zu den meist verwendeten Aufgaben. Anders als bei dem freien Antwortformat ist das Auffinden der richtigen Lösung allein durch das Wiedererkennen möglich. Um die Identifikation der richtigen Antwort zu erschweren, müssen Antwortalternativen in der Weise konstruiert werden, dass sie zwar wie richtige Antworten aussehen, aber inhaltlich falsche Antworten sind. Solche falschen Antwortalternativen werden ***Distraktoren*** (lat. distrahere = auseinanderziehen) genannt. Je mehr Distraktoren vorgegeben werden, desto mehr wird das Auswahlverhalten auf die verschiedenen Auswahlalternativen auseinandergezogen und desto geringer ist die Wahrscheinlichkeit für das zufällige Auffinden der richtigen Lösung. Für die Konstruktion geeigneter Distraktoren sind ihre Auswahlwahrscheinlichkeit (»Attraktivität«), ihre Ähnlichkeit mit der richtigen Antwortalternative sowie ihre Plausibilität von größter Bedeutung. Bei der Suche nach der Richtigantwort werden in der Regel alle Alternativen vom Probanden dahingehend geprüft, ob sie eine passende Antwort darstellen können. Nur wenn die falschen Antwortkategorien der richtigen stark ähneln, weist der Auswahlprozess für Probanden ohne Kenntnis der richtigen Antwort die notwendige Schwierigkeit auf. Für die Konstruktion von Distraktoren können z. B. die in Ergänzungsaufgaben (s. o.) häufig genannten falschen Lösungen genutzt werden.

◘ Beispiele 3.5 enthalten Varianten von sorgfältig konstruierten Distraktoren. Die Anzahl der Antwortalternativen im Fall A) beträgt 8, im Fall B) und C) jeweils 5.

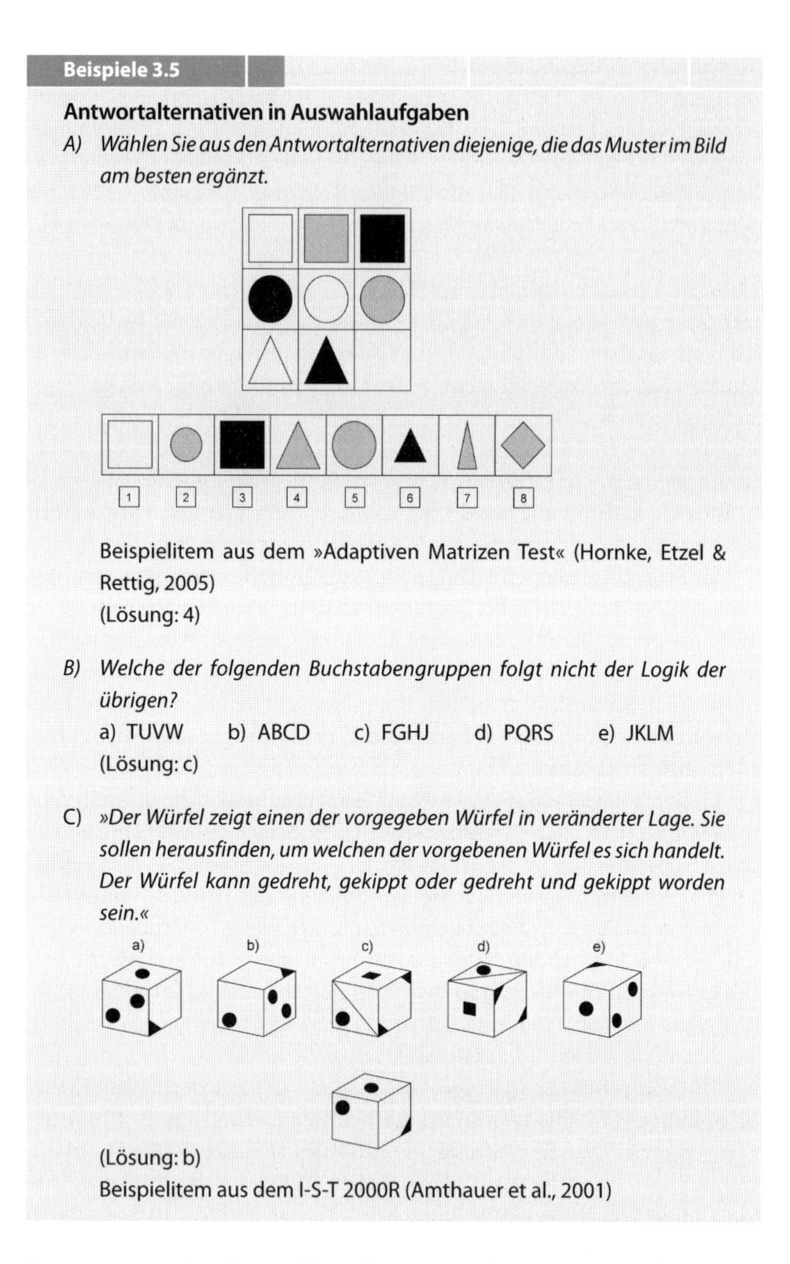

Beispiele 3.5

Antwortalternativen in Auswahlaufgaben

A) *Wählen Sie aus den Antwortalternativen diejenige, die das Muster im Bild am besten ergänzt.*

Beispielitem aus dem »Adaptiven Matrizen Test« (Hornke, Etzel & Rettig, 2005)
(Lösung: 4)

B) *Welche der folgenden Buchstabengruppen folgt nicht der Logik der übrigen?*
a) TUVW b) ABCD c) FGHJ d) PQRS e) JKLM
(Lösung: c)

C) *»Der Würfel zeigt einen der vorgegeben Würfel in veränderter Lage. Sie sollen herausfinden, um welchen der vorgebenen Würfel es sich handelt. Der Würfel kann gedreht, gekippt oder gedreht und gekippt worden sein.«*

(Lösung: b)
Beispielitem aus dem I-S-T 2000R (Amthauer et al., 2001)

Disjunktheit der Antwortalternativen

Des Weiteren ist bei der Erstellung der Antwortalternativen darauf zu achten, dass diese *disjunkt* sind, d. h. dass sie sich gegenseitig ausschließen und die Schnittmenge ihrer Aussagen leer ist. Man sollte also darauf achten, dass *genau eine* richtige Antwort existiert und nicht mehrere (■ Beispiele 3.6 für mehrere richtige Antworten, wobei im Fall A) die Antworten an den Kategoriengrenzen überlappen und im Fall B) die Kategorien b) und c) eine nichtleere Schnittmenge aufweisen).

Exhaustivität der Antwortalternativen

Bei der Konstruktion der Distraktoren muss insbesondere für Persönlichkeits- und Einstellungstests viel Aufmerksamkeit auf die *Exhaustivität* (Vollständigkeit) der Antwortalternativen gerichtet werden. Es ist darauf zu ach-

Beispiele 3.6

Nicht disjunkte Antwortalternativen

A) Wie groß ist 1/5 von 10?

a) kleiner als 1,5 b) 1,5 bis 2,0 c) 2,0 bis 2,5 d) größer als 2,5

B) Welches ist der Oberbegriff für Äpfel?

a) Gemüse b) Obst c) Baumfrüchte d) Strauchfrüchte

Konsequenz: Bei beiden Aufgaben wären sowohl Antwort b) als auch Antwort c) richtig.

ten, dass mit den Antwortalternativen alle Verhaltensvarianten ausgeschöpft sind. Ist dies nicht der Fall, kann es zu einer Situation kommen, in der der Proband keine für ihn passende Alternative unter den gebundenen Antworten findet (■ Beispiele 3.7, Fall A).

Im Gegensatz zu Persönlichkeitstests ist bei Leistungstests (■ Beispiele 3.7, Fall B und C) die Erfüllung der Exhaustivität weder notwendig noch erzielbar, weil die Menge falscher Antworten unendlich ist.

Beispiele 3.7

Nicht exhaustive Antwortalternativen in Persönlichkeitstests

A) Wählen Sie die Antwort aus, die auf Sie am besten zutrifft:

(a) Ich bevorzuge harte, realistische Action-Thriller
(b) Ich bevorzuge gefühlvolle, feinsinnige Filme

Konsequenz: Das Item ist ggf. nicht beantwortbar, wenn beide Antwortalternativen für den Probanden nicht zutreffend sind. Eine tendenzielle Antwort kann allerdings mittels der »forced choice« – Instruktion (s. u., ■ Beispiele 3.9) erzielt werden.

Nicht exhaustive Antwortalternativen in Leistungstests

B) Zwischen dem ersten und zweiten Wort besteht eine ähnliche Beziehung wie zwischen dem dritten und einem der fünf zur Wahl stehenden Begriffe. Wählen Sie das Wort, welches jeweils am besten passt:

Hund : Welpe wie Schwein : ______

a) Eber b) Ferkel c) Sau d) Lamm e) Nutztier

(Lösung: b)

C) Kreuzen Sie diejenige Lösung an, die Ihren Berechnungen nach richtig ist.

$\frac{1}{3a} - \frac{1}{2a} + \frac{1}{a} = ?$ a) $\frac{1}{2a}$ b) $\frac{5}{6a}$ c) $\frac{1}{6a}$ d) $\frac{5}{2a}$

(Lösung: b)

Konsequenz: Obwohl weitere Distraktoren denkbar sind, ist das Item beantwortbar, da die richtige Antwort in der Menge der Antwortalternativen enthalten ist.

Anzahl der Antwortalternativen

Je nach Anzahl der vorgesehenen Antwortalternativen spricht man von »dichotomen Aufgaben«, wenn der Proband zwischen zwei Antwortalternativen wählen kann; bei mehr als zwei Alternativen spricht man von »Mehrfachwahlaufgaben«.

Dichotome Aufgaben

Bei ***dichotomen Aufgaben*** werden zwei Antwortalternativen (a) und (b) angeboten (◘ Beispiele 3.8, Fall A). Oft wird anstelle der zwei Alternativen nur ein Statement angeboten, welches dann mit »ja/nein«, »stimmt/stimmt nicht« oder mit »richtig/falsch« zu beantworten ist, weshalb auch die Bezeichnung Richtig-Falsch-Aufgaben gebräuchlich ist (◘ Beispiele 3.8 Fall B). Auch komplexere Problemstellungen können als dichotome Aufgaben formuliert werden, wie die ◘ Beispiele 3.8 Fall C und Fall D zeigen. Die beiden Antwortalternativen in Beispiel D bestehen aus a) Markierung des »Zielitems« durch einen Zacken und b) Markierung der »Nicht-Zielitems« durch eine Linie unter den Zeichen.

Beispiele 3.8

Dichotome Aufgaben

A) Sir Karl Raimund Popper ist

(a) der Begründer des kritischen Rationalismus.
(b) der Begründer des Neo-Positivismus.
(Lösung: a)

B) Fallschirmspringen würde ich gerne ausprobieren.

(a) Stimmt (b) Stimmt nicht

C) Das Verhältnis von Vegetariern zu Nicht-Vegetariern betrage in Deutschland 10% zu 90%. In einer ökologisch orientierten Partei sind von 480 Mitgliedern 169 Vegetarier. Weicht die Häufigkeit der Vegetarier in der Partei von der Häufigkeit der Vegetarier in Deutschland ab?

(a) Ja (b) Nein
(Lösung: a)

D) Ihre Aufgabe wird darin bestehen, in einer Liste von runden Zeichen jene zu finden, welche innen entweder einen

»Kreis mit 3 Punkten« 

oder ein ***»Quadrat mit 2 Punkten«*** 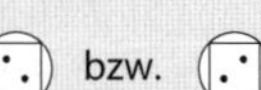 *zeigen.*

Die Bearbeitung des Testbogens geschieht folgendermaßen: Sie beginnen am linken Blattrand bei dem angedeuteten Stift und ziehen eine Linie unter den Zeichen nach rechts. Immer wenn Sie einen »Kreis mit 3 Punkten« oder ein »Quadrat mit 2 Punkten« finden, ziehen Sie von unten einen Zacken in das Zeichen hinein, unter den anderen Zeichen ziehen Sie die Linie einfach vorbei. Die Linie ist genauso wichtig wie die Zacken.

Eine richtig bearbeitete Zeile sollte etwa so aussehen:

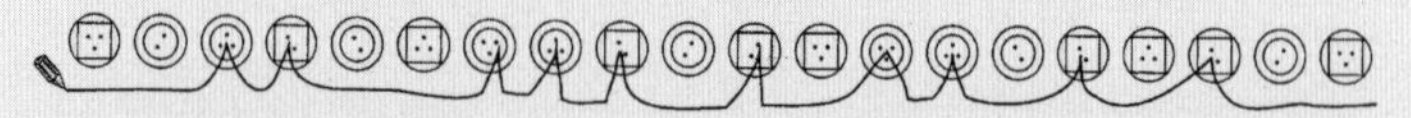

Quelle: »Frankfurter Aufmerksamkeits-Inventar« (FAIR; Moosbrugger & Oehlschlägel, 1996)

Vorteile: Aufgaben mit einem dichotomen Antwortformat sind einfach und ökonomisch, sowohl in der Instruktion als auch in der Bearbeitung und Auswertung. Die Lösungszeit der einzelnen Items ist relativ kurz, da der Proband nur zwei Antwortalternativen besitzt, aus denen er wählen kann.

Nachteile: Der größte Nachteil dichotomer Items bei Leistungstest besteht in einer 50-prozentigen Ratewahrscheinlichkeit für zufällig richtige Lösungen. Darüber hinaus wird lediglich die Wiedererkennungsleistung abgefragt. Die beiden Eigenschaften zusammengenommen haben zur Folge, dass dichotome Aufgaben im Leistungskontext nicht sehr häufig zur Anwendung kommen.

Bei Persönlichkeitstests stellt sich die Problematik zufällig richtiger Lösungen naturgemäß nicht. Jedoch berichtet Krosnick (1999, S. 552), dass es bei Ja-Nein-Aufgaben Hinweise auf eine erhöhte Akquieszenz (Zustimmungstendenz, hierzu ► Abschn. 3.4.3) gibt. Ein weiterer Nachteil besteht darin, dass es oft Schwierigkeiten bereitet, den Aufgabenstamm so zu formulieren, dass er mit »Ja« oder »Nein« beantwortet werden kann. Bei komplexen Aufgabeninhalten sollte eher ein anderes Antwortformat bevorzugt werden (■ Beispiele 3.8, Fall D).

Mehrfachwahl-Aufgaben

Für Aufgaben, bei denen mehr als zwei Antwortalternativen vorgegeben sind, wird die Bezeichnung ***Mehrfachwahl***- oder ***Multiple-Choice-Aufgabe*** verwendet. Von den Alternativen in Leistungstests ist diejenige auszuwählen, die richtig und in Persönlichkeitstests diejenige, die individuell zutreffend ist.

Bei der Konstruktion der Antwortalternativen von Multiple-Choice-Aufgaben im Persönlichkeits- und Einstellungsbereich ist die Beachtung der Exhaustivität der Alternativen (s. o.) besonders wesentlich. Sofern keine Exhaustivität vorliegt, kann mit einer entsprechenden Instruktion veranlasst werden, dass sich die Probanden für die am ehesten auf sie zutreffende Antwortalternative entscheiden, auch wenn keine der Optionen für den Probanden richtig passt. Solche Antwortformate werden ***»Forced Choice«*** genannt und z. B. bei Interessenstests benutzt (■ Beispiele 3.9).

Forced Choice

Beispiele 3.9

Forced Choice

Was würden Sie am liebsten am kommenden Wochenende tun? Wählen Sie bitte die Antwortalternative, die am ehesten auf Sie zutrifft.

a) Sich über die neuesten Ereignisse in der Wirtschaft informieren
b) Einen Spaziergang in der Natur unternehmen
c) Eine Kunstausstellung besuchen
d) Sich in ein neues Computerprogramm einarbeiten

Über die »klassischen« Mehrfachwahlaufgaben hinaus, wo lediglich *eine* Lösung korrekt ist, sind in Leistungstests auch Antwortformate vorzufinden, bei denen *mehrere* Antwortalternativen korrekt sind; diese sollen herausgefunden und angekreuzt werden.

Hierbei existieren zwei mögliche Instruktionen. In der einen Instruktion wird dem Probanden die Anzahl der richtigen Antwortalternativen mitgeteilt. Die Aufgabe besteht in der Identifizierung der richtigen Antwortalternativen.

In der anderen Instruktion muss der Proband zusätzlich entscheiden, wie viele Antworten er für richtig hält (»pick any out of n«-Format; vgl. Rost, 2004). Beide Instruktionen verringern die Ratewahrscheinlichkeit beträchtlich.

Vorteile: Mehrfachwahlaufgaben sind in der Durchführung und Auswertung fast ebenso einfach, ökonomisch und objektiv wie dichotome Aufgaben; bei Leistungstests ist die Ratewahrscheinlichkeit durch die erhöhte Anzahl der Antwortalternativen stark verringert. Sofern die Probanden mehrere Antwortalternativen als Richtigantworten identifizieren müssen, sinkt die Ratewahrscheinlichkeit nochmals beträchtlich.

Nachteile: Das erfolgreiche Bearbeiten von Aufgaben dieses Typs setzt lediglich eine Rekognitionsleistung (Wiedererkennen) voraus. Deshalb ist das Format nicht für alle Konstrukte sinnvoll, wie bspw. für Kreativität. Wenn Mängel in den Distraktoren vorliegen (z. B. bei ungleich attraktiven Antwortalternativen) oder wenn die Aufgabe selbst Hinweise auf die Problemlösung beinhaltet, können Verzerrungen auftreten.

Beurteilungsaufgaben

In Persönlichkeitstests wird häufig der Zustimmungs- oder Ablehnungsgrad zu einer im Aufgabenstamm vorgelegten Aussage (Statement) als Indikator für die Ausprägung des untersuchten Persönlichkeitsmerkmals herangezogen. Solche Aufgaben werden als ***Beurteilungsaufgaben*** bezeichnet, wobei als Antwortformat eine ***kontinuierliche Analogskala*** oder eine ***diskret gestufte Ratingskala*** herangezogen wird. Ratingformate zeichnen sich durch mindestens zwei, i. d. R. aber durch mehr als zwei graduell abgestufte Beurteilungskategorien aus. Aufgaben dieses Typs bezeichnet man auch als ***Stufenantwortaufgaben***. Die Aufgabe für den Probanden besteht darin, die für ihn am besten passende oder zutreffende Antwortkategorie zu markieren; es gibt dabei keine richtigen und falschen Antworten. Jede Antwort wird gemäß einem zuvor festgelegten Schema gewichtet. In der Regel wird für jede Antwort eine entsprechende Punktzahl vergeben; die Punktzahl aller Antworten kann zu einem Gesamtpunktewert aufsummiert werden. Charakteristisch ist, dass die Kategorien meist *nicht aufgabenspezifisch* formuliert sind und in einheitlicher Form für den gesamten Test gelten. Im Unterschied zum Ratingformat weisen kontinuierliche Analogskalen keine diskreten Abstufungen auf und ermöglichen somit eine besonders feine Differenzierung der Beurteilung.

Aspekte bei der Konstruktion von Beurteilungsaufgaben

Innerhalb der Gruppe der Beurteilungsaufgaben ist hinsichtlich des Antwortformates eine Reihe von Differenzierungsgesichtspunkten zu beachten. Für welches Antwortformat (Ratingskala bzw. Analogskala) man sich entscheidet, hängt von der Zielsetzung der Messung ab. Bei der Konstruktion der Antwortskala sind hierzu jedenfalls sechs Aspekte zu berücksichtigen:

*1. Sollen **Skalenstufen** verwendet werden oder nicht?*
Dieser Aspekt betrifft die Differenziertheit einer Beurteilungsskala. Prinzipiell besteht die Möglichkeit, wenig oder viele Skalenstufen zuzulassen. Bei der Entscheidung ist der Grad der Differenziertheit des Urteils zu berücksichtigen, der von einem Probanden erwartet wird. Grundsätzlich kann man zwischen einer kontinuierlichen Analogskala und einer diskret gestuften Ratingskala unterscheiden.

Ein Beispiel für eine kontinuierliche Skala ohne konkrete Skalenstufen stellt die ***visuelle Analogskala*** dar (■ Beispiele 3.10, Fall A). Die Testteilnehmer werden angehalten, das Item zu beantworten, indem sie an einer Stelle der Skala ein Kreuz setzen. Bei einer computerunterstützten Online-Implementierung kann die Beurteilung direkt am Bildschirm vorgenommen werden. Kontinuierliche Skalen sind im Vormarsch, da die seinerzeitigen Verrechnungsvorteile ganzzahlig gestufter Skalenpunkte im Computerzeitalter nicht mehr stichhaltig sind. Dennoch werden Analogskalen eher selten verwendet, da die Differenziertheit der Messung in der Regel nicht der Differenziertheit des Urteils entspricht.

Visuelle Analogskala

Sofern man sich für die konkrete Angabe von abgestuften Skalenpunkten entscheidet, spricht man von ***diskret gestuften Ratingskalen*** (■ Beispiele 3.10, Fall B). Allgemein kann davon ausgegangen werden, dass sich für mehr als sieben Skalenstufen kein Informationsgewinn in den individuellen Urteilsdifferenzierungen finden lässt. Auch wenn eine Skala sehr viele numerische Stufen enthält (z. B. 100), werden überwiegend jene Stufen ausgewählt, die durch 10 bzw. 5 teilbar sind. Darüber hinaus sind sog. Antworttendenzen oder response sets zu berücksichtigen; so ist bspw. bei wenigen Antwortkategorien die Tendenz zum extremen Urteil weniger ausgeprägt (▶ Abschn. 3.2.3).

Diskret gestufte Ratingskalen

2. *Soll die Antwortskala* ***bipolar*** *oder* ***unipolar*** *gewählt werden?*

Bei einer bipolaren Skala reicht der Zustimmungs-/Ablehnungsbereich zum jeweiligen Item von einem positiven Pol, der eine starke Zustimmung oder ein Zutreffen ausdrückt, über einen Indifferenzbereich zu einem negativen Pol, der eine starke Ablehnung oder ein Nicht-Zutreffen ausdrückt. Eine unipolare Skala hat einen »Nullpunkt«, richtiger einen Bezugspunkt, der das geringste Ausmaß der Zustimmung (bzw. Ablehnung) kennzeichnet sowie einen positiven (bzw. negativen) Pol, der die stärkste Zustimmung (bzw. Ablehnung) markiert; die Intensität, die Häufigkeit oder der Grad der Zustimmung (bzw. Ablehnung) steigt nur in eine Richtung. Die Entscheidung zugunsten der unipolaren oder der bipolaren Skala ist von den Iteminhalten bzw. von der zu erfassenden Eigenschaft abhängig.

Polarität der Antwortskala

Beispiele 3.10

Unipolare und bipolare Skalen

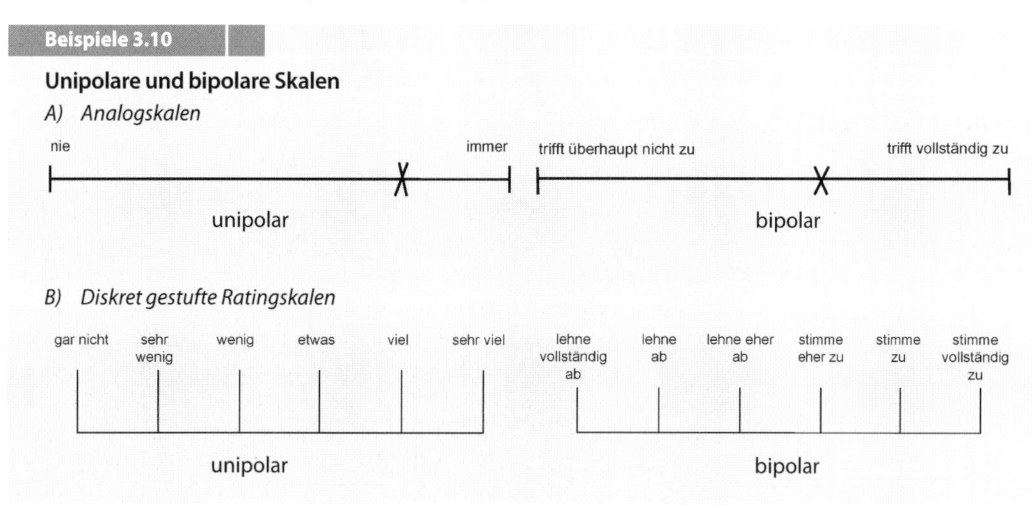

3. *Wie sollen **Skalenpunkte bezeichnet** werden?*
Hat man sich für eine bestimmte Anzahl von Skalenpunkten (Stufen) entschieden, so stellt sich die Frage, wie diese bezeichnet werden sollen. Hierzu gibt es mehrere Möglichkeiten:

Numerische Skala

- Bei *numerischen Skalen* werden die Stufen häufig mit Zahlen markiert (Beispiel 3.11). Dies erweckt den Anschein einer »präzisen« Messung und dass es sich dabei um eine Intervallskala handelt. Die Anwendung einer numerischen Skala stellt jedoch nicht sicher, dass die Gleichheit der Abstände zwischen den Skalenpunkten auch gleichen Abständen im Urteil des Probanden entspricht. Zudem erfolgt die Wahl eines bestimmten Zahlenformats oft recht willkürlich und ohne Berücksichtigung, dass die Wahl bestimmte Folgen haben kann. So nehmen Probanden manchmal an, dass mit dem Zahlenformat die Polarität der Skala kommuniziert werden soll, indem mit der Beschriftung von -2 bis +2 ein bipolares und mit 1 bis 5 ein unipolares Merkmal gekennzeichnet ist. Die Wahl der Numerierung kann somit eine Verschiebung der Antworten verursachen.

Beispiel 3.11

Numerische Ratingskala

-5	-4	-3	-2	-1	0	+1	+2	+3	+4	+5

Verbale Ratingskala

- Wenn alle Skalenpunkte mit Worten bezeichnet werden, liegt eine sog. *verbale Ratingskala* vor. Sie hat den Vorteil, dass die Interpretation der Skalenpunkte intersubjektiv einheitlicher erfolgt – die Probanden brauchen sich nicht »vorzustellen«, was sich hinter den einzelnen Skalenpunkten verbirgt (Beispiele 3.12). Zur verbalen Stufenbeschreibung werden u. a. Bewertungen, Häufigkeits- und Intensitätsangaben sowie Wahrscheinlichkeiten als Antwortoptionen herangezogen. Konkrete Häufigkeitsangaben (z. B. »mindestens einmal täglich«) zeichnen sich dabei durch die positive Eigenschaft aus, dass sie einen verbindlichen, interpersonell vergleichbaren Maßstab darstellen. Die Testpersonen sind zufriedener, wenn nicht nur die zwei Extremwerte, sondern auch weitere Skalenpunkte verbale Beschreibungen aufweisen (Dickinson & Zellinger,

Beispiele 3.12

Verbale Ratingskalen

A) *Verbale bipolare Skala mit Abstufungen des Zutreffens*

trifft voll und ganz zu	trifft über-wiegend zu	trifft gerade noch zu	trifft eher nicht zu	trifft über-wiegend nicht zu	trifft über-haupt nicht zu

B) *Verbale unipolare Skala mit Abstufungen der Häufigkeit (Intensität)*

☐ nie ☐ selten ☐ manchmal ☐ oft ☐ immer

1980). Insgesamt ist es aber schwierig, Beschreibungen zu finden, welche äquidistante Abstände zwischen den Skalenstufen gewährleisten.

Optische Skala und Symbolskala

- *Optische Skalen* und *Symbolskalen* unterliegen keinen subjektiven Schwankungen hinsichtlich der Bedeutung sprachlicher Bezeichnungen, wie dies bei rein sprachlichen Formaten der Fall ist (▪ Beispiele 3.13). Beide Skalentypen werden eingesetzt, um den Eindruck einer übertriebenen mathematischen Exaktheit zu vermeiden, welche vom Testleiter de facto nicht sichergestellt werden kann.

Beispiele 3.13

Optische Skalen und Symbolskalen

A) eine unipolare optische Analogskala *B) eine bipolare Symbolskala*

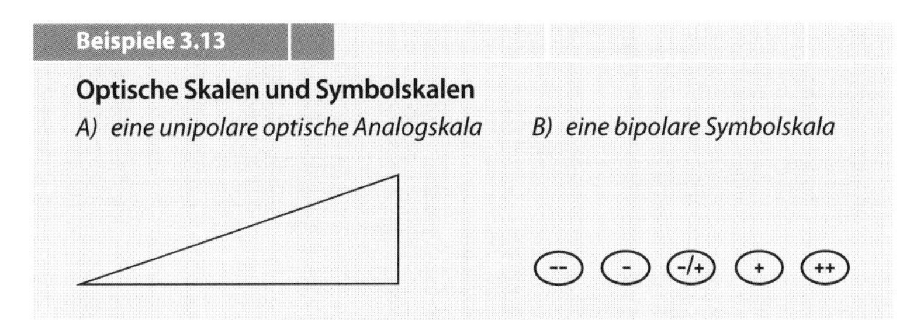

Kombinierte Skala

- Oft werden die verschiedenen *Skalenbezeichnungen* miteinander *kombiniert*. Von einer Vermengung einer verbalen mit einer numerischen Skala erhofft man sich Vorteile der beiden Formate. Es ist dabei zu beachten, dass die verwendeten Bezeichnungen möglichst genau mit den Zahlen korrespondieren sollen. So sollte man bspw. eine 5-stufige Intensitätsskala von »nie« bis »immer« nicht mit dem Zahlenschema von -2 bis +2 kombinieren, da dies die Eindeutigkeit der Interpretation absenkt; angemessen wären 0, 1, 2, 3, 4 (▪ Beispiele 3.14).

Beispiele 3.14

Kombinierte Skalen

A) Verbal-numerische Skalen

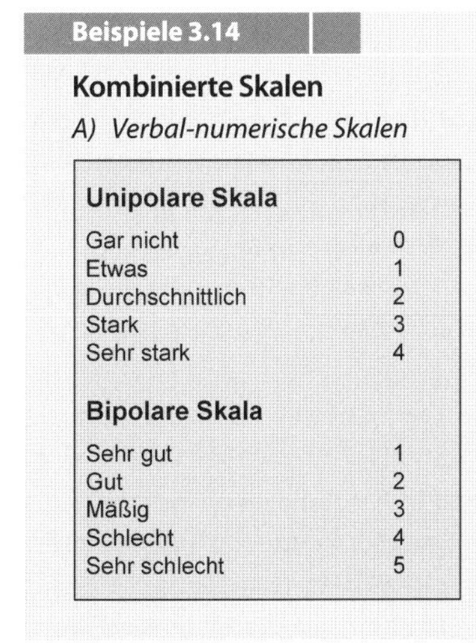

Unipolare Skala

Gar nicht	0
Etwas	1
Durchschnittlich	2
Stark	3
Sehr stark	4

Bipolare Skala

Sehr gut	1
Gut	2
Mäßig	3
Schlecht	4
Sehr schlecht	5

B) Optisch-numerische Skalen

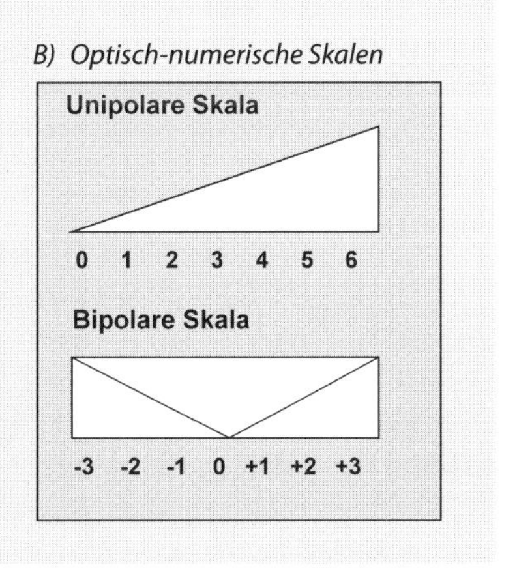

4. *Soll die Skala eine **neutrale Mittelkategorie** haben oder nicht?*

Neutrale Mittelkategorie

Verschiedentlich konnte empirisch gezeigt werden, dass eine neutrale mittlere Kategorie von den Probanden nicht nur instruktionsgemäß, d. h. im Sinne einer mittleren Merkmalsausprägung, benutzt wird. Häufig dient sie als eine Ausweichoption, wenn die Testperson den angegebenen Wortlaut als unpassend beurteilt, die Frage nicht verstanden hat, die Antwort verweigert oder aber diese nicht kennt. Umgekehrt wird diese Kategorie von besonders motivierten Probanden gemieden. Die daraus resultierende Konfundierung (Vermischung, Vermengung) des interessierenden Konstrukts mit einem konstruktfremden Antwortverhalten kann zu erheblichen Validitätsproblemen und somit zu Verzerrungen in der Interpretation der Befunde führen. Manche Probanden nehmen auch an, dass die mittlere Kategorie von der »typischen« oder »normalen« Person angekreuzt wird und platzieren deshalb ihre Antworten in dieser Kategorie, unabhängig davon, wie die Frage gelautet hatte. Zusammengenommen sprechen die Argumente eher gegen eine neutrale Mittelkategorie. Durch die Angabe einer zusätzlichen »Weiß-nicht«-Antwortkategorie kann das Problem der konstruktfremden Verwendung der neutralen Mittelkategorie verringert werden (s. u.).

*5. Soll es eine »**Weiß nicht«-Kategorie** geben?*

»Weiß nicht«-Kategorie

Die »Weiß nicht«- oder »Kann ich nicht beantworten«-Kategorie sollte als separate Antwortalternative dargeboten werden, wenn angenommen werden muss, dass es Probanden gibt, die zu dem Untersuchungsgegenstand keine ausgeprägte Meinung haben, ihn nicht kennen, die Antwort nicht wissen oder die Frage sprachlich nicht verstanden haben. Gibt es diese Antwortoption nicht, sehen sich die Probanden veranlasst, die vorgegebene Antwortskala für konstruktfremde Antworten zu verwenden, was zu Ergebnissen führt, die nicht einmal im Falle von Forced Choice (s. o.) zu gebrauchen sind.

Die »Weiß-nicht«-Kategorie vermindert das Problem der neutralen Mittelkategorie (s. o.), da den Probanden nun explizit die Möglichkeit einer Ausweichoption gegeben ist. Die neutrale Mittelkategorie kann nun ihre Funktion als Mitte der Beurteilungsskala erfüllen und muss nicht mehr wegen Schwierigkeiten in Aufgabenverständnis, Antwortvermeidung, geringer Motivation oder Erschöpfung bei zu langen Tests etc. gewählt werden.

Zusammenfassend sollte die Aufnahme einer zusätzlichen »Weiß-nicht«-Kategorie sorgfältig abgewogen sein. Sie bietet sich insbesondere dann an, wenn eine berechtigte Vermutung besteht, dass einige Probanden nicht über die nötige Kompetenz zur konstruktgetreuen Beurteilung der Aufgabe verfügen.

*6. Können auch **asymmetrische Beurteilungsskalen** eingesetzt werden?*

Asymmetrische Beurteilungsskalen

Asymmetrische Skalen werden vor allem eingesetzt, wenn damit zu rechnen ist, dass die Probanden nicht ein vollständig symmetrisches Antwortspektrum nutzen werden. Psychologische Tests bedienen sich dieses Formats selten, wohl aber Fragebogen in der Marktforschung und in der Kundenzufriedenheitsforschung. Z. B. werden Schokolade- und Pralinenprodukte meist so positiv bewertet, dass symmetrische bipolare Beurteilungsskalen nur unzureichend in der Lage wären, Differenzen in der Bewertung unterschiedlicher Marken aufzudecken (Schuller & Keppler, 1999). Eine asymmetrische Skala kann hier eine höhere Differenzierung in dem erwarteten positiven Bewertungsbereich erzielen.

Eine Variante asymmetrischer Skalen, die ebenfalls eher in Fragebogen als in Tests zur Anwendung kommt, stellen itemspezifische Antwortformate dar, deren Kategorien asymmetrisch an den Iteminhalten angepasst sind (▣ Beispiel 3.15).

Beispiel 3.15

Itemspezifisches Antwortformat

Wie oft trinken Sie Alkohol:

☐ täglich ☐ mehrmals in der Woche ☐ 1x pro Woche
☐ 1x pro Monat ☐ seltener

Itemspezifische Antwortformate, d. h. Formate, die sich in der Anzahl ihrer Antwortkategorien von Item zu Item unterscheiden, werden häufig für die Erhebung demographischer Daten angewendet – eine testtheoretische Auswertung ist dann nicht notwendig. Sie haben den Vorteil, dass nur kaum mit dem Auftreten von Antworttendenzen (▶ Abschn. 3.2.3) gerechnet werden muss.

Zusammenfassende Beurteilung von Beurteilungsaufgaben

Vorteile von Beurteilungsaufgaben: In der Praxis sind Beurteilungsaufgaben leicht zu handhaben und ökonomisch bezüglich des Materialverbrauchs und der Auswertungszeit. Dadurch, dass sich der Proband auf einen Antwortmodus einstellen kann und nicht bei jeder Aufgabe »umdenken« muss, wird auch die Bearbeitungsdauer kürzer. Beurteilungsaugaben werden sehr häufig eingesetzt.

Nachteile von Beurteilungsaufgaben: Häufig werden die Antwortkategorien mit Zahlen bezeichnet, mit dem Ziel, die Beurteilungsskala wie eine Intervallskala zu benutzen. Dies ist insofern problematisch, als die Antworten streng genommen lediglich ordinalskaliert sind. Die Zuordnung von Zahlen zu den Skalenpunkten erleichtert aber die Anwendung von statistischen Auswertungsverfahren, welche eine Intervallskalierung voraussetzen. An dieser Stelle sei jedoch angemerkt, dass dieses Vorgehen bei der der Interpretation der Ergebnisse zu messtheoretischen Problemen führen kann. Näheres dazu findet der interessierte Leser in Bortz und Döring (2006, S. 181ff).

3.3.3 Aufgaben mit atypischem Antwortformat

Nicht alle Antwortformate lassen sich unter den oben aufgeführten Kategorien der freien und gebundenen Antwortformate zusammenfassen. Eine Anzahl von weiteren Alternativen lässt sich durch Kombinationen der obigen Antworttypen herstellen.

Das gängigste der atypischen Formate ist die ***Aussagen-Vergleichs-Aufgabe***, die vor allem zur Prüfung des logischen Urteilsvermögens herangezogen wird (■ Beispiele 3.16, Fall A). Die einzelnen Antworten sollen daraufhin beurteilt werden, ob sie in einer vorgegebenen Beziehung zu dem Hauptsatz stehen oder nicht. Dabei kann es sich um einen Widerspruch, eine Subsummierung, eine Verallgemeinerung oder aber eine Konkretisierung handeln. Im Gegensatz zu einer Mehrfachwahl-Aufgabe ist hier jede Antwort von den restlichen Antworten unabhängig.

Einem anderen Prinzip folgt z. B. der »Zahlen-Verbindungs-Test« (ZVT; Oswald & Roth, 1987), in dem abgebildete Zahlen in einer aufsteigenden Reihenfolge verbunden werden müssen (■ Beispiele 3.16, Fall B).

Beispiele 3.16

Atypische Antwortformate

A) *Welche(r) der untergeordneten Sätze (1, 2, 3, 4) steht zu dem übergeordneten Satz D im Widerspruch?*
Satz D: Der Kantsche Imperativ ist eine allgemein gültige sittliche Norm.

1. Nicht alle Menschen halten sich an den Kantschen Imperativ.
   Widerspruch – Kein Widerspruch
2. Der Kantsche Imperativ ist für den gläubigen Christen unmaßgeblich.
   Widerspruch – Kein Widerspruch
3. Sittliche Normen kann es nicht geben, da jeder Mensch nur seinem Gewissen verantwortlich ist.
   Widerspruch – Kein Widerspruch
4. Der Kantsche Imperativ ist den meisten Menschen unbekannt.
   Widerspruch – Kein Widerspruch
   (Beispiel aus Lienert & Raatz, 1998, S. 23)
   (Lösung: 2 und 3)

B) *Verbinden Sie die Zahlen in einer aufsteigenden Reihenfolge!*

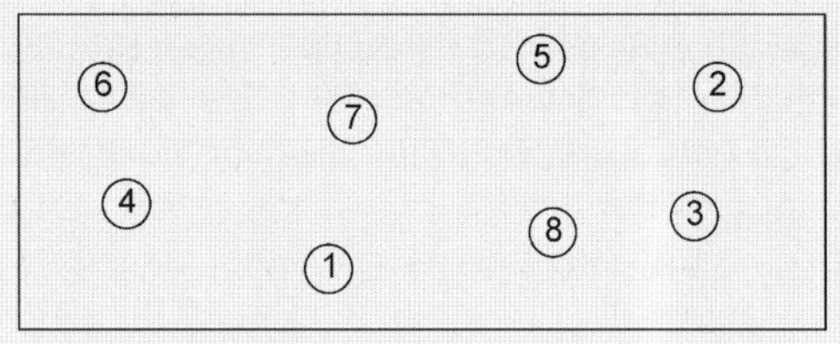

(Beispiel in Anlehnung an den »Zahlen-Verbindungs-Test« (ZVT; Oswald & Roth, 1987)

3.3.4 Entscheidungshilfen für die Wahl des Aufgabentyps

Für die Test- und Fragebogenkonstrukteure können die folgenden, allgemein relevanten Gesichtspunkte eine Entscheidungshilfe bei der Auswahl des Aufgabentyps bzw. des Antwortformats (in Anlehnung an Lienert & Raatz, 1998, S. 24) darstellen.

Die Zielvorgabe für angemessene Aufgaben in Tests und Fragebogen besteht in

- leichter Verständlichkeit
- einfacher Durchführbarkeit
- kurzer Lösungszeit
- geringem Material- bzw. Papierverbrauch
- leichter Auswertbarkeit
- geringer Häufigkeit von Zufallslösungen.

Neben der entsprechend diesen Zielvorgaben optimierten Auswahl angemessener Aufgabentypen müssen auch die in ► Abschn. 3.5 aufgeführten Gesichtspunkte der Itemformulierung Berücksichtigung finden.

3.4 Fehlerquellen bei der Itembeantwortung

Bei der Itembearbeitung kann eine Reihe von typischen Fehlern auftreten, wenn der Proband nicht die Antwortkategorien auswählt, die der Ausprägung des interessierenden Merkmals bei ihm entsprechen. Hierbei sind nicht zufällig entstehende Fehler gemeint, sondern systematische Fehler, die konstruktirrelevante Varianz vor allem in Ratingdaten erzeugen und auf diese Weise die Validität der Items mindern.

Prominente Beispiele systematischer Fehlerquellen sind die *Soziale Erwünschtheit* und die *Akquieszenz*. In den meisten Fällen wirken diese Fehlerquellen nicht isoliert, sondern sind miteinander konfundiert. Dies erschwert die Interpretation der Untersuchungsergebnisse umso mehr. (Für eine ausführliche Darstellung s. Podsakoff, MacKenzie, Lee & Podsakoff, 2003).

Kognitive Prozesse bei der Bearbeitung von Testaufgaben

Die für das Zustandekommen von Itemantworten maßgeblichen ***kognitiven Prozesse*** finden bei der Testkonstruktion häufig zu wenig Beachtung. Die meisten Tests und Fragebogen scheinen immer noch auf einem Black-Box-Modell zu basieren, in dem nur der Anzahl der Antwortkategorien bzw. der Objektivität der Antworten Beachtung geschenkt wird (Jäger & Petermann, 1999). Ein besseres Verständnis der Fehlerquellen wird hingegen möglich, wenn man sich die Testsituation und die Anforderungen, welche an die Probanden gestellt werden, vor Augen führt. Im Folgenden wird deshalb kurz auf den kognitiven Prozess bei der Bearbeitung von Testaufgaben und auf die dabei entstehenden möglichen Fehler eingegangen (■ Studienbox 3.1).

3.4.1 Optimizing-Satisficing-Modell

Eine sparsame Erklärung für viele der aufgeführten Fehlerquellen liefert Krosnick (1999), wobei auch er von ähnlichen kognitiven Prozessen, wie in der ■ Studienbox 3.1 beschriebenen, bei der Itembeantwortung ausgeht. Wie aus den zuvor dargestellten Stadien der kognitiven Prozesse hervorgeht, sind viele Schritte erforderlich, um selbst auf einfache Fragen eine passende Antwort zu generieren bzw. auszuwählen. Je nach Motivation der Probanden können die kognitiven Prozesse eine verschiedene Qualität haben. Krosnick unterscheidet grundsätzlich zwei Motivgruppen, von denen sich Probanden leiten lassen, wenn sie an der Testung teilnehmen, nämlich *Optimizing* und *Satisficing*.

Optimizing

Beim sogenannten Optimizing liegt die Motivation in einem positiven Grund, der den Probanden zu einer gründlichen Bearbeitung veranlasst. Diese Gründe können bei dem Selbstbild der Probanden oder dem Verstehen des eigenen Selbst liegen, oder es ist die zwischenmenschliche Verantwortung, der Altruismus, der Wille einem Unternehmen oder dem Staat etc. zu helfen. Als Beweggrund für eine gründliche Teilnahme kommt auch eine Belohnung in Frage.

Studienbox 3.1

Kognitive Stadien bei der Aufgabenbeantwortung (vgl. Podsakoff et al., 2003)

Verständnis ⟹ Abruf ⟹ Urteil ⟹ Antwortwahl ⟹ Antwortabgabe

(1) Verständnis (comprehension): Dieses Stadium beinhaltet erstens, dass der Proband seine Aufmerksamkeit auf die Aufgaben richtet und zweitens, dass er den Aufgabeninhalt und die Instruktion versteht.
Fehlerquelle: Die Itemmehrdeutigkeit stellt in diesem Stadium den Hauptfehler dar. Der Proband versucht aufgrund der Mehrdeutigkeit des Items Informationen aus dem Kontext, also den anderen Items, zu ziehen oder er antwortet willkürlich.
(2) Abruf (retrieval): Nachdem das Item verstanden wurde, müssen nun Informationen durch Schlüsselreize aus dem Langzeitgedächtnis abgerufen werden und es wird eine Abrufstrategie entwickelt.
Fehlerquelle: Verschiedene Aspekte können diesen Prozess beeinflussen. Z. B. verändert die momentane Stimmungslage den Zugriff auf Erinnerungen und Informationen. Eine negative Stimmungslage produziert vermehrt negative Erinnerungen.
(3) Urteil (judgement): Nun bewertet der Proband die abgerufenen Informationen hinsichtlich ihrer Vollständigkeit und Richtigkeit und entscheidet sich für ein Urteil.
Fehlerquelle: Aufgrund der vorher beantworteten Items könnte der Proband sich eine globale Meinung zu dem erfragten Themengebiet gebildet haben und jedes Item in einer mit dem globalen Urteil konsistenten Weise bewerten, obwohl er eigentlich unabhängige Antworten geben sollte.
(4) Antwortwahl (response selection): Nachdem der Proband sein Urteil getroffen hat, überprüft er nun die vorgegebenen Antwortmöglichkeiten und versucht, eine Entscheidung hinsichtlich einer optimalen Abbildung für sein Urteil zu treffen.
Fehlerquelle: Dabei tritt häufig der Fehler der Tendenz zur Mitte (s. u.) auf, d. h. dass der Proband die extremen Antworten scheut.
(5) Antwortabgabe (response reporting): Der letzte Schritt stellt nun die Überprüfung auf inhaltiche Konsistenz zwischen der getroffenen Entscheidung und der tatsächlichen Abgabe der Antwort (also dem Kreuz auf dem Fragebogen) dar.
Fehlerquelle: Einer der möglichen Fehler kann hier sein, dass der Proband seine Antwort noch dahingehend verändert, dass er eine sozial erwünschte Antwort gibt (s. u.), also eine Antwort, die ihn in den Augen anderer positiver darstellt, als es durch seine tatsächliche Meinung der Fall wäre.

Satisficing

Im Gegensatz dazu handelt es sich bei *Satisficing* (engl. zusammengezogen aus satisfying und sufficing) um ein Verhalten, das auftritt, wenn Personen nur beiläufig an einer Testung teilnehmen oder weil sie dazu verpflichtet sind. In solchen Situationen stehen sie vor einem Dilemma: sie möchten sich nicht anstrengen und gleichzeitig müssen sie aber kognitiv anspruchsvolle Aufgaben bewältigen. Zur Bewältigung dieses Dilemmas lassen sich zwei Bewältigungsstrategien unterscheiden. Zum einen können die Probanden jedes der in die Itembearbeitung involvierten kognitiven Stadien – Verstehen, Abrufen, Urteilen, Antwortwahl und Antwortangabe – oberflächlich ausführen und statt einer gründlich-optimalen eine nur oberflächlich zufriedenstellende Antwort wählen (»schwaches Satisficing«). Zum anderen können die Prozesse des Abrufens und Urteilens verschmelzen. Die Probanden geben dann eine Antwort, welche ihnen gegenüber dem Testleiter oder der Testintention nur mehr formal am besten passt, unabhängig von tatsächlichen Einstellungen, Meinungen und Interessen des Probanden. Dadurch wird das Antwortverhalten der Probanden gänzlich arbiträr (»starkes Satisficing«).

Das Optimizing-Satisficing-Modell stellt einen geeigneten Rahmen zur Einordnung der im Folgenden aufgeführten fehlererzeugenden Phänomene der Sozialen Erwünschtheit, der Tendenz zur Mitte, der Akquieszenz u. v. m. dar.

3.4.2 Soziale Erwünschtheit

Testergebnisse haben für die Teilnehmer häufig weitreichende Konsequenzen, z. B. wenn man an Auswahlentscheidungen im Bildungsweg, an die Aufnahme einer Arbeitstätigkeit oder an die Indikation einer Therapieform denkt. Auf diesem Hintergrund neigen Probanden dazu, sich in einem möglichst günstigen Licht darzustellen.

Die *Soziale Erwünschtheit* (social desirability) stellt ein Antwortverhalten dar, das in vielen Fragebögen unerwünschte Effekte produziert, indem es als eigenständiger Faktor viele Testergebnisse verfälscht. Soziale Erwünschtheit setzt sich aus zwei Aspekten zusammen, nämlich aus *Selbsttäuschung* (Self-deceptive Enhancement) und *Fremdtäuschung* (Impression Management). Die Impression Management-Theorie geht davon aus, dass Menschen sich bemühen, den Eindruck, den sie auf andere machen, zu steuern und zu kontrollieren. Impression Management ist kein Verhalten in Ausnahmesituationen, sondern ein ganz wesentliches Element unseres Verhaltens im alltäglichen sozialen Kontext. Self-deceptive Enhancement stellt die eher unbewusste Tendenz dar, vorteilhafte Selbsteinschätzungen zu produzieren, die man selbst aber als ehrlich ansieht.

Selbsttäuschung und Fremdtäuschung

Personen, welche sich sozial erwünscht verhalten, äußern eher solche Meinungen und Einstellungen, von denen sie annehmen, dass sie mit den sozialen Normen und Werten der Gesellschaft übereinstimmen. Sie verneinen Aussagen zu Verhaltensweisen, die zwar weit verbreitet sind, aber auf soziale Ablehnung stoßen, wie bspw. »In manchen Fällen komme ich zu spät zur Arbeit« oder »Ich bin ärgerlich, wenn ich um einen Gefallen gebeten werde«. Der Effekt der Sozialen Erwünschtheit ist bei mündlichen Interviews im Allgemeinen stärker als bei schriftlichen Befragungen, da bei letzteren der Testleiter nicht anwesend ist und dadurch eine subjektive Anonymität eher gewährleistet wird.

Zur Verringerung des Effektes der Sozialen Erwünschtheit hilft bei wissenschaftlichen Studien eine Aufklärung über den Untersuchungsgegenstand sowie eine Zusicherung der Anonymität der Probanden. Auch in anderem Kontext, wie z. B. bei Arbeitszufriedenheitsuntersuchungen, sind Erklärungen darüber nötig, dass keine personalisierten Daten dem Arbeitgeber berichtet werden.

Eine andere Technik, mit dem Effekt des sozial erwünschten Antwortverhaltens umzugehen, besteht darin, dass man das Verhalten durch Verwendung von sog. Kontrollskalen explizit erfasst. Eine Kontrollskala, auch »Lügenskala« genannt, soll die Tendenz des Probanden hinsichtlich der Sozialen Erwünschheit erfragen. Meist werden negative Verhaltensweisen, die in der Bevölkerung sehr verbreitet sind, präsentiert, zu denen der Proband Stellung beziehen muss, wie »Als Kind habe ich manchmal gelogen«. Eine Verneinung dieses Items würde bedeuten, dass der Proband eine starke Neigung besitzt, sich vorteilhaft darzustellen, also sozial erwünscht zu antworten. Eines der ersten Inventare, in denen Kontrollskalen verwendet wurden und heute noch werden, ist das »Minnesota Multiphasic Personality Inventory 2« (MMPI-2; Hathaway et al., 2000), das insgesamt drei solche »Lügenskalen« enthält. Im »Freiburger Persönlichkeitsinventar« (FPI-R, Fahrenberg et al., 2001) wird die Kontrollskala als Offenheitsskala bezeichnet. Je stärker die diagnostizierte Soziale Erwünschtheit ausfällt, desto mehr Vorsicht ist bei der Interpretation der eigentlichen Testergebnisse angezeigt.

Die unter ▶ Abschn. 3.1.2 dargestellten Objektiven Persönlichkeitstests verfolgen ebenfalls das Ziel, durch die Undurchschaubarkeit der Anforderungen und die unmittelbare Erhebung von Verhalten die Verfälschung des Testergebnisses durch Soziale Erwünschtheit von vorneherein zu unterbinden. Über weitere Methoden zur Kontrolle der Tendenz zu Sozialer Erwünschheit berichten Bortz und Döring (2006, S. 232ff).

3.4.3 Antworttendenzen

Antworttendenzen (»response sets«) stellen Verhaltensweisen bei der Test- und Fragebogenbearbeitung dar, die mehr durch die spezifische Form der Datenerhebung als durch die Ausprägung des jeweiligen Persönlichkeitsmerkmals definiert sind.

Tendenz zur Mitte

Als *Tendenz zur Mitte* wird die bewusste oder unbewusste Bevorzugung der mittleren (neutralen) Antwortkategorien verstanden (◘ Beispiele 3.17). Die Bevorzugung kann auf ein subjektiv unzureichendes Wissen zurückzuführen sein (»Ich bin mir nicht ganz sicher in meiner Einschätzung, ich weiß zu wenig für ein sicheres Urteil - in der Mitte kann ich am wenigsten falsch machen!«) oder aber auf die Ansicht, dass sich die Antwortalternativen zur Beurteilung nicht eignen. Wenn Probanden dazu neigen, ihre Entscheidungen auf die mittleren Kategorien zu beschränken, führt dies zu einer verringerten Itemvarianz und zu Verzerrungen (vgl. Kelava & Moosbrugger, 2007; ▶ Kap. 4 in diesem Band). Um der Tendenz zur Mitte entgegen zu wirken, sollte zum

Beispiele 3.17

Häufigkeiten der Kategorienwahl bei Antworttendenzen

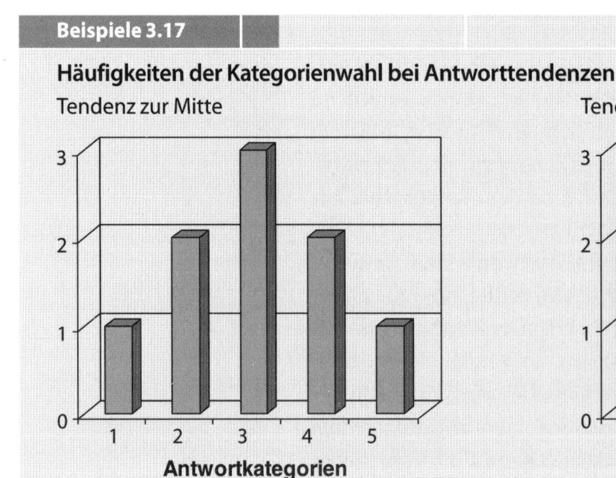

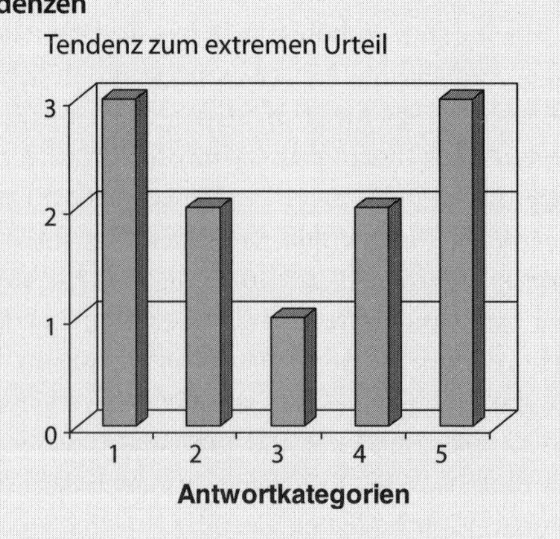

einen keine neutrale Mittelkategorie angeboten werden; zum anderen sollten möglichst keine zu extremen sprachlichen Bezeichnungen für die Pole der Beurteilungsskalen gewählt werden. Auch das Anbieten einer eigenen »Weiß nicht«-Kategorie (▶ Abschn. 3.3.2) kann dieser Tendenz vorbeugen. Die der zur Tendenz zur Mitte entgegengesetzte »Tendenz zum extremen Urteil« (s. z. B. Jäger & Petermann, 1999) ist nur seltener zu beobachten.

Akquieszenz

Als *Akquieszenz* (Zustimmungstendenz) bezeichnet man die Tendenz, den vorgegebenen Fragen oder Statements unkritisch, d. h. unabhängig vom Inhalt zuzustimmen. So würden akquieszente Personen bspw. sowohl dem Statement »Atomkraftwerke sollten in Deutschland weiterbetrieben werden« als auch der gegenteiligen Aussage »Atomkraftwerke sollten in Deutschland abgeschaltet werden« zustimmen. Die tatsächliche Meinung wird durch Akquieszenz verzerrt erfasst, die Messung ist somit fehlerhaft.

Ein oft verwendetes Mittel, um Verzerrungseffekte durch Akquieszenz zu erkennen, ist die Invertierung von Items, d. h. es werden Items in positiv formulierter Form dargeboten, wobei Zustimmung einen hohen Wert in dem interessierenden Konstrukt anzeigt; die gleichen Items werden aber auch in negierter Form (»invertiert«) dargeboten. Probanden, die den positiv formulierten Items zugestimmt haben, müssten die invertierten Items eigentlich ablehnen; eine erneute Zustimmung weist hingegen auf Akquieszenz hin.

Untersuchungen haben gezeigt, dass Probanden im Durchschnitt lieber einem positiv formulierten Statement zustimmen als dasselbe Statement, wenn es negativ formuliert ist, abzulehnen. Wenn Probanden z. B. bei dichotomen Aufgaben raten, wählen sie häufiger die Option »richtig« als die Option »falsch« (Krosnick, 1999). Vereinzelt ist auch eine zur Akquieszenz gegenläufige sog. Ablehnungstendenz zu beobachten.

Itempolung

Bei der Verwendung von unterschiedlich gepolten Items kann auch eine artifizielle Faktorenstruktur entstehen, weil trotz des Vorhandenseins eines homogenen, eindimensionalen Merkmals positiv und negativ gepolte Items dazu tendieren, zwei verschiedene Faktoren zu bilden (Greenberger, Chuanheng, Dmitrieva & Farruggia, 2003; vgl. auch Rauch, Schweizer & Moosbrugger, 2007).

Die meist verbreitete Erklärung der Akquieszenz unter Psychologen ist die Prädisposition mancher Personen, tendenziell in allen sozialen Domänen zuzustimmen. Nach Ansicht von Soziologen lässt sich das Verhalten aus dem Respekt vor einem höheren Status des Untersuchungsleiters herleiten. Krosnick (1999) erläutert die Akquieszenz mit seinem Optimizing-Satisficing-Model und konkret mit der kognitiven Verzerrung, die stattfindet, wenn Testteilnehmer ihre Erinnerungen durchsuchen (vgl. Podsakoff et al., 2003). Da man typischerweise zunächst nach einer Bestätigung für eine Annahme sucht, beginnen die meisten mit dem Suchen nach Gründen für eine Bestätigung und nicht für eine Ablehnung. Wenn die kognitiven Fähigkeiten des Probanden gering sind, wird er müde, bevor er überhaupt damit anfängt, nach Ablehnunggesichtspunkten zu suchen, sodass Akquieszenz als Folge des schwachen Satisficing entsteht. Eine andere Ursache könnte in der mangelnden Motivation oder Fähigkeit bestehen, die Items adäquat zu interpretieren. Die Probanden bejahen dann die Fragen oder stimmen den Aussagen aus Höflichkeit zu.

Am häufigsten manifestiert sich die Zustimmungstendenz bei Ja/Nein-Aufgaben. Sie ist häufiger festzustellen bei Personen mit begrenzten kognitiven Fähigkeiten sowie bei schwierigeren Aufgaben, wie auch im Zustand der Müdigkeit und eher in unpersönlichen Befragungen (z. B. Telefoninterviews) als in face-to-face Befragungen.

Einen informativen Überblick über diese und weitere Arten von Antworttendenzen sowie andere Fehlerquellen geben Jäger und Petermann (1999, S. 368ff) sowie Podsakoff et al. (2003).

3.5 Gesichtspunkte der Itemformulierung

Hat man die Entscheidungen bezüglich des Merkmals, der Testart, des Geltungsbereichs, der Zielgruppe etc. getroffen (► Abschn. 3.1) und den Aufgabentyp festgelegt, besteht die nächste Aufgabe des Testkonstrukteurs in der Formulierung der einzelnen Testitems. Hierbei spielen die im folgenden Abschnitt aufgelisteten Gesichtspunkte sowie die Sprache, die Verständlichkeit, die Eindeutigkeit des Iteminhalts und die Itemschwierigkeit eine wesentliche Rolle.

3.5.1 Kategorisierung von Itemarten

Direkte vs. indirekte Items

Einer der ersten Aspekte, der bei der Itemgenerierung berücksichtigt werden muss, betrifft das *direkte* oder *indirekte* Ansprechen des interessierenden Merkmals. Dies sei am Merkmal Ängstlichkeit veranschaulicht, zu dem man eine direkte Frage formulieren kann (»Sind Sie ängstlich?«); man kann das Merkmal aber auch über Indikatoren erfragen (»Fühlen Sie sich unsicher, wenn Sie nachts allein auf der Straße sind?«). Bei der direkten Befragung kann nicht immer von einer interindividuellen Übereinstimmung bezüglich der Bedeutung der Frage ausgegangen werden. Im ungünstigen Fall wird das direkt angesprochene Merkmal von Testpersonen sehr unterschiedlich aufgefasst (»ängstlich ist eine Person, die nicht den Mut hat, Fallschirm zu springen« vs. »jemand, der sich nicht traut, vor Publikum zu sprechen«). Deshalb erleichtern gut gewählte indirekte Verhaltensindikatoren die Interpretation des interessierenden Konstruktes.

Hypothetische vs. biographiebezogene Itemformulierung

Eine andere Entscheidung stellt die Ebene des erfragten Sachverhalts dar. In einem Fall wird im Itemstamm eine *hypothetische* Situation geschildert, z. B. »Stellen Sie sich vor, es gäbe immer wieder Konflikte zwischen den Mitarbeitern in ihrer Abteilung. Was würden Sie dagegen unternehmen?«. Das Gegenteil stellt ein *biographiebezogenes* Item dar, mit dem Verhalten in bestimmten Situation zu beurteilen ist, von dem man ausgehen kann, dass die meisten der Testpersonen dieses bereits erlebt haben (»situational judgement«). Das Erfragen hypothetischer Sachverhalte bringt die Gefahr von Fehleinschätzungen mit sich. Das Erfragen biographiebezogenen Verhaltens gilt als zuverlässiger; allerdings enthält es außer dem interessierenden Einfluss des untersuchten Merkmals der Person immer auch eine Situationskomponente (z. B. »Wie haben Sie sich bei der letzten Auseinandersetzung mit einem Kollegen/Kommilitonen verhalten?«). Darüber hinaus sind die entsprechenden Fragen hinsichtlich interindividuell passender Situationen beschränkt und nicht immer sinnvoll (bspw. die Frage »Welche Erfahrungen mit Forschungsprojekten können Sie vorweisen?« in einem Fragebogen für Studienbewerber, die ihre Forschungslaufbahn erst beginnen).

Konkrete vs. abstrakte Items

Des Weiteren lassen sich Items in solche mit einem *konkreten* und solche mit einem *abstrakten* Inhalt einteilen. Konkrete Fragen, wie bspw. »Wie verhalten Sie sich, wenn Sie einen Streit zwischen Kollegen schlichten müssen?« sind von situationalen Faktoren abhängig (Arbeitstätigkeit, Familienverhältnisse, etc.), wohingegen abstrakte Items wie »Wie belastend schätzen Sie die Arbeit in einem konfliktgeladenem Arbeitsumfeld ein?« Interpretationsfreiräume zulassen und die Gefahr von Fehleinschätzungen bergen.

Personalisierte vs. depersonalisierte Items

Auch muss man entscheiden, ob man die Fragen in *personalisierter* oder *depersonalisierter Form* stellt. Eine personalisierte Frage wie »Benutzen Sie Kondome?« liefert, vorausgesetzt, sie wird ehrlich beantwortet, sehr zuverlässige Informationen. Von einigen mag sie aber als eine Verletzung der Privatsphäre empfunden werden. Wenn deshalb auf depersonalierte Items ausgewichen wird, kann es hingegen passieren, dass nur allgemeine, nichtssagende Antworten gegeben werden. So mag auch ein Proband, der keine Verhütungsmittel verwendet, die Frage »Sollte man Kondome benutzen?« bejahen, weil es ihm durchaus bewusst ist, dass dies vor Krankheiten schützt.

Stimulusqualität

Darüber hinaus können Items nach ihrer *Stimulusqualität* unterschiedlich formuliert werden. Damit ist die emotionale Intensität, mit der Reaktionen bei Testteilnehmern hervorgerufen werden sollen, gemeint. Eine Frage kann neutral gestellt werden »Halten Sie sich für einen ängstlichen Menschen?« oder sie kann einen Zustand ins Bewusstsein des Probanden rufen, wie bspw. »Bekommen Sie Herzklopfen, wenn Ihnen jemand nachts auf der Straße folgt?«.

Eine weitere Kategorisierung von Itemarten in Persönlichkeitestests lässt sich in Anlehnung an Angleitner, John und Löhr (1986) nach den abgefragen Aufgabeninhalten aufstellen. Diese Kategorisierung ist bei einer Testkonstruktion besonders wesentlich, da das Vermischen von Items aus unterschiedlichen der im Folgenden aufgeführten Kategorien innerhalb eines Tests zu methodischen Artefakten führen kann.

- *Fragen zur Selbstbeschreibung*, z. B. »Ich lache oft« oder »Vor einem mündlichen Vortrag bekomme ich schwitzige Hände« (Symptome)
- *Fragen zur Fremdbeschreibung*, z. B. »Meine Freunde halten mich für eine tüchtige Person«
- *Fragen zu biografischen Fakten*, z. B. »Ich habe mehrmals Abenteuerurlaube gemacht«
- *Trait-/ Eigenschaftszuschreibungen*, z. B. »Ich halte mich für spontan«
- *Motivationale Fragen*, z. B. »Ich habe eine besondere Vorliebe für Aufgaben, die schwer zu knacken sind«
- *Fragen zu Wünschen und Interessen*, z. B. »Ich schaue gerne wissenschaftliche Sendungen an«
- *Fragen zu Einstellungen und Meinungen*, z. B. »Es gibt im Leben Wichtigeres als beruflicher Erfolg«.

Nachdem die Entscheidungen bezüglich der zu wählenden Kategorien der Items getroffen worden sind, stellt die Formulierung der konkreten Items den weiteren Schritt in der Testentwicklung dar. Damit der Test eine objektive, reliable und valide Messung zulässt, sollen einige Grundregeln bezüglich der sprachlichen Verständlichkeit, der Eindeutigkeit des Iteminhaltes und der Itemschwierigkeit beachtet werden.

3.5.2 Sprachliche Verständlichkeit

Kriterien für die sprachliche Verständlichkeit

Die Klarheit des sprachlichen Ausdrucks hat bei der Itemformulierung oberste Priorität. Die Items sollten für die Probanden ohne große Mühe bereits nach einmaligem Durchlesen verständlich sein. Ist dies nicht gewährleistet, besteht die Gefahr von Fehlinterpretationen und Motivationseinbußen seitens der Probanden, woraus Verzerrungen in den Antworten resultieren können. Folgende Aspekte sind bei der Aufgabengenerierung zu beachten:

- Items sollen positiv formuliert werden. Verneinungen, erst recht doppelte Verneinungen (Beispiel: »Ich habe nicht häufig keinen Appetit«) sollen vermieden werden. Auch die Bewertung von negativen Statements, wie »Finden Sie keinen Gefallen am Raubbau des Regenwaldes?« kann unklare Antwortmuster erzeugen, da die Zustimmung sowohl »ja« (»Ja, ich finde keinen Gefallen...«) als auch »nein« (»nein, ich finde keinen Gefallen...«) ausdrücken kann. Die Fragen sollten wenn möglich positiv formuliert sein, z. B. »Den Raubbau des Regenwaldes beobachte ich mit Sorge«.
- Zu komplizierte Satzkonstruktionen sollten vermieden werden. Beispiel: »Wenn ich mit meinem Auto zu einem wichtigen Meeting fahre, so würde ich mich, falls es dann noch einen Stau aufgrund der Rush Hour gäbe, aufregen.« Einfache Sätze ohne Verschachtelungen sind verständlicher, z. B. »Ich rege mich leicht auf, wenn ich im Stau stehen muss«.
- Umständliche Fragen und telegraphische Kürzungen sollten vermieden werden, Beispiel: anstatt »Autoritätspersonen, wie z. B. meinem Chef oder meiner Ehefrau usw. usf. widerspreche ich nur u. U.« einfacher: »Ich widerspreche ungern Autoritätspersonen«.
- Begriffe und Formulierungen, insbesondere Fachbegriffe, die nur einem kleinen Teil der in Aussicht genommenen Zielgruppe geläufig sind, sollten ebenfalls vermieden werden. Die sprachliche Formulierung der Aufgaben sollte an die Zielgruppe angepasst sein. In einem Fragebogen für Kinder sollte es anstelle von «Ich besitze eine ausgeprägte Aggression« beispielsweise eher heißen »Wenn andere Kinder mich ärgern, verhaue ich sie«.
- Angaben zur Intensität oder Häufigkeit, z. B. »Ich trinke häufig Wein«, verursachen, dass Antwortalternativen verwirrend oder uneindeutig werden, da die auf das angeführte Beispiel gegebene Antwort nicht klar zu interpretieren ist. So kann die Antwort »Trifft nicht zu« bedeuten, dass der Proband nur selten Wein trinkt, also wenig Alkohol zu sich nimmt, aber auch, dass er sehr viel Bier trinkt. Daher wäre ein besseres Item »Ich entspanne mich gern mit einem alkoholischen Getränk«.

3.5.3 Eindeutigkeit des Iteminhaltes

Sprachliche Eindeutigkeit des Iteminhalts liegt vor, wenn alle Probanden den Iteminhalt in gleicher Weise verstehen und die Antworten entsprechend der individuellen Ausprägung des interessierenden Merkmals geben. Die Eindeutigkeit ist erforderlich, um eine intersubjektiv gemeinsame Verständnisbasis zu schaffen. Denn nur dann, wenn alle Probanden dasselbe Verständnis des Iteminhalts haben, nehmen sie unter denselben Bedingungen an der Testung teil und nur dann kann von einer Vergleichbarkeit der Messungen ausgegangen werden. Folgende Regeln sollten hierzu beachtet werden:

- Universalausdrücke wie »immer«, »nie« oder »alle« sollten vermieden werden, z. B. anstatt »Mein Kind kann sich nie auf nur eine Aufgabe konzentrieren« besser »Mein Kind kann sich schwer auf nur eine Aufgabe konzentrieren«.
- Falls es notwendig ist, Definitionen zu geben, sollten diese gegeben werden, bevor die eigentliche Frage gestellt wird. Z. B. »Soziale Intelligenz ist die Fähigkeit, die Gefühle anderer zu erkennen und zu interpretieren. Glauben Sie, dass Sie eine hohe soziale Intelligenz besitzen?«.
- Es darf keine Möglichkeit geben, den Iteminhalt in unterschiedlicher Weise zu interpretieren. Z. B. könnte das Item »Meine Stimmung verändert sich schnell« nicht zuverlässig zur Erfassung von Neurotizismus verwendet werden. Man kann sich durchaus vorstellen, dass auch Personen, die einen geringen Neurotizimuswert besitzen, ihre Stimmung schnell verändern können, wenn die Situation das verlangt, bspw. wenn man von dem Tod eines Anverwandten erfährt. Deshalb wäre eine situative Einengung vorzuziehen, z. B. »Meine Stimmung verändert sich schnell, obwohl es dafür keinen äußeren Anlass gibt«.
- Ein Item soll nur eine Aussage enthalten, da bei zwei Aussagen in einem Item nicht klar ist, ob auf die eine, auf die andere oder auf beide Aussagen geantwortet wurde, z. B. würde das Item »Ich gehe gerne auf Parties und trinke gerne Alkohol« besser in zwei Items aufgeteilt: »Ich trinke gerne Alkohol« und »Ich gehe gerne auf Parties«.
- Die Antwort darf nicht von unterschiedlichem Vorwissen abhängig sein, z. B. »Die jüngsten Erfolge der transkraniellen Magnetstimulation im Bereich der Depressionstherapie sprechen für den Einsatz dieser Methode«. Besser wäre: z. B. »Die Entwicklung von Alternativen zu der medikamentösen Behandlung von Depressionen halte ich für einen wichtigen Forschungszweig«.
- Der Zeitpunkt oder die Zeitspanne, auf die Bezug genommen wird, sollte eindeutig definiert sein, z. B. wäre das Item »In letzter Zeit war ich häufig in der Oper« nicht so genau wie »Innerhalb des letzten halben Jahres war ich häufig in der Oper«.
- Des Weiteren muss die Antwortrichtung bezüglich des Konstrukts eindeutig geklärt sein, d. h. es muss festgelegt sein, ob eine zustimmende oder ablehnende Antwort im Sinne einer hohen bzw. einer niedrigen Ausprägung des interessierenden Konstrukts zu interpretieren ist.

3.5.4 Varianz des Antwortverhaltens

Da die Aufgabe eines Fragebogens darin besteht, die Unterschiede in den Ausprägungen eines interessierenden Merkmals von verschiedenen Personen zu erfassen, ist es wichtig, dass die einzelnen Items bei unterschiedlichen Personen auch tatsächlich unterschiedliche Antworten hervorrufen. Anderenfalls würde das Item keine Varianz des Antwortverhaltens erzeugen und wäre zur Feststellung interindividueller Unterschiede nicht geeignet.

Die Itemformulierung soll deshalb so gewählt sein, dass Probanden mit unterschiedlichen Merkmalsausprägungen auch Unterschiede in der Lösungs- bzw. Zustimmungswahrscheinlichkeit aufweisen. Extrem leicht und extrem schwer lösbare bzw. bejahbare Aufgaben sollten folglich vermieden werden, da ein Item, das die meisten Probanden lösen (bejahen) bzw. das die meisten Probanden nicht lösen (verneinen), fast keine Unterschiede in der Beantwortung erzeugt. Z. B. wird fast niemand das Item »Ich halte Umweltverschmutzung für schädlich« ablehnen, weshalb es ein »leichtes« Item ist, bei dem nur Zustimmung und somit keine Varianz im Antwortverhalten zu beobachten sein dürfte (Näheres zu Itemvarianz und Itemschwierigkeit s. Kelava & Moosbrugger, 2007, ► Kap. 4 in diesem Band).

Von der Regel der Vermeidung extremer Schwierigkeiten muss abgewichen werden, wenn mit einem klinischen Test sehr selten auftretende Merkmale erfasst werden soll, z. B. würden dem Item »Ich denke häufig daran, mich umzubringen« sicher nicht viele gesunde Probanden zustimmen; zur Beurteilung depressiver Patienten wäre es hingegen sinnvoll, da diese dem Item voraussichtlich vermehrt zustimmen würden, wodurch eine Differenzierung zwischen Depressiven und Nicht-Depressiven möglich wäre.

Bei der Konstruktion von Leistungstests ist ratsam zu prüfen, ob genug Items verschiedener Schwierigkeitsstufen vorhanden sind. Um nicht nur im mittleren, sondern auch im unteren und oberen Merkmalsbereich differenzieren zu können, empfielt es sich, Aufgaben mit unterschiedlichen Schwierigkeitsgraden zu konstruieren.

3.5.5 Weitere Aspekte

Aktualität

Ferner ist bei der Konstruktion eines Tests darauf zu achten, dass man Items formuliert, die nicht schnell veralten bzw. deren Beantwortung nicht auf das Tagesgeschehen abzielt. Zur Überprüfung des Allgemeinwissens ist eine Frage wie »Wie heißt der Bundesaußenminister von Deutschland?« nur temporär geeignet, sofern als Richtigantwort nur F. W. Steinmeier vorgesehen ist (Stand: 04/2007). Soll der Test für einen längeren Zeitraum als die Legislaturperiode angelegt sein, sollten die Wissensfragen allgemeiner konstruiert werden.

Wertungen

Problematisch sind Fragen, die Wertungen enthalten, wie bspw. »Warum ist es im allgemeinen besser, einer Wohltätigkeitsorganisation Geld zu geben als einem Bettler?« (aus dem HAWIK; Hardesty & Priester, 1963). Als Beispiel für eine gute Antwort ist aufgeführt, dass man so sicher sein könne, dass das Geld tatsächlich den Bedürftigen zukäme; eine schlechte Antwort hingegen wäre, dass der Bettler das Geld nur vertrinken würde. Die einer anderen Wertorientierung entspringende Antwort, dass das beschriebene Verhalten nicht unbedingt besser ist, ist im Auswertungsheft überhaupt nicht vorgesehen.

Des Weiteren sollten Aufgaben in Leistungstests so gewählt werden, dass das Antwortverhalten nicht mit konstruktfremden Emotionen konfundiert ist. So können sich Jugendliche schwer tun, die Frage »Was ist das Gemeinsame an Ei und Samen?« (Skala »Gemeinsamkeitenfinden« in der HAWIE-R-Version von Tewes, 1991) mit abstrakten Antwortkategorien wie »Fortpflanzung« in Verbindung zu bringen, weil dieses Thema zu Beginn der Pubertät problembehaftet ist.

Außerdem ist es wichtig, dass die Fragen keinen suggestiven Inhalt haben. So würde z. B. für das Statement »Sie stimmen doch zu, dass man mit cholerischen Menschen nichts zu tun haben möchte« bei allen Probanden eine erhöhte Zustimmung zu finden sein, als wenn die Frage nicht schon die Antwort suggerieren würde. Das Statement »Cholerischen Menschen gehe ich aus dem Weg« wäre ein wesentlich besseres Beispiel.

Bei Ratingskalen sollte auch überprüft werden, ob jedes Item mit dem gewählten einheitlichen Antwortformat bezüglich Zutreffen, Zustimmung oder Häufigkeit schlüssig zu beantworten ist.

3.6 Erstellen einer vorläufigen Testversion

Bei der Zusammenstellung der Items bzw. Fragen zu einer vorläufigen Test- bzw. Fragebogenversion sind folgende Gesichtspunkte zu beachten.

3.6.1 Reihenfolge der Items

Aus motivationalen Überlegungen werden Items in Leistungstests üblicherweise mit aufsteigender Schwierigkeit angeordnet, um eine Überforderung des Probanden zu vermeiden. Leichte, von allen zu lösende Aufgaben werden am Anfang des Tests platziert. Schwere Items, von denen man vermutet, dass sie von den meisten Probanden nicht beantwortet werden können, werden am Ende angeordnet. Oft werden sehr leiche Items, die eine Eisbrecherfunktion erfüllen sollen, an den Anfang eines Tests gestellt.

Da im Rahmen der Klassischen Testtheorie (vgl. Moosbrugger, 2007a, ▶ Kap. 5 in diesem Band) und der Item-Response-Theorie (vgl. Moosbrugger, 2007b, ▶ Kap. 10 in diesem Band) gefordert wird, dass ein Item unabhängig von der Beantwortung des vorausgegangenen Items bearbeitet werden kann, ist darauf zu achten, dass sich zwei Items nicht wechselseitig erschweren oder erleichtern, z. B dadurch, dass sie mit einem ähnlichen Wort zu beantworten sind. Damit sind sog. *Aktualisierungseffekte* gemeint, die auftreten, wenn ein Item Kognitionen aktiviert, mittels derer die Interpretation nachfolgender Items beeinflusst wird. Aktualisierungseffekte treten auch auf, wenn bei der Bearbeitung von Aufgaben aus einem Problembereich durch die Lösung des ersten Items die Lösung des zweiten Items erleichtert wird (»In welche zwei großen Teile ist die Bibel geteilt?«, »Woher kommt der Begriff Hiobsbotschaft?«). Diese eventuellen Itemabhängigkeiten sind bei der Formulierung und Reihung der Items zu berücksichtigen, indem darauf geachtet wird, dass es zwischen den Items keine logischen und inhaltlichen Abhängigkeiten gibt.

Konsistenzeffekte treten auf, wenn Probanden »stimmige« Antworten auf Items geben, von denen sie vermuten, dass sie das gleiche Merkmal erfassen. Als Maßnahmen zur Vorbeugung bzw. Kontrolle können z. B. Pufferaufgaben eingestreut werden, mit denen man die Messintention verschleiern kann. Auch durch Randomisierung (zufällige Verteilung der Aufgaben zu den verschiedenen Merkmalen in multidimensionalen Tests) oder durch ein anderes, spezifisches Arrangement der Items zur Ausbalancierung der Reihenfolge kann das Auftreten von Konsistenzeffekten verringert werden. Zudem können Kontexteffekte durch unverfängliche oder nichtssagende Testbezeichnungen oder auch durch eine offene Mitteilung des Erhebungszieles vermindert werden.

Vielfach ist das Mischen von Items aus verschiedenen Subtests ausdrücklich empfohlen (vgl. dazu Krampen, 1993). Dies ist allerdings nur möglich, wenn alle Aufgaben dasselbe Antwortformat haben.

Bei Testbatterien im Leistungsbereich kann es aus Leistungsgründen aber auch sinnvoll sein, die Reihung einzelner Tests so vorzunehmen, dass die schwierigen Testteile mit Aufgaben, die mehr Konzentration verlagen, eher am Anfang platziert werden.

3.6.2 Instruktion und Layout

Die Instruktion (Testanweisung) ist sozusagen die »Eintrittskarte« zu einem Fragebogen oder Test. Sie soll die Probanden zur Mitarbeit animieren und klare Handlungsanweisungen enthalten. Sie soll auf alle Fälle eine Erläuterung des Antwortmodus enthalten und zweckmäßigerweise auch zumindest ein Beispielitem und eine Beispielantwort. Das Beispielitem soll das Lösungsprinzip verdeutlichen (■ Beispiel 3.18).

Beispiel 3.18

Fragment einer Beispielinstruktion

Einmal angenommen, das zu beurteilende Item lautet »Entscheidungen treffe ich generell schnell« und Sie finden, dass diese Aussage auf Sie völlig zutrifft, dann markieren Sie bitte die entsprechende Position auf der Antwortskala mit einem Kreuz wie folgt:

»Entscheidungen treffe ich generell schnell«

Trifft gar nicht zu ... Trifft völlig zu

0 1 2 3 4 5 (Kreuz bei 5)

Üblich in einer Testanweisung ist zudem die Aufforderung, spontan und wahrheitsgetreu zu antworten und keine Aufgaben auszulassen, bzw. die Vollständigkeit der Antworten zu überprüfen. Bei einer wissenschaftlichen Verwendung der erhobenen Daten ist es unerlässlich, einen Hinweis auf Anonymität bei der Testauswertung explizit zu formulieren. Dies dient einerseits der Sicherstellung des Datenschutzes, andererseits ermöglicht es dem Probanden, ehrlicher zu antworten, da er weiß, dass seine Daten nicht mit ihm persönlich in Verbindung gebracht werden. Bei wissenschaftlichen Untersuchungen sollte auch eine Person oder Institution benannt werden, bei der man eine nähere Auskunft zu der Testung einholen kann.

Am Anfang oder am Ende des Fragebogens können demographische Angaben erhoben werden. Sie sind auf notwendige Auskünfte zu beschränken (auch wegen einer möglichen Zuordnung der Daten aufgrund dieser Angaben); üblich ist die Erfassung von Alter, Geschlecht, Schulbildung und Beruf. Diese Variablen sollten aber nur dann erfasst werden, wenn sie relevant für die untersuchte Fragestellung sein können.

Darüber hinaus soll die äußere Gestaltung der Testanweisung und des Tests selbst sprachlich und optisch ansprechend sowie an die Zielgruppe angepasst sein. Das gesamte Layout des Tests sollte potentielle Probanden zur Teilnahme an der Untersuchung anregen und das Bearbeiten erleichtern. Im Vordergrund sollten die Einfachheit und Übersichtlichkeit stehen. So sollte bspw. eine gut lesbare Schrift, optische Hilfen wie alternierend unterschiedliche Schattierungen bei nacheinanderfolgenden Items oder freie Flächen und entsprechende Hinweise beim Wechseln des Antwortformats angewendet werden.

3.6.3 Zusammenstellung des Tests

Während ein Fragebogen aus einer mehr oder weniger beliebigen ad hoc Sammlung von Items bestehen kann, bei denen der Messwert eines Probanden sich aus der Anzahl aller bejahten bzw. gelösten Items zusammensetzt, müssen für einen Test im engeren Sinn weitere Voraussetzungen erfüllt sein. Dies bedeutet zum einen, dass die Items nach den oben beschriebenen Prinzipien erstellt worden sind; zum anderen ist die Erstellung eines Tests bzw. eines Subtests aber auch an weitere Bedingungen geknüpft:

- Das interessierende Merkmal sollte eindimensional erfasst werden.
- Die Aufgaben sollten sich in ihrer Schwierigkeit unterscheiden und so möglichst viele Ausprägungsgrade des Merkmals repräsentieren.
- Items sollten trennscharf sein, d. h. sie sollten Personen mit starker Merkmalsausprägung von Personen mit schwächerer Merkmalsausprägung möglichst eindeutig trennen können.
- Die Formulierung der Items und ihre Anzahl sollten eine zuverlässige (reliable) Erfassung des interessierenden Merkmals ermöglichen.
- Für die Durchführung der Testung, Auswertung und Interpretation der Antworten sollten möglichst eindeutige Richtlinien formuliert sein, damit die Objektivität gewährleistet ist.

Die tragfähige Beurteilung der Items hinsichtlich dieser Anforderungen ist erst nach einer ersten empirischen Erprobung der vorläufigen Testversion

(► Abschn. 3.4) bzw. nach einer deskriptivstatistischen Evaluation der Items (»Itemanalyse«; s. Kelava & Moosbrugger, 2007, ► Kap. 4 in diesem Band) möglich. In den weiteren Kapiteln dieses Buchs wird deshalb darauf eingegangen, auf welche Art und Weise eine tiefergehende Erprobung und Evaluation des Tests vorgenommen werden kann.

3.7 Erprobung der vorläufigen Testversion

Die Erprobung der vorläufigen Testversion hat zum Ziel, Items zu identifizieren, die nicht den Konstruktionsansprüchen genügen, z. B. weil Probanden Verständnisschwierigkeiten haben oder weil das Antwortformat nicht geeignet ist. Auch technische Probleme können bereits in dieser ersten Erprobungsphase aufgedeckt werden; bspw. kann die Art des Schreibgeräts (Filzstift etc.) beim Einscannen von Antwortbögen Probleme bereiten. Von Bedeutung ist, dass die Erprobung des Tests unter möglichst realistischen Bedingungen mit Probanden aus der Zielgruppe stattfindet. Wurde die Testkonstruktion sehr sorgfältig durchgeführt, so genügen für die Ersterprobung auch kleine Stichproben.

Retrospektive Befragung

Die einfachste und zeitlich effektivste Erprobungmethode besteht in der *retrospektiven Befragung* der Probanden. Nachdem die vorläufige Testversion bearbeitet wurde, werden die Probanden befragt, bei welchen Items die Bearbeitung mit Problemen verbunden war. Bei dieser Art der Testerprobung bleiben naturgemäß mehrere Fehlerquellen verborgen: so können sich Probanden nicht immer an alle problematischen Aufgaben erinnern oder sind oft nicht in der Lage, Gedankenabläufe bei problembehafteten Aufgaben adäquat zu formulieren oder diese überhaupt bewusst zu erkennen.

Debriefing

Als weitere Erprobungsform hat sich im Anschluss an den Test die Durchführung von Interviews in Form eines sog. *Debriefings* bewährt. In einer solcher Sitzung werden die Probleme erörtert, die von den Testleitern beobachtet wurden, bspw. bei welchen Aufgaben es den größten Klärungsbedarf gab, welche Items am häufigsten nicht bearbeitet wurden etc. Problematisch beim Debriefing ist, dass gewöhnlicherweise keine standardisierten Instrumente zur Beurteilung der Testqualität zum Einsatz kommen. Damit wird die Definition dessen, was an einer Situation bzw. einer Aufgabe als »Problem« anzusehen sei, dem Testleiter überlassen und es hängt von ihm ab, was in der Sitzung besprochen wird und was nicht.

Verhaltenskodierung

Als alternatives bzw. ergänzendes Verfahren zum Debriefing wurde die Technik der *Verhaltenskodierung* (behavior coding) entwickelt (Canell, Miller & Oksenberg, 1981). Die Testsituation wird von einer dritten Person beobachtet oder aufgezeichnet und anschließend dahingehend analysiert, ob und wann sich der Testleiter oder der Proband nicht instruktionsgemäß oder erwartungsgemäß verhalten haben, z. B. bei welchen Fragen der Testleiter Schwierigkeiten mit dem Vorlesen hatte oder Probanden Verständnisprobleme äußerten. Items, bei denen diese Situationen häufig aufgetreten sind, werden dann vom Test ausgeschlossen bzw. nachgebessert. Verhaltenskodierung ist eine recht zuverlässige Methode, wenn es darum geht, sichtbare Schwierigkeiten seitens der Probanden und der Testleiter aufzudecken.

Ist der Testentwickler vor allem an Gedanken, die dem Probanden während der Testbearbeitung durch den Kopf gehen, interessiert, so hat sich das *Kognitive Vortesten* (cognitiv pretesting) verbunden mit der *Technik des lauten Denkens* (think aloud) als eine weitere Methode der Testerprobung bewährt. Diese Technik wurde ursprünglich zur möglichst lückenlosen Offenlegung gedanklicher Prozesse bei Problemlöseaufgaben verwendet. Der Testleiter liest Items vor und bittet die Probanden, alle Überlegungen, die zur Beantwortung der Frage führen, zu formulieren. Diese Äußerungen werden meist auf Video aufgezeichnet. Die Methode liefert Einsichten in die Art und Weise, wie jedes Item verstanden wird und in die Strategien, welche zur Bearbeitung angewendet werden. Verständnis- und Interpretationsschwierigkeiten sowie Probleme bei der Anwendung von Itemformaten können so leicht aufgedeckt werden. Die Technik des lauten Denkens ist allerdings recht aufwändig in der Durchführung und Auswertung.

Kognitives Vortesten

Jede der aufgeführten Techniken hat ihre Vor- und Nachteile. Ihre Anwendung bei der Erprobung der vorläufigen Testversion ist von dem als vertretbar angesehenen Aufwand, der Testart, der Aufgabenkomplexität und dem Aufgabentyp abhängig. Wenn dieser Schritt nicht sorgfältig durchgeführt wird, resultieren Mängel in der Testkonstruktion, die sich zu einem späteren Zeitpunkt auch nicht mit ausgefeilten statistischen Analysetechniken beheben lassen.

Literatur

Amelang, M. & Schmidt-Atzert, L. (2006). *Psychologische Diagnostik und Intervention* (4., vollständig überarbeitete und aktualisierte Auflage; unter Mitarbeit von T. Fydrich & H. Moosbrugger). Berlin: Springer.

Amthauer, R., Brocke, B., Liepmann, D. & Beauducel, A. (2001). *I-S-T 2000 R.* Göttingen: Hogrefe.

Angleitner, A., John, O. P. & Löhr, F.-J. (1986). It's what you ask and how you ask it: An itemmetric analysis of personality questionnaires. In A. Angleitner, & J. Wiggins (Eds.), *Personality assessment via questionnaires. Current issues in theory and measurement* (pp. 61-108). Berlin: Springer.

Aster, M. von, Neubauer, A. & Horn, R. (2006). *Wechsler-Intelligenztest für Erwachsene, WIE-III.* Frankfurt: Harcourt Test Services.

Barker, R. (1931). Apparatus. A temporal finger maze. *American Journal of Psychology, 43,* 634-637.

Bortz, J. & Döring, N. (2006). *Forschungsmethoden und Evaluation. Für Human- und Sozialwissenschaftler* (4. Auflage). Heidelberg: Springer.

Brähler, E., Holling, H., Leutner, D. & Petermann, F. (Hrsg.) (2002). *Brickenkamp Handbuch psychologischer und pädagogischer Tests* (3. vollständig überarbeitete und aktualisierte Auflage). Göttingen: Hogrefe.

Canell, C. F., Miller, P. V. & Oksenberg, L. (1981). Research on interviewing techniques. In S. Leinhardt (Ed.), *Sociological Methodology* (pp. 389-437). San Francisco, CA: Jossey-Bass.

Carstensen, C. H. (2000). *Ein Mehrdimensionales Testmodell mit Anwendungen in der pädagogisch-psychologischen Diagnostik.* IPN-Schriftreihe 171. Kiel: IPN.

Cattell, R. B. (1958). What is »objective« in »objective personality tests«? *Journal of Consulting Psychology, 5,* 285-289.

Costa, P. T. & McCrae. R. R. (1989). *The NEO PI/FFI manual supplement.* Odessa, Florida: Psychological Assessment Resources.

Costa, P. T. & McCrae. R. R. (1992). *Revised NEO Personality Inventory (NEO PI-R) and NEO Five Factor Inventory. Professional Manual.* Odessa, Florida: Psychological Assessment Resources.

Dickinson, T. L. & Zellinger, P. M. (1980). A comparision of the behaviorally anchored rating mixed standard scale formats. *Journal of Applied Psychology, 65 (2),* 147-154.

Duhm, E. & Hansen, J. (1957). *Rosenzweig Picture Frustration Test für Kinder. PFT-K.* Göttingen: Hogrefe.

Eysenck, S. G. B. (1993). The I7: development of a measure of impulsivity and its relationship to the superfactors of personality. In W. G. McCown, J. L. Johnson & M. B. Shure (Eds.), *The impulsive client: theory, research and treatment* (pp. 134-152). Washington, D. C.: American Psychological Association.

Eysenck, S. B. G. & Eysenck, H. J. (1978). Impulsiveness and Venturesomeness: Their position in a dimensional system of personality description. *British Journal of Social and Clinical Psychology, 43,* 1247-1255.

Fahrenberg, J., Hampel, R. & Selg, H. (2001). *FPI-R Das Freiburger Persönlichkeitsinventar* (7., überarbeitete und neu normierte Auflage). Göttingen: Hogrefe.

Frey, A. (2007). Adaptives Testen. In H. Moosbrugger & A. Kelava (Hrsg.). *Testtheorie und Fragebogenkonstruktion*. Heidelberg: Springer.

Goldhammer, F. & Hartig, J. (2007). Interpretation von Testresultaten und Testeichung. In H. Moosbrugger & A. Kelava (Hrsg.). *Testtheorie und Fragebogenkonstruktion*. Heidelberg: Springer.

Greenberger, E., Chuanheng, Ch., Dmitrieva, J. & Farruggia, S. P. (2003). Item-wording and the dimensionality of the Rosenberg Self-Esteem Scale: do they matter? *Personality and Individual Differences, 35*, 1241-1254.

Häcker, H., Schmidt, L. R., Schwenkmezger, P. & Utz, H. E. (1975). *Objektive Testbatterie OA-TB 75*. Göttingen: Hogrefe.

Hardesty, F. P. & Priester, H. J. (1963). *Hamburg-Wechsler-Intelligenz-Test für Kinder. HAWIK* (2. Auflage). Bern, Stuttgart: Hans Huber.

Hartig, J., Frey, A. & Jude, N. (2007). Validität. In H. Moosbrugger & A. Kelava (Hrsg.). *Testtheorie und Fragebogenkonstruktion*. Heidelberg: Springer.

Hathaway, S. R., McKinley, J. C. & Engel, R. (Hrsg.) (2000). *MMPI-2. Minnesota Multiphasic Personality Inventory 2*. Göttingen: Hogrefe.

Hornke, L. F., Etzel, S. & Rettig, K. (2005). *Adaptiver Matrizen Test*. Version 24.00. Schuhfried: Mödling.

Hull, C. L. (1943) *Principles of behaviour*. New York: Appleton-Century.Crofts.

Jäger, R. S. & Petermann, F. (Hrsg.) (1999). *Psychologische Diagnostik. Ein Lehrbuch*. (4. Auflage). Weinheim: Beltz PVU.

Kelava, A. & Moosbrugger, H. (2007). Deskriptivstatistische Evaluation von Items (Itemanalyse) und Testwertverteilungen. In H. Moosbrugger & A. Kelava (Hrsg.). *Testtheorie und Fragebogenkonstruktion*. Heidelberg: Springer.

Kelava, A. & Schermelleh-Engel, K. (2007). Latent-State-Trait-Theorie. In H. Moosbrugger & A. Kelava (Hrsg.). *Testtheorie und Fragebogenkonstruktion*. Heidelberg: Springer.

Krampen, G. (1993). Effekte von Bewerbungsinstruktionen und Subskalenextraktion in der Fragebogendiagnostik. *Diagnostica, 39*, 97-108.

Krosnick, J. A. (1999). Survey research. *Annual review of Psychology, 50*, 537-567.

Laschkowski, W., Hermann, W., Mainka, D., Schütz, C., Schuster, D. & Titera, D. (2000). *SON. Snijders-Oomen Non-verbaler Intelligenztest 2 ½–7*. Arbeitsgruppe SON: Erlangen.

Lienert, G. & Raatz, U. (1998). *Testaufbau und Testanalyse*. Weinheim: Beltz PVU.

Moosbrugger, H. (2007a). Klassische Testtheorie. In H. Moosbrugger & A. Kelava (Hrsg.). *Testtheorie und Fragebogenkonstruktion*. Heidelberg: Springer.

Moosbrugger, H. (2007b). Item-Response-Theorie. In H. Moosbrugger & A. Kelava (Hrsg.). *Testtheorie und Fragebogenkonstruktion*. Heidelberg: Springer.

Moosbrugger, H. & Goldhammer, F. (2007). *FAKT II. Frankfurter Adaptiver Konzentrationsleistungs-Test*. Grundlegend neu bearbeitete und neu normierte 2. Auflage des FAKT von Moosbrugger & Heyden (1997). Bern, Stuttgart: Hans Huber.

Moosbrugger, H., Jonkisz, E. & Fucks, S. (2006). Studierendenauswahl durch die Hochschulen – Ansätze zur Prognostizierbarkeit des Studienerfolgs am Beispiel des Studiengangs Psychologie. *Report Psychologie, 3*, 114-123.

Moosbrugger, H. & Kelava, A. (2007). Qualitätsanforderungen an einen psychologischen Test. In H. Moosbrugger & A. Kelava (Hrsg.). *Testtheorie und Fragebogenkonstruktion*. Heidelberg: Springer.

Moosbrugger, H. & Oehlschlegel, J. (1996). *Frankfurter Aufmerksamkeits-Inventar*. Bern, Stuttgart: Hans Huber.

Moosbrugger, H. & Schermelleh-Engel, K. (2007). Exploratorische (EFA) und Konfirmatorische Faktorenanalyse (CFA). In H. Moosbrugger & A. Kelava (Hrsg.). *Testtheorie und Fragebogenkonstruktion*. Heidelberg: Springer.

Ortner, T. M., Proyer, R. T. & Kubinger, K. D. (Hrsg.) (2006). *Theorie und Praxis Objektiver Persönlichkeitstests*. Bern, Stuttgart: Hans Huber.

Ostendorf, F. & Angleitner, A. (2003). *NEO-Persönlichkeitsinventar nach Costa und McCrae, Revidierte Fassung (NEO-PI-R)*. Göttingen: Hogrefe.

Oswald, W. D. & Roth, E. (1987). *Zahlen-Verbindungs-Test ZVT* (2. überarbeitete und erweiterte Auflage). Göttingen: Hogrefe.

Podsakoff, P. M., MacKenzie, S. B., Lee J.-Y. & Podsakoff, N. P. (2003). Common Method Biases in Behavioral Research: A Critical Review of the Literature and Recommended Remedies. *Journal of Applied Psychology, 88 (5)*, 879-903.

Rauch, W. Schweizer, K. & Moosbrugger, H. (2007). Method Effects Due to Social Desirability as a Parsimonious Explanation of the Deviation from Unidimensionality in LOT-R Scores. *Personality and Individual Differences*. 42, 1597–1607

Rorschach, H. (1954). *Psychodiagnositik*. Bern, Stuttgart: Hans Huber.

Rost, J. (2004). *Lehrbuch Testtheorie - Testkonstruktion*. Bern, Stuttgart: Hans Huber.

Schermelleh-Engel, K. & Werner, C. (2007). Methoden der Reliabilitätsbestimmung. In H. Moosbrugger & A. Kelava (Hrsg.). *Testtheorie und Fragebogenkonstruktion*. Heidelberg: Springer.

Schmidt-Atzert, L. (2004). *Objektiver Leistungsmotivations-Test (OLMT)*. Mödling: Schuhfried.

Schuller, R. & Keppler, M. (1999). Anforderungen an Skalierungsverfahren in der Marktforschung/Ein Vorschlag zur Optimierung. *Planung & Analyse, 2*, 64-67.

Schwenkmezger, P., Hodapp, V. & Spielberger, C. D. (1992). *State-Trait-Ärgerausdrucks-Inventar (STAXI)*. Bern, Stuttgart: Hans Huber.

Taylor, J. A. (1953). A personality scale of manifest anxiety. *Journalof Abnormal and Social Psychology, 48*, 285-290.

Tewes, U. (Hrsg.) (1991). *Hamburg-Wechsler-Intelligenztest für Erwachsene, Revision 1991* (2. Auflage). Göttingen: Hogrefe.

Tewes, U., Rossmann, P. & Schallberger, U. (Hrsg.) (2002). *Hamburg-Wechsler-Intelligenz-Test für Kinder III (HAWIK III). Handbuch und Testanweisung* (3., überarbeitete und ergänzte Auflage). Bern: Huber.

Thurstone, L. L. (1938). *Primary mental abilities*. Chicago: University of Chicago Press.

Wechsler, D. (1958). *The measurement and appraisal of adult intelligence* (Third edition). Baltimore, MD: Williams and Wilkins.

4 Deskriptivstatistische Evaluation von Items (Itemanalyse) und Testwertverteilungen

Augustin Kelava & Helfried Moosbrugger

4.1 Einleitung

Nachdem die Planungs- und Entwicklungsphase eines psychologischen Tests oder Fragebogens (vgl. Jonkisz & Moosbrugger, 2007, ► Kap. 3 in diesem Band) durchlaufen ist, besteht der nächste Schritt darin, die Items an einer möglichst repräsentativen Stichprobe einer deskriptivstatistischen Evaluation zu unterziehen. Erst nach diesen unter dem Namen »Itemanalyse« zusammengefassten Untersuchungsschritten kann eine tragfähige Testfassung erstellt werden.

Psychometrische Aufbereitung der Daten

Die im Zuge der Itemanalyse gewonnenen Daten müssen daraufhin psychometrisch aufbereitet werden, um eine genauere Qualitätsbeurteilung und Verbesserung der Items und des gesamten »neuen« Messinstruments zu ermöglichen. Dazu gehören folgende deskriptivstatistische Untersuchungsschritte:
- Analysen der Itemschwierigkeiten (► Abschn. 4.2)
- Bestimmung der Itemvarianzen (► Abschn. 4.3)
- Trennschärfeanalysen der Items (► Abschn. 4.4)
- Itemselektion und Testrevision (► Abschn. 4.5)
- Testwertermittlung (► Abschn. 4.6)
- Bestimmung der Testwertverteilung und ggf. Normalisierung (► Abschn. 4.7)

4.2 Schwierigkeitsanalyse

Datenmatrix

Der erste deskriptivstatistische Schritt ist die Schwierigkeitsanalyse. Bevor wir diese durchführen können, müssen wir die erhobenen Daten geeignet darstellen. Dies geschieht am einfachsten durch das Anlegen einer Datenmatrix, in der die kodierten Itemantworten (x_{vi}) von n Probanden auf m Items eingetragen werden (◘ Tabelle 4.1). Bei einfachen Kodierungen handelt es sich z.B. um eine 0 für eine falsche Lösung oder um eine 1 für eine richtige Lösung in einem

◘ Tabelle 4.1. Datenmatrix der Messungen x_{vi} von n Probanden in m Items

Proband	Item 1	Item 2	…	Item i	…	Item m	Zeilensumme
Proband 1	x_{11}	x_{12}	…	x_{1i}	…	x_{1m}	$\sum_{i=1}^{m} x_{1i} = x_1$
Proband 2	x_{21}	x_{22}	…	x_{2i}	…	x_{2m}	$\sum_{i=1}^{m} x_{2i} = x_2$
⋮	⋮	⋮		⋮		⋮	⋮
Proband v	x_{v1}	x_{v2}	…	x_{vi}	…	x_{vm}	$\sum_{i=1}^{m} x_{vi} = x_v$
⋮	⋮	⋮		⋮		⋮	⋮
Proband n	x_{n1}	x_{n2}	…	x_{ni}	…	x_{nm}	$\sum_{i=1}^{m} x_{ni} = x_n$
Spaltensummen	$\sum_{v=1}^{n} x_{v1}$	$\sum_{v=1}^{n} x_{v2}$	…	$\sum_{v=1}^{n} x_{vi}$	…	$\sum_{v=1}^{n} x_{vm}$	$\sum_{v=1}^{n} \sum_{i=1}^{m} x_{vi}$

Leistungstest, oder um die Zustimmungsstufen 0 bis 5 Punkte in einem Persönlichkeitstest. Als Itemantworten sind aber auch komplexere Kodierungen wie z.B. die Kehrwerte von Reaktionszeiten in Millisekunden denkbar.

Damit ein Test seiner Aufgabe gerecht werden kann, Merkmalsdifferenzen zwischen den Probanden zu erfassen, müssen die Items derartig konstruiert sein, dass nicht alle Probanden dieselbe Antwort auf ein Item zeigen. Das heißt, die Items dürfen weder allzu »leicht« noch allzu »schwierig« sein. Deshalb ist es notwendig, die Items hinsichtlich ihrer Schwierigkeit zu kontrollieren. Als Maß der Schwierigkeit betrachtet man den *Schwierigkeitsindex*.

Schwierigkeit eines Items P_i

Definition

Der *Schwierigkeitsindex P_i* eines Items i ist der Quotient aus der bei diesem Item tatsächlich erreichten Punktsumme aller n Probanden ($\sum_{v=1}^{n} x_{vi}$) und der maximal erreichbaren Punktsumme aller n Probanden bei diesem Item ($n \cdot \max(x_i)$) multipliziert mit 100.

$$P_i = \frac{\sum_{v=1}^{n} x_{vi}}{n \cdot \max(x_i)} \cdot 100 \qquad (4.1)$$

Wenn der Wertebereich der Itemantworten auf Item i nicht bei 0 beginnt (sondern z.B. bei 1 aufgrund der Verwendung einer Ratingskala ohne 0), muss das potentiell erreichbare Minimum einer Itemantwort auf Item i, $\min(x_i)$, von jeder realisierten Itemantwort x_{vi} im Zähler abgezogen werden. Ebenso wird die minimal erreichbare Punktsumme der n Probanden auf Item i, $n \cdot \min(x_i)$, im Nenner abgezogen. Die Schwierigkeit ergibt sich dann allgemein ausgedrückt als

$$P_i = \frac{\sum_{v=1}^{n} [x_{vi} - \min(x_i)]}{n[\max(x_i) - \min(x_i)]} \cdot 100 \qquad (4.2)$$

Die Multiplikation des Quotienten mit dem Faktor 100 führt zu einem Wertebereich von P_i zwischen 0 und 100. Der Schwierigkeitsindex wird umso größer, je mehr Probanden ein Item lösen konnten bzw. »symptomatisch« im Sinne des zu erhebenden Merkmals beantwortet haben. Damit kennzeichnet die numerische Höhe des Schwierigkeitsindex P_i eigentlich die »Leichtigkeit« des Items i und nicht die »Schwierigkeit« (Dazu sei an dieser Stelle angemerkt, dass der Schwierigkeitsparameter in der Item-Response-Theorie nach Konvention tatsächlich die Schwierigkeit kennzeichnet; vgl. Moosbrugger, 2007b, ▶ Kap. 10 in diesem Band).

4.2.1 Schwierigkeitsbestimmung bei Leistungstests

Leistungstests

Die numerische Bestimmung des Schwierigkeitsindex soll im Folgenden in Abhängigkeit von der Testart zunächst für Leistungstest mit Zeitbegrenzung

(Speedtests), und sodann ohne Zeitbegrenzung (Niveautests) vorgestellt werden.

Schwierigkeitsindex bei Speedtests (Geschwindigkeitstests)

Speedtests erfordern eine Leistungserbringung unter Zeitbegrenzung. Da es sich bei Speedtests um besondere Konstellationen von Testitems und Testsituationen handelt, wollen wir in Anlehnung an Lienert und Raatz (1998) zwischen (R)-Richtig- und (F)-Falsch-Antworten sowie zwischen A- und U-Antworten unterscheiden, die dadurch zustande kommen, dass Aufgaben ausgelassen (A) werden oder aufgrund von Zeitmangel unbearbeitet (U) bleiben. Die Datenmatrix eines Leistungstests enthält insgesamt $n \cdot m$ Elemente (Probanden · Items $\triangleq$ Zeilen · Spalten, hier $3 \cdot 4 = 12$), die zeilen- und spaltenweise zusammengefasst werden und könnte folgendermaßen aussehen (▪ Tabelle 4.2).

Für jeden Probanden v wird zeilenweise jeweils die Anzahl m_R, m_F, m_A und m_U ihrer R-, F-, A- bzw. U-Antworten bestimmt, wobei die Beziehung gilt:

$$m_R + m_F + m_A + m_U = m \tag{4.3}$$

Für jedes Item i wird spaltenweise jeweils die Anzahl n_R, n_F, n_A und n_U jener Probanden bestimmt, die eine R-, F-, A- bzw. U-Antwort gegeben hatten, wobei die Beziehung gilt:

$$n_R + n_F + n_A + n_U = n \tag{4.4}$$

Die Spaltensummen werden bei der Bestimmung der Schwierigkeitsindizes benötigt. Um bei Speedtests die Schwierigkeit P_i eines Items i nicht zu überschätzen, kann man die Anzahl n_R der auf dieses Item entfallenden R-Antworten nicht (wie bei Niveautests, s. u.) zur Gesamtzahl n aller Probanden in Beziehung setzen, sondern lediglich zur Anzahl $n_B = n_R + n_F + n_A$ der Probanden, die das Item i auch bearbeitet haben.

▪ Tabelle 4.2. Beispiel einer Datenmatrix bei einem fiktiven Speedtest von n = 3 Probanden in m = 4 Items mit Schwierigkeitsindizes

Proband	Item 1	Item 2	Item 3	Item 4	Zeilensummen			
					m_R	m_F	m_A	m_U
Proband 1	R	R	F	U	2	1	0	1
Proband 2	R	F	U	U	1	1	0	2
Proband 3	A	R	A	R	2	0	2	0
n_R	2	2	0	1				
n_F	0	1	1	0				
n_A	1	0	1	0				
n_U	0	0	1	2				
P_i	$66.\overline{6}$	$66.\overline{6}$	0	100				

Der Schwierigkeitsindex P_i eines Items i lautet also bei Speedtests:

$$P_i = \frac{n_R}{n_B} \cdot 100 \quad (4.5)$$

Schwierigkeitsindex bei Niveautests

Niveautests

Ein Niveautest (Powertest) ist ein Leistungstest, in dessen Durchführungsvorschrift keine Zeitbegrenzung vorgeschrieben ist oder nur eine solche, die von den Probanden nicht als Zeitdruck empfunden wird. In einem Niveautest gibt es demzufolge Richtig- und Falschantworten sowie ausgelassene Aufgaben, zu denen keine Antworten existieren (A-Antworten). Hingegen gibt es keine Aufgaben, die unbearbeitet blieben (U-Antworten), weil die Zeit nicht ausgereicht hätte, da die Probanden nicht durch ein Ablaufen der Testzeit in ihrer Leistungsentfaltung gehindert werden.

Sei hierbei eine R-Antwort mit einer 1 kodiert und ein F-Antwort mit einer 0, dann ist die tatsächlich erreichte Punktsumme aller Probanden bei einem Item i durch die Anzahl n_R der Probanden gegeben, die bei diesem Item eine R-Antwort gegeben haben (◘ Tabelle 4.3). Die Punktsumme bei Item i wird am größten, wenn alle Probanden eine R-Antwort geben, so dass die maximal erreichbare Punktsumme durch die Anzahl aller Probanden, nämlich n, gegeben ist.

Die Berechnung des Schwierigkeitsindex P_i für ein Item i vereinfacht sich dann bei Niveautests zu:

$$P_i = \frac{n_R}{n} \cdot 100 \quad (4.6)$$

und entspricht der von Lienert und Raatz (1998, S. 73) vorgeschlagenen Definition:

»Der Schwierigkeitsindex einer Aufgabe ist gleich dem prozentualen Anteil der auf diese Aufgabe entfallenden richtigen Antworten in Beziehung zur Analysestichprobe von der Größe n; der Schwierigkeitsindex liegt also bei schwierigen Aufgaben niedrig, bei leichten hoch.«

◘ Tabelle 4.3 gibt ein fiktives Beispiel einer Datenmatrix bei Niveautests mit den sich ergebenden Schwierigkeitsindizes.

Ratekorrektur

Gleichung (4.6) sollte man nur verwenden, wenn man die gut begründete Annahme machen kann, dass Zufallseinflüsse auf die Beantwortung der Items vernachlässigbar und unbedeutend sind.

Ist hingegen eine solche Annahme nicht gerechtfertigt, kann bei Auswahlaufgaben (also bei Items mit mehreren falschen Alternativen, aber einer richtigen Antwort) eine Ratekorrektur angewendet werden. Hierfür muss Gleichung (4.6) angepasst werden. Nimmt man an, dass alle F-Antworten durch Raten zustande kommen, ergibt sich der korrigierte Schwierigkeitsindex P_i als

$$P_i = \frac{n_R - \frac{n_F}{k-1}}{n} \cdot 100 \quad (4.7)$$

Tabelle 4.3. Beispiel einer Datenmatrix mit Schwierigkeitsindizes für einen fiktiven Niveautest mit n = 3 Probanden in m = 4 Items

Proband	Item 1	Item 2	Item 3	Item 4	Zeilensummen		
					m_R	m_F	m_A
Proband 1	R	R	F	A	2	1	1
Proband 2	R	F	A	A	1	1	2
Proband 3	A	R	A	R	2	0	2
n_R	2	2	0	1			
m_F	0	1	1	0			
m_A	1	0	2	2			
P_i	$66.\bar{6}$	$66.\bar{6}$	0	$33.\bar{3}$			

wobei n_F die Zahl der F-Antworten und k die Zahl der Antwortalternativen sind. Damit wird im Zähler von den R-Antworten die Zahl der durch zufälliges Raten erzielten richtigen Antworten abgezogen (unter der Voraussetzung, dass die Zahl der zufällig richtigen Antworten gleich der an den falschen Alternativen relativierten Anzahl falscher Antworten ist).

Wie Lienert und Raatz (1998, S. 75) anmerken, ergeben sich »gelegentlich [...] durch Zufallskorrektur negative Schwierigkeitsindizes, die naturgemäß nicht zu interpretieren sind; sie geben aber einen Hinweis in dem Sinne, dass es sich um eine sehr schwierige, aber leichter aussehende, d.h. zu einer falschen Lösung ermutigende Aufgabe handelt.«

4.2.2 Schwierigkeitsbestimmung bei Persönlichkeitstests

Bei Persönlichkeitstests erscheint es zunächst nicht ganz passend, von einer Item-Schwierigkeit zu sprechen, da die Antwort auf ein Item nicht »richtig« oder »falsch« sein kann. Anstelle dessen legt man aber bei der Item- und Testkonstruktion fest, welche der Antwortstufen als symptomatisch und welche als unsymptomatisch für eine hohe Ausprägung des untersuchten Merkmals anzusehen sind.

Für gewöhnlich werden Items so konstruiert, dass das Zustimmen als Hinweis für eine höhere Merkmalsausprägung spricht und ein Verneinen für eine niedrigere. Eine Ausnahme bilden »invertierte« Items, die z.B. zur Abschwächung von Antworttendenzen (vgl. Jonkisz & Moosbrugger, 2007, ► Kap. 3 in diesem Band) eingesetzt werden. Bei ihnen spricht die Verneinung des Items für eine hohe Merkmalsausprägung. Von daher sind *vor* der Itemanalyse diese Items wieder »umzupolen«, indem man z.B. eine fünfstufige Kodierung 0, 1, 2, 3, 4 in 4, 3, 2, 1, 0 umwandelt.

Numerische Bestimmung des Schwierigkeitsindex

k = 2 Antwortkategorien

Liegen für die Items lediglich k = 2 Antwortkategorien vor, bei denen die im Sinne des Merkmals »symptomatische« Antwort mit $x_{vi} = 1$ und die »unsymptomatische« Antwort mit $x_{vi} = 0$ kodiert wird, so kann man zur Schwierigkeitsbestimmung wie bei Leistungstests (Niveautests) verfahren (siehe Gleichung (4.6)). Der Schwierigkeitsindex entspricht dann dem Anteil »symptomatischer« Antworten an allen n Antworten (weil von jedem Probanden zu Item i eine Antwort vorliegt).

k > 2 Antwortkategorien

Liegen k > 2 Antwortkategorien vor, so empfiehlt es sich nicht, eine Dichotomisierung vorzunehmen (d.h. die Werte künstlich in »hohe« und »niedrige« Werte aufzuteilen), da hierdurch ein Informationsverlust oder sogar Verzerrungen entstehen würden (vgl. MacCullum, Zhang, Preacher & Rucker, 2002).

Will man vielmehr keine Informationen verlieren, so kann man den »Schwierigkeitsindex« für intervallskalierte Stufen nach Dahl (1971) berechnen. Kodiert man hierzu die k Antwortstufen des Items i mit 0 bis k – 1, so ergibt sich der Schwierigkeitsindex wie in der allgemein gehaltenen Darstellung in Gleichung (4.1) als

$$P_i = \frac{\sum_{v=1}^{n} x_{vi}}{n \cdot (k-1)} \cdot 100 \qquad (4.8)$$

nämlich als Quotient aus der i-ten Spaltensumme in ◘ Tabelle 4.1 und der maximal möglichen Spaltensumme, multipliziert mit dem Faktor 100.

Der Schwierigkeitsindex P_i kann als arithmetischer Mittelwert der Itemantworten der n Probanden auf der k-stufigen Antwortskala interpretiert werden. Der Schwierigkeitsindex weist einen Wertebereich von 0 bis 100 auf. Je höher der Wert P_i ist, desto leichter fällt es im Durchschnitt den Probanden, auf das Item i eine »symptomatische«, d.h. i.d.R. zustimmende Antwort zu geben. Und umgekehrt: Je kleiner der Wert, desto schwerer fällt die Zustimmung.

4.3 Itemvarianz

Liegt die Schwierigkeit eines Items fest, so ist die mögliche Ausprägung seiner Varianz begrenzt. Unter Itemvarianz $Var(x_i) = (SD(x_i))^2$ versteht man die Differenzierungsfähigkeit eines Items i hinsichtlich der untersuchten Probandenstichprobe.

4.3.1 Differenzierungsfähigkeit eines Items

Differenzierungsfähigkeit

Zur Veranschaulichung der Itemvarianz stelle man sich 10 Probanden vor, die z.B. vier Prüfungen (Items) zu absolvieren haben. Dabei kodieren wir das Bestehen eines Probanden v in einem Test i mit $x_{vi} = 1$ und das Scheitern mit $x_{vi} = 0$. Die Ergebnisse seinen in einem Datenschema (◘ Tabelle 4.4) dargestellt.

Tabelle 4.4. Beispiel einer Datenmatrix zur Veranschaulichung der Itemvarianz $Var(x_i)$ anhand von m = 4 fiktiven Prüfungen (Items) und n = 10 Probanden

Proband	Item 1	Item 2	Item 3	Item 4	Zeilensummen	
					m_R	m_F
Proband 1	1	1	1	0	3	1
Proband 2	1	1	1	0	3	1
Proband 3	1	1	0	0	2	2
Proband 4	1	1	0	0	2	2
Proband 5	1	1	0	0	2	2
Proband 6	1	0	0	0	1	3
Proband 7	1	0	0	0	1	3
Proband 8	1	0	0	0	1	3
Proband 9	1	0	0	0	1	3
Proband 10	0	0	0	0	0	4
n_R	9	5	2	0		
n_F	1	5	8	10		
p_i	0.90	0.50	0.20	0.00		
$Var(x_i)$	0.09	0.25	0.16	0.00		

Die einfachen Lösungswahrscheinlichkeiten p_i ($P_i/100$) der vier Prüfungen (Items) sind $p_1 = 9/10 = .90$, $p_2 = 5/10 = .50$, $p_3 = 2/10 = .20$ und $p_4 = 0/10 = .00$.

Wie man an der Verteilung der x_{vi} erkennen kann, waren die Prüfungen nicht nur unterschiedlich schwer, sondern sie haben auch unterschiedliche Differenzierungen zwischen denen Probanden, die bestanden haben, und denen, die nicht bestanden haben, hervorgebracht:

1. Niedrige Varianz: In Prüfung 1 kann Proband 10, der durchgefallen ist, jedem der neun anderen, die nicht durchgefallen sind, gratulieren. Prüfung 1 (Item 1) leistet hier also $1 \cdot 9 = 9$ Differenzierungen.
2. Hohe Varianz: Nach Durchführung von Prüfung 2 kann jeder der 5 Probanden, die bei Prüfung 2 durchgefallen sind, jedem der 5 Probanden, die bei Prüfung 2 bestanden haben, gratulieren. Von daher leistete diese Prüfung (Item 2) $5 \cdot 5 = 25$ Differenzierungen.
3. Mittlere Varianz: Nach Prüfung 3 kann jeder der 8 Durchgefallenen jedem der 2 Durchgekommenen gratulieren. Hier (Item 3) kommen $8 \cdot 2 = 16$ Differenzierungen zustande.
4. Keine Varianz: Prüfung 4 (Item 4) leistet hingegen keinerlei Differenzierungen. Hier kann kein Proband aus der Gruppe der Durchgefallenen einem Probanden aus der Gruppe der Durchgekommenen gratulieren, weil letztere Gruppe leer ist. Alle sind durchgefallen.

Wie man sieht, können Items mittlerer Schwierigkeit viele, Items extremerer Schwierigkeit (d.h. hoher oder niedriger Schwierigkeit) hingegen weniger Differenzierungen leisten. Items – wie z.B. Prüfung 4 – mit einer Schwierigkeit gleich 0 (oder 100) können gar nicht differenzieren.

Die Differenzierungsfähigkeit $Var(x_i)$ eines Items i wird numerisch als

$$Var(x_i) = \frac{\sum_{v=1}^{n} (x_{vi} - \bar{x}_i)^2}{n} \quad (4.9)$$

berechnet. Da der Itemmittelwert $\bar{x}_i$ und die Lösungswahrscheinlichkeit p_i in funktionaler Abhängigkeit zueinander stehen, lässt sich die Itemvarianz auch wie folgt berechnen:

$$Var(x_i) = \frac{\sum_{v=1}^{n} (x_{vi} - p_i \cdot (k-1))^2}{n} \quad (4.10)$$

mit $p_i = \frac{P_i}{100}$, k = Anzahl der Antwortstufen des Items i und $p_i \cdot (k-1)$ als durchschnittliche Antwort aller Probanden auf das Item i.

In unserem Beispiel sind die Itemvarianzen $Var(x_1) = 0.09$, $Var(x_2) = 0.25$, $Var(x_3) = 0.16$, und $Var(x_4) = 0.00$. Insbesondere Prüfung 4 brachte keine Differenzierungen hervor.

4.3.2 Zusammenhang von Itemvarianz und Itemschwierigkeit

Itemvarianz bei zweistufigen Items

Für zweistufige Items lässt sich Gleichung (4.10) zu

$$Var(x_i) = p_i \cdot (1 - p_i) \quad (4.11)$$

vereinfachen (vgl. z.B. Kranz, 1997, S. 52ff.). Die Itemvarianz entspricht dann dem Produkt der Wahrscheinlichkeiten, das Item i zu lösen (p_i), und der Gegenwahrscheinlichkeit, das Item i nicht zu lösen ($1-p_i$). Für zweistufige Items erhalten wir somit einen quadratischen Zusammenhang zwischen Itemschwierigkeit (in (4.11) als Itemlösungswahrscheinlichkeit) und Itemvarianz, was in der nachfolgenden ◘ Abbildung 4.1 veranschaulicht ist.

Wie man der Abbildung entnehmen kann, hat die Itemvarianz ihr Maximum bei mittlerer Itemschwierigkeit, nämlich bei 50. Das heißt, dass bei dichotomen Items die größte Differenzierung bei einer Itemschwierigkeit von $P_i = p_i \cdot 100 = 50$ erreicht wird, während sie zu den beiden extremen Ausprägungen hin (0 und 100) abnimmt.

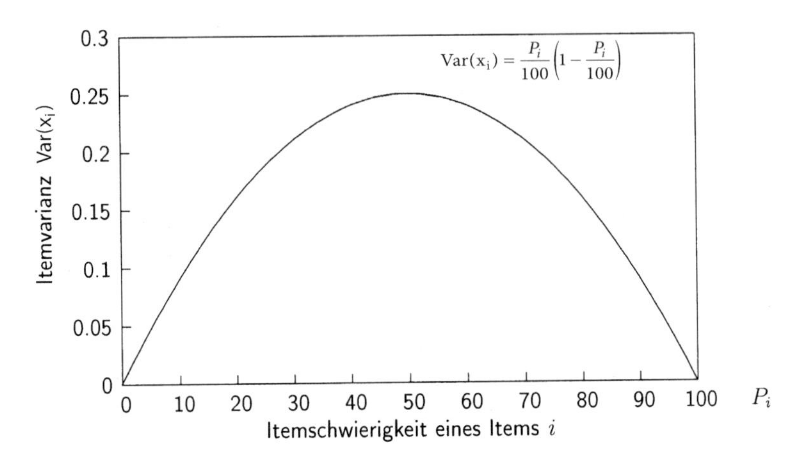

Abb. 4.1. Zusammenhang von Itemvarianz $\mathrm{Var}(x_i)$ und Itemschwierigkeit P_i bei zweiwertigem Antwortmodus

4.4 Trennschärfeanalyse

Itemtrennschärfe

Eine weiteres deskriptivstatistisches Maß der Itemanalyse ist die *Itemtrennschärfe.*

Definition

Die *Trennschärfe* r_{it} eines Items i drückt aus, wie groß der korrelative Zusammenhang der Itemwerte x_{vi} mit den Testwerten x_v ist, die aus sämtlichen Items des Tests gebildet werden.

Die Trennschärfe gibt an, wie stark die Differenzierung des jeweiligen Items mit der Differenzierung der zum Testwert zusammengefassten übrigen Items übereinstimmt.

4.4.1 Berechnung der Trennschärfe

Zur Berechnung der Trennschärfe wird über alle n Probanden hinweg der Zusammenhang des Items i mit dem Testwert x_v bestimmt:

$$r_{it} = r_{(x_{vi}, x_v)} \tag{4.12}$$

Testwert

Unter dem Testwert x_v eines Probanden v versteht man zumeist den Summenwert aller Itemwerte, $x_v = \sum_{i=1}^{m} x_{vi}$, oder den Summenwert ohne Item i, d.h. $x_{v(i)} = \left(\sum_{i=1}^{m} x_{vi}\right) - x_{vi}$. Letztere Form der Summenwertbildung empfiehlt sich vor allem für die Trennschärfenbestimmung bei wenigen Items (»part-whole-correction«), um die Trennschärfe nicht zu überschätzen. Die Trennschärfe bestimmt sich dann als:

$$r_{it(i)} = r_{(x_{vi}, x_{v(i)})} \tag{4.13}$$

Die Bildung des Testwertes setzt voraus, dass alle Items inhaltlich dasselbe Merkmal messen. Streng genommen wird vorausgesetzt, dass die Items homogen sind (Itemhomogenität und Kongenerität; vgl. Moosbrugger, 2007a, ► Kap. 5 in diesem Band), um nicht »Äpfel und Birnen« zusammenzuzählen. Da die Trennschärfe ein Maß des Zusammenhangs ist und als Korrelation berechnet wird, kann sie Werte im Bereich [−1, 1] annehmen.

Itemhomogenität

Eine hohe Trennschärfe wird im Allgemeinen durch eine hohe Itemvarianz begünstigt. Dies gilt sowohl bei intervallskalierten als auch bei dichotomen Items. Dennoch garantiert eine hohe Itemvarianz nicht unbedingt eine hohe Trennschärfe.

Hohe Itemvarianz begünstigt hohe Trennschärfen

Bei intervallskalierten Items kann man aus der einfachen, unkorrigierten Item-Testwert-Korrelation, r_{it} (Gleichung (4.12)), die korrigierte (part-whole-corrected) Trennschärfe, $r_{it\,(i)}$, berechnen:

Item-Testwert-Korrelation r_{it}

$$r_{it(i)} = \frac{r_{it}SD(x) - SD(x_i)}{\sqrt{SD(x)^2 + SD(x_i)^2 - 2r_{it}SD(x)SD(x_i)}} \qquad (4.14)$$

wobei SD(x) die Standardabweichung der Testwerte und $SD(x_i)$ die Standardabweichung des Items i sind. $r_{it}SD(x) \cdot SD(x_i)$ ist die Kovarianz zwischen den Itemwerten x_{vi} von Item i und den Testwerten x_v.

Bei dichotomen (zweiwertigen) Items kann die Trennschärfe einfacher als Punktbiseriale Korrelation berechnet werden (vgl. auch Bortz & Döring, 2003, S.508):

$$r_{it(i)} = \frac{\bar{x}_{v_0} - \bar{x}_{v_1}}{SD(x)} \sqrt{\frac{n_o n_1}{n\,(n-1)}} \qquad (4.15)$$

wobei $\bar{x}_{V_0}$ und $\bar{x}_{V_1}$ die Mittelwerte der Probanden beschreiben, die in Item i entweder eine 0 oder eine 1 als Antwort hatten. n_0 und n_1 ist die jeweilige Anzahl der Probanden, die in Item i eine 0 oder eine 1 als Antwort hatten.

Aus der unkorrigierten Trennschärfe lässt sich die korrigierte Trennschärfe wie folgt berechnen:

$$r_{it(i)} = \frac{r_{it}SD(x) - \sqrt{p_i(1-p_i)}}{\sqrt{SD(x)^2 + p_i(1-p_i) - 2r_{it}SD(x)\sqrt{p_i(1-p_i)}}} \qquad (4.16)$$

wobei p_i die Lösungswahrscheinlichkeit für Item i darstellt. Wie man sehen kann, ist in Gleichung (4.16) die Standardabweichung des Items i ausgedrückt durch seine Lösungswahrscheinlichkeit (p_i) und die Gegenwahrscheinlichkeit ($1 - p_i$).

4.4.2 Interpretation der Trennschärfe

Weil die Trennschärfe r_{it} eines Items i unterschiedliche Werte annehmen kann, zieht man je nach Ausprägung unterschiedliche Schlussfolgerungen. Von daher kann man folgende *Fallunterscheidungen* treffen:

Fallunterscheidungen

r_{it} nahe bei 1:

Das Item wird von Probanden mit hohem Testwert (hoher Merkmalsausprägung) gelöst bzw. symptomatisch beantwortet und von Probanden mit niedrigem Testwert (niedriger Merkmalsausprägung) nicht. Liegen hohe positive Trennschärfen vor, so kann man davon ausgehen, dass die einzelnen Items sehr Ähnliches wie der Gesamttest messen. Trennschärfen im Bereich von .4 bis .7 gelten als »gute« Trennschärfen.

r_{it} nahe bei 0:

Die mit dem Item erzielte Differenzierung weist keinen Zusammenhang mit der Differenzierung durch den Gesamttest auf. Das Item ist ungeeignet, zwischen Probanden mit hohem Testwert (hoher Merkmalsausprägung) und Probanden mit niedrigem Testwert (niedriger Merkmalsausprägung) zu unterscheiden. Was auch immer das Item i misst, es ist unabhängig von dem, was die übrigen Items messen und damit auch unabhängig von dem, was die Summe der übrigen Items (der Testwert) misst.

r_{it} nahe bei –1:

Das Item wird von Probanden mit niedriger Merkmalsausprägung gelöst bzw. symptomatisch beantwortet und von Probanden mit hoher Merkmalsausprägung nicht. Dies kann durch Mängel z.B. in der Instruktion oder bei der Item-Formulierung bedingt sein, denen nachgegangen werden muss. Sofern es sich nicht um einen Leistungs-, sondern um einen Persönlichkeitstest handelt, können Items mit hoher negativer Trennschärfe ggf. dennoch genutzt werden, indem man sie als invertierte Items auffasst und die Kodierungsrichtung ändert. Die Trennschärfe wird dadurch positiv. Dieses Vorgehen ist jedoch aus einer theoretischen Perspektive nicht immer unproblematisch. Ein weiterer Grund dafür, dass negative Trennschärfen auftreten, können in seltenen Fällen »nicht-rückinvertierte« Items sein. Das sind solche Items, die im Fragebogen als inverse Items das Merkmal messen und vor der deskriptivstatistischen Itemanalyse nicht so umkodiert wurden, dass eine Zustimmung mit einer symptomatischen Antwort im Sinne einer höheren Merkmalsausprägung einhergeht.

4.4.3 Weitergehende Überlegungen

Während sich die Itemanalyse ebenso wie die Klassische Testtheorie (vgl. Moosbrugger, 2007a, ► Kap. 5 in diesem Band) zur Beurteilung der Frage, ob die einzelnen Testitems dasselbe Merkmal messen, damit begnügen müssen, dass die Items eine hinreichend hohe Trennschärfe aufweisen, wurden im Laufe der Zeit konkrete Verfahren entwickelt, um die Dimensionalität der Items zu beurteilen; dazu gehören insbesondere faktorenanalytische Verfahren, wie z.B. exploratorische und konfirmatorische Faktorenanalysen (vgl. Moosbrugger & Schermelleh-Engel, 2007, ► Kap. 13 in diesem Band). Homogene Items sollten dabei zu eindimensionalen Tests oder Fragebögen führen und heterogene Items zu mehrdimensionalen. Probabilistische Verfahren, wie z.B. die Item-Response-Theorie (vgl. Moosbrugger, 2007b, ► Kap. 10 in diesem

Band) und die dazu gehörende Latent Class Analysis (vgl. Gollwitzer, 2007, ▶ Kap. 12 in diesem Band) erlauben darüber hinaus eine inferenzstatistische Überprüfung der Eindimensionalität, die für die Itemselektion (s.u.) eine wesentliche Rolle spielt.

4.5 Itemselektion und Revision des Tests

Nach einer Itemanalyse sollen diejenigen Items ausgewählt werden, die für das zu messende Merkmal psychometrisch gesehen am geeignetsten sind. Wie in den vorangegangen Abschnitten beschrieben, umfasst die Itemanalyse die Bestimmung der Itemschwierigkeit (▶ Abschn. 4.2), der Itemvarianz (▶ Abschn. 4.3) und der Itemtrennschärfe (▶ Abschn. 4.4). Um die besten Items auszuwählen, sollten darüber hinaus auch Überlegungen hinsichtlich der Reliabilität (vgl. Schermelleh-Engel & Werner, 2007, ▶ Kap. 6 in diesem Band) und Validität (Hartig, Frey & Jude, 2007, ▶ Kap. 7 in diesem Band) einbezogen werden.

Itemselektion auf Grundlage der Itemschwierigkeit, Itemvarianz und Itemtrennschärfe

Bei der endgültigen Zusammenstellung der Items zu einem Test oder Fragebogen gilt es, die Items auszuwählen, die dem Einsatzzweck des Messinstrumentes am ehesten gerecht werden können. Dabei sind die Ergebnisse der Itemanalyse sowohl hinsichtlich

- der Itemschwierigkeit,
- der Itemvarianz als auch
- der Itemtrennschärfe

simultan zu berücksichtigen:

Items mit einer mittleren Schwierigkeiten von $P_i = 50$ sind – wie wir in den ▶ Abschn. 4.2 und 4.3 gesehen haben – am ehesten in der Lage, zahlreiche Differenzierungen zwischen den Probanden mit hoher und Probanden mit niedriger Merkmalsausprägung zu erzeugen. Um sich für die Aufnahme in den Test zu qualifizieren, müssen sie aber auch eine ausreichend große Trennschärfe aufweisen.

Umfasst der Messzweck die Absicht, eine Auswahl von Probanden mit extremen Merkmalsausprägungen zu erfassen, so sind Items mit Schwierigkeitsindizes von $5 \leq P_i \leq 20$ bzw. $80 \leq P_i \leq 95$ auszuwählen, wenn sie gleichzeitig auch ausreichend hohe Trennschärfen zeigen.

Für typische Anwendungen sollte ein Test oder Fragebogen in allen Bereichen der Merkmalsausprägungen geeignet differenzieren können, wenn die Itemschwierigkeitsindizes gleichmäßig über den Bereich von $5 \leq P_i \leq 95$ verteilt sind. Items mit Trennschärfen nahe Null oder im negativen Bereich (▶ Abschn. 4.4) sollten nicht in den Test oder Fragebogen aufgenommen werden. Hat man bei der Selektion mehrere Items gleicher Schwierigkeit zur Verfügung, so ist jeweils das Item mit der höchsten Trennschärfe zu bevorzugen.

4.6 Testwertermittlung

Nach der Selektion der geeignetsten Items gilt es, Testwerte der Probanden zu ermitteln. Dazu wird auf eine Datenmatrix der Messungen x_{vi} (Tabelle 4.5) zurückgegriffen.

Wie wir bereits erwähnt hatten, besteht die einfachste Möglichkeit, den Testwert x_v eines Probanden v zu bestimmen, darin, die einzelnen Antworten x_{vi} auf die Items zeilenweise (d.h. über alle m Items) zu einem Summenwert zusammenzufassen. Diese Vorgehensweise setzt Intervallskalenniveau voraus. Ein Proband v hätte dann den Testwert x_v:

$$x_v = \sum_{i=1}^{m} x_{vi} \tag{4.17}$$

Diese Vorgehensweise stellt für Test- und Fragebogenkonstruktionen nach der Klassischen Testtheorie (vgl. Moosbrugger, 2007a, ▶ Kap. 5 in diesem Band) die Regel dar. Aus praktischen Gründen ist es sinnvoll, zwischen der Testwertermittlung bei Leistungstests und der Testwertermittlung bei Persönlichkeitstests zu unterscheiden.

4.6.1 Testwertermittlung bei Leistungstests

Testwerte bei Leistungstests

Bevor man den Testwert x_v eines Probanden v in Leistungstests ermittelt, empfiehlt es sich, wie auch bei der Schwierigkeitsbestimmung (▶ Abschn. 4.2), jede Messung x_{vi} unter den vier folgenden Gesichtspunkten einzuordnen (in Anlehnung an Lienert und Raatz, 1998):

- Richtig beantwortete Items bezeichnen wir als *R-Antworten.*
- Falsch beantwortete Items bezeichnen wir als *F-Antworten.*
- Die in der Testsituation ausgelassenen (übersprungenen) Items bezeichnen wir als *A-Antworten.*
- Items, die unbearbeitet bleiben, weil z.B. die Zeit nicht gereicht hat, bezeichnen wir als *U-Antworten.*

Tabelle 4.5. Datenmatrix der Messungen x_{vi} von n Probanden in m Items

Proband	Item 1	Item 2	...	Item i	...	Item m	Zeilensummen
Proband 1	x_{11}	x_{12}	...	x_{1i}	...	x_{1m}	$\sum_{i=1}^{m} x_{1i} = x_1$
Proband 2	x_{21}	x_{22}	...	x_{2i}	...	x_{2m}	$\sum_{i=1}^{m} x_{2i} = x_2$
⋮	⋮	⋮		⋮		⋮	⋮
Proband v	x_{v1}	x_{v2}	...	x_{vi}	...	x_{vm}	$\sum_{i=1}^{m} x_{vi} = x_v$
⋮	⋮	⋮		⋮		⋮	⋮
Proband n	x_{n1}	x_{n2}	...	x_{ni}	...	x_{nm}	$\sum_{i=1}^{m} x_{ni} = x_n$
Spaltensummen	$\sum_{v=1}^{n} x_{v1}$	$\sum_{v=1}^{n} x_{v2}$	...	$\sum_{v=1}^{n} x_{vi}$	...	$\sum_{v=1}^{n} x_{vm}$	$\sum_{v=1}^{n}\sum_{i=1}^{m} x_{vi}$

Anmerkung: Eine Unterscheidung zwischen A-Antworten und U-Antworten ist nur dann sinnvoll, wenn die Testleistung der Probanden innerhalb einer vorgeschriebenen Zeitspanne erbracht werden muss, d.h. bei Speedtests (s.o.). Bei Niveau- oder sog. Powertests werden A- und U-Antworten zusammengefasst.

Nachdem die oben beschriebene Klassifikation der Itemantworten stattgefunden hat, lassen sich diese erneut in einer Matrix anordnen (Beispiel: ◘ Tabelle 4.6).

Für jeden Probanden v wird zeilenweise jeweils die Anzahl m_R, m_F, m_A und m_U seiner R-, F-, A- bzw. U-Antworten bestimmt. Für jedes Item i wird spaltenweise jeweils die Anzahl n_R, n_F, n_A, und n_U jener Probanden bestimmt, die eine R-, F-, A- bzw. U-Antwort gegeben hatten.

Einfache Testwertermittlung

Die einfachste Form der Testwertermittlung für einen Probanden v erfolgt in der Weise, dass der Testwert x_v gleich der Anzahl m_R der richtig gelösten Aufgaben ist:

$$x_v = m_R \tag{4.18}$$

d.h. für jede richtige Antwort (R-Antwort) bekommt der Proband v einen Punkt.

Gelegentlich ist es sinnvoll (in Abhängigkeit von der Instruktion), bei der Testwerteermittlung auch F-Antworten mitzuverrechnen. Dies kann so erfolgen, dass

$$x_v = m_R - c \cdot m_F \tag{4.19}$$

wobei c ein Gewichtungsfaktor ist.

Sind die einzelnen Aufgaben von sehr unterschiedlicher Bedeutung hinsichtlich des zu beobachtenden Merkmales, so kann man für jede einzelne

◘ Tabelle 4.6. Beispiel einer Datenmatrix der Messungen x_{vi} von n = 3 Probanden in m = 4 Items

Proband	Item 1	Item 2	Item 3	Item 4	Zeilensummen			
					m_R	m_F	m_A	m_U
Proband 1	R	R	F	U	2	1	0	1
Proband 2	R	F	U	U	1	1	0	2
Proband 3	A	R	A	R	2	0	2	0
n_R	2	2	0	1				
n_F	0	1	1	0				
n_A	1	0	1	0				
n_U	0	0	1	2				

Aufgabe i ein Gewicht g_i angeben, mit dem eine R-Antwort in dieser Aufgabe zu gewichten ist. Der Testwert entspricht dann der Summe der Aufgabengewichte der richtig gelösten Aufgaben, ggf. korrigiert um die Aufgabengewichte der falsch gelösten Aufgaben.

Rate- bzw. Zufallskorrektur

Ratekorrektur

Insbesondere bei Auswahlaufgaben können richtige Lösungen durch Zufall erreicht werden. Dieser Umstand kann dazu führen, dass Probanden, die lieber keine als eine unsichere Antwort geben, benachteiligt werden gegenüber solchen Probanden, die viele Antworten trotz Unsicherheit »auf gut Glück« geben.

Dieser Benachteiligung kann mit einer »Ratekorrektur« entgegengewirkt werden, die nur dann zur Anwendung kommen sollte, wenn in der Instruktion auch darauf hingewiesen wird.

Ein Testwert kann unter folgender Annahme um die richtig geratenen Aufgaben korrigiert werden: Falsche Antworten kommen nicht durch einen falschen Lösungsansatz zustande, sondern durch Raten, und wenn der Proband rät, so entscheidet er sich nach Zufall. Die Anzahl m_G der geratenen Antworten G setzt sich somit zusammen aus der Anzahl m_{RG} der richtig geratenen Antworten RG und der Anzahl m_{FG} der falsch geratenen Antworten FG:

$$m_G = m_{RG} + m_{FG} \tag{4.20}$$

Wenn k die Anzahl der Antwortkategorien (Distraktoren) einer Mehrfachwahl- oder Richtig-Falsch-Aufgabe ist, so ergibt sich (unter der Voraussetzung, dass alle Antwortkategorien die gleiche Attraktivität bzw. Schwierigkeit aufweisen, was durch eine Distraktorenanalyse geprüft werden kann) die Wahrscheinlichkeit für »richtig geraten« als:

$$p(RG) = \frac{1}{k} \tag{4.21}$$

Wegen

$$p(RG) + p(FG) = 1 \tag{4.22}$$

ergibt sich die Wahrscheinlichkeit für »falsch geraten« somit als

$$p(FG) = 1 - p(RG) = 1 - \frac{1}{k} \tag{4.23}$$

Weil nun alle F-Antworten per Annahme FG-Antworten sind, können wir unter Verwendung von den Gleichungen (4.21) und (4.22) das Verhältnis von RG-Antworten zu FG(=F)-Antworten bilden als

$$\frac{m_{RG}}{m_F} = \frac{p_{RG}}{p_{FG}} \tag{4.24}$$

$$= \frac{\frac{1}{k}}{1 - \frac{1}{k}} \tag{4.25}$$

$$= \frac{1}{k-1} \tag{4.26}$$

Aus Gleichung (4.26) ergibt sich durch Umformung die Anzahl m_{RG} der richtig geratenen Antworten als:

$$m_{RG} = \frac{m_F}{k-1} \tag{4.27}$$

Es kann also errechnet werden, wie viele richtige Antworten durch richtiges Raten zustande gekommen sind.

Um nun den zufallskorrigierten Testwert eines Probanden v zu erhalten, ist vom ursprünglichen Testwert x_v die Anzahl der durch Zufall richtig gelösten Antworten abzuziehen. Unter der Geltung von (4.18) gilt nunmehr die Rate- bzw. Korrekturformel:

$$x'_v = m_R - m_{RG} \tag{4.28}$$

$$= m_R - \frac{m_F}{k-1} \tag{4.29}$$

Bei Richtig-Falsch-Aufgaben vereinfacht sich die Zufallskorrektur (vgl. Lord & Novick, 1968, S. 306) auf

$$x'_v = m_R - m_F \tag{4.30}$$

denn bei k = 2 Alternativen werden so viele Aufgaben richtig geraten wie Aufgaben falsch geraten werden, so dass $m_{RG} = m_F$.

4.6.2 Testwertermittlung bei Persönlichkeitstests

Bei Persönlichkeitstests, die vornehmlich als Fragebögen mit diskreten Ratingskalen konzipiert werden, erfolgt die Testwertermittlung i.d.R. durch Summenbildung über die Itemantworten hinweg.

Dazu werden unter der Annahme, dass die Kategorien die Ratingskala als intervallskaliert aufgefasst werden können, bei k-fach abgestuften Items jeder potentiellen Itemantwort Werte zwischen 0 und k – 1 zugeordnet. Die am wenigsten für das Kriterium sprechende Stufe wird mit 0 Punkten ver-

Tabelle 4.7. Beispiel für die Ermittlung von Testwerten in einem Persönlichkeitstest für n Probanden in 6 Items

Proband	Item 1	Item 2	Item 3	Item 4	Item 5	Item 6	Testwert
Proband 1	4	3	6	5	4	5	27
Proband 2	2	2	1	3	2	4	14
⋮	⋮	⋮	⋮	⋮	⋮	⋮	⋮
Proband v	x_{v1}	x_{v2}	x_{v3}	x_{v4}	x_{v5}	x_{v6}	x_v
⋮	⋮	⋮	⋮	⋮	⋮	⋮	⋮
Proband n	x_{n1}	x_{n2}	x_{n3}	x_{n4}	x_{n5}	x_{n6}	x_n

rechnet, die am stärksten für das Kriterium sprechende Stufe mit k – 1 Punkten. Die dazwischen liegenden Stufen werden analog gewichtet (auf Iteminversionen ist dabei zu achten). Die Antworten der Probanden v auf die Items i werden mit Werten x_{vi} zwischen 0 und k – 1 kodiert (■ Tab. 4.7).

Testwertebildung durch Summenbildung

Der Testwert x_v wird als Summe der in allen m Items erzielten Punkte gebildet, nämlich als $x_v = \sum_{i=1}^{m} x_{vi}$.

4.7 Testwertverteilung und Normalisierung

4.7.1 Testwertverteilung

Ist die Testwertermittlung abgeschlossen, kann die Testwertverteilung mittels der Bestimmung von Mittelwert, Median, Modalwert, Testwertvarianz und Spannweite sowie Schiefe und Exzess genauer untersucht werden.

Maße der zentralen Tendenz

Unter der Bedingung intervallskalierter Testwerte berechnet man aus einer Menge von Testwerten für n Probanden den *Mittelwert* $\bar{x}$ wie folgt:

$$\bar{x} = \frac{\sum_{v=1}^{n} x_v}{n} = \frac{\sum_{v=1}^{n}\sum_{i=1}^{m} x_{vi}}{n} \tag{4.31}$$

Der *Median (Mdn)* der Testwertverteilung stellt jenen Testwert dar, der die Stichprobe in zwei gleiche Hälften zu je 50% teilt. Das heißt mit anderen Worten, dass der Median derjenige beobachtete Testwert ist, der von der Hälfte der Probanden unterschritten oder erreicht und von der Hälfte der Probanden überschritten oder zumindest erreicht wurde. Die Berechnung des Median ist vor allem im Falle nicht-normalverteilter Testwerte sinnvoll, weil dieser als Maß der zentralen Tendenz robuster gegenüber Ausreißern ist als der Mittelwert.

Die Berechnung des Medians ist ab dem Ordinalskaleniveau möglich und gestaltet sich folgendermaßen:

$$\text{Mdn} = \begin{cases} x_{\frac{n+1}{2}} & \text{wenn n ungerade ist} \\ \frac{1}{2}\left(x_{\frac{n}{2}} + x_{\frac{n}{2}+1}\right) & \text{wenn n gerade ist} \end{cases} \tag{4.32}$$

Darüber hinaus empfiehlt es sich, als Maß der zentralen Tendenz den *Modalwert* der Testwertverteilung zu bestimmen. Der Modalwert ist der häufigste Testwert in der Verteilung.

Bei symmetrischen Verteilungen fallen bekanntlich alle drei Maße zusammen. Bei nicht-symmetrischen, also schiefen Verteilungen, unterscheiden sie sich.

Streuungsmaße

Als Streuungsmaße der Testwertverteilung berechnet man die Varianz, die Standardabweichung, den Range (Spannweite der Testwerte) und den Interquartilabstand.

Testwertevarianz und Standardabweichung

Die *Testwertvarianz* ergibt sich als:

$$\mathrm{Var}(x) = \frac{\sum_{v=1}^{n} (x_v - E(x))^2}{n-1} \tag{4.33}$$

wobei $E(x) = \bar{x}$ der Mittelwert der Testwerte ist. Die *Standardabweichung* SD(x) gewinnen wir als Wurzel aus der Varianz.

Range

Der *Range* der Testwerte (Spannweite) ist die Differenz aus dem höchsten beobachteten Testwert, x_{max}, und dem niedrigsten beobachteten Testwert, x_{min} ($Range = x_{max} - x_{min}$).

Interquartilabstand

Der *Interquartilabstand*, IQR(x), gibt die Testwerte an, unterhalb derer und oberhalb derer jeweils 25% der Testwerte der Probanden liegen.

Schiefe und Exzess

Die Berechnung von Schiefe und Exzess erfolgt im Rahmen der Beurteilung, ob die Testwerteverteilung von der Normalverteilung oder einer anderen symmetrischen Verteilung abweicht. Eine Beurteilung diesbezüglich ist sinnvoll, wenn man auf Grundlage der Testwerte weitere statistische Verfahren anwenden will, die eine Normalverteilung der Daten voraussetzen.

Dabei berechnet man Schiefe und Exzess wie folgt:

$$\mathrm{Schiefe}(x) = \frac{E((x - E(x))^3)}{SD(x)^3} \tag{4.34}$$

$$\mathrm{Exzess}(x) = \frac{E((x - E(x))^4)}{SD(x)^2} \tag{4.35}$$

Ist die Schiefe(x) >0, dann ist die Verteilung rechtsschief, d.h. linkssteil; ist die Schiefe(x) <0, so ist sie linksschief, d.h. rechtssteil. Bei linksschiefen Verteilungen sind Werte, die größer als der Mittelwert sind, häufiger zu beobachten, so dass sich der Median rechts vom Mittelwert befindet; der linke Teil der Verteilung ist »flacher« als der rechte.

Ist der Exzess(x) = 0, so entspricht die Wölbung der Verteilung der Wölbung einer Normalverteilung. Ist hingegen Exzess(x)>0, so handelt es sich hierbei um eine im Vergleich zur Normalverteilung schmälere, »spitzere« Testwertverteilung, d.h. eine Verteilung mit einer stärkeren Wölbung. Bei Exzess(x)<0 ist die Verteilung entsprechend flacher.

◘ Abbildung 4.2 beschreibt eine Testwertverteilung, wie sie vorgefunden werden könnte. Sie hat eine spitze, linksschiefe, d.h. rechtssteile Form. Die zuvor besprochenen Maße seien an ihr veranschaulicht.

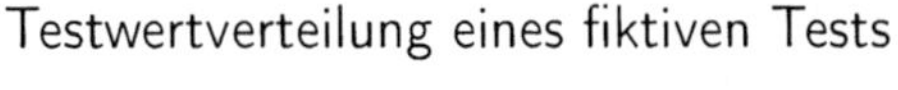

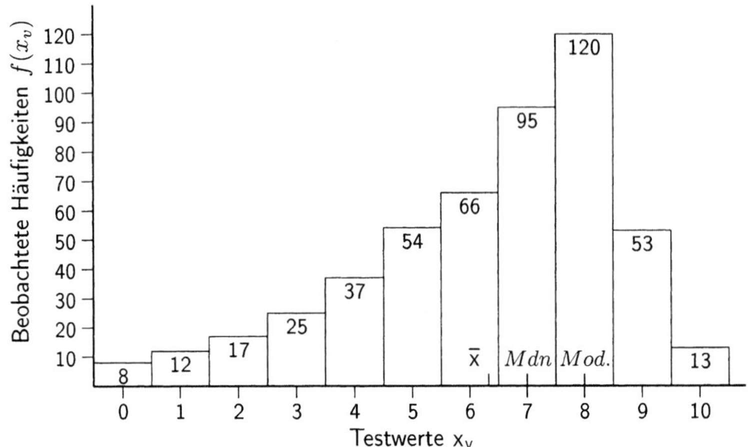

Abb. 4.2. Linksschiefe, d.h. rechtssteile Häufigkeitsverteilung von Testwerten x_v eines fiktiven Tests mit Maßen der zentralen Tendenz

4.7.2 Ursachen für die Abweichung der Testwertverteilung von der Normalverteilung

Bei psychologischen Merkmalen kann eine normalverteilte Testwertverteilung häufig dahingehend interpretiert werden, dass der Test angemessene Anforderungen an die Probanden richtet. Weicht die Testwertverteilung hingegen von der Normalverteilung ab, so kann dies unterschiedliche Ursachen haben (vgl. Lienert & Raatz, 1998):

Erste Ursache: Konstruktionsmängel

Im Kontext der Testentwicklung kommt als *erste* Ursache eine mangelhafte Konstruktion des Tests in Frage. So ist z.B. einer linksschiefen, d.h. rechtssteilen, Verteilung zu entnehmen, dass der Test insgesamt »zu leicht« ist; sein mittlerer Schwierigkeitsindex liegt deutlich höher als P = 50, weil ein großer Teil der Probanden mehr als die Hälfte der Aufgaben beantworten konnte. Umgekehrt zeigt eine rechtsschiefe, d.h. linkssteile, Verteilung an, dass der Test insgesamt »zu schwer« ist, weil ein großer Teil der Probanden weniger als die Hälfte der Items beantworten konnte. Zu leichte und zu schwere Tests können im Zuge der Testrevision (► Abschn. 4.5) durch Ergänzung von Items im unterrepräsentierten Schwierigkeitsbereich an das Niveau der Probanden angepasst werden. Eine Alternative stellt die Normalisierung der Testwertverteilung dar (► Abschn. 4.7.3), bei der die Testwerte x_v so transformiert werden, dass die transformierten Testwerte x'_v einer Normalverteilung folgen. Dennoch bleibt die geringere Differenzierungsfähigkeit des Tests im Bereich unterrepräsentierter Items erhalten (vgl. hierzu die Überlegungen zur »Informationsfunktion« eines Tests in Moosbrugger, 2007b, ► Kap. 10 in diesem Band).

Zweite Ursache: heterogene Stichproben

Als *zweite* Ursache ist denkbar, dass die Stichprobe heterogen ist. Das bedeutet, dass sie sich aus Unterstichproben zusammensetzt, die für sich genommen jeweils normalverteilt sind, aber zusammengenommen eine Mischverteilung bilden, die von der Normalverteilung abweicht. Dies kann daran liegen, dass die Unterstichproben unterschiedliche Mittelwerte und/oder unterschiedliche Varianzen aufweisen, so dass die resultierende Gesamtstichprobe von der Normalverteilung abweicht. Muss man von unterschiedlichen Unterstichproben ausgehen, so ist dieser Umstand bei der Testeichung in Form von differenzierten Testnormen zu berücksichtigen (vgl. Goldhammer & Hartig, 2007; ▶ Kap. 8 in diesem Band).

Dritte Ursache: nicht-normalverteilte Merkmale

Eine *dritte* Ursache könnte darin bestehen, dass das erhobene Merkmal auch in der Population nicht normalverteilt ist (z.B. Reaktionsfähigkeit). Dann hat der Testautor die Abweichung von der Normalverteilung nicht zu verantworten. Er sollte in diesem Falle auch nicht daran interessiert sein, das Merkmal so zu erfassen, dass normalverteilte Testwerte resultieren.

4.7.3 Normalisierung

Normalisierung vs. Normierung

Sofern die Annahme vertretbar ist, dass das gemessene Merkmal eigentlich normalverteilt ist und nur die Testwertverteilung in der Stichprobe (z.B. durch Mängel bei der Testkonstruktion) eine Abweichung von der Normalverteilung aufweist, so lässt sich eine nicht-lineare Transformation der Testwerte rechtfertigen, bei der die Testwertverteilung einer Normalverteilung angenähert wird. Diesen Vorgang bezeichnet man als Normalisierung (Anmerkung: Diesen Vorgang gilt es von der Normierung zu unterscheiden, die eine Transformation der Daten zwecks Interpretation vor dem Hintergrund eines Bezugsrahmens (der sog. Normverteilung) ermöglicht. Zur Normierung s. Goldhammer & Hartig, 2007, ▶ Kap. 8 in diesem Band).

Ausgangspunkt der Normalisierung ist also eine Testwertverteilung, die von der Normalverteilung abweicht. Möchte man eine Anpassung der Testwerte (im Sinne einer Verteilungsanpassung) vornehmen, so gibt es dazu verschiedene Verfahren:

Logarithmierung

Logarithmische Transformation der Testwerte

Die einfachste Form von Normalisierung erreicht man durch eine »Logarithmierung« der Testwerte. Die Logarithmierung beinhaltet, dass jeder Testwert, x_v, in einen neuen Testwert, x'_v, transformiert wird. Dies geschieht dadurch, dass man für jeden Testwert z.B. $x'_v = \ln x_v$ berechnet. Dabei werden insbesondere Ausreißer einer rechtsschiefen Verteilung »näher« an den Rest der Verteilung gebracht. Bei linksschiefen Verteilungen kann die Schiefe noch »verschlimmert« werden.

Spezialfälle von Testwerttransformationen anhand einer Logarithmusfunktion stellen das Box-Cox Verfahren (Box & Cox, 1964) sowie die Yeo-Johnson Transformation (Yeo & Johnson, 2000) dar.

Flächentransformation

Anpassung des Histogramms an die Normalverteilung

Eine weitere Form der Transformation ist die Flächentransformation nach McCall (1939). Bei ihr wird das Histogramm der Testwertverteilung in der Weise verändert, dass die einzelnen Säulen hinsichtlich Höhe und Breite der Normalverteilung angepasst werden; die Fläche aber bleibt dabei unverändert.

Tabelle 4.8. Häufigkeitstabelle der Testwerte von n = 500 Probanden, beobachtete, relative und kumulierte Häufigkeiten, Prozentränge und z-Werte der Klassengrenzen

Testwert x_v	beob. Häuf. $f(x_v)$	rel. Häuf. $\%(x_v)$	kum. Häuf. $f_{cum}(x_v)$	Prozentrang PR_v	z-Wert z_v
0	8	1.6	8	1.6	–2.62
1	12	2.4	20	4.0	–2.17
2	17	3.4	37	7.4	–1.72
3	25	5.0	62	12.4	–1.27
4	37	7.4	99	19.8	–0.82
5	54	10.8	153	30.6	–0.37
6	66	13.2	219	43.8	0.08
7	95	19.0	314	62.8	0.53
8	120	24.0	434	68.8	0.98
9	53	10.6	487	97.4	1.41
10	13	2.6	500	100.0	1.88

Beispiel: In einer Stichprobe ($\bar{x} = 6.334$, SD(x) = 2.234, n = 500) zeige sich folgende Testwertverteilung eines fiktiven Tests[1] (Tabelle 4.8).

Wenn sich die hier beobachtbare Anhäufung überdurchschnittlich hoher Testwerte daraus erklären lässt, dass die Items für die Stichprobe zu leicht waren, so kann davon ausgegangen werden, dass nur die beobachteten Testwerte, jedoch nicht die eigentliche Merkmalsverteilung von einer Normalverteilung abweichen. Eine Normalisierung der Testwerte könnte in einem solchen Fall als gerechtfertigt gelten. Der Ablauf der Flächentransformation sei nun anhand der folgenden Schritte veranschaulicht.

Ablaufschritte

Schritt 1: *Prozentränge und z-transformierte Werte bilden*

Prozentrang

Zunächst bildet man für alle Klassengrenzen der Testwerte x_v die dazugehörigen Prozentränge PR_v. Der Prozentrang PR_v eines Probanden v mit dem Testwert x_v bildet sich aus dem Quotienten der kumulierten Anzahl der Probanden, die einen Testwert kleiner oder gleich dem Testwert x_v haben ($f_{cum}(x_v)$), und der Gesamtzahl der Probanden n multipliziert mit 100.

$$PR_v = \frac{f_{cum}(x_v)}{n} \cdot 100 \qquad (4.36)$$

z-transformierte Klassengrenzen

Sodann werden die Klassengrenzen der Testwerte x_v als 0.5, 1.5, … bis 10.5 bestimmt. Man bildet die zugehörigen z-transformierten Testwerte z_v, indem man die Differenz des jeweiligen Testwertes x_v und des Mittelwertes aller Testwerte $\bar{x}$ durch die Standardabweichung der Testwerte (SD(x)) teilt:

---

[1] Die Verteilung entspricht derjenigen aus Abbildung 4.2.

$$z_v = \frac{x_v - \bar{x}_v}{SD(x)} \cdot 100 \qquad (4.37)$$

Die z-transformierten Klassengrenzen z_v entsprechen bei diesem Schritt noch nicht der Normalverteilung.

Schritt 2: *Eigentliche Normalisierung*

Die in Schritt 1 bestimmten Prozentanteile (Prozentränge) an der Fläche unter der nicht-normalen Verteilung werden nun der Standardnormalverteilung in folgender Weise angepasst:

Zuweisung von z′-Werten aus der Normalverteilung

Man weist der oberen Klassengrenze des Testwertes $x_v = 0$ (0.5) mit dem Prozentrang $PR_{x_v=0} = 1.6$ den Wert aus der Standardnormalverteilung zu, der von 1.6 % aller Fälle unterschritten wird, nämlich $z'_{x_v=0} = -2.15$. Um den »richtigen« z-Wert z'_{x_v} zu finden, kann man gängige Statistik- oder Forschungsmethoden-Lehrbücher heranziehen (z.B. Bortz, 2005), die Tabellen der Standardnormalverteilungswerte und der dazugehörigen Flächen zumeist im Anhang beinhalten. Anschließend weist man der oberen Klassengrenze des Testwertes $x_v = 1$ (1.5) mit dem Prozentrang $PR_{x_v=1} = 4.0$ den Wert $z'_{x_v=1} = -1.75$ zu, der von 4% aller Fälle in der Standardnormalverteilung unterschritten wird. Gleichermaßen wird mit den restlichen Testwerten verfahren. Die Bezeichnung z'_v soll dabei andeuten, dass die Werte nicht durch Anwendung der in Gleichung 4.37 beschriebenen, gebräuchlichen z-Transformation, sondern anhand der Flächentransformation gewonnen wurden.

Somit wird jeder Klassengrenze der Testwert anhand des in Schritt 1 berechneten Prozentranges PR_v derjenige z′-Wert unter der Standardnormalverteilung z'_{x_v} zugeordnet, der ausgehend von $-\infty$ so viel von der Fläche der Standardnormalverteilung abtrennt, wie es der Prozentrangzahl PR_v entspricht.

Die nachfolgende ◘ Tabelle 4.9 fasst den Vorgang der Normalisierung mit Hilfe der Flächentransformation für alle Klassengrenzen der Testwerte aus unserem Beispiel zusammen und zeigt darüber hinaus zum Vergleich die z-transformierten Testwerte aus Schritt 1, die man ohne die Normalisierung erhält.

Schritt 3: *Erstellen eines neuen Histogramms*

Hat man nun die neuen normalverteilten z-Werte z'_v bestimmt, so ist man in der Lage, diese auch anhand einer neuen z'_v-Häufigkeitsverteilung graphisch zu veranschaulichen. Man muss dabei aber folgendes beachten: Während die nicht normalisierten z-Werte z_v die einzelnen Stufen von x_v linear abbilden (die Intervallbreite beträgt konstant 0.45 Standardabweichungen), weisen die normalisierten Klassengrenzen z'_v nunmehr unterschiedliche Intervallbreiten auf, nämlich minimal 0.28 (für $|z'_{x_v=3} - z'_{x_v=2}|$) und maximal 1.05 (für $|z'_{x_v=10} - z'_{x_v=9}|$). Die Intervallbreite ist damit nicht mehr konstant.

Es stellt sich nun die Frage, wie man bei gegebener Antworthäufigkeit der Testwerte (◘ Tabelle 4.8; z.B. $f(x_v = 10) = 13$ für $x_v = 10$) die »neue« Säulenhöhe (Antworthäufigkeit) für die Klasse eines normalisierten z-Wertes z'_v findet. Da die Fläche bei der Flächentransformation gleich bleibt, bestimmen wir die zur Klasse des z'_v-Wertes zugehörige Säulenhöhe auf Grundlage der Flächengröße A_{z_v} der Histogrammsäulen vor der Normalisierung.

Tabelle 4.9. Vergleich von nicht normalisierten z-Werten z_v und flächentransformierten (normalisierten) z-Werten z'_v

Testwert x_v	obere Klassengrenze	Prozentrang PR_v	z_v	Intervallbreiten	z'_v	Intervallbreiten
0	0.5	1.6	–2.62	0.45	–2.15	0.92
1	1.5	4.0	–2.17	0.45	–1.75	0.40
2	2.5	7.4	–1.72	0.45	–1.44	0.31
3	3.5	12.4	–1.27	0.45	–1.16	0.28
4	4.5	19.8	–0.82	0.45	–0.85	0.31
5	5.5	30.6	–0.37	0.45	–0.51	0.34
6	6.5	43.8	0.08	0.45	–0.15	0.36
7	7.5	62.8	0.53	0.45	0.33	0.48
8	8.5	68.8	0.98	0.45	1.12	0.77
9	9.5	97.4	1.41	0.45	1.95	0.83
10	10.5	100.0	1.88	0.45	3.00	1.05

Beispiel: Für die Klasse mit dem Testwert $x_v = 10$ und der beobachteten Häufigkeit $f(x_v = 10) = 13$ ergibt sich A_{z_v} als:

$$A_{z_v} = |z_{x_v=10} - z_{x_v=9}| \cdot f(x_v = 10) \quad (4.38)$$

$$= 0.45 \cdot 13 = 5.85 \quad (4.39)$$

Die Fläche A_{z_v} ergibt sich aus dem Produkt der »alten« Intervallbreite $|z_{x_v=10} - z_{x_v=9}|$ und der beobachteten Häufigkeit $f(x_v = 10)$ des Testwertes ($x_v = 10$) (alte Säulenhöhe). Die neue Säulenhöhe $f'(x_v)$ berechnet sich nach Ermittlung der Fläche A_{z_v} wie folgt:

$$f'(x_v) = \frac{A_{z_v}}{|z'_{x_v=10} - z'_{x_v=9}|} \quad (4.40)$$

$$= \frac{5.85}{1.05} = 5.571 \quad (4.41)$$

Im neuen Histogramm der normalisierten z-Werte z'_v ergeben sich die neuen Säulenhöhen also aus den Säulenflächen der nicht normalisierten Werte (A_{z_v}), jeweils geteilt durch die Intervallbreiten der normalisierten Werte ($|z'_{x_v=10} - z'_{x_v=9}|$). Die Säulenhöhen der normalisierten und nicht normalisierten z-Werte für unser Beispiel zeigt ◻ Abbildung 4.3.

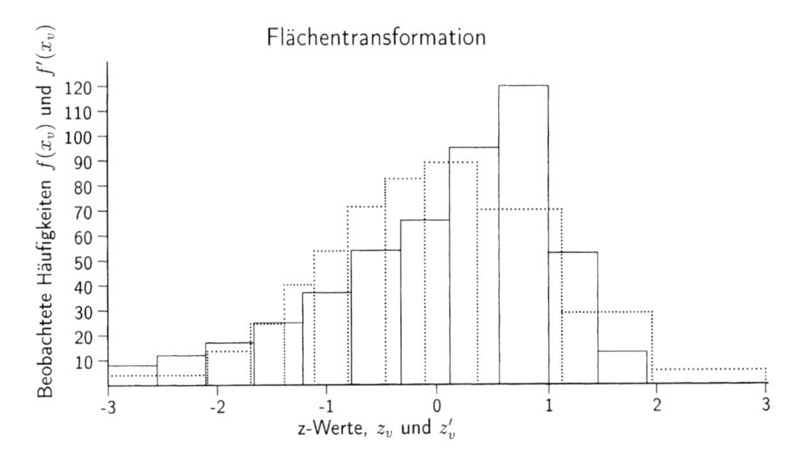

Abb. 4.3. Flächentransformation nicht-normalverteilter z_v-Werte (durchgezogenes Histogramm), in normalverteilte z'_v-Werte (punktiertes Histogramm), mit zugehörigen Säulenhöhen (Häufigkeiten $f(x_v)$ und $f'(x_v)$)

4.8 Zusammenfassung und weiteres Vorgehen

Nach einer ersten Datenerhebung erfolgt die psychometrische Aufbereitung der gewonnenen Daten. Dazu gehören die deskriptivstatistischen Analysen:
- die Itemschwierigkeitsanalyse
- die Analyse der Itemvarianzen
- die Bestimmung der Itemtrennschärfe.

Nachdem diese Analysen durchgeführt worden sind, werden die Items ausgewählt, die am geeignetsten für eine revidierte Test- oder Fragebogenfassung erscheinen. Dieser Vorgang wird mit Itemselektion bezeichnet. Um die Eignung eines Items einschätzen zu können, werden die gewonnenen Kennwerte zu einem Urteil zusammengefasst. Für die nächste Test- oder Fragebogenfassung sollten i.d.R. nur jene Items in Betracht gezogen werden, die über eine geeignete Schwierigkeit, eine hohe Varianz und eine hinreichende Trennschärfe verfügen. Items, die über eine Trennschärfe nahe Null verfügen, sollten nicht ausgewählt werden. Nachdem die geeigneten Items ausgewählt worden sind, kann eine erste Testwertermittlung stattfinden. Dabei ist die gewonnene Testwertverteilung zu inspizieren, um sich einen Eindruck über die Maße der zentralen Tendenz, der Streuung und der Verteilungsform zu verschaffen. Weicht die Verteilung von einer Normalverteilung ab, so kann in begründeten Fällen eine Normalisierung der Testwerte vorgenommen werden.

Nachdem die Testwertverteilung bestimmt wurde und gegebenenfalls eine Normalisierung stattgefunden hat, erfolgt die weitere Qualitätsuntersuchung des Tests mittels Reliabilitätsanalysen (vgl. Schermelleh-Engel & Werner, 2007, ▶ Kap. 6 in diesem Band), die auf den Annahmen der »Klassischen Testtheorie« (vgl. Moosbrugger, 2007a, ▶ Kap. 5 in diesem Band) basieren. Die Reliabilitätsbeurteilung erlaubt eine Einschätzung der Messgenauigkeit des Messinstrumentes (vgl. auch Moosbrugger & Kelava, 2007, ► Kap. 2 in diesem Band).

Zudem gilt es – wie oben angekündigt – einen Bezugsrahmen für die gemessenen Testwerte herzustellen, um diese geeignet interpretieren zu können. Dies ist Gegenstand des Kapitels »Interpretation von Testresultaten und Testeichung« (vgl. Goldhammer & Hartig, 2007, ► Kap. 8 in diesem Band).

Literatur

Bortz, J. (2005). *Statistik* (6. Auflage). Heidelberg: Springer.

Bortz, J. & Döring, N. (2003). *Forschungsmethoden und Evaluation* (3. Auflage). Heidelberg:Springer.

Box, G. E. P. & Cox, D. R. (1964). An analysis of transformations. *Journal of the Royal Statisistical Society, Series B. 26*, 211-46.

Dahl, G. (1971). Zur Berechnung des Schwierigkeitsindex bei quantitativ abgestufter Aufgabenbewertung. *Diagnostica, 17*, 139-142.

Goldhammer, F. & Hartig, J. (2007). Interpretation von Testresultaten und Testeichung. In H. Moosbrugger & A. Kelava (Hrsg.), *Testtheorie und Fragebogenkonstruktion*. Heidelberg: Springer.

Gollwitzer, M. (2007). Latent-Class-Modelle. In H. Moosbrugger & A. Kelava (Hrsg.), *Testtheorie und Fragebogenkonstruktion*. Heidelberg: Springer.

Hartig, J. & Frey, A. (2007). Validität. In H. Moosbrugger & A. Kelava (Hrsg.), *Testtheorie und Fragebogenkonstruktion*. Heidelberg: Springer.

Jonkisz, E. & Moosbrugger, H. (2007). Planung und Entwurf eines psychologischen Tests. In H. Moosbrugger & A. Kelava (Hrsg.), *Testtheorie und Fragebogenkonstruktion*. Heidelberg: Springer.

Kranz, H.T. (1997). *Einführung in die klassische Testtheorie* (4. Auflage). Frankfurt/Main: Verlag Dietmar Klotz GmbH.

Lienert, G.A. & Raatz, U. (1998). *Testaufbau und Testanalyse* (6. Auflage). Weinheim: Beltz.

Lord, F. M. & Novick, M. R. (1968). *Statistical theories of mental test scores*. Reading, MA: Addison-Welsley.

MacCallum, R. C., Zhang, S., Preacher, K. J. & Rucker, D. D. (2002). On the practice of dichotomization of quantitative variables. *Psychological Methods, 7*, 19-40.

McCall, W.A. (1939). *Measurement*. New York.

Moosbrugger, H. (2007a). Klassische Testtheorie: Testtheoretische Grundlagen. In H. Moosbrugger & A. Kelava (Hrsg.), *Testtheorie und Fragebogenkonstruktion*. Heidelberg: Springer.

Moosbrugger, H. (2007b). Item-Response-Theorie. In H. Moosbrugger & A. Kelava (Hrsg.), *Testtheorie und Fragebogenkonstruktion*. Heidelberg: Springer.

Moosbrugger, H. & Kelava, A. (2007). Qualitätsanforderungen an einen psychologischen Test. In H. Moosbrugger & A. Kelava (Hrsg.), *Testtheorie und Fragebogenkonstruktion*. Heidelberg: Springer.

Moosbrugger, H. & Schermelleh-Engel, K. (2007). Exploratorische (EFA) und Konfirmatorische (CFA) Faktorenanalyse. In H. Moosbrugger & A. Kelava (Hrsg.), *Testtheorie und Fragebogenkonstruktion*. Heidelberg: Springer.

Schermelleh-Engel, K. & Werner, C. (2007). Methoden der Reliabilitätsbestimmung. In H. Moosbrugger & A. Kelava (Hrsg.), *Testtheorie und Fragebogenkonstruktion*. Heidelberg: Springer.

Yeo, I.-K. & Johnson, R. (2000). A new family of power transformations to improve normality or symmetry. *Biometrika, 87*, 954-959.

5 Klassische Testtheorie (KTT)

Helfried Moosbrugger

5.1 Einleitung

Die »Klassische Testtheorie« (KTT) stellt jenen theoretischen Hintergrund zur Konstruktion und Interpretation von Testverfahren dar, der bis heute als theoretische Basis der auf dem Markt befindlichen psychodiagnostischen Tests sehr wichtig ist.

Die Bezeichnung »klassisch« soll zum Ausdruck bringen, dass diese Testtheorie bereits vor über 50 Jahren entwickelt wurde; die Bezeichnung soll aber auch deutlich machen, dass zur Ergänzung der KTT inzwischen in Form der Item-Response-Theorie (IRT, s. Moosbrugger, 2007, ▶ Kap. 10 in diesem Band) eine wesentlich neuere, weiterentwickelte Testtheorie vorliegt, mit der die KTT vorteilhaft ergänzt und z. T. auch ersetzt werden kann.

Die Prinzipien der KTT gehen auf Gulliksen, 1950, sowie auf Lord & Novick, 1968, zurück (vgl. Fischer, 1974; Kristof, 1983). Sie basieren auf verschiedenen pragmatischen Konstruktionsvorschlägen, die innerhalb der wissenschaftlichen Psychologie seit Beginn des zwanzigsten Jahrhunderts entwickelt wurden, um Merkmalsunterschiede zwischen Personen exakt und ökonomisch zu erfassen.

Messfehler-Theorie

Die KTT ist im Wesentlichen eine »Messfehler-Theorie«. In dieser Bezeichnung kommt die Kernüberlegung der KTT zum Ausdruck, die darin besteht, dass sich der Messwert einer Person in einem Testitem immer aus zwei Komponenten zusammensetzt, nämlich aus der tatsächlichen, wahren Ausprägung des untersuchten Merkmals (»true score«) und einem zufälligen Messfehler. Um die Messfehlerbehaftetheit der Messung bestimmen zu können, sind testtheoretische Grundannahmen erforderlich, die in Form von Axiomen formuliert werden.

5.2 Axiome der Klassischen Testtheorie

Als Axiome der Klassischen Testtheorie bezeichnet man jene Grundannahmen, welche im Rahmen der KTT nicht weiter hinterfragt werden. In den Axiomen der KTT werden wesentliche Annahmen über den true score und den Messfehler getroffen, um eine Einschätzung der Genauigkeit einer Messung zu ermöglichen.

Die Klassische Testtheorie beinhaltet die notwendigen Überlegungen, um aus einer Anzahl von Messungen x_{vi} an Probanden (Pbn) in bestimmten Items auf die wahre Ausprägung τ_v von Pb v (»true score«) im untersuchten Persönlichkeitsmerkmal schließen zu können. Dabei bezieht sich die KTT zunächst nur auf den wahren Wert τ_{vi} eines einzelnen Pb v in einem einzelnen Item i.

1. Existenzaxiom

True score τ_{vi}

Das Existenzaxiom besagt, dass der true score τ_{vi} als Erwartungswert der Messungen x_{vi} eines Pb v in Item i existiert

$$\tau_{vi} = E(x_{vi}) \tag{5.1}$$

2. Verknüpfungsaxiom

Das Verknüpfungsaxiom besagt, dass jede Messung x_{vi} aus einem wahren Wert τ_{vi} und einem zufälligen Fehlerwert ε_{vi} zusammengesetzt ist

Fehlerwert ε_{vi}

$$x_{vi} = \tau_{vi} + \varepsilon_{vi} \tag{5.2}$$

Die Verbindung der Axiome (5.1) und (5.2) zeigt, dass der Zufallsfehler ε_{vi} den Erwartungswert Null hat

$$E(\varepsilon_{vi}) = 0 \tag{5.3}$$

3. Unabhängigkeitsaxiom

Aus Gl. (5.3) resultiert das Unabhängigkeitsaxiom, welches besagt, dass die Korrelation zwischen den Messfehlern ε und den wahren Werten τ bei beliebigen Personen und beliebigen Items null ist

Unkorreliertheit von τ und ε

$$\mathrm{Corr}(\tau_{vi}, \varepsilon_{vi}) = 0 \tag{5.4}$$

4. Zusatzannahmen

Über den Zufallscharakter der einzelnen Fehlerwerte (vgl. Axiom 5.2) hinausgehend wird für die Fehlervariablen ε_{vi} und ε_{vj} von zwei Items i und j sowie für die Fehlervariablen ε_{vi} und ε_{wi} von zwei Personen v und w auch angenommen, dass die Fehlervariablen paarweise unabhängig sind (vgl. Lord & Novick, 1968, S. 36).

Paarweise unabhängige Fehlervariablen

- *Unabhängigkeit der Messfehler zwischen Items*

$$\mathrm{Corr}(\varepsilon_{vi}, \varepsilon_{vj}) = 0 \tag{5.5}$$

Diese Zusatzannahme besagt, dass die Fehlerwerte zweier Messungen mit beliebigen Items i und j für dieselbe Person unkorreliert sind.

Unabhängige Items

Für die Testpraxis erfordert dies, dass unabhängige Items konstruiert werden müssen. Das heißt, die Bearbeitung jeder Testaufgabe soll unabhängig vom Erfolg oder Misserfolg der Bearbeitung anderer Testaufgaben sein. Der Zusammenhang zwischen den Messfehlern zweier beliebiger Items für dieselbe Person ist folglich null.

- *Unabhängigkeit der Messfehler zwischen Personen*

$$\mathrm{Corr}(\varepsilon_{vi}, \varepsilon_{wi}) = 0 \tag{5.6}$$

Diese Zusatzannahme besagt, dass die Fehlerwerte zweier Messungen mit beliebigen Personen v und w mit demselben Item unkorreliert sind.

Unabhängige Personen

Für die Testpraxis erfordert dies, dass die Itembearbeitung durch unabhängige Personen erfolgen muss. Eine solche Unabhängigkeit setzt u. a. voraus, dass Pbn z. B. nicht voneinander abschreiben. Der Zusammenhang zwischen den Messfehlern zweier Beobachtungen an beliebigen Personen mit demselben Item ist folglich null.

Diese beiden Zusatzannahmen werden zur Schätzung der Reliabilität (► unten, vgl. auch Schermelleh-Engel & Werner, 2007, ► Kap.6 in diesem Band) benötigt. Effekte der Verletzung der Zusatzannahmen beschreiben z.B. Zimmermann und Williams (1977).

Die Axiome der KTT enthalten nur eine beobachtbare Größe, nämlich die Messung x_{vi}, die sich gemäß Verknüpfungsaxiom aus einem wahren Wert τ_{vi} und einem Fehlerwert ε_{vi} zusammensetzt. Letztere sind unbekannte Größen, welche aus der beobachtbaren Größe x_{vi} nicht erschlossen werden können. Wie im Folgenden gezeigt wird, kann aber bei Vorliegen von Messungen mit mehreren Testitems i = 1,..., m der wahre Testwert τ_v einer Person v als Summe der beobachteten Messungen x_{vi} ebenso geschätzt werden wie die Fehlervarianz Var(ε) als Varianz der Fehlerwerte ε_v der Personen v.

5.3 Bestimmung des wahren Testwertes τ_v (»true score«)

Mittelwertbildung zur Neutralisierung von Fehlern

Angenommen, man hätte zum Wiegen des Körpergewichts lediglich eine nicht exakte Waage zur Verfügung, die zufällig einmal zu viel und einmal zu wenig Gewicht anzeigt. Um das wahre Gewicht dennoch möglichst genau bestimmen zu können, wäre es zweckmäßig, mehrmals zu wiegen und einen Mittelwert zu bilden. Hierdurch würden sich die zufälligen Fehler gegenseitig neutralisieren.

Für die Bestimmung von wahren Werten in Persönlichkeits- und Leistungsvariablen sind Wiederholungen des Messvorgangs mit demselben Messinstrument aber problematisch. Es könnten Erinnerungseinflüsse auftreten und die in den oben aufgeführten Axiomen geforderte Zufälligkeit der Fehlergrößen verletzen. Eine wiederholte Anwendung desselben Messinstrumentes scheidet somit aus.

Das aufgezeigte Problem lässt sich dadurch umgehen, dass bei jedem Probanden mehrere Messungen vorgenommen werden, aber nicht mit ein- und demselben Item, sondern mit verschiedenen Items. Diese müssen allerdings so konstruiert werden, dass alle dasselbe Persönlichkeitsmerkmal erfassen. Durch Zusammenführung der Messungen mit den verschiedenen Items in einen Testwert erfolgt auch hier die Neutralisierung der Zufallsfehler.

5.3.1 Datenmatrix

Die Messwerte von n Pbn in m Testitems werden nach einem systematischen Schema in einer Datenmatrix (◘ Tab. 5.1) gesammelt.

Man erkennt, dass in den Zeilen die Messwerte des jeweiligen Probanden mit allen Items und in den Spalten die Messwerte des jeweiligen Items bei allen Pbn gesammelt sind.

Tab. 5.1. Datenmatrix der Messungen x_{vi} von n Probanden in m Items

	Item 1	Item 2	…	Item i	…	Item m	Zeilensumme
Proband 1	x_{11}	x_{12}	…	x_{1i}	…	x_{1m}	$\sum_{i=1}^{m} x_{1i} = x_1$
Proband 2	x_{21}	x_{22}	…	x_{2i}	…	x_{2m}	$\sum_{i=1}^{m} x_{2i} = x_2$
⋮	⋮	⋮		⋮		⋮	⋮
Proband v	x_{v1}	x_{v2}	…	x_{vi}	…	x_{vm}	$\sum_{i=1}^{m} x_{vi} = x_v$
⋮	⋮	⋮		⋮		⋮	⋮
Proband n	x_{n1}	x_{n2}	…	x_{ni}	…	x_{nm}	$\sum_{i=1}^{m} x_{ni} = x_n$
Spaltensummen	$\sum_{v=1}^{n} x_{v1}$	$\sum_{v=1}^{n} x_{v2}$	…	$\sum_{v=1}^{n} x_{vi}$	…	$\sum_{v=1}^{n} x_{vm}$	$\sum_{v=1}^{n}\sum_{i=1}^{m} x_{vi}$

5.3.2 Testwert

Um das Messergebnis eines Probanden v mit allen Items, d.h. mit dem gesamten (Sub-)Test zu bestimmen, summiert man in der Regel zeilenweise die einzelnen Itemwerte x_{vi} zu einem Summenwert x_v (► Kap. 4). Dieser wird auch als *Testwert* oder – im Unterschied zu Normwerten (s. Goldhammer & Hartig, 2007, ► Kap. 8 in diesem Band) – auch als *Rohwert* des Probanden in dem jeweiligen Test bezeichnet.

Summenwert x_v

$$x_v = \sum_{i=1}^{m} x_{vi} \tag{5.7}$$

Um zu zeigen, dass der Testwert x_v gemäß (5.7) im Durchschnitt mit dem gesuchten »wahren Wert« τ_v übereinstimmt, wird der Erwartungswert von (5.7) untersucht. Die verwendeten Rechenregeln referiert z.B. Moosbrugger (1983, S. 47–48):

$$E(x_v) = E(\sum_{i=1}^{m} x_{vi}) \tag{5.8}$$

$$= \sum_{i=1}^{m} E(x_{vi}) \tag{5.9}$$

Nach Einsetzen von τ_{vi} aus (5.1) für $E(x_{vi})$

$$E(x_v) = \sum_{i=1}^{m} \tau_{vi} \tag{5.10}$$

$$= \tau_v$$

Messwertsumme als Punktschätzung

sieht man, dass der Erwartungswert von x_v dem wahren Wert τ_v entspricht. Somit kann die Messwertsumme x_v als Punktschätzung $\hat{\tau}_v$ des wahren Wertes τ_v einer bestimmten Person v verwendet werden

$$x_v = \hat{\tau}_v \tag{5.11}$$

Standardmessfehler

Da es sich bei der Bestimmung des wahren Wertes aus empirischen Daten nur um eine Schätzung handelt, besteht eine gewisse Unsicherheit darüber, ob der geschätzte Wert $\hat{\tau}_v$ tatsächlich mit dem wahren Wert τ_v übereinstimmt. Mit Hilfe des sogenannten Standardmessfehlers kann um $\hat{\tau}_v$ ein so genanntes Konfidenz- oder Vertrauensintervall (► Abschn. 5.6) gebildet werden, welches diese Unsicherheit berücksichtigt. Hierfür muss zunächst die Testwertevarianz in den Anteil der wahren Varianz und in den Anteil der Fehlervarianz zerlegt werden.

5.4 Bestimmung der wahren Varianz und der Fehlervarianz

Zur Gewinnung der oben erwähnten Varianzanteile ist es notwendig, die Testwerte (Messwertsummen x_v der Pbn) über alle Probanden hinweg zu untersuchen. Die Variable der einzelnen Testwerte x_v bezeichnet man als Testwertvariable x, die Variable der einzelnen wahren Werte τ_v als true-score-Variable τ und die Variable der Fehlerwerte $\varepsilon_v = x_v - \tau_v$ als Fehlervariable ε (vgl. dazu das Verknüpfungsaxiom (5.2)).

Da man nur die Testwerte x_v, aber nicht die wahren Werte τ_v kennt, lässt sich auch die Varianz $Var(\tau)$ der wahren Werte τ nicht direkt berechnen. Dennoch ist es möglich, eine pauschale Schätzung von $Var(\tau)$ und der Varianz der Fehlervariablen $Var(\varepsilon)$ vorzunehmen.

Varianzzerlegung der Testwertevariablen

Dazu wird die Testwertevariable x gemäß dem Verknüpfungsaxiom (5.2) zerlegt in

$$x = \tau + \varepsilon \tag{5.12}$$

und die Varianz der Testwertevariablen (5.12) untersucht. Bei dieser Zerlegung ist zu beachten, dass die Varianz einer Summe von Variablen gleich der Summe der Varianzen der einzelnen Variablen plus der zweifachen Summe der Kovarianz beider Variablen $Cov(\tau, \varepsilon)$ ist. Man erhält:

$$Var(x) = Var(\tau + \varepsilon) \tag{5.13}$$

$$= Var(\tau) + Var(\varepsilon) + 2 \cdot Cov(\tau, \varepsilon) \tag{5.14}$$

Da die Korrelation zwischen den wahren Werten und den Messfehlern gemäß Unabhängigkeitsaxiom (5.4) null ist, ist auch $Cov(\tau, \varepsilon)$ gleich null. Daraus folgt, dass die Testwertevarianz $Var(x)$ aus einem wahren Varianzanteil $Var(\tau)$ und einem Fehlervarianzanteil $Var(\varepsilon)$ zusammengesetzt ist

$$Var(x) = Var(\tau) + Var(\varepsilon) \tag{5.15}$$

Die wahre Varianz Var(τ) bemisst diejenige Variation, welche durch die unterschiedlichen wahren Merkmalsausprägungen τ_v der Pbn hervorgerufen wird. Die Fehlervarianz Var(ε) bemisst diejenige Variation, die auf die Messfehler ε_v bei den Pbn zurückzuführen ist.

Schätzung der unbekannten Varianzen von τ und ε

Wie können die unbekannten Varianzen Var(τ) und Var(ε) in (5.15) geschätzt werden?

Hierzu zieht man die Testwertevariablen x_p und x_q zweier beliebiger Tests p und q heran und betrachtet deren Kovarianz Cov(x_p, x_q). Diese ist gemäß Verknüpfungsaxiom (5.2) definiert als:

$$\mathrm{Cov}(x_p, x_q) = \mathrm{Cov}(\tau_p + \varepsilon_p, \tau_q + \varepsilon_q) \tag{5.16}$$

Gemäß den Annahmen der KTT ist jeder Kovarianzterm, der eine Fehlervariable enthält, wegen der Unkorreliertheit der Messfehler mit den wahren Werten sowie zwischen den Messfehlern untereinander gleich null (s. (5.4), (5.5) und (5.6)). Somit ist die Kovarianz zweier Tests gerade so groß wie die Kovarianz ihrer wahren Werte. Gleichung (5.16) kann also wie folgt vereinfacht werden:

$$\mathrm{Cov}(x_p, x_q) = \mathrm{Cov}(\tau_p, \tau_q) \tag{5.17}$$

Handelt es sich bei x_p und x_q um zwei Testwertevariablen von Messungen mit demselben Test oder mit zwei parallelen bzw. τ-äquivalenten Tests (zu den Begriffen s. Schermelleh-Engel & Werner, 2007, ► Kap. 6.3 in diesem Band), so gilt

$$\tau_p = \tau_q = \tau \tag{5.18}$$

und

$$\mathrm{Cov}(x_p, x_q) = \mathrm{Cov}(\tau_p, \tau_q) = \mathrm{Cov}(\tau, \tau) = \mathrm{Var}(\tau) \tag{5.19}$$

Damit ist gezeigt, dass die wahre Testwertevarianz Var(τ) als Kovarianz zweier τ-äquivalenter Tests geschätzt werden kann.

Ist Var(τ) bekannt, so kann auch die Fehlervarianz (Varianz der Fehlervariablen ε) gemäß (5.15) bestimmt werden

$$\mathrm{Var}(\varepsilon) = \mathrm{Var}(x) - \mathrm{Var}(\tau) \tag{5.20}$$

(Für eine Weiterzerlegung der wahren Varianz im Sinne der Latent State-Trait Theorie in »Konsistenz« und »Spezifität« siehe Kelava & Schermelleh-Engel, 2007, ► Kap. 15 in diesem Band).

5.5 Das Gütekriterium der Reliabilität

Reliabilität

Im Zentrum der Klassischen Testtheorie steht das Gütekriterium der Reliabilität, welches beschreibt, wie messgenau (reliabel) ein Fragebogen oder ein

Test ist. Um einen Test hinsichtlich dieser Qualität beurteilen zu können, muss man seine Reliabilität bestimmen. Die Reliabilität bildet auch die Basis zur Berechnung des bereits oben erwähnten Standardmessfehlers, der zur Ermittlung des Konfidenzintervalls benötigt wird (► Abschn. 5.6). Dieses wiederum liefert eine größere statistische Sicherheit hinsichtlich der wahren Ausprägung des untersuchten Merkmals.

5.5.1 Herleitung der Reliabilität

In Ergänzung zu der von Moosbrugger und Kelava (2007, ► Kap. 2 in diesem Band) gegebenen allgemeinen Reliabilitätsdefinition wird die Reliabilität in der Klassischen Testtheorie konkret als Quotient aus der »wahren Varianz« $Var(\tau)$ und der Varianz der beobachteten Testwerte $Var(x)$ bestimmt.

Definition

Die *Reliabilität Rel* bezeichnet die Messgenauigkeit eines Tests und ist als Anteil der Varianz der wahren Werte τ an der Varianz der beobachteten Testwerte x definiert:

$$Rel = \frac{Var(\tau)}{Var(x)} \tag{5.21}$$

Reliabilitätskoeffizient

Da sich die Reliabilität aus dem Verhältnis zweier Größen berechnet, wird häufig der Ausdruck Relabilitäts*koeffizient* verwendet. Dieser hat einen Wertebereich zwischen 0 und 1. Der Maximalwert 1 bedeutet, dass die Testwertevarianz nur aus wahrer Varianz besteht ($Var(x) = Var(\tau)$) und der Test fehlerfrei misst. Der Minimalwert von 0 gibt an, dass die Testwertevarianz keine wahre Varianz enthält, sondern nur aus Fehlervarianz besteht ($Var(x) = Var(\varepsilon)$). Ein Test ist also umso messgenauer (reliabler), je größer der wahre Varianzanteil $Var(\tau)$ an der Gesamtvarianz $Var(x)$ ist. Umgekehrt gilt auch (vgl. (5.15)), dass bei zunehmender Fehlervarianz $Var(\varepsilon)$ die Reliabilität abnimmt.

Methoden der Reliabilitätsschätzung

Der Anteil der wahren Varianz $Var(\tau)$ an der beobachteten Testwertvarianz $Var(x)$ kann im Fall paralleler Tests mit Hilfe von Stichprobendaten als Test-Test-Korrelation r_{tt} geschätzt werden. Gleichung (5.19) hatte gezeigt, dass die wahre Varianz $Var(\tau)$ durch die Kovarianz $Cov(x_p, x_q)$ der beiden Tests ersetzt werden kann. Sofern die beiden Tests parallel sind und somit die gleiche Streuung $SD(x_p) = SD(x_q)$ aufweisen, kann zusätzlich $Var(x)$ durch $SD(x_p) \cdot SD(x_q)$ ersetzt werden:

$$Rel = \frac{Var(\tau)}{Var(x)} = \frac{Cov(x_p, x_q)}{SD(x_p) \cdot SD(x_q)} = Corr(x_p, x_q) = r_{tt} \tag{5.22}$$

In der Praxis werden vor allem vier Methoden zur Reliabilitätsschätzung herangezogen:

a) Paralleltest-Reliabilität
b) Retest-Reliabilität

c) Split-Half-Reliabilität
d) Interne Konsistenz

Die vier Methoden werden von Schermelleh-Engel & Werner (2007, ► Kap. 6 in diesem Band) ausführlich beschrieben.

Exkurs 5.1

Exkurs 5.1

Häufig wird der Anteil der wahren Varianz an der Gesamtvarianz (Testwertevarianz) in Prozent angegeben. Hierfür wird der Reliabilitätskoeffizient mit 100 multipliziert, woraus sich Prozentzahlen zwischen 0 und 100 ergeben.

Es sei darauf hingewiesen, dass $r_{tt} \cdot 100$ im Unterschied zur Interpretation von Korrelationskoeffizienten (vgl. z.B. Moosbrugger 2002) nicht in quadrierter, sondern in unquadrierter Form den durch die wahren Testwerte τ_v erklärten Prozentanteil an der Gesamtvarianz angibt. Es lässt sich nämlich zeigen, dass der Quotient Rel = r_{tt} dem Determinationskoeffizienten $(Corr(x,\tau))^2$ jener Einfachregression entspricht, bei der die Testwertevariable x als Kriterium und die true-score-Variable τ als Prädiktorvariable aufgefasst wird:

r_{tt} nicht quadrieren!

Der Determinationskoeffizient ist definiert (vgl. Moosbrugger, 2002) als

$$(Corr(x,\tau))^2 = \frac{(Cov(x,\tau))^2}{Var(x) \cdot Var(\tau)} \tag{5.23}$$

Wegen (5.4) ist die Kovarianz von x und τ im Zähler so groß wie die Varianz der wahren Werte $(Cov(x,\tau)) = Var(\tau)$. Folglich kann man schreiben

$$(Corr(x,\tau))^2 = \frac{Var(\tau) \cdot Var(\tau)}{Var(x) \cdot Var(\tau)} \tag{5.24}$$

Nach Kürzen von $Var(\tau)$ sieht man, dass der Determinationskoeffizient

$$(Corr(x,\tau))^2 = \frac{Var(\tau)}{Var(x)} = Rel = r_{tt} \tag{5.25}$$

genau dem Reliabilitätskoeffizienten (5.23) entspricht. Folglich gilt

$$(Corr(x,\tau))^2 = r_{tt} = Corr(x_p, x_q) \tag{5.26}$$

woran man sieht, dass die unquadrierte Korrelation zweier paralleler Tests mit dem durch die true-score-Variable τ erklärten Anteil an der Gesamtvarianz von x übereinstimmt.

5.5.2 Zusammenhänge zwischen Reliabilität und Testlänge

Reliabilitätssteigerung durch Testverlängerung

Die Reliabilität eines Tests lässt sich steigern, wenn man den Test durch die Hinzunahme von parallelen Testteilen verlängert. Als parallele Tests bzw. Testteile werden zwei Tests p und q bezeichnet, wenn sie die gleichen wahren Werte τ aufweisen ($\tau_p = \tau_q = \tau$ und somit $E(x_p) = E(x_q)$) und auch ihre Varianzen gleich sind ($Var(x_p) = Var(x_q) = Var(\tau) + Var(\varepsilon)$). Wird Test p um einen parallelen Test q verlängert, so setzt sich ihre gemeinsame Testwertevarianz aus der Summe der Varianzen der einzelnen Tests plus der zweifachen Kovarianz der beiden Tests zusammen (vgl. Moosbrugger & Hartig, 2003)

$$Var(x_p + x_q) = Cov(x_p, x_p) + Cov(x_q, x_q) + 2 \cdot Cov(x_p, x_q) \quad (5.27)$$

$$= Var(x_p) + Var(x_q) + 2 \cdot Cov(x_p, x_q) \quad (5.28)$$

Wegen $Var(x_p) = Var(x_q) = Var(\tau) + Var(\varepsilon)$ und $Cov(x_p, x_q) = Var(\tau)$ kann die gemeinsame Testwertevarianz in Anteilen wahrer Varianz und Fehlervarianz ausgedrückt werden als

$$\begin{aligned} Var(x_p + x_q) &= Var(\tau) + Var(\varepsilon) + Var(\tau) + Var(\varepsilon) + 2 \cdot Var(\tau) \\ &= 4 \cdot Var(\tau) + 2 \cdot Var(\varepsilon) \end{aligned} \quad (5.29)$$

Verdoppelung der Testlänge

Gleichung (5.29) zeigt, dass eine Verdoppelung der Länge eines Tests durch Hinzunahme eines parallelen Testteils gleicher Länge zwar zu einer Verdoppelung der Fehlervarianz, aber gleichzeitig zu einer Vervierfachung der wahren Varianz führt. Bei Verdoppelung der Testlänge ℓ auf $2 \cdot \ell$ lässt sich die resultierende Reliabilität wie folgt ausdrücken:

$$Rel(2 \cdot \ell) = \frac{2 \cdot Rel}{1 + Rel} \quad (5.30)$$

Spearman-Brown-Formel

Allgemeiner lässt sich die resultierende Reliabilität eines Tests der Länge ℓ durch Testverlängerung um den Faktor k durch die »Spearman-Brown-Formel« ausdrücken

$$Rel(k \cdot \ell) = \frac{k \cdot Rel}{1 + (k-1) \cdot Rel} \quad (5.31)$$

Von diesem Zusammenhang zwischen Reliabilität und Testlänge kann z.B. Gebrauch gemacht werden, wenn ermittelt werden soll, um wie viele parallele Testteile ein bestehender Test verlängert werden müsste, um seine Reliabilität insgesamt auf einen bestimmten Wert anzuheben. Zudem wird bei der Aufwertung von Split-Half-Reliabilitäten zur Schätzung der Gesamttest-Reliabilität auf Formel (5.30) zurückgegriffen (s. Schermelleh-Engel & Werner, 2007, ► Kap.6 in diesem Band).

5.6 Standardmessfehler und Konfidenzintervall für τ_v

5.6.1 Standardmessfehler

Ist der Reliabilitätskoeffizient berechnet oder einem Testmanual entnommen worden, so kann die Varianzzerlegung (5.13) bei bekannter Testwertevarianz Var(x) sehr einfach als

$$\begin{aligned} \mathrm{Var}(x) &= \mathrm{Rel} \cdot \mathrm{Var}(x) + (1 - \mathrm{Rel}) \cdot \mathrm{Var}(x) \\ &= \mathrm{Var}(\tau) + \mathrm{Var}(\varepsilon) \end{aligned} \tag{5.32}$$

vorgenommen werden. Löst man Gleichung (5.32) nach der Fehlervarianz Var(ε) auf,

$$\begin{aligned} \mathrm{Var}(\varepsilon) &= \mathrm{Var}(x) - \mathrm{Rel} \cdot \mathrm{Var}(x) \\ &= \mathrm{Var}(x) \cdot (1 - \mathrm{Rel}) \end{aligned} \tag{5.33}$$

so sieht man, dass Var(ε) den unerklärten Fehlervarianzanteil der Testwertevarianz Var(x) darstellt. Zieht man aus Gleichung (5.33) die Wurzel, so erhält man den Standardmessfehler SD(ε). Er setzt sich aus der Standardabweichung der Testwerte ($SD(x) = \sqrt{Var(x)}$) multipliziert mit der Wurzel aus der Unreliabilität (1 – Rel) zusammen

Standardmessfehler SD(ε)

$$SD(\varepsilon) = SD(x) \cdot \sqrt{1 - \mathrm{Rel}} \tag{5.34}$$

Man sieht, dass der Standardmessfehler mit höherer Reliabilität kleiner wird und mit niedrigerer Reliabilität größer.

5.6.2 Konfidenzintervall für τ_v

Mit Hilfe des Standardmessfehlers SD(ε) ist es möglich, um die Punktschätzung $\hat{\tau}_v = x_v$ (s. Gleichung (5.11)) einen Bereich zu definieren, der die mit der Punktschätzung einhergehende Unsicherheit bezüglich der Lage des wahren Wertes τ_v kompensiert. Dieser Bereich wird als Konfidenz- oder Vertrauensintervall bezeichnet.

Und unter der Annahme, dass die Fehler normalverteilt sind, findet man das Konfidenzintervall bei Vorliegen großer Stichproben ($n \geq 60$) mit Hilfe der Standardnormalverteilung (z-Verteilung) als

$$\hat{\tau}_v - z_{\alpha/2} \cdot SD(\varepsilon) \leq \tau_v \leq \hat{\tau}_v + z_{\alpha/2} \cdot SD(\varepsilon) \tag{5.35}$$

Dabei kommt der wahre Wert τ_v mit einer Wahrscheinlichkeit von $(1 - \alpha)$ in diesem Intervall zu liegen (α=0.05 bzw. 0.01).

Das Konfidenzintervall kennzeichnet denjenigen Bereich eines Merkmals, in dem sich 95% bzw. 99% aller möglichen wahren Werte τ_v befinden, die den Stichprobenschätzwert $\hat{\tau}_v$ erzeugt haben können (vgl. Bortz & Döring, 2002, S. 419).

Rel = 1.00

Rel = .89

Rel = .96

Rel = .00

Beispiel 5.1

Intelligenzmessung von Hochbegabungen

In einem Intelligenztest mit einem arithmetischen Mittelwert $\bar{x} = 100$ und einer Standardabweichung $SD(x) = 15$ erzielte ein Proband einen Testwert (Intelligenzquotient, IQ) von $x_v = 130$.

Legt man diesem Test eine Reliabilität von 1 und einen Standardmessfehler von 0 zugrunde, würde man den Probanden zur Gruppe der Hochbegabten zählen, denn laut Definition gilt man mit einem IQ ≥130 als hochbegabt.

Nehmen Sie nun an, der Test habe lediglich eine Reliabilität von Rel = 0.89. Dann ist der Standardmessfehler nicht 0, sondern gemäß (5.34)

$$\begin{aligned} SD(\varepsilon) &= 15 \cdot \sqrt{1-0.89} \\ &= 15 \cdot 0,33 \\ &\approx 5 \end{aligned}$$

Mit Hilfe des Standardmessfehlers bildet man nach Gleichung (5.35) ein Konfidenzintervall und wählt eine statistische Wahrscheinlichkeit $(1 - \alpha)$, mit der der wahre Wert in diesem Intervall liegen soll. Wird eine 95% Wahrscheinlichkeit gewählt, d.h. $\alpha = 0.05$; $z_{\alpha/2} \approx 2.0$, so erhält man folgendes Konfidenzintervall für τ_v:

$$\begin{aligned} 130 - 2 \cdot 5 \le \tau_v &\le 130 + 2 \cdot 5 \\ 120 \le \tau_v &\le 140 \end{aligned}$$

Man erkennt, dass bei diesem Test der wahre IQ des Probanden mit 95%iger Wahrscheinlichkeit (bzw. einem α– Risiko von 5%) im Bereich zwischen 120 und 140 diagnostiziert wird. Trotz des erzielten Testwerts von $\hat{\tau}_v = 130$ kann der wahre Wert τ_v also auch deutlich oberhalb, aber auch unterhalb von 130 liegen. Es kann in diesem Fall also nicht mit statistischer Sicherheit gesagt werden, dass es sich bei dem Probanden um einen Hochbegabten handelt.

Welchen Testwert müsste der Proband bei Rel = .89 erreichen, um mit statistischer Sicherheit zur Gruppe der Hochbegabten gezählt werden zu können? Sein Testwert müsste zumindest bei 140 oder darüber liegen, denn dann würde die untere Grenze des Konfidenzintervalls $(\hat{\tau}_v - 2 \cdot SD(\varepsilon))$ keinen niedrigeren IQ umfassen als den für Hochbegabung festgelegten Schwellenwert von 130.

In einem höher reliablen IQ-Test mit Rel = .96, beträgt der Standardmessfehler nur $SD(\varepsilon) \approx 3$. In diesem Test müsste der Proband nur einen IQ von 136 erzielen, um mit 95%iger Sicherheit ein τ_v von 130 oder höher aufzuweisen.

Zum Vergleich sei festgestellt, dass bei Rel = 0 die Breite des Konfidenzintervalls $2 \cdot z_{\alpha/2} \cdot SD(x)$, hier $2 \cdot 2 \cdot 15 = 60$ betragen würde, da bei Rel = 0 der Standardmessfehler so groß wie die Standardabweichung der Testwerte ausfällt $(SD(\varepsilon) = SD(x))$. Da mit sinkender Reliabilität die Konfidenzintervalle nicht nur sehr breit, sondern auch die Punktschätzungen ungenau werden (Näheres s. Fischer, 1974, S. 40–41), sollten Tests mit Reliabilitäten Rel < .80 für die Individualdiagnostik möglichst nicht verwendet werden.

Bei kleineren Stichproben (n < 60) muss zur Bildung der Konfidenzintervalle anstelle der z-Verteilung die t-Verteilung herangezogen werden.

Wenn die Testwerte nicht normalverteilt sind, kann die Intervallbildung mit Hilfe der Überlegungen von Tschebycheff (s. z.B. Kristof, 1983, S. 511) vorgenommen werden.

Über die anzustrebende Höhe der Reliabilität eines Tests informieren ausführlich Schermelleh-Engel & Werner, 2007, ► Kap. 6 in diesem Band.

5.7 Grenzen und Schwächen der Klassischen Testtheorie

Mit der Klassischen Testtheorie verfügt das psychometrische Assessment über einen sehr bewährten Ansatz zur Beurteilung der Reliabilität von Tests und Fragebogen. Die relativ ökonomische praktische Umsetzung lässt die KTT weiterhin attraktiv erscheinen und ist wohl auch ein wesentlicher Grund dafür, dass sie sich in diesem Maße durchgesetzt hat. Mit der Generalisierbarkeitstheorie (z.B. Brennan, 2001) liegt darüber hinaus ein Untersuchungsansatz vor, in dessen Rahmen das Verständnis der Testwertvarianzzerlegung erweitert wurde: Während in der KTT nur Probanden und Messfehler als Varianzquellen betrachtet werden, erlaubt die Generalisierbarkeitstheorie auch die Untersuchung des Einflusses weiterer Faktoren, z.B. Beurteiler- oder Methodeneffekte (zu Erweiterungen der KTT s. Rauch und Moosbrugger, im Druck).

Dem Geltungsbereich der KTT sind jedoch deutliche Grenzen gesetzt, sobald man über die Reliabilität hinausgehend zu den Gütekriterien der Skalierung und der Konstruktvalidität Stellung beziehen möchte.

Schwächen bezüglich der Skalierung

Bezüglich der *Skalierung* weist die KTT folgende Schwächen auf:
- Die Annahme, der beobachtete Testwert setze sich aus einem »wahren Wert« und einem »Fehlerwert« zusammen, ist empirisch nicht überprüfbar, da beide Größen nicht direkt beobachtbar sind.
- Es kann nicht überprüft werden, welches Skalenniveau die Testwerte aufweisen. Dies ist aber insofern wichtig, da die KTT für ihre Kalküle Intervall-Skalenniveau voraussetzt.

Schwächen bezüglich der Konstruktvalidität

Bezüglich der *Konstruktvalidität* weist die KTT folgende Schwächen auf:
- Es besteht nicht die Möglichkeit, anhand der Modellannahmen zu überprüfen, ob die Testitems bezüglich des jeweils untersuchten Merkmals homogen sind. Streng genommen ist dies aber Voraussetzung für die Berechnung des Testwertes als Summenwert über alle Items. Ersatzweise behilft man sich zur Homogenitätsbeurteilung mit den Itemtrennschärfen (s. Kelava & Moosbrugger, 2007, ► Kap. 4 in diesem Band) sowie mit den Iteminterkorrelationen als Basis der internen Konsistenz (s. Schermelleh-Engel & Werner, 2007, ► Kap. 6 in diesem Band). Die untersuchten Merkmale können daher nur operational definiert werden.
- Die Kennwerte der KTT (insbesondere Itemschwierigkeit, Itemtrennschärfe und Reliabilität etc.) sind darüber hinaus stichprobenabhängig. Je nachdem, an welchen Personen die Messungen durchgeführt werden, können unterschiedliche Ausprägungen für dieselben Kennwerte resul-

Schwächen wegen Stichprobenabhängigkeit

tieren. Es bleibt also unklar, inwieweit die gefundenen Ergebnisse verallgemeinert werden können (vgl. hierzu auch Schermelleh-Engel & Werner, 2007, ► Kap. 6 in diesem Band).

Die hier aufgezeigten Grenzen der KTT können durch Einbeziehung der Item-Response-Theorie (IRT) überwunden werden. Die IRT beruht auf einer wesentlich strengeren Annahmenbasis als die KTT mit dem bedeutenden Unterschied, dass sie das Reaktionsverhalten der Probanden in Abhängigkeit von Personen- und Itemparametern beschreibt und von einem probabilistischen Zusammenhang, d. h. einem Wahrscheinlichkeitszusammenhang, zwischen den Merkmalsausprägungen und dem beobachteten Messwert ausgeht (Näheres s. Moosbrugger, 2007, ► Kap. 10 in diesem Band).

Literatur

Bortz, J. & Döring, (2002). *Forschungsmethoden und Evaluation für Human- und Sozialwissenschaftler* (3. Auflage). Heidelberg: Springer.

Brennan, R. L. (2001). *Generalizability Theory.* New York: Springer Verlag.

Fischer, G. H. (1974). *Einführung in die Theorie psychologischer Tests.* Bern: Huber.

Goldhammer, F. & Hartig, J. (2007). Testeichung, Normierung und Interpretation von Testresultaten. In H. Moosbrugger & A. Kelava (Hrsg.), *Testtheorie und Fragebogenkonstruktion.* Berlin: Springer.

Gulliksen, H. (1950). *Theory of Mental Tests.* New York: Wiley.

Kelava, A. & Moosbrugger, H. (2007). Deskriptivstatistische Evaluation von Items (Itemanalyse) und Testwertverteilungen. In H. Moosbrugger & A. Kelava (Hrsg.), *Testtheorie und Fragebogenkonstruktion.* Heidelberg: Springer.

Kelava, A. & Schermelleh-Engel, K. (2007). Latent-State-Trait Theorie. In H. Moosbrugger & A. Kelava (Hrsg.), *Testtheorie und Fragebogenkonstruktion.* Heidelberg: Springer.

Kristof, W. (1983). Klassische Testtheorie und Testkonstruktion. In H. Feger & J. Bredenkamp (Hrsg.), *Messen und Testen* (Enzyklopädie der Psychologie, Serie I: Forschungsmethoden der Psychologie, Bd. 3, S. 544-603). Göttingen: Hogrefe.

Lord, F. M. & Novick, M. R. (1968). *Statistical theories of mental test scores.* Reading, Mass.: Addison-Wesley.

Moosbrugger, H. (1983). Modelle zur Beschreibung statistischer Zusammenhänge in der psychologischen Forschung. In J. Bredenkamp & H. Feger (Hrsg.), *Strukturierung und Reduzierung von Daten* (Enzyklopädie der Psychologie, Serie I: Forschungsmethoden der Psychologie, Band 4, S. 1-58). Göttingen: Hogrefe.

Moosbrugger, H. (2002). *Lineare Modelle (ALM).* (3. Auflage) Bern: Huber.

Moosbrugger, H. (2007). Item-Response-Theorie. In H. Moosbrugger & A. Kelava (Hrsg.), *Testtheorie und Fragebogenkonstruktion.* Heidelberg: Springer.

Moosbrugger, H. & Hartig, J. (2003). Klassische Testtheorie. In Kubinger, K. D. & Jäger, R. S. (Hrsg.), *Schlüsselbegriffe der Psychologischen Diagnostik.* Weinheim: Beltz.

Rauch, W. & Moosbrugger, H. (Im Druck). Klassische Testtheorie: Grundlagen und Erweiterungen für heterogene Tests und Mehrfacettenmodelle. In L. Hornke (Hrsg.), *Methoden* (Enzyklopädie der Psychologie, Serie II: Psychologische Diagnostik, Band 2). Göttingen: Hogrefe.

Schermelleh-Engel, K. & Werner, C. (2007). Methoden der Reliabilitätsbestimmung. In H. Moosbrugger & A. Kelava (Hrsg.), *Testtheorie und Fragebogenkonstruktion.* Heidelberg: Springer.

Zimmermann, D. W. & Williams, R. H. (1977). The theory of test validity and correlated errors of measurement. *Journal of Mathematical Psychology, 15,* 135-152.

6 Methoden der Reliabilitätsbestimmung

Karin Schermelleh-Engel & Christina Werner

> Angenommen, Sie sollen bei einer schulpsychologischen Begutachtung entscheiden, ob ein Kind am Unterricht einer normalen Klasse teilnehmen kann oder Sonderunterricht für Lernbehinderte erhalten soll. Wenn Sie hierfür einen Intelligenztest durchführen, sollten Sie sich darauf verlassen können, dass das Testergebnis messgenau ist, d. h. dass es die »wahre« Leistungsfähigkeit operationalisiert am IQ möglichst genau widerspiegelt und nicht bei einer Testwiederholung kurze Zeit später ein deutlich anderes Ergebnis herauskäme – die Entscheidung hat schließlich zentrale Bedeutung für die Zukunft des Kindes. Messgenauigkeit ist insofern ein ausgesprochen wichtiges Gütekriterium für Tests, gerade bei der Individualdiagnostik.

Dieses Kapitel behandelt die Bestimmung der Reliabilität als Gütekriterium für die Messgenauigkeit psychologischer Tests (vgl. Moosbrugger & Kelava, 2007, ► Kap. 2 in diesem Band). Zuerst wird die Definition von Reliabilität im Rahmen der Klassischen Testtheorie näher erläutert. Anschließend werden vier geläufige Methoden zur Schätzung der Reliabilität vorgestellt (Retest-, Paralleltest-, Splithalf-Reliabilität und Interne Konsistenz) und die potentiellen Vor- und Nachteile dieser Methoden besprochen. Zum Abschluss wird der Geltungsbereich der Reliabilität diskutiert.

6.1 Was ist Reliabilität?

Definition

Unter *Reliabilität* wird die Genauigkeit einer Messung verstanden. Ein Testverfahren ist perfekt reliabel, wenn die damit erhaltenen Testwerte frei von zufälligen Messfehlern sind. Das Testverfahren ist umso weniger reliabel, je größer die Einflüsse von zufälligen Messfehlern sind.

Reliabilität vs. Validität

Mit der Reliabilität wird die Genauigkeit – im Sinne von Messfehlerfreiheit – der mit diesem Verfahren erzielten Messwerte beurteilt. Bei der Bestimmung der Reliabilität kommt es nicht darauf an, ob der Test inhaltlich tatsächlich genau das Merkmal misst, das gemessen werden soll, oder ob er statt dessen vielleicht etwas anderes erfasst: Dies wäre eine Frage der Validität, die im nachfolgenden ► Kapitel 7 (Hartig, Frey & Jude 2007; vgl. auch Moosbrugger & Kelava, 2007, ► Kap. 2 in diesem Band) behandelt wird. Der Fokus der Reliabilität liegt ausschließlich auf der Messgenauigkeit, die für die Validität eines Tests allerdings eine wesentliche Voraussetzung darstellt.

Reliabilität vs. Objektivität

Im Kontext der Testkonstruktion kann eine hohe Reliabilität als Eigenschaft eines Tests (also eines Mess*instrumentes*) nur dann erzielt werden, wenn die konkreten Umstände der Messung, also die Test*situation*, die Test*durchführung* und die Test*auswertung* standardisiert werden. Die Kontrolle der Messbedingungen ist Gegenstand des Gütekriteriums der Objektivität (s. Moosbrugger & Kelava, 2007, ► Kap. 2 in diesem Band). Somit stellt die Objektivität eine wesentliche Voraussetzung für die Reliabilität dar.

Reliabilität in der Klassische Testtheorie

Reliabilität ist ein statistisch beurteilbares Kriterium. Im Rahmen der Klassischen Testtheorie wird Reliabilität definiert als Varianzverhältnis zwischen der Varianz der »wahren« (messfehlerfreien, idealen) Werte und der tatsächlichen Varianz der vom Testverfahren gelieferten Messwerte (Gleichung 6.1):

$$\text{Rel}(x) = \frac{\text{Var}(\tau)}{\text{Var}(x)} \tag{6.1}$$

Dabei bezeichnet x die Variable der gemessenen Testwerte und τ die Variable der wahren Werte.

Wahrer Wert

Hierbei wird angenommen, dass hinter jedem einzelnen Messwert x_v einer Person v ein zugrundeliegender wahrer (idealer, messfehlerfreier) Wert τ_v steht, der bei der Messung lediglich durch zufällige Fehlereinflüsse ε_v verfälscht sein kann (vgl. Moosbrugger, 2007a, ▶ Kap. 5 in diesem Band).

Messfehler

Die Testwertvariable x ist demnach die Summe aus der Variable der wahren Werte τ und der Variable der Messfehler ε, $x = \tau + \varepsilon$. Dabei soll der Erwartungswert des Messfehlers null sein: $E(\varepsilon) = 0$. Dies bedeutet, dass das Testverfahren den wahren Wert einer Person im Mittel richtig erfasst und lediglich zufällig (aber nicht systematisch) über- oder unterschätzt (bei einer systematischen Überschätzung wären im Mittel positive Messfehler zu erwarten, bei einer systematischen Unterschätzung im Mittel negative). Weiterhin soll die Messfehlervariable ε weder mit sich selbst (über Messzeitpunkte hinweg) korreliert sein, noch mit der Variablen der wahren Werte τ des Tests, und auch nicht mit wahren Werten oder Messfehlern eines anderen Tests (vgl. hierzu die Axiome der Klassischen Testtheorie, Moosbrugger, 2007a, ▶ Kap. 5 in diesem Band). Diese Annahmen sind sinnvoll, denn gäbe es solche Korrelationen, wäre der Messfehler eben doch systematisch und nicht, wie angenommen, zufällig.

Varianzzerlegung

Mit der Annahme, dass wahre Werte und Messfehler unkorreliert sind (und somit ihre Kovarianz $\text{Cov}(\tau, \varepsilon)$ null ist) gilt dann, dass die Varianz der Testwerte zerlegt werden kann in die Summe aus der Varianz der wahren Werte und der Varianz der Messfehler (Gleichung 6.2):

$$\begin{aligned} \text{Var}(x) &= \text{Var}(\tau + \varepsilon) \\ &= \text{Var}(\tau) + \text{Var}(\varepsilon) + 2 \cdot \text{Cov}(\tau, \varepsilon) \\ &= \text{Var}(\tau) + \text{Var}(\varepsilon) \end{aligned} \tag{6.2}$$

Wahre Varianz und Fehlervarianz

Die Varianz der wahren Werte $\text{Var}(\tau)$ wird auch als »wahre Varianz« bezeichnet. Der verbleibende Anteil an der Gesamtvarianz der beobachteten Testwerte kommt aufgrund der Variabilität der Messfehler zustande und repräsentiert damit die Messfehlerbehaftetheit eines Tests (»Fehlervarianz«). Von daher ist der Anteil der Varianz der wahren Werte $\text{Var}(\tau)$ an der Varianz der beobachteten Testwerte $\text{Var}(x)$ (vgl. Gleichung 6.1) ein sinnvolles Kriterium für die Messgenauigkeit eines Tests: Je kleiner die Fehler bei der Messung jeweils sind, desto geringer ist auch die Varianz des Messfehlers $\text{Var}(\varepsilon)$, und desto höher wird die Reliabilität.

Bei einem perfekt reliablen Testverfahren wäre die Varianz des Messfehlers null und die Reliabilität entsprechend eins. Umgekehrt gilt: Je größer die Messfehler ausfallen, desto größer wird ihre Varianz, und desto kleiner wird die Reliabilität. Bei einem Verfahren, dessen Ergebnisse vollkommen unbrauchbar wären, weil sie ausschließlich Messfehler darstellten, wäre die Reliabilität entsprechend null. Somit gilt:

! Die Reliabilität liegt zwischen null und eins: $0 \leq Rel(x) \leq 1$.

Schätzung der Reliabilität

Die Reliabilität ist als theoretische Größe eindeutig definiert. In der Praxis kann sie jedoch nicht wirklich exakt *berechnet* werden, da wahre Werte und Messfehler nicht für jede einzelne Person bestimmbar sind. Aber auch ohne die wahren Werte einzelner Personen zu kennen, kann das gesuchte Varianzverhältnis als Maß für die Messgenauigkeit des Testverfahrens insgesamt *geschätzt* werden.

Es gibt im Wesentlichen vier verbreitete Methoden zur Reliabilitätsschätzung, in die jeweils unterschiedliche Einflüsse eingehen, so dass diese Methoden – je nach Situation – spezifische Vor- und Nachteile haben können:

6

- Retest-Reliabilität (▶ Abschn. 6.2)
- Paralleltest-Reliabilität (▶ Abschn. 6.3)
- Splithalf-(Testhalbierungs-)Reliabilität und (▶ Abschn. 6.4)
- Interne Konsistenz (▶ Abschn. 6.5)

Die Methoden werden im Folgenden ausführlicher vorgestellt und hinsichtlich ihrer Vorteile und Probleme miteinander verglichen.

6.2 Retest-Reliabilität

Zur Schätzung der Retest-Reliabilität wird ein Testverfahren an der gleichen Stichprobe zweimal durchgeführt und die Korrelation der Testwerte aus beiden Durchgängen (x_1, x_2) berechnet. *Macht man hierbei die Annahme, dass sich die wahren Werte der Personen zwischen den beiden Testdurchführungen nicht verändert haben und auch die Messfehlereinflüsse gleich geblieben sind* (d. h. konstante Fehlervarianz und damit konstante Testwertvarianz), dann entspricht die Korrelation der Werte aus den beiden Testdurchführungen $Corr(x_1, x_2)$ dem gesuchten Anteil der wahren Varianz an der Varianz der Testwerte (Gleichung 6.3, vgl. auch Moosbrugger, 2007a, ▶ Kap. 5 in diesem Band):

$$\begin{aligned} Corr(x_1, x_2) &= \frac{Cov(x_1, x_2)}{SD(x_1) \cdot SD(x_2)} \\ &= \frac{Cov(\tau_1 + \varepsilon_1, \tau_2 + \varepsilon_2)}{SD(x_1) \cdot SD(x_2)} \\ &= \frac{Cov(\tau_1, \tau_2)}{SD(x_1) \cdot SD(x_2)} \\ &= \frac{Var(\tau)}{Var(x)} \\ &= Rel(x) \end{aligned} \tag{6.3}$$

Oftmals werden Retest-Reliabilitätskoffizienten auch mit r_{tt} bezeichnet, um zu symbolisieren, dass es sich dabei um die Autokorrelation von Testwerten (Korrelation einer Variablen mit sich selbst über Messzeitpunkte hinweg) handelt.

Die Retest-Reliabilität eines Testverfahrens ist hoch, wenn zwei Messungen mit diesem Test zu verschiedenen Messzeitpunkten hoch miteinander korrelieren.

Voraussetzungen

Eine Bestimmung der Retest-Reliabilität ist theoretisch zwar bei jedem Test möglich, allerdings nicht immer praktisch durchführbar oder sinnvoll. So ist eine zweimalige Testung der gleichen Personen unter Umständen zeitaufwendig oder teuer, und kann auch den Testpersonen nicht immer verständlich gemacht oder zugemutet werden – beispielsweise bei der Frage der Retest-Reliabilität von Bewerbungsinterviews.

Beim Berechnen der Retest-Reliabilität ist stets zu beachten, dass sie auf den beiden oben genannten Voraussetzungen beruht: (1) konstante wahre Werte der Personen und (2) konstante Fehlervarianzen. Von gleicher Fehlervarianz bei beiden Testdurchgängen auszugehen mag plausibel sein, solange die Testdurchführung standardisiert erfolgt, so dass die Messfehlereinflüsse insgesamt nicht größer oder kleiner werden. Dagegen kann es aber je nach Kontext durchaus zu Veränderungen der wahren Werte vom ersten zum zweiten Testzeitpunkt kommen, welche – je nach Art der Veränderung – die Reliabilitätsschätzung verfälschen können.

6.2.1 Problem: Veränderungen der wahren Werte

Ist ein Merkmal vollkommen stabil, so sind die wahren Werte des entsprechenden Tests zu allen Messzeitpunkten identisch, und die Retest-Reliabilität wäre, sofern keine Messfehlereinflüsse bestehen, perfekt ($Rel(x) = 1$, ◘ Abbildung 6.1 a). Verändern sich dagegen Merkmalsausprägungen im Zeitverlauf, kann hierdurch die Retest-Reliabilität eines Tests vermindert werden, und zwar unabhängig von Messfehlereinflüssen.

Systematische Veränderungen der wahren Werte

Systematische Veränderungen der wahren Werte, die bei allen getesteten Personen gleich ausfallen, sind grundsätzlich kein Problem bei der Bestimmung der Retest-Reliabilität (Beispiel: Alle Testpersonen lernen zwischen erstem und zweitem Zeitpunkt genau gleich viel dazu). Durch das Addieren oder Subtrahieren eines konstanten Betrags bei allen Messwerten würde sich die Korrelation zwischen erstem und zweitem Messzeitpunkt nicht ändern (◘ Abbildung 6.1 b). Auch situationsspezifische Einflüsse, die sich auf alle Testpersonen gleich auswirken, würden die Reliabilität nicht beeinflussen. Allerdings dürfte es für viele psychologische Merkmale eher unplausibel sein, dass sich diese bei verschiedenen Menschen in exakt der gleichen Weise verändern.

Unsystematische Veränderungen der wahren Werte

Wenn sich die wahren Werte zwischen den Messzeitpunkten dagegen *unsystematisch* (für verschiedene Personen unterschiedlich) verändern, so wird die Korrelation der Testwerte zwischen den Zeitpunkten 1 und 2 herabgesetzt. Dies kann beispielsweise bei Leistungstests durch interindividuell unterschiedlich große Übungseffekte oder Wissenszuwächse geschehen

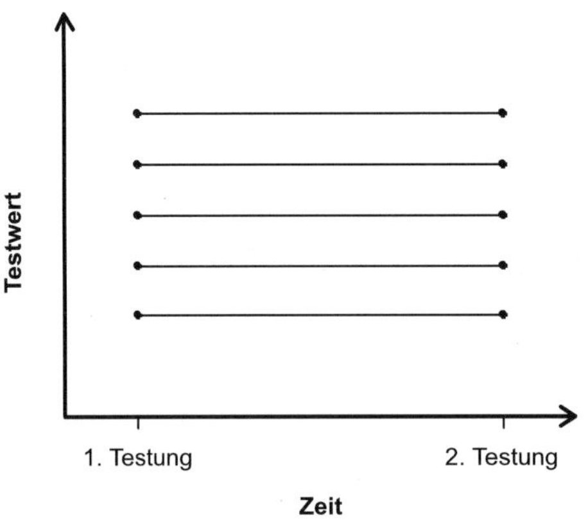

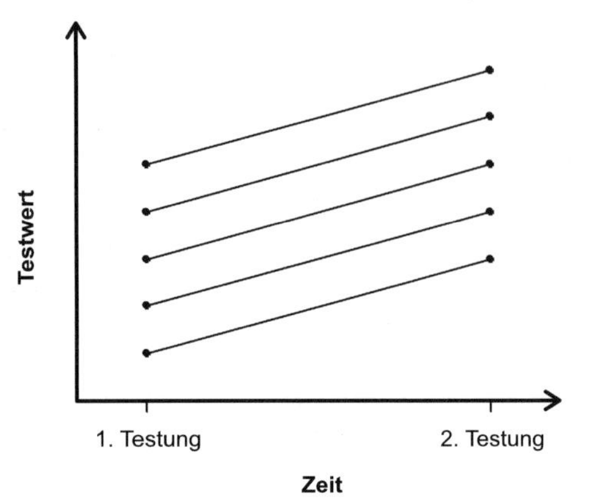

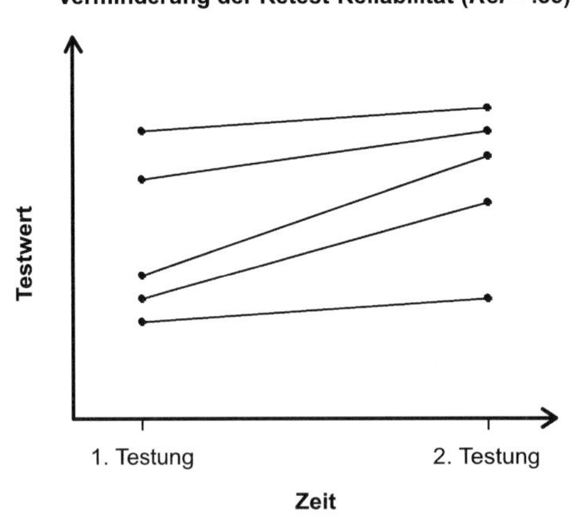

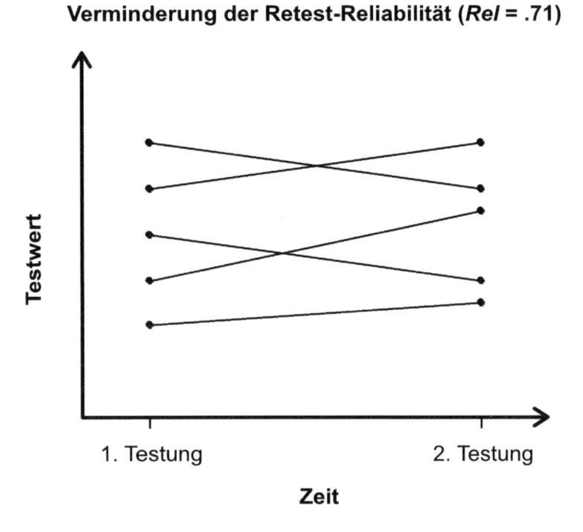

◘ Abb. 6.1. Beeinflussung von Retest-Reliabilitätskoeffizienten durch vier unterschiedliche Veränderungsmuster von Merkmalsausprägungen zwischen den beiden Testdurchgängen (schematisch dargestellt für jeweils fünf individuelle Merkmalsverläufe)

(◘ Abbildung 6.1 c), oder generell bei instabilen Merkmalen durch interindividuell unterschiedliche Entwicklungsverläufe (◘ Abbildung 6.1 d). Auch situationsspezifische Effekte (vgl. Steyer, 1987; Steyer, Schmitt & Eid, 1999; s. a. Kelava & Schermelleh-Engel, 2007, ► Kap. 15 in diesem Band), auf welche die Testpersonen unterschiedlich reagieren, würden ebenso wie individuell unterschiedliche »Tagesformen« zu unsystematischen Veränderungen der wahren Werte führen: Es wäre beispielsweise denkbar, dass einigen Personen schwül-heißes Sommerwetter nichts ausmacht, während andere darunter – unterschiedlich stark – leiden. In allen diesen Fällen unsystematischer Schwankungen bzw. Veränderungen der wahren Werte würde die Bestimmung der Retest-Reliabilität zu einer Unterschätzung der tatsächlichen Reliabilität des Tests führen.

Erinnerungseffekte

Umgekehrt kann es aber auch passieren, dass sich Personen bei einer Testwiederholung daran erinnern, was sie bei der ersten Durchführung geantwortet haben. Machen sie dann *deswegen* wieder genau die gleichen

Angaben, wäre die Retest-Reliabilität künstlich überhöht (dies wäre empirisch nicht von einem tatsächlich vollkommen stabilen Merkmal zu unterscheiden und entspräche ebenfalls ◘ Abb. 6.1 a).

Ob und wie stark sich diese potentiellen Störeinflüsse bei der Bestimmung der Retest-Reliabilität tatsächlich auswirken, ist eine Frage des Inhalts. Bei manchen Formen von Leistungstests ist beispielsweise davon auszugehen, dass eine wiederholte Testdurchführung zu Übungseffekten führt, die aber womöglich nicht bei allen Testpersonen gleich ausgeprägt sind. Bei Leistungstests, die Problemlöseaufgaben enthalten, ist es plausibel, dass Personen, die das Problem einmal erfolgreich gelöst haben, dies auch bei der Testwiederholung schaffen, während andere, die das Problem bei der ersten Testung nicht lösen konnten, möglicherweise zwischenzeitlich dazulernen und das Problem beim zweiten Mal ebenfalls lösen. Somit wäre hier für manche Personen keine Veränderung ihrer Leistung, für andere dagegen eine Leistungszunahme zu erwarten, womit sich interindividuell unterschiedliche Veränderungen der wahren Werte ergäben.

Für Selbstbeschreibungen in Persönlichkeitsfragebogen ist andererseits denkbar, dass Personen bei der wiederholten Testung versuchen, sich gezielt genauso zu beschreiben wie beim ersten Mal, z. B. um stabil und sicher in ihren Antworten zu wirken – mit der Folge einer Unterschätzung tatsächlicher Messfehlereinflüsse und einer Überschätzung der Reliabilität.

6.2.2 Wahl des Retest-Intervalls

Bei systematischen Erinnerungseffekten, aber auch bei unsystematischen Veränderungen des Merkmals spielt die Länge des Zeitintervalls zwischen den beiden Testungen eine entscheidende Rolle: Bei einem sehr kurzen Retest-Intervall wäre zu erwarten, dass unsystematische Merkmalsveränderungen geringer ausfallen würden, während dafür Erinnerungseffekte um so leichter möglich wären. Mit einem sehr langen Retest-Intervall wären Erinnerungseffekte eher auszuschließen, dafür könnten aber unsystematische Merkmalsveränderungen potentiell störender werden.

Eine allgemeingültige Regel für optimale Retest-Intervalle kann es nicht geben, da das relative Risiko für Merkmalsveränderungen und Erinnerungseffekte vom jeweiligen Testinhalt abhängt. Je instabiler aber das getestete Merkmal ist, desto kürzer sollten Retest-Intervalle gewählt werden. Je stabiler das Merkmal ist und je größer das Risiko von Erinnerungs- und kurzzeitigen Übungseffekten erscheint, desto längere Intervalle bieten sich an. Um Retest-Reliabilitätskoeffizienten beurteilen zu können, sollten daher die Retest-Intervalle (beispielsweise in Testmanualen) stets mit angegeben werden.

6.3 Paralleltest-Reliabilität

Parallele Testformen

Eine Bestimmung der Paralleltest-Reliabilität ist möglich bei Verfahren, von denen zwei sogenannte Parallelformen existieren. Parallelformen (parallele Testformen) sind voneinander verschiedene Varianten des gleichen

Testverfahrens, die das gleiche Merkmal mit der gleichen Genauigkeit erfassen. Im Sinne der Klassischen Testtheorie sind zwei Testformen parallel, wenn sie gleiche wahre Werte sowie gleiche Fehlervarianzen aufweisen.

Zur Bestimmung der Paralleltest-Reliabilität werden die parallelen Testformen beide an derselben Stichprobe durchgeführt und die Korrelation zwischen den Ergebnissen beider Testformen berechnet. Die rechnerische Herleitung der Paralleltest-Reliabilität erfolgt analog der in Gleichung (6.3) gegebenen Herleitung der Retest-Reliabilität: Die Paralleltest-Reliabilität eines Tests mit zwei parallelen Formen A und B kann geschätzt werden über die Korrelation der Testwerte x_A und x_B der parallelen Testformen (Gleichung 6.4):

$$\text{Rel}(x) = \text{Corr}(x_A, x_B) \tag{6.4}$$

Die Paralletest-Reliabilität eines Testverfahrens ist hoch, wenn zwei parallele Testformen dieses Verfahrens (die gleiche wahre Werte und gleiche Fehlervarianzen aufweisen) hoch miteinander korrelieren.

6.3.1 Probleme der Erstellung von Parallelformen eines Tests

In der Praxis existieren nur für relativ wenige Testverfahren geprüfte Parallelformen (meist eher für renommierte Tests), da der Aufwand zu ihrer Konstruktion je nach Merkmal sehr hoch werden kann. Eher leichter zu realisieren sind Parallelformen für Leistungstests, wenn diese aus vielen gleichartigen Items konstruiert sind. Hier können oft schon kleinere Abwandlungen der verwendeten Aufgaben nutzbare Parallelformen erzeugen (z. B. strukturell vergleichbare Rechenaufgaben, jedoch mit anderen Zahlen). Für Parallelformen von Persönlichkeits-Fragebogen wären dagegen große Itempools notwendig, die so viele gleichermaßen gut geeignete Items enthielten, dass sich daraus nicht nur ein Test, sondern gleich zwei ebenso gute und zueinander äquivalente Formen konstruieren lassen – ein meist deutlich schwierigeres Unterfangen.

Auch nach Augenschein vermeintlich »parallele« Verfahren können nicht ungeprüft als tatsächlich parallel angesehen werden: Beispielsweise können Interviews durch unterschiedliche Interviewer schon aufgrund unterschiedlicher Schulung und Erfahrung der Beurteiler (und damit unterschiedlich großer Fehlereinflüsse) zu systematisch divergierenden Ergebnissen führen, die selbst dann nicht parallel wären, wenn von beiden Interviewern exakt die gleichen Fragen gestellt würden.

Prüfung der Parallelität

Die Prüfung der Parallelität von Tests erfolgt meist lediglich indirekt über die Bestimmung der Paralleltest-Reliabilität. Zwei als parallele Versionen konzipierte Testformen werden derselben Personenstichprobe (z. B. im Abstand von einigen Tagen) dargeboten und die Korrelation der resultierenden Testwerte wird bestimmt. Weisen die beiden Testformen dieselben Mittelwerte und Streuungen auf, und ist die Korrelation zwischen den Testformen ausreichend hoch, so geht man in der Regel davon aus, dass die Testformen parallel sind. Dies ist jedoch ungenau, zumal die Korrelation der Testformen ähnlich der Retest-Reliabilität (▶ Abschn. 6.2) einerseits durch Übungseffekte beeinflusst sein kann, andererseits je nach zeitlichem Abstand zwischen der Vorgabe der beiden Testformen auch durch Merkmalsveränderungen.

Im Unterschied zur Item-Response-Theorie (IRT; s. Moosbrugger, 2007b, ▶ Kap.10 in diesem Band) ist eine strenge Testung der Parallelität von Testformen im Rahmen der Klassischen Testtheorie nicht möglich. Sind aber bereits andere Reliabilitätsschätzungen für die Testformen vorhanden, so kann die Parallelität zumindest deskriptiv beurteilt werden: Gleiche Mittelwerte und Streuungen vorausgesetzt, sind die wahren Werte beider Testformen genau dann gleich, wenn die Testwerte beider Formen so hoch korrelieren, wie es ihrer eigenen Messgenauigkeit entspricht, d. h. dass von Parallelität ausgegangen werden kann, wenn die Paralleltest-Reliabilität ebenso hoch ist wie die Reliabilitätsschätzungen der jeweiligen Testformen für sich betrachtet.

Parallelität in der konfirmatorischen Faktorenanalyse

Deutlich eleganter lässt sich die Parallelität von Testformen dagegen mithilfe der konfirmatorischen Faktorenanalyse prüfen, wobei damit auch die Paralleltest-Reliabilität bestimmt werden kann. Hierzu werden beide Testformen als Messungen einer gemeinsam hinter ihnen stehenden latenten Variable modelliert. So lässt sich prüfen, ob die Annahmen eines Modells paralleler Messungen, d. h. eines Modells mit gleichen Ladungen beider Messungen auf der latenten Variablen und gleichen Fehlervarianzen, mit den empirischen Daten vereinbar sind (vgl. hierzu Moosbrugger & Schermelleh-Engel, 2007, ▶ Kap. 13 in diesem Band). Ergibt sich ein guter Modellfit – stimmen Daten und Modell also überein –, so sind die gleichgesetzten quadrierten standardisierten Faktorladungen jeweils eine Schätzung der Reliabilität der beiden parallelen Testformen.

6.3.2 Einflüsse auf die Paralleltest-Reliabilität

Verfügt man tatsächlich über parallele Testformen, so hat eine Bestimmung der Paralleltest-Reliabilität gegenüber der Retest-Reliabilität den Vorteil, dass keine verzerrenden Einflüsse von Erinnerungseffekten zu erwarten sind. Andererseits wird jedoch die Korrelation der Testformen und somit auch die Reliabilität durch jegliche nicht perfekte Parallelität vermindert.

Damit Testformen parallel sind, müssen sie gleiche wahre Werte und gleiche Fehlervarianzen aufweisen. Diese Forderung muss an sich nur auf der Ebene des *Tests* erfüllt sein, nicht aber auf der Ebene der einzelnen *Items*. In der Praxis können jedoch schon geringfügige Unterschiede, beispielsweise in der Formulierung von Fragebogen-Items oder im Aufgabenmaterial von Leistungstests, zu Differenzen der mithilfe dieser Items bestimmten Testwerte und damit zu einer Verminderung der Paralleltest-Reliabilität führen. Selbst die Korrelation zwischen zwei sehr ähnlich konstruierten Testformen kann von daher immer noch niedriger ausfallen als die Reliabilität jeder einzelnen Testform. Eine Bestimmung der Paralleltest-Reliabilität würde in diesen Fällen dann die tatsächliche Reliabilität jeder der Testformen unterschätzen.

Darbietung von Parallelformen

Bei längeren Intervallen zwischen der Durchführung beider Parallelformen können außerdem, ebenso wie für die Retest-Reliabilität beschrieben, unsystematische Veränderungen der wahren Merkmalsausprägungen der Testpersonen auftreten. Diese würden ebenfalls die Paralleltest-Reliabilität herabsetzen, so dass die tatsächliche Reliabilität unterschätzt würde. Sofern die beiden Parallelformen hinreichend unterschiedliche Iteminhalte verwenden, bietet es sich daher an, die Parallelformen in kurzem Abstand voneinander durchzuführen. Bei einer unmittelbar aufeinanderfolgenden Vorgabe kann es jedoch durch interindividuell unterschiedliche situative Effekte zu einer überhöhten Korrelation der Paralleltests kommen, so dass bei Merkmalen, die solchen situativen Einflüssen unterliegen könnten, eine Vorgabe der Parallelformen zu unterschiedlichen Zeitpunkten zu empfehlen ist. Um mögliche systematische Übertragungseffekte von einer auf die andere Parallelform auszuschließen, ist es außerdem möglich, die Formen ausbalanciert vorzugeben, also jeweils einer Hälfte der Testpersonen zuerst Testform A gefolgt von Testform B und der anderen Hälfte zuerst Testform B gefolgt von Testform A.

6.4 Splithalf-(Testhalbierungs-)Reliabilität

Besteht ein Testverfahren aus einer größeren Anzahl von Items, so kann die Reliabilität über die Splithalf- oder Testhalbierungs-Reliabilität geschätzt werden. Hierzu werden die Items dieses Tests in zwei möglichst parallele Testhälften x_a und x_b aufgeteilt und die Korrelation der beiden Testhälften bestimmt.

Reliabilität und Testlänge

Bei der Korrelation von Testhälften muss allerdings berücksichtigt werden, dass die resultierende Halbtestkorrelation nur der Reliabilität eines Tests halber Länge entspricht. Grundsätzlich erhöht sich aber die Reliabilität eines Tests mit zunehmender Testlänge unter der Voraussetzung gleichartiger, homogener Items, und sie vermindert sich entsprechend bei Verkürzung des Tests. Zur Schätzung der Reliabilität des Gesamttests muss daher die Korrelation der beiden Testhälften rechnerisch auf die volle Testlänge aufgewertet werden. Dies geschieht mit Hilfe der sog. Spearman-Brown-Korrektur. Diese Formel, die von Spearman (1910) und Brown (1910) unabhängig voneinander entwickelt wurde, beschreibt allgemein, wie sich die Reliabilität eines Tests bei Testverlängerung oder Testverkürzung ändert. Die Spearman-Brown-Korrektur beruht auf der Überlegung, dass es bei Hinzunahme eines parallelen Testteils gleicher Länge zwar zu einer Verdoppelung der Fehlervarianz, aber gleichzeitig zu einer Vervierfachung der wahren Varianz kommt, da die wahren Werte beider Testteile kovariieren, die zufälligen Fehleranteile jedoch nicht (s. Moosbrugger, 2007a, ▶ Kap. 5 in diesem Band). Die Aufwertung der Halbtest-Reliabilität auf die Reliabilität des Gesamttests mittels Spearman-Brown-Korrektur kann gemäß Gleichung (6.5) vorgenommen werden:

Spearman-Brown-Korrektur

$$\begin{aligned} \text{Rel}(x) &= \frac{2 \cdot \text{Corr}(x_a, x_b)}{1 + \text{Corr}(x_a, x_b)} \\ &= \frac{2 \cdot \text{Rel}(x_a)}{1 + \text{Rel}(x_a)} \end{aligned} \tag{6.5}$$

Von diesem Zusammenhang zwischen Reliabilität und Testlänge kann außerdem auch dann Gebrauch gemacht werden, wenn ermittelt werden soll, um wie viele »parallele« Items ein bestehender Test verlängert werden müsste, um seine Reliabilität auf einen bestimmten Wert anzuheben (vgl. Gleichung 5.29 in Moosbrugger, 2007a, ▶ Kap. 5 in diesem Band).

6.4.1 Methoden der Testhalbierung

Bei Tests aus inhaltlich homogenen Aufgaben (z. B. gleichartigen Rechenaufgaben) können relativ einfache Methoden der Aufteilung der Items gewählt werden, die zu äquivalenten Testhälften und damit zu einer zutreffenden Schätzung der Reliabilität führen können (Itemhomogenität im engeren Sinn könnte für die beiden Testhälften allerdings nur mit Modellen der Item-Response-Theorie geprüft werden; s. hierzu Moosbrugger, 2007b, ▶ Kap. 10 in diesem Band).

Odd-Even-Methode

(1) Geläufig ist die Odd-Even-Methode, bei der die Items abwechselnd den Halbtests zugewiesen werden, d. h. ein Halbtest enthält alle ungeradzahligen (»odd«) Items, der andere die geradzahligen (»even«) Items des Gesamttests. Dies bietet sich beispielsweise für Leistungstests an, bei denen die Schwierigkeit der Items über den Test hinweg ansteigt, so dass auf diese Weise die Testhälften jeweils Items vergleichbarer Schwierigkeiten enthalten.

Zeitpartitionierungsmethode

(2) Ebenso möglich ist die Zeitpartitionierungsmethode (auch Zeitfraktionierungsmethode genannt): Hierbei wird die Testbearbeitung zeitlich in zwei gleich lange Abschnitte aufgeteilt und die Testwerte aus den beiden Bearbeitungsabschnitten werden korreliert. Dieses Verfahren ist günstig im Fall vieler prinzipiell gleichartiger Items, z. B. bei Konzentrationstests.

Methode der Itemzwillinge

(3) Besteht ein Verfahren jedoch aus inhaltlich eher heterogenen Items (z. B. Fragen zu Erscheinungsformen zwanghaften Verhaltens), so ist das Erstellen von äquivalenten Testhälften deutlich aufwendiger. Eine Möglichkeit bietet die Aufteilung der Items anhand von Schwierigkeit und Trennschärfe (s. dazu Kelava & Moosbrugger, 2007, ▶ Kap. 4 in diesem Band). Hierbei werden aus je zwei Items Itempaare gebildet, die jeweils ähnliche Schwierigkeit und Trennschärfe aufweisen (Itemzwillinge, auch Itempaarlinge genannt). Von diesen Paaren wird dann zufällig jeweils eines der Items der einen, das zweite der anderen Testhälfte zugeordnet.

6.4.2 Probleme der Bildung von parallelen Testhälften

Die verschiedenen Methoden der Testhalbierung stellen jedoch keine Garantie dafür dar, dass die so gebildeten Testhälften tatsächlich parallel sind, oder dass auch nur die bestmögliche Ähnlichkeit beider Testhälften erreicht wird. Die Anzahl möglicher Kombinationen von Items zu Testhälften steigt nämlich mit zunehmender Itemzahl so extrem an, dass der Versuch, die tatsächlich bestmögliche Aufteilung zu finden, rechnerisch sehr schnell undurchführbar wird. Für eine gerade Itemanzahl m bestehen

$$\frac{1}{2}\cdot\binom{m}{m/2}=\frac{1}{2}\cdot\frac{m\cdot(m-1)\cdot\ldots\cdot\left(\frac{m}{2}+1\right)}{1\cdot 2\cdot\ldots\cdot\left(\frac{m}{2}\right)} \tag{6.6}$$

Möglichkeiten der Aufteilung der Testhälften (Gleichung 6.6). Bei nur 10 Items gäbe es beispielsweise schon 126 verschiedene Möglichkeiten, diese Items den zwei Testhälften zuzuordnen.

In der Praxis gelingt es daher unter Umständen nicht, auch nur annähernd parallele Testhälften zu bilden. Ebenso wie bei der Bestimmung der Paralleltest-Reliabilität im Falle nicht perfekt paralleler Testversionen würde dann auch bei der Bestimmung der Splithalf-Reliabilität die tatsächliche Reliabilität des Gesamttests unterschätzt.

Das Problem der mangelnden Übereinstimmung von Testhälften ist lediglich ein Sonderfall eines zugrundeliegenden allgemeineren Problems, nämlich des Problems, dass die Items eines Tests nicht notwendigerweise alle das Gleiche messen. Somit werden Reliabilitätsschätzungen, die auf *Teilen* eines Tests basieren, durch inhaltliche Heterogenität der Testteile bzw. Items beeinflusst. Dies wird im Zusammenhang mit der Bestimmung der Internen Konsistenz im folgenden Abschnitt näher erläutert.

6.5 Interne Konsistenz

Besteht ein Testverfahren aus Items, die das gleiche Merkmal erfassen, so lassen sich aus den Items nicht nur zwei Testhälften als eigenständige Messungen des gleichen Merkmals bilden (wie bei der Splithalf-Reliabilität), sondern es kann auch jedes einzelne Item als separater Testteil zur Messung dieses Merkmals aufgefasst werden. Aus den Zusammenhangsstrukturen der Items kann dann auf die interne Konsistenz als Schätzung der Reliabilität des Testverfahrens geschlossen werden.

Verallgemeinerung der Testhalbierungsmethode auf beliebig viele Testteile

Diese Verallgemeinerung der Testhalbierungsmethode auf beliebig viele Testteile wurde rechnerisch von Cronbach (1951) als Koeffizient α (Cronbachs α) eingeführt. Sie ist heute eine der am häufigsten verwendeten Methoden zur Bestimmung der internen Konsistenz (Konsistenzanalyse). Hierbei wird ein Test mit m Items nicht in zwei Hälften, sondern in m Teile zerlegt, d. h. jedes einzelne Item wird als separater Testteil betrachtet.

! Die Interne Konsistenz ist umso höher, je höher die durchschnittliche Korrelation aller Items eines homogenen Tests ist.

Essentielle τ-Äquivalenz

Damit sich aus den einzelnen Itembeantwortungen die Reliabilität des Gesamttestwerts schätzen lässt, ist vorauszusetzen, dass die Items alle das gleiche Merkmal messen. Wendet man also das Konzept paralleler Tests auf die einzelnen Items an, so müssten die wahren Itemwerte und die Fehlervarianzen alle gleich sein, d. h. die Items müssten gleiche Schwierigkeiten aufweisen. Diese Voraussetzung ist aber nicht immer gegeben. Unterscheiden sich die Items folglich in ihrer Schwierigkeit, so ist anstelle des Parallelitätskonzepts das Konzept der τ-Äquivalenz oder der essentiellen τ-Äquivalenz angebracht. Werden zwar gleiche wahre Werte der Items (oder Testteile), aber verschiedene Fehlervarianzen vorausgesetzt, so handelt es sich um τ-äquivalente Messungen. Unterscheiden sich die wahren Werte der Items jedoch zusätzlich noch um eine additive Konstante, so handelt es sich um essentiell τ-äquivalente Items (oder Testteile). Essentielle τ-Äquivalenz ist eine Voraussetzung für die korrekte Schätzung der Reliabilität durch Cronbachs α. Sie wäre somit gegeben, wenn sich die wahren Werte τ_i aller Items x_i ($i = 1, \ldots, m$) aus einem über alle Items gleichen wahren Wert τ plus jeweils einer itemspezifischen additiven Konstante c_i zusammensetzen (Gleichung 6.7):

$$\tau_i = \tau + c_i \; (i = 1, \ldots, m) \tag{6.7}$$

Cronbachs α

Cronbachs α berechnet sich dann gemäß Gleichung 6.8:

$$\text{Rel}(x) = \alpha = \frac{m}{m-1} \cdot \left(1 - \frac{\sum_{i=1}^{m} \text{Var}(x_i)}{\text{Var}(x)} \right) \tag{6.8}$$

Hierbei bezeichnet m die Anzahl der Items des Tests, $\text{Var}(x_i)$ die Varianz des i-ten Items und Var(x) die Varianz des Gesamttests x.

Unter der Annahme essentieller τ-Äquivalenz der Items und unkorrelierter Fehler der Items entspricht Cronbachs α der Reliabilität der Testvariablen x. Trifft jedoch nur die Annahme unkorrelierter Fehler zu, nicht jedoch die Annahme essentieller τ-Äquivalenz der Items, dann ist Cronbachs α noch eine untere Schranke der Reliabilität der Testvariable (vgl. Lord & Novick, 1968, S. 87ff.; für Abweichungen s. Rauch & Moosbrugger, 2007).

Für die praktische Berechnung von Cronbachs α kann Statistik-Software verwendet werden, wobei die einschlägigen sozialwissenschaftlichen Programme dies im Rahmen von Skalenanalyse-Prozeduren anbieten (z. B. SPSS, Prozedur »Reliability«; vgl. Bühner, 2006).

Exkurs 6.1

Bedeutung der Formel für Cronbachs α

Bei Cronbachs α wird die Summe der Varianzen der m Items zur Varianz der Testwertvariable x ins Verhältnis gesetzt. Somit scheint Gleichung (6.8) keine Kovarianzen zwischen den Items zu enthalten, die für die Reliabilitätsbestimmung aber von zentraler Bedeutung sind. Die Kovarianzen sind je-

▼

doch indirekt in der Varianz der Testwertvariable Var(x) enthalten, also im Nenner der Gleichung. Betrachten wir ein einfaches Bespiel mit einem Test, der nur zwei Items i und j enthält. In diesem Fall setzt sich x aus der Summe der Itemwerte zusammen: $x = x_i + x_j$. Die Varianz der Summenvariable x ist dann $\mathrm{Var}(x) = \mathrm{Var}(x_i + x_j) = \mathrm{Var}(x_i) + \mathrm{Var}(x_j) + 2 \cdot \mathrm{Cov}(x_i, x_j)$, so dass offensichtlich wird, dass die Kovarianz der Items in der Varianz der Testwertvariable enthalten ist.

Da die Varianz der Testwertvariable genau dann gleich der Summe der Varianzen der einzelnen Items ist, wenn die Items unkorreliert sind, wird die Reliabilität genau dann null, wenn die Items keine Zusammenhänge aufweisen. Je stärker die Items positiv korreliert sind, desto größer ist Var(x) im Vergleich zu $\sum_{i=1}^{m} \mathrm{Var}(x_i)$ und desto mehr nähert sich α dem Wert eins an. Cronbachs α beruht also auf dem Gedanken, dass jede Kovarianz zwischen beliebigen Testteilen als wahre Varianz interpretiert werden kann.

Praktikabilität von Konsistenzanalysen

Die Methode der Konsistenzanalyse hat den Vorteil, dass der jeweilige Test nur einmal durchgeführt werden muss. Ein weiterer Vorteil ist, dass weder eine Parallelform des Tests, noch eine Zuordnung von Items zu Testhälften erforderlich ist. In vielen Anwendungssituationen ist daher die Bestimmung der internen Konsistenz einfacher durchzuführen als alle anderen Methoden der Reliabilitätsschätzung. In der Praxis sind Konsistenzanalysen deshalb entsprechend weit verbreitet.

6.5.1 Problem: Heterogenität der Items

Wie aussagekräftig Ergebnisse von Konsistenzanalysen im Vergleich zu anderen Methoden der Reliabilitätsschätzung sind, hängt von der Erfüllung ihrer Voraussetzung ab: Nur wenn die Annahme erfüllt ist, dass alle Items des Testverfahrens grundsätzlich genau das gleiche Merkmal erfassen, wird die Reliabilität durch Konsistenzanalysen korrekt geschätzt. Bei Testverfahren, die diese Annahme nicht erfüllen und heterogene Merkmale messen, wird dagegen die tatsächliche Reliabilität unter Umständen deutlich unterschätzt.

Für die psychologische Grundlagenforschung, beispielsweise in der differentiellen Psychologie, sind meist relativ eng abgegrenzte Merkmale von Interesse, die mit eher homogenen, deutlich interkorrelierten Items erfasst werden können. Bei Testverfahren zur Erfassung solcher Merkmale sind konsistenzanalytische Reliabilitätsschätzungen angemessen.

Gerade im Kontext der angewandten Psychologie gibt es dagegen breiter abgegrenzte Merkmale, die zwar inhaltlich klar definiert sind, die sich aber nur mit inhaltlich heterogenen, d. h. gering interkorrelierten Items erfassen lassen. Dabei ist eine denkbare Unterteilung des Merkmals, z. B. in homogenere Unterdimensionen, in der angewandten Psychologie aus Gründen der Validität oftmals nicht sinnvoll.

Beispiel 6.1

Beispiel aus dem Bereich der Arbeitsanalyse: »Arbeitsunterbrechungen«

Unterbrechungen beim Arbeitsablauf sind in aller Regel störend. Bezüglich negativer Auswirkungen ist es meist unerheblich, ob die Unterbrechungen beispielsweise durch Vorgesetzte, durch Kollegen/Mitarbeiter oder durch Kunden erfolgen, so dass es aus Validitätsüberlegungen sinnvoll sein kann, Items zu diesen Aspekten in einem (Sub-)Test bzw. einer Skala zusammenzufassen (vgl. die Skala »Arbeitsunterbrechungen« des Instruments zur Stressbezogenen Tätigkeitsanalyse ISTA; Semmer, Zapf & Dunckel, 1999). Die Art der auftretenden Unterbrechungen kann aber unter Umständen zwischen verschiedenen Arbeitsplätzen variieren, weshalb die Items ggf. nur gering interkorrelieren. Ein aus inhaltlich heterogenen Items zusammengesetzter Test kann jedoch trotzdem hohe Retest-Reliabilität und Vorhersage-Validität aufweisen.

Die konsistenzanalytisch bestimmte Reliabilität eines Tests mit inhaltlich heterogenen Items wäre also gering, obwohl eine hohe Vorhersage-Validität bestehen kann. Ebenso ist trotz geringer Konsistenz eine hohe Retest-Reliabilität möglich, sofern es sich um ein zeitlich stabiles Merkmal handelt.

6.5.2 Aspekte der Interpretation von Cronbachs α

Keine Eindimensionalität trotz hoher interner Konsistenz

Cronbachs α wird häufig fälschlicherweise als ein Maß der Eindimensionalität interpretiert (in dem Sinne, dass die Items eines Tests mit hohem α, die ja hoch interkorrelieren, genau ein gemeinsames Merkmal erfassen würden, z. B. Depressivität). Dieser Koeffizient sollte jedoch ausdrücklich *nicht* als Beleg für die Eindimensionalität eines Tests bzw. einer Skala angesehen werden (Cronbach, 1951). Die interne Konsistenz kann nämlich auch dann hoch sein, wenn die Items ein mehrdimensionales Merkmal messen (beispielsweise Aspekte von Depressivität und Ängstlichkeit vermischt). Cortina (1993) veranschaulicht anhand einer Simulationsstudie, dass für einen Test mit mehr als 14 Items α größer als .70 wird, selbst wenn der Test zwei voneinander unabhängige Dimensionen misst, deren Items innerhalb jeder Skala jeweils nur zu .30 interkorrelieren. Korrelieren zusätzlich auch noch die Dimensionen miteinander, so kann der α-Koeffizient des Gesamttests deutlich höher werden. Hier zeigt sich, dass Cronbachs α von der Anzahl der Items abhängig ist: Enthält ein Test viele Items, dann kann eine hohe konsistenzanalytische Reliabilitätsschätzung resultieren, auch wenn der Test tatsächlich zwei oder mehrere voneinander unabhängige Dimensionen erfasst. Ein hoher Wert von Cronbachs α ist somit ein Maß für die interne Konsistenz, aber kein Maß für die Eindimensionalität (vgl. auch Streiner, 2003).

Invers formulierte Items

Eine artifizielle Unter- oder Überschätzung der Reliabilität kann bei Konsistenzanalysen durch invers formulierte Items entstehen. Invers formulierte Items werden oftmals verwendet, um Antworttendenzen (z. B. Akquieszenz) zu eliminieren. Solche Items können jedoch problematisch sein: Faktorenanalytische Untersuchungen haben gezeigt, dass invers formulierte Items einen eigenen Faktor bilden können, unabhängig vom jeweiligen Iteminhalt (vgl. u. a. Podsakoff, MacKenzie, Lee & Podsakoff, 2003; ein inhaltliches Beispiel findet sich in Rauch, Schweizer & Moosbrugger, 2007). Somit können invers formulierte Items neben der Merkmalsvarianz auch systematische Methodenvarianz beinhalten. Solche Methodenvarianz widerspricht aber der Bedingung essentieller τ-Äquivalenz der Items, so dass in diesen Fällen Konsistenzanalysen unter Umständen die tatsächliche Reliabilität der Skalen über- oder unterschätzen.

Negatives Cronbachs α

Im Zusammenhang mit invers formulierten Items kann es auch zu Werten von Cronbachs α außerhalb des für Reliabilitäten sinnvollen Bereichs zwischen null und eins kommen. In Einzelfällen können negative Werte auftreten, nämlich dann, wenn einige der Items negativ mit den übrigen Items korrelieren. Im Falle des Auftretens solcher negativer Kovarianzen kann die Summe der Varianzen der m Items größer werden als die Varianz des Gesamttests x (vgl. Gleichung 6.8), wodurch α negativ wird (Cronbach, 1951; Henson, 2001). Eine denkbare Ursache hierfür ist, dass bei absichtlich invers formulierten Items vergessen wurde, diese zu rekodieren. Es ist also erforderlich, vor einer Konsistenzanalyse die invers formulierten Items zu rekodieren (vgl. Kelava & Moosbrugger, 2007, ► Kap. 4 in diesem Band), damit alle Items im Sinne des Merkmals (symptomatisch) kodiert sind und diese dadurch im Regelfall positiv miteinander korrelieren.

Andererseits kann es aber auch vorkommen, dass Items, die eigentlich im Sinne des Merkmals kodiert wurden, aufgrund ungeschickter (z. B. mehrdeutiger) Itemformulierung negativ mit den übrigen Items korrelieren. In diesen Fällen wäre statt einer nachträglichen Rekodierung eine Revision (Um- oder Neuformulierung) oder Eliminierung solcher Items angebracht (vgl. hierzu Kelava & Moosbrugger, 2007, ► Kap. 4.6 in diesem Band).

6.6 Zusammenfassende Diskussion

6.6.1 Vorteile und Probleme der vorgestellten Methoden

Die Reliabilität eines Testverfahrens ist ein theoretisch definiertes Kriterium, das in der Praxis über verschiedene Methoden geschätzt werden kann. Die Ergebnisse dieser Methoden werden von Rahmenbedingungen beeinflusst, wie z. B. dem Zeitintervall einer wiederholten Durchführung des Verfahrens oder der Homogenität bzw. Heterogenität seiner Items. Die verschiedenen Methoden müssen insofern für einen Test keineswegs übereinstimmende Reliabilitätsschätzungen liefern, und eine einzelne, mit einer bestimmten Methode erhaltene Schätzung stellt damit nicht *die* Reliabilität des Testverfahrens dar. Methoden, die auf einer mehrmaligen Testdurchführung beruhen, erscheinen auf den ersten Blick nicht so praktikabel wie solche auf der Basis einmaliger Durchführung, sind aber je nach Testinhalt unter Umständen aussagekräftiger.

Eine Gegenüberstellung der besprochenen Vorteile und potentiellen Probleme der verschiedenen Methoden der Reliabilitätsschätzung zeigt ◘ Tabelle 6.1.

Tabelle 6.1. Vorteile und Probleme der Methoden zur Reliabilitätsschätzung

	Retest	Paralleltest	Splithalf	Konsistenz
Parallelform notwendig	nein	ja	nein	nein
Zwei Testdurchführungen notwendig	ja	ja	nein	nein
Zwei Messzeitpunkte notwendig	ja	nein[a]	nein	nein
Überschätzung bei Erinnerungseffekten	ja	nein	nein	nein
Unterschätzung bei unsystematischer Merkmalsveränderung	ja	nein[a]	nein	nein
Unterschätzung bei heterogenen Items	nein	nein[b]	ja[c]	ja

[a] sofern Testformen direkt nacheinander vorgegeben werden
[b] sofern Parallelität der Testformen sichergestellt ist
[c] außer bei der Bildung tatsächlich paralleler Testhälften

6.6.2 Anzustrebende Höhe der Reliabilität

Wie hoch sollte die Reliabilität eines Testverfahrens betraglich sein? Idealerweise sollte die Reliabilität so hoch wie möglich sein, doch in der Praxis hängt die Höhe von vielen Bedingungen ab, weshalb keine allgemeingültige Antwort gegeben werden kann. Die folgenden Aspekte liefern für die Beurteilung Anhaltspunkte:

- **Art des zu erfassenden Merkmals und Vergleich mit konkurrierenden Verfahren:**
Leistungsvariablen lassen sich oftmals präziser messen als Variablen im Temperamentsbereich oder Einstellungen. Die Reliabilität etablierter Intelligenztests liegt beispielsweise für globale Intelligenzmaße meist im Bereich von .90 bis .95 (z. B. der Gesamtwert für »Schlussfolgerndes Denken« des IST 2000-R; Amthauer, Brocke, Liepmann & Beauducel, 2001). An ein neues Verfahren würde man von daher ähnliche Ansprüche stellen.

Gängige Persönlichkeitstests enthalten dagegen zum Teil auch einzelne Skalen, deren Reliabilität nur im Bereich um .70 liegt (so z. B. die Skalen »Verträglichkeit« und »Offenheit für Erfahrung« des NEO-FFI, Borkenau & Ostendorf, 1991; vgl. Körner, Geyer & Brähler, 2002). Sollen Merkmale untersucht werden, für die es keine besser geeigneten Testverfahren gibt, so kann der Einsatz eines niedrig reliablen Messinstruments immer noch aufschlussreicher sein als der gänzliche Verzicht auf den Einsatz von Tests. Allerdings werden die Testergebnisse mit sinkender Reliabilität zunehmend ungenau und die Konfidenzintervalle sehr breit (s. Moosbrugger, 2007a, ► Kap. 5 in diesem Band).

- **Individual- versus Kollektivdiagnostik:**
Wenn ein Verfahren für die Individualdiagnostik eingesetzt werden soll, beispielsweise um ein Gutachten über eine einzelne Person zu einer bestimmten

Frage zu erstellen, so ist eine hohe Messgenauigkeit unverzichtbar, um Fehlurteile und falsche Interventionsempfehlungen zu vermeiden.

Dient ein Verfahren dagegen der Kollektivdiagnostik, beispielsweise bei der Beantwortung einer Forschungsfrage nach Unterschieden zwischen Personengruppen, so ist mangelnde Messgenauigkeit zwar störend, da Fehlervarianz den inferenzstatistischen Nachweis von Gruppenunterschieden erschwert. Die Gruppen*mittelwerte* würden aber auch bei individuell stärker messfehlerbehafteten Testwerten korrekt geschätzt.

- **Einsatzbedingungen des Testverfahrens:**
Verfahren für Screening-Zwecke, d. h. für eine grobe Einschätzung eines Merkmals mit möglichst geringem Aufwand, sind in der Regel so kurz wie möglich gehalten und reichen deshalb meist nicht an die Reliabilität ausführlicherer Verfahren mit mehr Items heran. Längere, reliablere Verfahren wären wissenschaftlich wünschenswert, doch können sie in der Praxis nicht immer eingesetzt werden, da beispielsweise bei betrieblichen Untersuchungen ein längerer Arbeitsausfall zu teuer würde oder Testpersonen angesichts überlanger Fragebogen die Motivation verlieren. Durch den Einsatz von adaptiven Tests (s. Frey, 2007, ► Kap. 11 in diesem Band) kann die Interdependenz von Reliabilität und Testlänge verringert werden.

- **Kosten-Nutzen-Abwägung:**
In manchen Anwendungssituationen kann der zusätzliche Aufwand für ein höher reliables Testverfahren dem Nutzen gegenübergestellt werden, der mit einer Reliabilitätserhöhung verbunden wäre.

Sind beispielsweise bei einer Personalauswahlentscheidung unter allen Bewerberinnen und Bewerbern nur sehr wenige geeignete Personen, die gerade ausreichen würden, um die offenen Stellen zu besetzen, so lohnt es sich für das Unternehmen, in eine möglichst hohe Reliabilität der Auswahlinstrumente zu investieren, um genau diese geeigneten Personen herausfiltern zu können. Bewerben sich dagegen weitaus mehr geeignete Personen, als Stellen zu besetzen sind, so kann auch ein weniger reliables (und aufgrund dessen weniger valides) Verfahren aus Sicht des Unternehmens erfolgreiche Auswahlentscheidungen ermöglichen.

Diese Zusammenhänge, die in den sogenannten Taylor-Russell-Tafeln veranschaulicht werden (vgl. Taylor & Russell, 1939), betreffen die Reliabilität als Voraussetzung für die Validität von Auswahlinstrumenten.

- **Objektivität als Voraussetzung für Reliabilität:**
In die Reliabilität eines Verfahrens geht seine Objektivität mit ein. Ein Verfahren, dessen Ergebnis (einschließlich Auswertung und Interpretation, s. dazu Goldhammer & Hartig, 2007, ► Kap. 9 in diesem Band) nicht ausschließlich von der Testperson abhängt, sondern Einflüsse des Untersuchers oder der Untersucherin zulässt, weist hierdurch zusätzliche Messfehler in Bezug auf das erfasste Merkmal auf. Eine bessere Standardisierung wäre wünschenswert, doch lassen sich reliabilitätsmindernde Spielräume je nach Anwendungskontext nicht immer völlig ausschließen.

- **Passung von Homogenität/Heterogenität des Verfahrens und Methode der Reliabilitätsschätzung:**
Bei der Beurteilung von Reliabilitätskoeffizienten ist zu berücksichtigen, ob ein inhaltlich eher homogenes oder eher heterogenes Merkmal erfasst und welche Methode der Reliabilitätsschätzung angewandt wurde. Enthält ein Testverfahren aus inhaltlichen Gründen Items, die eher heterogen sind, so wird die tatsächliche Reliabilität mit Konsistenzanalysen in der Regel unterschätzt, d. h. es werden niedrigere Werte zu erwarten sein. Trotz geringer Konsistenz ist aber eine hohe Retest-Reliabilität möglich, wenn es sich um ein zeitlich stabiles Merkmal handelt. Wird jedoch ein zeitlich instabiles Merkmal gemessen, so wird mit Retest-Analysen die tatsächliche Reliabilität in der Regel ebenfalls unterschätzt, d. h. es werden auch hier niedrigere Werte zu erwarten sein.

Aussagen über die anzustrebende Höhe der Reliabilität eines Testverfahrens lassen sich somit allenfalls in Bezug auf eine bestimmte Anwendungssituation und eine bestimmte Methode der Reliabilitätsschätzung machen, jedoch nicht beliebig verallgemeinern.

6.6.3 Einschränkungen des Geltungsbereichs

De facto ist nach wie vor die große Mehrzahl psychologischer Testverfahren auf der Basis der Klassischen Testtheorie konstruiert, einschließlich vieler renommierter Verfahren. Für viele praktische Zwecke ist die Klassische Testtheorie als Arbeitsgrundlage auch vollkommen ausreichend. Im Rahmen der Klassischen Testtheorie treten jedoch in verschiedenen Zusammenhängen Interpretationsprobleme auf, die Hinweise auf generelle Probleme des Geltungsbereiches des Reliablitätskonzeptes geben (s. Moosbrugger, 2007a, ▸ Kap. 5 in diesem Band sowie ausführlich Rauch & Moosbrugger, 2007).

Bei allen Methoden der Reliabilitätsschätzung im Rahmen der Klassischen Testtheorie ist potentiell problematisch, dass die erhaltenen Werte als Korrelationen oder Varianzanteile abhängig von der Population wären, der eine Testperson zugeordnet würde. Das Konzept zufälliger Messfehler sollte aber logisch unabhängig von der Population sein, zu der eine Testperson gehört. Hinsichtlich ihres Geltungsbereiches sind die Kennwerte der Klassischen Testtheorie deshalb mit Umsicht zu interpretieren.

Populationsvarianz und Varianzeinschränkung

Bestimmt man beispielsweise die Reliabilität eines Intelligenztests für die Population 14-jähriger *Schulkinder*, so wird man voraussichtlich einen höheren Reliabilitätskoeffizienten erhalten als für die Population 14-jähriger *Realschüler* – nicht etwa, weil der Test bei Realschülern ungenauer messen würde, sondern weil die Varianz der wahren Intelligenzwerte (und somit im Fall zweimaliger Messung auch die Kovarianz) in der Population aller Schulkinder größer ist als in der Realschul-Population, die hauptsächlich aus Personen im mittleren Bereich der Intelligenzverteilung bestehen dürfte (Varianzeinschränkung). Dies führt dann dazu, dass ein und dasselbe Testergebnis einer Person als unterschiedlich genau angesehen werden müsste, je nachdem, ob als Referenzpopulation 14-jährige Schüler oder 14-jährige Realschüler gewählt würden. Auch für die normorientierte Interpretation der

Testergebnisse einzelner Personen ist die Beachtung der Referenzpopulation sehr wichtig (s. Goldhammer & Hartig, 2007, ► Kap. 9 in diesem Band).

Paradoxien wie die beschriebene Populationsabhängigkeit der Messgenauigkeit treten im Rahmen der Klassischen Testtheorie in verschiedenen Zusammenhängen auf und sind ein Hinweis auf generelle Probleme der zugrundeliegenden Annahmen.

Die Konzeption von Reliabilität im Rahmen der Klassischen Testtheorie geht davon aus, dass die mit einem Testverfahren erhaltenen Messwerte für *alle* Personen einer Population in einem gewissen Maße fehleranfällig oder genau sind: Reliabilität ist in der Klassischen Testtheorie ein Gütekriterium für das *gesamte Testverfahren*, also ein pauschalisiertes Genauigkeitsmaß über alle potentiellen Testwerte hinweg, und nicht ein Kriterium für die Genauigkeit eines *einzelnen Testwertes* einer bestimmten Person.

Testergebnisse können jedoch für verschiedene Personen durchaus unterschiedlich genau ausfallen. Insbesondere ist vorstellbar, dass sich das Ausmaß von Messfehlereinflüssen in Abhängigkeit vom wahren Wert einer Person verändert: Bei extrem hohen oder extrem niedrigen wahren Werten, für deren Messung nur wenige Items geeigneter Schwierigkeit vorliegen, können Tests unter Umständen nicht mehr so genau messen wie bei wahren Werten im Mittelbereich der Merkmalsverteilung.

Besonders deutlich wird dies bei solchen Merkmalen, die grundsätzlich beliebig hoch oder niedrig ausgeprägt sein können. Testwerte können in der Regel aber nicht beliebig hohe oder beliebig niedrige Werte annehmen, sondern weisen beschränkte Wertebereiche auf. Geht man beispielsweise von einer sehr intelligenten Person aus, deren IQ am absoluten Maximum der vom jeweiligen Test diagnostizierbaren Werte liegt, so ist stets denkbar, dass es auch eine noch intelligentere Person gäbe, deren wahrer IQ also noch höher liegen müsste, während der Testwert aber nicht mehr weiter ansteigen kann. Somit ergäbe sich für den IQ dieser noch intelligenteren Person zwangsläufig derselbe Testwert, verbunden mit einem größeren Messfehler. Das gleiche Problem kann ebenso am unteren Ende des Testwertebereichs auftreten.

Differenziertere Kriterien für die Genauigkeit von Testergebnissen einzelner Personen betrachten daher nicht mehr die pauschalisierte Genauigkeit des Messinstruments, sondern die Genauigkeit einer einzelnen Messung in Abhängigkeit von der Schwierigkeit der verwendeten Aufgaben und von der Merkmalsausprägung der untersuchten Person. Es lässt sich zeigen, dass die Merkmalsausprägung einer Person besonders genau mit solchen Items gemessen werden kann, deren Schwierigkeit möglichst exakt der Merkmalsausprägung der Person angemessen ist, während Items, die für diese Person tendenziell viel zu leicht oder viel zu schwer sind, keine genauere Information über die Merkmalsausprägung liefern können, da hier ohnehin erwartet werden kann, dass sie von dieser Person entweder auf jeden Fall oder auf keinen Fall gelöst werden.

Dieser Gedanke wird in der Item-Response-Theorie (s. Moosbrugger, 2007b, ► Kap. 10 in diesem Band) aufgegriffen und ist auch die Grundlage für adaptive Testverfahren (s. Frey, 2007, ► Kap. 11 in diesem Band), bei denen die Aufgabenschwierigkeit gezielt an die jeweilige Fähigkeit der getesteten Person angepasst werden kann (vgl. hierzu auch Rost, 2004). Im Rahmen solcher Testmodelle ist eine differenziertere Abschätzung der Messgenauigkeit von

Testwerten möglich, bei der die Passung zwischen Aufgabenschwierigkeit und Merkmalsausprägung der Person berücksichtigt wird. Vor diesem Hintergrund sollten bei Testverfahren auf der Basis der Klassischen Testtheorie Aussagen zur Messgenauigkeit des Verfahrens nur mit Vorsicht auf Bereiche ungewöhnlich hoher oder ungewöhnlich niedriger Merkmalsausprägungen verallgemeinert werden.

Literatur

Amthauer, R., Brocke, B., Liepmann, D. & Beauducel, A. (2001). *I-S-T 2000 R. Intelligenz-Struktur-Test 2000 R.* Göttingen: Hogrefe.

Borkenau, P. & Ostendorf, F. (1991). Ein Fragebogen zur Erfassung fünf robuster Persönlichkeitsfaktoren. *Diagnostica, 37*, 29–41.

Brown, W. (1910). Some experimental results in the correlation of mental abilities. *British Journal of Psychology, 3*, 296–322.

Bühner, M. (2006). *Einführung in die Test- und Fragebogenkonstruktion* (2. aktualisierte und erweiterte Auflage). München: Pearson.

Cortina, J. M. (1993). What is coefficient alpha? An examination of theory and applications. *Journal of Applied Psychology, 78*, 98–104.

Cronbach, L. J. (1951). Coefficient alpha and the internal structure of tests. *Psychometrika, 16*, 297–334.

Frey, A. (2007). Adaptives Testen. In H. Moosbrugger & A. Kelava (Hrsg.), *Testtheorie und Fragebogenkonstruktion* (Kap. 11). Berlin: Springer.

Goldhammer, F. & Hartig, J. (2007). Testeichung, Normierung und Interpretation von Testresultaten. In H. Moosbrugger & A. Kelava (Hrsg.), *Testtheorie und Fragebogenkonstruktion* (Kap. 9). Berlin: Springer.

Hartig, J., Frey, A. & Jude, N. (2007). Validität. In H. Moosbrugger & A. Kelava (Hrsg.), *Testtheorie und Fragebogenkonstruktion* (Kap. 7). Berlin: Springer.

Henson, R. K. (2001). Understanding internal consistency reliability estimates: A conceptual primer on coefficient alpha. *Measurement and Evaluation in Counseling and Development, 34*, 177–189.

Kelava, A. & Moosbrugger, H. (2007). Deskriptivstatistische Itemanalyse. In H. Moosbrugger & A. Kelava (Hrsg.), *Testtheorie und Fragebogenkonstruktion* (Kap. 4). Berlin: Springer.

Kelava, A. & Schermelleh-Engel, K. (2007). Latent-State-Trait-Theorie. In H. Moosbrugger & A. Kelava (Hrsg.), *Testtheorie und Fragebogenkonstruktion* (Kap. 15). Berlin: Springer.

Körner, A., Geyer, M. & Brähler, E. (2002). Das NEO-Fünf-Faktoren-Inventar (NEO-FFI). Validierung anhand einer deutschen Bevölkerungsstichprobe. *Diagnostica, 48*, 19–27.

Lord, F. M., & Novick, M. R. (1968). *Statistical theories of mental test scores.* Reading, MA: Addison-Wesley.

Moosbrugger, H. (2007a). Klassische Testtheorie. In H. Moosbrugger & A. Kelava (Hrsg.), *Testtheorie und Fragebogenkonstruktion* (Kap. 5). Berlin: Springer.

Moosbrugger, H. (2007b). Item-Response-Theorie. In H. Moosbrugger & A. Kelava (Hrsg.), *Testtheorie und Fragebogenkonstruktion* (Kap. 10). Berlin: Springer.

Moosbrugger, H. & Kelava, A. (2007). Qualitätsanforderungen an einen psychologischen Test. In H. Moosbrugger & A. Kelava (Hrsg.), *Testtheorie und Fragebogenkonstruktion* (Kap. 2). Berlin: Springer.

Moosbrugger, H. & Schermelleh-Engel, K. (2007). Exploratorische (EFA) und Konfirmatorische Faktorenanalyse (CFA). In H. Moosbrugger & A. Kelava (Hrsg.), *Testtheorie und Fragebogenkonstruktion* (Kap. 13). Berlin: Springer.

Podsakoff, P. M., MacKenzie, S. B., Lee, J.-Y. & Podsakoff, N. P. (2003). Common method biases in behavioral research: A critical review of the literature and recommended remedies. *Journal of Applied Psychology, 88*, 879–903.

Rauch, W. & Moosbrugger, H. (2007). Klassische Testtheorie. Grundlagen und Erweiterungen für heterogene Tests und Mehrfacettenmodelle. In L. Hornke (Hrsg.), *Enzyklopädie der Psychologie* (Themenbereich B: Methodologie und Methoden Serie II: Psychologische Diagnostik, Band 1, Grundlagen psychologischer Diagnostik. Göttingen: Hogrefe. (Im Druck).

Rauch, W., Schweizer, K., & Moosbrugger, H. (2007). Method effects due to social desirability as a parsimonious explanation of the deviation from unidimensionality in LOT-R scores. *Personality and Individual Differences, 42*, 1597–1607.

Rost, J. (2004). *Lehrbuch Testtheorie – Testkonstruktion.* Bern: Huber.

Semmer, N., Zapf, D. & Dunckel, H. (1999). Instrument zur Stressbezogenen Tätigkeitsanalyse. In H. Dunckel (Hrsg.), *Handbuch psychologischer Arbeitsanalyseverfahren* (S. 179–204). Zürich: vdf Hochschulverlag.

Spearman, C. (1910). Correlation calculated from faulty data. *British Journal of Psychology, 3*, 171–195.

Steyer, R. (1987). Konsistenz und Spezifität: Definition zweier zentraler Begriffe der Differentiellen Psychologie und ein einfaches Modell zu ihrer Identifikation. *Zeitschrift für Differentielle und Diagnostische Psychologie, 8*, 245–258.

Steyer, R., Schmitt, M. & Eid, M. (1999). Latent state-trait theory and research in personality and individual differences. *European Journal of Personality, 13*, 389–408.

Streiner, D. L. (2003). Starting at the beginning: An introduction to coefficient alpha and internal consistency. *Journal of Personality Assessment, 80*, 99–103.

Taylor, H. C., & Russell, J. T. (1939). The relationship of validity coefficients to the practical effectiveness of tests in selection: Discussion and tables. *Journal of Applied Psychology, 23*, 565–578.

7 Validität

Johannes Hartig, Andreas Frey & Nina Jude

Das Gütekriterium der *Validität* (vom englischen *validity*, »Gültigkeit«) wird häufig zusammengefasst als das Ausmaß, in dem ein Test »misst, was er zu messen vorgibt«, »misst was er messen soll« oder schlicht »den Job tut für den er entwickelt wurde«. Diese vereinfachenden Zusammenfassungen drücken aus, dass Validität ein umfassendes und sehr wichtiges Gütekriterium zur Beurteilung eines diagnostischen Verfahrens darstellt. Die Validität ist als den Gütekriterien der Objektivität und Reliabilität übergeordnet anzusehen: Wenn ein Test nicht »gültig« ist, weil er zum Beispiel etwas anderes erfasst, als er sollte, sind Objektivität oder Reliabilität nicht mehr von Belang. Validität ist jedoch auch das komplexeste und am schwierigsten zu bestimmende Gütekriterium.

7.1 Was ist Validität?

Validität der Interpretationen von Testergebnissen

Die Frage, ob »ein Test misst, was er messen soll«, klingt zunächst sehr einfach, ist aber auf den zweiten Blick schwierig erschöpfend zu beantworten. Es gibt verschiedene Methoden und verschiedene Kriterien, um diese Frage zu beantworten. Validität wird aus diesem Grund als ein breit definiertes Gütekriterium verstanden, das sich auf verschiedene Qualitätsaspekte eines Tests bezieht. Statt von der »Validität eines Tests« zu sprechen, ist es daher angemessener, die Validität (Gültigkeit) verschiedener *möglicher Interpretationen* von Testergebnissen zu betrachten.

Definition

Validität ist ein integriertes bewertendes Urteil über das Ausmaß, in dem die Angemessenheit und die Güte von Interpretationen und Maßnahmen auf Basis von Testwerten oder anderen diagnostischen Verfahren durch empirische Belege und theoretische Argumente gestützt sind (s. Messick, 1989, S. 13; Übersetzung J. H.).

Die Validierung erfordert eine Spezifikation, welche Testwertinterpretation gestützt werden soll

Bei der *Validierung* d. h. der Untersuchung der Validität von Testwertinterpretationen, muss zunächst spezifiziert werden, auf *welche* Interpretation eines Testergebnisses sich die Validität beziehen soll. Verschiedene Interpretationen eines Testergebnisses (s. Kane, 2001) können sich zum Beispiel beziehen auf

- das *Bewerten* des Ergebnisses,
- das *Verallgemeinern* des Ergebnisses,
- das *Extrapolieren* des Ergebnisses auf andere Bereiche,
- das (kausale) *Erklären* eines Testergebnisses und
- das Fällen von weiterführenden *Entscheidungen* als Konsequenz aus dem Testergebnis.

Wenn zum Beispiel eine Person in einem kognitiven Leistungstest einen bestimmten Punktwert erreicht, kann diese Leistung zunächst durch einen Vergleich mit der Leistung anderer Personen *bewertet* werden. Es wird weiterhin davon ausgegangen, dass sich die beobachtete Leistung auf ähnliche Aufgaben *verallgemeinern* lässt. Die Leistung im Intelligenztest wird auf die kognitiven Leistungen in anderen Bereichen außerhalb der Testsituation, zum Beispiel in Schule oder Beruf, *extrapoliert* (»hochgerechnet«). Als *Erklärung* für die beobachtete Leistung können Annahmen über das theoretische Konstrukt »Intelligenz« oder Theorien über kognitive Problemlöseprozesse herangezogen werden. Je nach Anwendungskontext kann das Testergebnis als Grundlage für eine *Entscheidung* dienen, etwa ob die getestete Person für einen bestimmten Arbeitsplatz als geeignet angesehen wird. Jede der verschiedenen Interpretationen eines Testergebnisses – Bewerten, Verallgemeinern, Extrapolieren, Erklären und Entscheiden – kann auf unterschiedliche Weise durch theoretische Argumente und/oder empirische Belege unterstützt werden.

Die Validierung eines Tests ist kein Routineverfahren

Die Validierung eines Tests ist kein immer gleiches Routineverfahren, sondern erfolgt durch theoriegeleitete Forschung, mit der unterschiedliche Interpretationen eines Testergebnisses legitimiert oder auch falsifiziert werden können. Vor einer Validierung ist daher zunächst vor dem Hintergrund theoretischer Überlegungen und vor dem Hintergrund des Anwendungskontexts zu entscheiden, welche Interpretationen eines Testergebnisses für den jeweiligen Test am wichtigsten sind. Anschließend gilt es, diese Interpretationen durch geeignete theoretische Argumente und empirische Befunde zu unterstützen.

Exkurs 7.1

Eine kurze Geschichte der Validität

Die ersten Konzeptionen von Validität wurden zu Beginn des 20. Jahrhunderts im Kontext der Leistungsdiagnostik entwickelt und gingen davon aus, dass man das interessierende Merkmal anstelle der Verwendung eines Tests auch direkt erfassen könne, zum Beispiel die Produktivität an einem bestimmten industriellen Arbeitsplatz. Das Merkmal selbst wurde als Kriterium betrachtet; die so genannte Kriteriumsvalidität eines Tests konnte über den Zusammenhang zwischen den individuellen Ausprägungen des Kriteriums und den entsprechenden individuellen Testwerten ermittelt werden. Diese Konzeption setzt allerdings voraus, dass ein Kriterium verfügbar ist, das ohne jeden Zweifel als valides Maß für das Merkmal betrachtet werden kann, das es zu messen gilt. Dies trifft jedoch nur für sehr wenige Merkmale zu. Zusätzlich zur Kriteriumsvalidität wurde daher das Konzept der Inhaltsvalidität entwickelt, die sich im Wesentlichen auf die Bestätigung der Angemessenheit eines diagnostischen Verfahrens durch Expertenurteile bezog.

Für die Erweiterung des Gütekriteriums der Validität auf Tests in der klinisch-psychologischen Diagnostik wurde die Konzeption von Validität im Auftrag der American Psychological Association Anfang der 1950er Jahre überarbeitet. Zu dieser Zeit wurde der Begriff der Konstruktvalidität geprägt. Der Begriff Konstrukt drückt aus, dass die mit psychologischen Testverfahren erfassten Merkmale immer konstruierte Größen sind, die im Rahmen eines diagnostischen Anwendungskontexts und/oder einer psychologischen Theorie definiert werden. Die Konstruktvalidierung eines

▼

Tests sollte durch die empirische Überprüfung von Zusammenhangsstrukturen erfolgen, die aus formalen theoretischen Annahmen über das zu erfassende Merkmal abgeleitet wurden. Die elaborierte Abhandlung, die von Cronbach und Meehl hierzu 1955 verfasst wurde, enthält viele auch heute noch aktuelle Überlegungen.

Während Kriteriumsvalidität, Inhaltsvalidität und Konstruktvalidität zunächst noch als separate Alternativen zur Bestimmung der Validität behandelt wurden, entwickelte sich die Konstruktvalidität in den 1950er bis 1970er Jahren zum verbindenden Konzept für eine Betrachtung von Validität im Sinne eines einheitlichen Gütekriteriums. Als Problem des von Cronbach und Meehl (1955) dargelegten Vorgehens zur Konstruktvalidierung erwies sich allerdings, dass psychologische Theorien in vielen Bereichen zu schwach entwickelt sind, um formalisierte Hypothesen über ein Konstrukt abzuleiten (s. Cronbach & Meehl, 1955). Infolgedessen wurde Konstruktvalidität, wie Cronbach 1980 beklagte, oft als eine »Mülleimerkategorie« verwendet: beliebige Korrelationen eines Testwertes mit anderen Variablen wurden als Belege für Konstruktvalidität bezeichnet, ohne dass eine verbindende theoretische Argumentation formuliert wurde. Für neuere Konzeptionen von Validität ist der Bezug auf theoretische Konstrukte weiterhin bedeutsam, die Bedeutung formalisierter Theorien ist jedoch in den Hintergrund getreten. Im Mittelpunkt steht nun die Validität der Interpretationen und der Verwendungen diagnostischer Ergebnisse. Zur Validierung der Interpretation eines Testergebnisses wird geprüft, welche theoretischen Argumente und empirischen Belege für – aber auch gegen – die spezifische Interpretation sprechen (s. Kane, 1992, 2001).

Für die Interpretation von Testergebnissen ist es eine zentrale Frage, worauf die Definition des zu erfassenden Merkmals basiert. ► Abschnitt 7.2 dieses Kapitels befasst sich mit der Unterscheidung operationaler und theoretischer Merkmalsdefinitionen. Je nach der Interpretation eines Testergebnisses werden verschiedene Validitätsaspekte unterschieden, die mit verschiedenen Methoden der Validierung verbunden sind. Die wichtigsten Aspekte der Validität eines Tests werden unter den Begriffen *Inhaltsvalidität*, *Konstruktvalidität* und *Kriteriumsvalidität* zusammengefasst. Inhaltsvalidität (► Abschn. 7.3) bezieht sich auf das Verhältnis zwischen dem zu erfassenden Merkmal und den Test- bzw. Iteminhalten. Unter Konstruktvalidität (► Abschn. 7.4) versteht man, dass ein Testergebnis bezogen auf ein theoretisch definiertes Konstrukt interpretiert werden kann. Bei der Kriteriumsvalidität stehen Fragen im Mittelpunkt, die sich auf diagnostische Entscheidungen auf Basis des Testergebnisses beziehen (► Abschn. 7.5). Im letzten Abschnitt (► Abschn. 7.6) wird illustriert, wie Entscheidungen zugunsten bestimmter Validierungsmethoden getroffen werden können.

7.2 Operationale und theoretische Merkmalsdefinitionen

Um die Frage zu beantworten, ob Interpretationen der Ergebnisse eines Testverfahrens gut begründet sind, muss zunächst präzise definiert werden, was der Test erfassen soll und welches die wichtigste Verwendung der Testergebnisse darstellt. Mit anderen Worten, das *zu erfassende Merkmal* muss hinreichend definiert sein.

Bei der Definition dessen, was ein Test erfassen soll, kann zwischen zwei Fällen unterschieden werden: Entweder kann das Merkmal *operational definiert* sein, oder der Test soll ein *theoretisches Konstrukt* erfassen. Bei einer operationalen Definition wird das Merkmal im Wesentlichen durch die Testinhalte definiert. Theoretische Annahmen darüber, wodurch Unterschiede in den Testergebnissen zustande kommen, sind für eine operationale Definition nicht notwendig.

Operational begründete Definition des Merkmals

Operationale Merkmalsdefinitionen können zum Beispiel im Leistungsbereich vorgenommen werden, wenn die Testaufgaben den interessierenden Anforderungsbereich direkt repräsentieren. Wenn ein mathematischer Leistungstest zum Beispiel aus verschiedenen Bruchrechenaufgaben besteht, dann kann die Leistung in diesem Test als ein operational definiertes Merkmal »Fähigkeit zum Bruchrechnen« betrachtet werden, ohne dass spezifische theoretische Annahmen – zum Beispiel über kognitive Prozesse beim Bruchrechnen – notwendig wären. Im Einstellungsbereich kann durch einen Fragebogen, der verschiedene wertende Aussagen zu Aspekten der Arbeit der Bundesregierung (Außenpolitik, Wirtschaftspolitik, Gesundheitspolitik usw.) enthält, eine operationale Definition eines Merkmals »Zufriedenheit mit der Bundesregierung« vorgenommen werden. Auf theoretische Konzepte, z. B. aus sozialpsychologischen Einstellungstheorien, muss hierzu nicht zurückgegriffen werden. Ein operational definiertes Merkmal bezieht sich zunächst nur auf die spezifischen Test- bzw. Iteminhalte.

Theoretisch begründete Definition des Merkmals

Bei theoretischen Konstrukten wird ein Merkmal im Rahmen einer Theorie definiert. Durch die Theorie wird spezifiziert, worauf bestimmte Unterschiede zwischen Personen zurückzuführen sind und warum sich diese Unterschiede in den Testergebnissen ausdrücken. So werden etwa in der biologisch fundierten Persönlichkeitstheorie von Eysenck (s. Eysenck, 1981) Annahmen darüber formuliert, in welchen neuronalen Strukturen sich Personen, die auf der Persönlichkeitsdimension Extraversion eine niedrige Ausprägung aufweisen, von Personen mit hoher Ausprägung unterscheiden. Aus diesen Unterschieden wird wiederum abgeleitet, wie sich diese Personen in ihrem alltäglichen Erleben und Verhalten unterscheiden sollten. Um das Merkmal Extraversion in einem Fragebogen zu erfassen, werden dann Items zusammengestellt, die sich auf diese Erlebens- und Verhaltensaspekte beziehen. Das Testergebnis auf Basis dieser Items wird dann als eine Ausprägung auf einer Persönlichkeitsdimension interpretiert, die durch bestimmte biologische Grundlagen definiert ist. Ein Test, der ein theoretisch definiertes Merkmal erfassen soll, bezieht sich somit im Unterschied zu einer operationalen Definition auf mehr als die Iteminhalte, im vorliegenden Beispiel etwa auf interindividuelle Differenzen in den theoretisch mit Extraversion in Verbindung gebrachten neuronalen Strukturen.

Ob ein Test ein operational definiertes Merkmal erfasst oder ob bei der Definition der Testinhalte und der Interpretation des Testergebnisses auf eine Theorie zurückgegriffen wird, ist nicht immer eindeutig zu trennen. Oft sind die Grenzen zwischen beiden Fällen fließend, da die verfügbaren psychologischen Theorien noch wenig entwickelt sind. Eine operationale Definition des zu erfassenden Merkmals kann für jeden Test vorgenommen werden. Eine darüber hinausgehende Einbettung in eine Theorie ist nur soweit möglich, wie eine Theorie über die im Test erfassten Unterschiede zwischen Personen existiert. Der theoretische Status eines Merkmals sollte bei der Interpretation von Testergebnissen reflektiert werden.

Gefahr von Zirkelschlüssen

Es besteht die Gefahr, Merkmale, die lediglich operational definiert sind, in einem Zirkelschluss als »Ursache« für die Testergebnisse zu betrachten. Ein derartiger Zirkelschluss könnte sich beim Einstellungsmerkmal im obigen Beispiel in einer Aussage wie dieser ausdrücken: »Eine Person äußert sich im Fragebogen positiv zur Außenpolitik der Bundesregierung, weil sie zufrieden mit der Bundesregierung ist.« Solange die »Zufriedenheit mit der Bundesregierung« nur durch die positive Bewertung verschiedener politischer Arbeitsbereiche definiert ist, ist eine derartige erklärende Interpretation rein zirkulär. Das Merkmal (»Zufriedenheit mit der Bundesregierung«) würde etwas erklären sollen (die Antwort auf ein Item zur Außenpolitik), durch das es selbst definiert ist. Solange das Merkmal nur operational durch die verwendeten Items definiert ist, können zwar Aussagen darüber gemacht werden, ob Personen im Sinne dieses Merkmals mehr oder weniger »zufrieden« sind – kausale Beziehungen zwischen dieser »Zufriedenheit« und den Antworten auf die Items sind jedoch nicht zulässig.

7.3 Inhaltsvalidität: Beziehung zwischen Merkmal und Testinhalten

Definition

Der Begriff der *Inhaltsvalidität* bezieht sich darauf, inwieweit die Inhalte eines Tests bzw. der Items, aus denen er sich zusammensetzt, tatsächlich das interessierende Merkmal erfassen.

Testinhalt umfasst die Gesamtheit des Stimulusmaterials und der Antwortmöglichkeiten eines Tests

Mit »Inhalten« ist die Gesamtheit des Stimulusmaterials und der Antwortmöglichkeiten gemeint. Bei einem Fragebogen bestehen die Testinhalte also aus den Aussagen in den einzelnen Items und den dafür vorgesehenen Antwortmöglichkeiten. Bei einem Leistungstest setzen sich die Testinhalte aus dem dargebotenen Aufgabenmaterial und den Antwortmöglichkeiten zusammen, zum Beispiel den vorgegebenen Antwortalternativen (Multiple-Choice-Format) oder offenen Antworten. Der Einbezug des Antwortformates ist bei der Beurteilung der Testinhalte wichtig, da insbesondere im Leistungsbereich mit offenen Antworten andere Fähigkeiten erfasst werden können als mit vorgegebenen Antwortalternativen, auch wenn die Aufgabenstellung identisch ist.

Kritisch hinterfragt

Die Feststellung der Inhaltsvalidität eines Tests basiert in der Regel nicht auf empirischen Untersuchungen von getesteten Personen. Die Sicherstellung der Inhaltsvalidität erfordert vielmehr eine Betrachtung der Iteminhalte, wobei der Bezug zwischen diesen Inhalten und dem zu erfassenden Merkmal durch theoretische Argumente zu stützen ist und zusätzlich die Urteile von Experten herangezogen werden können. Die Tatsache, dass Inhaltsvalidität zumeist »nur« theoretisch-argumentativ und selten empirisch begründet wird, hat sie in der Psychologie zu einem vergleichsweise gering geschätzten Gütekriterium gemacht. Dies ist insofern verständlich, als ein rein argumentativ geführter Nachweis der Validität schwerer objektivierbar ist als die Prüfung einer empirisch testbaren Hypothese. Eine Geringschätzung des Gütekriteriums der Inhaltsvalidität führt jedoch oft dazu, dass Zusammenhänge des Testwertes mit anderen Variablen als die einzig legitimen Kriterien der Validität betrachtet werden, während die Inhalte eines Tests vernachlässigt werden. Die systematische Ableitung von Iteminhalten aus einem zuvor definierten Merkmal kommt so häufig zu kurz, obwohl konzeptuelle Fehler in diesem Stadium der Testkonstruktion am schwerwiegendsten und in späteren Schritten kaum noch zu kompensieren sind.

Bei operational definierten Merkmalen bezieht sich die Feststellung der Inhaltsvalidität vor allem auf die Frage, ob die zusammengestellten Items eine angemessene Repräsentation der theoretisch möglichen Menge von Items darstellen. Bei theoretisch definierten Merkmalen kann die Beziehung zwischen dem Merkmal und den Inhalten der verwendeten Items auch durch theoretische Argumente unterstützt werden.

7.3.1 Inhaltsvalidität bei operational definierten Merkmalen

Verallgemeinernde Interpretation von Testergebnissen

Bei operational definierten Merkmalen bezieht sich Inhaltsvalidität vor allem auf die *verallgemeinernde Interpretation* von Testergebnissen. Wenn etwa die Erreichung eines im Lehrplan definierten schulischen Lehrziels geprüft werden soll, kann ein Test konstruiert werden, dessen Inhalte aus diesem Lehrplan abgeleitet sind. Die Ergebnisse aus einem solchen Test – zum Beispiel die Anzahl gelöster Aufgaben – sollen dahingehend interpretiert werden, inwieweit ein Schüler das definierte Lehrziel erreicht hat oder nicht. Diese Interpretation verallgemeinert das Testergebnis über die konkret verwendeten Testaufgaben hinaus auf eine hypothetische Menge möglicher ähnlicher Aufgaben, die sich alle auf dasselbe Lehrziel beziehen. Inhaltsvalidität bedeutet hier, dass eine derartige Verallgemeinerung zulässig ist. Es wäre also zu belegen, dass die Items des Tests die im Lehrplan definierten Fähigkeiten umfassend abdecken und damit die Menge möglicher Aufgaben hinreichend gut *repräsentieren*. In diesem Zusammenhang wird auch von einem *Repräsentationsschluss* gesprochen – von der Lösungshäufigkeit in den bearbeiteten Aufgaben soll auf die potenzielle Lösungshäufigkeit in einer größeren Aufgabenmenge geschlossen werden. Die hypothetische Menge möglicher Aufgaben, auf die von den spe-

Repräsentationsschluss

Itemuniversum

zifischen Aufgaben geschlossen werden soll, wird auch als *Itemuniversum* bezeichnet.

Belege für eine hinreichende Repräsentativität der Aufgaben können nur durch eine präzise Definition der relevanten Gesamtheit möglicher Items und eine daran orientierte Beurteilung der Iteminhalte gesammelt werden. Eine Möglichkeit, die Feststellung der Inhaltsvalidität zu objektivieren, ist das Einholen von Urteilen geeigneter Experten, im genannten ► Beispiel 7.1 etwa von Fachlehrern oder Fachdidaktikern.

Beispiel 7.1

Bei der Testung der **Erreichung eines im Lehrplan definierten schulischen Lehrziels** resultiert das Testergebnis aus der Lösungshäufigkeit einer begrenzten Zahl von Testaufgaben. Die *verallgemeinernde Interpretation des Testergebnisses* besteht darin anzunehmen, dass ein Schüler mit einem hohen Testwert auch bei einer Vielzahl anderer Aufgaben, die das Lernziel repräsentieren, erfolgreich wäre, wenn man sie ihm vorlegen würde. Die Übereinstimmung der Testinhalte mit dem Lehrplan wird auch als curriculare Validität bezeichnet.

Curriculare Validität

Die Inhaltsvalidität eines Tests muss sowohl für jedes einzelne Item als auch für die Zusammensetzung des gesamten Tests ermittelt werden. Auf Itemebene lautet die Frage bei einem operational definierten Merkmal »Ist dieses Item Teil der interessierenden Gesamtheit möglicher Items?«. Für den Test als Ganzes ist darüber hinaus die Frage zu beantworten »Stellen die Items eine repräsentative Auswahl der interessierenden Gesamtheit möglicher Items dar?«.

7.3.2 Inhaltsvalidität bei theoretisch definierten Merkmalen

Erklärende Interpretation von Testergebnissen auf Itemebene

Auch wenn ein zu erfassendes Merkmal theoretisch definiert ist, muss eine Verallgemeinerung des Testergebnisses auf eine größere Menge von Aufgaben möglich sein. Zusätzlich bezieht sich Inhaltsvalidität jedoch auch auf eine *erklärende Interpretation* von Testergebnissen auf Itemebene. Es wird angenommen, dass unterschiedliche Antworten auf die Items eines Tests durch Unterschiede im zu erfassenden Konstrukt erklärt werden können (s. Borsboom, Mellenbergh & van Heerden, 2004). Umgekehrt bedeutet dies, dass von den Antworten auf das nicht unmittelbar beobachtbare Konstrukt geschlossen wird. Eben dieser Schluss steht bei einem theoretisch definierten Konstrukt im Mittelpunkt, wenn die Inhaltsvalidität belegt werden soll. Ein derartiger Nachweis ist vor allem durch eine gute theoretische Fundierung, eine daran orientierte Itementwicklung und eine schlüssige Argumentation zu erbringen. Die Schritte in dieser Argumentation hängen von der zugrunde liegenden Theorie ab (► Beispiel 7.2).

Beispiel 7.2

Anhand von **Eysencks Persönlichkeitstheorie** soll eine mehrschrittige Argumentation zur Begründung eines Iteminhaltes illustriert werden. In dieser Theorie wird angenommen, dass (1) extravertierte Personen ein habituell niedrigeres kortikales Erregungsniveau haben als Introvertierte. Darüber hinaus sollen (2) alle Menschen ein mittleres Erregungsniveau als angenehm empfinden. Es wird erwartet, dass (3) extravertierte Personen stimulierende Situationen als angenehmer erleben, da diese ihre habituell niedrige Erregung kompensieren und ihnen helfen, ein mittleres Erregungsniveau zu erreichen. Aus dieser Argumentation lässt sich ableiten, dass (4) die Frage »Haben Sie gern Geschäftigkeit und Trubel um sich herum?« von extravertierten Personen eher zustimmend beantwortet werden sollte als von Introvertierten. Für diese Aussage kann also theoriebasiert argumentiert werden, dass sie ein inhaltsvalides Item für das Konstrukt Extraversion darstellt. Die *erklärende Interpretation* der Antworten auf dieses Item besteht in der Annahme, dass Personen die Aussage bejahen, weil sie eine höhere Ausprägung im Konstrukt Extraversion, das heißt unter anderem ein niedrigeres kortikales Erregungsniveau haben. (Die Aussage ist ein Item der Extraversionsskala der deutschen revidierten Kurzfassung des »*Eysenck Personality Questionnaire*«; Ruch, 1999.)

Evidence-centered assessment design

Die systematische Argumentation für den Schluss von der Antwort auf ein Item auf ein zu erfassendes Konstrukt hat in der amerikanischen Bildungsforschung in den letzten Jahren unter der Bezeichnung *evidence-centered assessment design* verstärkt an Bedeutung gewonnen (s. Mislevy & Haertel, 2006). Hierbei wird bereits bei der Itemkonstruktion systematisch die Argumentation dargelegt, warum von einem bestimmten Verhalten im Test (z. B. einer bestimmten Antwort auf ein Item) auf eine bestimmte individuelle Ausprägung eines Konstrukts geschlossen werden kann. Dabei sollen ausdrücklich auch mögliche Alternativerklärungen kritisch berücksichtigt werden.

Zusammenfassung: Bestimmung der Inhaltsvalidität

Die Bestimmung der Inhaltsvalidität eines Tests besteht in der kritischen Beurteilung der Testinhalte auf Item- und auf Gesamttestebene. Für den Fall eines operational definierten Merkmals geht es vor allem darum, ob es die Inhalte des Tests erlauben, das Testergebnis über die konkret verwendeten Items hinaus zu generalisieren. Bei einem theoretisch definierten Merkmal kommt die Frage hinzu, ob aus den Antworten auf die verwendeten Items auf das interessierende theoretische Konstrukt geschlossen werden kann. In beiden Fällen muss darüber hinaus für den Gesamttest geprüft werden, ob die Iteminhalte die Menge möglicher Items hinreichend gut abbilden. ◘ Tabelle 7.1 gibt einen Überblick über die zentralen Fragen, die bei der Bestimmung der Inhaltsvalidität beantwortet werden müssen.

Tabelle 7.1. Zentrale Fragen bei der Bestimmung der Inhaltsvalidität

	Merkmalsdefinition	
Ebene	Operational	Theoretisch
Items	Ist das Item Teil der interessierenden Gesamtheit möglicher Items?	Kann das interessierende theoretische Konstrukt Unterschiede in den beobachteten Antworten erklären?
Gesamttest	Stellen die Items eine repräsentative Auswahl der interessierenden Gesamtheit möglicher Items dar? – Sind alle relevanten Inhalte vorhanden? – Stehen die Inhalte in einem angemessen Verhältnis zueinander? – Sind keine Inhalte enthalten, die sich auf etwas Irrelevantes beziehen?	

7.4 Validität theoriebasierter Testwertinterpretationen

Extrapolierende Interpretation

Wenn ein Test mit Bezug auf ein theoretisch definiertes Merkmal konstruiert wurde (▶ Abschn. 7.2.2), sollen individuelle Testergebnisse in der Regel dahingehend interpretiert werden, dass sie Aussagen über individuelle Ausprägungen in diesem Merkmal erlauben. Dies ist zunächst eine *erklärende Interpretation*. Das nicht direkt beobachtbare theoretische Konstrukt wird als die *Ursache* für beobachtete Unterschiede in den Testwerten angesehen. Mit dem Bezug eines Testergebnisses auf ein theoretisches Konstrukt lassen sich darüber hinaus auch *extrapolierende Interpretationen* des Testergebnisses begründen. Wenn sich aus einer Theorie und/oder bereits vorliegenden Forschungsergebnissen ableiten lässt, dass ein Konstrukt mit anderen Variablen in einem bestimmten Zusammenhang steht, kann von einem Testergebnis auch auf diese anderen Variablen geschlossen werden (▶ Beispiel 7.3).

Beispiel 7.3

Ein Testwert aus einer **Fragebogenskala zu »Extraversion«** wird als Indikator für die individuelle Ausprägung in diesem Persönlichkeitsmerkmal betrachtet. Hierbei wird die *erklärende Interpretation* des Testergebnisses vorgenommen, dass interindividuelle Unterschiede in Extraversion *Auswirkungen* auf interindividuelle Unterschiede in den Testergebnissen haben. Aufgrund des Bezugs zum Merkmal Extraversion kann aus den Antworten im Test zum Beispiel *extrapoliert* werden, dass Personen mit höheren Testwerten schwerer konditionierbar sein sollten als Personen mit niedrigeren Testwerten.

7.4.1 Grundgedanke der Konstruktvalidität

Definition
Konstruktvalidität umfasst die empirischen Befunde und Argumente, mit denen die Zuverlässigkeit der Interpretation von Testergebnissen im Sinne erklärender Konzepte, die sowohl die Testergebnisse selbst als auch die Zusammenhänge der Testwerte mit anderen Variablen erklären, gestützt wird. (Messick, 1995, S. 743, Übersetzung J. H. & A. F.)

Der Kern des Konzepts der Konstruktvalidität besteht darin, Testergebnisse vor dem Hintergrund eines theoretischen Konstrukts zu interpretieren. Heute stellt Konstruktvalidität den zentralen Aspekt der psychologischen Validitätstheorie dar. Der Begriff wurde wesentlich von der einflussreichen Arbeit von Cronbach und Meehl (1955) geprägt. Während die Konstruktvalidität in ihren Anfängen lediglich als Ergänzung von Kriteriums- und Inhaltsvalidität angesehen wurde, versteht man sie seit Ende der 1970er Jahre als übergeordneten Zugang zur Bestimmung der Validität, der die anderen Validitätsformen mit einschließt (s. Anastasi, 1986).

Bereich der Theorie und Bereich der Beobachtung

Cronbach und Meehl (1955) beschrieben eine Idealvorstellung der Konstruktvalidierung. Das Vorgehen basiert auf dem in den empirischen Sozialwissenschaften verwendeten hypothetisch-deduktiven Forschungsansatz und unterscheidet grundlegend zwischen zwei Bereichen, die nachfolgend als *Bereich der Theorie* und *Bereich der Beobachtung* bezeichnet werden. Im ersteren werden nicht direkt beobachtbare (latente) theoretische Konstrukte und die auf theoretischer Ebene bestehenden Zusammenhänge zwischen diesen Konstrukten definiert. Idealerweise sollten die theoretischen Zusammenhänge durch sogenannte Axiome formalisiert sein. Das Herzstück einer Theorie besteht hierbei aus einem Satz von Axiomen, die theoretische Interdependenzen zwischen Konstrukten mathematisch beschreiben. Die semantische Interpretation der theoretischen Axiome erfolgt durch Verbindungen einiger oder aller Terme der Axiome mit beobachtbaren (manifesten) Variablen. Die Verbindungen werden *Korrespondenzregeln* genannt. Sie stellen eine Verbindung zwischen dem Bereich der Theorie und dem Bereich der Beobachtung dar. Aufgrund der theoretischen Axiome über die Zusammenhänge von Konstrukten lassen sich entsprechende Vorhersagen für den Bereich der Beobachtung ableiten, die anhand von beobachtbaren Variablen empirisch überprüft werden können. Diese vorhergesagten Zusammenhänge werden als *empirische Gesetze* bezeichnet. Eine Theorie besteht im Ansatz von Cronbach und Meehl aus einem so genannten *nomologischen Netz*, das aus einem durch Korrespondenzregeln interpretierten axiomatischen System und allen daraus abgeleiteten empirischen Gesetzen besteht. Das nomologische Netz umspannt folglich Elemente des Bereichs der Theorie und des Bereichs der Beobachtung. In ◘ Abbildung 7.1 werden die wesentlichen Elemente eines nomologischen Netzes zusammenfassend dargestellt.

Nomologisches Netz

Das Ziel der Konstruktvalidierung im Sinne von Cronbach und Meehl (1955) besteht darin, die Korrektheit des nomologischen Netzes schrittweise zu überprüfen. Hierbei wird untersucht, ob beobachtete Testwerte zulässige

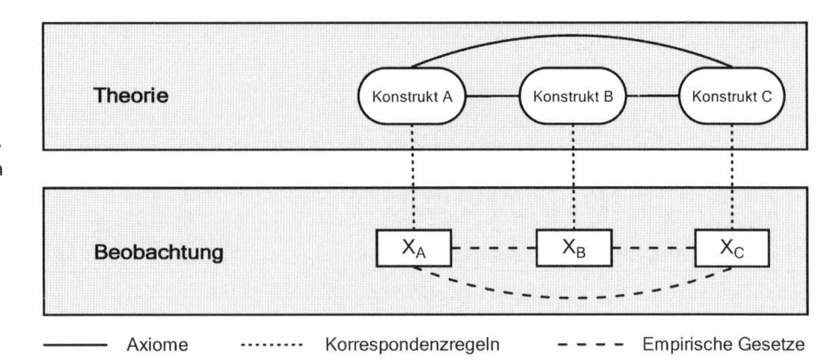

Abb. 7.1. Schematische Darstellung der Bestimmungsstücke eines nomologischen Netzes. Nicht beobachtbare Konstrukte sind durch Ellipsen, beobachtbare Merkmale durch Rechtecke dargestellt

Indikatoren für die individuellen Ausprägungen eines nicht direkt beobachtbaren Konstrukts darstellen. Hierzu werden die empirischen Gesetze mittels empirischer Beobachtungen geprüft. Stimmen theoretische Vorhersagen und empirische Beobachtungen überein, dann bedeutet dies eine Bestätigung sowohl der Theorie als auch der Interpretation der Testwerte als individuelle Ausprägungen in dem theoretischen Konstrukt. Stimmen die Beobachtungen jedoch nicht mit der Theorie überein, dann sind Teile des nomologischen Netzes zu verwerfen oder in modifizierter Form einer erneuten empirischen Prüfung zu unterziehen. Inkonsistenzen zwischen Theorie und Beobachtung können auf Fehler in den Axiomen, den abgeleiteten Korrespondenzregeln oder dem verwendeten Testverfahren zurückgehen. Da sich der Ansatz der Konstruktvalidität des hypothetisch-deduktiven Ansatzes bedient, kann die Validität einer konstruktbezogenen Testwertinterpretation prinzipiell nie endgültig belegt oder gar bewiesen werden. Vielmehr ist die Annahme, dass ein Testergebnis auf ein bestimmtes Konstrukt zurückzuführen ist, genau solange gerechtfertigt, bis sie falsifiziert wird.

Als problematisch am ursprünglichen Ideal der Konstruktvalidität wurde aus einer Anwenderperspektive allerdings angemerkt, dass nicht ein einzelner Wert als Ergebnis resultiert, der die Validität des untersuchten Testverfahrens angibt. Vielmehr können Aussagen zur Konstruktvalidität erst aufgrund einer umfassenden Untersuchung des nomologischen Netzes erfolgen und weisen aufgrund des hypothetisch-deduktiven Vorgehens immer nur vorläufigen Charakter auf. Auch wenn dies zunächst unpraktisch erscheint, so liegt gerade hier die Stärke der Konstruktvalidität. Die Formulierung expliziter Annahmen über die Zusammenhänge des untersuchten Konstrukts mit anderen Konstrukten und deren Überprüfung anhand empirisch beobachtbarer Sachverhalte erlaubt exakte und theoriebasierte Aussagen darüber, wie die Testergebnisse interpretiert werden können.

Starker und schwacher Ansatz der Konstruktvalidierung

Bei der konkreten Untersuchung der Konstruktvalidität ist das von Cronbach und Meehl (1955) beschriebene Ideal allerdings oft schwierig umzusetzen. Die Problematik liegt darin begründet, dass psychologische Theorien bis heute wenig oder gar nicht formalisiert werden. Für die Mehrzahl psychologischer Theorien kann folglich kein – beziehungsweise nur ein weitgehend unstrukturiertes – nomologisches Netz theoretisch begründet werden. Vor dem Hintergrund dieser Problematik differenzierte Cronbach im Jahre 1988 den Ansatz der Konstruktvalidität durch die Unterscheidung

Beispiel 7.4

Ein Forscher hat eine Theorie über ein Konstrukt A entworfen. Seine Theorie nimmt an, dass A mit zwei bereits etablierten Konstrukten B und C unterschiedliche Zusammenhänge aufweist. Während ein Einfluss von A auf B angenommen wird, soll C von A und B unabhängig sein. Aufgrund dieser theoretischen Annahmen lassen sich drei empirische Gesetze ableiten (◘ Abbildung 7.2):

1. B ist abhängig von A
2. C ist unabhängig von A
3. C ist unabhängig von B

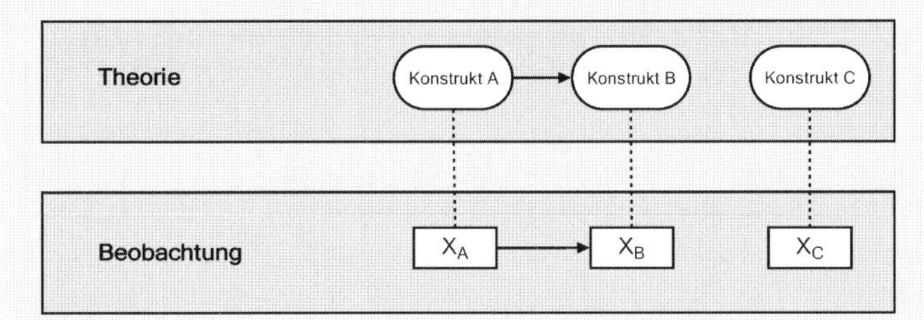

◘ **Abb. 7.2.** Schematische Darstellung eines nomologischen Netzes von drei als Ellipsen dargestellten Konstrukten A, B, und C mit zugehörigen manifesten Messwerten X_A, X_B und X_C

Während für B und C geeignete Testverfahren vorliegen, findet sich keines für A, so dass der Forscher einen neuen Test zur Messung von A entwickelt. Zur Untersuchung, ob die Interpretation der mit dem neuen Test erhobenen Testwerte als Maß von A konstruktvalide ist, sind Daten zu erheben und die empirischen Gesetze 1 und 2 zu überprüfen. Stimmen die beobachteten Zusammenhänge mit den theoretisch vorhergesagten überein, dann können mit dem Test erhobene Testwerte konstruktvalide als A interpretiert werden. Diese Interpretation gilt solange, bis sie aufgrund von empirischen Ergebnissen zu verwerfen ist. In der Forschungspraxis können auch größere nomologische Netze vorliegen, so dass bei der Konstruktvalidierung entsprechend mehr empirische Gesetze untersucht werden müssen.

in einen starken und einen schwachen Ansatz (s. Cronbach, 1988). Er spricht vom *starken Ansatz* der Konstruktvalidierung, wenn das ursprüngliche Ideal umgesetzt wird, und vom *schwachen Ansatz* der Konstruktvalidierung, wenn eine Validierung ohne formale Theorie erfolgt. Im Extremfall liegen beim schwachen Ansatz gar keine theoretischen Annahmen über Variablenzusammenhänge vor. In diesem Fall sind prinzipiell alle beobachteten Zusammenhänge zwischen den Ergebnissen eines Tests und jedweden anderen Variablen als validitätsrelevant anzusehen. Anastasi (1986) spricht sich nachdrücklich gegen diese Art der Validierung aus, die sie als *blinden Empirismus* bezeichnet. Die Entwicklung von Tests, von denen durch weitgehend wahlloses Korrelieren mit anderen Variablen explorativ geklärt werden soll, wie die damit gewonnenen Ergebnisse interpretiert werden können, verspricht

Blinder Empirismus

keinen substanziellen Zugewinn beim Verständnis psychologischer Prozesse und sollte deshalb vermieden werden.

Da die verstärkte Entwicklung formaler Theorien in der Psychologie für die Zukunft unwahrscheinlich ist, wird dem Ideal des starken Ansatzes auch zukünftig sicherlich nur selten entsprochen werden. In aktuellen Konzepten der Konstruktvalidität ist die Rolle formaler Hypothesen daher mittlerweile in den Hintergrund getreten. Das Ziel bei der Konstruktvalidierung ist deshalb darin zu sehen, dem Ideal möglichst nahe zu kommen. Dies ist durch die Entwicklung theoriebasierter Tests und durch die Explizierung von theoretisch abgeleiteten und empirisch prüfbaren Annahmen oft auch ohne formale Theorie möglich.

7.4.2 Empirische Bestimmung der Konstruktvalidität

Ein Ziel bei der Untersuchung der Konstruktvalidität besteht vereinfacht ausgedrückt in der Überprüfung theoretischer Annahmen über Zusammenhangsstrukturen latenter Konstrukte anhand empirischer Daten. Dabei können alle empirischen Methoden eingesetzt werden, die ein hypothetisch-deduktives Vorgehen erlauben. Es sind sowohl experimentelle als auch korrelative Versuchsansätze einsetzbar.

Experimenteller Ansatz

Aus theoretischen Annahmen über das zu erfassende Merkmal können Hypothesen abgeleitet werden, die im Rahmen experimenteller Untersuchungen geprüft werden können.

Wenn sich theoretisch begründen lässt, dass bestimmte experimentell variierende Faktoren einen *Effekt auf ein Konstrukt* haben sollten, dann sollte eine experimentelle Variation dieser Faktoren einen Effekt auf die Testwerte haben, die das Konstrukt repräsentieren. Die Testwerte werden im Experiment in diesem Fall als *abhängige Variable* erhoben. Eine Bestätigung der aus der Theorie abgeleiteten Effekte auf die Testwerte spricht für die Konstruktvalidität des Tests und unterstützt die Interpretation der Testwerte als individuelle Ausprägungen in dem theoretischen Konstrukt (▶ Beispiel 7.5).

Beispiel 7.5

Ein Test soll Zustandsangst messen. Wird die Gabe eines Angst hemmenden Medikamentes (Anxiolytikum) experimentell variiert (z. B. Medikament gegeben vs. kein Medikament gegeben), dann sollte sich zeigen, dass der experimentelle Faktor *Anxiolytikum* einen vermindernden Effekt auf die Werte im Test zur Messung der Zustandsangst als abhängige Variable hat. Bei Gabe des Medikaments sollten sich niedrigere Testwerte beobachten lassen als bei keiner Gabe des Medikaments.

Die Konstruktvalidität von Testwerten kann aber nicht nur als abhängige Variable untersucht werden, sondern auch als unabhängige Variable im Sinne eines Organismusfaktors. Wenn sich aus einer Theorie ein bestimmter *Effekt des Konstrukts* innerhalb eines experimentellen Untersuchungsdesigns ableiten lässt und die erwarteten Effekte des aus den Testwerten konstruierten Organismusfaktors nachgewiesen werden können, so bestätigt dies die Konstruktvalidität des Tests und unterstützt die Interpretation der Testwerte als individuelle Ausprägungen in dem theoretischen Konstrukt (▶ Beispiel 7.6).

Beispiel 7.6

Aus der **Persönlichkeitstheorie von Gray (1981)** kann abgeleitet werden, dass hoch neurotizistische Personen anfälliger für Stimmungsveränderungen sind als niedrig neurotizistische. Bei einer experimentell induzierten Stimmungsveränderung sollte sich folglich eine Wechselwirkung zwischen dem Faktor *Stimmungsinduktion* und dem Organismusfaktor Neurotizismus zeigen lassen. In einem experimentellen Versuchsplan zur Untersuchung dieser Hypothese wird der zweistufige Organismusfaktor Neurotizismus[1] (niedrig, hoch) mit dem zweistufigen Faktor Stimmungsinduktion (nein, ja) vollständig gekreuzt. Für die abhängige Variable »negative Stimmung« sollte sich eine Wechselwirkung in der Weise zeigen, dass die Induktion einer negativen Stimmung bei hoch neurotizistischen Probanden zu einem besonders starken Anstieg der negativen Stimmung führt.

Die folgende Abbildung (◘ Abb. 7.3) zeigt ein Befundmuster, wie es auf Basis der Theorie von Gray zu erwarten wäre. Die experimentelle Stimmungsinduktion führt im Mittel über alle Probanden zu einem Anstieg der negativen Stimmung, in der Gruppe der hoch neurotizistischen Personen ist dieser Anstieg jedoch deutlich stärker als in der niedrig neurotizistischen Gruppe. Wenn sich eine derartige Wechselwirkung zwischen den Faktoren *Stimmungsinduktion* und *Neurotizismus* hinsichtlich der abhängigen Variablen *negative Stimmung* zeigen lässt, spricht dies für die Konstruktvalidität der Testwerte und unterstützt die Interpretation der Testwerte als individuelle Maße für das theoretische Konstrukt Neurotizismus.

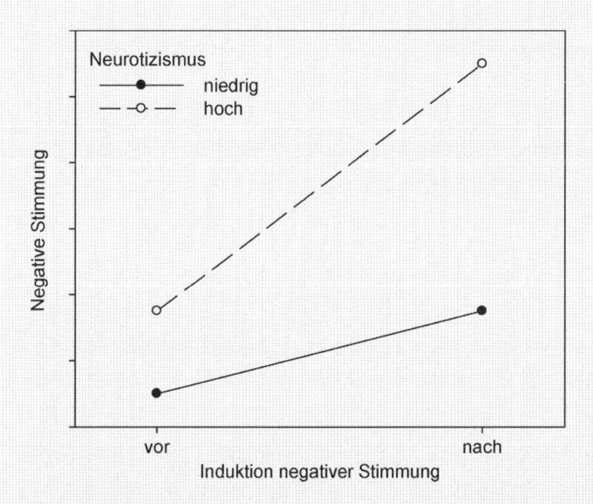

◘ Abb. 7.3. Auf Basis der Theorie von Gray (1981) zu erwartendes Befundmuster bei der experimentellen Untersuchung des Effekts von Neurotizismus auf die Anfälligkeit für negative Stimmung

[1] Im Beispiel wird der Faktor »Neurotizismus« der Anschaulichkeit halber als ein zweistufiger Faktor mit den Ausprägungen »niedrig« und »hoch« dargestellt. Bei einer tatsächlichen empirischen Untersuchung wäre es ratsam, Neurotizismus als eine kontinuierliche Variable zu behandeln und die Auswertung z. B. mit einer Kovarianzanalyse vorzunehmen.

Korrelativer Ansatz

In der Praxis erfolgt die Untersuchung der Konstruktvalidität meistens durch die Berechnung von Korrelationen zwischen den Testwerten X, deren Interpretation validiert werden soll, und einer anderen manifesten Variablen Y. Bei Y kann es sich ebenfalls um einen Testwert, ein Verhaltensmaß oder um jedwede andere Personenvariable (z. B. Alter oder Geschlecht) handeln. Wichtig ist dabei, dass theoretisch begründete Annahmen (empirische Gesetze) über Richtung und Höhe der Korrelationen zwischen X und Y vorliegen. Wenn die empirisch ermittelten Korrelationen mit den Zusammenhängen übereinstimmen, die aus den theoretischen Annahmen abgeleitet wurden, wird die Interpretation gestützt, dass die Testergebnisse auf das angenommene theoretische Konstrukt zurückzuführen sind. Als Facetten der Konstruktvalidität werden häufig die konvergente Validität und die diskriminante Validität unterschieden.

Konvergente Validität

Diskriminante Validität

Wird ein möglichst hoher Zusammenhang zwischen X und Y erwartet, dann spricht man von konvergenter Validität. Dieser Fall läge beispielsweise dann vor, wenn ein neuer Intelligenztest mit einem bereits bestehenden Verfahren validiert würde, das ebenfalls Intelligenz misst. In Abgrenzung dazu spricht man von diskriminanter Validität, wenn theoretisch kein oder ein im Betrag niedriger Zusammenhang zwischen X und Y angenommen wird. Dies wäre z. B. dann der Fall, wenn die Annahme untersucht werden würde, dass ein Test zur Messung von Extraversion keinen Zusammenhang mit Neurotizismus aufweisen soll. Eine gemeinsame Betrachtung von konvergenter und diskriminanter Validität erlaubt der Multitrait-Multimethod-Ansatz (vgl. Schermelleh-Engel & Schweizer, 2007, ► Kap.14 in diesem Band). Eine simultane Prüfung einer angenommenen Zusammenhangsstruktur mehrerer Variablen bei gleichzeitiger Kontrolle der Messfehler ist im Rahmen von Strukturgleichungsmodellen möglich (vgl. Moosbrugger & Schermelleh-Engel, 2007, ► Kap.13 in diesem Band).

7.4.3 Inferenzstatistischer Test der Konstruktvalidität

Die Untersuchung von theoretischen Annahmen im Rahmen der Konstruktvalidierung sollte sich nicht auf eine deskriptive Auswertung beschränken; die theoretischen Annahmen sollten darüber hinaus anhand empirischer Daten inferenzstatistisch getestet werden. Hierzu kann das folgende Vorgehen angewendet werden, das allgemein im Rahmen des hypothetisch-deduktiven Ansatzes üblich ist: Aufgrund theoretischer Annahmen wird die Größe des erwarteten Effekts sowie der α- und β-Fehler festgelegt, unter Berücksichtigung des verwendeten statistischen Verfahrens (Varianzanalyse, Regressionsanalyse, t-Test, Korrelationsanalyse etc.) die optimale Stichprobengröße bestimmt und eine entsprechende empirische Untersuchung durchgeführt (s. z. B. Bortz & Döring, 2002). Von zentraler Wichtigkeit ist dabei die Formulierung spezifischer Null- und Alternativhypothesen, die der jeweiligen Fragestellung der Validitätsuntersuchung exakt entsprechen.

Festlegung von Grenzwerten

Vor allem beim korrelativen Ansatz sind einige Besonderheiten zu beachten. Für eine exakte Hypothesenformulierung müssen Grenzwerte der Korrelationskoeffizienten, d. h. Mindest- bzw. Höchstwerte, festgelegt werden. Dies ist allerdings nur dann möglich, wenn entsprechende theoretische Annahmen vorliegen, was häufig auch bei nicht formalisierten Theorien gut möglich ist. Sollten allerdings keine theoretischen Zusammenhangsannahmen und deshalb keine inhaltlichen Hypothesen vorliegen, dann hat eine Untersuchung der Konstruktvalidität lediglich explorativen Charakter und ein Signifikanztest ist nicht angezeigt. Die Richtung der Hypothesen fallen bei Untersuchungen zur konvergenten und diskriminanten Validität unterschiedlich aus.

Mindestwert bei konvergenter Validität

Bei der konvergenten Validität sind Grenzwerte festzulegen, die mindestens erreicht werden müssen. Nullhypothese ist dabei, dass die beobachtete Korrelation kleiner oder gleich (bei positivem Grenzwert) beziehungsweise größer oder gleich (bei negativem Grenzwert) als der festgelegte Grenzwert ist. Ergibt sich bei positivem Grenzwert eine signifikant höhere Korrelation bzw. bei negativem Grenzwert eine signifikant niedrigere Korrelation, dann kann die Nullhypothese verworfen und die Alternativhypothese als Ausdruck gegebener konvergenter Validität angenommen werden. Beispielsweise könnte die Zielsetzung einer Testentwicklung darin bestehen, einen Kurztest zu entwickeln, der das gleiche Konstrukt wie ein etablierter Test misst, im Vergleich zu diesem aber weniger Items hat. In diesem Falle würde ein hoher positiver Grenzwert verwendet werden.

Berücksichtigung der Reliabilität

Beim inferenzstatistischen Testen von Zusammenhängen im Zuge der Konstruktvalidierung ist zu beachten, dass psychologische Tests fast nie eine optimale Reliabilität von 1 aufweisen. Bei der Festlegung des Grenzwertes ist daher zu berücksichtigen, dass die Korrelation $\rho(X,Y)$ zweier messfehlerbehafteter Testwerte X und Y maximal so hoch ausfällt wie die Korrelation der wahren Werte τ_X und τ_Y der zugrunde liegenden Konstrukte (s. Moosbrugger, 2007a, ► Kap. 5 in diesem Band). Dies kann einerseits durch die Verwendung von Strukturgleichungsmodellen berücksichtigt werden. Hierbei können die Messfehler explizit berücksichtigt werden und die Zusammenhänge zwischen den wahren Werten τ_X und τ_Y direkt geschätzt werden. Andererseits können manifeste Korrelationen unter Verwendung der so genannten doppelten Minderungskorrektur aus der Klassischen Testtheorie (s. Kristof, 1983) berechnet werden. Die auf die Attenuationskorrektur von Spearman (1904) zurückgehende doppelte Minderungskorrektur korrigiert den beobachteten Zusammenhang zwischen zwei Testwerten durch die Berücksichtigung der Reliabilitäten Rel(X) und Rel(Y) der beiden Testwerte nach oben. Formt man die Formel der doppelten Minderungskorrektur nach der gesuchten Korrelation zwischen den manifesten Testwerten X, deren Angemessenheit einer konstruktorientierten Interpretation untersucht wird, und einer manifesten konvergenten Variablen Y nach

$$\rho(X, Y) = \rho(\tau_X, \tau_Y) \cdot \sqrt{\mathrm{Rel}(X) \cdot \mathrm{Rel}(Y)} \tag{7.1}$$

um, dann kann durch Einsetzen die Mindestkorrelation zwischen X und Y bestimmt werden. Hätte beispielsweise im oben angeführten Beispiel der Test, dessen Testwertinterpretation validiert werden soll, eine Reliabilität von Rel(X)=.75, der alte Test eine Reliabilität von Rel(Y)=.80, und würde theoretisch eine optimale latente Korrelation von $\rho\ (\tau_X, \tau_Y) = 1$ erwartet, dann ergäbe sich ein Grenzwert von $\rho(X,Y) = 1 \cdot \sqrt{.75 \cdot .80} = .78$. Dieser Grenzwert wäre für die Formulierung von Null- und Alternativhypothesen nach oben beschriebenem Muster zu verwenden.

Höchstwerte bei diskriminanter Validität

Beim inferenzstatistischen Test der diskriminanten Validität wird aufgrund theoretischer Überlegungen ein latentes Konstrukt ausgewählt, das mit dem Konstrukt, das der zu validierende Testwert repräsentieren soll, keinen oder einen im Betrag niedrigen Zusammenhang aufweist. Grenzwerte für die maximal zu tolerierende Korrelation zwischen den zu validierenden Testwerten und dem manifesten Wert des zu differenzierenden Konstrukts können durch Einsetzen in Gl. 7.1 festgelegt werden. Die Nullhypothese der diskriminanten Validität ist hierbei, dass die berechnete Korrelation kleiner oder gleich dem festgelegten Grenzwert ist (bei positivem Grenzwert), beziehungsweise, dass die berechnete Korrelation größer oder gleich dem festgelegten Grenzwert ist (bei negativem Grenzwert). Ist die berechnete Korrelation signifikant höher als der Grenzwert (bei positivem Grenzwert), oder ist die berechnete Korrelation signifikant niedriger als der Grenzwert (bei negativem Grenzwert), dann ist die Nullhypothese der diskriminanten Validität zu verwerfen, da sich die theoretisch erwartete Abgrenzung zu dem anderen Konstrukt empirisch nicht zeigt. Praktische Beispiele des beschriebenen Vorgehens beim inferenzstatistischen Testen der Konstruktvalidität finden sich in Frey (2006).

Beispiel 7.7

Die Untersuchung der diskriminanten Validität kann im Rahmen der **Verstärkerempfänglichkeitstheorie** von Gray (1981) illustriert werden. Die Theorie beschreibt die beiden zueinander orthogonalen Dimensionen **Belohnungsempfänglichkeit** und **Bestrafungsempfänglichkeit**. Sie nimmt an, dass das durch die beiden Dimensionen aufgespannte Koordinatensystem um 30° gegenüber den nach Eysenck (1981) ebenfalls orthogonalen Dimensionen Neurotizismus und Extraversion gedreht ist. Aus den Winkeln lässt sich die theoretisch anzunehmende latente Korrelation zwischen Neurotizismus und Belohnungsempfänglichkeit berechnen als cos(30°) = .50. Würde nun die diskriminante Validität der Skala *Neurotizismus* des Eysenck Personality Questionnaire (EPQ-R; Ruch, 1999) mit einer Reliabilität von $\alpha = .83$ hinsichtlich der Skala *Belohnungsempfänglichkeit* des Action Regulating Emotion Systems (ARES; Hartig & Moosbrugger, 2003) mit einer Reliabilität von $\alpha = .90$ bei einer angenommenen latenten Korrelation von .50 untersucht, dann ergäbe sich nach Einsetzen in Gl. 7.1 ein Grenzwert für die Korrelation der manifesten Werte von .43. Die Annahme der diskriminanten Validität der Neurotizismusskala des EPQ hinsichtlich der Belohnungsempfänglichkeits-Skala des ARES (oder umgekehrt) wäre zu verwerfen, wenn eine signifikant höhere Korrelation als .43 zu beobachten wäre. Alternativ könnte in diesem Fall allerdings auch das zugrunde liegende Modell, aus dem die Zusammenhänge abgeleitet wurden, in Frage gestellt werden.

Das beschriebene Vorgehen birgt allerdings das konzeptuelle Problem, dass der herkömmliche Signifikanztest nur Aussagen über den α-Fehler macht, also über die Wahrscheinlichkeit mit der eine Nullhypothese irrtümlich verworfen wird. Hinweise auf die Wahrscheinlichkeit des Zutreffens der Nullhypothese gibt er indes nicht. Nicht signifikante Korrelationskoeffizienten können somit zwar als plausibler Hinweis, aber nicht als Beleg für die diskriminante Validität interpretiert werden. Um diese Problematik abzumildern, ist es bei der Bestimmung der diskriminanten Validität besonders wichtig, vor Beginn der Datenerhebung dezidierte Annahmen über die Höhe der maximal zu tolerierenden Korrelation der manifesten Werte zu treffen. Mit Hilfe dieser Korrelation (Effektstärke), des α- und des β-Fehler-Niveaus kann die optimale Stichprobengröße der geplanten Validitätsstudie a-priori festgelegt werden (s. Moosbrugger & Rauch, 2007). Obwohl auch dieses Vorgehen eine Bestätigung der Annahme der diskriminanten Validität nicht erlaubt, mindert es aber die Wahrscheinlichkeit, Verletzungen der Annahme der diskriminanten Validität aufgrund zu geringer Stichprobengröße irrtümlicherweise zu übersehen.

7.4.4 Untersuchung der Konstruktvalidität auf Itemebene

Die Untersuchung der Konstruktvalidität eines Tests erfolgt zumeist, wie in den vorangegangenen Abschnitten dargestellt, durch die Untersuchung theoretischer Annahmen über die Zusammenhänge des Ergebnisses eines gesamten Tests mit anderen Variablen. Es gibt jedoch auch Analysen auf Ebene der einzelnen Items eines Tests, ohne den Einbezug zusätzlicher Variablen, die gewisse Schlüsse auf die Konstruktvalidität erlauben.

Untersuchung von Antwortprozessen und Itemschwierigkeiten

Um festzustellen, ob Items tatsächlich ein interessierendes theoretisches Konstrukt erfassen, ist es insbesondere im Leistungsbereich wichtig, zu bestimmen, welche kognitiven Prozesse zur Lösung der Items notwendig sind. Eine explorative Methode zur Untersuchung von Antwortprozessen besteht darin, Personen bei der Bearbeitung der Items laut denken zu lassen oder sie unmittelbar nach der Bearbeitung der Items zu ihrem Lösungsverhalten zu interviewen (z. B. Wilson, 2005). Die Methode des lauten Denkens bei der Itementwicklung wird im Englischen als *cognitive lab* bezeichnet. Die offenen Antworten beim lauten Denken oder dem Interview können Aufschluss darüber geben, ob sich die Antwortprozesse tatsächlich auf das gewünschte Konstrukt beziehen oder ob auch unerwartete irrelevante Prozesse zu Lösungen führen können.

Cognitive lab

Ein innovativer Ansatz zur Prüfung der Konstruktvalidität, der eine starke theoretische Fundierung voraussetzt, ist die systematische Untersuchung von Antwortprozessen in Abhängigkeit von Eigenschaften der Items (Embretson, 1983, 1998). Wenn theoretische Annahmen darüber existieren, welche kognitiven Prozesse oder Wissensinhalte für die Beantwortung bestimmter Items erforderlich sind, können gerichtete Hypothesen über Unterschiede zwischen Itemschwierigkeiten abgeleitet werden. Items, für deren Lösung komplexere kognitive Prozesse notwendig sind, sollten zum Beispiel schwieriger sein als solche, bei denen einfachere Prozesse ausreichen. Entscheidend ist, dass sich die untersuchten Itemmerkmale auf Eigenschaften beziehen, die im Sinne des zu erfassenden Konstruktes bedeutsam für die Lösung von Aufgaben sein sollten. Zur Prüfung derartiger Hypothesen kann untersucht werden, inwieweit sich empirisch ermittelte Itemschwierigkeiten durch vorab definierte Itemmerkmale erklären lassen (s. Hartig, 2007). Ist es möglich, die empirisch ermittelten Itemschwierigkeiten durch theoretisch relevante Merkmale der Items vorherzusagen, kann dies als ein Hinweis darauf betrachtet werden, dass tatsächlich das interessierende theoretische Konstrukt erfasst wurde.

Zusammenhangsstruktur der Items und Konstruktvalidität

Wenn ein zu erfassendes Konstrukt theoretisch definiert wurde, lassen sich in der Regel auch Annahmen über die Zusammenhangsstruktur der Items untereinander formulieren. Die einfachste Annahme ist, dass die Zusammenhänge aller Items auf ein gemeinsames, nicht direkt beobachtbares Konstrukt zurückgeführt werden können. Wenn sich aus der theoretischen Definition des Konstrukts eine bestimmte Zusammenhangsstruktur ableiten lässt, so kann diese empirisch untersucht werden. Deskriptiv lässt sich die Dimensionalität einer Menge von Items mit Hilfe der exploratorischen Faktorenanalyse (s. Moosbrugger & Schermelleh-Engel, 2007, ▶ Kap. 13 in diesem Band) darstellen. Mit Hilfe der konfirmatorischen Faktorenanalyse (s. Moosbrugger & Schermelleh-Engel, 2007, ▶ Kap. 13 in diesem Band) oder auch mit Modellen der Item-Response-Theorie (s. Moosbrugger, 2007b, ▶ Kap. 10 in diesem Band) kann die angenommene Dimensionalität inferenzstatistisch getestet werden. Wenn die angenommene Dimensionsstruktur gestützt werden kann, wird gelegentlich auch von *faktorieller Validität* gesprochen. Die Prüfung einer theoretisch angenommenen, zum Beispiel eindimensionalen Zusammenhangsstruktur kann als Prüfung einer *notwendigen* Voraussetzung der Konstruktvalidität (▶ Abschn. 7.4) betrachtet werden. Wenn keine eindimensionale Struktur nachgewiesen werden kann, muss die Annahme, dass alle Items ein gemeinsames eindimensionales Konstrukt erfassen, verworfen werden. Die Bestätigung einer angenommenen eindimensionalen Struktur ist jedoch keinesfalls ein *hinreichender* Nachweis für die Konstruktvalidität eines Tests, da damit nicht untersucht wird, was die zugrunde liegende Dimension inhaltlich bedeutet.

Faktorielle Validität

7.5 Validität diagnostischer Entscheidungen

In der psychodiagnostischen Praxis werden Ergebnisse aus psychologischen Tests herangezogen, um Entscheidungen zu treffen, die teilweise weitreichende Konsequenzen für die getesteten Personen haben. So kann zum Beispiel auf Basis eines Testergebnisses entschieden werden, ob ein Schüler eine Regel- oder Sonderschule besuchen soll, ob eine Bewerberin für eine Stelle geeignet ist, oder inwieweit von einer Suizidgefährdung eines Patienten ausgegangen werden muss. Für derartige praktische Entscheidungen werden vor allem *extrapolierende Interpretationen* der Testergebnisse vorgenommen. Dabei wird von einem Testwert darauf geschlossen, wie sich eine Person in

Situationen außerhalb der eigentlichen Testsituation vermutlich verhalten wird. Validität bedeutet in diesem Zusammenhang, dass die extrapolierenden Interpretationen, aufgrund derer Entscheidungen getroffen werden, gerechtfertigt sind. Die Validierung erfolgt dadurch, dass die Zusammenhänge der Testwerte mit *Kriterien außerhalb der Testsituation* empirisch untersucht werden.

7.5.1 Validierung anhand externer Kriterien

Um zu beurteilen, ob Entscheidungen auf Basis der Ergebnisse eines Testverfahrens valide sind, muss untersucht werden, welche praktische Relevanz die Testwerte besitzen. Damit ist gemeint, ob der Testwert im Zusammenhang mit Kriterien (z. B. Verhalten oder Fähigkeiten) außerhalb der Testsituation steht, die für diagnostische Entscheidungen praktisch relevant sind. Zur Validierung werden die Zusammenhänge der Testwerte mit entsprechenden Außenkriterien empirisch untersucht (▶ Beispiel 7.8).

Beispiel 7.8

Wenn auf Basis eines **Testergebnisses in einem kognitiven Leistungstest** entschieden werden soll, ob ein Kind eingeschult oder noch ein Jahr zurückgestellt werden soll, wird eine *extrapolierende Interpretation* des Testergebnisses vorgenommen: Es wird angenommen, dass Kinder, die ein besseres Testergebnis erzielt haben, auch den schulischen Leistungsanforderungen besser gewachsen sein werden.

Um diese Interpretation des Testergebnisses zu validieren, müssen die Zusammenhänge zwischen den mit dem Test ermittelten Testwerten und dem Schulerfolg in der entsprechenden Altersgruppe untersucht werden. Hierzu könnte zum Beispiel an einer Stichprobe von Erstklässlern der entsprechende Testwert zu Beginn eines Schuljahres erhoben werden und zusätzlich erfasst werden, ob die Schülerinnen und Schüler am Ende des ersten Schuljahres in die nächste Klasse versetzt werden. Wenn in einer derartigen Validierungsstudie gezeigt werden kann, dass Schülerinnen und Schüler unterhalb eines bestimmten Testwertes die minimalen Anforderungen der Grundschule mit einer sehr hohen Wahrscheinlichkeit nicht bewältigen, also in den meisten Fällen nicht versetzt werden, kann dieser empirische Zusammenhang zukünftige diagnostische Entscheidungen auf Basis der Testergebnisse rechtfertigen. Würde sich hingegen kein deutlicher Zusammenhang zwischen dem Testwert und der Versetzung in die nächste Klasse zeigen lassen, wäre die Entscheidung über die Einschulung aufgrund dieses Testergebnisses nicht zu rechtfertigen. Die Interpretation, dass ein Kind mit einem niedrigen Testwert noch nicht eingeschult werden sollte, wäre in diesem Fall nicht valide.

Die mit dem Ziel einer Validierung ermittelten Zusammenhänge zwischen einem Testwert und einem praktisch relevanten Kriterium außerhalb der Testsituation werden als Belege für die *Kriteriumsvalidität* eines Tests betrachtet.

Definition

Kriteriumsvalidität bedeutet, dass von einem Testergebnis auf ein *für diagnostische Entscheidungen praktisch relevantes Kriterium* außerhalb der Testsituation geschlossen werden kann. Kriteriumsvalidität kann durch empirische Zusammenhänge zwischen dem Testwert und möglichen Außenkriterien belegt werden. Je enger diese Zusammenhänge, desto besser kann die Kriteriumsvalidität als belegt gelten.

Wesentlich bei der Beurteilung der Kriteriumsvalidität ist die Auswahl und Festlegung der Außenkriterien, mit denen die Testwerte in Zusammenhang gebracht werden. Diese externen Kriterien sind der Dreh- und Angelpunkt beim Urteil darüber, ob ein Test angemessene diagnostische Aussagen ermöglicht, ob er also den Zweck erfüllt, für den er eingesetzt werden soll. Die Außenkriterien müssen für die zu treffenden Entscheidungen möglichst unmittelbar relevant sein, zudem sollten sie eine hinreichende Messgenauigkeit aufweisen (s. Schermelleh-Engel & Werner, 2007, ► Kap. 6 in diesem Band). Die Auswahl der Außenkriterien erfolgt im Hinblick auf den Anwendungszweck, für den der Test entwickelt wurde. Aus demselben Anwendungszweck können sich unter Umständen verschiedene externe Kriterien ableiten lassen. Die Auswahl der untersuchten Kriterien sollte daher sorgfältig und in einer für spätere Testanwender nachvollziehbaren Weise begründet und dokumentiert werden. Ob ein Test für die Vorhersage dieser Kriterien und damit für die jeweilige diagnostische Anwendung geeignet sein sollte, kann im Vorfeld auch aus theoretischen Annahmen über das erfasste Merkmal (► Abschn. 7.3) abgeleitet werden. Wenn sich die Annahme, dass der Test mit bestimmten Kriterien zusammenhängen sollte, aus einer Theorie ableiten lässt, kann eine empirische Bestätigung dieses Zusammenhangs sowohl die Validität einer theoriebasierten Testwertinterpretation als auch die Validität der diagnostischen Entscheidung unterstützen. Derselbe empirische Befund wird in diesem Fall zu einem Beleg sowohl für Konstrukt- als auch Kriteriumsvalidität.

Beispiel 7.9

Im Folgenden wird am **Beispiel der Studierendenauswahl** eine kriteriumsorientierte Vorgehensweise bei der Validierung von diagnostischen Entscheidungen veranschaulicht: Die Auswahl von Studierenden für die Zulassung zu einem Studiengang erfolgt meist anhand von Testbatterien, die eine Vielzahl von Aufgaben mit unterschiedlichen Anforderungen vereinen. Das Ziel solcher Testverfahren ist es, jene Studierenden auszuwählen, von denen angenommen wird, dass sie das Studium erfolgreich absolvieren. Für diese Art der Selektion müssen nicht unbedingt theoretische Konzeptionen darüber vorliegen, welche Eigenschaften oder Fähigkeiten Studienbewerber zu potenziell erfolgreichen Studierenden machen. Vielmehr reicht es aus, Testaufgaben zu verwenden, die mit der Zielsetzung des Tests, der *Prognose des erfolgreichen Studienabschlusses,* zusammenhängen. Aus einer solchen Zielsetzung lassen sich verschiedene Kriterien

▼

ableiten: Als erfolgreich können beispielsweise Studierende bezeichnet werden, die a) das Studium nicht abbrechen und b) es in kurzer Zeit und c) mit guten Noten absolvieren. Die Verwendung der Testwerte als Instrument zur Studierendenauswahl weist dann eine hohe Validität auf, wenn die drei genannten, für die Entscheidung relevanten Kriterien auch tatsächlich in Zusammenhang mit den Testwerten stehen.

Zur Bestimmung der Kriteriumsvalidität des Auswahlverfahrens müssen diese Zusammenhänge empirisch überprüft werden. Über einige Kohorten von Studierenden hinweg sollten zu diesem Zweck die Testwerte im Auswahltest erhoben werden sowie zusätzlich der Studienverlauf mit Studiendauer, Prüfungsnoten und Abbruchquote beobachtet werden. Wenn beispielsweise Studienanfänger, die hohe Testwerte aufwiesen, im Durchschnitt signifikant schneller studieren als solche mit niedrigen Testwerten, kann davon ausgegangen werden, dass der Test zuverlässig zwischen schnellen und langsamen Studierenden unterscheiden kann, so dass diese Extrapolation des Testergebnisses valide wäre. Korrelierten zudem noch Testwerte und Abschlussnoten signifikant negativ, wäre auch die Extrapolation valide, dass vom Testergebnis darauf geschlossen werden kann, welche Studierenden ihr Studium wahrscheinlich mit Erfolg abschließen. Für die Beurteilung der Validität des Auswahlverfahrens, also für die Angemessenheit der Verwendung der Testergebnisse für die Praxis, kann es sehr sinnvoll sein, mehrere externe Kriterien zu bestimmen, an denen der Erfolg der Studierendenauswahl zu messen ist. Denn lediglich die Vorhersage alleine, ob ein Studium schnell abgeschlossen wird, ermöglicht z. B. keinen Schluss darüber, ob es auch mit gutem Erfolg beendet wird. Zur Absicherung der Validität der diagnostischen Entscheidung – in diesem Fall nämlich der Selektion von Studierenden – ist daher eine längerfristige Evaluation der Zusammenhänge zwischen Testwerten und Kriterien sinnvoll (vgl. Moosbrugger, Jonkisz & Fucks, 2006).

Grundlegend für die Kriteriumsvalidität ist also die Güte der diagnostischen Entscheidung für die Praxis. Die Entscheidung, die aufgrund eines Testwertes getroffen wird, muss für ihre Anwendbarkeit in der Realität begründet sein. Dabei können externe Kriterien gewählt werden, die zeitlich parallel existieren (*Übereinstimmungsvalidität*), oder solche, die eine Prognose über die zukünftige Ausprägung des Merkmals beinhalten (*prognostische Validität*). Die Übereinstimmungsvalidität ist ein wichtiges Kriterium u. a. in klinischen Tests, wo es z. B. um die Entscheidung geht, ob eine Therapie zurzeit nötig ist. Die prognostische Validität spielt bei Entscheidungen eine Rolle, bei denen das Potenzial von Personen aufgrund aktueller Testwerte beurteilt werden muss, wie es beispielsweise bei der Berufsberatung oder bei Einstellungstests oft der Fall ist.

Zeitliche Verfügbarkeit externer Kriterien

Manchmal werden bei der Verwendung eines neuen Tests zur Begründung der Kriteriumsvalidität Zusammenhänge mit Testwerten aus einem bereits etablierten Test herangezogen, der das gleiche Konstrukt erfassen soll. Hierbei werden einer Stichprobe von Personen beide Tests zur Bearbeitung vorgegeben und die Höhe der Korrelation der beiden Testwerte bestimmt. Diesem Vorgehen liegt die Annahme zugrunde, dass die Korrelation zwischen den beiden Tests ausschließlich auf das zu erfassende Konstrukt zurückzuführen ist, und dass für das bereits etablierte Testverfahren vorliegende Validitätsnachweise auf das neue Verfahren übertragen werden können, wenn der Zusammenhang zwischen beiden Verfahren hoch genug ist. Die Interpretationen und Entscheidungen auf Basis des neuen Testinstruments sollen also durch bekannte Zusammenhänge zwischen einem *anderen Test* und entsprechenden externen Kriterien unterstützt werden, ohne dass diese Zusammenhänge für das neue Testverfahren selbst untersucht werden. Dabei wird außer Acht gelassen, dass Korrelationen zwischen zwei Testwerten auch durch andere Faktoren als das zu erfassende Merkmal, zum Beispiel durch ähnliche Methoden oder Antworttendenzen zustande kommen können (s. Schermelleh-Engel & Schweizer, 2007, ► Kap. 14 in diesem Band). Es ist daher kritisch zu hinterfragen, ob die Validierung der Verwendung eines Tests lediglich auf Basis eines korrelativen Zusammenhangs auf einen anderen Test übertragen werden kann. Zudem müssen im Falle eines solchen Vorgehens sehr gute Argumente angeführt werden, warum das bereits etablierte Testverfahren durch das neue ersetzt werden soll.

Inkrementelle Validität

Ein weiterer Begriff im Zusammenhang mit der Rechtfertigung diagnostischer Entscheidungen ist die *inkrementelle Validität*. Die inkrementelle Validität bezeichnet das Ausmaß, in dem die Vorhersage des praktisch relevanten externen Kriteriums verbessert werden kann, wenn zusätzliche Testaufgaben oder Testskalen zu den bereits existierenden hinzugenommen werden. Dieser Zugewinn an Vorhersagestärke lässt sich zum Beispiel in einer multiplen Regression durch den Zuwachs an erklärter Varianz bei der Vorhersage eines externen Kriteriums ermitteln, der durch den Einbezug zusätzlicher Aufgaben oder Skalen erzielt werden kann. Hierbei gilt es vor allem, eine ökonomische Entscheidung zu treffen, welcher zusätzliche diagnostische Aufwand (d. h. längere Testzeit, höhere Belastung der getesteten Personen, höhere Kosten) noch zu einer lohnenden Verbesserung der Entscheidungsgrundlage führt.

7.5.2 Die Legitimation der Nutzung von Testergebnissen

Ein spezieller Aspekt der Interpretation und Verwendung von Testergebnissen, der seit den 1980er Jahren besonders in der nordamerikanischen Forschung zur Testentwicklung und Testkonstruktion diskutiert wird, beschäftigt sich mit der Frage, ob mit dem Einsatz eines Testverfahrens das damit in der Praxis verfolgte Ziel erreicht wird (Gütekriterium der Nützlichkeit, s. Moosbrugger & Kelava, 2007, ► Kap. 2 in diesem Band). Diese praktischen Folgen der Verwendung von Testverfahren werden in der englischsprachigen Literatur oft unter dem Begriff der *consequential validity* diskutiert, wobei die mit diesem Begriff verbundenen Fragestellungen nicht im engeren Sinn unter das Konzept von »Validität« zu fassen sind. Es geht in diesem Zusammenhang um die *individuellen und sozialen Konsequenzen* des Einsatzes eines Testverfahrens für einen spezifischen Zweck. Dabei wird auch analysiert,

Consequential validity

inwieweit sich die Validität der Interpretation von Testergebnissen durch die Testverwendung im Laufe der Zeit *verändern* kann, oder inwieweit der Einsatz von Testverfahren in den Alltag eingreift.

Die Vorstellung, dass der Einsatz von Testverfahren nicht nur individuelle, sondern auch soziale Konsequenzen mit sich bringt, und ggf. unerwünschte Effekte produziert, welche die Validität von Testwertinterpretationen verändern, soll im Folgenden an Beispielen illustriert werden. Standardisierte Testverfahren werden inzwischen auch im deutschen Bildungswesen in verschiedenen pädagogischen Bereichen eingesetzt, zum Beispiel zur Beurteilung der Kompetenzen von Schülerinnen und Schülern. So soll beispielsweise geprüft werden, inwieweit die Inhalte von Lehrplänen umgesetzt wurden, ob die Schülerinnen und Schüler also in verschiedenen Fächern über die Kompetenzen verfügen, die ihnen im Unterricht vermittelt werden sollen. Entsprechende Testwerte werden zur Evaluation des Bildungssystems herangezogen. Die Validität bewertender Interpretationen über das Bildungssystem ist dann gefährdet, wenn sich durch den regelmäßigen Testeinsatz das Lehren und Lernen in den Schulen unerwünscht verändert, d.h. beispielsweise nicht mehr die Inhalte der Lehrpläne vermittelt werden, sondern gezielt spezielle Aufgaben geübt werden, um ein besseres Abschneiden der Schülerinnen und Schüler bei den Tests zu gewährleisten. Dieses Phänomen ist auch als *teaching to the test* bekannt. Die Validität der Interpretation der Testwerte wird dann vermindert, da nicht mehr nur die zu vermittelnde Kompetenz erfasst wird, sondern die Testergebnisse nun zu einem großen Teil dadurch beeinflusst werden, wie gut die Lehrperson die Klasse auf den Test vorbereitet hat. Die Rückschlüsse von Testwerten auf die Unterrichtsqualität sind dann nicht mehr valide. Die ursprüngliche Zielsetzung des Tests, *zu erfassen*, was gelehrt wurde, wird durch eine nicht beabsichtigte Folge ersetzt: Jetzt *bestimmt* der Test, was gelehrt wird. Auf solche Tendenzen wird oft durch Geheimhaltung der Testmaterialien oder die häufige Neuentwicklung neuer und andersartiger Aufgaben reagiert.

Validitätsminderung durch »teaching to the test«

Ein Aspekt, der in diesem Kontext ebenfalls von Bedeutung ist, ist die Testfairness (s. Moosbrugger & Kelava, 2007, ► Kap. 2 in diesem Band), also die Angemessenheit der Testverwendung bei verschiedenen Gruppen von Personen. Wenn Testverfahren unbeabsichtigter Weise so gestaltet werden, dass sie bestimmte Personengruppen bevorzugen und andere benachteiligen, vermindert dies die Validität der Interpretation der Testwerte. Ein viel zitiertes Beispiel sind Intelligenztests, die oft eine gewisse Lesekompetenz oder eine Vertrautheit mit dem Testmaterial voraussetzen. Die Interpretation der Ergebnisse eines solchen Testverfahrens ist in der Anwendung dann nicht valide, wenn Personen mit niedriger Lesekompetenz Aufgaben nicht bewältigen können, obwohl sie die kognitiven Voraussetzungen sehr wohl mitbringen. Die Güte der Testwerte kann dadurch bei bestimmten Personengruppen eingeschränkt sein, es werden in der Praxis falsche Schlüsse aus den Testwerten gezogen – nämlich beispielsweise, dass bestimmte Personen über eine niedrige Intelligenz verfügen, obwohl sie lediglich Probleme im Leseverständnis oder mit der Instruktion der Testaufgaben haben. Ein solches Testverfahren erfüllt seinen diagnostischen Zweck dann nur eingeschränkt bzw. mit einer systematischen Fehlervarianz und führt ggf. zu unbeabsichtigten

Bevorzugung und Benachteiligung von Personengruppen

Konsequenzen für Personen, die diesen Test bearbeiten. Eine mögliche Lösung wäre für dieses Beispiel die Verwendung von sprachfreien Aufgaben, die zu valideren Aussagen führen könnten (*culture fair tests*).

7.6 Wahl einer geeigneten Validierungsmethode

Ein Testergebnis kann in vielfältiger Weise interpretiert werden, und entsprechend vielfältig sind die möglichen Methoden zur Validierung dieser Interpretationen. Bei der Neuentwicklung eines Tests stellt sich nun die Frage, wie mit dieser Vielfalt am besten umgegangen werden soll. Für jede mögliche Interpretation und Verwendung eines Testwertes Argumente oder empirische Belege zu erbringen, ist sicherlich ein wünschenswertes, aber oftmals unrealistisches Unterfangen. In der Regel lässt sich jedoch relativ leicht entscheiden, welche Interpretationen und Verwendungen für einen Test besonders wichtig sind. Hieraus lassen sich Prioritäten ableiten, welche Validierungsmethoden am dringlichsten verfolgt werden sollten. Für viele Tests werden einige Interpretationen irrelevant sein, so dass auf bestimmte Validierungsmethoden gut verzichtet werden kann. Die Auswahl von Validierungsmethoden soll im Folgenden anhand von inhaltlichen Beispielen aus den vorangegangenen Abschnitten illustriert werden.

Beispiel 7.10.a

Schwerpunkt auf dem Repräsentationsschluss

Wenn ein Test zur Prüfung der Erfüllung eines schulischen Lehrplans entwickelt wurde, ist die wichtigste Interpretation des Testergebnisses, dass es auf eine große Menge möglicher Aufgaben, die das Lehrziel repräsentieren, verallgemeinert werden kann. Der wichtigste Beleg für die Zulässigkeit dieser Verallgemeinerung und damit der curricularen Validität besteht darin, dass sich ausgewiesene Experten einig sind, dass die Testinhalte die im Lehrplan definierten Fähigkeiten umfassend abdecken und die Menge möglicher Aufgaben gut repräsentieren. Für die Validität der Testwertinterpretation ist es hingegen unbedeutend, welche Zusammenhänge die Leistungen im Test mit anderen Tests (zum Beispiel Intelligenz- oder Persönlichkeitstests) aufweisen.

Beispiel 7.10.b

Schwerpunkt auf theoriebasierter Testwertinterpretation

Für einen Test, der im Kontext psychologischer Forschung zur Erfassung eines theoretisch definierten Konstruktes wie Extraversion entwickelt wurde, ist es am wichtigsten, dass die Testergebnisse tatsächlich auf dieses Konstrukt zurückzuführen sind. Eine umfassende Konstruktvalidierung anhand der Vorhersage experimenteller Effekte und der korrelativen Zusammenhänge mit anderen theoretisch relevanten Variablen ist hier die adäquate Methode zur Stützung dieser Testwertinterpretation. Ob

▼

sich anhand des Testergebnisses die Eignung für bestimmte Berufe prognostizieren lässt, ist unbedeutend, so lange der Test nicht zu diesem Zweck verwendet werden soll.

Beispiel 7.10.c

Schwerpunkt auf diagnostischen Entscheidungen
Wenn ein Test oder eine Testbatterie entwickelt bzw. zusammengestellt wird, um Bewerber und Bewerberinnen für einen Studiengang auszuwählen, ist es am wichtigsten, dass von den Testergebnissen auf praktisch relevante externe Kriterien wie Studiendauer und Abschlussnoten geschlossen werden kann. Um diese Interpretation zu rechtfertigen, muss der Zusammenhang zwischen den Testergebnissen und den Kriterien empirisch nachgewiesen werden. In diesem Kontext ist es meistens irrelevant, mit welchen anderen Variablen die Testergebnisse in welcher Weise zusammenhängen.

Bei der Entwicklung und Publikation eines Tests sollte sichergestellt werden, dass die jeweils wichtigsten Interpretationen der Testwerte empirisch gestützt sind. Es sollte explizit aufgeführt werden, welche Interpretationen das sind, und idealerweise sollte auch kritisch betrachtet werden, welche Interpretationen evtl. naheliegend und wünschenswert sind, zum gegenwärtigen Zeitpunkt aber noch nicht als gestützt betrachtet werden können. Keinesfalls ist es angebracht, aus einzelnen Argumenten und Befunden zu schließen, man habe »einen validen Test« entwickelt. Es werden sich immer Interpretationen der Testergebnisse finden lassen, die noch nicht als hinreichend gut gestützt betrachtet werden können. Wie die Erforschung psychologischer Theorien ist auch die Validierung der Interpretationen und Verwendungen von Testergebnissen ein kontinuierlicher und offener Prozess.

7.7 Zusammenfassung

Das Gütekriterium der Validität (Gültigkeit) bezieht sich darauf, inwieweit die *Interpretationen der Ergebnisse eines Tests* gerechtfertigt sind. Damit stellt Validität ein Gütekriterium dar, das eine Vielzahl von verschiedenen Qualitätsaspekten eines Tests umfasst. Interpretationen von Testergebnissen können sich darauf beziehen, die Ergebnisse zu *bewerten*, sie zu *verallgemeinern*, sie auf andere Bereiche hinaus zu *extrapolieren*, sie unter Bezug auf theoretische Konstrukte zu *erklären*, oder auf ihrer Basis *Entscheidungen* zu treffen. Unterschiedliche Interpretationen lassen sich mit unterschiedlichen Untersuchungsmethoden stützen, daher muss bei der Untersuchung der Validität immer spezifiziert werden, auf *welche* Interpretation eines Testergebnisses sich die Validität beziehen soll.

Unter dem Begriff der *Inhaltsvalidität* werden verallgemeinernde und erklärende Interpretationen zusammengefasst, die sich darauf beziehen, dass die Testinhalte auf Item- und auf Gesamttestebene tatsächlich das interessierende Merkmal erfassen. Im Falle operational definierter Konstrukte muss belegt werden, dass die Items tatsächlich die Menge möglicher relevanter Items für einen Merkmalsbereich repräsentieren. Bei Bezug auf ein theoretisches Konstrukt muss begründet werden, warum sich interindividuelle Unterschiede im Konstrukt in den Antworten auf die verwendeten Items äußern.

Die Belege für Interpretationen von Testergebnissen, die sich auf ein *theoretisches Konstrukt* beziehen, werden häufig unter dem Begriff der *Konstruktvalidität* zusammengefasst. Um diese Interpretationen zu rechtfertigen, werden aus theoretischen Annahmen über das zu erfassende Konstrukt Vorhersagen über zu erwartende Zusammenhänge des Testwertes mit anderen Variablen abgeleitet. Können diese Vorhersagen empirisch bestätigt werden, wird die Interpretation, dass die Testwerte als Indikatoren für das theoretische Konstrukt betrachtet werden können, als gestützt betrachtet.

Um zu untersuchen, inwieweit *diagnostische Entscheidungen* auf Basis von Testergebnissen gerechtfertigt sind, müssen die Zusammenhänge zwischen den Testergebnissen und *entscheidungsrelevanten externen Kriterien* untersucht werden. Wenn ein solcher für spezifische Entscheidungen relevanter Zusammenhang empirisch belegt werden kann, wird von der *Kriteriumsvalidität* der Verwendung der Testergebnisse für diese diagnostischen Entscheidungen gesprochen.

Für jede mögliche Interpretation und Verwendung eines Testwertes Argumente oder empirische Belege zu erbringen, ist ein unrealistisches Unterfangen. In der Regel lässt sich jedoch relativ leicht entscheiden, welche Interpretationen und Verwendungen für einen Test besonders wichtig sind. Hieraus können Prioritäten abgeleitet werden, welche Validierungsmethoden am dringlichsten verfolgt werden sollten, und welche für einen spezifischen Test von nachrangiger Bedeutung oder gänzlich irrelevant sind.

Literatur

Anastasi, A. (1986). Evolving concepts of test validation. *Annual review of Psychology, 37,* 1–15.

Borsboom, D., Mellenbergh, G. J. & van Heerden, J. (2004). The Concept of Validity. *Psychological Review, 111,* 1061–1071.

Bortz, J. & Döring, N. (2002). *Forschungsmethoden und Evaluation für Human- und Sozialwissenschaftler* (3. Auflage). Heidelberg: Springer.

Cronbach, L. J. & Meehl, P. E. (1955). Construct validity in psychological tests. *Psychological Bulletin, 52,* 281–302.

Cronbach, L. J. (1980). Selection theory for a political world. *Public Personnel Management, 9,* 37–50.

Cronbach, L. J. (1988). Five perspectives on validity argument. In H. Wainer & H. Braun (Eds.), *Test validity* (S. 3–17). Hillsdale, NJ: Lawrence Erlbaum Associates.

Embretson, S. E. (1983). Construct validity: Construct representation versus nomothetic span. *Psychological Bulletin, 93,* 179–197.

Embretson, S. E. (1998). A cognitive design system approach for generating valid tests: Approaches to abstract reasoning. *Psychological Methods, 3,* 300–396.

Eysenck, H. J. (1981). General features of the model. In H. J. Eysenck (Ed.). *A model for personality* (S. 1–37). Berlin, Heidelberg, New York: Springer.

Frey, A. (2006). *Validitätssteigerungen durch adaptives Testen.* Frankfurt am Main: Peter Lang.

Gray J. A. (1981). A critique of Eysenck's theory of personality. In H. J. Eysenck (Ed.), *A model for personality.* (S. 246–277) Berlin: Springer.

Hartig, J. & Moosbrugger, H. (2003). Die »ARES-Skalen« zur Erfassung der individuellen BIS- und BAS-Sensitivität: Entwicklung einer Lang- und einer Kurzfassung. *Zeitschrift für Differentielle und Diagnostische Psychologie, 24,* 293–310.

Hartig, J. (2007). Skalierung und Definition von Kompetenzniveaus. In B. Beck & E. Klieme (Hrsg.), *Sprachliche Kompetenzen. Konzepte und Messung* (S. 83–99). Weinheim: Beltz.

Kane, M. T. (1992). An argument-based approach to validity. *Psychological Bulletin, 112,* 527–535.

Kane, M. T. (2001). Current concerns in validity theory. *Journal of Educational Measurement, 38,* 319–342.

Kristof, W. (1983). Klassische Testtheorie und Testkonstruktion. In H. Feger & J. Bredenkamp (Hrsg.), *Enzyklopädie der Psychologie, Serie F: Forschungsmethoden der Psychologie* (Bd. 3, S. 544–603). Göttingen: Hogrefe.

Messick, S. (1989). Validity. In R. L. Linn (Ed.), *Educational measurement* (pp. 13–103). Washington, DC: American Council on Education and National Council on Measurement in Education.

Messick, S. (1995). Validity of psychological assessment. *American Psychologist, 50,* 741–749.

Mislevy, R. J. & Haertel, G. D. (2006). *Implications of Evidence-Centered Design for Educational Testing. PADI Technical Report 17.* Menlo Park, CA: SRI International Center for Technology in Learning. URL: http://padi.sri.com/downloads/TR17_EMIP.pdf

Moosbrugger, H. (2007a). Klassische Testtheorie. In H. Moosbrugger & A. Kelava (Hrsg.), *Testtheorie und Fragebogenkonstruktion.* Heidelberg: Springer.

Moosbrugger, H. (2007b). Item-Response-Theorie. In H. Moosbrugger & A. Kelava (Hrsg.), *Testtheorie und Fragebogenkonstruktion.* Heidelberg: Springer.

Moosbrugger, H. & Kelava, A. (2007). Qualitätsanforderungen an einen psychologischen Test. In H. Moosbrugger & A. Kelava (Hrsg.), *Testtheorie und Fragebogenkonstruktion.* Heidelberg: Springer.

Moosbrugger, H., Jonkisz, E. & Fucks, S. (2006). Studierendenauswahl durch die Hochschulen – Ansätze zur Prognostizierbarkeit des Studienerfolgs am Beispiel des Studiengangs Psychologie. *Report Psychologie, 3,* 114–123.

Moosbrugger, H. & Rauch, W. (im Druck) Das Allgemeine Lineare Modell in der Evaluationsforschung. In H. Holling & R. Schwarzer (Hrsg.), *Enzyklopädie der Psychologie, Serie IV: Grundlagen und Methoden der Evaluationsforschung* (Bd. 2). Göttingen: Hogrefe.

Moosbrugger, H. & Schermelleh-Engel, K. (2007). Exploratorische (EFA) und Konfirmatorische (CFA) Faktorenanalyse. In H. Moosbrugger & A. Kelava (Hrsg.), *Testtheorie und Fragebogenkonstruktion.* Heidelberg: Springer.

Ruch, W. (1999). Die revidierte Fassung des Eysenck Personality Questionnaire und die Konstruktion des deutschen EPQ-R bzw. EPQ-RK. *Zeitschrift für Differentielle und Diagnostische Psychologie, 20,* 1–24.

Schermelleh-Engel, K. & Werner, C. (2007). Methoden der Reliabilitätsbestimmung. In H. Moosbrugger & A. Kelava (Hrsg.), *Testtheorie und Fragebogenkonstruktion.* Heidelberg: Springer.

Schermelleh-Engel, K. & Schweizer, K. (2007). Multitrait-Multimethod-Analysen. In H. Moosbrugger & A. Kelava (Hrsg.), *Testtheorie und Fragebogenkonstruktion.* Heidelberg: Springer.

Spearman, C. E. (1904) Proof and measurement of association between two things, *American Journal of Psychology, 15,* 17–101.

Wilson, M. (2005). *Constructing measures. An item response modelling approach.* Mawah: Lawrence Erlbaum Associates.

8 Interpretation von Testresultaten und Testeichung

Frank Goldhammer & Johannes Hartig

Wendet man einen psychologischen Test an, so erhält man in der Regel ein numerisches Testresultat, das Auskunft über die Merkmalsausprägung der Testperson geben soll. Fragt man sich, was dieser Testwert hinsichtlich der Merkmalsausprägung aussagt, dann lässt sich diese Frage in zweierlei Weise sinnvoll beantworten: einerseits dadurch, dass der Testwert durch den Vergleich mit den Testwerten einer Bezugsgruppe interpretiert wird (normorientierte Interpretation), oder andererseits, dass eine genaue theoretische Vorstellung darüber besteht, wie der erzielte Testwert mit einem inhaltlich-psychologisch definierten Kriterium in Beziehung steht (kriteriumsorientierte Interpretation).

8.1 Testwertbildung und Testwertinterpretation

Testwert

Bevor ein *Testwert*, d.h. das numerische Testresultat einer Testperson, interpretiert werden kann, muss er gemäß definierter Regeln gebildet werden (vgl. Kelava & Moosbrugger, 2007, ▶ Abschn. 4.6 in diesem Band). Regeln zur Testwertbildung sind in Abhängigkeit von dem im psychologischen Test geforderten Antwortverhalten unterschiedlich komplex. Im Falle von frei formulierten Verbalantworten ist eine ausführliche Anleitung nötig, um den Antworten in differenzierter Weise Punktwerte zuzuweisen, welche zusammengenommen den Testwert ergeben. Bei Wahlaufgaben genügt dagegen ein Antwortschlüssel, anhand dessen einer gewählten Antwort ein bestimmter Punktwert zugeordnet wird (z.B. multiple-choice Persönlichkeitsfragebogen) oder aber es wird das Verhältnis von Arbeitsmenge und Bearbeitungszeit zur Ermittlung des Testwertes herangezogen (z.B. Leistungstests mit Zeitbegrenzung).

Rohwert

Der Testwert wird auch als *Rohwert* bezeichnet, da er sich unmittelbar aus den registrierten Antworten ergibt und nicht weitergehend verarbeitet ist.

Obwohl also der Testwert das Antwortverhalten der Testperson widerspiegelt, führt, wie im nachfolgenden ■ Beispiel 8.1 gezeigt wird, die Interpretation des Testwertes ohne die Hinzunahme weiterer Informationen leicht zu Fehlinterpretationen.

Mangelnde Aussagekraft von Rohwerten

Beispiel 8.1

Mangelnde Aussagekraft von Rohwerten

Der Schüler Peter kann in einer Rechenprobe 18 von 20 Aufgaben richtig lösen, d.h. 90% der Aufgaben. In der Vokabelprobe schafft er 21 von 30 Aufgaben, d.h. nur 70%. Seine Eltern freuen sich über die Rechenleistung ihres Sohnes, mit der Vokabelleistung sind sie weniger zufrieden. Zu Recht wendet Peter ein, dass viele seiner Mitschüler nur eine deutlich geringere Anzahl von Vokabelaufgaben richtig lösen konnten, d.h. im Vergleich zu den anderen Schülern habe er sehr gut abgeschnitten. Außerdem verteidigt er sich damit, dass in der Probe einige Vokabeln abgefragt wurden, die der Lehrer im Unterricht kaum vorbereitet hatte, d.h. die Vokabelprobe war sehr schwierig. Auch wenn Peter mit dieser

▼

Argumentation seine Leistung in der Vokabelprobe zu seinen Gunsten relativieren kann, stellt sich analog die Frage, ob Peter seine gute Rechenleistung der Auswahl einfacher Aufgaben verdankt, d.h. ob viele seiner Mitschüler ebenfalls mit Leistungen im oberen Punktebereich abgeschnitten haben.

Das Beispiel macht deutlich, dass der Testwert (hier z.B. der Anteil gelöster Aufgaben) per se nicht aussagekräftig ist, insofern die Höhe des Testwertes nicht nur von dem interessierenden Merkmal (z.B. Rechenfähigkeit) abhängt, sondern auch wesentlich durch die Aufgabenauswahl bzw. die Aufgabenschwierigkeit mitbestimmt wird.

Um die aus der Aufgabenauswahl resultierende Uneindeutigkeit von Testwerten zu vermeiden, werden Testwerte anhand eines Vergleichsmaßstabes interpretiert.

Vergleichsmaßstab zur Testwertinterpretation

Vergleichsmaßstab zur Testwertinterpretation

Um eine eindeutige Aussage über die individuelle Merkmalsausprägung treffen zu können, wird zusätzlich zum Testwert ein *Vergleichsmaßstab* benötigt, anhand dessen der Testwert eingeordnet wird. Als Vergleichsmaßstäbe können entweder Merkmalsverteilungen von Bezugsgruppen (*normorientierte Testwertinterpretation*) oder psychologisch-inhaltliche Beschreibungen, welche die Testwertausprägungen genau charakterisieren (*kriteriumsorientierte Testwertinterpretation*), herangezogen werden.

Bei der normorientierten Testwertinterpretation (▶ Abschn. 8.2) erhält man zum Einen Informationen über die Merkmalsausprägung relativ zur Bezugsgruppe, zum Anderen wird damit das Problem der Abhängigkeit des Testwertes von der Aufgabenauswahl behandelt, insofern sich die Information aus der Testnorm nur mehr auf die Stellung der Testperson innerhalb der Bezugsgruppe bezieht und nicht mehr direkt von der Aufgabenauswahl abhängt.

Bei der kriteriumsorientierten Testwertinterpretation (▶ Abschn. 8.3) wird die unkontrollierte Abhängigkeit des Testwertes von der Aufgabenauswahl von vornherein vermieden, insofern eine genaue theoretische Vorstellung darüber besteht, wie das Beantworten bestimmter Testaufgaben und somit der jeweilige Testwert mit einem genau definierten psychologisch-inhaltlichen Kriterium in Beziehung steht.

8.2 Normorientierte Testwertinterpretation

Normwert

Die normorientierte Testwertinterpretation besteht darin, dass zu einem individuellen Testwert ein *Normwert* bestimmt wird, anhand dessen die

Testperson hinsichtlich der erfassten Merkmalsausprägung innerhalb der Bezugs- bzw. Referenzgruppe positioniert wird.

Im Rahmen normorientierter Testwertinterpretation lassen sich grundsätzlich zwei Vorgehensweisen unterscheiden, wie für einen bestimmten Testwert ein Normwert ermittelt wird, nämlich eine nicht-lineare Transformation des Testwertes zur Gewinnung von *Prozenträngen* sowie eine lineare Transformation des Testwertes, welche zu standardisierten *z-Normwerten* führt.

8.2.1 Bildung von Prozentrangnormen durch nicht-lineare Testwerttransformation

Nicht-lineare Testwert-transformation: Prozentrang

Die gebräuchlichste *nicht-lineare Testwerttransformation* ist die Transformation des Testwertes in einen Prozentrang (PR). Nicht-Linearität bedeutet hierbei, dass der Prozentrang durch eine *Transformation der Häufigkeitsverteilung* der Bezugsgruppe gewonnen wird. Dazu wird die relative Position des Testwertes x_v in der aufsteigend geordneten Rangreihe der Testwerte in der Bezugsgruppe ermittelt.

Definition

Ein **Prozentrang** gibt an, wie viel Prozent der Bezugsgruppe bzw. Normierungsstichprobe einen Testwert erzielten, der niedriger oder maximal ebenso hoch ist, wie der Testwert x_v der Testperson v. Der Prozentrang entspricht somit dem prozentualen Flächenanteil der Häufigkeitsverteilung der Bezugsgruppe, der am unteren Skalenende beginnt und nach oben hin durch den Testwert x_v begrenzt wird.

Um die Zuordnung eines Testwertes x_v zu seinem korrespondierenden Prozentrang einfach vornehmen zu können, wird im Rahmen der Testkonstruktion aus den Testwerten x_v der Normierungsstichprobe eine tabellarische Prozentrangnorm gebildet (s. Kelava & Moosbrugger, 2007, ► Kap. 4 in diesem Band).

Prozentrangnorm

Zur Erstellung einer *Prozentrangnorm* werden für alle Testwerte x_v der Normierungsstichprobe die zugehörigen Prozentränge PR_v folgendermaßen bestimmt:

- die Testwerte x_v der Normierungsstichprobe vom Umfang N werden in eine aufsteigende Rangordnung gebracht,
- die Häufigkeiten $freq(x_v)$ der einzelnen Testwertausprägungen werden erfasst,
- die kumulierten Häufigkeiten $freq_{cum}(x_v)$ bis einschließlich des jeweiligen Testwertes x_v werden bestimmt,
- die kumulierten Häufigkeiten werden durch den Umfang N der Normierungsstichprobe dividiert und mit dem Faktor 100 multipliziert

$$PR_v = 100 \cdot \frac{freq_{cum}(x_v)}{N}.$$

Aus den so gewonnenen Prozenträngen PR_v wird eine *Normtabelle* gebildet, in der jedem Prozentrang zwischen 1 und 100 der jeweils zugehörige Testwert x_v zugeordnet ist. Dabei ist es möglich, dass im Bereich geringer Testwertdichte einem Intervall von unterschiedlichen Testwerten derselbe Prozentrang zugeordnet wird; im Bereich hoher Testwertdichte kann umgekehrt aufeinander folgenden Prozenträngen derselbe Testwert zugeordnet werden (■ Beispiel 8.2). Liegt für ein psychologisches Testverfahren eine Prozentrangnormierung vor, kann der Testwert x_v einer Testperson dadurch interpretiert werden, dass anhand der Normtabelle der dem Testwert x_v entsprechende Prozentrang abgelesen wird.

Beispiel 8.2

Prozentrangnorm

Für den computerbasierten Frankfurter Adaptiven Konzentrationsleistungs-Test FAKT-II (Moosbrugger & Goldhammer, 2007) liegen Prozentrangnormen vor, die nach Testform, Durchführungsart und Testungszahl differenziert sind (▶ dazu auch Abschn. 8.5). Auf dem Ergebnisbogen wird u.a. für den Testwert Konzentrations-Leistung KL1 automatisch ein Prozentrang ausgegeben. Beispielweise hat ein Proband, der bei erstmaliger Bearbeitung des FAKT mit Testform E und der Durchführungsart »Standardtestzeit von 6 Minuten« für die Konzentrations-Leistung KL1 einen Testwert von $x_v = 146$ erzielt, den Prozentrang $PR_v = 76$. Der Prozentrang von 76 zeigt an, dass 76% der Normierungsstichprobe eine geringere oder gleich hohe Leistung erbracht haben; die Leistung des Probanden liegt oberhalb von Q3 und er zählt somit zum leistungsstärksten Viertel der Bezugsgruppe.

Zur Ermittlung eines Prozentrangs sucht das Computerprogramm in der entsprechenden Normtabelle automatisch denjenigen Prozentrang, welcher dem von der Testperson erzielten Testwert entspricht bzw. bei fehlender Entsprechung den nächst höheren Prozentrang.

Testwert KL1	Prozentrang
...	...
145	74
146	75
146	**76**
147	77
...	...

Zu beachten ist, dass in der Normierungsstichprobe der Testwert 146 relativ häufig auftrat (hohe Testwertdichte), sodass dieser sowohl als 76. als auch als 75. Perzentil zu bezeichnen ist. In solch einem Fall wird gemäß obiger Prozentrangdefinition dem Probanden der jeweils höhere Prozentrang zugewiesen.

Perzentil

Quartil

Während der Prozentrang die relative Position der Merkmalsausprägung einer Testperson in der Normierungsstichprobe beschreibt, bezeichnet das *Perzentil* jenen Testwert x_v, der einem bestimmten Prozentrang in der Normierungsstichprobe entspricht. Das heißt z.B., dass derjenige Testwert, welcher von 30% der Testwerte unterschritten bzw. höchstens erreicht wird, 30. Perzentil genannt wird. Die grobstufigeren *Quartile* entsprechen dem 25., 50. bzw. 75. Perzentil. Als 1. Quartil (Q1) wird demnach derjenige Testwert bezeichnet, der von 25% der Testwerte unterschritten oder erreicht wird; das 2. Quartil (Q2) ist derjenige Testwert, den 50% der Testwerte unterschreiten oder erreichen, d.h. Q2 entspricht dem Median. Das 3. Quartil (Q3) schließlich ist derjenige Testwert, den 75% der Testwerte unterschreiten oder erreichen.

Die Bedeutung von Prozenträngen und Quartilen ist anhand einer schiefen Häufigkeitsverteilung von Testwerten x_v in ◘ Abbildung 8.1 veranschaulicht.

Keine Verteilungsvoraussetzungen für Prozentrangnormen

Prozentrangnormen stellen verteilungsunabhängige Normen dar, d.h. bei der Erstellung von Prozentrangnormen wird keine bestimmte Verteilungsform, wie z.B. die Normalverteilung der Testwerte in der Normierungsstichprobe, vorausgesetzt. Für die Bildung von Prozentrangnormen ist Ordinalskalenniveau der Testwerte ausreichend, da an den Testwerten keine Lineartransformation sondern lediglich eine monotone Transformation vorgenommen wird. Falls für eine Testwertvariable nur Ordinalskalenniveau angenommen werden kann, kommt also lediglich die Bildung von Prozentrangnormen in Frage (Rettler, 1999).

Prozentrangnormen sind nicht intervallskaliert

Selbst bei intervallskalierten Testwerten können Prozentrangnormen nicht als intervallskaliert aufgefasst werden, da durch die Flächentransformation die Differenzen zwischen je zwei Testwerten im Bereich geringer Testwertdichte verkleinert, im Bereich hoher Testwertdichte vergrößert werden (◘ Abb. 8.1). Dies bedeutet, dass Prozentränge im Bereich hoher Testwertdichte Unterschiede zwischen Merkmalsausprägungen in einer Weise hervortreten lassen, wie sie empirisch gar nicht bestehen, wohingegen im Bereich geringer Testwertdichte tatsächlich bestehende Unterschiede weitgehend nivelliert werden. Trotz der Verteilungsunabhängigkeit von Prozentrangnormen ist also die Kenntnis der Verteilungsform für den Testanwender beim

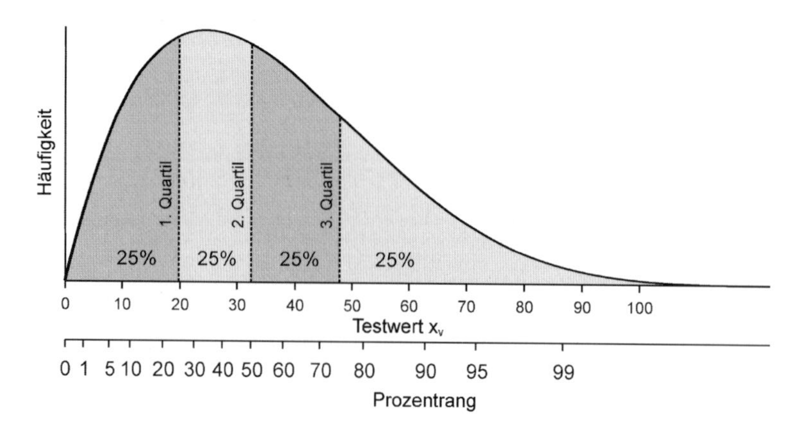

◘ **Abb. 8.1.** Prozentränge und Quartile bei einer schiefen Häufigkeitsverteilung

Vergleich von Prozenträngen von Bedeutung. Liegt beispielsweise eine Normalverteilung vor, wie z.B. für das Merkmal Intelligenz, dann werden durch die Anwendung von Prozentrangnormen kleine Testwertunterschiede im mittleren Skalenbereich überbetont, da bei normalverteilten Merkmalen im mittleren Skalenbereich eine hohe Testwertdichte besteht; liegt hingegen eine linkssteile Verteilung vor, wie z.B. für das reaktionszeitbasierte Merkmal Alertness, dann muss der Testanwender mit dieser Überbetonung im unteren Skalenbereich rechnen, da hier eine hohe Testwertdichte besteht. Aus der fehlenden Intervallskalierung der Prozentrangnormen folgt auch, dass Prozentrangdifferenzen nicht für Vergleiche herangezogen werden dürfen, denn eine Prozentrangdifferenz von 50 – 40 = 10 hat bezogen auf die untersuchte Merkmalsausprägung eine ganz andere Bedeutung als eine numerisch gleiche Prozentrangdifferenz von 90 – 80 = 10, wovon man sich in ◘ Abbildung 8.1 leicht überzeugen kann. Vergleiche, die sich nicht auf die Merkmalsausprägung, sondern auf die Fläche der Merkmalsverteilung beziehen, sind hingegen zulässig, wie z.B. dass sich eine Person A mit dem Prozentrang von 90 von einer Person B mit Prozentrang 70 darin unterscheidet, dass in der Normierungsstichprobe 20% der Personen einen höheren Testwert erzielten als Person B und zugleich den Testwert von Person A unterschritten oder erreichten.

Keine Differenzen von Prozenträngen bilden

8.2.2 Bildung von standardisierten z_v-Normwerten durch lineare Testwerttransformation

Lineare Testwerttransformation: z_v-Normwert

Wie die nicht-lineare Prozentrang-Transformation dient auch die *lineare z_v-Transformation von Testwerten* dazu, die relative Position des Testwertes x_v in der Verteilung der Bezugsgruppe anzugeben. Im Gegensatz zu Prozentrangnormen muss bei z_v-Normen für die Testwertvariable Intervallskalenniveau angenommen werden können, da die Position des Testwertes x_v einer Testperson als Abstand bzw. Differenz zum arithmetischen Mittelwert $\bar{x}$ der Verteilung der Bezugsgruppe ausgedrückt wird. Durch die Differenzbildung kann der Testwert x_v als unter- oder überdurchschnittlich interpretiert werden. Um die Vergleichbarkeit von Testwerten aus Tests mit verschiedenen Testwertstreuungen und Skalenbereichen zu ermöglichen, wird bei der z_v-Transformation die Differenz $x_v - \bar{x}$ an der Standardabweichung SD(x) der Testwerte x_v relativiert.

Definition

Der **z_v-Normwert** gibt an, wie stark der Testwert x_v einer Testperson v vom Mittelwert $\bar{x}$ der Verteilung der Bezugsgruppe in Einheiten der Standardabweichung SD(x) der Testwerte x_v abweicht. Der z_v-Normwert von Testperson v wird folgendermaßen berechnet:

$$z_v = \frac{x_v - \bar{x}}{SD(x)}$$

z_v-Normwerte haben eine Mittelwert von $\bar{z} = 0$ und eine Standardabweichung von $SD(z) = 1$.

Im Gegensatz zu Prozenträngen können auf die z_v-Normwerte dieselben algebraischen Operationen angewendet werden wie auf die Testwerte. Die Differenz zwischen zwei z_v-Normwerten ist proportional zu derjenigen der entsprechenden Testwerte. Bei Statistiken, welche invariant gegenüber Lineartransformationen sind, z.B. die Produkt-Moment-Korrelation, resultiert bei Verwendung von Normwerten das gleiche Ergebnis wie bei Verwendung der Testwerte.

z_v-Normen sind verteilungsunabhängig, gewinnen jedoch bei Normalverteilung an Aussagekraft

Die Berechnung von z_v-Normwerten ist prinzipiell verteilungsunabhängig, d.h. die Testwerte x_v können beispielsweise auch bei fehlender Normalverteilung durch Berechnung des z_v-Normwertes interpretiert werden. Wenn jedoch der Testwert x normalverteilt ist, nimmt der interpretative Gehalt des z_v-Normwertes beträchtlich zu. Der z_v-Normwert heißt dann *Standardwert* und es besteht die Möglichkeit, die prozentuale Häufigkeit der Standardwerte innerhalb beliebiger Wertebereiche über die Verteilungsfunktion der Standardnormalverteilung zu bestimmen (vgl. Rettler, 1999). Eine Tabelle hierzu findet sich z. B. in Bortz (2005) im Anhang. Liegt dagegen keine normalverteilte Testwertvariable vor, ist diese Interpretation falsch und daher unzulässig[1].

Zusätzliche Transformation des z_v-Normwertes

Da mit der Bildung von z_v-Normen negative Vorzeichen und Dezimalstellen einhergehen, ist ihre Verwendung eher unüblich. Vielmehr wird der z_v-Normwert weiteren Lineartransformation unterzogen, um Normwerte mit positivem Vorzeichen sowie möglichst ganzzahliger Abstufung zu erhalten. Auf diese Weise lassen sich Normen mit unterschiedlicher Metrik erzeugen, am Prinzip der Testwertinterpretation ändert sich dadurch jedoch nichts (◘ Beispiel 8.3). Beispielsweise wird für Intelligenzmessungen der Standardwert z_v oft noch durch Multiplikation mit dem Faktor 15 und Addition einer Konstante von 100 in den Intelligenz-Quotienten (IQ) umgeformt, dessen Mittelwert 100 und Standardabweichung 15 beträgt[2]. Für die im Rahmen der PISA-Studien (Programme for International Student Assessment) berichteten Schülerleistungen wurde eine normierte Skala gebildet, bei der der Leistungsmittelwert über alle teilnehmenden OECD-Staaten 500 und die Standardabweichung 100 Punkte beträgt (z.B. OECD 2001, 2004; vgl. auch Rauch & Hartig, 2007, ► Abschn. 10.5 in diesem Band).

Standardnormen

Liegt eine normalverteilte Testwertvariable x vor, dann wird die transformierte z-Norm als *Standardnorm* bezeichnet. Unter Annahme der Normalverteilung verschafft ◘ Abbildung 8.2 einen Überblick über die Standardnormen z, IQ-, T-Werte und die PISA-Skala mit der jeweils zugehörigen Vorschrift zur Transformation von z_v, ihren Mittelwerten und Standardabweichungen. Zusätzlich ist hier die so genannte Stanine-Norm dargestellt, bei

---

[1] Bei fehlender Normalverteilung müsste für jeden spezifischen Verteilungsfall die Verteilungsfunktion bestimmt bzw. tabellarisiert werden. Im Prinzip wäre dies die Vorgehensweise bei der Bestimmung von Prozentrangnormen für beliebige Verteilungsformen (► Abschn. 8.2.1).

[2] Die Wahl der additiven Konstante von 100 und des Faktors von 15 erfolgte mit dem Ziel, den auf dem z_v-Normwert basierenden Intelligenz-Quotienten mit dem klassischen Intelligenzquotienten vergleichen zu können bzw. die gebräuchliche Metrik beizubehalten. Der frühere IQ berechnet sich nämlich aus dem Verhältnis von Intelligenz- und Lebensalter multipliziert mit 100, d.h. er beträgt im Mittel 100, zudem ergab sich für ihn empirisch eine Standardabweichung von 15.

Beispiel 8.3

z_v-Normwert

Eine Testperson habe in einem Intelligenztest mit dem Mittelwert von $\bar{x} = 31$ und der Standardabweichung von $SD(x) = 12$ einen Testwert von $x_v = 27$ erzielt. Der z_v-Normwert ergibt sich folgendermaßen:

$$z_v = \frac{27 - 31}{12} = -0.33$$

Der Testwert liegt also um ein Drittel der Standardabweichung unter der durchschnittlichen Testleistung. An dieser Interpretation ändert sich nichts, wenn aus dem z_v-Normwert der Intelligenz-Quotient wie folgt bestimmt wird:

$$IQ_v = 100 + 15 \cdot z_v = 100 + 15 \cdot (-0.33) = 95$$

Auch in dieser Metrik liegt die Intelligenzleistung der Testperson um ein Drittel der Standardabweichung bzw. um 5 IQ-Punkte unter dem Mittelwert von 100.

Ist die Testwertvariable x normalverteilt, kann anhand von z_v der entsprechende Prozentrang aus der tabellarisierten Verteilungsfunktion der Standardnormalverteilung abgelesen werden (s. z.B. Bortz, 2005). Für das vorliegende Beispiel ist der PR = 36. Liegt dagegen keine Normalverteilung, sondern z.B. eine schiefe Verteilung vor, lässt sich mit Hilfe der Standardnormalverteilung *keine* Aussage darüber treffen, wie hoch die Wahrscheinlichkeit für einen Testwert ist, der niedriger oder maximal ebenso hoch ist wie z_v. Grobe Abschätzungen erlauben die Ungleichungen nach Tschebycheff (s. z.B. Bortz, 2005)

der anhand der Werteverteilung neun Abschnitte mit Häufigkeiten von 4%, 7%, 12%, 17%, 20%, 17%, 12%, 7% und 4% gebildet werden. Diese Unterteilung ergibt für eine normalverteilte Variable gleiche Intervalle von der Breite einer halben Standardabweichung, wobei bezüglich Stanine 1 und 9 vereinfachend angenommen wird, dass Stanine 1 bei $z = -2.25$ beginnt und Stanine 9 bei $z = +2.25$ endet. Weiterhin sind in Abbildung 8.2 die Prozentränge für eine normalverteilte Variable eingetragen.

Falls die Testwertvariable x nicht normalverteilt ist, kann die Testwerteverteilung über eine Flächentransformation in eine Normalverteilung umgewandelt werden (Normalisierung, s. Kelava & Moosbrugger, 2007, ► Kap. 4 in diesem Band). Allerdings sollte hierfür plausibel gemacht werden können, weshalb sich im konkreten Fall empirisch keine Normalverteilung gezeigt hat, und warum die Annahme einer Normalverteilung für das jeweils untersuchte Merkmal dennoch begründbar ist.

Normorientierte Interpretation von Personenparametern

Die normorientierte Interpretation von Testresultaten bezieht sich in der Regel auf psychologische Testverfahren, welche nach der klassischen Testtheorie (s. Moosbrugger, 2007b, ► Kap. 5 in diesem Band) konstruiert wurden. Doch auch bei probabilistischen Testmodellen der Item-Response-Theorie (s. Moosbrugger, 2007a, ► Kap. 10 in diesem Band) lassen sich die latenten

Abb. 8.2. Gebräuchliche Standardnormen, Stanine-Norm und Prozentrangnorm unter Annahme normalverteilter Testwerte

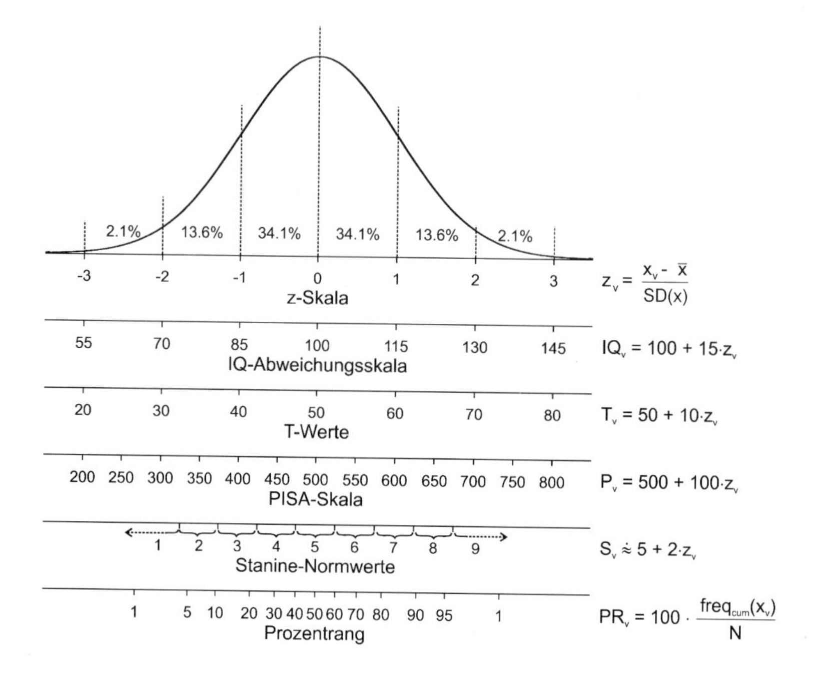

Personenparameter ξ_v normorientiert interpretieren, wenn sie so normiert werden, dass ihre Summe gleich Null ist (Rost, 2004). In diesem Fall geben das Vorzeichen und der Betrag des Personenparameters an, wieweit sich die Testperson über oder unter dem mittlerem Personenparameter von 0 in der Bezugsgruppe befindet.

8.3 Kriteriumsorientierte Testwertinterpretation

Bei der kriteriumsorientierten Testwertinterpretation erfolgt die Interpretation des Testwertes nicht in Bezug zur Testwerteverteilung einer Bezugsgruppe, sondern in Bezug auf ein spezifisches inhaltliches Kriterium. Ein derartiges Kriterium besteht in bestimmten diagnostischen Aussagen, die auf Basis des Testwertes über die getesteten Personen gemacht werden sollen. Bei der kriteriumsorientierten Testwertinterpretation interessiert nicht, wie viele Personen das Kriterium erfüllen. Theoretisch könnten alle getesteten Personen ein Kriterium erreichen oder aber keine einzige (■ Beispiel 8.4).

Schwellenwerte zur Interpretation des Testergebnisses

Um eine kriteriumsorientierte Interpretation eines Testwertes vorzunehmen, werden in der Regel vorab bestimmte *Schwellenwerte* definiert, ab denen ein Kriterium als zutreffend angenommen wird. Es wird zum Beispiel ab einem Wert von 19 Punkten im Depressivitäts-Fragebogen das Vorliegen einer Major Depression oder ab 30 Punkten im Vokabeltest das Erreichen des im Lehrplan definierten Leistungszieles angenommen. Solche Schwellenwerte können auf zwei unterschiedliche Weisen ermittelt werden. Zum einen kann der Testwert in eigens dafür durchgeführten Untersuchungen in Bezug zu einem *externen Kriterium* gesetzt werden (► Abschn. 8.3.1). Das Vorliegen

Beispiel 8.4

Diagnostische Aussagen bezogen auf ein spezifisches Kriterium

- Ein Patient in einer psychotherapeutischen Ambulanz wird mit einem Depressivitäts-Fragebogen untersucht. Aufgrund des Testresultats soll entschieden werden, ob eine genauere Diagnostik und Therapie hinsichtlich einer ausgeprägten Depression (*Major Depression*) angezeigt erscheint. Die Höhe des Testwertes soll also Auskunft darüber geben, ob der Patient zu jener Gruppe von Patienten gehört, die das Kriterium für eine Major Depression erfüllen, oder nicht. Das Kriterium, anhand dessen eine Interpretation des Testergebnisses erfolgen soll, ist hier also das Vorliegen einer Major Depression.
- In einer Schulklasse werden die Schüler zum Ende des Schuljahres mit einem Vokabeltest in Englisch getestet. Es soll geprüft werden, wie viele Schüler in der Klasse das im Lehrplan gesetzte Leistungsniveau erreicht haben und das entsprechende Vokabular schriftlich beherrschen. Das Kriterium ist in diesem Fall also das Erreichen eines bestimmten, sachlich begründeten Leistungsniveaus.

des externen Kriteriums muss in diesen Untersuchungen zusätzlich zu den individuellen Testwerten erfasst werden. Zum anderen können die *Inhalte der Testaufgaben* herangezogen werden, um die Testwerte inhaltlich zu beschreiben (► Abschn. 8.3.2).

8.3.1 Bezug des Testwertes auf ein externes Kriterium

Kriteriumsorientierte Testwertinterpretation mit Hilfe eines externen Kriteriums

Ein einfaches mögliches Verfahren, einen Schwellenwert zur Unterscheidung von zwei Gruppen anhand eines externen Kriteriums zu ermitteln, ist die *Receiver-Operating-Characteristics-Analyse*, kurz *ROC-Analyse*. Dieses Verfahren stammt aus der Signalentdeckungstheorie der Psychophysik (Green & Swets, 1966). In der diagnostischen Anwendungspraxis eignet sich die ROC-Analyse für Situationen, in denen ein Teil der Fälle ein Kriterium erfüllt und ein Teil nicht, wobei die Zuordnung der Fälle hinsichtlich dieses Kriteriums anhand eines Testresultats vorgenommen werden soll. Es soll also zum Beispiel anhand des Depressivitäts-Fragebogens beurteilt werden, ob ein Patient tatsächlich das Kriterium der Major Depression erfüllt. Eine derartige Entscheidung kann in der diagnostischen Praxis in vier verschiedene Kategorien fallen:

- **Treffer:** Der Fall erfüllt das Kriterium Depression und wird korrekt als depressiv klassifiziert (*richtig positiv, RP*)
- **Verpasser:** Der Fall erfüllt das Kriterium Depression, er wird aber fälschlicherweise als nicht depressiv diagnostiziert (*falsch negativ, FN*)
- **Falscher Alarm:** Der Fall erfüllt das Kriterium Depression nicht, er wird aber fälschlicherweise als depressiv diagnostiziert (*falsch positiv, FP*)

- **Korrekte Ablehnung:** Der Fall erfüllt das Kriterium Depression nicht und wird korrekt als nicht depressiv klassifiziert (*richtig negativ, RN*)

		Klassifikation +	Klassifikation –
Kriterium	+	RP	FN
Kriterium	–	FP	RN

+	positiv
–	negativ
RP	richtig positiv
FN	falsch negativ
FP	falsch positiv
RN	richtig negativ

Sensitivität und Spezifität als Maße der Klassifikationsgenauigkeit

Wenn eine Klassifikationsentscheidung anhand eines einzelnen Testwertes getroffen werden soll, verändert sich die Wahrscheinlichkeit für eine spezifische Klassifikation in Abhängigkeit davon, ob der Schwellenwert für die Klassifikation höher oder niedriger angesetzt wird. Die Genauigkeit der Entscheidungen in Abhängigkeit vom Schwellenwert lässt sich anhand der Maße *Sensitivität* und *Spezifität*[3] ausdrücken. Sensitivität oder *Trefferquote* bezeichnet die Wahrscheinlichkeit für die Entscheidung »RP«, d.h. dafür, dass ein Fall, der das Kriterium erfüllt, auch entsprechend als positiv klassifiziert wird. Aus dem Komplement 1 – Sensitivität ergibt sich die *Verpasserquote*, welche die Wahrscheinlichkeit für die Entscheidung »FN« angibt, d.h. dafür, dass ein Fall, der das Kriterium erfüllt, fälschlicherweise als negativ klassifiziert wird. Spezifität oder die *Quote korrekter Ablehnungen* bezeichnet hingegen die Wahrscheinlichkeit für die Entscheidung »RN«, d.h. dafür, dass ein Fall, der das Kriterium nicht erfüllt, auch entsprechend als negativ klassifiziert wird. Aus dem Komplement 1 – Spezifität ergibt sich die *Quote falscher Alarme*, welche die Wahrscheinlichkeit für die Entscheidung »FP« angibt, d.h. dafür, dass ein Fall, der das Kriterium nicht erfüllt, fälschlicherweise als positiv klassifiziert wird.

Definition

Sensitivität und Spezifität

$$\text{Sensitivität} = \frac{RP}{FN + RP} \text{ (Trefferquote)}$$

$$1 - \text{Sensitivität} = \frac{FN}{FN + RP} \text{ (Verpasserquote)}$$

$$\text{Spezifität} = \frac{RN}{FP + RN} \text{ (Quote korrekter Ablehnungen)}$$

$$1 - \text{Spezifität} = \frac{FP}{FP + RN} \text{ (Quote falscher Alarme)}$$

---

[3] Der Begriff »Spezifität«, wie er im Rahmen der ROC-Analyse gebraucht wird, ist nicht zu verwechseln mit dem Spezifitätsbegriff in der Latent State-Trait-Theorie (s. Kelava & Schermelleh-Engel, 2007, ▶ Kap. 15 in diesem Band).

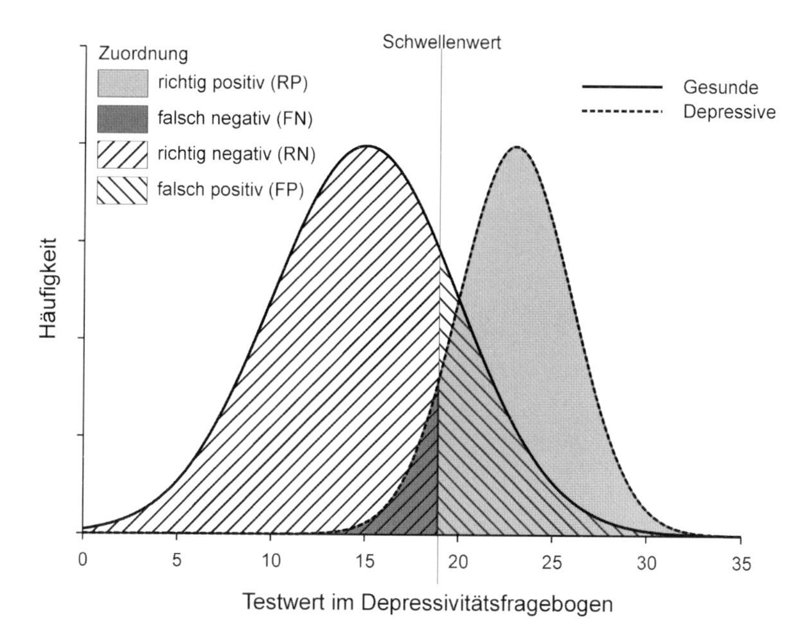

Abb. 8.3. Verteilung der Testwerte in der Gruppe mit Major Depression (rechts, »Depressive«) und in der Gruppe ohne Major Depression (links, »Gesunde«). Der Schwellenwert zur Klassifikation von Testpersonen liegt bei 18.5 Punkten

In Abbildung 8.3 ist die grundsätzliche Voraussetzung für eine sinnvolle Klassifikation auf Basis des Testwertes veranschaulicht, nämlich dass sich hinsichtlich der Testwertausprägung die Fälle, die das Kriterium erfüllen (»Positive«), deutlich von den übrigen Fällen (»Negative«) unterscheiden. Im Beispiel weist die Gruppe von Personen mit Major Depression (rechte Verteilung, »Depressive«) in einem Depressivitätsfragebogen einen höheren Mittelwert (und zudem eine geringere Streuung) auf als die Vergleichsgruppe ohne Major Depression (linke Verteilung, »Gesunde«).

Wie aus Abbildung 8.3 ersichtlich, sind Sensitivität und Spezifität vom Schwellenwert und voneinander abhängig. Wenn der Schwellenwert im Depressivitätsfragebogen sehr hoch gesetzt wird (z.B. 25), ist die Wahrscheinlichkeit für die Entscheidung »FP« klein und es wird nur selten fälschlicherweise eine Major Depression angenommen werden, die Spezifität ist also hoch. Gleichzeitig werden jedoch viele Patienten, die eine Major Depression haben, fälschlicherweise als nicht depressiv klassifiziert, die Sensitivität ist also niedrig. Ein niedriger Schwellenwert (z.B. 15) führt umgekehrt dazu, dass die Wahrscheinlichkeit für die Entscheidung »FN« sehr klein ist und dass fast alle Patienten mit Major Depression als richtig positiv klassifiziert werden; allerdings würde auch fast die Hälfte der Nicht-Depressiven fälschlicherweise als positiv klassifiziert. In diesem Fall lägen eine hohe Sensitivität und eine niedrige Spezifität vor. In Abbildung 8.4 ist graphisch dargestellt, wie sich die Maße für die Genauigkeit der Klassifikation, d.h. Sensitivität und Spezifität, mit der Verschiebung des Schwellenwertes gegenläufig verändern.

ROC-Analyse zur Suche eines optimalen Schwellenwertes

Bei der ROC-Analyse wird nach jenem Schwellenwert gesucht, der ein optimales Gleichgewicht zwischen Sensitivität und Spezifität herstellt. *Voraussetzung dazu ist eine Untersuchung, in der die Personen den Test bear-*

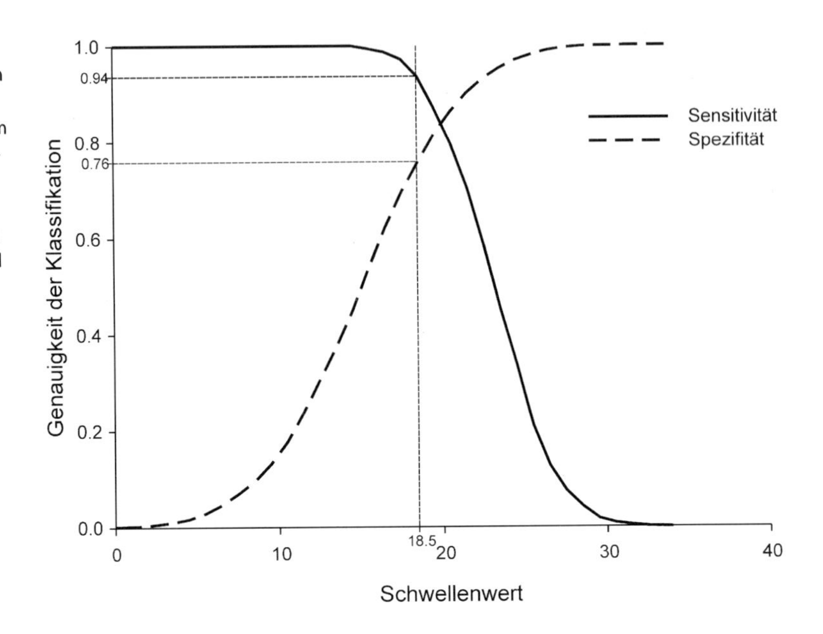

Abb. 8.4. Sensitivität und Spezifität bei der Klassifikation depressiver und gesunder Patienten in Abhängigkeit vom Schwellenwert. Für das untenstehende Beispiel 8.5 ist der optimale Schwellenwert von 18.5 eingetragen, welcher mit einer Sensitivität von 0.94 und einer Spezifität von 0.76 die Gruppe der Gesunden und die Gruppe der Depressiven optimal voneinander trennt, da hier die Summe aus Sensitivität und Spezifität am größten wird

beitet haben und das Kriterium (z.B. die Diagnose) bekannt ist. Das Vorliegen der Major Depression im Beispiel kann etwa über ein ausführliches klinisches Interview ermittelt worden sein. In der ROC-Analyse wird nun für jeden der potentiellen Schwellenwerte (Testwerte) die Sensitivität und Spezifität berechnet, die sich ergeben würde, wenn man diesen Wert als Schwellenwert verwenden würde. Dann werden die jeweils zueinander gehörigen Werte für Sensitivität und 1-Spezifität (d.h. Quote falscher Alarme) grafisch gegeneinander abgetragen. Diese Darstellung wird als *ROC-Kurve* bezeichnet (Abb. 8.5). Sie veranschaulicht die Verringerung der Sensitivität zugunsten der Spezifität und gibt zugleich Aufschluss darüber, wie gut der Test überhaupt geeignet ist, zwischen Fällen, die das Kriterium erfüllen, und den übrigen Fällen zu trennen. Wenn der Test nicht zwischen den beiden Gruppen trennt, verläuft die empirische ROC-Kurve nahe der Hauptdiagonalen, d.h. Sensitivität und 1 – Spezifität sind für alle Schwellenwerte gleich groß – in diesem Fall würden die Verteilungen in Abbildung 8.3 übereinander liegen. Haben die Fälle, bei denen das Kriterium vorliegt, im Mittel höhere Testwerte als die übrigen, verläuft die Kurve oberhalb der Diagonalen. Der Schwellenwert, an dem die Summe von Sensitivität und Spezifität am größten ist, entspricht demjenigen Punkt in der ROC-Kurve, an dem das Lot auf die Hauptdiagonale den größten Abstand anzeigt. Rechnerisch lässt sich dieser Punkt auch über den *Youden-Index* (Youden, 1950) bestimmen, der als Sensitivität + Spezifität – 1 so gebildet wird, dass er Werte zwischen 0 und 1 annimmt. Mit demjenigen Schwellenwert, für den die Summe von Sensitivität und Spezifität und somit der Youden-Index am größten wird, gelingt die Trennung der beiden Gruppen am besten (Beispiel 8.5). Dieser Punkt in der ROC-Kurve ist genau derjenige Punkt, an dem die Tangente parallel zur Hauptdiagonalen verläuft. Bis zu diesem Punkt nimmt der Gewinn an Sensitivität durch das Absenken des Schwellenwertes stark zu,

ROC-Kurve zeigt die Beziehung zwischen Sensitivität und Spezifität

Youden-Index

während die Quote falscher Alarme vergleichsweise wenig ansteigt. Jenseits dieses Punktes steigt jedoch die Quote falscher Alarme schneller als die Sensitivität zunimmt, es lohnt sich also nicht, den Schwellenwert noch niedriger zu wählen.

Beispiel 8.5

Bestimmung des optimalen Schwellenwertes

Mit höherem Schwellenwert sinkt die Sensitivität, während die Spezifität ansteigt (◘ Abb. 8.4). Die ROC-Kurve (◘ Abb. 8.5) zeigt, dass der Test gut zwischen beiden Gruppen trennt, die Kurve liegt deutlich oberhalb der Hauptdiagonalen. Als optimaler Schwellenwert lässt sich im Beispiel ein Testwert von 18.5 ermitteln, der mit 0.70 den höchsten Youden-Index aufweist (◘ Tab. 8.1); der zugehörige Punkt auf der ROC-Kurve weist den maximalen Abstand zur Hauptdiagonalen auf (◘ Abb. 8.5). Personen mit einem Testwert von 18 oder weniger Punkten werden also als nicht depressiv klassifiziert, bei Personen mit einem Wert von 19 oder mehr Punkten besteht der dringende Verdacht einer Major Depression. Anhand des mit der ROC-Analyse ermittelten Schwellenwertes kann der Testwert im Depressivitätsfragebogen also kriteriumsorientiert interpretiert werden. Wie aus ◘ Tabelle 8.1 hervorgeht, wird im Beispiel mit dem Schwellenwert von 18.5 eine Sensitivität von 0.94 erreicht, d.h. 94% der Patienten mit Major Depression werden korrekt klassifiziert. Zugleich werden 76% der nicht depressiven Personen korrekt klassifiziert (Spezi-

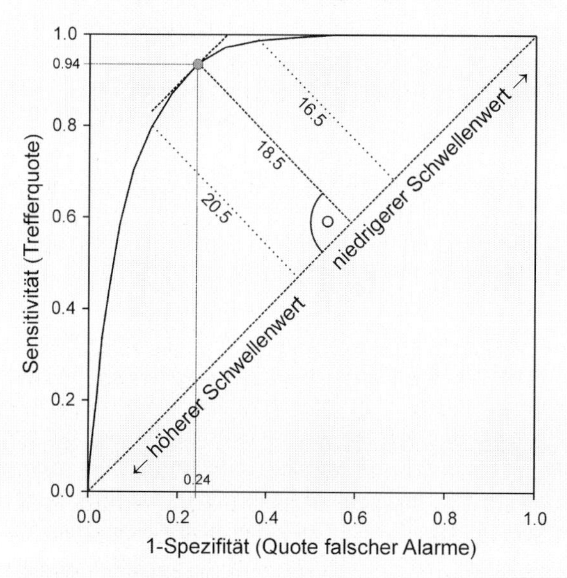

◘ **Abb. 8.5.** ROC-Kurve. Bei einem Schwellenwert von 18.5 wird der maximale Abstand zur Hauptdiagonalen erreicht; zur Illustration sind zusätzlich die Projektionen eingezeichnet, die sich jeweils für einen niedrigeren (16.5) und einen höheren (20.5) Schwellenwert ergeben

▼

fität) bzw. 24% der nicht depressiven Personen fälschlicherweise als depressiv diagnostiziert (1-Spezifität). Würde man den Schwellenwert z.B. auf 20.5 Punkte heraufsetzen, würden nur noch 14% der nicht depressiven Personen fälschlicherweise als depressiv diagnostiziert werden. Zugleich würden aber nur noch 80% der Patienten mit Major Depression korrekt als solche erkannt (◘ Tab. 8.1).

◘ Tab. 8.1. Koordinaten der ROC-Kurve (Ausschnitt)

Schwellenwert	Sensitivität	1-Spezifität	Spezifität	Youden-Index
14.5	1.00	0.55	0.45	0.45
15.5	0.99	0.46	0.54	0.53
16.5	0.99	0.38	0.62	0.61
17.5	0.97	0.30	0.70	0.67
18.5	0.94	0.24	0.76	**0.70**
19.5	0.87	0.18	0.82	0.69
20.5	0.80	0.14	0.86	0.66
21.5	0.70	0.10	0.90	0.60
22.5	0.59	0.07	0.93	0.52
23.5	0.45	0.05	0.95	0.40
24.5	0.34	0.03	0.97	0.31

Die grafische ROC-Analyse ist ein verteilungsfreies Verfahren, d.h. die Testwerteverteilungen in den Gruppen (»Positive« und »Negative«) müssen keiner bestimmten Verteilungsfunktion folgen. Es ist für die Untersuchung auch unerheblich, wie groß die beiden anhand des Kriteriums gebildeten Gruppen im Verhältnis zueinander sind. Zur Bestimmung des Schwellenwertes können zum Beispiel gleich große Gruppen von Depressiven und Nicht-Depressiven untersucht werden, auch wenn die tatsächliche Quote Depressiver in der diagnostischen Praxis kleiner als 50% ist. Die beiden Gruppen müssen allerdings möglichst repräsentativ für die Populationen sein (► Abschn. 8.6), die das Kriterium erfüllen bzw. nicht erfüllen, damit der gewonnene Schwellenwert in der Praxis für die Klassifikation von neuen Fällen verwendet werden kann. Im Beispiel sollten also die Personen ohne Major Depression diejenige Population repräsentieren, aus der sich auch in der klinischen Praxis die interessierende »Vergleichsgruppe« rekrutiert – zum Beispiel die Gesamtheit der Patienten, die wegen Beschwerden in einer psychotherapeutischen Ambulanz untersucht werden, jedoch nicht das Kriterium der Major Depression erfüllen.

Anhand der ROC-Analyse können auch Schwellenwerte festgelegt werden, die ein anderes Optimierungsverhältnis ergeben als das aus dem Youden-

Index resultierende. Wenn etwa die Konsequenzen einer falschen negativen Diagnose (»Verpasser«) schwerwiegender sind als diejenigen einer falschen positiven (»falscher Alarm«), kann ein niedrigerer Schwellenwert mit einer höheren Sensitivität und niedrigeren Spezifität zweckmäßiger sein als der Wert mit der besten Balance zwischen beiden Kriterien. Wenn zum Beispiel die Konsequenz aus dem Testergebnis des Depressivitätsfragebogens lediglich in einer intensiveren Diagnostik besteht (und nicht in einer therapeutischen Entscheidung), ist ein »falscher Alarm« nicht sonderlich schwerwiegend. Einen Patienten mit Major Depression hingegen nicht als solchen zu erkennen (»Verpasser«), könnte wegen einer bestehenden Suizidgefährdung wesentlich schwerwiegendere Folgen haben. In diesem Fall könnte es angemessener sein, nicht den »optimalen« Schwellenwert zu nehmen, sondern einen niedrigeren von zum Beispiel 17.5, womit eine Sensitivität von 97% erreicht werden würde.

8.3.2 Bezug des Testwertes auf Aufgabeninhalte

Kriteriumsorientierte Interpretation bei Definition der Aufgabengrundgesamtheit

Eine zweite Möglichkeit, die Testwerte aus einem Test bezogen auf inhaltliche Kriterien zu interpretieren, ist der Bezug auf die Test- bzw. Aufgabeninhalte. Dieses Vorgehen ist dann möglich, wenn a priori eine genaue inhaltliche Vorstellung von der *theoretischen Grundgesamtheit* der für das interessierende Konstrukt relevanten Aufgaben existiert und die im Test verwendeten Aufgaben eine *Stichprobe* aus diesen möglichen Aufgaben darstellen. Die Fähigkeiten, die Schüler am Ende ihrer schulischen Ausbildung in der ersten Fremdsprache erreichen sollen, werden zum Beispiel in den Bildungsstandards der Kultusministerkonferenz beschrieben und anhand von Beispielaufgaben illustriert (Konferenz der Kultusminister der Länder der Bundesrepublik Deutschland, 2004, 2005). Ein Vokabeltest kann so konstruiert werden, dass die Testaufgaben die in den Bildungsstandards definierten Lernziele repräsentieren. Die abgefragten Vokabeln können zum Beispiel eine zufällige Stichprobe aus der Menge der Wörter darstellen, die bei einem bestimmten Fähigkeitsniveau in einer Fremdsprache beherrscht werden sollen. Für einen solchen Test ist es möglich, den Testwert im Sinne des Ausmaßes der *Erfüllung eines Lernziels* zu interpretieren. Dieser Testwert wird dann als der Anteil gelöster Aufgaben interpretiert, den ein Schüler gelöst hätte, wenn man ihm alle theoretisch möglichen Aufgaben des interessierenden Fähigkeitsbereiches vorgelegt hätte (Klauer, 1987a, 1987b).

Theoretische Aufgabengrundgesamtheit

Repräsentative Aufgabenstichprobe

Diese Form von kriteriumsorientierter Testwertinterpretation setzt voraus, dass eine Definition der theoretischen Grundgesamtheit von Aufgaben vorgenommen werden kann. Die wesentliche Anforderung an die Aufgabenzusammenstellung ist hierbei, dass die im Test verwendeten Aufgaben eine Schwierigkeitsverteilung aufweisen, die derjenigen in der Grundgesamtheit der Aufgaben entspricht. Im Falle von Lernzielen in pädagogisch-psychologischen Kontexten ist dies besonders gut möglich, wenn auch mit einem nicht unerheblichen Aufwand verbunden. So müssen Lernziele hinreichend (z.B. bildungspolitisch) legitimiert sein und es muss unter geeigneten Experten Einigkeit über die Definition der relevanten Aufgaben bestehen.

Ein häufiger Fehler: Kriteriumsorientierte Interpretation anhand der Antwortskala

Während die kriteriumsorientierte Interpretation auf Basis der Aufgabeninhalte also vor allem bei Lernziel- oder Leistungstests möglich ist, wenn die Grundgesamtheit möglicher Aufgaben und deren Schwierigkeitsverteilung definiert werden können, ist im Falle von Fragebögen dieses Vorgehen in der Regel nicht möglich. Dies liegt daran, dass die Schwierigkeiten der Items eines Fragebogens nicht nur durch die Inhalte, sondern auch durch die verbale Formulierung beeinflusst werden. Es ist daher ein häufig gemachter Fehler, den Testwert aus einem Fragebogen auf den »theoretischen Wertebereich« zu beziehen, der sich aus der Antwortskala ergibt, und hieraus eine kriteriumsorientierte Interpretation abzuleiten.

Schwierigkeit eines Fragebogenitems wird durch verbale Formulierung beeinflusst

Beispielsweise kann ein Fragebogen zur Erfassung depressiver Symptome eines der in ◻ Tab. 8.2 aufgelisteten Items enthalten.

◻ Tab. 8.2. Zwei unterschiedlich schwierige Fragebogenitems zur Erfassung derselben depressiven Symptomatik mit einer vierstufigen Antwortskala

	trifft nicht zu	*trifft eher nicht zu*	*trifft eher zu*	*trifft zu*
Ich fühle mich manchmal grundlos traurig.	①	②	③	④
Mich überkommt oft ohne Anlass eine tiefe Traurigkeit.	①	②	③	④

In beiden Items wird nach dem gleichen Inhalt gefragt, nämlich nach Traurigkeit ohne äußeren Anlass. Das erste Item ist jedoch so formuliert, dass ihm wahrscheinlich auch einige Personen ohne eine ausgeprägte Depression zustimmen können. Das zweite Item ist hingegen deutlich schwieriger, ihm würden wahrscheinlich deutlich weniger Personen zustimmen. Wenn nun die Antworten auf diese Items mit 1 bis 4 Punkten bewertet würden, würde sich beim ersten Item bei denselben Personen ein höherer Mittelwert ergeben als beim zweiten. Dieser Unterschied würde jedoch nichts über eine unterschiedliche Depressivität aussagen, sondern wäre allein auf die verbale Itemformulierung zurückzuführen.

Im Beispiel könnte sich etwa für das erste Item ein Mittelwert von 2.8 Punkten ergeben. Es wäre unzulässig, diesen Wert dahingehend zu interpretieren, dass die getesteten Personen »eher depressiv« seien, da die Personen dem Item »eher zugestimmt haben« und der Mittelwert über der »theoretischen Mitte« des Wertebereichs von 2.5 Punkten liegt. Wenn dieselben Personen anstelle des ersten das zweite Item vorgelegt bekämen, würde der Mittelwert niedriger liegen (zum Beispiel bei 1.6 Punkten), ohne dass die Personen deswegen »weniger depressiv« wären. Eine kriteriumsorientierte Interpretation einer Fragebogenskala anhand des möglichen Wertebereichs ist also nicht sinnvoll, es müsste in diesem Fall ein externes Kriterium

(► Abschn. 8.3.1) herangezogen werden, um zu beurteilen, welche Testwerte tatsächlich mit einer depressiven Störung einhergehen.

Zusätzliche Möglichkeiten mit IRT-Modellen

Weitaus differenziertere Möglichkeiten zur kriteriumsorientierten Testwertinterpretation auf Basis der Aufgabeninhalte bieten Auswertungen von Tests, die mit Modellen der Item-Response-Theorie (IRT) konstruiert wurden. Diese Modelle erlauben es, die Schwierigkeiten der Aufgaben und die Messwerte der Personen auf einer gemeinsamen Skala darzustellen. Die hierdurch mögliche kriteriumsorientierte Testwertinterpretation wird in ► Abschnitt 10.5 (Rauch & Hartig, 2007, in diesem Band) erörtert.

8.4 Integration von norm- und kriteriumsorientierter Testwertinterpretation

Norm- und kriteriumsorientierte Testwertinterpretation ergänzen sich

Norm- und kriteriumsorientierte Testwertinterpretation stellen grundsätzlich keine Gegensätze dar. Je nach diagnostischer Fragestellung kann einer der beiden Interpretationsansätze angemessener sein; sie können sich aber auch ergänzen, indem das Testresultat aus unterschiedlichen Perspektiven bewertet wird. Physikalische Maße, wie z.B. die Größe bzw. Länge eines Objektes, können hierbei als Analogie dienen. Beispielsweise wird bei einem Angelwettbewerb derjenige Angler gewinnen, der den größten oder schwersten Fisch fängt (normorientierte Diagnostik). In den gesetzlichen Regelungen, ab welcher Mindestgröße ein Fisch überhaupt von einem Angler aus dem Wasser entnommen werden darf (»Schonmaß«), geht es hingegen um das theoretisch-inhaltlich definierte Kriterium, dass ein Fisch eine hinreichende Größe erreicht haben soll (kriteriumsorientierte Diagnostik), um sich wenigstens einmal im Leben fortzupflanzen zu können.

In gleicher Weise ermöglicht die Beachtung sowohl des normorientierten als auch des kriteriumsorientierten Vergleichsmaßstabes eine differenziertere Bewertung von psychologischen Merkmalsausprägungen. Beispielsweise zeigen sich Peters Eltern erfreut über die Vokabelleistung ihres Sohnes, nachdem sie erfahren haben, dass die meisten Klassenkameraden von Peter weniger als 70% der Aufgaben richtig gelöst haben (normorientierte Interpretation). Allerdings wurde ihre Freude wieder etwas getrübt als sie erfuhren, dass das Lehrziel eine Lösungsrate von 90% war (kriteriumsorientierte Interpretation).

Dieses Beispiel deutet bereits an, dass ein psychologisch-inhaltliches Kriterium oft nicht völlig unabhängig von der empirischen Verteilung der Merkmalsausprägungen erfolgen kann bzw. auch mit normorientierten Überlegungen in Zusammenhang steht. So sind die Aufgaben für die Vokabelprobe derart zusammengestellt worden, dass eine Lösungsrate von 90% in der entsprechenden Schülerpopulation überhaupt erzielt werden kann.

Empirischer, politischer und entscheidungsbezogener Aspekt bei der Anwendung von Testnormen

Obwohl die Integration norm- und kriteriumsorientierter Testwertinterpretationen die angemessenste Form diagnostischer Informationsverarbeitung darstellt (Rettler, 1999), können norm- und kriteriumsorientierte Testwertinterpretation bei konfligierenden Interessenlagen zu teilweise unvereinbaren Zielsetzungen führen. Cronbach (1990) unterscheidet in Zusammenhang mit der Festlegung von Standards für Auswahlprozesse empirische, politische und entscheidungsbezogene Aspekte.

- Aus empirischer Sicht sind solche Personen z.B. für einen Studienplatz oder eine freie Stelle auszuwählen, welche mit ihrem Testwert ein psychologisch-inhaltlich gesetztes Kriterium erreichen (kriteriumsorientierter Standard) und somit wahrscheinlich einen hohen Studien- oder Berufserfolg haben werden.
- Hinzu kommen jedoch auch politische Einflüsse, welche die Anhebung oder Absenkung von Kriterien zum Ziel haben können. Aus Arbeitgebersicht mag es z.B. von Interesse sein, dass strengere Standards zur Erreichung eines Schulabschlusses gesetzt werden, um mit größerer Sicherheit geeignetes Personal einzustellen. Durch höhere Standards entstehen jedoch auch höhere soziale Kosten (z.B. durch Klassenwiederholung, Arbeitslosigkeit), sodass von Politikern ein normorientierter Standard eingefordert werden könnte, z.B. dass unabhängig vom Erreichen eines psychologisch-inhaltlich definierten Kriteriums nur die 10% Schwächsten der Population in der Abschlussprüfung durchfallen dürfen, um gesellschaftliche Folgekosten zu begrenzen (normorientierter Standard).
- Dieses Spannungsfeld von unterschiedlichen Interessen und Einflüssen führt zu einem komplexen Entscheidungsprozess, in dem Kosten und Nutzen abgewogen werden müssen sowie politische Machbarkeit beachtet werden muss. Cronbach (1990) stellt zusammenfassend fest, »standards must be set by negotiations rather than by technical analysis« (S. 98).

8.5 Normdifferenzierung

Das Problem der *Normdifferenzierung* bezieht sich im Rahmen normorientierter Testwertinterpretation auf die für Testentwickler und Testanwender gleichermaßen bedeutsame Frage, wie spezifisch eine Vergleichs- bzw. Referenzgruppe zusammengesetzt sein soll. Im Beispiel zur Prozentrangnormierung in ► Abschnitt 8.2.1 wurde deutlich gemacht, dass bei erstmaliger Erfassung der Konzentrationsleistung einer Testperson die Vergleichsgruppe nur solche Testpersonen beinhalten sollte, welche ebenfalls nur einmal getestet wurden, d.h. die Vergleichsgruppe stimmt hinsichtlich des Übungsgrades mit dem der Testperson überein (vgl. Moosbrugger & Goldhammer, 2007). Würde die Vergleichsgruppe aus Personen bestehen, welche schon zweimal getestet wurden, würde die Testwertinterpretation aufgrund des übungsbedingt höheren Leistungsniveaus der Vergleichsgruppe zu einer Unterschätzung der Konzentrationsleistung der Testperson führen. Eine Differenzierung von Normen ist dann erforderlich, wenn wesentliche, d.h. mit dem Untersuchungsmerkmal korrelierte Hintergrundfaktoren der Testpersonen zu anderen Testwerten als denen der Vergleichsgruppe führen. Wird für relevante Ausprägungen auf dem Hintergrundfaktor jeweils eine eigene Norm gebildet, kann der Einfluss des Faktors auf die Testwertinterpretation kontrolliert werden. Beispielsweise kann der Übungsgrad dadurch kontrolliert werden, dass eine Normdifferenzierung nach der Testungszahl erfolgt, d.h. danach, ob es sich um die erste, zweite oder wievielte Testung handelt. Normdifferenzierungen werden nicht nur zum Ausgleich von Übungseffekten,

Kontrolle von Hintergrundfaktoren durch Normdifferenzierung

sondern häufig auch zum Ausgleich von Alters-, Geschlechts- oder Bildungseffekten vorgenommen, d.h. es werden getrennte Normen nach Alter, Geschlecht, Bildung etc. gebildet (▫ Beispiel 8.6).

Beispiel 8.6

Vorteile und Nachteile einer geschlechtsbezogenen Normdifferenzierung (nach Cronbach, 1990)

Thomas erzielt in einem Test zur Erfassung »Mechanical Reasoning« einen Testwert von 50. Nach der geschlechtsunspezifischen Prozentrangnormentabelle entspricht dem Testwert ein Prozentrang von 65. Anhand dieser Information den Erfolg von Thomas im Ausbildungsprogramm einzuschätzen, wäre allerdings verzerrend, da die meisten Auszubildenden in mechanischen Berufen männlich sind. Realistischer wird die Erfolgsaussicht also durch den Vergleich mit der männlichen Bezugsgruppe bestimmt. Es stellt sich heraus, dass der Prozentrang von 65 auf den weniger Erfolg versprechenden Wert von 50 abfällt, weil Männer im Test zur Erfassung von »Mechanical Reasoning« im Allgemeinen höhere Testwerte erzielen als Frauen.

Clara erzielt im selben Test ebenfalls einen Testwert von 50. Während der Vergleich mit der gemischtgeschlechtlichen Bezugsgruppe zu einem Prozentrang von 65 führt, steigt er bei einem Vergleich mit der weiblichen Bezugsgruppe auf 80. Steht Clara mit anderen Frauen um die Aufnahme in das Ausbildungsprogramm im Wettbewerb, hat sie somit sehr gute Erfolgsaussichten. Sofern ihre Mitbewerber im Ausbildungsprogramm hauptsächlich Männer sein werden, ist zur Abschätzung ihres Ausbildungserfolges aber ein Vergleich ihrer Testleistung mit der männlichen Bezugsgruppe angezeigt. Wie Thomas läge sie demnach nur noch im Durchschnittsbereich.

Vergleich mit Mitbewerbern führt zu einer realistischen Erfolgseinschätzung

Am Beispiel von Cronbach (1990) wird deutlich, dass in Wettbewerbssituationen nicht immer der Vergleich mit der Gruppe, welche bestmöglich mit der Testperson übereinstimmt, diagnostisch am sinnvollsten ist. Vielmehr ist entscheidend, dass ein Vergleich mit der Gruppe der tatsächlichen Konkurrenten bzw. Mitbewerber vorgenommen wird, denn dadurch können Erfolgaussichten realistisch eingeschätzt und negative Auswirkungen, wie z.B. Frustrationen, vermieden werden.

Überanpassung der Normen kann zu Fehleinschätzungen führen

Während differenzierte Normen also auf der einen Seite zu diagnostisch sinnvollen Entscheidungen verhelfen können, besteht auf der anderen Seite die Gefahr, dass durch eine zu starke Anpassung der Testnorm an bestimmte Teilpopulationen die Bedeutung des normierten Testresultats an Aussagekraft verliert und Fehleinschätzungen vorgenommen werden (*overadjustment*, Cronbach, 1990). Da beispielsweise der Testwert in Intelligenztests auch mit dem soziokulturellen Hintergrund zusammenhängt, mag man es bei Selektionsprozessen als fairer ansehen, nur Bewerber mit vergleichbarem soziokulturellen Hintergrund miteinander zu vergleichen, d.h. Testnormen nach soziokulturellem Hintergrund zu differenzieren. Dies entspricht der Grundidee des Fairnessmodells der proportionalen Repräsentation (Quotenmodell, s. z.B. Amelang & Schmidt-Atzert, 2006). Demnach gilt ein Selektionskriterium dann als fair, wenn in der Gruppe der ausgewählten Bewerber die Proportion unterschiedener Teilgruppen dieselbe ist wie in der Bewerberpopulation. Auf diese Weise werden jedoch tatsächlich vorhandene Unterschiede zwischen Bewerbern aus unterschiedlichen Teilpopulationen nivelliert. Im Extremfall kann die systematische Berücksichtigung von Unterscheidungsmerkmalen beispielsweise die äußerst bedenkliche Folge haben, dass ein 40jähriger Alkoholkranker für eine verantwortungsvolle Tätigkeit (z.B. Überwachung eines Produktionsprozesses) eingesetzt wird, sofern er in der Teilpopulation der 40jährigen Alkoholkranken sehr gute Testresultate erzielte.

Ein Kompromiss kann darin bestehen, dass durch gesellschaftspolitische Wertvorstellungen motivierte Normdifferenzierungen vorgenommen werden, gleichzeitig muss jedoch eine tatsächliche Bewältigung der Anforderungen erwartet werden können. Das obige Beispiel lässt sich in diesem Sinne auffassen, da Clara zwar auf der einen Seite durch Anwendung einer frauenspezifischen Norm leichteren Zugang zum Ausbildungsprogramm erhält als männliche Bewerber, auf der anderen Seite jedoch gleichzeitig ihre tatsächlichen Erfolgsaussichten im Ausbildungsprogramm anhand der männerspezifischen Norm abgeschätzt werden müssen.

Überanpassung von Normen kann ein Zerrbild der »Normalität« entstehen lassen

Eine weitere Facette des *overadjustment*-Problems besteht nach Cronbach (1990) darin, dass defizitäre Zustände in einer Teilpopulation als »normal« bewertet werden. Das bedeutet beispielsweise, dass bei der mangelhaften Integration von Immigrantenkindern in das Schulsystem der Vergleich des Testwertes eines dieser Kinder mit der Teilpopulation der Immigrantenkinder zu der Annahme führt, dass ein »normales« Leistungsniveau vorliegt. Dabei wird durch den inadäquaten Vergleichsmaßstab das eigentliche Problem, nämlich die sehr niedrige Schulleistung von Immigrantenkindern, unkenntlich gemacht und erforderliche Interventionen werden aufgrund des scheinbar »normalen« Leistungsniveaus nicht initiiert.

8.6 Testeichung

Die *Testeichung* stellt den letzten Schritt einer Testkonstruktion dar und dient dazu, einen Vergleichsmaßstab bzw. Normwerte zur normorientierten Testwertinterpretation (▶ Abschn. 8.2) zu gewinnen. Dazu wird das zu normierende psychologische Testverfahren an Personen einer Normierungsstichprobe, welche hinsichtlich einer definierten Bezugsgruppe repräsentativ ist, durchgeführt.

In der DIN 33430 (s. DIN, 2002; Westhoff et al., 2005) werden zur Qualitätssicherung von diagnostischen Beurteilungen hinsichtlich der Normwerte eine Reihe von Anforderungen formuliert: »[Norm] values must correspond to the research question and the reference group [..] of the candidates. The appropriateness of the norm values is to be evaluated at least every eight years.« (Hornke, 2005, S. 262). In den International Guidelines for Test Use (International Test Commission, ITC, 2000, S. 14) ist analog folgende Richtlinie enthalten: »Ensure that invalid conclusions are not drawn from comparisons of scores with norms that are not relevant to the people being tested or are outdated.« (vgl. auch Moosbrugger & Höfling, 2007, ► Kap. 9 in diesem Band).

Für die Testeichung bedeutet die für die Testanwendung geforderte Entsprechung zwischen Normwerten und Forschungsfrage, dass zu Beginn der Testeichung unter Berücksichtigung von Anwenderinteressen vom Testautor zu entscheiden ist, welche Fragen auf Basis der zu bildenden Normen beantwortet werden sollen. Beispielsweise kann die Frage nach der Rechenleistung eines Jungen in der dritten Klasse im Vergleich zu seinen Klassenkameraden nur dann beantwortet werden, wenn eine aktuelle schulspezifische Testnorm, welche auf der Bezugsgruppe der Drittklässler und nicht etwa der Viertklässler basiert, zur Verfügung steht. Das heißt, es ist zu Beginn der Testeichung genau zu definieren und entsprechend im Testmanual zu dokumentieren, für welche Bezugsgruppe bzw. *Zielpopulation* die zu erstellenden Testnormen gelten sollen. Im Rahmen der Festlegung der Zielpopulation(en) ist auch die Frage zu klären, ob eine Normdifferenzierung (► Abschn. 8.5) vorgenommen werden soll.

Definition der Zielpopulation

Um sicherzustellen, dass, wie in der DIN 33430 gefordert, die Testnorm der Merkmalsverteilung der Bezugsgruppe entspricht, ist bei der Erhebung der Normierungsstichprobe darauf zu achten, dass die Normierungsstichprobe bezüglich der Bezugsgruppe der Testperson *repräsentativ* ist. Hierbei ist zwischen globaler und spezifischer Repräsentativität zu unterscheiden.

Repräsentativität der Stichprobe sicherstellen

Globale Repräsentativität und spezifische Repräsentativität einer Stichprobe

Eine repräsentative Stichprobe liegt dann vor, wenn die Stichprobe hinsichtlich ihrer Zusammensetzung die jeweilige Zielpopulation möglichst genau abbildet. Dies bedeutet, dass sich Repräsentativität immer auf eine *bestimmte* Zielpopulation bezieht bzw. dass eine Stichprobe repräsentativ bezüglich einer vorher definierten und keiner beliebigen anderen Population ist.

Eine Stichprobe wird *global repräsentativ* genannt, wenn ihre Zusammensetzung hinsichtlich aller möglichen Faktoren mit der Populationszusammensetzung übereinstimmt – dies ist nur durch Ziehen einer echten *Zufallsstichprobe* aus einer definierten Population zu erreichen. Dagegen gilt eine Stichprobe als *spezifisch repräsentativ*, wenn sie lediglich hinsichtlich derjenigen Faktoren der Populationszusammensetzung repräsentativ ist, die mit dem Untersuchungsmerkmal bzw. dem Testwert in irgendeiner Weise zusammenhängen, wobei für die Bildung von Testnormen insbesondere Geschlecht, Alter und Bildungsgrad oder Beruf von Bedeutung sind. Es sind also genau solche Faktoren, die auch Anlass zu einer Normdifferenzierung geben könnten (vgl. das o.a. ◘ Beispiel 8.6 in ► Abschn. 8.5 zur geschlechtsspezifischen Normierung des »Mechanical Reasoning«-Tests). Mangelnde Repräsentativität kann durch einen größeren Stichprobenumfang nicht kompensiert werden, d.h. eine kleine repräsentative Stichprobe ist nützlicher als eine große, jedoch nicht repräsentative Stichprobe.

Erhebungsdesigns für Normierungsstichproben

Liegen Kenntnisse vor, welche Faktoren mit dem Untersuchungsmerkmal zusammenhängen, bieten sich zur Testeichung spezifisch repräsentative *geschichtete Stichproben* bzw. *Quotenstichproben* an (vgl. Bortz & Döring, 2001). Durch diese Art der Stichprobenziehung wird erreicht, dass die prozentuale Verteilung der Ausprägungen auf merkmalsrelevanten Faktoren in der Stichprobe mit der Verteilung in der Population identisch ist. Hierfür muss jedoch in Erfahrung gebracht werden können, wie die Ausprägungen auf den Faktoren, welche mit dem Untersuchungsmerkmal zusammenhängen, in der Population verteilt sind. Beispielsweise dürften für den Faktor »Geschlecht« die Ausprägungen »weiblich« und »männlich« in vielen Zielpopulationen gleichverteilt sein bzw. mit einer Häufigkeit von jeweils 50% auftreten. Wird eine Person aus der Menge von Personen mit gleichen Ausprägungen auf merkmalsrelevanten Faktoren zufällig ausgewählt, spricht man von einer *geschichteten (stratifizierten) Stichprobe*, bei einer nicht zufälligen Auswahl dagegen von einer *Quotenstichprobe*. Soll beispielsweise ein persönlichkeitspsychologisches Testverfahren für Jugendliche normiert werden, so ist davon auszugehen, dass der Testwert mit den Faktoren familiäres Milieu und Arbeitslosigkeit zusammenhängt. Wenn aus demographischen Erhebungen bekannt ist, dass von den Jugendlichen in der Population 30% Arbeiterfamilien, 15% Unternehmerfamilien, 15% Beamtenfamilien und 40% Angestelltenfamilien angehören und der Anteil der arbeitslosen Jugendlichen je nach familiärer Herkunft gemäß o.a. Reihenfolge 5%, 1%, 2% und 3% beträgt, kann ein entsprechender Erhebungsplan nach diesen Quoten erstellt werden. Beispielsweise beträgt die Quote Jugendlicher aus Arbeiterfamilien, die arbeitslos sind, 1.5% (5% von 30%), wohingegen 28.5% der Jugendlichen aus Arbeiterfamilien beschäftigt sind. Für die Normierungsstichprobe werden Personen so ausgewählt, dass sich für die kombinierten Ausprägungen auf merkmalsrelevanten Faktoren eine prozentuale Verteilung gemäß Erhebungsplan ergibt.

Liegen zur Gewinnung von geschichteten bzw. Quotenstichproben keine Informationen über die mit dem Untersuchungsmerkmal korrelierten Faktoren vor, ist eine *Zufallsstichprobe* zu ziehen, welche zu globaler Repräsentativität führt. Idealtypisch bedeutet dies für die Erhebung der Normierungsstichprobe, dass aus der Menge aller Personen der Zielpopulation nach dem Zufallsprinzip eine bestimmte Menge von Personen ausgewählt wird. In der Praxis wird dieses Vorgehen jedoch höchstens im Falle sehr spezifischer Populationen realisierbar sein, da mit echten Zufallsstichproben ein erheblicher finanzieller, organisatorischer und personeller Aufwand sowie datenschutzrechtliche Hürden verbunden wären.

Wird eine anfallende Stichprobe oder *ad-hoc-Stichprobe* zur Bildung von Testnormen verwendet, bedeutet dies, dass nicht gezielt versucht wird, eine repräsentative Stichprobe hinsichtlich einer bestimmten Zielpopulation zu ziehen. Stattdessen werden sich bietende Gelegenheiten genutzt, um Testdaten für die Normierungsstichprobe zu sammeln. Anfallende Stichproben können an Wert gewinnen, wenn sich aus ihnen in Anlehnung an die oben beschriebene Vorgehensweise nachträglich eine Quotenstichprobe für eine bestimmte Zielpopulation bilden lässt.

Umfang der Normierungsstichprobe

Der erforderliche *Umfang der Normierungsstichprobe* hängt von verschiedenen Faktoren ab. Allgemein gilt, dass eine gebildete Norm aus empirischer Sicht im Prinzip nur so fein zwischen Testpersonen differenzieren kann, wie vorher in der Normierungsstichprobe unterschiedliche Testwerte angefallen sind, wobei eine größere Anzahl unterschiedlicher Testwerte durch eine größere repräsentative Normierungsstichprobe gewonnen werden kann. Möchte man also fein abgestufte Normwerte bilden, wie z.B. in einer Prozentrangnorm oder Standardnorm, ist eine umfangreichere Stichprobe nötig, als wenn grobstufige Normen, wie z.B. Quartile, erstellt werden sollen. Feinstufige Normen sollten jedoch nur dann angestrebt werden, wenn der Test eine hohe Reliabilität (s. Moosbrugger, 2007b, ►Abschn. 5.5 in diesem Band) aufweist. Im Falle einer niedrigen Reliabilität würde eine feinstufige Norm zum Vergleich von Testpersonen eine hohe Genauigkeit vortäuschen, die sich aufgrund des hohen Standardmessfehlers aber als nicht gerechtfertigt erweist. Es resultieren nämlich breite Konfidenzintervalle, die zahlreiche Normwerte ober- und unterhalb des individuellen Normwertes einer Testperson einschließen. Da jedoch Werte innerhalb eines Konfidenzintervalls nicht unterschieden werden können, wäre die feine Abstufung der Normwerte bei niedriger Reliabilität ohne Nutzen.

Bei der Planung des Stichprobenumfangs ist ausgehend von der oben angeführten Überlegung weiter zu beachten, dass die potentiell mögliche Anzahl unterschiedlicher Testwerte in einer Zielpopulation von deren jeweiliger Zusammensetzung abhängt. Handelt es sich um eine relativ homogene Zielpopulation, wie z.B. Gymnasialabsolventen in einem bestimmten Bundesland, ist die Spannweite der Testwerte, die vom Bildungsgrad abhängen, begrenzter als in einer sehr heterogen zusammengesetzten Zielpopulation, wie z.B. alle 18jährigen Jugendlichen in Deutschland. Das bedeutet, dass zur Erreichung desselben Abstufungsgrades in der Testnorm bei einer heterogeneren Zielpopulation bzw. bei einem Test mit weitem Geltungsbereich eine größere Normierungsstichprobe gezogen werden muss, als bei einer homogenen Zielpopulation bzw. bei einem Test mit engem Geltungsbereich.

Verteilungseigenschaften der Normierungsstichprobe prüfen

Liegen die an der Normierungsstichprobe gewonnenen Daten vor, sind zunächst deren *Verteilungseigenschaften* zu überprüfen. Insbesondere ist von Interesse, ob das Merkmal normalverteilt ist, was z_V-Normen bzw. Standardnormen (► Abschn. 8.2.2) nahe legen würde. Bei fehlender Normalverteilung lassen sich Prozentrangnormen (► Abschn. 8.2.1) realisieren. Unter bestimmten Bedingungen können die Daten auch normalisiert werden (s. Kelava & Moosbrugger, 2007, ► Abschn. 4.7.3 in diesem Band). Gegebenenfalls sind die Normen nach bestimmten Faktoren, z.B. Geschlecht, Alter, Bildungsgrad oder Beruf, zu differenzieren (► Abschn. 8.5) und entsprechend gruppenspezifische Normen zu bilden, wobei auch hier wieder die jeweiligen Verteilungseigenschaften zu untersuchen und insbesondere die Mittelwertunterschiede, welche Anlass für die Normdifferenzierung geben, auf Signifikanz und Relevanz zu überprüfen sind. Die Darstellung der gebildeten Testnormen erfolgt in der Regel tabellarisch, sodass bei Papier-Bleistift-Tests vom Testanwender der Normwert in einer Tabelle aufgesucht werden muss. Bei computerbasierten Tests oder Auswertungsprogrammen (z.B. FAIR, Moosbrugger & Goldhammer, 2005) wird der Normwert automatisch ausgegeben.

Dokumentation der Normen im Testmanual

Damit es dem Testanwender möglich ist, die Angemessenheit der Normen hinsichtlich seiner Fragestellung beurteilen zu können, sind die erstellten Normen im Testmanual hinsichtlich folgender Gesichtspunkte zu dokumentieren (s. z.B. Häcker, Leutner & Amelang, 1998; s. auch Cronbach, 1990; Moosbrugger & Höfling, 2007, Kap. 9 in diesem Band):

- Geltungsbereich der Normen, d.h. Definition der Zielpopulation(en), welche diejenige(n) sein sollte(n), mit denen ein Anwender die Testpersonen in der Regel vergleichen will
- Erhebungsdesign bzw. Grad der Repräsentativität hinsichtlich der Zielpopulation
- Stichprobenumfang und -zusammensetzung
- Deskriptivstatistiken
- Jahr der Datenerhebung

Überprüfung der Gültigkeit von Normen nach spätestens acht Jahren

Der letzte Dokumentationsgesichtspunkt hebt darauf ab, dass Normen über mehrere Jahre hinweg veralten können und somit Ihre Eignung als aktuell gültigen Vergleichsmaßstab verlieren (s. z.B. ◘ Beispiel 8.7 zum Flynn-Effekt, Flynn, 1999). Die in der DIN 33430 geforderte *Überprüfung der Gültigkeit von Normen* nach spätestens acht Jahren (Hornke, 2005) ist als Richtwert zu verstehen. Sofern empirische Evidenzen schon vor Ablauf der acht Jahre auf eine Änderung der Merkmalsverteilung in der Bezugsgruppe hinweisen, ist eine frühere *Normaktualisierung* angezeigt.

Beispiel 8.7

Flynn-Effekt

Der Flynn-Effekt ist ein eindrucksvolles Beispiel dafür, dass Testnormen über einen längeren Zeitraum ihre Gültigkeit verlieren können. Flynn (1999) hat gezeigt, dass in den westlichen Industrienationen der mittlere IQ über einen Zeitraum von mehreren Jahren hinweg ansteigt. Das Phänomen wurde von ihm zufällig entdeckt, als er Testmanuale studierte, in denen die Intelligenz einer Testperson mit der ersten und zudem mit der revidierten Version eines Intelligenztests bestimmt wurde. Unter Verwendung der für die jeweilige Version gebildeten Testnorm zeigte sich, dass eine Person im älteren Test einen deutlich besseren Normwert bzw. IQ erzielte als im zeitnah normierten Test. Die normorientierte Testwertinterpretation auf Basis der veralteten Norm führt also unter der Bedingung eines längsschnittlichen Intelligenzanstiegs zu einer Überschätzung der individuellen Intelligenzausprägung, da der Vergleich mit der früheren Population dem Vergleich mit einer insgesamt leistungsschwächeren Population entspricht. Nach Flynn stieg unter weißen Amerikanern zwischen 1932 und 1978 der IQ um 14 Punkte an, was einer Rate von etwa 1/3 IQ-Punkten pro Jahr entspricht.

Zur Vermeidung von Fehlern bei der Testwertinterpretation muss also die Gültigkeit von Normen regelmäßig überprüft werden. Bei einer geänderten Merkmalsverteilung in der Bezugsgruppe sollte eine Normaktualisierung bzw. eine erneute Testeichung erfolgen.

Zusammenfassung mit Anwendungsempfehlungen

Ob ein Testwert normorientiert (► Abschn. 8.2) oder kriteriumsorientiert (► Abschn. 8.3) interpretiert werden können soll, d.h. ob eine Idealnorm in Form eines Kriteriums (z.B. Lernziel) oder eine Realnorm in Form einer Bezugsgruppe (z.B. eine Prozentrangnorm) angelegt wird, hängt von den diagnostischen Zielsetzungen ab, für die ein Test geeignet sein soll.

Vor der Bildung einer Bezugsgruppennorm (► Abschn. 8.2, z.B. Prozentrangnorm) muss die Zielpopulation (► Abschn. 8.6) definiert werden, d.h. diejenige Population, mit der ein Testanwender den Testwert einer Testperson in der Regel vergleichen will. Um eine repräsentative Stichprobe aus der Zielpopulation zu gewinnen, kann eine Quoten- bzw. geschichtete Stichprobe oder eine Zufallsstichprobe gezogen werden. Liegt zunächst nur eine ad-hoc-Stichprobe vor, sollte nachträglich die Bildung einer Quotenstichprobe für eine bestimmte Zielpopulation angestrebt werden.

Falls die Testwertvariable nicht intervallskaliert ist, kommt für eine normorientierte Testwertinterpretation nur die Bildung einer Prozentrangnorm ► Abschn. 8.2.1) in Frage, welche die relative Position eines Testwertes in der aufsteigend geordneten Rangreihe der Testwerte in der Bezugsgruppe angibt. Falls hingegen eine intervallskalierte Testwertvariable vorliegt, ist auch die Bildung einer z_V-Norm (► Abschn. 8.2.2) möglich, welche für einen Testwert seinen Abstand zum Mittelwert der Bezugsgruppe in Einheiten der Standardabweichung angibt. Wenn eine intervallskalierte Testwertvariable die Voraussetzung der Normalverteilung erfüllt, ist die z_V-Norm insbesondere von Vorteil, da anhand der tabellarisierten Standardnormalverteilung die prozentuale Häufigkeit der z-Werte innerhalb beliebiger Wertebereiche bestimmt werden kann.

Eine kriteriumsorientierte Interpretation eines Testwertes (► Abschn. 8.3) kann dadurch vorgenommen werden, dass anhand eines zusätzlich zu erhebenden externen Kriteriums auf der Testwertskala ein Schwellenwert bestimmt wird, dessen Überschreitung anzeigt, dass das Kriterium erfüllt ist (► Abschn. 8.3.1). Die ROC-Analyse stellt eine Möglichkeit dar, einen Schwellenwert empirisch zu definieren. Alternativ kann eine kriteriumsorientierte Interpretation anhand der Aufgabeninhalte erfolgen (► Abschn. 8.3.2). Dieses Vorgehen stellt jedoch deutlich höhere Anforderungen an die Aufgabenkonstruktion, da eine genaue inhaltliche Vorstellung von der Grundgesamtheit der für das zu erfassende Merkmal relevanten Aufgaben bestehen und die Testaufgaben eine repräsentative Stichprobe aus der Aufgabengrundgesamtheit darstellen müssen. Der Testwert stellt in diesem Fall unmittelbar einen Indikator für die Merkmalsausprägung dar, da von der Leistung in der Aufgabenstichprobe auf die Leistung in der Aufgabengrundgesamtheit geschlossen werden darf. Verfahren zur Generierung repräsentativer Aufgabenstichproben werden von Klauer (1987a) beschrieben.

Mit einschlägiger Statistiksoftware können Perzentilwerte, z-Werte und ROC-Kurven inklusive der Koordinatenpunkte Sensitivität und 1-Spezifität einfach berechnet werden.

Literatur

Amelang, M. & Schmidt-Atzert, L. (2006). *Psychologische Diagnostik und Intervention* (4. Aufl.) unter Mitarbeit von Th. Fydrich und H. Moosbrugger. Berlin: Springer.

Bortz, J. (2005). *Statistik für Human- und Sozialwissenschaftler* (6. Auflage). Berlin: Springer.

Bortz, J. & Döring, N. (2001). *Forschungsmethoden und Evaluation für Human- und Sozialwissenschaftler* (3., überarbeitete Auflage). Berlin: Springer.

Cronbach, L.J. (1990). *Essentials of psychological testing* (5th ed.). New York: Harper and Row.

DIN (2002). *DIN 33430: Anforderungen an Verfahren und deren Einsatz bei berufsbezogenen Eignungsbeurteilungen*. Berlin: Beuth.

Flynn, J.R. (1999). Searching for justice: The discovery of IQ gains over time. *American Psychologist, 54,* 5-20.

Green, D. M., & Swets, J. A. (1966). *Signal detection theory and psychophysics*. New York: John Wiley and Sons.

Häcker, H., Leutner, D. & Amelang, M. (1998). *Standards für pädagogisches und psychologisches Testen*. Göttingen: Hogrefe.

Hornke, L.F. (2005). Die englische Fassung der DIN 33430. In K. Westhoff, L.J. Hellfritsch, L.F. Hornke, K.D. Kubinger, F. Lang, H. Moosbrugger, A. Püschel & G. Reimann (Hrsg.), *Grundwissen für die berufsbezogene Eignungsbeurteilung nach DIN 33430* (2., überarb. Aufl.) (S. 255-283). Lengerich: Pabst.

International Test Commission (ITC) (2000). *International Guidelines for Test Use.* (Version 2000). USA: Author.

Kelava, A. & Moosbrugger, H. (2007). Deskriptivstatistische Itemanalyse. In H. Moosbrugger & A. Kelava (Hrsg.). *Testtheorie und Fragebogenkonstruktion*. Heidelberg: Springer.

Kelava, A. & Schermelleh-Engel, K. (2007). Latent-State Trait-Theorie. In H. Moosbrugger & A. Kelava (Hrsg.). *Testtheorie und Fragebogenkonstruktion*. Heidelberg: Springer.

Klauer, K.J. (1987a). *Kriteriumsorientierte Tests*. Göttingen Hogrefe.

Klauer, K.C. (1987b). Kriteriumsorientiertes Testen: Der Schluß auf den Itempool. *Zeitschrift für differentielle und diagnostische Psychologie, 8,* 141-147.

Konferenz der Kultusminister der Länder in der Bundesrepublik Deutschland (Hrsg.) (2004). *Bildungsstandards für die erste Fremdsprache (Englisch/Französisch) für den Mittleren Schulabschluss.* Neuwied: Luchterhand.

Konferenz der Kultusminister der Länder in der Bundesrepublik Deutschland (Hrsg.) (2005). *Bildungsstandards für die erste Fremdsprache (Englisch/Französisch) für den Hauptschulabschluss.* Neuwied: Luchterhand.

Moosbrugger, H. (2007a). Item-Response-Theorie. In H. Moosbrugger & A. Kelava (Hrsg.). *Testtheorie und Fragebogenkonstruktion*. Heidelberg: Springer.

Moosbrugger, H. (2007b). Klassische Testtheorie: Testtheoretische Grundlagen. In H. Moosbrugger & A. Kelava (Hrsg.). *Testtheorie und Fragebogenkonstruktion*. Heidelberg: Springer.

Moosbrugger, H. & Goldhammer, F. (2005). *Computerprogramm zur computergestützten Testauswertung des Frankfurter Aufmerksamkeits-Inventar FAIR.* Aktualisierte Fassung von 2005. Göttingen: Hogrefe.

Moosbrugger, H. & Goldhammer, F. (2007). *FAKT-II. Frankfurter Adaptiver Konzentrationsleistungs-Test.* Grundlegend neu bearbeitete und neu normierte 2. Auflage des FAKT von Moosbrugger und Heyden (1997). Testmanual. Bern: Huber.

Moosbrugger, H. & Höfling, V. (2007). Standards für psychologisches Testen. In H. Moosbrugger & A. Kelava (Hrsg.). *Testtheorie und Fragebogenkonstruktion*. Heidelberg: Springer.

OECD (2001). *Knowledge and Skills for Life. First Results from the OECD Programme for International Student Assessment (PISA) 2000.* Paris: OECD.

OECD (2004). *Learning for Tomorrow's World – First Results from PISA 2003.* Paris: OECD.

Rauch, D. & Hartig, J. (2007). Interpretationen von Testwerten in der IRT. In H. Moosbrugger & A. Kelava (Hrsg.). *Testtheorie und Fragebogenkonstruktion*. Heidelberg: Springer

Rettler, H. (1999). Normorientierte Diagnostik. In R. Jäger & F. Petermann (Hrsg.), *Psychologische Diagnostik: Ein Lehrbuch* (4. Aufl.) (S. 221-226). Weinheim: Psychologie Verlags Union.

Rost, J. (2004): *Lehrbuch Testtheorie, Testkonstruktion*. Bern: Huber.

Westhoff, K., Hellfritsch, L.J., Hornke, L.F., Kubinger, K.D., Lang, F., Moosbrugger, H., Püschel, A. & Reimann, G. (Hrsg.) (2005), *Grundwissen für die berufsbezogene Eignungsbeurteilung nach DIN 33430* (2., überarb. Aufl.). Lengerich: Pabst.

Youden, W. (1950). Index rating for diagnostic tests. *Cancer, 3,* 32-35.

9 Standards für psychologisches Testen

Helfried Moosbrugger & Volkmar Höfling

Phasen bzw. Bereiche psychologischen Testens

Standards für psychologisches Testen beziehen sich auf verschiedene Bereiche psychologischen Testens, z.B. auf die Entwicklung und Evaluation (*Testkonstruktion*), auf die Übersetzung und Anpassung (*Testadaptation*), auf die Durchführung, Auswertung und Interpretation (*Testanwendung*) sowie auf die Überprüfung der Einhaltung der Standards bei der Testentwicklung und -evaluation (*Qualitätsbeurteilung*) psychologischer Tests. Teststandards zielen in den genannten Phasen bzw. Bereichen auf größtmögliche Optimierung und wollen dazu beitragen, dass die im Rahmen psychologischen Testens getroffenen Aussagen mit hoher Wahrscheinlichkeit zutreffen.

Definition

Teststandards sind vereinheitlichte Leitlinien, in denen sich allgemein anerkannte Zielsetzungen zur Entwicklung, Adaptation, Anwendung und Qualitätsbeurteilung psychologischer Tests widerspiegeln.

Bei der Anwendung von Standards für psychologisches Testen geht es nicht um deren buchstabengetreue Erfüllung, sondern um ihre souveräne Beachtung in den verschiedenen Bereichen bzw. Phasen psychologischen Testens. Teststandards vermögen ein auf verhaltenswissenschaftlicher, psychometrischer und anwendungsspezifischer Kompetenz beruhendes Urteil nie zu ersetzen (vgl. Häcker, Leutner & Amelang, 1995, S. 3).

Verschiedene (nationale bzw. internationale) psychologische Organisationen (■ Exkurs 9.1) haben Teststandard-Kompendien mit mehr oder weniger vergleichbarer Zielsetzung erarbeitet. Auf der Grundlage dieser Kompendien wird in diesem Kapitel ein Überblick über Teststandards gegeben, welche die Entwicklung und Evaluation (*Testkonstruktion*; ▶ Abschn. 9.1), die Übersetzung und Anpassung (*Testadaptation*; ▶ Abschn. 9.2), die Durchführung, Auswertung und Interpretation (*Testanwendung*; ▶ Abschn. 9.3) und schließlich die Überprüfung der Einhaltung der Standards der Testentwicklung und –evaluation (*Qualitätsbeurteilung*; ▶ Abschn. 9.4) betreffen.

Exkurs 9.1

Organisationen, die Teststandards erarbeitet haben

- **American Educational Research Association (AERA)**
  Seit ihrer Gründung im Jahr 1916 hat es sich die AERA zur Aufgabe gemacht, für eine ständige Qualitätsverbesserung im Bildungsbereich zu sorgen. In diesem Zusammenhang fördert die AERA empirische Untersuchungen und die praktische Umsetzung von Forschungsergebnissen.
- **American Psychological Association (APA)**
  Mit 150 000 Mitgliedern ist die APA die größte Psychologenvereinigung weltweit. Ihre Zielsetzungen sind u. a. die Förderung der psychologischen Forschung, die stetige Verbesserung von Forschungsmethoden und –bedingungen, die Verbesserung der Qualifikationen von Psychologen durch Standards in den Bereichen Ethik, Verhalten, Erziehung

▼

und Leistung, und die angemessene Verbreitung psychologischen Wissens durch Kongresse bzw. Veröffentlichungen.

- **National Council on Measurement in Education (NCME)**
  Das NCME fördert Projekte im Kontext der pädagogischen Psychologie. Hierbei geht es um die Optimierung psychometrischer Testverfahren und deren verbesserte Anwendung im Rahmen pädagogisch-psychologischer Diagnostik.
- **Testkuratorium der Föderation Deutscher Psychologievereinigungen (TK)**
  Das Testkuratorium ist ein von der Föderation Deutscher Psychologenvereinigungen (Deutsche Gesellschaft für Psychologie e.V. und Berufsverband Deutscher Psychologinnen und Psychologen e.V. (DGPs und BDP)) getragenes Gremium, dessen Aufgabe es ist, die Öffentlichkeit vor unzureichenden diagnostischen Verfahren und vor unqualifizierter Anwendung diagnostischer Verfahren zu schützen und verbindliche Qualitätsstandards zu formulieren (z.B. in Form der DIN 33430 zur berufsbezogenen Eignungsbeurteilung).
- **International Test Commission (ITC)**
  Die ITC setzt sich zusammen aus verschiedenen nationalen Psychologievereinigungen und Testkommissionen, darunter auch Forschern zur Thematik des psychologischen Testens. Zielsetzung der ITC ist der Austausch und die Zusammenarbeit bzgl. der Konstruktion, der Verbreitung und der Anwendung psychologischer Tests.

9.1 Standards für die Entwicklung und Evaluation psychologischer Tests

Relevante Leitlinien für die Entwicklung und Evaluation psychologischer Testverfahren liegen vor allem in Form von zwei Teststandard-Kompendien vor: Das eine Werk ist die fünfte Fassung der »Standards for Educational and Psychological Testing« (SEPT; American Educational Research Association, American Psychological Association & National Council on Measurement in Education, 1999), deren vierte Fassung auch ins Deutsche übersetzt wurde (»Standards für pädagogisches und psychologisches Testen«, SPPT; Häcker, Leutner & Amelang, 1998). Bei dem anderen Werk handelt es sich um die »Anforderungen an Verfahren und deren Einsatz bei berufsbezogenen Eignungsbeurteilungen« (DIN 33430; DIN, 2002).

Standards for Educational and Psychological Testing

Die »Standards for Educational and Psychological Testing« (SEPT) können auf eine sehr lange Tradition zurückblicken. Die erstmals 1954 erschienenen Standards liegen seit 1999 in der fünften Fassung vor und tragen dem aktuellen Entwicklungsstand im Feld der psychologischen Diagnostik Rechnung. Sie thematisieren u. a. besonders die Konstruktvalidität, die Item-Response-Theorie und Kriterien für die Verwendung kritischer Trennwerte (Cut-Off-Werte).

Inhalte des ersten Teils der fünften Fassung der »Standards for Educational and Psychological Testing« (SEPT)

Testkonstruktion, -evaluation und -dokumentation:

1. Validität
2. Reliabilität und Messfehler
3. Testentwicklung und Testrevision
4. Skalierung und Normierung
5. Testdurchführung, -auswertung und Ergebnisdarstellung
6. Testdokumentation

DIN 33430

Die vom Testkuratorium der Föderation Deutscher Psychologenvereinigungen vorbereiteten und vom Deutschen Institut für Normung e. V. herausgegebenen »Anforderungen an Verfahren und deren Einsatz bei berufsbezogenen Eignungsbeurteilungen« (DIN 33430; DIN 2002) enthalten nicht nur Richtlinien, sondern festgelegte Qualitätsstandards für den Prozess des psychologischen Testens und bilden damit die erste Norm für wesentliche Aufgabenfelder des Personalwesens weltweit. Enthalten sind sowohl Anforderungen an diagnostische Verfahren an sich als auch Anforderungen hinsichtlich des Vorgehens bei der Anwendung dieser Verfahren für berufsbezogene Eignungsbeurteilungen. Die Norm wendet sich an *Auftraggeber*, die berufsbezogene Eignungsbeurteilungen in Auftrag geben, an *Auftragnehmer*, die für Auftraggeber berufsbezogene Eignungsbeurteilungen durchführen und an *Mitwirkende*, die unter Anleitung, Fachaufsicht und Verantwortung des Auftragnehmers Verfahren zur Eignungsbeurteilung durchführen.

Qualitätskriterien und -standards für Verfahren zur berufsbezogenen Eignungsbeurteilung aus »Anforderungen an Verfahren und deren Einsatz bei berufsbezogenen Eignungsbeurteilungen« (DIN 33430)

Abschnitt 4.2: Auswahl und Zusammenstellung der Verfahren

1. Verfahrenshinweise
2. Objektivität
3. Zuverlässigkeit
4. Gültigkeit
5. Normwerte; Referenzkennwerte

Die thematischen Überschneidungen der beiden Teststandard-Kompendien in Bezug auf die Entwicklung und Evaluation psychologischer Tests sind evident, beide thematisieren in Form von Handlungsanweisungen diejenigen Kriterien, die in der Phase der Entwicklung und Evaluation psychologischer Tests beachtet werden müssen. Sie bilden somit eine Schnittmenge zu dem, was unter dem Thema »Qualitätsanforderungen an einen psychologischen Test« (vgl. Moosbrugger & Kelava, 2007, ► Kap. 2 in diesem Band) behandelt wird, allerdings mit dem Unterschied, dass Teststandards stets in Form von Handlungsanweisungen formuliert werden.

9.1.1 Standards zur Validität

Zunächst werden Standards zur Validität (vgl. Hartig, Frey & Jude, 2007, ► Kap. 7 in diesem Band) aufgestellt. Testentwickler sollten für die verschiedenen Validitätsaspekte (Inhaltsvalidität, Kriteriumsvalidität und Konstruktvalidität) empirische Belege vorlegen, die relativ aktuellen Datums sein sollen und jedenfalls nicht älter als 8 Jahre. Im Kontext der Inhaltsvalidität muss beispielsweise der im Test abgebildete Inhaltsbereich definiert und in seiner Bedeutung für die vorgesehene Testanwendung beschrieben sein; bei etwaigen Expertenurteilen muss die Qualifikation der Experten dargelegt werden. Für den Nachweis von Kriteriumsvalidität fordern die Teststandard-Kompendien unter anderem eine exakte Beschreibung etwaiger Kriteriumsmaße eines Tests und deren Erfassung. Zur differentiellen Vorhersagbarkeit müssen statistische Schätzungen Anwendung finden (z. B. multiple Regression), wobei Gruppenunterschiede zu berücksichtigen sind. Nachfolgend werden beispielhaft Auszüge zur »Konstruktvalidität« aus den beiden Teststandard-Kompendien gegeben (◘ Beispiel 9.1).

Beispiel 9.1

Die Standards für pädagogisches und psychologisches Testen (SPPT) zur »Konstruktvalidität« (Standard 1.8)

»Ist ein Test zur Messung eines Konstrukts vorgesehen, sollte dieses Konstrukt von anderen abgegrenzt werden. Die vorgeschlagene Interpretation der Testwerte ist ausführlich darzustellen; konstruktbezogene Validitätsbelege sollten angeführt werden, um solche Schlussfolgerungen zu untermauern. Insbesondere sollten empirische Belege dafür erbracht werden, dass ein Test nicht in hohem Maße von anderen Konstrukten abhängt.«

Die DIN 33430 zur »Konstruktvalidität« (A.7.1)

»Das interessierende Konstrukt muss von anderen Konstrukten klar abgrenzbar und in einen theoretischen Rahmen eingebettet sein. Das Konstrukt und die diesbezüglichen empirisch-psychologischen Forschungsergebnisse sind so zu beschreiben, dass sie ohne Sekundärliteratur verstehbar sind. Verfahrensrelevante theoretische Alternativen sind ebenso darzustellen wie solche empirische Ergebnisse, die den zugrunde gelegten Annahmen widersprechen. Aufgrund von inhaltlichen Überlegungen und empirischen Ergebnissen ist darzulegen, wie sich das fragliche Konstrukt zu ähnlichen (konvergente Gültigkeit) und unähnlichen Konstrukten (diskriminante Gültigkeit) verhält.«

9.1.2 Standards zur Reliabilität

Weiterhin sind bei der Testentwicklung Standards zur Reliabilität (vgl. Schermelleh-Engel & Werner, 2007, ► Kap. 6 in diesem Band) zu beachten. Auch im Kontext der Reliabilität weisen die Teststandard-Kompendien darauf hin, dass Kennwerte alle 8 Jahre auf ihre Geltung hin empirisch überprüft werden müssen. Es wird ferner gefordert, dass Zuverlässigkeitsschätzungen sowohl für Gesamt- als auch für Subtestwerte vorzulegen sind, wobei auch hier die den Berechnungen zugrunde liegende Stichprobe möglichst genau beschrieben werden muss. Ferner ist es notwendig, zu den Zuverlässigkeitskennwerten auch die Methode ihrer Bestimmung anzugeben. Die Bestimmung der internen Konsistenz zur Quantifizierung der Reliabilität allein ist nicht ausreichend, es sollten daher möglichst verschiedene Reliabilitätskennziffern bzw. Standardmessfehlerangaben bereitgestellt werden (Beispiel 9.2). Unterscheiden sich Zuverlässigkeitskennwerte bzw. Standardmessfehler für verschiedene soziodemographische Gruppen, sollten die Kennziffern für alle Gruppen aufgeführt werden.

Beispiel 9.2

Die Standards für pädagogisches und psychologisches Testen (SPPT) zur »Reliabilität« (Standard 2.1)

»Für jeden angegebenen Gesamttestwert, Subtestwert oder für jede Kombination von Testwerten sollen Schätzungen der relevanten Reliabilitäten und Standardmessfehler ausführlich und detailliert angegeben werden, damit der Testanwender einschätzen kann, ob die Testwerte für die von ihm vorgesehene Testanwendung ausreichend genau sind.«

Die DIN 33430 zur »Zuverlässigkeit« (A.6)

»Es ist anzugeben, nach welcher Methode die Zuverlässigkeit bestimmt wurde. Die Angemessenheit der herangezogenen Methode ist für verschiedene Typen von Eignungsbeurteilungen beispielhaft zu erläutern (...). In den Verfahrenshinweisen muss beschrieben werden, wie die zur Zuverlässigkeitsbestimmung herangezogenen Untersuchungsgruppen zusammengesetzt waren.«

9.1.3 Standards zu Itemgenerierung und Testentwicklung

Im Kontext von Itemgenerierung und Testentwicklung verweisen insbesondere die SEPT bzw. SPPT auf eine Reihe von Standards. Beispielsweise müssen bei der Itemgenerierung der interessierende Inhaltsbereich beschrieben sowie repräsentative Items für jeden Subtest angegeben werden. Weiterhin sollten möglichst viele fundierte empirische Nachweise gesammelt werden, die mit dem neuen Test zusammenhängen. Weisen neue Forschungsergebnisse auf bedeutsame Veränderungen im Inhaltsbereich, in der Testanwendung oder Testinterpretation hin, muss eine entsprechende Testrevision durchgeführt werden (Beispiel 9.3). Empirische Belege und theoretische Begründungen sind auch für etwaige Kurzformen eines neu konstruierten Tests vorzulegen. Werden im Rahmen probabilistischer Testtheorien sog. Itemcharakteristische Funktionen (IC-Funktionen) graphisch dargestellt, muss auch das diesen Graphiken zugrunde liegende probabilistische Modell

(IRT-Modell) beschrieben werden. Für die hierbei verwendete Stichprobe gilt, dass sie ausreichend groß sein und möglichst differenziert beschrieben werden muss. Sind bei der Testkonstruktion Subtests gebildet worden, so müssen diese gemäß der beiden Teststandard-Kompendien bezüglich ihrer theoretischen Konzeption beschrieben werden, um zu zeigen, dass sie mit dem beabsichtigten Zweck des Tests in Einklang stehen und angemessen interpretiert werden können.

Beispiel 9.3

Die Standards für pädagogisches und psychologisches Testen (SPPT) zur »Testentwicklung« (Standard 3.1)
»Tests(...) sollten auf einer fundierten wissenschaftlichen Basis entwickelt werden. Testentwickler sollten alle empirischen Nachweise sammeln, die mit einem Test zusammenhängen. Sie sollten entscheiden, welche Informationen schon vor der Testveröffentlichung oder -distribution benötigt werden bzw. welche Informationen später vorgelegt werden können, und sie sollten die erforderliche Forschung durchführen.«

9.1.4 Standards zu Normen und Testdokumentation

Normen sollten in Bezug auf diejenigen Gruppen erhoben werden, für welche die Anwendung des psychologischen Tests von besonderer Bedeutung sind. Die durchgeführte Normierungsstudie (incl. repräsentativer Stichprobe) sollte ausführlich dargestellt werden. Normwerte sind alle 8 Jahre auf ihre Angemessenheit bzw. Gültigkeit hin zu überprüfen. Für die Dokumentation psychologischer Tests muss vor allem das Testmanual bestimmte Informationen enthalten. Die theoretische Grundkonzeption eines Tests sollte darin ohne Sekundärliteratur verständlich sein, seine Zielsetzung bzw. sein Anwendungsbereich deutlich werden. Zudem muss aus dem Testmanual hervorgehen, welche Qualifikationen für die Testanwendung erforderlich sind (■ Beispiel 9.4).

Beispiel 9.4

Die DIN 33430 zu den »Verfahrenshinweisen« (4.2.1)
»In den Verfahrenshinweisen für standardisierte Verfahren zur Eignungsbeurteilung müssen die Zielsetzungen und Anwendungsbereiche benannt, relevante empirische Untersuchungen nachvollziehbar beschrieben, Konstruktionsschritte in angemessener, ausführlicher und verständlicher Weise dargestellt und alle Gütekriterien und eingesetzten Analysemethoden nachvollziehbar dokumentiert werden.«

9.2 Standards für die Übersetzung und Anpassung psychologischer Tests

Test Adaptation Guidelines

Die »Test Adaptation Guidelines« (TAG) wurden von der International Test Commission (ITC; Hambleton, 2001; ◘ Exkurs 9.1, s.o.) entwickelt, um eine qualitativ hochwertige Adaptation psychologischer Tests über Sprachen und Kulturen hinweg zu gewährleisten, wobei sich – im Verständnis der TAG – die »Adaptation psychologischer Tests« nicht einfach in der Übersetzung von Items erschöpft.

Beispiel 9.5

Die Test Adaptation Guidelines (TAG) zur Anpassung psychologischer Tests (D.7)

Testentwickler sollten geeignete statistische Techniken anwenden, um
(1) die Äquivalenz der verschiedenen Testversionen sicherzustellen und
(2) Testkomponenten oder -aspekte zu identifizieren, die für eine oder mehrere der interessierenden Populationen ungeeignet sind.

Optimale Adaptation psychologischer Tests

In vier Sektionen werden Richtlinien vorgestellt, die eine optimale Adaptation psychologischer Tests gewährleisten sollen.

In Sektion 1 geht es um die Frage der Konstruktäquivalenz in Bezug auf eine Population mit anderem sprachlichen und kulturellen Hintergrund. Mit Psychologen der betroffenen Kulturen bzw. Sprachen sollte die Frage erörtert werden, ob davon ausgegangen werden kann, dass es sich bei dem betreffenden psychologischen Konstrukt um ein sprach- und kulturübergreifendes Konstrukt handelt oder nicht (◘ Beispiel 9.5).

In Sektion 2 werden die Vorgänge der Übersetzung, der Datenerhebung und der statistischen Überprüfung thematisiert. Durch mindestens zwei Übersetzer, die im besten Fall über ausgewiesene Kenntnisse der beteiligten Kulturen wie der zu messenden Konstrukte verfügen, soll eine optimale Übertragung der Operationalisierungen sichergestellt werden. Durch die Erhebung geeigneter Stichproben mit anschließenden statistischen Analysen sollen empirische Belege für die Konstruktäquivalenz bzw. Reliabilität und Validität der adaptierten Testversion bereitgestellt werden.

In Sektion 3 werden Fragen zur Testdurchführung bei sprachlich und kulturell unterschiedlichen Gruppen geklärt, wobei auf die Auswahl von Testanwendern, die Wahl der Aufgabenstellungen und auf Zeitbeschränkungen eingegangen wird.

Sektion 4 schließlich betont die Notwendigkeit einer ausführlichen Testdokumentation (z.B. mittels Testhandbuch) zur Gewährleistung zufriedenstellender Validität und sorgfältiger Testwertinterpretation (z.B. mittels Normierung), um diagnostische Fehlentscheidungen aufgrund sprachlicher und kultureller Unterschiede zu vermeiden (◘ Studienbox 9.1; vgl. Van de Vijver & Watkins, 2006).

Die TAG wurden unter anderem bereits erfolgreich bei der Adaptation von Messinstrumenten für sehr bedeutsame Studien wie die »Third International Mathematics and Science Study« (TIMSS; vgl. Baumert, 2000) und

Studienbox 9.1

Überprüfung der Übertragbarkeit der amerikanischen Normen des *Youth Self Report* (YSR/11-18) an einer nichtklinischen deutschen Stichprobe (Roth, 2000)

- **Fragestellung:**
  Ist die amerikanische Normierung auf deutsche Jugendliche übertragbar?
- **Methode:**
  Eine Stichprobe von N = 352 deutschen Jugendlichen zwischen 12 und 16 Jahren bearbeitete den Youth Self Report (YSR/11-18; vgl. Arbeitsgruppe Deutsche Child Behavior Checklist, 1998). Anhand der Cut-Off-Werte von Achenbach (1991) wurden die Jugendlichen in die Kategorien »Klinisch auffällig« (T > 63), »Übergangsbereich« (63 ≥ T ≥ 60) und »Klinisch unauffällig« (T < 60) eingeteilt (beobachtete Häufigkeiten). Gemäß der amerikanischen Normierungsstichprobe wurden erwartete Häufigkeiten für die Kategorien »Übergangsbereich« und »Klinisch auffällig« ermittelt. Die erwarteten und beobachteten Häufigkeiten wurden mittels χ^2-Tests inferenzstatistisch verglichen.
- **Ergebnisse:**

Tabelle 9.1. Beobachtete und erwartete Häufigkeiten in den 3 Auffälligkeitskategorien bzgl. des Gesamtwertes

	$f_{beob.}$	$f_{erwart.}$	χ^2 $(df = 2)$
Klinisch auffällig	79	28.44	
Übergangsbereich	59	27.42	149.00***
Klinisch unauffällig	214	296.14	

Anmerkung. $f_{beob.}$ = beobachtete Häufigkeit aufgrund der Einteilung der Stichprobe nach den Cut-Off-Werten von Achenbach (1991); $f_{erwart.}$ = erwartete Häufigkeit aufgrund der Verteilung in der amerikanischen Normierungsstichprobe; *** = $p \leq .001$.

Die für die jeweiligen Kategorien ermittelten Häufigkeiten wichen deutlich von den aufgrund in der amerikanischen Normierungsstichprobe erwarteten Häufigkeiten ab (vgl. Tabelle 9.1). Mehr als doppelt so viele deutsche Jugendliche (im Vergleich zu amerikanischen Jugendlichen) wurden anhand der amerikanischen Normen den Kategorien »Klinisch auffällig« und »Übergangsbereich« zugeordnet.

- **Diskussion:**
  Die Ergebnisse zeigen, dass die amerikanische Normierung nicht auf deutsche Jugendliche übertragen werden kann und eine deutsche Normierung des Verfahrens unumgänglich ist. Als mögliche Erklärung der Unterschiede wird sensitiveres Antwortverhalten deutscher Jugendlicher diskutiert.

das »Programme for International Student Assessment« (PISA; vgl. Haider, 2004) eingesetzt.

9.3 Standards für die Anwendung psychologischer Tests

Bedeutung der Testanwendung

Die Standards für die Anwendung (Durchführung, Auswertung und Interpretation) psychologischer Tests stellen eine bedeutsame Bedingung für objektive, reliable und valide Testergebnisse dar und wollen ethische Aspekte der Testanwendung angemessen berücksichtigen. Testanwendung beinhaltet stets in umfassender Weise die Fragestellung, die Anforderungsanalyse, die Untersuchungsplanung und die Verschränkung der in der Testanwendung gewonnenen Informationen in diagnostischen Urteilen bzw. Entscheidungen (vgl. Westhoff, Hornke & Westmeyer, 2003).

Drei Teststandard-Kompendien geben vor allem relevante Leitlinien für die Durchführung, Auswertung und Interpretation psychologischer Tests, zum einen die bereits erwähnten »Standards for Educational and Psychological Testing« (SEPT; s.o.), weiterhin die »Internationalen Richtlinien für die Testanwendung« (IRTA; International Test Commission, 2000) und schließlich die ebenfalls bereits erwähnten »Anforderungen an Verfahren und deren Einsatz bei berufsbezogenen Eignungsbeurteilungen« (DIN 33430; s.o.).

Internationale Richtlinien für die Testanwendung

Die »Internationalen Richtlinien für die Testanwendung« (IRTA) repräsentieren – wie die meisten anderen Teststandard-Kompendien auch – die Arbeit von Experten für psychologisches und pädagogisches Testen aus verschiedenen Nationen über einen langen Zeitraum. Insofern stellen sie keine neuen Standards dar, sondern fassen die übereinstimmenden Stränge bestehender Richtlinien zur Durchführung, Auswertung und Interpretation psychologischer Tests zusammen und bieten dem Testanwender somit eine nachvollziehbare Struktur.

Zweck und Zielsetzung der »Internationalen Richtlinien für die Testanwendung« (IRTA; International Test Commission, 2000; S. 4f.)

»Das langfristige Ziel dieses Projektes ist unter anderem die Erstellung von Richtlinien, die die für einen Testanwender erforderlichen fachlichen Kompetenzen (Fachwissen, Fertigkeiten, Fähigkeiten und andere persönliche Merkmale) betreffen. Diese Kompetenzen werden in Form von nachvollziehbaren Handlungskriterien spezifiziert. Auf Grundlage dieser Kriterien kann genau beschrieben werden, welche Kompetenzen von einem qualifizierten Testanwender erwartet werden können:

- Fachliche und ethische Standards beim Testen,
- Rechte des Probanden und anderer am Testprozess Beteiligter,
- Auswahl und Evaluation alternativer Tests,
- Testvorgabe, Bewertung und Interpretation und
- Anfertigung von Testberichten und Rückmeldung der Ergebnisse.«

Fertigkeiten für die Testanwendung

Die Umsetzung dieser Zielsetzung führte im Rahmen der IRTA zur Formulierung von Richtlinien auf verschiedenen Ebenen von Fertigkeiten, über die der Testanwender verfügen sollte:

- persönliche und handlungsorientierte Fertigkeiten (z.B. hinreichende mündliche und schriftliche Kommunikationsfertigkeiten),
- kontextbezogene Kenntnisse und Fertigkeiten (z.B. notwendiges fachliches und ethisches Wissen für die Testauswahl),
- Fertigkeiten für die Aufgabenhandhabung (z.B. fachliche und ethische Verhaltensgrundsätze für den Umgang mit Tests bzw. Testdaten von der Erhebung über die Auswertung und Interpretation bis zur Sicherung),

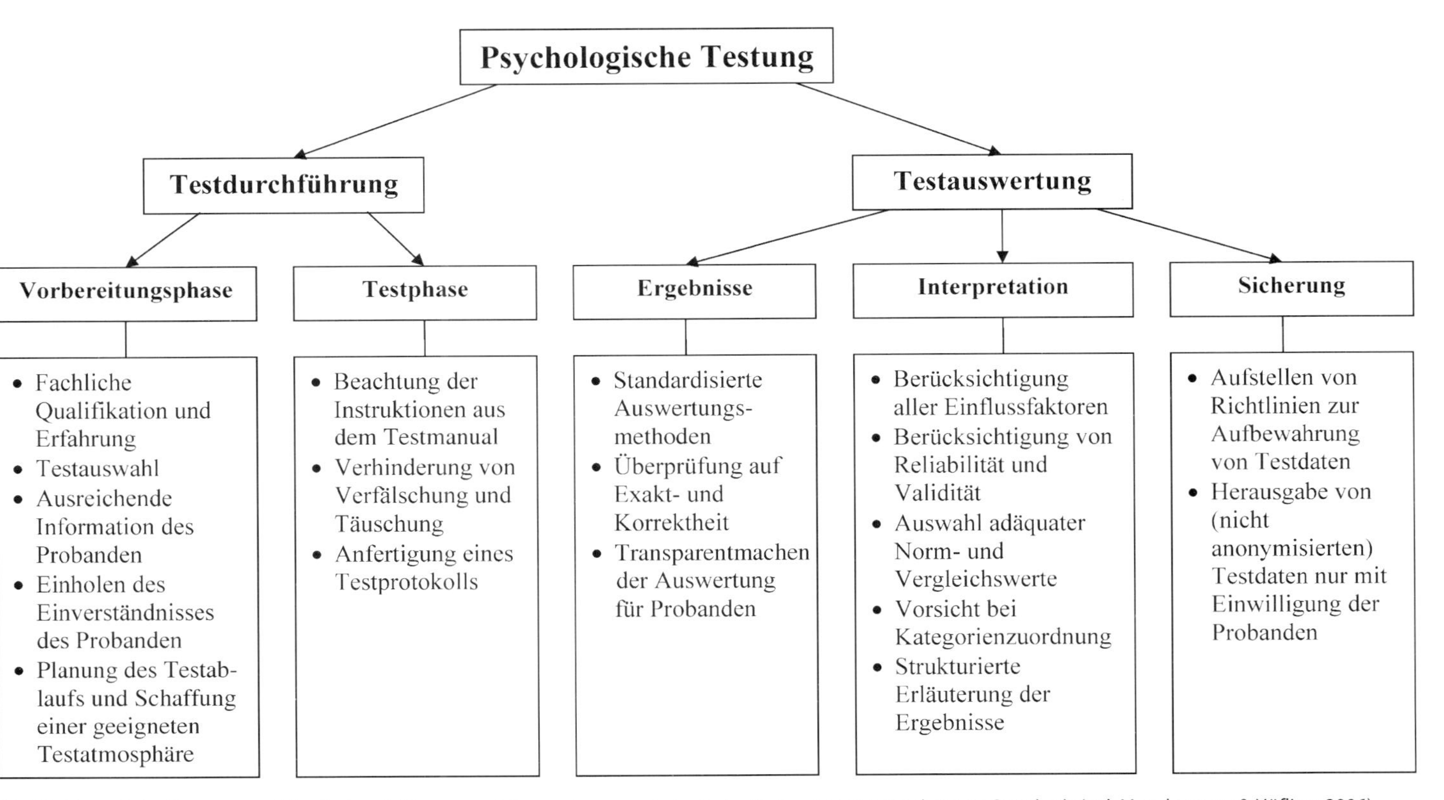

Abbildung 9.1. Phasenmodell für die Durchführung und Auswertung psychologischer Testungen mit zugehörigen Standards (vgl. Moosbrugger & Höfling, 2006)

- Fertigkeiten zur Bewältigung unvorhergesehener Situationen (z.B. kompetente Bewältigung von Störungen im Routineablauf oder kompetenter Umgang mit Fragen von Probanden während der Testvorgabe).

Auf Basis der drei relevanten Teststandard-Kompendien folgt nun ein Überblick über bedeutsame Standards zur Durchführung und Auswertung bzw. Interpretation psychologischer Tests, wobei ein Phasenmodell den übergeordneten Bezugsrahmen bildet. Psychologische Testungen werden demzufolge in zwei Hauptabschnitte unterteilt (◘ Abbildung 9.1). Der erste Hauptabschnitt, die Testdurchführung, wird in eine Vorbereitungsphase und eine Testphase untergliedert. Der zweite Hauptabschnitt, die Testauswertung, wird in die Bereiche Testergebnisse, Interpretation und Sicherung gegliedert. Anhand dieser Gliederung werden im Folgenden wesentliche Standards zur Testanwendung vorgestellt.

9.3.1 Testdurchführung

Vorbereitungsphase

Vor der Testanwendung sollten die individuellen Testanwender zunächst verifizieren, ob sie bezüglich der Fragestellung, der durchzuführenden Tests (einschließlich der ihnen zugrunde liegenden Theorien und Konzepte), der technischen Handhabung und der zu testenden Probandengruppen über ausreichende fachliche Qualifikation und Erfahrung verfügen (◘ »Kritisch nachgefragt« 9.1). Anderenfalls erscheint eine Ablehnung bzw. Weiterleitung des Auftrags an kompetentere Testanwender angemessen. Verschiedentlich wird darauf hingewiesen, dass Probleme im Bereich der Testanwendung in nicht zu vernachlässigender Weise mit mangelhafter Qualifikation von individuellen Testanwendern assoziiert sind (vgl. Turner, DeMers, Fox & Reed, 2001).

Kritisch nachgefragt 9.1

Wer ist zur Anwendung psychologischer Tests autorisiert?

Der Einsatz nicht qualifizierter Testanwender (ohne Master bzw. Diplom in Psychologie, sog. *testing technicians*) im Rahmen psychologisch-diagnostischer Urteils- und Entscheidungsprozesse gilt als umstritten. Hall, Howerton und Bolin (2005) kommen in ihrem Review zu dem Schluss, dass folgende Argumente letztlich gegen den Einsatz von testing technicians sprechen:

- Mangelnde Kenntnisse und Fähigkeiten in Bezug auf die theoretische und methodische Konzeption und Anwendung psychologischer Tests;
- Mangelnde Professionalität im Kontext diagnostischer Urteils- und Entscheidungsfindung;
- Unzulässige Veränderung standardisierter Testbedingungen, da in der Testentwicklungsphase die Tests in der Regel nur von lizenzierten Fachkräften durchgeführt würden;
- Empirische Hinweise auf geringere Reliabilität und Validität von Testdaten, wenn sie von *testing technicians* erhoben werden;
- Mangelnde Fähigkeit zum Aufbau testförderlichen Verhaltens beim Probanden;
- Mangelnde Fähigkeit zur Verarbeitung qualitativer Testinformationen (Testverhalten des Probanden während der Testung).

Durch Training alleine könnten die vorgenannten Probleme beim Einsatz von *testing technicians* nur teilweise ausgeglichen werden.

In den »Anforderungen an Verfahren und deren Einsatz bei berufsbezogenen Eignungsbeurteilungen« (DIN 33430; DIN, 2002) sind nur **Lizenzinhaber gemäß DIN 33430** zur Testdurchführung autorisiert. Dort ist auch der Einsatz von *Mitwirkenden*, die unter Anleitung, Fachaufsicht und Verantwortung von **Auftragnehmern mit Lizenz A** an Eignungsbeurteilung beteiligt sind, explizit geregelt: So müssen *Mitwirkende* die für ihre Tätigkeiten notwendigen Kenntnisse und Fertigkeiten durch die Teilnahme an Seminaren erarbeiten und zum Nachweis der einschlägigen Kenntnisse und Fertigkeiten eine Prüfung absolvieren. Auf diese Weise können sie eine **Lizenz MV** (zur Mitwirkung an Verhaltensbeobachtungen) oder eine **Lizenz ME** (zur Mitwirkung an Eignungsinterviews) erwerben.

Die DPA (Deutsche Psychologen Akademie, 2005) führt ein aktuelles Register der Lizenzinhaber gemäß DIN 33430, welche im Rahmen einer Prüfung gemäß **Prüfungsordnung der Föderation Deutscher Psychologenvereinigungen** (Testkuratorium, 2004) zum Nachweis einschlägiger Kenntnisse eine Lizenz gemäß DIN 33430 erworben haben. Die für die Lizenzprüfung erforderlichen Kenntnisse und Fertigkeiten sind in 6 Module gegliedert (vgl. Westhoff, Hellfritsch, Hornke, Kubinger, Lang, Moosbrugger, Püschel & Reimann, 2005):

Modul 1: Einführung in die DIN 33430
Modul 2: Verhaltensbeobachtung und Verhaltensbeurteilung
Modul 3: Eignungsinterviews
Modul 4: Anforderungsanalyse, Konstrukte und Prozeduren der Eignungsbeurteilung
Modul 5: Psychometrische Grundlagen der Eignungsbeurteilung
Modul 6: Evaluation der Eignungsbeurteilung

Bei der Testauswahl sollte hypothesengeleitet vorgegangen werden, d.h. zur Überprüfung apriorisch aufgestellter Hypothesen sind ausschließlich adäquate Tests auszuwählen, die sich durch gute psychometrische Eigenschaften, ausführliche und plausible theoretische Konzeptualisierung und stets aktuelle und repräsentative Normdaten auszeichnen (■ Beispiel 9.6).

Beispiel 9.6

Die Internationalen Richtlinien für die Testanwendung (IRTA) zur Auswahl angemessener Tests (Standard 2.2.2)

Fachkompetente Testanwender entscheiden, ob das technische Manual und Benutzerhandbuch eines Tests ausreichende Informationen liefert, um folgende Punkte zu beurteilen:

a) Geltungsbereich und Repräsentativität des Testinhalts, Angemessenheit der Normgruppen, Schwierigkeitsgrad des Inhalts;
b) Genauigkeit der Messung und nachgewiesene Reliabilität im Hinblick auf die relevanten Populationen;
c) Validität (belegt im Hinblick auf die relevanten Populationen) und Bedeutsamkeit für die vorgesehene Verwendung;
d) Fehlen eines systematischen Fehlers im Hinblick auf die vorgesehenen Probandengruppen,
e) Annehmbarkeit für die an der Testanwendung Beteiligten, unter anderem die von diesen wahrgenommene Fairness und Bedeutsamkeit;
f) Praktikabilität, unter anderem hinsichtlich des notwendigen Zeit-, Kosten- und anderen Ressourcenaufwands.

Zur Vorbereitungsphase gehört weiterhin eine ausreichende Aufklärung und Information des Probanden bzw. seiner gesetzlichen Vertreter bzgl. der Ziele der psychologischen Testung. Im Regelfall ist beim Probanden die Zustimmung zum Test einzuholen, wobei die Notwendigkeit einer Zustimmung unter gewissen Umständen entfallen kann (z.B. bei Anordnung durch gesetzliche Regelung, landesweite Testprogramme bzw. Berufseignungstests).

Für objektive, reliable und valide Testdaten entscheidend sind schließlich auch die sorgfältige Planung des Ablaufs der psychologischen Testung und die optimale Gestaltung der äußeren Bedingungen für die eigentliche Testphase. Hierbei sollten mögliche Störquellen (z.B. Mobiltelefone) ausgeschaltet, eine angenehme Umgebung (z.B. Licht, Temperatur) geschaffen und gut leserliches und verständliches Testmaterial vorgelegt werden (◘ Exkurs 9.2).

Exkurs 9.2

Die »ITC Computer-Based and Internet Delivered Testing Guidelines« (International Test Commission, 2005)

- **Zielsetzung**
  Entwicklung und Publikation international anerkannter Richtlinien zur Verbesserung von Computerbasierten und Internetgestützten psychologischen Testungen
- **Zielgruppen**
  Testentwickler, Testherausgeber und Testanwender
- **Inhalte**
  1. Berücksichtigung technologischer Aspekte
     - Erfordernisse in Bezug auf Hardware und Software
     - technische Robustheit gegenüber Systemfehlern oder Störungen
     - angemessene optische und akustische Darstellungsweise
     - Hilfestellungen für Probanden mit Behinderungen
     - ausreichende technische Unterstützung und Information
  2. Qualifizierte Testanwendung
     - ausreichende Informationen zu theoretischen Konzeptualisierungen und kompetente Testanwendung
     - Berücksichtigung der psychometrischen Qualität des jeweiligen Tests
     - Evaluation der Äquivalenz im Falle der Übertragung von Tests aus Papierversionen
     - standardisierte Auswertungsmethoden
     - angemessene Interpretation und Darstellung der Ergebnisse
     - Gewährleistung von Testfairness
  3. Gewährleistung ausreichender Kontrollebenen
     - ausführliche und detaillierte Darstellung des Testablaufs unter Berücksichtigung aller technischen Erfordernisse
     - Dokumentation des jeweiligen Ausmaßes von Überwachung der Testung
     - exakte Authentifizierung des Probanden

▼

4. Gewährleistung von Sicherheit und Privatsphäre bei Datenübertragungen
   - Sicherung des Testmaterials
   - Sicherung der Testdaten, die via Internet transferiert werden
   - Gewährleistung der Vertraulichkeit von Testdaten

Testphase

Für die Testphase gilt grundsätzlich: Testanwender sollten zu Beginn und für den gesamten Verlauf der psychologischen Testung mit ihrem Verhalten zur Verbesserung der Motivation des Probanden und zur Reduktion der Testängstlichkeit beitragen.

Zentral für die Testphase ist weiterhin die genaue Beachtung der Instruktion, die im Testmanual vorgegeben ist, die exakte Einhaltung der Bearbeitungszeit und das Vorliegen des entsprechenden Testmaterials. Abweichungen von der Instruktion sind im Testprotokoll zu vermerken und hinsichtlich etwaiger Beeinflussungen der Validität der Testdaten zu diskutieren (■ Beispiel 9.7). Besondere ethische Verantwortung kommt Testanwendern in den Fällen zu, in denen Probanden getestet werden, die aufgrund spezifischer Besonderheiten nicht mit der Probandenpopulation übereinstimmen. Hierzu gehören Probanden mit körperlicher oder geistiger Behinderung bzw. Probanden, deren Muttersprache nicht Testsprache ist. Ihnen gegenüber haben Testanwender besonders auf die Wahrung von Testfairness zu achten.

Der Vollständigkeit halber sei noch darauf hingewiesen, dass die Identität von Probanden (insbesondere im Rahmen von Gruppentestungen) zweifelsfrei gesichert sein muss und dass Testanwender während der Testphase dafür zu sorgen haben, dass Verfälschung oder Täuschung unmöglich wird.

Beispiel 9.7

Die Standards für pädagogisches und psychologisches Testen (SPPT) zur »Testdurchführung« (Standard 15.1)

»Bei der Vorgabe gängiger Tests sollte der Testleiter den vom Testherausgeber und -verleger spezifizierten standardisierten Verfahren der Testdurchführung und -auswertung gewissenhaft Folge leisten. Die Ausführungen bezüglich der Instruktionen für die Probanden, der Bearbeitungszeiten, der Form der Itemvorgabe oder -antwort und des Testmaterials oder -zubehörs sollten genauestens beachtet werden. Ausnahmen sollten nur auf der Basis sorgfältiger fachlicher Beurteilung gemacht werden, vornehmlich im klinischen Bereich.«

9.3.2 Testauswertung

Testergebnisse

Im Rahmen der Testauswertung sind zum Zwecke größtmöglicher Exakt- und Korrektheit von Testergebnissen standardisierte Auswertungsmethoden anzuwenden, was entsprechende statistisch-methodische Kenntnisse erfordert. Testanwender sollten Test- und Subtestwerte auf unwahrscheinliche bzw. unsinnige Werte überprüfen, die Verwendung verschiedener (z.B. graphischer) Darstellungsformen beherrschen und den Probanden das Zustandekommen der Testergebnisse und deren Bedeutung für etwaige psychologisch-diagnostische Entscheidungen transparent machen.

Interpretation von Testergebnissen

Bei der Interpretation von Testergebnissen ist auf Angemessenheit zu achten, d.h. Testanwender sollten Testergebnisse nicht überbewerten und alle zur Verfügung stehenden Informationsquellen über den Probanden (z.B. Alter, Geschlecht, Bildungsniveau, kulturelle Faktoren, Vorerfahrungen mit bestimmten psychologischen Tests) einbeziehen. Weiterhin müssen bei der Interpretation von Testergebnissen die Reliabilität (z.B. durch die Bildung von Vertrauensintervallen) und Validität der Test- oder Subtestwerte angemessen berücksichtigt werden. Kommen Norm- oder Vergleichswerte zum Einsatz, ist darauf zu achten, dass diese aktuell und für die jeweiligen Probanden relevant sind. Im Kontext des kriteriumsorientierten Testens ist zu beachten, dass für die verwendeten kritischen Trennwerte (Cut-Off-Scores) Validitätsbelege vorzulegen sind. Etwaige Erläuterungen und Empfehlungen sollen entweder in mündlicher Form oder schriftlich in Form eines Testberichts den Probanden konstruktiv, sprachlich angemessen und inhaltlich verständlich übermittelt werden (■ Beispiel 9.8).

Sicherung

Alle relevanten Testdaten einer Person einschließlich des Testprotokolls und alle schriftlichen Belege müssen gesichert und aufbewahrt werden. Testanwender sollten klare Richtlinien über die Verfügbarkeit, Aufbewahrungsdauer und weitere Verwendung der Testdaten erstellen. Testergebnisse, welche im Zusammenhang Computerbasierter und Internetgestützter Testungen in Datenbanken gespeichert sind, müssen hinreichend geschützt werden (vgl. British Psychological Society, 2002). Testdaten, die einer Person namentlich zugeordnet werden können, dürfen nur nach vorheriger Einwilligung des Probanden bzw. seines gesetzlichen Vertreters anderen Personen oder Forschungseinrichtungen zugänglich gemacht werden.

Beispiel 9.8

Die Standards für pädagogisches und psychologisches Testen (SPPT) zum »Schutz von Probanden« (Standard 15.1)

»Werden Personen aufgrund ihrer Testwerte Kategorien zugeordnet, sollten diese auf der Grundlage sorgfältig ausgewählter Kriterien bestimmt werden. In Übereinstimmung mit einer präzisen Berichterstellung sollten immer die am wenigsten stigmatisierenden Kategorien gewählt werden.«

9.4 Standards für die Qualitätsbeurteilung psychologischer Tests

Da die Zahl der auf dem Markt befindlichen psychologischen Tests und ihr Einsatz stets zunehmen, ist der Testanwender auf übersichtliche Informationen (■ Exkurs 9.3) angewiesen.

Exkurs 9.3

Übersichtswerke für psychologische Tests in Deutschland

Sonderheft der »Zeitschrift für Differentielle und Diagnostische Psychologie« (Kubinger, 1997)	Testrezensionen von 25 gängigen Tests und eine Übersicht über bis dato erschienene Testrezensionen
»Brickenkamp Handbuch psychologischer und pädagogischer Tests« (Brähler, Holling, Leutner & Petermann, 2002)	Die in Kurzbeiträgen vorgestellten Tests sind in drei Hauptgruppen unterteilt: Leistungstests, psychometrische Persönlichkeitstests und Persönlichkeits-Entfaltungsverfahren
»Tests unter der Lupe« (Fay, 1996, 1999, 2000, 2003, 2005)	Ausführliche Rezensionen aktueller psychologischer Tests
»Diagnostische Verfahren in der Psychotherapie« (Brähler, Schumacher & Strauß, 2002)	Beschreibung von 94 Testverfahren für die psychotherapeutische Forschung und Praxis
»Handbuch personaldiagnostischer Instrumente« (Kanning & Holling, 2002)	Vorstellung und Beurteilung von 50 personaldiagnostischen Testverfahren
»Handbuch wirtschaftspsychologischer Testverfahren« (Sarges & Wottawa, 2004)	Zusammenstellung und Beschreibung von 140 wirtschaftspsychologischen Testverfahren

Bedarf nach Qualitätsbeurteilungen

Neben den Übersichtswerken besteht aber auch vermehrter Bedarf nach Qualitätsbeurteilungen psychologischer Tests. Die Rezensionen psychologischer Tests erfolgten in Deutschland bisher weitgehend frei und unstandardisiert (vgl. Kersting, 2006a), wobei ein Vorteil unstandardisierter Testrezensionen in der großen Gestaltungsfreiheit bezüglich der auf jeden einzelnen Test individuell zugeschnittenen Kriterien gesehen werden könnte. Diesem Vorteil steht aber ein großer Mangel gegenüber, denn das Fehlen eines verbindlichen Kriteriensystems bei der Testbeurteilung führt dazu, dass die Tests untereinander nur schwer zu vergleichen sind.

Testbeurteilungssystem des Testkuratoriums

Um diesem Mangel abzuhelfen, hat das Testkuratorium der Föderation Deutscher Psychologenvereinigungen unter Beachtung internationaler Testrezensionssysteme (COTAN, Evers, 2001; EFPA, Bartram, 2001) und unter Berücksichtigung der DIN 33430 das für Deutschland maßgebliche *Testbeurteilungssystem des Testkuratoriums* (TBS-TK; Testkuratorium 2006, 2007) entwickelt, welches eine Reihe von Vorteilen bietet, nämlich

- höhere Transparenz und Objektivität,
- standardisierte Bewertung aufgrund vorgegebener Beurteilungskriterien,
- größere Vollständigkeit in Bezug auf relevante Aspekte und
- testübergreifende Vergleichsmöglichkeiten verschiedener Verfahren.

Um die Qualität der Testbeurteilung sicherzustellen, beauftragt das Testkuratorium (TK) jeweils zwei fachkundige Rezensenten. Diese prüfen in Schritt eins zunächst anhand der »DIN Screen-Checkliste 1« (Kersting, 2006b) das Testmanual bzw. Testhandbuch (»die Verfahrenshinweise«) auf grundsätzliche Erfüllung der Anforderungen gemäß DIN 33430. Bei Erfüllung der Anforderungen wird der Test als prüffähig beurteilt; in Schritt zwei erfolgt eine Testkategorisierung nach formalen Merkmalen und Inhalten gemäß ZPID (Zentrum für psychologische Information und Dokumentation) und in Ausschnitten gemäß EFPA (European Federation of Psychologists' Associations). Die eigentliche Bewertung des Tests erfolgt schließlich in Schritt drei anhand der Besprechungs- und Beurteilungskategorien des TK. Die jeweilige Abschlussbewertung bzw. Empfehlung der Rezensenten (»Der Test erfüllt die Anforderungen voll, weitgehend, teilweise bzw. nicht«) erfolgt als Würdigung der Gesamtheit aller Aspekte. Vor Veröffentlichung in »Report Psychologie« und weiteren Fachzeitschriften wird die jeweilige Rezension den Testautoren zur Stellungnahme zugesandt. Das komplette TBS-TK ist in ▣ Info-Box 9.1 übersichtlich dargestellt.

Info-Box 9.1
Testbeurteilungssystem des Testkuratoriums (TBS-TK)

Das **Testbeurteilungssystem des Testkuratoriums der Föderation Deutscher Psychologenvereinigungen** (TBS-TK; Testkuratorium, 2006, 2007) dient zur Qualitätssicherung psychologischer Tests. Hierbei wird ein Beurteilungsprozess vorgenommen, in welchem Testrezensenten in Bezug auf einen psychologischen Test in drei Schritten

- die Verfahrenshinweise auf grundsätzliche Erfüllung der in der DIN 33430 formulierten Anforderungen prüfen, und wenn ja,
- eine Testkategorisierung nach ZPID (Zentrum für psychologische Information und Dokumentation; www.zpid.de) und Merkmalen aus EFPA (European Federation of Psychologists´ Associations; www.efpa.be) vornehmen und
- den Test anhand der Besprechungs- und Beurteilungskategorien des Testkuratoriums bewerten.

Die *Besprechungs- und Beurteilungskategorien des Testkuratoriums* (TK) sind:

1. Allgemeine Informationen über den Test, Beschreibung des Tests und seiner diagnostischen Zielsetzung
2. Theoretische Grundlagen als Ausgangspunkt der Testkonstruktion
3. Objektivität
4. Normierung (Eichung)
5. Zuverlässigkeit (Reliabilität, Messgenauigkeit)
6. Gültigkeit (Validität)
7. Weitere Gütekriterien (Störanfälligkeit, Unverfälschbarkeit und Skalierung)
8. Abschlussbewertung / Empfehlung

9.5 Zusammenfassung

Teststandards sind vereinheitlichte Leitlinien, in denen sich allgemein anerkannte Zielsetzungen zur Entwicklung und Evaluation (Testkonstruktion), Übersetzung und Anpassung (Testadaptation) sowie Durchführung, Auswertung und Interpretation (Testanwendung) psychologischer Tests widerspiegeln. Verschiedene nationale und internationale Teststandard-Kompendien haben mit unterschiedlicher Schwerpunktsetzung solche Teststandards zusammengetragen:

- Standards for Educational and Psychological Testing (SEPT);
- Anforderungen an Verfahren und deren Einsatz bei berufsbezogenen Eignungsbeurteilungen (DIN 33430);
- Test Adaptation Guidelines (TAG);
- Internationale Richtlinien für die Testanwendung (IRTA);
- ITC Computer-Based and Internet Delivered Testing Guidelines (CBT).

Die Überprüfung der Einhaltung der Standards bei der Testentwicklung und -evaluation (Qualitätsbeurteilung psychologischer Tests) erfolgt in Deutschland unter Berücksichtigung der DIN 33430 mit dem Testbeurteilungssystem des Testkuratoriums (TBS-TK), welches die standardisierte Erstellung und Publikation von Testrezensionen anhand eines vorgegebenen Kriterienkataloges vorsieht. Um die Standards bei der Testanwendung sicherzustellen, wurden vom Testkuratorium im Auftrag der Föderation Deutscher Psychologenvereinigungen Personenlizenzierungen nach DIN 33430 eingeführt.

Literatur

Achenbach, T.M. (1991). *Manual for the Youth Self Report and 1991 Profile*. Burlington: University of Vermont, Department of Psychiatry.

American Educational Research Association, American Psychological Association & National Council on Measurement in Education (1999). *Standards for Educational and Psychological Testing*. Washington, DC: American Educational Research Association.

Arbeitsgruppe Deutsche Child Behavior Checklist (1998). *Fragebogen für Jugendliche; deutsche Bearbeitung der Youth Self-Report Form der Child Behavior Checklist (YSR)*. Einführung und Anleitung zur Handauswertung. 2. Auflage mit deutschen Normen, bearbeitet von M. Döpfner, J. Plück, S. Bölte, P. Melchers & K. Heim. Köln: Arbeitsgruppe Kinder-, Jugend- und Familiendiagnostik (KJFD).

Bartram, D. (2001). Guidelines for test users: A review of national and international initiatives. *European Journal of Psychological Assessment, 17*, 173-186.

Baumert, J. (2000) (Hrsg.). *TIMSS-III: Dritte Internationale Mathematik- und Naturwissenschaftsstudie*. Opladen: Leske und Budrich.

Brähler, E., Holling, H., Leutner, D. & Petermann, F. (2002). *Brickenkamp Handbuch psychologischer und pädagogischer Tests*. Göttingen: Hogrefe.

Brähler, E., Schumacher, J. & Strauß, B. (Hrsg.). (2002). *Diagnostische Verfahren in der Psychotherapie* (Band 1). Göttingen: Hogrefe.

British Psychological Society (2002). *Guidelines for the Development and Use of Computer-Based Assessment*. Leicester, UK: Psychological Testing Centre.

Deutsche Psychologen Akademie (2005). *Inhaber(innen) Lizenz A für berufsbezogene Eignungsbeurteilungen nach DIN 33430*. Verfügbar unter: http://www.dpa-bdp.de/spezpsych/register.php?tabelle=liz_a&action=update&sort=PLZ [6.1.2007].

DIN (2002). *DIN 33430. Anforderungen an Verfahren und deren Einsatz bei berufsbezogenen Eignungsbeurteilungen*. Berlin: Beuth Verlag.

Evers, A. (2001). The Revised Dutch Rating System for Test Quality. *International Journal of Testing, 1*, 155-182.

Fay, E. (1996). *Tests unter der Lupe, Band 1*. Heidelberg: Asanger.

Fay, E. (1999). *Tests unter der Lupe, Band 2*. Lengerich: Pabst Science Publishers.

Fay, E. (2000). *Tests unter der Lupe, Band 3*. Lengerich: Pabst Science Publishers.

Fay, E. (2003). *Tests unter der Lupe, Band 4*. Göttingen: Vandenhoeck & Ruprecht.

Fay, E. (2005). *Tests unter der Lupe, Band 5*. Göttingen: Vandenhoeck & Ruprecht.

Häcker, H., Leutner, D. & Amelang, M. (1998). Standards für pädagogisches und psychologisches Testen. *Zeitschrift für Differentielle und Diagnostische Psychologie, Supplementum 1*. Göttingen: Hogrefe.

Haider, G. (2004) (Hrsg.). *PISA 2003: Internationaler Vergleich von Schülerleistungen. Mathematik, Lesekompetenz, Naturwissenschaft, Problemlösen*. Graz: Leykam.

Hall, J.D., Howerton, D.L., & Bolin, A.U. (2005). The use of testing technicians: critical issues for professional psychology. *International Journal of Testing, 5* (4), 357-375.

Hambleton, R.K. (2001). The Next Generation of the ITC Test Translation and Adaptation Guidelines. *European Journal of Psychological Assessment, 17* (3), 164-172.

Hartig, J. & Frey, A. (2007). Validität. In H. Moosbrugger & A. Kelava (Hrsg.). *Testtheorie und Fragebogenkonstruktion.* Heidelberg: Springer.

International Test Commission (2000). *Internationale Richtlinien für die Testanwendung. Version 2000. Deutsche Fassung.* Verfügbar unter: http://www.intestcom.org [6.1.2007].

International Test Commission (2005). *International Guidelines on Computer-Based and Internet Delivered Testing.* Verfügbar unter: http://www.intestcom.org [6.1.2007].

Kanning, U. P. & Holling, H. (Hrsg.). (2002). *Handbuch personaldiagnostischer Instrumente.* Göttingen: Hogrefe.

Kersting, M. (2006a). Zur Beurteilung der Qualität von Tests: Resümee und Neubeginn. *Psychologische Rundschau, 57* (4), 243-253.

Kersting, M. (2006b). *»DIN Screen« – Leitfaden zur Kontrolle und Optimierung der Qualität von Verfahren und deren Einsatz bei beruflichen Eignungsbeurteilungen.* Lengerich: Pabst Science Publishers.

Kubinger, K. D. (1997). Editorial zum Themenheft »Testrezensionen: 25 einschlägige Verfahren«. *Zeitschrift für Differentielle und Diagnostische Psychologie, 18,* 13.

Moosbrugger, H. & Höfling, V. (2006). Teststandards. In F. Petermann & M. Eid (Hrsg.), *Handbuch der psychologischen Diagnostik,* 407-419.

Moosbrugger, H. & Kelava, A. (2007). Qualitätsanforderungen an einen psychologischen Test. In H. Moosbrugger & A. Kelava (Hrsg.). *Testtheorie und Fragebogenkonstruktion.* Heidelberg: Springer.

Roth, M. (2000). Überprüfung des Youth Self-Report an einer nichtklinischen Stichprobe. *Zeitschrift für Differentielle und Diagnostische Psychologie, 21* (1), 105-110.

Sarges, W. & Wottawa, H. (2004). *Handbuch wirtschaftspsychologischer Testverfahren.* Lengerich: Pabst Science Publishers.

Schermelleh-Engel, K. & Werner, C. (2007). Reliabilität. In H. Moosbrugger & A. Kelava (Hrsg.). *Testtheorie und Fragebogenkonstruktion.* Heidelberg: Springer.

Testkuratorium (2004). *Fortbildungs- und Prüfungsordnung der Föderation Deutscher Psychologenvereinigungen zur Personenlizenzierung für berufsbezogene Eignungsbeurteilungen nach DIN 33430.* Verfügbar unter: http://www.bdp-verband.org/bdp/politik/2004/40920_ordnung.pdf [6.01.2007].

Testkuratorium (2006). TBS-TK. Testbeurteilungssystem des Testkuratoriums der Föderation Deutscher Psychologenvereinigungen. *Report Psychologie, 31,* 492-499.

Testkuratorium (2007). TBS-TK. Testbeurteilungssystem des Testkuratoriums der Föderation Deutscher Psychologenvereinigungen. *Psychologische Rundschau, 58* (1), 25-30.

Turner, S.M., DeMers, S.T., Fox, H.R. & Reed, G.M. (2001). APA's Guidelines for Test User Qualifications. An Executive Summary. *American Psychologist, 56* (12), 1099-1113.

Van de Vijver, F.J.R. & Watkins, D. (2006). Assessing Similarity of Meaning at the Individual and Country Level. *European Journal of Psychological Assessment, 22* (2), 69-77.

Westhoff, K., Hornke, L.F. & Westmeyer, H. (2003). Richtlinien für den diagnostischen Prozess. *Report Psychologie,* 28 (9), 504-517.

Westhoff, K., Hellfritsch, L.J., Hornke, L.F., Kubinger, K.D., Lang, F., Moosbrugger, H., Püschel, A. & Reimann, G. (Hrsg.) (2005). *Grundwissen für die berufsbezogene Eignungsbeurteilung nach DIN 33430.* (2., überarbeitete Auflage) Lengerich: Pabst.

B Erweiterungen

10 Item-Response-Theorie (IRT)[1]

Helfried Moosbrugger

[1] Einige Abschnitte dieses Kapitels sind dem gleichnamigen Beitrag von Moosbrugger (2006) entnommen.

10.1 Grundlegendes

Klassische Testtheorie

Entgegen einer oft zu hörenden Auffassung ist die *Item-Response-Theorie (IRT)*[2] (Lord, 1980; Hambleton & Swaminathan, 1985; Fischer, 1996) nicht als Alternative zur *Klassischen Testtheorie (KTT)* (s. Moosbrugger, 2007a, ► Kap. 5 in diesem Band) aufzufassen, sondern besser als Ergänzung. Der KTT sind große Verdienste in der Psychodiagnostik zuzuschreiben: Mit ihrer Hilfe ist es möglich, auf Basis der Reaktionen in mehreren Items die wahre Ausprägung (true score) des zu erfassenden Merkmals zu schätzen und die Messgenauigkeit des Testergebnisses (Reliablilität, s. Schermelleh-Engel & Werner, 2007, ► Kap. 6 in diesem Band) zu bestimmen. Mit Hilfe der Reliabilität bzw. des Standardmessfehlers ist es darüber hinaus möglich, ein Konfidenzintervall für den true score anzugeben.

Grenzen der Klassischen Testtheorie

Bezüglich der Validität ist festzustellen, dass ein nach der KTT konstruierter reliabler Test durchaus geeignet ist, für Fragestellungen vor allem der Kriteriumsvalidität herangezogen zu werden. Für Fragestellungen der Konstruktvalidität (s. Hartig, Frey & Jude 2007, ► Kap. 7 in diesem Band) hingegen liefert die KTT keine geeigneten Antworten. Insbesondere bleibt in der KTT die Frage offen, ob es gerechtfertigt ist, die Reaktionen auf eine Itemmenge zu einem Testwert zusammenzuzählen. Dies setzt nämlich voraus, dass alle Items dasselbe Persönlichkeitsmerkmal messen (Itemhomogenität, s. u.), was im Zuge der KTT empirisch nicht überprüft werden kann.

Grundannahmen der IRT

Im Unterschied zur KTT geht die IRT explizit der Frage nach, welche Rückschlüsse auf interessierende Einstellungs-, Persönlichkeits- oder Fähigkeitsmerkmale gezogen werden können, wenn von den Probanden lediglich Antworten (responses) auf diverse Testitems vorliegen. Hierzu wird in der IRT zunächst zwischen zwei Ebenen von Variablen unterschieden, und zwar zwischen *manifesten Variablen* und *latenten Variablen*. Bei den manifesten Variablen handelt es sich im Kontext der IRT um das beobachtbare Antwortverhalten auf verschiedene Testitems, bei den latenten Variablen hingegen um die Merkmalsausprägungen in nicht beobachtbaren dahinterliegenden Fähigkeiten oder Persönlichkeitsmerkmalen, von welchen das manifeste Verhalten als abhängig angesehen wird.

Manifeste Variablen und latente Variablen

Sofern das manifeste Antwortverhalten auf verschiedene Items tatsächlich von der individuellen Merkmalsausprägung der Probanden in einer latenten Variable ξ (sprich: ksi) abhängt, wird sich dies in Korrelationen zwischen den manifesten Variablen niederschlagen. So werden z. B. Probanden mit hoher Ausprägung in ξ viele der Items lösen (bejahen etc.) können, Probanden mit niedriger Ausprägung in ξ hingegen nur wenige.

Um in Umkehrung dieser Überlegung von manifesten Variablen auf eine potentiell dahinterliegende latente Variable ξ schließen zu können, müssen mehrere untereinander korrelierende manifeste Variablen als Datenbasis vorliegen, was jedoch nur eine notwendige, nicht aber eine hinreichende Bedingung dafür darstellt, dass die latente Variable als »Ursache« für die Korrelationen angesehen werden kann.

[2] Neben der international etablierten Bezeichnung »Item-Response-Theorie« ist auch die Bezeichnung »Probabilistische Testtheorie« gebräuchlich; s. z. B. Fischer (1974); Kubinger (1992).

Als hinreichende Bedingung gilt das Vorliegen von Itemhomogenität bezüglich der latenten Variable ξ, was bedeutet, dass das Antwortverhalten auf die Items tatsächlich nur von diesem Merkmal (der latenten Variable) und keinem anderen systematisch beeinflusst wird.

Itemhomogenität

Gelingt es, Tests in der Weise zu konstruieren, dass sie den im Vergleich zur KTT wesentlich strengeren Annahmen der IRT genügen, so ergeben sich – je nach Modell – bedeutende psychodiagnostische Vorzüge. Hierzu zählen nicht nur empirisch mit Modelltests überprüfbare Angaben zur Konstruktvalidität (Itemhomogenität), sondern auch zum erzielten Skalenniveau der latenten Persönlichkeitsmerkmale (Skalendignität) sowie zur Stichprobenunabhängigkeit der Modelparameter (► Abschn. 10.4.2)

10.2 Lokale stochastische Unabhängigkeit

Um von Itemhomogenität ausgehen zu können, müssen die manifesten Variablen der Bedingung der »*lokalen stochastischen Unabhängigkeit*« genügen, die anhand von Korrelationen untersucht werden kann. Dazu hält man die latente Variable ξ auf einem bestimmten Wert (auf der lokalen Stufe ξ_v) konstant und untersucht die Korrelationen der Antwortvariablen nur an Personen mit dieser Ausprägung im interessierenden Persönlichkeitsmerkmal. Sofern die Korrelationen zwischen den Antwortvariablen bei konstantgehaltenem ξ verschwinden, ist die Bedingung der lokalen stochastischen Unabhängigkeit erfüllt und es darf von Itemhomogenität ausgegangen werden.

Zur Veranschaulichung stelle man sich eine Anzahl von Personen vor, die hinsichtlich der latenten Variable (z. B. »Emotionalität«, s. u.) die gleiche Ausprägung aufweisen und betrachtet das Antwortverhalten auf beliebige zwei Items aus einem Itempool anhand eines bivariaten Streuungsdiagramms.

Wenn die beiden Items homogen sind, müssten theoretisch alle Personen mit gleicher Merkmalsausprägung innerhalb des jeweiligen Items denselben Wert erreichen. Da neben dem systematischen Einfluss der latenten Variable ξ aber auch noch unsystematische Messfehler auf die manifesten Itemantworten wirken, wäre im Streuungsdiagramm eine unsystematische runde Punktwolke zu erwarten, welche auf eine Nullkorrelation hinweist.

Ist die Korrelation hingegen deutlich von Null verschieden, muss man davon ausgehen, dass die Items bezüglich des Merkmals »Emotionalität« nicht homogen sind; die trotz der Konstanthaltung von ξ weiterhin existierende Itemkorrelation wäre ein Hinweis darauf, dass die Items nicht nur das Merkmal ξ messen. Die Korrelation der Antwortvariablen könnte nicht auf ξ zurückgeführt werden und es läge keine Itemhomogenität (Eindimensionalität der Items) bezüglich ξ vor.

Zur Überprüfung der Unkorreliertheit wird das *Multiplikationstheorem für unabhängige Ereignisse* herangezogen. Es besagt, dass sich die Verbundwahrscheinlichkeit der Ereignisse $P((i+, j+) \mid \xi)$ (d. h., beiden Items i und j zuzustimmen bei gegebener Merkmalsausprägung ξ) bei unabhängigen Ereignissen durch Multiplikation der Einzelwahrscheinlichkeiten der Ereignisse $P(i+ \mid \xi)$ und $P(j+ \mid \xi)$ reproduzieren lässt.

Multiplikationstheorem für unabhängige Ereignisse

$$P((i+, j+)|\xi) = P(i+|\xi) \cdot P(j+|\xi) \qquad (10.1)$$

Diese Überlegung lässt sich auf beliebig viele Stufen der latenten Variable ξ sowie auf jede nichtleere Teilmenge einer beliebig großen Itemmenge verallgemeinern (s. z. B. Moosbrugger, 1984, S. 76.)

Im Fall von manifesten Variablen mit dichotomem Antwortmodus reduzieren sich die Überlegungen zu den Korrelationen auf ein Vierfelderschema (Beispiel 10.1).

Beispiel 10.1

Überprüfung der Itemhomogenität

Gegeben seien zwei Testitems i und j mit dichotomem Beantwortungsmodus »stimmt (+)« bzw. »stimmt nicht (–)«, z. B. das Item 49 »Termindruck und Hektik lösen bei mir körperliche Beschwerden aus« und das Item 106 »Es gibt Zeiten, in denen ich ganz traurig und niedergedrückt bin« aus der revidierten Fassung des Freiburger Persönlichkeitsinventars FPI-R (Fahrenberg, Hampel & Selg, 2001). Die Zustimmungswahrscheinlichkeiten P(i+), P(j+), die Ablehnungswahrscheinlichkeiten P(i–), P(j–) sowie die Verbundwahrscheinlichkeiten P(i+, j+) bzw. P(i–, j–) für diese beiden Items sind in Tabelle 10.1a wiedergegeben:

Tabelle 10.1a–c. Zustimmungs-, Ablehnungs- und Verbundwahrscheinlichkeiten des Antwortverhaltens für zwei Testitems i und j mit dichotomem (+/-) Antwortmodus, zunächst (**a**) ohne Berücksichtigung einer dahinterliegenden latenten Variable ξ, sodann (**b**) bei lokaler Betrachtung auf der Stufe ξ_v bzw. (**c**) auf der Stufe ξ_w. Näheres siehe Text.

a)		Item j		
		+	–	
Item i	+	.33	.27	.60
	–	.07	.33	.40
		.40	.60	
b)	Für $\xi = \xi_v$	Item j		
		+	–	
Item i	+	.03	.27	.30
	–	.07	.63	.70
		.10	.90	
c)	Für $\xi = \xi_w$	Item j		
		+	–	
Item i	+	.63	.27	.90
	–	.07	.03	.10
		.70	.30	

▼

Betrachtet man zunächst in ◘ Tabelle 10.1a die Randwahrscheinlichkeiten der beiden Items, so erkennt man, dass das Item i das leichtere Item ist (Zustimmungswahrscheinlichkeit $P(i+) = .60$), das Item j hingegen eine höhere Itemschwierigkeit (Zustimmungswahrscheinlichkeit $P(j+) = .40$) aufweist[3] (vgl. Kelava & Moosbrugger, 2007, ▶Kap. 4 in diesem Band). Außerdem erkennt man an $P(i+) \cdot P(j+) \neq P(i+, j+)$ (in Zahlen $0.60 \cdot 0.40 \neq 0.33$), dass die Antwortvariablen nicht unabhängig sind, sondern korrelieren, was auf eine möglicherweise dahinterliegende Variable ξ schließen lässt. Die Beantwortung beider Items in symptomatischer Richtung tritt also mit $P = .33$ häufiger auf als nach dem Multiplikationstheorem für unabhängige Ereignisse (s. u.) mit $0.6 \cdot 0.4 = 0.24$ zu erwarten wäre.

Teilt man nun die Stichprobe in zwei Personengruppen gleichen Umfangs, wobei die eine auf der latenten Variable ξ eine niedrigere Ausprägung ξ_v, die andere hingegen eine höhere Ausprägung ξ_w habe (man nimmt also eine Betrachtung auf lokalen Stufen von ξ vor, s. o.), ergeben sich die zugehörigen Zustimmungs-, Ablehnungs- und Verbundwahrscheinlichkeiten in ◘ Tabelle 10.1b (für $\xi = \xi_v$) bzw. ◘ Tabelle 10.1c (für $\xi = \xi_w$).

Nimmt man jetzt auf jeder der beiden lokalen Stufen eine Betrachtung der Rand- und Verbundwahrscheinlichkeiten vor, so sieht man an den Randwahrscheinlichkeiten, dass für Personen mit $\xi = \xi_v$ die bedingte Wahrscheinlichkeit, dem Item i bzw. j zuzustimmen, auf $P(i+ \mid \xi_v) = .30$ bzw. $P(j+ \mid \xi_v) = .10$ gefallen ist; andererseits ist für Personen mit $\xi = \xi_w$ die bedingte Wahrscheinlichkeit, dem Item i bzw. j zuzustimmen, auf $P(i+ \mid \xi_w) = .90$ bzw. $P(j+ \mid \xi_w) = .70$ angestiegen (jeweils verglichen mit den unbedingten Randwahrscheinlichkeiten $P(i+) = .60$ bzw. $P(j+) = .40$), was wegen $\xi_v < \xi_w$ zu erwarten war.

Für den Nachweis der Itemhomogenität sollte sich darüber hinaus aber zeigen, dass die Antworten auf die Items auf den lokalen Stufen voneinander unabhängig sind, da ihre (einzige) gemeinsame »Verursachung«, nämlich die latente Variable ξ, durch Konstanthaltung eliminiert wurde. Für das Beispiel erhält man gemäß (10.1)
auf der Stufe ξ_v

$$P((i+, j+)|\xi_v) = P(i+|\xi_v) \cdot P(j+|\xi_v)$$

$$0.03 \quad = \quad 0.30 \quad \cdot \quad 0.10$$

und auf der Stufe ξ_w

$$P((i+, j+)|\xi_w) = P(i+|\xi_w) \cdot P(j+|\xi_w)$$

$$0.63 \quad = \quad 0.90 \quad \cdot \quad 0.70$$

[3] Bei Persönlichkeitsfragebögen bezieht sich die »Itemschwierigkeit« nicht auf eine »richtige« Antwort, sondern auf den Anteil der Probanden, die symptomatisch im Sinne einer »höheren« Merkmalsausprägung geantwortet haben.

▼

Sowohl auf der lokalen Stufe ξ_v (niedrige Merkmalsausprägung) als auch auf der lokalen Stufe ξ_w (hohe Merkmalsausprägung) erfüllen die lokalen Verbundwahrscheinlichkeiten das Multiplikationstheorem für unabhängige Ereignisse. Somit liegt lokale stochastische Unabhängigkeit vor und die beiden Items können somit als *homogen* in Bezug auf die latente Variable ξ aufgefasst werden. Inhaltlich lässt sich die Korrelation der beiden Items auf eine latente Dimension zurückführen (und zwar hier auf das Merkmal »Emotionalität« (FPI-R, Skala N).

Gründlichkeitshalber sei angemerkt, dass die Erfüllung der Bedingung der lokalen stochastischen Unabhängigkeit keineswegs trivial ist. Hätte man die Stichprobe aus ◘ Beispiel 10.1 nicht nach der dahinterliegenden Variable »Emotionalität« geteilt, sondern z. B. nach der nicht dahinterliegenden Variable »Extraversion«, so wären in jeder der beiden Teilstichproben ähnliche Korrelationen wie in der ungeteilten Stichprobe verblieben.

Indikatoren

Testitems, welche die Bedingung der lokalen stochastischen Unabhängigkeit erfüllen, bezeichnet man auch als *Indikatoren* der latenten Variablen.

10.3 Einteilung von IRT-Modellen

Einteilungsgesichtspunkte

Innerhalb der IRT wurde in den letzten Jahren eine immer größer werdende Menge von IRT-Modellen entwickelt, die zur Beschreibung der Beziehung zwischen dem manifesten Antwortverhalten und den dahinterliegenden latenten Persönlichkeitsmerkmalen herangezogen werden können. Um zu einer übersichtlichen Einteilung zu gelangen, wurden von verschiedenen Autoren verschiedene Einteilungsgesichtspunkte gewählt: So gehen etwa Weiss und Davison (1981) von der Anzahl der Modellparameter aus, Moosbrugger (1984) von der Art der itemcharakteristischen Funktion, Müller (1999) von der Separierbarkeit der Modellparameter und Rost (2004) von der Art der manifesten und latenten Variablen. Im Sinne der Unterteilung nach der Variablenart der latenten Variable wird hier zunächst eine grundlegende Zweiteilung in *Latent-Class-Modelle* und in *Latent-Trait-Modelle* vorgenommen.

Latent-Class-Modelle

Latent-Class-Modelle beruhen auf der Annahme qualitativer kategorialer latenter Klassen zur Charakterisierung von Personenunterschieden. Dieser Ansatz wurde schon 1950 von Lazarsfeld eingeführt und als Latent-Class-Analyse (LCA) bezeichnet (Lazarsfeld & Henry, 1968). Doch erst nachdem wesentliche Probleme der Parameterschätzung von Goodman (1974) gelöst werden konnten, erlebte die LCA eine »Renaissance« (Formann, 1984), welche mit einem zunehmenden Interesse an »qualitativen Daten« korrespondierte. Explizite oder implizite Typenkonzepte in der psychologischen Diagnostik (s. Moosbrugger & Frank, 1992, 1995; Rost, 2004) sind ein potentieller Anwendungsbereich. Mittlerweile können Latent-Class-Modelle in der IRT gleichberechtigt neben Latent-Trait-Modelle gestellt werden (Rost, 1988,

2004), weshalb der LCA ein eigenes Kapitel gewidmet ist (s. Gollwitzer, 2007, ▶ Kap. 12 in diesem Band).

Latent-Trait-Modelle

Im Unterschied zu Latent-Class-Modellen gehen *Latent-Trait-Modelle* von quantitativen kontinuierlichen latenten Variablen aus und sind in der psychologischen Diagnostik gegenwärtig am gebräuchlichsten. Sie stehen in gutem Einklang mit »den intuitiven psychologischen Vorstellungen über das Wesen einer latenten Eigenschaft (eines Traits) als einer nicht begrenzten, stetig veränderlichen (reellwertigen) Variablen, von deren individueller Ausprägung die Wahrscheinlichkeit des manifesten Verhaltens der getesteten Person systematisch abhängt; aufgrund dieser Abhängigkeit kann der Trait zur ›Erklärung‹ von Verhaltensunterschieden herangezogen werden« (Fischer, 1996, S. 673).

10.4 Latent-Trait-Modelle mit dichotomem Antwortmodus

Im Folgenden werden die am häufigsten verwendeten Latent-Trait-Modelle für Items mit dichotomem Antwortmodus genauer beschrieben.

10.4.1 Deterministische vs. probabilistische IC-Funktionen

In Latent-Trait-Modellen werden die Annahmen über die Beziehung zwischen dem manifesten Antwortverhalten auf die Testitems und der Ausprägung der latenten Traits in Form einer mathematischen Gleichung (Funktion) festgelegt, wodurch die Annahmen empirisch überprüfbar werden. Die Funktion wird als *Itemcharakteristische Funktion (IC-Funktion)* bezeichnet.

Itemcharakteristische Funktion (IC-Funktion)

Graphisch wird dabei die Ausprägung der latenten Variable ξ auf der Abszisse gegen die Lösungs- bzw. Zustimmungswahrscheinlichkeit auf der Ordinate abgetragen (■ Abbildung 10.1 bzw. 10.2).

Zur Veranschaulichung stelle man sich im Folgenden vor, die Modellparameter seien bekannt.

Für jedes durch einen bestimmten Schwierigkeitsparameter σ_i charakterisiertes Item kann eine Funktion erstellt werden, die angibt, welche Lösungswahrscheinlichkeit $P(x_{vi} = 1)$ in Abhängigkeit von der individuellen Ausprägung ξ_v in der latenten Variable ξ zu erwarten ist. Die IC-Funktion veranschaulicht, mit welcher Wahrscheinlichkeit das individuelle Lösungsverhalten in Abhängigkeit vom Personenparameter ξ_v gezeigt wird. Je nach IRT-Modell werden unterschiedliche Annahmen getroffen, woraus sich unterschiedliche Funktionsarten ergeben. Wir unterscheiden zunächst grundsätzlich zwischen deterministischen und probabilistischen Modellen (vgl. z. B. Roskam, 1996, S. 431), wobei *deterministische Modelle* davon ausgehen, dass das Antwortverhalten der Probanden durch die Item- und Personenparameter vollständig bestimmt ist. *Probabilistische Modelle* hingegen nehmen eine stochastische Beziehung zwischen dem Antwortverhalten des Probanden und den Personen- und Itemparametern an.

Deterministische vs. probalistische Modelle

Deterministische IC-Funktion

Der einfachste Fall einer IC-Funktion liegt vor, wenn man annimmt, dass es für jedes dichotom beantwortete Item einen bestimmten Wert auf der ξ-Skala gibt, ab dem das Item gelöst wird (bzw. dem Item zugestimmt wird). Genau diese Annahme wird im sogenannten Skalogramm-Modell (Guttman-Modell; Guttman, 1950) getroffen, welches als Vorläufer der später entwickelten probabilistischen Latent-Trait-Modelle (s. u.) angesehen werden kann. Für nach ihrer Schwierigkeit gereihte Items besagt das Skalogramm-Modell, dass Personen, deren Merkmalsausprägung ξ_v gerade ausreicht, um z. B. Item 3 mit der Schwierigkeit σ_3 zu lösen, in einheitlicher Weise auch alle leichteren Items, d. h. die Items 1 und 2 lösen können, die Items 4 und 5 sowie etwaige noch schwierigere Items hingegen nicht. In ◘ Abbildung. 10.1 ist ein solches Beispiel illustriert.

Skalogramm-Modell

Sofern die Items dem Guttman-Modell folgen, was man an modellkonformen Reaktionsmustern erkennt, findet man den Skalenwert ξ_v (Testwert) eines bestimmten Probanden v einfach als die Rangzahl jenes Items der Itemmenge, bis zu dem der Proband positiv reagiert hat (z. B. 3), und zwar unabhängig von den Reaktionen der anderen untersuchten Probanden. Da hier nur ordinale Reihungsinformationen bezüglich der Itemschwierigkeiten σ_i vorliegen, sind *keine* Aussagen über *Distanzen* möglich, weder zwischen den Items noch zwischen den Personen.

Auch wenn das Guttman-Modell auf den ersten Blick nicht nur einfach, sondern auch plausibel erscheint, so gilt es dennoch festzustellen, dass es als IRT-Modell für Test- und Fragebogendaten in der Regel nicht tauglich ist: Die *Modellkonformität* der Daten ist nämlich immer dann verletzt, wenn Probanden ein schwierigeres Item lösen, obwohl sie an einem leichteren gescheitert waren. Deshalb wurden bereits von Guttman selbst so genannte Reproduzierbarkeitskoeffizienten (s. Rost, 2004) eingeführt, welche davon abhängen, wie viele Rangplatzvertauschungen vorliegen; d. h. wie oft ein Proband ein anspruchsvolleres Item löst, nicht aber ein weniger

Reproduzierbarkeits-koeffizient

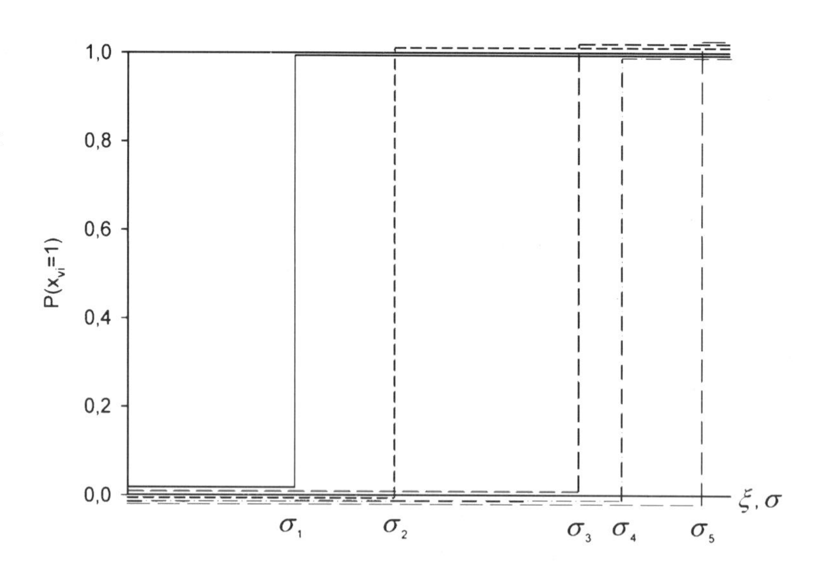

◘ **Abb. 10.1.** Deterministische IC-Funktionen für fünf Items mit den Schwierigkeitsparametern $\sigma_1 < \sigma_2 < \sigma_3 < \sigma_4 < \sigma_5$. Für jedes Item steigt an einer bestimmten Stelle σ der latenten Variable ξ die Lösungswahrscheinlichkeit $P(x_{vi} = 1)$ von 0 auf 1

anspruchsvolles. Die Reproduzierbarkeitskoeffizienten erlauben eine Beurteilung, ob die Modellabweichungen noch als tolerierbar angesehen werden können, oder ob die Annahme der *Itemhomogenität* verworfen werden muss. Treten zu viele Rangplatzvertauschungen auf, kann nicht davon ausgegangen werden, dass das Antwortverhalten nur durch die vermutete latente Variable hervorgerufen wird; vielmehr würden die Items unterschiedliche Merkmale erfassen.

Probabilistische IC-Funktionen

In probabilistischen Modellen werden anstelle der Guttmanschen Treppenfunktion in der Regel monoton steigende Funktionen als IC- Funktion angenommen. Die IC-Funktion ordnet jeder Ausprägung der latenten Variablen ξ eine Wahrscheinlichkeit $P(x_{vi} = 1)$ zu, mit der ein Proband v ein bestimmtes Item i lösen (bzw. dem Item i zustimmen) wird. Während in deterministischen IC-Funktionen nur zwei Ausprägungen für $P(x_{vi} = 1)$ Verwendung finden, nämlich $P(x_{vi} = 1) = 0$ für $\xi_v < \sigma_i$ sowie $P(x_{vi} = 1) = 1$ für $\xi_v \geq \sigma_i$, sind in probabilistischen IC-Funktionen alle Abstufungen von $P(x_{vi} = 1)$ erlaubt. Deterministische Modelle können somit als Grenzfall eines probabilistischen Modells aufgefasst werden.

Latent-Trait-Modelle, die auf probabilistischen IC-Funktionen basieren, wurden in ihren Grundlagen von Lord und Novick (1968), von Birnbaum (1968) und von Rasch (1960) entwickelt. Alle drei Ansätze treffen ähnliche Annahmen zur Beschreibung der Beziehung zwischen manifestem Verhalten und latenter Merkmalsausprägung: Lord und Novick verwenden als IC-Funktion in ihrem »Normal-Ogiven-Modell« die Summenfunktion der Normalverteilung, die beiden anderen Ansätze verwenden die ähnlich verlaufende, aber mathematisch leichter handhabbare »logistische Funktion«. (Eine theoretische Begründung logistischer Modelle gibt z. B. Fischer, 1996, S. 678–682.)

Logistische Funktion

Zur näheren Beschreibung der *logistischen Funktion* gehen wir wiederum von einem dichotomen (+/–) Antwortungsmodus aus, bei dem der Antwort »+« einer Person v auf das Item i der numerische Wert $x_{vi} = 1$ und der Antwort »–« der numerische Wert $x_{vi} = 0$ zugewiesen wird. Mit der logistischen IC-Funktion wird für eine Person v mit dem *Personenparameter* ξ_v die Reaktionswahrscheinlichkeit $P(x_{vi} = 1)$ bzw. $P(x_{vi} = 0)$ auf das Item i festgelegt, und zwar

- im *Einparameter-Logistischen Modell* (»1PL«-Modell, ▶ Abschn. 10.4.2) in Abhängigkeit vom *Itemschwierigkeitsparameter* σ_i
- im *Zweiparameter-Logistischen Modell* (»2PL«-Modell, ▶ Abschn. 10.4.3) in Abhängigkeit vom Itemschwierigkeitsparameter σ_i sowie vom *Itemdiskriminationsparameter* λ_i
- im *Dreiparameter-Logistischen Modell* (»3PL«-Modell, ▶ Abschn. 10.4.4) in Abhängigkeit vom Itemschwierigkeitsparameter σ_i, vom Itemdiskriminationsparameter λ_i sowie vom *Rateparameter* ρ_i.

10.4.2 Das Rasch-Modell (1PL-Modell)

Annahmen

Das dichotome Rasch-Modell (Einparameter-Logistisches Modell) ist das einfachste und zugleich vorteilhafteste Modell aus der Gruppe der Rasch-Modelle. Es nimmt für alle Items die gleiche logistische IC-Funktion an, die der Modellgleichung

$$P(x_{vi}) = \frac{\exp(x_{vi}(\xi_v - \sigma_i))}{1 + \exp(\xi_v - \sigma_i)} \tag{10.2}$$

folgt, wobei die Schreibweise $\exp(x_{vi}(\xi_v - \sigma_i))$ vereinfachend für die Exponentialfunktion $e^{(x_{vi}(\xi_v - \sigma_i))}$ der »Euler'schen Zahl« e = 2.718 steht.

Lösungswahrscheinlichkeit und Gegenwahrscheinlichkeit

Die Modellgleichung enthält für jede der dichotomen Reaktionen (Lösung/Nichtlösung) Wahrscheinlichkeitsaussagen:

- Für $x_{vi} = 1$ erhält man die Lösungswahrscheinlichkeit

$$P(x_{vi} = 1) = \frac{\exp(\xi_v - \sigma_i)}{1 + \exp(\xi_v - \sigma_i)} \tag{10.3}$$

- und für $x_{vi} = 0$ erhält man die Gegenwahrscheinlichkeit, nämlich die Wahrscheinlichkeit, das Item nicht lösen zu können, wobei exp (0) = 1 gilt

$$P(x_{vi} = 0) = \frac{1}{1 + \exp(\xi_v - \sigma_i)} \tag{10.4}$$

Abbildung 10.2 zeigt den Verlauf der logistischen IC-Funktion in Abhängigkeit von ξ und σ sowohl für die Lösungswahrscheinlichkeit $P(x_{vi} = 1)$ als auch für die Gegenwahrscheinlichkeit $P(x_{vi} = 0)$. Die Itemschwierigkeit beträgt hier $\sigma_i = 2.0$.

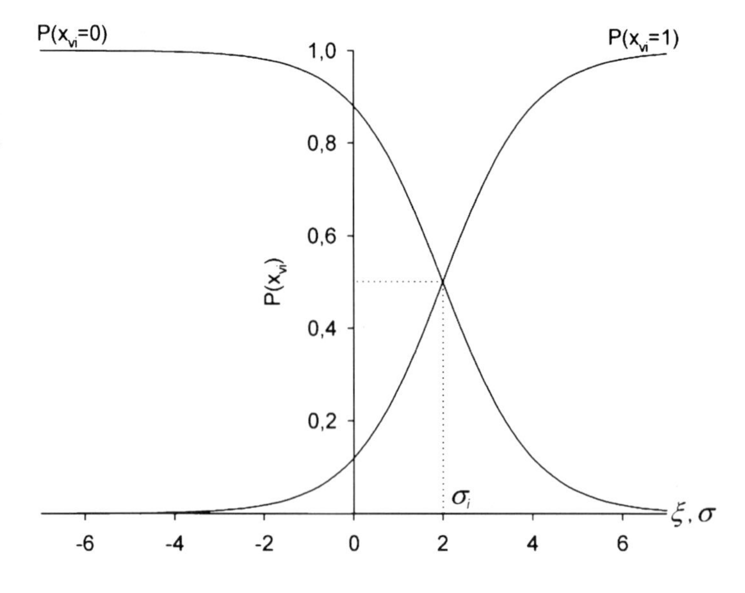

Abb. 10.2. Logistische IC-Funktion eines Items mit dem Schwierigkeitsparameter $\sigma_i = 2$. Lösungswahrscheinlichkeit $P(x_{vi} = 1)$ bzw. Gegenwahrscheinlichkeit $P(x_{vi} = 0)$ in Abhängigkeit von ξ.

Man erkennt in ◘ Abbildung 10.2, dass der Itemschwierigkeitsparameter σ_i dafür entscheidend ist, welche Anforderung das Item i an die Merkmalsausprägung der Probanden in der latenten Variable ξ stellt. Je stärker σ von ξ übertroffen wird, desto größer ist die Wahrscheinlichkeit $P(x_{vi} = 1)$, das Item zu lösen bzw. zu bejahen; je stärker ξ hinter σ zurückbleibt, desto kleiner ist $P(x_{vi} = 1)$ und desto größer ist die Wahrscheinlichkeit $P(x_{vi} = 0)$, das Item zu verneinen bzw. nicht lösen zu können. Der *Schwierigkeitsparameter* σ_i ist definiert als jene Merkmalsausprägung ξ_v, bei dem die Lösungs- bzw. Zustimmungswahrscheinlichkeit für Item i ebenso wie die Gegenwahrscheinlichkeit genau ½ beträgt ($P(x_{vi} = 1) = P(x_{vi} = 0) = 0.5$). An der Stelle σ_i hat die logistische Funktion ihren Wendepunkt. Diese Definition hat den Vorteil, dass Personenparameter ξ_v und Itemparameter σ_i auf derselben Skala (»joint scale«) abgetragen werden können. ◘ Abbildung 10.3 zeigt logistische IC-Funktionen für drei Rasch-homogene Items mit unterschiedlichen Schwierigkeitsparametern. Item 1 ist das leichteste mit $\sigma_1 = -2$; Item 2 ist schwieriger mit $\sigma_2 = 1$; Item 3 ist das schwierigste mit $\sigma_3 = 2$. Wegen des im Rasch-Modell auf dem Wert $\lambda_i = 1$ konstant gehaltenen Itemdiskriminationsparameters weisen alle drei IC-Funktionen dieselbe Form auf; bei Verschiebung entlang der (ξ, σ)-Achse wären alle IC-Funktionen deckungsgleich.

Schwierigkeitsparameter

Die ◘ Abbildung 10.3 mit variierten Itemschwierigkeiten macht deutlich, dass die Lösungswahrscheinlichkeit $P(x_{vi} = 1)$ sowohl vom Personenparameter ξ als auch vom Itemparameter σ abhängt. Konkret stellt die Differenz $\xi_v - \sigma_i$, also zwischen der individuellen Merkmalsausprägung des Probanden v und der Anforderung des jeweiligen Items i, die entscheidende Größe für die Lösungswahrscheinlichkeit $P(x_{vi} = 1)$ dar. Eine Fallunterscheidung mit bestimmten Werten von σ_i soll die Verbindung zwischen den Abbildungen und den Formeln 10.2 bis 10.4 herstellen und das Verständnis erleichtern:

Differenz $\xi_v - \sigma_i$ als entscheidende Größe für die Lösungswahrscheinlichkeit $P(x_{vi} = 1)$

- Für $\xi_v = \sigma_i$ entspricht die Fähigkeit des Probanden genau der Schwierigkeit des Items und aus exp(0)/(1+exp(0)) ergibt sich die Lösungswahrscheinlichkeit $P(x_{vi} = 1) = ½$.

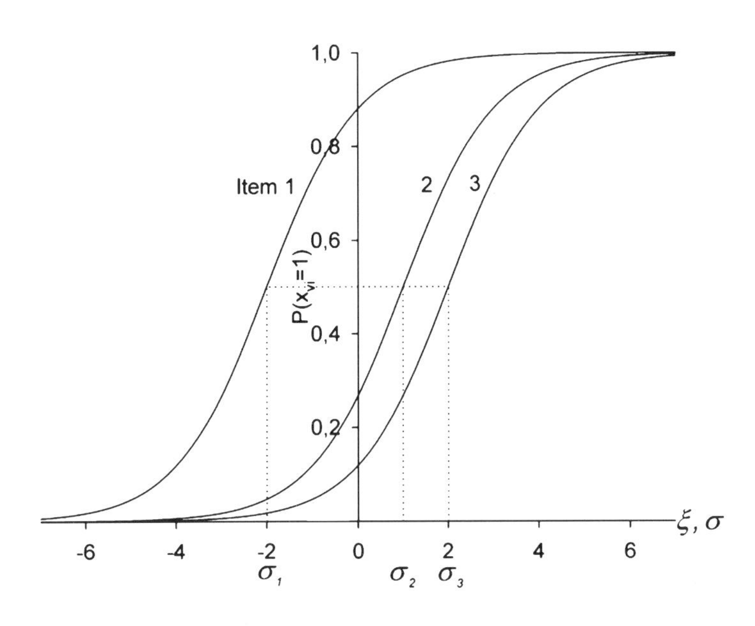

◘ **Abb. 10.3.** IC-Funktionen von drei Rasch-homogenen Items mit den Schwierigkeitsparametern $\sigma_1 = -2$; $\sigma_2 = 1$ und $\sigma_3 = 2$

- Für $\xi_v > \sigma_i$ wird die Schwierigkeit des Items von der Fähigkeit des Probanden übertroffen, die Lösungswahrscheinlichkeit steigt an ($P(x_{vi} = 1) > ½$) und geht bei entsprechend großer Fähigkeit asymptotisch gegen 1.
- Für $\xi_v < \sigma_i$ bleibt die Fähigkeit des Probanden hinter der Schwierigkeit des Items zurück, die Lösungswahrscheinlichkeit fällt ab ($P(x_{vi} = 1) < ½$) und geht bei entsprechend geringer Fähigkeit asymptotisch gegen 0.

Als Konsequenz ergibt sich, dass sich für Rasch-homogene Items beliebiger Schwierigkeit σ_i die zugehörigen IC-Funktionen in einer einzigen Abbildung zusammenfassen lassen, wenn man auf der joint scale jeweils die Differenz zwischen ξ_v und σ_i abträgt. Unabhängig von den konkreten Ausprägungen ξ_v und σ_i ergibt sich für $\xi_v = \sigma_i$ eine Lösungswahrscheinlichkeit von ½, für $\xi_v > \sigma_i$ hingegen eine gegen 1 gehende und für $\xi_v < \sigma_i$ eine gegen 0 gehende Lösungswahrscheinlichkeit (◘ Abb. 10.4).

Parameterschätzung

Die Schätzung der unbekannten Item- und Personenparameter nimmt ihren Ausgang bei den einzelnen Reaktionen x_{vi} aller Personen auf alle Items, welche in einer Datenmatrix X gesammelt werden, in der die i = 1 ... m Items die Spalten und die v = 1 ... n Personen die Zeilen bilden (◘ Tabelle 10.2).

Unter Benutzung der Modellgleichung 10.2 für die Wahrscheinlichkeiten der einzelnen Itemantworten x_{vi} (s. o.) ergibt sich die Wahrscheinlichkeit für die gesamte Datenmatrix X wegen der lokalen stochastischen Unabhängigkeit durch systematisch wiederholtes Anwenden des Multiplikationstheorems für unabhängige Ereignisse wie folgt:

$$L = P(X) = \prod_{v=1}^{n} \prod_{i=1}^{m} P(x_{vi}) = \prod_{v=i}^{n} \prod_{i=1}^{m} \left(\frac{\exp(x_{vi}(\xi_v - \sigma_i))}{1 + \exp(\xi_v - \sigma_i)} \right) \tag{10.5}$$

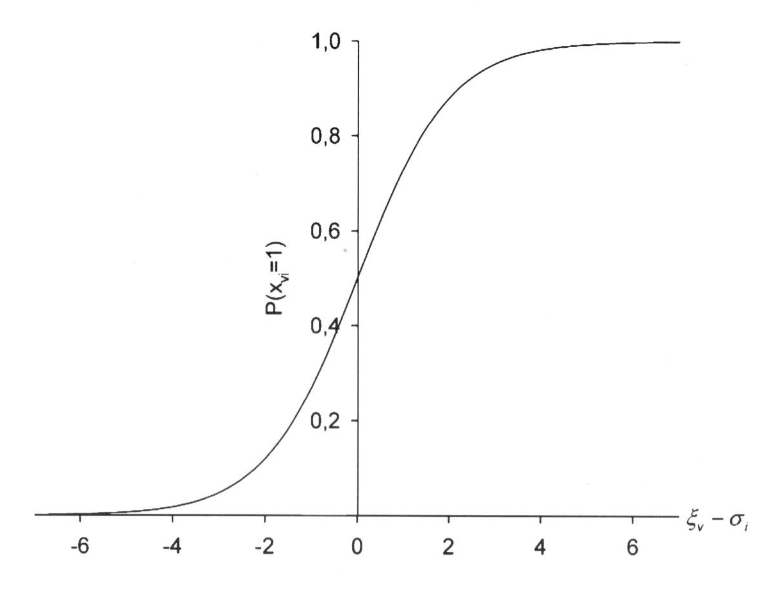

◘ **Abb. 10.4.** Lösungswahrscheinlichkeit $P(x_{vi} = 1)$ für Rasch-homogene Items in Abhängigkeit von der Differenz zwischen Personenparameter ξ_v und Itemparameter σ_i

Tabelle 10.2. Datenmatrix X mit den Antworten x_{vi} der Personen v auf die Items i, in welcher die i =1...m Items die Spalten und die v=1...n Personen die Zeilen bilden

Person	Item						Zeilensumme
	1	2	...	i	...	m	
1	x_{11}	x_{12}	...	x_{1i}	...	x_{1m}	$\sum_{i=1}^{m} x_{1i}$
2	x_{21}	x_{22}	...	x_{2i}	...	x_{2m}	$\sum_{i=1}^{m} x_{2i}$
...	...	...	...	...	...	...	...
v	x_{v1}	x_{v2}	...	x_{vi}	...	x_{vm}	$\sum_{i=1}^{m} x_{vi}$
...	...	...	...	...	...	...	...
n	x_{n1}	x_{n2}	...	x_{ni}	...	x_{nm}	$\sum_{i=1}^{m} x_{ni}$
Spalten-summe	$\sum_{v=1}^{n} x_{v1}$	$\sum_{v=1}^{n} x_{v2}$	...	$\sum_{v=1}^{n} x_{vi}$	...	$\sum_{v=1}^{n} x_{vm}$	

Dieser Ausdruck über die Wahrscheinlichkeit aller beobachteten Daten unter den Modellannahmen wird als *Likelihoodfunktion (L)* bezeichnet. Prinzipiell kann die Likelihood Werte zwischen 0 und 1 annehmen; durch die Wahl von günstigen Werten für die unbekannten Parameter steigt die Likelihood an, durch die Wahl von ungünstigen Werten fällt sie ab. Je höher die Likelihood für die Datenmatrix in Abhängigkeit der gewählten Werte für ξ_v und σ_i ausfällt, desto wahrscheinlicher ist es, die richtigen Werte für die Parameter gefunden zu haben. Nach systematischer Variation der Werte gelten jene Werte als beste Schätzer für die unbekannten Parameter, bei denen die Likelihood ihren relativen Maximalwert aufweist (Beispiel 10.2).

Likelihoodfunktion

Beispiel 10.2

Zur Illustration der Parameterschätzung und der Likelihoodfunktion nehmen wir an, es hätten 3 Personen 2 dichotome Items bearbeitet und dabei folgendes Antwortverhalten (Datenmatrix X, Tabelle 10.3) gezeigt ($x_{vi} = 1$ bedeutet »Item bejaht bzw. gelöst« und $x_{vi} = 0$ »Item nicht bejaht bzw. nicht gelöst«).

Es stellt sich nun die Frage, welche Werte der dahinterliegenden Itemparameter σ_i und Personenparameter ξ_v eine solche Datenmatrix erzeugt haben. Hierfür untersuchen wir die Likelihood für die Datenmatrix X, indem wir mehr oder weniger günstige Werte für die Itemparameter und Personenparameter auswählen, von denen einige zu einer höheren, andere hingegen nur zu einer niedrigen Likelihood für die beobachtete Da-

▼

tenmatrix führen. Zur Veranschaulichung wählen wir zunächst günstige Parameterwerte und vergleichen die resultierende Likelihood sodann mit der Likelihood von ungünstigen Parameterwerten.

Tab. 10.3. Beispiel-Datenmatrix *X* mit den Antworten x_{vi} von $n = 3$ Personen *v* auf $m = 2$ Items *i*

		Item		
		1	**2**	**Zeilensumme**
Person	1	$x_{11} = 1$	$x_{12} = 1$	$\sum x_{1i} = 2$
	2	$x_{21} = 1$	$x_{22} = 0$	$\sum x_{2i} = 1$
	3	$x_{31} = 0$	$x_{32} = 0$	$\sum x_{3i} = 0$
Spaltensumme		$\sum x_{v1} = 2$	$\sum x_{v2} = 1$	

Um günstige Parameterwerte zu finden, stellen wir zunächst an den Spaltensummen fest, dass Item 1 offensichtlich leichter zu bejahen ist als Item 2. Deshalb wählen wir für Item 1 einen niedrigeren Schwierigkeitsparameter ($\hat{\sigma}_1 = -1$) und für Item 2 einen höheren ($\hat{\sigma}_2 = +1$).

Darüber hinaus stellen wir an den Zeilensummen fest, dass Person 1 offensichtlich eine höhere Merkmalsausprägung als Person 2 und Person 2 eine höhere als Person 3 aufweist. Deshalb wählen wir für Person 1 einen hohen Personenparameter ($\hat{\xi}_1 = 2$), für Person 2 einen mittleren ($\hat{\xi}_2 = 0$) und für Person 3 einen niedrigen ($\hat{\xi}_3 = -2$).

Im dichotomen Rasch-Modell würde für diese günstig gewählten Parameterwerte folgende Likelihood resultieren, die durch Einsetzen der beobachteten Daten x_{vi} und der gewählten Parameterschätzungen ($\hat{\xi}_v$, $\hat{\sigma}_i$) in die Likelihoodfunktion L (Gleichung 10.5) für die sechs Zellen der Datenmatrix X berechnet werden kann:

$$L = P(X) = \prod_{v=1}^{n} \prod_{i=1}^{m} \frac{\exp(x_{vi}(\hat{\xi}_v - \hat{\sigma}_i))}{1 + \exp(\hat{\xi}_v - \hat{\sigma}_i)}$$

$$L = \frac{\exp(x_{11}(\hat{\xi}_1 - \hat{\sigma}_1))}{1 + \exp(\hat{\xi}_1 - \hat{\sigma}_1)} \cdot \frac{\exp(x_{12}(\hat{\xi}_1 - \hat{\sigma}_2))}{1 + \exp(\hat{\xi}_1 - \hat{\sigma}_2)} \cdot \frac{\exp(x_{21}(\hat{\xi}_2 - \hat{\sigma}_1))}{1 + \exp(\hat{\xi}_2 - \hat{\sigma}_1)} \cdot$$

$$\cdot \frac{\exp(x_{22}(\hat{\xi}_2 - \hat{\sigma}_2))}{1 + \exp(\hat{\xi}_2 - \hat{\sigma}_2)} \cdot \frac{\exp(x_{31}(\hat{\xi}_3 - \hat{\sigma}_1))}{1 + \exp(\hat{\xi}_3 - \hat{\sigma}_1)} \cdot \frac{\exp(x_{32}(\hat{\xi}_3 - \hat{\sigma}_2))}{1 + \exp(\hat{\xi}_3 - \hat{\sigma}_2)}$$

$$= \frac{\exp(1(2-(-1)))}{1+\exp(2-(-1))} \cdot \frac{\exp(1(2-1))}{1+\exp(2-1)} \cdot \frac{\exp(1(0-(-1)))}{1+\exp(0-(-1))} \cdot \frac{\exp(0(0-1))}{1+\exp(0-1)}$$

$$\cdot \frac{\exp(0((-2)-(-1)))}{1+\exp((-2)-(-1))} \cdot \frac{\exp(0((-2)-1))}{1+\exp((-2)-1)}$$

$$= 0.953 \cdot 0.731 \cdot 0.731 \cdot 0.731 \cdot 0.731 \cdot 0.953 \approx 0.259$$

▼

Die Likelihood ≈ 0.259 resultiert aus dem Produkt der *Wahrscheinlichkeiten $P(x_{vi})$ für die empirisch beobachteten Antworten x_{vi} in den sechs Zellen der Datenmatrix X* unter der Bedingung der gewählten Parameter $\hat{\sigma}_1 = -1$, $\hat{\sigma}_2 = 1$, $\hat{\xi}_1 = 2$, $\hat{\xi}_2 = 0$ und $\hat{\xi}_3 = -2$ (◘ Tabelle 10.4).

Man erkennt, dass die gewählten Parameterwerte zu hohen Wahrscheinlichkeiten für die empirischen Daten führen, sodass davon ausgegangen werden kann, dass es sich eher um passende Parameterschätzungen handelt.

◘ **Tab. 10.4.** Wahrscheinlichkeiten für die empirisch beobachteten Daten bei günstig gewählten Parametern

		Item	
		1	2
Personen	1	0.953	0.731
	2	0.731	0.731
	3	0.731	0.953

Die Likelihood für die gesamte Datenmatrix ist bei günstig gewählten Parameterwerten mit $L \approx 0{,}259$ deutlich höher als bei ungünstig gewählten Parameterwerten. Hätten wir nämlich z. B. für die besseren Probanden die niedrigeren Personenparameterwerte und umgekehrt gewählt, also $\hat{\xi}_1 = -2$, $\hat{\xi}_2 = 0$ und $\hat{\xi}_3 = 2$, so würden wir nur folgende Wahrscheinlichkeiten $P(x_{vi})$ für die sechs Zellen der Datenmatrix erhalten (◘ Tabelle 10.5):

◘ **Tab. 10.5.** Wahrscheinlichkeiten für die empirisch beobachteten Daten bei ungünstig gewählten Parametern

		Item	
		1	2
Personen	1	0.269	0.047
	2	0.731	0.731
	3	0.047	0.269

Man erkennt, dass ungünstig gewählte Parameterwerte zu deutlich niedrigeren Wahrscheinlichkeiten für die empirischen Daten führen, weshalb sie als beste Schätzer für die unbekannten Parameter ausgeschlossen werden können. Die resultierende Likelihood wäre lediglich

$$L = 0.269 \cdot 0.721 \cdot 0.047 \cdot 0.047 \cdot 0.731 \cdot 0.269 = 0.00009.$$

▼

Die Höhe der Likelihood variiert also in Abhängigkeit von den gewählten Parameterschätzungen. Sie erreicht das für eine gegebene Datenmatrix mögliche Maximum dann, wenn im Wege der Parameterschätzung jeweils optimale Werte sowohl für die Personenparameter als auch für die Itemparameter gefunden wurden. (Anmerkung: Bei der geringen Anzahl von Daten kann für die hier gewählte Veranschaulichung keine optimale Personenparameterschätzung bestimmt werden, da der Datensatz zu klein ist.)

Die Gleichung (10.5) lässt sich (s. Rost, 2004) in der Weise umformen, dass die Likelihood unter Verzicht auf die einzelnen Reaktionen der Personen auf die Items allein aus den Zeilen- und Spaltensummenscores der Datenmatrix berechnet werden kann. Bei Modellkonformität (s. u.) hängt die Wahrscheinlichkeit der Daten also nicht davon ab, welche Personen welche Items gelöst haben, sondern lediglich davon, wie viele Personen ein Item gelöst haben, bzw. wie viele Items von einer Person gelöst wurden. Die Zeilen- und Spaltensummenscores werden deshalb als *erschöpfende (suffiziente) Statistiken* bezeichnet.

Erschöpfende (suffiziente) Statistiken

In der Praxis werden die Parameter anhand anderer als der im Beispiel beschriebenen unbedingten Maximum-Likelihood-Methode geschätzt. So hat beispielsweise die *Conditional Maximum-Likelihood-Methode (CML-Methode)* den entscheidenden Vorteil, dass die Itemparameter geschätzt werden können, ohne gleichzeitig die Personenparameter zu berücksichtigen (vgl. im Gegensatz dazu die Schätzung im o. g. ◘ Beispiel 10.2). Damit ermöglicht sie die *Separierbarkeit der Parameter*, eine Eigenschaft, die sich nur bei Rasch-Modellen zeigt und die auch als *Stichprobenunabhängigkeit* bezeichnet wird. Zudem beeinträchtigt sie im Unterschied zur unbedingten Maximum-Likelihood-Methode nicht die Konsistenz der Schätzung (zum genaueren Verfahren s. Andersen, 1980, S. 245–249; Fischer, 1983, S. 624–628 oder Molenaar, 1995). Die mathematische Ableitung (s. Rost, 2004, S. 309-317) ist aufwendig und soll hier nicht dargestellt werden; die rechnerische Durchführung erfordert Computerunterstützung, z. B. in Form des Rechnerprogramms WINMIRA (von Davier, 2001). Dabei werden die Itemparameter solange verändert, bis die bedingte Likelihood für die Datenmatrix (◘ Tabelle 10.2) ihr Maximum erreicht. Mit anderen Worten bedeutet dies, dass die Itemparameter so bestimmt werden, dass für die empirisch beobachtete Datenmatrix eine bestmögliche Anpassung resultiert.

Conditional Maximum-Likelihood-Methode

Stichprobenunabhängigkeit

Vergegenwärtigt man sich die Modellgleichung (10.2) des Rasch-Modells, so wird deutlich, dass man für ξ und σ unendlich viele Werte finden kann, bei denen die Differenz $(\xi - \sigma)$ identisch ist. Es ist daher notwendig, die Werte an einem Punkt zu fixieren. Dabei ist es Konvention geworden, die Itemparameter innerhalb eines Tests so zu bestimmen, dass deren Summe 0 ergibt. Man nennt dieses Vorgehen *Summennormierung*, wobei hierdurch negative Werte von σ leichte Items charakterisieren, positive Werte hingegen schwierige Items. Mit der Normierung der Itemparameter liegt auch die Skala der Personenparameter fest. Negative Personenparameter zeigen an, dass

Summennormierung der Itemparameter

die Probanden im untersuchten Aufgabenbereich geringe Merkmalsausprägungen aufweisen, positive Personenparameter sprechen für hohe Merkmalsausprägungen. Die Parameterwerte auf der gemeinsamen Skala fallen in der Regel im Intervall zwischen −3 und +3 an.

Die obigen Ausführungen sollen auch verdeutlichen, dass die Parameter bei Modellkonformität Intervallskalenniveau besitzen: der Nullpunkt ist frei wählbar, und das Hinzufügen einer additiven Konstante verändert die Bedeutung der Parameter und ihrer Differenzen nicht. Man sagt auch, die Modellgleichung des Rasch-Modells sei eindeutig bis auf positiv-lineare Transformationen.

Personenparameter bei kalibrierten Items

Sind die Itemparameter aus großen Voruntersuchungen bestimmt (»kalibrierte Items«), so braucht bei Modellkonformität (s. u.) nicht für jede Person ein eigener Personenparameter geschätzt zu werden, sondern alle Personen mit demselben Zeilensummenscore haben den gleichen Personenparameter. Zur Bestimmung der Personenparameter werden folglich den jeweiligen Zeilensummenscores mit Hilfe der Maximum-Likelihood-Schätzung diejenigen Werte von ξ zugeordnet, für welche das beobachtete Reaktionsverhalten auf die Items am wahrscheinlichsten ist (vgl. Steyer & Eid, 2001, S. 276-278). Bei Personen, die kein Item gelöst haben, weil der Test für sie zu schwierig war (Zeilensummenscore 0), und ebenso bei Personen, die alle Items gelöst haben, weil der Test für sie zu einfach war (Zeilensummenscore m bei m Items), sind die Personenparameter nicht genau bestimmbar, weil sie gegen $-\infty$ bzw. $+\infty$ tendieren. Ihnen können aber im Wege bestimmter Normierungen (s. Rost, 2004, S. 313-314, Weighted-ML-Methode) entsprechende Parameter zugewiesen werden. Abschießend können die Personenparameter tabelliert werden. Ein Beispiel für eine gelungene Umsetzung des Prinzips, dass bei Modellkonformität nicht für jede Person ein eigener Personenparameter geschätzt werden muss, stellt »Das Adaptive Intelligenz Diagnostikum 2« (AID2, Kubinger & Wurst, 2000) dar, bei dem die Personenparameter auf Grundlage der Summenscores aus einer Tabelle abgelesen werden können.

Überprüfung der Modellkonformität

Wie bereits weiter oben erwähnt, muss für die Parameterschätzung die IC-Funktion festgelegt werden, die in Form einer mathematische Gleichung angibt, welche Annahmen über den Zusammenhang zwischen manifesten und latenten Variablen im Modell getroffen wurden. Die Likelihoodschätzung selbst sagt nichts darüber aus, ob die getroffenen Modellannahmen auch zutreffen. Um die oben genannten vorteilhaften Modelleigenschaften des Rasch-Modells in Anspruch nehmen zu können, muss deshalb geprüft werden, ob die Modellannahmen zu den empirisch gefundenen Daten passen. Es könnte beispielsweise vorkommen, dass die bestmöglich geschätzten Parameter immer noch zu sehr geringen Wahrscheinlichkeiten für die Daten führen, so dass man nicht davon ausgehen könnte, dass die Daten *Modellkonformität* aufweisen; die Modellannahmen müssten in einem solchen Fall verworfen werden.

Modellkonformität

Empirische Modellkontrollen

Die Modellkonformität kann im Wege *empirischer Modellkontrollen* überprüft werden. Das einfachste Vorgehen besteht darin, die postulierte Stichprobenunabhängigkeit zu hinterfragen und die Probandenstichprobe nach einem relevanten Kriterium (z. B. Alter, Geschlecht, Sozialisation, etc., oder nach dem untersuchten Persönlichkeitsmerkmal selbst, vgl. dazu auch Gollwitzer, 2007, ► Kap. 12 in diesem Band) in zwei oder mehrere Substichproben zu unterteilen und in jeder der Substichproben getrennte Itemparameterschätzungen vorzunehmen. Auf diese Weise gewinnt man jeweils zwei Werte für σ_i, welche sich bei Modellkonformität nicht bzw. nur zufällig unterscheiden sollten.

Graphischer Modelltest

Einen ersten Überblick verschafft man sich mit dem *graphischen Modelltest*, bei dem die beiden Itemparameterschätzungen in einem bivariaten Streuungsdiagramm gegeneinander abgetragen werden (s. Lord, 1980, S. 37). Je näher die Itemparameter an der Hauptdiagonalen zu liegen kommen, desto größer ist die Stichprobenunabhängigkeit und desto eindeutiger die *Rasch-Homogenität*. Systematische Abweichungen würden hingegen Hinweise liefern auf modell**in**konforme Wechselwirkungen zwischen der Itemschwierigkeit und jenem Kriterium, nach welchem die Stichprobe geteilt worden war. Ein gelungenes Beispiel für modellkonforme Daten zeigt ◘ Abbildung 10.5.

Likelihood-Quotienten-Test

Will man sich nicht mit der graphischen Kontrolle begnügen, sondern die Modellkonformität numerisch fassen, so wird häufig der *Likelihood-Quotienten-Test* von Andersen (1973) eingesetzt, welcher für beide Teilstichproben CML-Schätzungen durchführt und diese mittels Signifikanztest auf Unterschiedlichkeit prüft, wobei das Beibehalten der Nullhypothese für die Modellkonformität spricht. Das Verwerfen der Nullhypothese spräche gegen die Modellkonformität. Sofern in diesem Fall Differenzen nur bei einzelnen Items auftreten, kann nach Aussonderung oder Überarbeitung der betroffenen Items abermals überprüft werden, ob nunmehr Modellkonformität vorliegt. Dazu sollten möglichst neue Daten herangezogen werden (Über weitere Opti-

10

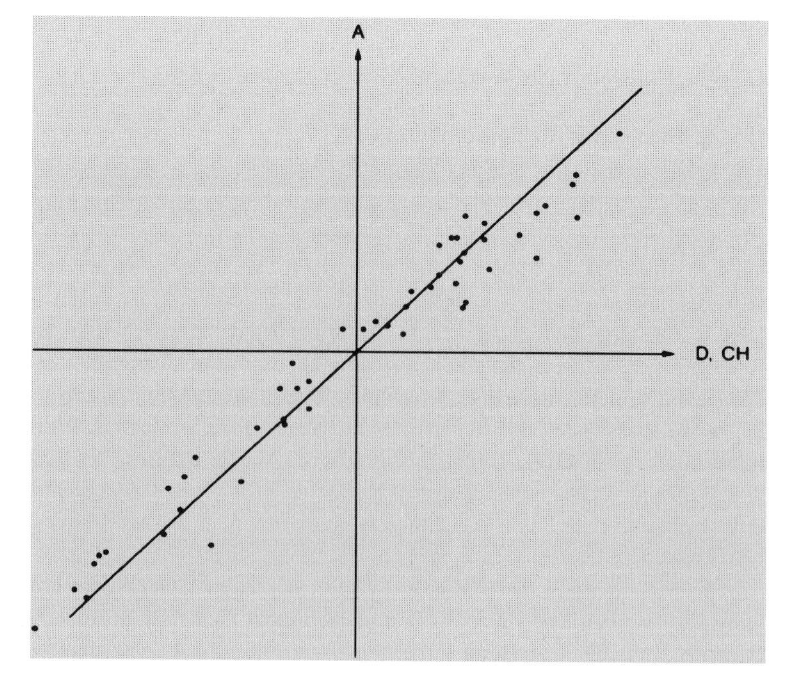

◘ **Abb. 10.5.** Graphischer Modelltest: Gegenüberstellung der nach dem Rasch-Modell geschätzten Itemparameter der Testskala »Alltagswissen« aus dem Adaptiven Intelligenz Diagnostikum (AID; Kubinger & Wurst, 2000), einerseits für Kinder aus Deutschland und der Schweiz (Abszisse, Stichprobe 1), andererseits für Kinder aus Österreich (Ordinate, Stichprobe 2). (Nach Kubinger, 1995, S. 70)

mierungsmöglichkeiten durch Itemselektion wie auch über »item-fit-indices« s. Rost, 2004, S. 369–375, vgl. auch Gollwitzer, 2007, ► Kap. 12 in diesem Band).

Personenselektion

Mängel eines Tests hinsichtlich der Modellkonformität können auch darauf zurückzuführen sein, dass einzelne Probanden auf die Testitems nicht in angemessener Weise reagieren, sondern vielmehr *untypische Bearbeitungsstile* zeigen: Akquieszenz, Schwindeln, Raten, soziale Desirabilität und arbiträres Verhalten wären hier als Gründe ebenso aufzuführen wie Sprachschwierigkeiten und mangelndes oder unterschiedliches Instruktionsverständnis (s. dazu auch Jonkisz & Moosbrugger, 2007, ► Kap. 3 in diesem Band). Personen mit abweichenden Verhaltensstilen, welche möglichst auch transsituativ durch andere (Sub-) Tests abgesichert sein sollten, müssen gegebenenfalls ausgesondert werden, um die Personenstichprobe hinsichtlich ihres Bearbeitungsstiles zu homogenisieren.

Untypische Bearbeitungsstile

Die *Personenselektion* nutzt die Tatsache, dass sich inadäquate Bearbeitungsstile i. d. R. in *auffälligen Antwortmustern* (»aberrant response patterns«) manifestieren, denen unter Modellgültigkeit nur eine sehr geringe Auftretenswahrscheinlichkeit zukommt. Ein deutlich abweichendes Antwortmuster läge beispielweise vor, wenn eine Person die meisten der leichten Items eines Tests verneint, die meisten der schwierigen Items aber bejaht. Die beiden Itemgruppen würden für ein und dieselbe Person dann zu sehr unterschiedlichen Schlussfolgerungen hinsichtlich der latenten Fähigkeit führen, denn die Reaktionen auf die leichten Items würden eine sehr niedrige, die Reaktionen auf die schwierigen Items hingegen eine sehr hohe Merkmalsausprägung nahelegen. Bei der Testanwendung sollte im diagnostischen Einzelfall stets geprüft werden, ob sich der einzelne Proband »modellkonform« verhalten hat oder nicht. Dazu wurden »person-fit-indices« (auch »caution-indices«) entwickelt, welche auf der Basis der Antwortmuster eine Beurteilung erlauben, ob es sich um plausible oder um unplausible Testergebnisse handelt. Während etliche Verfahren aus verschiedenen Gründen nur eingeschränkt empfohlen werden können (s. Fischer, 1996, S. 692), erweisen sich die auf der Likelihoodfunktion basierenden Ansätze von Molenaar und Hoijtink (1990), Tarnai und Rost (1990) sowie von Klauer (1991) als wissenschaftlich gut fundiert. Fällt ein »person-fit-index« zu ungünstig aus, so ist bei dem jeweiligen Testergebnis Vorsicht angezeigt; die Testinterpretation sollte dann entweder unterlassen oder nur mit entsprechender Umsicht vorgenommen werden. (Für weitere Informationen zu »person-fit-indices« s. Klauer, 1995, für Optimierungsmöglichkeiten durch Personenselektion s. Rost, 2004, S. 363–366.)

Auffällige Antwortmuster

Person-Fit-Indices

Anstelle einer vorschnellen Personenselektion sollte aber auch überlegt werden, ob das modellinkonforme Verhalten eine relevante Information im Sinne der differentiellen Psychologie darstellt. So können gerade niedrige »person-fit-indices« auch ein Hinweis dafür sein, dass man es mit Probanden zu tun hat, deren Arbeitsstil anders ist als jener der Mehrheit. Diese Überlegung findet beispielsweise in der Sportpsychologie Anwendung zur Identifikation von Personen, welche über die Gabe verfügen, ihre Leistung unter Belastung zu steigern (s. z. B. Guttmann & Etlinger, 1991).

Modellinkonformes Verhalten als relevante Information

Spezifische Objektivität

Im Falle von Modellkonformität (zur Überprüfung s. o.) kann für das dichotome Rasch-Modell davon ausgegangen werden, dass die IC-Funktionen aller Items die gleiche Form aufweisen und lediglich entlang der ξ-Achse parallel verschoben sind.

Spezifische Objektivität der Vergleiche

Dieser Aspekt ermöglicht die sogenannte *spezifische Objektivität der Vergleiche*, welche bedeutet, dass der Schwierigkeitsunterschied $\delta = \sigma_j - \sigma_i$ zweier Items unabhängig davon festgestellt werden kann, ob Personen mit niedrigen oder hohen Merkmalsausprägungen ξ untersucht wurden (■ Abbildung 10.6).

In Umkehrung dieser Überlegung sind aber auch Vergleiche zwischen Personen *spezifisch objektiv*: Die Unterschiede zwischen zwei Personenparametern ($\xi_w - \xi_v$) können unabhängig davon festgestellt werden, ob einfache oder schwierige Items verwendet werden. Dieser Sachverhalt stellt die Grundlage für das »Adaptive Testen« dar (s. u. Exkurs, sowie Frey, 2007, ► Kap. 11 in diesem Band)

Informationsfunktion

Die Unabhängigkeit der Personenvergleiche von den verwendeten Items macht deutlich, dass grundsätzlich alle Items eines homogenen Itempools zur Erfassung von Unterschieden in den Merkmalsausprägungen geeignet sind; Dennoch darf aber nicht der Eindruck entstehen, dass jedes Item gleich viel Information über die Merkmalsausprägungen verschiedener Personen zu liefern vermag. Vielmehr macht die logistische IC-Funktion (■ Abbildung 10.4) deutlich, dass die Lösungswahrscheinlichkeit $P(x_{vi} = 1)$ ihren stärksten Zuwachs gerade dann aufweist, wenn die Itemschwierigkeit σ_i mit der Merkmalsausprägung ξ_v übereinstimmt. Will man also mit einem bestimmten Item Vergleiche zwischen zwei Personen mit der Merkmalsdifferenz $\delta = \xi_i - \xi_j$ vornehmen, so sind nur dann deutliche Unterschiede in der Lösungswahrscheinlichkeit $P(x_{vi} = 1)$ zu erwarten, wenn die Item-

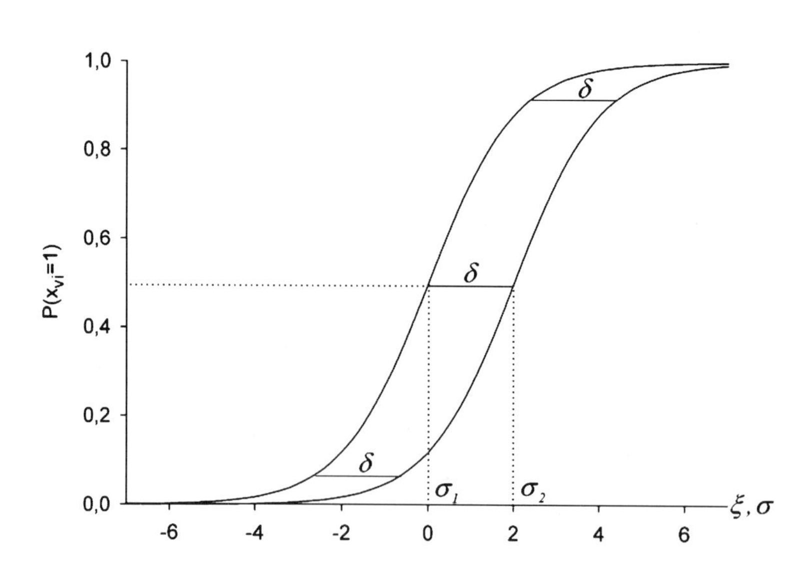

■ **Abb. 10.6.** IC-Funktionen zweier Rasch-homogener Items mit den Schwierigkeitsparametern $\sigma_1 = 0$ und $\sigma_2 = 2$. Die Differenz $\delta = \sigma_2 - \sigma_1$ ist unabhängig von ξ feststellbar schwierigkeiten im Bereich der Fähigkeiten liegen. Weichen hingegen die Itemschwierigkeiten von den Fähigkeiten deutlich ab, so fallen die Unterschiede im Lösungsverhalten viel geringer aus, wie ◘ Abbildung 10.7 zeigt. Untersucht man die Unterschiede im Lösungsverhalten systematisch für immer kleiner werdende Merkmalsdifferenzen, so erhält man als Grenzfall den Differentialquotienten, welcher die Steigung der IC-Funktion angibt. Im dichotomen Rasch-Modell variiert die Steigung bei gegebener Fähigkeit ξ_v in Abhängigkeit von der Differenz zwischen Fähigkeit und Itemschwierigkeit (◘ Abbildung 10.7). Je größer die Steigung der IC-Funktion, desto höher ist der Gewinn an Information durch Anwendung des Items i bei Person v und desto größer ist die Iteminformationsfunktion, die mit $I_i \mid \xi_v$ oder kürzer als I_{iv} bezeichnet wird. Wie man sieht, erreicht die Iteminformationsfunktion I_{iv} bei $\xi_v = \sigma_i$ ihr Maximum und fällt nach beiden Seiten mit zunehmender Differenz zwischen ξ_v und σ_i zunächst langsam, dann schnell und bei sehr großer Differenz wieder langsam asymptotisch gegen Null ab.

Iteminformation I_{iv}

Die *numerische Ausprägung* I_{iv} der Iteminformationsfunktion eines bestimmten Items i bei gegebenem ξ_v ist festgelegt durch

$$I_{iv} = I_i \mid \xi_v = \frac{\exp(\xi_v - \sigma_i)}{(1+\exp(\xi_v - \sigma_i))^2} \tag{10.6}$$

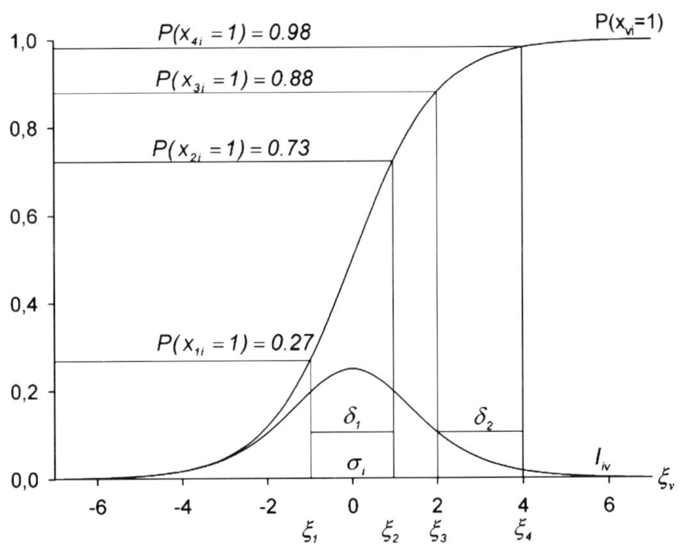

◘ **Abb. 10.7.** Lösungswahrscheinlichkeit $P(x_{vi} = 1)$ und Informationsfunktion I_{iv} eines Rasch-homogenen Items mit durchschnittlicher Itemschwierigkeit $\sigma_i = 0$ in Abhängigkeit von ξ_v. Die Iteminformationsfunktion I_{iv} variiert mit dem Grad der Übereinstimmung zwischen Schwierigkeit σ_i und Fähigkeit ξ_v: Liegen die Personenparameter wie im Fall von ξ_1 und ξ_2 nahe bei σ_i, so führt die Fähigkeitsdifferenz $\delta_1 = \xi_2 - \xi_1 = 2$ der Probanden 1 und 2 zu einem großen Unterschied in der Lösungswahrscheinlichkeit ($P(x_{2i} = 1) - P(x_{1i} = 1) = 0.73 - 0.27 = 0.46$); liegen die Personenparameter wie im Fall von ξ_3 und ξ_4 nicht nahe bei σ_i, so führt die Differenz $\delta_2 = \xi_4 - \xi_3 = 2$ der Probanden 3 und 4 trotz gleicher Größe zu einem geringen Unterschied ($P(x_{4i} = 1) - P(x_{3i} = 1) = 0.98 - 0.88 = 0.10$).

(vgl. Fischer, 1974, S. 295) und entspricht dem Produkt aus bedingter Lösungs- und Nichtlösungswahrscheinlichkeit des Items bei gegebenem ξ_v.

$$I_{iv} = P(x_{vi} = 1 \mid \xi_v) \cdot P(x_{vi} = 0 \mid \xi_v) \qquad (10.7)$$

Bezogen auf das Item mit $\sigma_i = 0$ in ◘ Abb. 10.7 erhält man für die vier Merkmalsausprägungen $\xi_1 = -1$, $\xi_2 = 1$, $\xi_3 = 2$ und $\xi_4 = 4$ folgende numerische Ausprägungen der Iteminformationsfunktion I_{iv}

$$I_{i1} = I_i \mid (\xi_1 = -1) = 0.27 \cdot 0.73 = 0.197$$
$$I_{i2} = I_i \mid (\xi_2 = 1) = 0.73 \cdot 0.27 = 0.197$$
$$I_{i3} = I_i \mid (\xi_3 = 2) = 0.88 \cdot 0.12 = 0.105$$
$$I_{i4} = I_i \mid (\xi_4 = 4) = 0.98 \cdot 0.02 = 0.018$$

Testinformation I_v

Für einen aus m Items bestehenden Test lässt sich – infolge der lokalen stochastischen Unabhängigkeit (▶ Abschn. 10.2) – für einen bestimmten Probanden v mit dem Personenparameter ξ_v durch Addition der einzelnen Item-Informationsbeträge I_{iv} die *Testinformation I_v* berechnen (vgl. Kubinger, 2003, S.4):

$$I_v = \sum_{i=1}^{m} I_{iv} \qquad (10.8)$$

Individuelle Testgenauigkeit

Mit Hilfe der Testinformation I_v kann die interindividuell variierende Genauigkeit der Personenparameterschätzung $\hat{\xi}_v$ als asymptotisches *95%-Konfidenzintervall* (mit $z_{\alpha/2} = 1.96$) kalkuliert werden (vgl. Fischer, 1983, S. 609):

$$\hat{\xi}_v - \frac{1.96}{\sqrt{I_v}} \leq \xi_v \leq \hat{\xi}_v + \frac{1.96}{\sqrt{I_v}} \qquad (10.9)$$

Die individuelle Testgenauigkeit wird umso größer, je höher die Testinformation I_v für den einzelnen Probanden v ausfällt. Die Testinformation kann durch Vermehrung der Itemanzahl oder/und durch Vergrößerung der einzelnen additiven Iteminformationsbeträge I_{iv} gesteigert werden. Letztere Überlegung findet beim Adaptiven Testen Verwendung.

Exkurs

Adaptives Testen

Adaptives Testen

Um eine möglichst genaue Bestimmung der Personenparameter verschiedener Probanden in allen Bereichen der latenten Merkmalsausprägungen vornehmen zu können, ist es gut und wünschenswert, über einen großen Itempool mit entsprechend breit gestreuten Schwierigkeitsparametern zu verfügen. Zweckmäßigerweise sollten die Schwierigkeitsparameter aus großen Voruntersuchungen bereits bekannt sein; man spricht dann von »kalibrierten Items«. Würden alle diese Items beim jeweiligen Probanden zur Anwendung gebracht, so ginge damit eine entsprechend lange Testdauer einher. Vergegenwärtigt man sich aber, dass nur solche

Kalibrierte Items

▼

Items, deren Schwierigkeit mit der Fähigkeit des Probanden hinreichend übereinstimmen, wesentlich zur Testinformation I_v für den jeweiligen Probanden beitragen, so wird deutlich, dass alle jene Items, welche für den betreffenden Probanden allzu schwierig oder auch allzu leicht sind, fast keine Iteminformation I_{iv} für den betreffenden Probanden liefern und bei der Testvorgabe einfach entfallen können, ohne die Testgenauigkeit beträchtlich zu verringern.

Genau diese Idee macht sich das *adaptive Testen* zueigen: Zur Steigerung der Testökonomie werden bei den einzelnen Probanden nur diejenigen Testitems zur Anwendung gebracht, welche für das Fähigkeitsniveau ξ_v des einzelnen Probanden eine hohe Iteminformation I_{iv} aufweisen. Auf die anderen Items wird hingegen verzichtet. Solche adaptiven Strategien erfordern einen Rasch-homogenen Itempool und können entweder manuell mit Hilfe geeigneter Verzweigungen (»branched testing«) in Paper-Pencil-Tests (z. B. Adaptives Intelligenz Diagnostikum AID2, Kubinger & Wurst, 2000) oder auch durch »Hochrechnen« des individuellen Personenparameterwertes nach entsprechend maßgeschneiderter Auswahl der Itemschwierigkeit (»tailored testing«) in computerbasierten Testverfahren (z. B. Frankfurter Adaptiver Konzentrationsleistungs-Test FAKT II, Moosbrugger & Goldhammer, 2007) realisiert werden. Näheres zum adaptiven Testen siehe Frey (2007, ► Kap. 11 in diesem Band)

Branched testing

Tailored testing

10.4.3 Das Birnbaum-Modell (2PL-Modell)

Das dichotome Birnbaum-Modell (Zweiparameter-Logistisches Modell) verwendet ebenfalls die logistische IC-Funktion. Im Unterschied zum Rasch-Modell, das für alle Items dieselbe Steigung der IC-Funktion annimmt ($\lambda_i = 1$), erlaubt das 2PL-Modell unterschiedliche Steigungen, indem es neben dem Personenparameter ξ_v zwei Itemparameter, nämlich den Schwierigkeitsparameter σ_i und zusätzlich den Diskriminationsparameter λ_i enthält. Hiermit trägt es dem Umstand Rechnung, dass verschiedene Items unterschiedlich gut zwischen schwächeren und stärkeren Merkmalsausprägungen trennen können.

Diskriminationsparameter λ_i

Diese allgemeinere Form der logistischen Funktion wird durch folgende Gleichung beschrieben (mit exp als Schreibweise für die Exponentialfunktion):

$$P(x_{vi} = 1) = \frac{\exp(\lambda_i(\xi_v - \sigma_i))}{1 + \exp(\lambda_i(\xi_v - \sigma_i))} \tag{10.10}$$

Der Personenparameter ξ_v bezeichnet die Merkmalsausprägung von Person v auf der latenten Variable ξ. Der Schwierigkeitsparameter σ_i gibt an, wie weit links (leichte Items) bzw. wie weit rechts (schwierige Items) die IC-Funktion des Items i auf der gemeinsamen Skala von σ und ξ zu liegen kommt. Vom Diskriminationsparameter λ_i hängt für jedes Item die Steilheit der IC-Funktion ab, welche im Wendepunkt ihr Maximum erreicht.

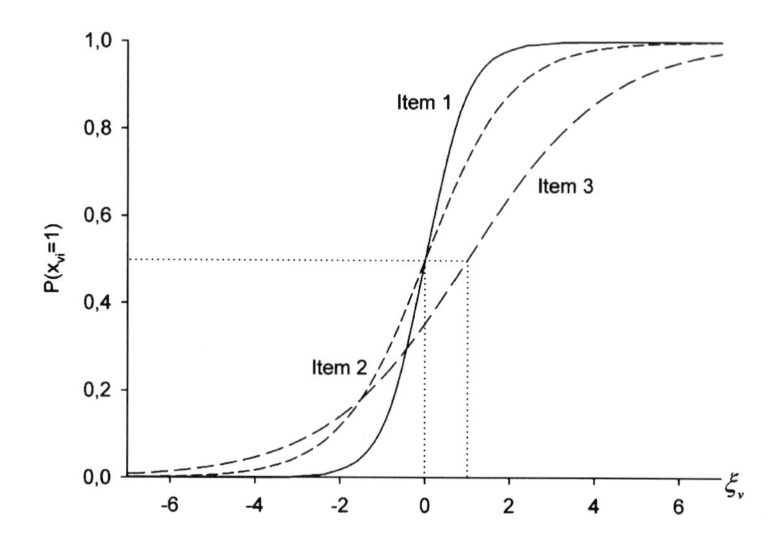

Abb. 10.8. IC-Funktionen von 3 Items des 2 PL-Modells. Die Schwierigkeitsparameter sind $\sigma_1 = \sigma_2 = 0$ und $\sigma_3 = 1$. Für die Diskriminationsparameter gilt $\lambda_1 > \lambda_2 > \lambda_3$

Während das Birnbaum-Modell für die verschiedenen Items logistische IC-Funktionen mit verschiedenen Steigungen (charakterisiert durch die jeweiligen Diskriminationsparameter λ_i) zulässt, hält das dichotome Rasch-Modell (► Abschn. 10.4.2) alle Diskriminationsparameter λ_i auf dem Wert 1 konstant, was zu vorteilhafteren Modelleigenschaften als jenen des Birnbaum-Modells führt (► dazu Anmerkung in Abschn. 10.4.4).

Die nachfolgende Abbildung 10.8 veranschaulicht die logistischen IC-Funktionen von drei Items (1, 2, 3) mit unterschiedlichen Diskriminationsparametern $\lambda_1 > \lambda_2 > \lambda_3$. Die Diskriminationsparameter geben an, wie stark sich die Lösungswahrscheinlichkeiten $P(x_{vi} = 1)$ in Abhängigkeit von der Merkmalsausprägung ξ_v verändern. Sie stellen ein Maß der Sensitivität der Items für Merkmalsunterschiede dar und entsprechen in gewisser Weise den Trennschärfen der Itemanalyse (s. Kelava & Moosbrugger, 2007, ► Kap 4 in diesem Band). Die Itemdiskriminationsparameter λ_i charakterisieren die Steigungen der Itemcharakteristiken an ihrem jeweiligen Wendepunkt. Wie im 1 PL-Modell ist dies gleichzeitig der Punkt im Merkmalskontinuum, an dem das Item am stärksten zwischen Personen mit unterschiedlichen Merkmalsausprägungen diskriminiert. Je kleiner λ ausfällt, desto flacher wird die IC-Funktion und desto weniger gut kann das Item Personen mit höherer von Personen mit niedriger Merkmalsausprägung trennen. Andererseits ist ein Zugewinn an Sensitivität im oberen und unteren Bereich der Merkmalsausprägung zu verzeichnen. Die Schwierigkeitsparameter σ_i sind bei Item 1 und 2 gleich ($\sigma_1 = \sigma_2 = 0$) und bei Item 3 größer ($\sigma_3 = 1$).

10.4.4 Das Rate-Modell von Birnbaum (3PL-Modell)

Das dichotome Rate-Modell von Birnbaum (Dreiparameter-Logistisches Modell) verwendet zusätzlich zum Schwierigkeitsparameter σ_i und dem Diskriminationsparameter λ_i zur Beschreibung des Antwortverhaltens der Probanden einen dritten Itemparameter, der als Rate-Parameter ρ_i bezeichnet

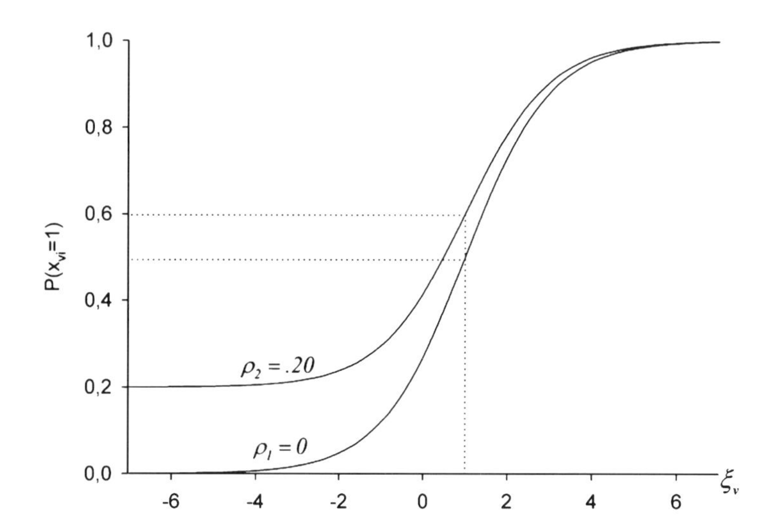

Abb. 10.9. IC-Funktionen des 3 PL-Modells mit den Ratewahrscheinlichkeiten $\rho_1 = 0$ und $\rho_2 = .20$

wird. Dieser Parameter wird dem Umstand gerecht, dass z. B. bei 5-kategorialen Multiple-Choice-Items (s. dazu Jonkisz & Moosbrugger, 2007, ► Kap.3 in diesem Band) in einem Leistungstest mit einer 20%igen Ratewahrscheinlichkeit zu rechnen ist.

Die IC-Funktion des 3PL-Modells wird durch folgende Gleichung beschrieben (vgl. Rost, 2004, S. 135):

$$P(x_{vi} = 1) = \rho_i + (1 - \rho_i) \frac{\exp(\lambda_i(\xi_v - \sigma_i))}{1 + \exp(\lambda_i(\xi_v - \sigma_i))} \qquad (10.11)$$

Abbildung 10.9 zeigt zwei IC-Funktionen des 3PL-Modells. Man sieht für $\rho_2 = .20$, dass die Lösungswahrscheinlichkeit $P(x_{vi} = 1)$ bei sehr geringer Merkmalsausprägung nicht gegen Null, sondern gegen .20 geht. Für $\rho_1 = 0$ reduziert sich das 3PL-Modell auf das 2PL-Modell. Ist bei $\rho_2 = .20$ $\lambda_1 = 1$, so erhält man als Spezialfall des 3PL-Modell ein dichotomes Rasch-Modell mit Rateparametern.

Kritisch nachgefragt

Obwohl mit dem 3PL-Modell und dem 2PL-Modell eine »genauere« Modellierung des Probandenverhaltens als mit dem 1PL-Modell möglich ist, bleibt von testtheoretischer Seite her anzumerken, dass nur das 1PL-Modell (Rasch-Modell) hinsichtlich seiner Gültigkeit (erschöpfende Statistiken, spezifische Objektivität, Stichprobenunabhängigkeit, Intervallskalierung) mit Modelltests überprüfbar ist. Für das 2PL und das 3PL-Modell liegen keine Modelltests vor; so können lediglich Goodness-of-Fit-Maße berechnet werden, die aber keinen sicheren Rückschluss auf das Zutreffen der Modellimplikationen erlauben (näheres s. Kubinger, 1989). Somit weist das 1PL-Modell letztlich die vorteilhafteren Modelleigenschaften auf.

10.5 Interpretation von Testwerten in der IRT

Dominique Rauch & Johannes Hartig

Indirekte Messung

Im Gegensatz zur KTT setzt die IRT bei der Testwertebildung die Antworten von Personen auf die Items eines Tests nicht mit der Messung des im Test erfassten Konstrukts gleich, sondern konzipiert die Messung des Konstrukts explizit als indirekt: IRT-Modelle postulieren, dass dem im Test gezeigten Verhalten, also den Antworten auf die Items des Tests (daher *Item-Response-*Theorie), eine Fähigkeit oder Eigenschaft zugrunde liegt, die das Testverhalten »verursacht«. Das beobachtete Verhalten (manifeste Variable, ► Abschn. 10.1) stellt lediglich einen Indikator für das dahinterliegende Konstrukt (latente Variable, ► Abschn. 10.1) dar, dessen Ausprägung erschlossen werden muss. Bei der Anwendung von IRT-Modellen ist es möglich, für jede Person eine Schätzung Ihrer individuellen Ausprägung ξ_v auf der latenten Variable ξ vorzunehmen (z.B. ► Abschn. 10.4.2 für die Schätzung im Rasch-Modell). Diese individuelle Schätzung des Personenparameters ξ_v stellt den IRT-basierten Testwert einer Person v dar.

Large scale assessment

Einen prominenten Anwendungsbereich hat die IRT-basierte Schätzung von Personenmerkmalen unter anderem in der empirischen Bildungsforschung. Groß angelegte Erhebungen von Schülerleistungen (»large scale assessments«) wie das »Programme for International Student Assessment« (PISA, vgl. Baumert, Artelt, Klieme & Stanat, 2001; OECD, 2001, 2004a, 2004b; PISA-Konsortium Deutschland, 2004) oder die »Third International Mathematics and Science Study« (TIMSS, vgl. Klieme, Baumert, Köller & Bos, 2000) verwenden Modelle der IRT bei der Auswertung von Leistungstests. Dabei werden spezifische Vorteile der IRT genutzt: So wird es durch IRT-Analysen möglich, jeden Schüler nur eine Stichprobe aus einer Gesamtheit homogener Testaufgaben bearbeiten zu lassen, die zur Erfassung einer spezifischen Kompetenz eingesetzt werden (Matrix-Sampling). IRT-basierte Schätzungen der zu erfassenden Fähigkeiten erlauben es, trotz unterschiedlicher bearbeiteter Itemmengen für alle Schüler Testwerte auf einer gemeinsamen Skala zu bestimmen.

Parallele Testformen

Ebenfalls Gebrauch von dieser Möglichkeit kann bei der Erstellung paralleler Testformen mit Hilfe von IRT-Modellen gemacht werden. Parallele Testformen werden unter anderem eingesetzt, um bei wiederholten Messungen Erinnerungseffekte ausschließen zu können. Items eines IRT-skalierten Tests können auf zwei oder mehr Testformen aufgeteilt werden. Sofern das IRT-Modell gilt, können mit jeder Testform Ausprägungen auf derselben Variable (oder im Fall eines mehrdimensionalen Modells auf mehreren Variablen) gemessen werden. Dabei dienen sogenannte Anker-Items dazu, die Items der Testformen auf einer Skala mit einer gemeinsamen Metrik zu positionieren (zu ver*ankern*). Individuelle Testwerte, die für Personen nach Bearbeitung unterschiedlicher Testformen geschätzt werden, können so miteinander verglichen werden. Ein Beispiel für die Nutzung von IRT-basierter Testwertschätzung für die Auswertung paralleler Testformen ist der Test der für mathematisches Fachwissen von Mathematiklehrern von Hill, Schilling und Loewenberg Ball (2004).

Computerbasierte adaptive Tests

Ein weiterer Anwendungsbereich von IRT-Modellen ist das sogenannte computerbasierte adaptive Testen. Bei computerbasierten adaptiven Tests wird im Verlauf des Testens auf Basis sich wiederholender Personenfähigkeitsschätzungen aus einer großen Anzahl kalibrierter Items (zu kalibrierten Items vgl. ▶ Abschn. 10.4.2) immer dasjenige Item vorgegeben, dass für die jeweilige Schätzung der Personenfähigkeit die höchste Iteminformation (s. Iteminformationsfunktion, ▶ Abschn. 10.4.2) aufweist. So werden nur solche Items vorgegeben, die für das Fähigkeitsniveau ξ_v der getesteten Person eine hohe Messgenauigkeit aufweisen, also weder zu leicht noch zu schwierig sind. Aufgrund dieser maßgeschneiderten Vorgabe von Items spricht man auch vom »tailored testing«. Diese Form des adaptiven Testens macht von der Möglichkeit gebrauch, die Personenfähigkeit im Verlauf des Testens ständig neu zu schätzen und diese Schätzung zur Grundlage der weiteren Itemauswahl zu machen. Die spezifische Auswahl von vorgegebenen Items dient einer möglichst genauen Messung in möglichst kurzer Zeit. Grundlagen und Anwendungen des adaptiven Testens werden bei Frey (2007, ▶ Kap. 11 in diesem Band) beschrieben.

Logit-Skala für Personenfähigkeiten und Itemschwierigkeiten

Personenfähigkeiten und Itemschwierigkeiten werden in der IRT auf einer gemeinsamen Skala (engl. »joint scale«) verortet. Diese gemeinsame Skala wird in IRT-Modellen mit logistischen IC-Funktionen (▶ Abschnitt 10.4.1) auch als *Logit-Skala* (z. B. Rost, 2004) bezeichnet. Ein Logitwert ist der Logarithmus des Wettquotienten (engl. Odds) aus Lösungswahrscheinlichkeit $P(x_{vi}=1)$ und Gegenwahrscheinlichkeit $P(x_{vi}=0)$. Die Metrik der gemeinsamen Skala ist abhängig vom gewählten IRT-Modell (▶ Abschn. 10.4–10.6) und den Restriktionen der Parameterschätzung. Um diese gemeinsame Skala von Personenfähigkeiten und Itemschwierigkeiten zu definieren, muss zunächst der Nullpunkt der Skala festgelegt werden. Die Metrik der gemeinsamen Skala wird festgelegt, indem entweder die durchschnittliche Itemschwierigkeit oder die durchschnittliche Personenfähigkeit auf Null restringiert wird. In Abhängigkeit vom gewählten Nullpunkt der Skala können die Testwerte somit bezogen auf die durchschnittliche Itemschwierigkeit oder die durchschnittliche Personenfähigkeit interpretiert werden.

Normorientierte Interpretation IRT-basierter Testwerte am Beispiel von Pisa

Trotz dieser Referenz auf mittlere Fähigkeit oder mittlere Schwierigkeit bleibt die Metrik von Testwerten aus IRT-Modellen unhandlich, typischerweise resultieren Werte in einem numerisch relativ kleinen Wertebereich um null (z.B. -3 logits bis +3 logits). Um anschaulichere Werte zu gewinnen, können geschätzte IRT-basierte Testwerte nach den gleichen Regeln normiert werden wie Testwerte, die auf Basis der Klassischen Testtheorie gewonnen wurden (Goldhammer & Hartig, 2007, ▶ Kap. 8 in diesem Band). In PISA beispielsweise wurden die Testwerte so normiert, dass der Leistungsmittelwert über alle teilnehmenden OECD-Staaten 500 und die Standardabweichung 100 Punkte beträgt (z.B. OECD 2001, 2004a). Für deutsche Fünfzehnjährige ergab sich 2003 auf der PISA Gesamtskala für Lesekompetenz ein Mittelwert von 491 Punkten bei einer Standardabweichung von 109 Punkten (OECD, 2004a). Die Leseleistung deutscher Schüler lag demnach knapp unter dem OECD-Mittelwert, die Streuung der Testergebisse ist jedoch etwas größer als der internationale Durchschnitt.

In Hinblick auf Unterrichtsverbesserungen und Möglichkeiten zur gezielten Förderung von Schülergruppen wird ein Vergleich von Leistungswerten an Bezugspopulationen oder dem Vergleich von Subpopulationen (z.B. die Ländervergleiche in PISA) oftmals nicht als ausreichend erachtet (z.B. Helmke & Hosenfeld, 2004). Es besteht vielmehr der Bedarf nach kriteriumsorientierter Interpretation der Schülertestwerte (vgl. Goldhammer & Hartig, 2007, ► Kap. 8 in diesem Band): So interessiert beispielsweise, über welche spezifischen Kompetenzen bestimmte Schülergruppen verfügen und welche fachbezogenen Leistungsanforderungen sie mit ausreichender Sicherheit bewältigen können. Hierzu müssen die Testwerte auf der Fähigkeitsskala zu konkreten, fachbezogenen Anforderungen in Bezug gesetzt werden. Normorientierte und kriteriumsorientierte Leistungsmessung müssen jedoch nicht als konkurrierend verstanden werden; unter bestimmten Voraussetzungen können Testergebnisse sowohl normorientiert als auch kriteriumsorientiert interpretiert werden.

10.5.1 Grundlagen kriteriumsorientierter Testwertinterpretation in IRT-Modellen

Kriteriumsorientierte Interpretation IRT-basierter Testwerte

Grundvoraussetzung für eine kriteriumsorientierte Interpretation individueller Testwerte ist die Abbildung von Itemschwierigkeiten und Personenfähigkeiten auf einer gemeinsamen Skala. Im Rahmen der Klassischen Testtheorie wird zwischen der individuellen Leistung einer Person (z.B. Prozent gelöster Items) und der Schwierigkeit eines Items (z.B. Prozent der Personen, die das Item gelöst haben) kein expliziter Bezug hergestellt. In IRT-Modellen dagegen werden individuelle Fähigkeitsschätzungen und Itemschwierigkeiten auf einer gemeinsamen Skala abgebildet. Dadurch ist es möglich, individuelle Testwerte durch ihre Abstände zu Itemschwierigkeiten zu interpretieren (Embretson, 2006). Eine eindeutige relative Lokalisation von Personenfähigkeit und Itemschwierigkeit ist allerdings nur dann möglich, wenn die IC-Funktionen aller Items parallel verlaufen (s. spezifische Objektivität, ► Abschn. 10.4.2). Dies ist im Rasch-Modell (1PL-Modell) der Fall: die IC-Funktion eines Items ist hier durch einen einzigen Parameter, nämlich die Itemschwierigkeit, vollständig determiniert. Mehrparametrige Modelle wie das 2PL oder 3PL (► Abschn. 10.4.2 und 10.4.3) haben gegenüber dem einparametrigen Raschmodell den für die Interpretierbarkeit der Skala schwerwiegenden Nachteil, dass sich Differenzen zwischen den Lösungswahrscheinlichkeiten mehrerer Items in Abhängigkeit von der Personenfähigkeit verändern, d.h. die IC-Funktionen verschiedener Items schneiden sich (■ Abb. 10.8). Dies kann zu dem paradoxen Ergebnis führen, dass ein Item dem Modell zufolge für eine bestimmte Person leichter ist als ein anderes und sich dieses Verhältnis für eine andere Person umkehrt. Angesichts der Vorteile des Raschmodells für die kriteriumsorientierte Testwertinterpretation (vgl. Wilson, 2003) wird im Folgenden ausschließlich auf dieses Modell Bezug genommen.

Im Raschmodell ist die Schwierigkeit eines Items definiert als jene Ausprägung auf der Fähigkeitsskala, die erforderlich ist, um das Item mit einer Wahrscheinlichkeit von 50% lösen (vgl. ► Abbildung 10.3). Über die Itemcharakteristische Funktion können spezifische Ausprägungen der Personenfähigkeit in Lösungswahrscheinlichkeiten für Items mit bestimmten Schwierigkeiten übertragen werden. Betrachtet man z.B. die IC-Funktionen der drei in ◘ Abbildung 10.3 abgetragenen Items, so ist zu erwarten, dass Personen, deren geschätzte Fähigkeit den gleichen Wert auf der Skala erreicht wie die Schwierigkeit von Item 2 ($\sigma_2 = 1$), dieses Item zu 50% lösen können. Item 1 ($\sigma_1 = -2$) hingegen sollten etwa 95 % dieser Personen lösen, während Item 3 ($\sigma_3 = 2$) in dieser Gruppe von weniger als 30% der Personen bewältigt werden dürfte. Eine Lösungswahrscheinlichkeit von 50% erscheint als relativ niedrig, um darauf zu schließen, dass Personen mit der Fähigkeit $\xi_v = \sigma_2$ die Anforderungen von Item 2 hinreichend sicher bewältigen können. Daher werden in Schulleistungsstudien, in denen das Vorhandensein spezifischer Kompetenzen untersucht werden soll, oft höhere Lösungswahrscheinlichkeiten als 50% gewählt, um einzelne Items auf der Kompetenzskala zu verorten. Anhand des im Rasch-Modell angenommenen Zusammenhanges zwischen Personenfähigkeit und Lösungswahrscheinlichkeit lassen sich leicht auch Punkte auf der Kompetenzskala bestimmen, an denen die Lösungswahrscheinlichkeit für ein spezifisches Item einen beliebigen anderen Wert als 50% annimmt. In ◘ Abbildung 10.10 ist dies am Beispiel der »65%-Schwelle«, wie sie z.B. in der »Third International Mathematics and Science Study« (TIMSS, vgl. Klieme, Baumert, Köller & Bos, 2000) und Deutsch Englisch Schülerleistungen International (DESI; Beck & Klieme, 2003; Hartig, 2007; Klieme & Beck, 2007) verwendet wurde, dargestellt.

65%-Schwelle

Personen, deren individueller Testwert die 65%-Schwelle eines Items übersteigt, können dieses Item mit »hinreichender« Wahrscheinlichkeit (also mit mindestens 65-prozentiger Lösungswahrscheinlichkeit) korrekt lösen, Personen mit niedrigeren Testwerten hingegen nicht. Auf Basis derjenigen Items, die mit einer Wahrscheinlichkeit von 65% oder mehr richtig gelöst werden können, lässt sich kriteriumsorientiert beschreiben, welche Anforderungen diese Personen bewältigen können (vgl. ◘ Beispiel 10.3).

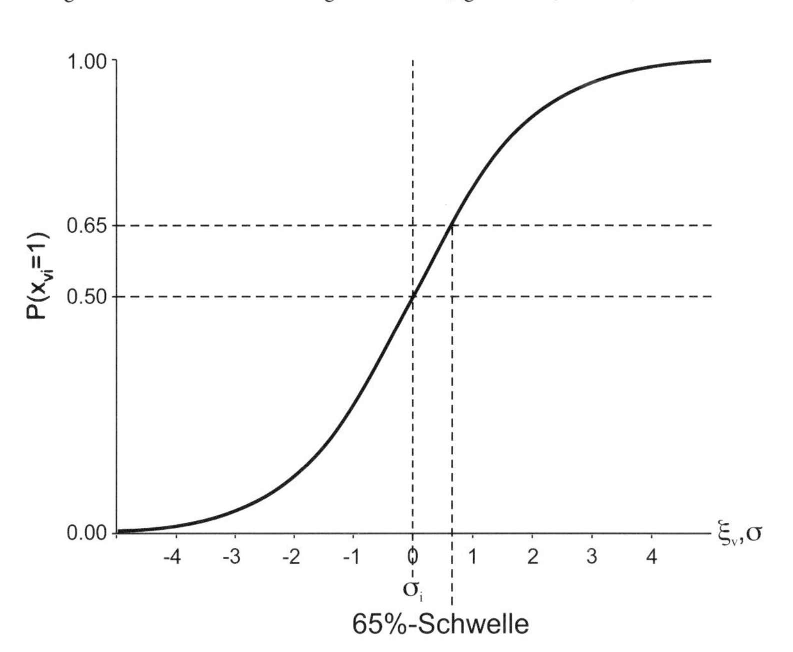

◘ **Abb. 10.10.** Veranschaulichung der Bildung der »65%-Schwelle« für ein Item mit $\sigma_i = 0$

Beispiel 10.3 **PERLE**

Beispiel für die kriteriumsorientierte Interpretation von individuellen Testwerten: Fähigkeit zum Zahlen lesen von Erstklässlern

Als Veranschaulichung für die kriteriumsorientierte Interpretation von individuellen Fähigkeitsschätzungen soll hier der Subtest »Zahlen Lesen« (Graf, Greb & Jeising, in Vorbereitung) aus dem Projekt »**Per**sönlichkeits- und **Le**rnentwicklung an sächsischen Grundschulen« (PERLE) dienen. Die Studie PERLE untersucht die Lernentwicklung und Persönlichkeitsentwicklung von Grundschulkindern, im Mittelpunkt stehen die Bereiche Schriftspracherwerb, Mathematik und bildende Kunst. Im Bereich Mathematik wurden an Erstklässlern unmittelbar nach Schuleintritt die mathematischen Vorläuferfähigkeiten für spätere Leistungen im Mathematikunterricht erhoben. Ein Subtest erfasst die Fähigkeit der Kinder Zahlen zu lesen. Hierbei wurden den Kindern 13 Zahlen vorgelegt, die sie laut benennen sollten. Der Test beginnt mit einstelligen Zahlen, dann folgen zwei-, drei- und vierstellige Zahlen. Es wird nur zwischen richtigen und falschen Antworten unterschieden. Die Skalierung der Daten erfolgte auf Basis des dichotomen Rasch-Modells (Greb, 2007). ◼ Abbildung 10.11 zeigt die IC-Funktionen der 13 Items.

Am leichtesten richtig zu benennen sind die einstelligen Zahlen »8« und »6«; sie liegen somit ganz links auf der Skala. Schwerer sind die zweistelligen Zahlen, wobei entsprechend den theoretischen Annahmen Zahlen ohne Inversion (»50«) leichter zu benennen sind als solche, bei denen die zweite Ziffer zuerst genannt werden muss (»47«). Die Items, bei denen dreistellige Zahlen zu lesen sind, finden sich mit deutlichem Abstand weiter rechts auf der Skala, d.h. sie sind deutlich schwerer zu lösen. Eine Aus-

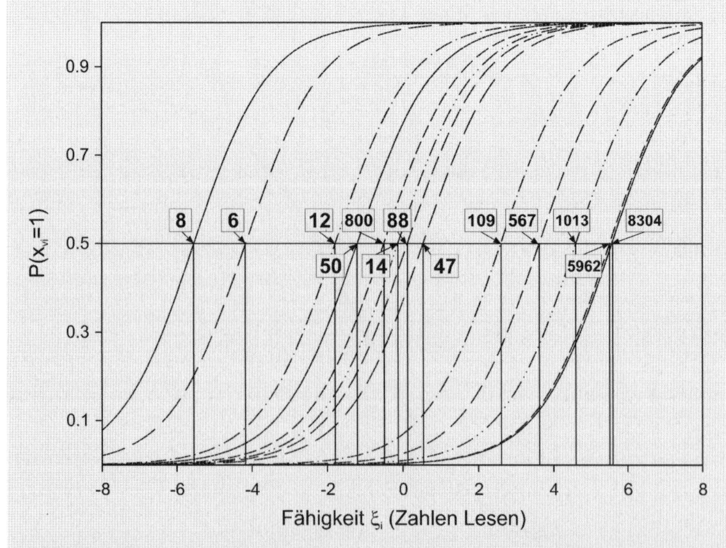

◼ **Abb. 10.11.** Auf Basis des dichotomen Raschmodells ermittelte IC-Funktionen der 13 Items des PERLE-Subtests »Zahlen Lesen« (nach Greb, 2007)

▼

nahme bildet die Zahl 800, die aufgrund ihres einfachen Aufbaus im Schwierigkeitsbereich der zweistelligen Zahlen liegt. Am schwierigsten richtig zu benennen sind erwartungsgemäß die vierstelligen Zahlen.

Kinder, deren Fähigkeit ungefähr bei $\xi_v = 1$ auf der gemeinsamen Skala von Itemschwierigkeit und Personenfähigkeit zu verorten ist, werden alle Items, die leichter sind ($\sigma_i < 1$), mit einer Wahrscheinlichkeit von über 50% lösen. Sie beherrschen mit sehr großer Wahrscheinlichkeit (> 95%) die einstelligen Zahlen, deren Schwierigkeiten am niedrigsten liegen, und können auch alle zweistelligen Zahlen schon zuverlässig benennen (> 70%). Bei drei- und vierstelligen Zahlen kann man jedoch nicht mit hinreichender Sicherheit davon ausgehen, dass diese Kinder sie bereits lesen können. Eine kriteriumsbezogene Interpretation der numerischen Werte von Testergebnissen wird durch Vergleich der individuellen Fähigkeitsschätzungen mit den Itemschwierigkeiten möglich, da die Kompetenzen der Schüler auf Anforderungen der Items bezogen werden können.

10.5.2 Definition von Kompetenzniveaus zur kriteriumsorientierten Testwertinterpretation

Grundidee von Kompetenzniveaus

Um die quantitativen Werte einer Kompetenzskala kriteriumsorientiert zu beschreiben, wird in der empirischen Bildungsforschung ein pragmatisches Vorgehen gewählt: die kontinuierliche Skala wird in Abschnitte unterteilt, welche als Kompetenzniveaus bezeichnet werden (vgl. Hartig & Klieme, 2006). Die kriteriumsorientierte Beschreibung erfolgt für jeden Skalenabschnitt; innerhalb der gebildeten Kompetenzniveaus wird keine weitere inhaltliche Differenzierung der erfassten Kompetenz vorgenommen. Dieses Vorgehen wird nicht zuletzt damit begründet, dass es in der Praxis nicht realisierbar ist, jeden einzelnen Punkt auf einer quantitativen Skala anhand konkreter, fachbezogener Kompetenzen inhaltlich zu beschreiben (Beaton & Allen, 1992).

Methoden zur Bestimmung von Schwellen zwischen den Kompetenznivaus

Um für die Skala eines existierenden Tests Kompetenzniveaus zu bilden, stehen verschiedene Methoden zur Verfügung. Die Grundlage für die Definition von Kompetenzniveaus liefern bei jeder dieser möglichen Vorgehensweisen die Items eines Tests, genauer gesagt (1) ihre fachbezogenen Anforderungen und (2) die im Rahmen der IRT-Skalierung ermittelten Itemschwierigkeiten. Entscheidend bei der Bildung von Niveaus ist die Methode zur Bestimmung der *Schwellen zwischen den Niveaus*, hier unterscheiden sich verschiedene Methoden. Im einfachsten Fall werden die Schwellen zwischen den Abschnitten auf der Kompetenzskala willkürlich gesetzt, zum Beispiel in gleichen Abständen oder bezogen auf die Mittelwerte bestimmter Bezugsgruppen. Anschließend wird nach Items gesucht, deren Schwierigkeiten für die gesetzten Schwellen charakteristisch sind. Die inhaltliche Beschreibung der Skalenabschnitte erfolgt dann anhand einer anschließenden Post-Hoc-Analyse der Inhalte dieser Items (Beaton & Allen, 1992).

Häufig können jedoch schon während der Testentwicklung Annahmen darüber formuliert werden, aus welchem Grund bestimmte Items leichter oder schwerer sind. Liegen theoretisch begründete Annahmen darüber vor, welche spezifischen Merkmale des Items seine Schwierigkeit bedingen, so können diese Merkmale herangezogen werden, um die Schwellen zwischen den Kompetenzniveaus festzulegen. Man spricht in diesem Zusammenhang von *Aufgabenmerkmalen*, da diese sich beispielsweise bei einem Leseverständnistest aus den Anforderungen des Textes und den Aufgaben zum Text (d. h. den Items) ergeben. Im Folgenden wird die Definition und Beschreibung von Kompetenzniveaus sowohl anhand eines Vorgehens mit Post-Hoc-Analyse der Items als auch eines a-priori-Vorgehens mit vorab definierten Aufgabenmerkmalen veranschaulicht (vgl. ◘ Beispiel 10.4).

Beispiel 10.4 | **TIMSS/III**

Beispiel für eine Post-Hoc-Analyse von Iteminhalten: TIMSS/III

Ein Post-Hoc-Verfahren zur Definition und inhaltlichen Beschreibung von Kompetenzniveaus soll beispielhaft am TIMSS/III-Test (Klieme et al., 2000) zur naturwissenschaftlichen Grundbildung dargestellt werden. TIMSS/III ist eine international vergleichende Schulleistungsuntersuchung, in der Mathematik- und Naturwissenschaftsleistungen von Schülern der Sekundarstufe II untersucht wurden.

Die Bestimmung von Kompetenzniveaus in TIMSS erfolgt nach einem von Beaton und Allen (1992) vorgestellten Verfahren, bei dem zuerst nach einer Sichtung der Testitems durch Experten Ankerpunkte auf der Kompetenzskala gesetzt werden und anschließend diejenigen Items identifiziert und inhaltlich betrachtet werden, die zur Beschreibung dieser Ankerpunkte geeignet sind. Im Folgenden werden die in der Terminologie von Beaton und Allen (1992) als Ankerpunkte bezeichneten Punkte auf der Kompetenzskala als Schwellen zwischen Kompetenzstufen betrachtet: Ein Schüler, der eine solche Schwelle erreicht, wird als kompetent diagnostiziert, die mit diesem Punkt verbundenen inhaltlichen Anforderungen zu bewältigen.

Auch für TIMSS/III wurden die Daten aus den Leistungstests mit dem Raschmodel ausgewertet, Grundlage für diese Skalierung bildete der internationale Datensatz. Anschließend wurden die auf Basis des Raschmodells gebildeten Testwerte so normiert, dass der internationale Mittelwert der Skala 500 Punkte und die Standardabweichung 100 Punkte beträgt. Auf Grundlage einer ersten Inspektion der Aufgaben wurden vier Schwellen gesetzt: zunächst wurde eine Schwelle auf den internationalen Mittelwert (500) gelegt. Eine weitere Schwelle wurde eine Standardabweichung unterhalb des Mittelwerts (400), zwei weitere eine und zwei Standardabweichungen oberhalb des Mittelwerts (600 und 700) gesetzt. Klieme et al. (2000, S. 118) betonen, dass »(...) die primäre Festlegung der Zahl der Kompetenzstufen und deren Abstände in gewissem Maße arbiträr [erfolgt] (...)«.

▼

Zur inhaltlichen Bestimmung der Schwellen wurden zunächst für jede Schwelle die Menge derjenigen Items gebildet, deren auf Basis der IC-Funktion erwartete Lösungswahrscheinlichkeit an diesem Punkt hinreichend hoch (> 65%) und an der nächst niedrigeren Schwelle hinreichend niedrig (< 50%) ist. Items, die diese Kriterien für eine Schwelle erfüllen, werden als charakteristisch für die Kompetenz an diesem Punkt der Kompetenzskala betrachtet. Die genannten Auswahlkriterien führen dazu, dass jedes Item maximal einer Schwelle zugeordnet wird. Es werden allerdings nicht alle Items einer Schwelle zugeordnet. Items, welche die Auswahlkriterien für keinen Punkt erfüllen, werden für die inhaltliche Spezifikation der Kompetenzniveaus nicht mehr berücksichtigt. Die Items, die einer Schwelle zugeordnet wurden, wurden dann hinsichtlich ihrer Inhalte und Anforderungen analysiert. Auf diese Weise kann pro Kompetenzniveau eine charakteristische Itemmenge gebildet werden, deren inhaltliche Analyse Aufschluss über die ihnen gemeinsamen Anforderungen gibt. Die Beschreibungen dieser für jedes Niveau spezifischen Anforderungen dienen dann als inhaltliche Spezifikation der Kompetenzniveaus.

◘ Abbildung 10.12 aus dem ersten TIMSS/III Band (Klieme et al., 2000) zeigt Kompetenzniveaus der TIMSS/III-Skala »Naturwissenschaftliche Grundbildung« mit den für die Schwellen charakteristischen Items (in ◘ Abbildung 10.12 mit »Aufgabe« bezeichnet). Zur inhaltlichen Bestimmung der Kompetenzniveaus wurden Items knapp unter dem jeweiligen Schwellenwert herangezogen.

Aufgabe A6B in ◘ Abbildung 10.12 beispielsweise liegt mit einer Schwierigkeit von 594 Punkten sehr knapp unter der Schwelle zum Kompetenzniveau 3 (in TIMMS/III mit »Stufe« bezeichnet), die auf 600 Punkte gelegt wurde. Diese Aufgabe eignet sich wegen der unmittelbaren Nähe zur Schwelle gut, um zu beschreiben, was Schülerinnen und Schüler auf Kompetenzniveau 3 »Anwendung elementarer Naturwissenschaftlicher Modellvorstellungen« bereits mit hinreichender Sicherheit können: Sie sind in der Lage, Modellvorstellungen, die im naturwissenschaftlichen Unterricht der Mittelstufe vermittelt werden, auf ein konkretes Problem anzuwenden. Dementsprechend können sie erklären, dass die Einführung eines neuen Organismus in ein Ökosystem unerwünschte Folgen haben kann, wie beispielsweise eine unkontrollierte Vermehrung dieses Organismus, wenn dieser keine natürlichen Feinde besitzt.

10.5.3 Verwendung von Aufgabenmerkmalen zur Testwertbeschreibung

Oft können bereits vor der Testanwendung Annahmen über Aufgabenmerkmale, die sich auf die Schwierigkeiten der Items auswirken, formuliert werden. Derartige Aufgabenmerkmale können verwendet werden, um IRT-ba-

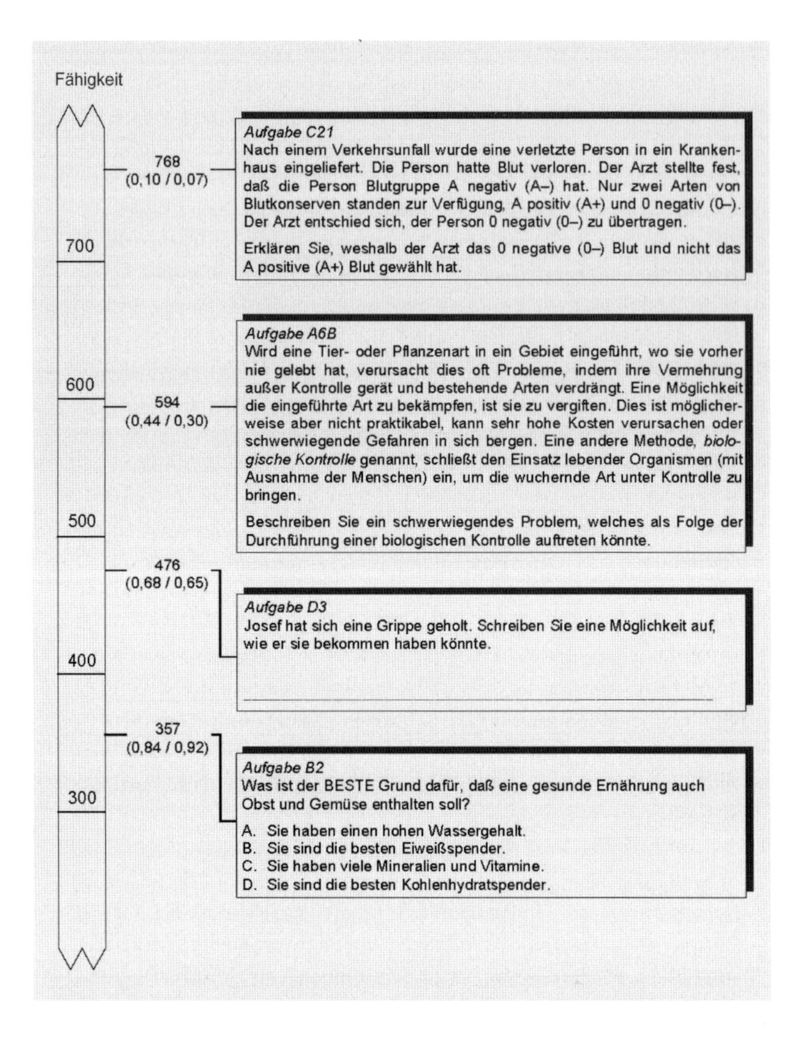

Abb. 10.12. Kompetenzniveaudefinition in TIMMS/III (aus Klieme et al., 2000, S. 128): Zur inhaltlichen Beschreibung der Schwellen wurden Aufgaben unterhalb des Schwellenwertes herangezogen. Kompetenzniveau 1 ab 400 Punkten, 2 ab 500 Punkten, 3 ab 600 Punkten und 4 ab 700 Punkten. Unterhalb von Kompetenzniveau 1 ist kein weiteres Niveau definiert, lediglich die Skala weiter fortgeführt.

sierte Testwerte kriterienorientiert zu beschreiben. Mit einer auf Aufgabenmerkmale bezogenen Beschreibung wird es leichter, das zu erfassende Merkmal ξ in generalisierter Weise, d.h. unabhängig von den einzelnen Testaufgaben, zu beschreiben.

Relevante Aufgabenmerkmale

Relevante Aufgabenmerkmale für die Testwertbeschreibung beziehen sich auf Anforderungen, die beim Bearbeiten und Lösen der Items bewältigt werden müssen. Aufgabenmerkmale können sich auf kognitive Prozesse beim Lösen, auf Eigenschaften des Aufgabenmaterials, aber auch auf technische Oberflächencharakteristika der Aufgaben beziehen. Hartig und Klieme (2006, S. 136) nennen folgende Beispiele für schwierigkeitsrelevante Aufgabenmerkmale:

- zum Lösen der Aufgabe auszuführende kognitive Operationen (z. B. Bilden eines mentalen Modells beim Lesen),
- Schwierigkeit hinsichtlich spezifischer Kriterien (z. B. Wortschatz eines Lesetextes),

- spezifische Phänomene im jeweiligen Leistungsbereich (z. B. Bilden von Konjunktiv-Formen),
- Aufgabenformate (z. B. geschlossene vs. offene Antworten).

Der erste Schritt auf dem Weg zu einer Beschreibung von Testwerten mittels Aufgabenmerkmalen ist es, den Zusammenhang zwischen Merkmalen und Itemschwierigkeiten zu untersuchen. Nur solche Aufgabenmerkmale, die tatsächlich einen Effekt auf die Itemschwierigkeiten eines Tests haben, können zur Beschreibung der Testwerte verwendet werden. Lässt sich der Effekt der Aufgabenmerkmale auf die Itemschwierigkeiten empirisch nachweisen, können die Testwerte auf Itemschwierigkeiten σ_i bezogen werden, die sich für spezifische Konfigurationen von Aufgabenmerkmalen ergeben.

Bezug auf Konfigurationen von Aufgabenmerkmalen

Es gibt verschiedene Methoden, Aufgabenmerkmale in Bezug zu den Itemschwierigkeiten zu setzen und sie zur Testwertbeschreibung zu verwenden. Hier soll kurz dass Vorgehen skizziert werden, das in der DESI-Studie zur Anwendung kam (vgl. Hartig, 2007). Jedes Item der in der DESI-Studie verwendeten Sprachtests wurde hinsichtlich mehrerer Aufgabenmerkmale eingestuft, die sich auf die Itemschwierigkeit auswirken sollten. Die empirischen Itemschwierigkeiten σ_i aller Items wurden auf Basis des 1PL (vgl. ► Abschnitt 10.4.2) geschätzt. In einer anschließenden Analyse wurden die Items als Fälle behandelt. In einer linearen Regressionsanalyse (s. z. B. Moosbrugger, 2002) wurden die Aufgabenmerkmale als Prädiktoren und die Itemschwierigkeiten als abhängige Variable verwendet. Die Schwierigkeiten σ_i werden als gewichtete Linearkombination von K Aufgabenmerkmalen x modelliert:

$$\sigma_i = \beta_0 + \sum_{k=1}^{K} \beta_k x_{ik} + \varepsilon_i \qquad (10.12)$$

Hierbei ist β_k der Effekt von Merkmal k auf die Schwierigkeiten σ_i, x_{ik} die Ausprägung von Merkmal k für Item i, und ε_i das Regressionsresiduum. Die Regressionskonstante β_0 entspricht der erwarteten Schwierigkeit einer Aufgabe, die in allen Aufgabenmerkmalen die Ausprägung $x_{ik} = 0$ aufweist. Diese Analysen liefern zunächst Aufschluss darüber, welche Aufgabenmerkmale tatsächlich in Zusammenhang mit den Itemschwierigkeiten stehen; auf dieser Basis wurde eine Auswahl von relevanten Merkmalen getroffen.

Verwendung von erwarteten Aufgabenschwierigkeiten

Auf Basis der Ergebnisse der Regressionsanalyse ist es möglich, die *erwarteten Schwierigkeiten* $\hat{\sigma}_i$ für bestimmte Konfigurationen von Aufgabenmerkmalen zu ermitteln:

$$\hat{\sigma}_i = \beta_0 + \sum_{k=1}^{K} \beta_k x_{ik} \qquad (10.13)$$

Diese erwarteten Schwierigkeiten können auf derselben gemeinsamen Skala wie Personenfähigkeiten ξ_v und Itemschwierigkeiten σ_i verortet werden. Die erwarteten Schwierigkeiten können daher verwendet werden, um Schwellen zwischen Kompetenzniveaus zu definieren (vgl. ◼ Beispiel 10.5).

Beispiel 10.5 **Englisch Hörverstehen**

Aufgabenmerkmale für den Test in Englisch Hörverstehen (Nold & Rossa, 2007) waren zum Beispiel unter anderem (1) die Sprechgeschwindigkeit und (2) die Komplexität der aus dem gehörten Text zu erschließenden Information. Das unterste Kompetenzniveau A in Hörverstehen, das mit Bezug auf diese Aufgabenmerkmale definiert wurde, ist unter anderem dadurch charakterisiert, dass Schülerinnen und Schüler »*konkrete Einzelinformationen (...) hörend verstehen [können], wenn diese Informationen langsam, deutlich gesprochen und in einfacher Sprache explizit präsentiert werden*« (Nold & Rossa, 2007, S. 191). Die Kompetenzen von Schülerinnen und Schülern auf dem höchsten Niveau C hingegen werden wie folgt beschrieben: »*Kann abstrakte Informationen (...) verstehen, indem implizite Informationen erschlossen oder inhaltlich komplexe Einzelinformationen interpretiert werden, auch wenn diese sprachlich komplex und in partiell schneller Sprechgeschwindigkeit präsentiert werden, wie Muttersprachler dies in natürlicher Interaktion tun*« (Nold & Rossa, 2007, S. 192). Diese inhaltlichen Beschreibungen der Kompetenzniveaus erfolgen also mit Bezug auf die zur Beschreibung der Items verwendeten Aufgabenmerkmale. Dieser Bezug wird nicht durch eine Analyse der Inhalte im Nachhinein hergestellt, sondern über den empirischen Zusammenhang der Aufgabenmerkmale mit den Aufgabenschwierigkeiten.

Alternativ können Aufgabenmerkmale auch direkt im IRT-Modell berücksichtigt werden, hier ist insbesondere dass LLTM (Fischer, 1973, 1995b; ► Abschn. 10.6.3) zu nennen. Modelle, die den Einbezug von Prädiktoren für die Itemschwierigkeiten erlauben, werden auch als *erklärende Item-Response-Modelle* (*explanatory item response models*; Wilson & De Boeck, 2004) bezeichnet. Zusätzlich zum Nutzen für die Testwertbeschreibung kann die Erklärung von IRT-basierten Itemschwierigkeiten durch Aufgabenmerkmale auch als eine Prüfung der Konstruktvalidität betrachtet werden (Embretson, 1983, 1998; vgl. Hartig, Frey & Jude, 2007, ► Kap. 7.3 in diesem Band). Die Definition von Aufgabenmerkmalen setzt nämlich gerichtete Annahmen darüber voraus, welche Aufgaben höhere oder niedrigere Anforderungen an die zu messende Personenfähigkeit ξ_v stellen. Können die Itemschwierigkeiten σ_i tatsächlich durch relevante Aufgabenmerkmale erklärt werden, kann dies als ein Hinweis darauf betrachtet werden, dass tatsächlich die interessierende Fähigkeit erfasst wurde.

10.6 Weitere Modelle der IRT

Neben den genannten dichotomen Latent-Trait-Modellen umfasst das Gebiet der IRT heute eine Vielzahl weiterer Modelle. Sie sind in der Regel ebenfalls probabilistisch, unterscheiden sich aber u. a. durch die Art der manifesten und/oder latenten Variablen und die Art der verwendeten Modellparameter. Die in der IRT zentrale Annahme der lokalen stochastischen Unabhängigkeit gilt sinngemäß auch hier. Die meisten der im Folgenden skizzierten Modelle lassen sich als Weiterentwicklungen des dichotomen Rasch-Modells interpretieren, andere haben ihre eigene Geschichte. Diese Darstellung will grundlegende Ansätze aufzeigen und erhebt keinen Anspruch auf Vollständigkeit.

10.6.1 Polytome Latent-Trait-Modelle

Rasch (1961) hat sein dichotomes Modell auf den Fall polytomer (d. h. mehrkategorieller) Items erweitert. Da es sich um Items mit nominalen Kategorien handeln kann (z. B. Signierungen bei Fragen mit freier Beantwortung), ist das *polytome Rasch-Modell* im allgemeinsten Fall *mehrdimensional*: Abgesehen von einer Referenzkategorie wird für jede Kategorie ein eigener Personen- und ein eigener Itemparameter eingeführt. Obwohl wieder spezifisch objektive Vergleiche möglich sind und Verfahren zur Parameterschätzung und Modellkontrolle existieren (z. B. Fischer, 1974, 1983; Fischer & Molenaar, 1995), gibt es bislang nur wenige empirische Anwendungen (z. B. Fischer & Spada, 1973). Ein Anwendungsproblem besteht unter anderem darin, dass bei vielen Personen bestimmte Kategorien gar nicht vorkommen (Rost, 2004).

Mehrdimensionales polytomes Rasch-Modell

Von größerer praktischer Bedeutung ist der *eindimensionale Spezialfall* des polytomen Rasch-Modells, in dem sich die Antwortkategorien im Sinne einer Rangskala ordnen lassen. Das zugehörige Modell enthält nur einen Personen- und einen Itemparameter, die wie im dichotomen Fall z. B. als Fähigkeit (allgemeiner: Merkmalsausprägung) bzw. als Schwierigkeit interpretierbar sind, sowie zusätzlich für jede Kategorie eine *Gewichtszahl* und einen Parameter, der als *Aufforderungscharakter* der jeweiligen Kategorie bezeichnet werden kann (Fischer, 1974, 1983). Sofern sich im Einklang mit der Rangordnung der Kategorien »gleichabständige« Gewichtszahlen ergeben, sind auch hier spezifisch objektive Vergleiche möglich (Andersen, 1995). (Anmerkung: Gleichabständige Gewichtungen der Form 0, 1, 2, … o. ä. für Stufenantwortaufgaben und Ratingskalen finden auch ohne Bezug auf die IRT Verwendung, jedoch fehlt dort fast immer ihre Legitimation mangels Einbettung in ein empirisch prüfbares Modell; s. Jonkisz & Moosbrugger, 2007, ► Kap. 3 in diesem Band.)

Eindimensionales polytomes Rasch-Modell

Andrich (1978) gelang es, das eindimensionale polytome Rasch-Modell auf der Basis dichotomer Latent-Trait-Modelle zu interpretieren. In seiner Darstellung werden die manifesten Kategoriengrenzen durch sog. *Schwellen* auf der latenten Variable repräsentiert, die sich ähnlich wie dichotome Items durch *Diskriminations- und Schwierigkeitsparameter* beschreiben lassen. Dabei zeigte sich, dass die oben hervorgehobene gleichabständige Gewichtung nur dann resultiert, wenn man *gleich diskriminierende* Schwellen annimmt. Folglich werden im *Ratingskalenmodell* von Andrich (1978, s. auch Rost, 2004) alle Diskriminationsparameter gleich Eins gesetzt und die Kategorien mit fortlaufenden ganzen Zahlen (0, 1, 2, …) gewichtet. ◘ Abbildung 10.13 kann als Illustration des Ratingskalenmodells für den Fall von vier Antwortkategorien dienen. Der Aufforderungscharakter der einzelnen Kategorien hängt von den relativen Positionen der Schwellen auf dem latenten Kontinuum ab, welche sich aus den Schnittpunkten der Kurven benachbarter

Schwellen

Ratingskalenmodell

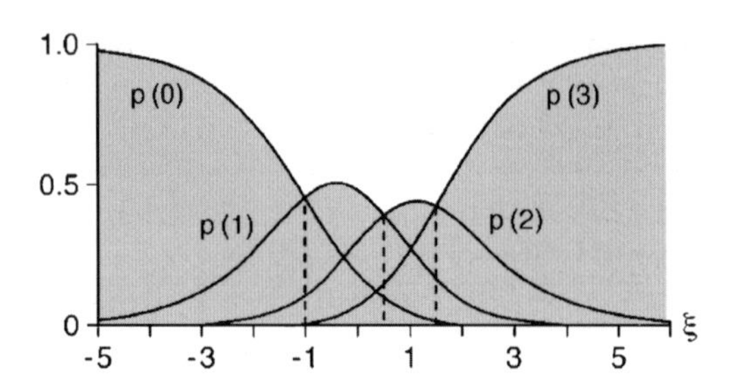

Abb. 10.13. Kategoriencharakteristiken eines vierkategoriellen Items mit Kategorie 0 (z. B. »lehne ich ab«) bis Kategorie 3 (»stimme völlig zu«). (Nach Rost, 2004, S. 216)

Kategorien ergeben. (Das dichotome Rasch-Modell ist als Spezialfall im Ratingskalenmodell enthalten: Allgemein ist die IC-Funktion bei dichotomen Latent-Trait-Modellen nichts anderes als die Kategoriencharakteristik der positiven oder symptomatischen Kategorie.) Eindimensionale polytome Modelle lassen sich durch *Kategoriencharakteristiken* veranschaulichen, die die Wahrscheinlichkeiten für alle möglichen Antworten als Funktion des Personenparameters zeigen.

Kategoriencharakteristiken

Wird im Ratingskalenmodell der Personenparameter variiert, ergibt sich die jeweils wahrscheinlichste Antwort unter Berücksichtigung der Kategorienfunktionen der gesamten Ratingskala. Demnach wäre für Probanden mit $\xi_v < -1$ die Kategorie 0 die wahrscheinlichste Antwort; bei $-1 \leq \xi_v < 0{,}5$ die Kategorie 1, bei $0{,}5 \leq \xi_v < 1{,}5$ die Kategorie 2 und bei $\xi_v \geq 1{,}5$ die Kategorie 3. Näheres siehe Rost (2006). Die in Abbildung 10.13 gezeigte Kurvenschar wäre bei einem leichteren Item lediglich insgesamt nach links, bei einem schwereren Item nach rechts verschoben. Die wesentlichen Merkmale von Rasch-Modellen (z. B. Summenwerte als erschöpfende Statistiken für die Modellparameter, Existenz konsistenter Schätzverfahren) bleiben jedoch erhalten, wenn auch »Interaktionseffekte« derart zugelassen werden, dass die relativen Positionen der Schwellen, ja sogar die Anzahl der Kategorien, von Item zu Item schwanken können. Masters (1982) konzipierte dieses sehr allgemeine Modell zunächst für Leistungstests mit abgestufter Bewertung der Antworten und nannte es dementsprechend *Partial-Credit-Modell*. Es eignet sich aber auch als Bezugsrahmen für eine Reihe spezieller »Rasch-Modelle« mit geordneten Kategorien (Wright & Masters, 1982; Masters & Wright, 1984; Rost, 1988), sodass die neutrale Bezeichnung ordinales Rasch-Modell (Rost, 2004) angemessener erscheint. Eine Verallgemeinerung auf *kontinuierliche Ratingskalen* entwickelte Müller (1987). Für nähere Einzelheiten der vorgeschlagenen Spezialfälle und mögliche Anwendungen sei insbesondere auf Müller (1999) und Rost (2004) verwiesen.

Partial-Credit-Modell

Kontinuierliche Ratingskalen

10.6.2 Mixed-Rasch-Modelle

Wie weiter oben dargestellt, setzen herkömmliche Rasch-Modelle Stichprobenunabhängigkeit (z. B. van den Wollenberg, 1988) bzw. Rasch-Homogenität (▶ Abschn. 10.4.2) in dem Sinne voraus, dass die Items bei allen getesteten Personen dasselbe Merkmal erfassen sollen. Gelegentlich erweist es sich aber als nicht haltbar, für die gesamte Personenstichprobe dieselben Itemparameterwerte anzunehmen; in einem solchen Fall müssten für verschiedene Teilstichproben unterschiedliche Itemparameter zugelassen werden. Zur Kontrolle eignen sich Modellgeltungstests wie der bereits erwähnte Likelihood-Quotienten-Test von Andersen (1973), der die Gleichheit der Itemparameter des dichotomen Rasch-Modells in *manifesten* Teilstichproben der Personen überprüft (► Abschn. 10.4.2). Solche Modellkontrollen sind im Allgemeinen gut interpretierbar, enthalten aber die Gefahr, dass relevante Teilungskriterien übersehen werden.

Einen Ausweg bieten »*Mixed-Rasch-Modelle*« (Rost, 1990, 2004), welche auch als *Mischverteilungsmodelle* bezeichnet werden. Sie beruhen sowohl auf der LCA als auch auf der IRT und lassen dementsprechend die Möglichkeit zu, dass *nur innerhalb* von verschiedenen, zunächst nicht bekannten *latenten Klassen*, die mit Hilfe der LCA identifiziert werden, Rasch-Homogenität gegeben ist. Anders als bei der LCA dürfen sich die Personen einer Klasse aber wie bei Rasch-Modellen hinsichtlich ihrer Merkmalsausprägungen unterscheiden. Bei dichotomen Items werden folglich anstelle klassenspezifischer Lösungswahrscheinlichkeiten *klassenspezifische Itemcharakteristiken* angenommen, deren Schwierigkeitsparameter aber zwischen den Klassen unterschiedlich sein dürfen.

Mischverteilungsmodelle

Klassenspezifische Itemcharakteristiken

Mixed-Rasch-Modelle lassen sich auch als Modelltests zur Überprüfung herkömmlicher Rasch-Modelle nutzen. Spricht in einer empirischen Anwendung viel für das Vorliegen mehrerer latenter Klassen, kann dies z. B. auf unterschiedliche Lösungsstrategien oder Antwortstile der Personen hindeuten und eine Modifikation der inhaltlichen Modellvorstellungen nahelegen, z. B. in der Weise, dass Personen mit zuvor mäßigem »person-fit« nunmehr als eigenständige Klasse mit homogenem Antwortverhalten identifiziert werden können (s. Köller, 1993, vgl. Gollwitzer, 2007, ► Kap. 12 in diesem Band).

Aus der Sicht der LCA ist an Mischverteilungsmodelle zu denken, wenn in einer Typologie bestimmte Typen als polar (z. B. Amelang, Bartussek, Stemmler & Hagemann, 2006) konzipiert sind. Als konkretes Anwendungsbeispiel sei der Vergleich zweier Geschlechtsrollentypologien durch Strauß, Köller und Möller (1996) genannt, bei dem ordinale, Latent-Class- und Mixed-Rasch-Modelle zum Einsatz kamen, also fast alle bisher skizzierten Arten komplexerer IRT-Modelle.

10.6.3 Linear-logistische Modelle

Die Grundidee linear-logistischer Modelle besteht darin, die Itemparameter in IRT-Modellen näher zu erklären, indem sie als Linearkombination einer geringeren Anzahl von *Basisparametern* aufgefasst werden.

Basisparameter

In psychologisch-inhaltlicher Hinsicht ermöglichen linear-logistische Modelle Erweiterungen gewöhnlicher IRT-Modelle, weil sich die Basisparameter z. B. auf die Schwierigkeit kognitiver Operationen beziehen können, die hypothetisch zur Bearbeitung der Testitems erforderlich sind. Mit welchem Gewicht eine Operation an einem Item beteiligt ist (z. B. einmal, zweimal, oder auch gar nicht), muss inhaltlich begründet vorab festgelegt werden. Ein in dieser Weise spezifiziertes linear-logistisches Modell kann wegen der geringeren Parameteranzahl nur gültig sein, wenn als notwendige (aber nicht hinreichende) Bedingung Modellkonformität auch für das zugehörige logistische IRT-Modell ohne die lineare Zerlegung besteht. In *formaler* Hinsicht sind linear-logistische Modelle also *Spezialfälle* von IRT-Modellen. Sie zwingen zu einer gründlichen Analyse der Anforderungsstruktur von Testaufgaben und sind daher besonders für Konstruktvalidierungen bedeutsam.

Linear-logistisches Testmodell (LLTM)

Scheiblechner (1972) und Fischer (1995b) haben das dichotome Rasch-Modell zum *linear-logistischen Testmodell (LLTM)* erweitert, indem sie die Schwierigkeitsparameter als Linearkombination von Basisparametern darstellen. Als Anwendungsbeispiel für das LLTM sei ein Test zur Messung des räumlichen Vorstellungsvermögens von Gittler (1990) angeführt, der das Prinzip der aus dem IST 70 bekannten Würfelaufgaben (Amthauer, 1970) aufgreift und diese verbessert. Als relevante Merkmale der Anforderungsstruktur erwiesen sich hier unter anderem die Anzahl der (mentalen) Dreh- oder Kippbewegungen, die Symmetrieeigenschaften der Muster auf den Würfelflächen und die Position des Lösungswürfels im Multiple-Choice-Antwortformat. Zusätzlich spielt der *Lernzuwachs* während des Tests eine Rolle, was insbesondere beim adaptiven Testen zu beachten ist (Fischer, 1983; Gittler & Wild, 1988).

Die Zerlegung der Itemparameter in eine Linearkombination von Basisparametern ist auch bei erweiterten Rasch-Modellen sowie bei Latent-Class-Modellen möglich. Das *lineare Ratingskalenmodell* (Fischer & Parzer, 1991) und das *lineare Partial-Credit-Modell* (Glas & Verhelst, 1989; Fischer & Ponocny, 1995) basieren auf entsprechenden ordinalen Rasch-Modellen. Bei der *linear-logistischen LCA* für dichotome Items (Formann, 1984) werden die Itemparameter, nämlich die klassenspezifischen Lösungswahrscheinlichkeiten, erst nach einer logistischen Transformation zerlegt, um einen anschaulicheren Wertebereich als den zwischen Null und Eins zu erzielen. Der Fall polytomer Items wird z. B. von Formann (1993) behandelt. Linear-logistische Modelle sind insgesamt flexibler, als hier dargestellt werden kann. Insbesondere sind sie auch im Fall mehrerer Messzeitpunkte einsetzbar, sodass sich im Rahmen der IRT auch Fragestellungen der *Veränderungsmessung* untersuchen lassen (z. B. Fischer, 1974, 1995a; Fischer & Ponocny, 1995). Dabei ist es nötig, zunächst zwischen verschiedenen Arten von Veränderungshypothesen zu unterscheiden (Rost & Spada, 1983; Rost, 2004). Geht es beispielsweise um den Nachweis »globaler« Veränderungen aufgrund einer pädagogischen oder therapeutischen Intervention, so stellt dies insofern eine strenge Form einer Veränderungshypothese dar, als für alle Personen und bei allen Items (Verhaltensmerkmalen, Symptomen) der gleiche Effekt erwartet wird. Da hierdurch der differenziell-psychologische Aspekt in den Hintergrund tritt, erscheint die Forderung nach »spezifisch objektiven Vergleichen« zwischen Personen in einem solchen Fall entbehrlich. Hier kann das von Fischer (z. B. 1983, 1995a) vorgeschlagene *»linear logistic model with relaxed assumptions« (LLRA)* eingesetzt werden, welches ohne die für Rasch-Modelle charakteristische Annahme der Eindimensionalität bzw. Homogenität der Items auskommt.

Veränderungsmessung

Linear logistic model with relaxed assumptions (LLRA)

10.7 Zusammenfassung

Die Klassische Testtheorie wird heute von der Item-Response-Theorie mehr und mehr ergänzt, wobei der Fokus der IRT mehr auf die Skalierbarkeit und Konstruktvalidität des untersuchten Merkmals gerichtet ist. Konnte die klassische Testtheorie als Messfehlertheorie im wesentlichen Antworten zur Reliabilität von Messungen liefern, so stellt die IRT die explizite Beziehung zwischen dem Antwortverhalten von Personen und den dahinterliegenden latenten Merkmalen her. Die Separierbarkeit von Item- und Personenparametern ermöglicht mit Hilfe von Modelltests die empirische Überprüfung der Skalierbarkeit, der Eindimensionalität (Konstruktvalidität) sowie der Item- und der Personenhomogenität. Insbesondere das Konzept der spezifischen Objektivität der Vergleiche sensu Rasch trägt wesentlich zum Verständnis psychodiagnostischer Messungen bei und liefert die methodische Grundlage für das adaptive Testen, welches vor allem in computerbasierter Form auch experimentelle Psychodiagnostik ermöglicht. Durch die besondere Eignung zur Veränderungsmessung wie auch durch den linear-logistischen Modellansatz stellen moderne IRT-Modelle schließlich einen Brückenschlag von der Diagnostischen Psychologie zur Allgemeinen Psychologie her. Auch differentielle Aspekte der Psychodiagnostik können mit Hilfe von Mixed-Rasch-Modellen untersucht werden.

KTT und IRT ergänzen sich

Zusammengefasst ist festzuhalten, dass es sich bei KTT und IRT weniger um rivalisierende, sondern vielmehr um ergänzende Ansätze handelt. In vielen Fällen kann es für den Testkonstrukteur genügen, einen Test auf der Basis der KTT zu konstruieren. Die Überlegungen der KTT erlauben mit Hilfe der Reliabilität eine Genauigkeitsabschätzung des »wahren Wertes« und sind für Anwendungsfragestellungen vor allem aus dem Bereich der Kriteriumsvalidität voll ausreichend. Stellt man hingegen inhaltlich-theoretische Fragestellungen der Konstruktvalidität in den Vordergrund, so müssen darüber hinaus die Dimensionalität und die Homogenität der Items sichergestellt werden und man wird nicht umhin kommen, den Test so zu konstruieren, dass er den Ansprüchen der IRT genügt. Die gesellschaftspolitisch relevanten aufgeführten Beispiele aus PISA etc. machen deutlich, dass es sich hierbei keineswegs nur um akademische Kürübungen handelt. Gründlichkeitshalber sei angemerkt, dass die klassischen Gütekriterien auch bei IRT-konformen Tests ihre Gültigkeit behalten. Sie können aber im Vergleich zu KTT-basierten Tests in genauerer Weise erfüllt werden. So wird

- das allgemeine Prinzip der Objektivität (s. Moosbrugger & Kelava, 2007, ▶ Kap. 2 in diesem Band) durch das Prinzip der spezifischen Objektivität der Vergleiche ergänzt, wodurch u. a. das adaptive Testen ermöglicht wird;
- das reliabilitätsbasierte pauschalisierte Konfidenzintervall für den wahren Testwert (s. Moosbrugger, 2007a, ▶ Kap. 5 in diesem Band) durch ein differenziertes, personenspezifisches Konfidenzintervall ergänzt, welches auf der Informationsfunktion des Tests basiert und die Angemessenheit des Schwierigkeitsniveaus des Tests (bzw. der adaptiv vorgegebenen Testaufgaben) zur Erfassung der individuellen Merkmalsausprägung berücksichtigt.

- Auch die allgemeinen Überlegungen zur Validität (s. Hartig & Frey, 2007, ► Kap. 7 in diesem Band) behalten in der IRT ihre Gültigkeit. Sie werden aber ergänzt durch sehr konkrete Überprüfungsmöglichkeiten der Konstruktvalidität sowie der Skalendignität der untersuchten Merkmale.

Die testtheoretischen Grundlagen von IRT-Modellen sind ausführlich bei Fischer (1983, 1996) sowie Rost (1988, 2004) abgehandelt. Prozessuale Aspekte stehen bei Scheiblechner (1996) im Vordergrund. Die Verbindung zur Messtheorie wird insbesondere von Steyer und Eid (2001) hergestellt. Ein Handbuch zur IRT haben van der Linden und Hambleton (1996) herausgegeben. Über die Weiterentwicklung von IRT-Modellen für diskrete und kontinuierliche Ratingskalen informiert Müller (1999). Erweiterungen von IRT-Modellen unter Einbezug von Prädiktorvariablen für Personen- und Itemparameter werden in De Boeck und Wilson (2004) dargestellt. Skrondal und Rabe-Hesketh (2004) beschreiben, wie sich IRT-Modelle in ein allgemeines hierarchisches Modell latenter Variablen mit unterschiedlichen Antwortformaten einordnen lassen.

Verschiedene Anwendungen von IRT-Modellen sind bei Fischer (1978), Kubinger (1989), Rost und Strauß (1992), Fischer und Molenaar (1995) oder Rost und Langeheine (1996) aufgeführt.

Eine Zusammenstellung von gelungenen Testkonstruktionen auf Basis der IRT findet sich ohne Anspruch auf Vollständigkeit oder Repräsentativität in Moosbrugger (2006).

Über Unterschiede zwischen Testauswertungen auf der Basis der IRT und der KTT informiert Rost (2006).

Literatur

Amelang, M., Bartussek, D., Stemmler, G. & Hagemann, D. (2006). *Differentielle Psychologie und Persönlichkeitsforschung* (6. Aufl.). Stuttgart: Kohlhammer.

Amthauer, R. (1970). *Intelligenz-Struktur-Test (I-S-T 70)*. Göttingen: Hogrefe.

Andersen, E. B. (1973). A goodness of fit test for the Rasch model. *Psychometrika, 38*, 123-140.

Andersen, E. B. (1980). *Discrete statistical models with social science applications*. Amsterdam: North Holland.

Andersen, E. B. (1995). Polytomous Rasch models and their estimation. In G. H. Fischer & I. W. Molenaar (Eds.), *Rasch models: Foundations, recent developments, and applications* (pp. 271-291). New York: Springer.

Andrich, D. (1978). A rating formulation for ordered response categories. *Psychometrika, 43*, 561-573.

Baumert, J., Artelt, C., Klieme, E. & Stanat, P. (2001). PISA. Programme for International Student Assessment. Zielsetzung, theoretische Konzeption und Entwicklung von Messverfahren. In F. E. Weinert (Hrsg.) *Leistungsmessung in Schulen*. Weinheim: Beltz.

Beaton, E. & Allen, N. (1992). Interpreting scales through scale anchoring. *Journal of Educational Statistics*, 17, 191-204.

Beck, B. & Klieme, E. (2003). DESI – Eine Large scale-Studie zur Untersuchung des Sprachunterrichts in deutschen Schulen. *Zeitschrift für empirische Pädagogik*, 17, 380-395.

Birnbaum, A. (1968). Some latent trait models. In F. M. Lord & M. R. Novick (Eds.), *Statistical theories of mental test scores* (pp. 395-479). Reading, MA: Addison-Wesley.

Bos, W., Lankes, E.-M., Schwippert, K., Valtin, R., Voss, A., Badel, I. & Plaßmeier, N. (2003). Lesekompetenzen deutscher Grundschülerinnen und Grundschüler am Ende der vierten Jahrgangsstufe im internationalen Vergleich. In W. Bos, E.-M. Lankes, M. Prenzel, K. Schwippert, G. Walther & R. Valtin (Hrsg.) *Erste Ergebnisse aus IGLU*. Münster, New York: Waxmann.

De Boeck, P. & Wilson, M. (2004). *Explanatory Item Response Models. A Generalized Linear and Nonlinear Approach*. New York: Springer.

Embretson, S. E. (1983). Construct validity: Construct representation versus nomothetic span. *Psychological Bulletin, 93*, 179–197.

Embretson, S. E. (1998). A cognitive design system approach for generating valid tests: Approaches to abstract reasoning. *Psychological Methods, 3*, 300–396.

Embretson, S. E. (2006). The Continued Search for nonarbitrary metrics in psychology. *American Psychologist, 61*, 50–55.

Fahrenberg, J., Hampel, R. & Selg, H. (2001). *Das Freiburger Persönlichkeitsinventar FPI-R mit neuer Normierung. Handanweisung* (7. Auflage). Göttingen: Hogrefe.

Fischer, G. H. (1974). *Einführung in die Theorie psychologischer Tests.* Bern: Huber.

Fischer, G. H. (1978). Probabilistic test models and their application. *The German Journal of Psychology 2,* 298-319.

Fischer, G. H. (1983). Neuere Testtheorie. In J. Bredenkamp & H. Feger (Hrsg.), *Messen und Testen* (S. 604-692). Göttingen: Hogrefe.

Fischer, G. H. (1995a). Linear logistic models for change. In G. H. Fischer & I. W. Molenaar (Eds.), *Rasch models: Foundations, recent developments, and applications* (pp. 157-180). New York: Springer.

Fischer, G. H. (1995b). The linear logistic test model, In G. H. Fischer & I. W. Molenaar (Eds.), *Rasch models: Foundations, recent developments, and applications* (pp. 131-155). New York: Springer.

Fischer, G. H. (1996). IRT-Modelle als Forschungsinstrumente der Differentiellen Psychologie. In K. Pawlik (Hrsg.), *Grundlagen und Methoden der Differentiellen Psychologie* (S. 673-729). Göttingen: Hogrefe.

Fischer, G. H. & Molenaar, I. W. (Eds.). (1995). *Rasch models: Foundations, recent developments, and applications.* New York: Springer.

Fischer, G. H. & Parzer, P. (1991). An extension of the rating scale model with an application to the measurement of treatment effects. *Psychometrika, 56,* 637-651.

Fischer, G. H. & Ponocny, I. (1995). Extended rating scale and partial credit models for assessing change. In G. H. Fischer, I. W. Molenaar (Eds.). *Rasch models: Foundations, recent developments, and applications* (pp. 353-370). New York: Springer.

Fischer, G. H. & Spada, H. (1973). *Die psychometrischen Grundlagen des Rorschachtests und der Holtzman Inkblot Technique.* Bern: Huber.

Formann, A. K. (1984). *Die Latent-Class-Analyse.* Weinheim: Beltz.

Formann, A. K. (1993). Some simple latent class models for attitudinal scaling in the presence of polytomous items. *Methodika, 7,* 62-78.

Frey, A. (2007). Adaptives Testen. In H. Moosbrugger & A. Kelava (Hrsg.), *Testtheorie und Fragebogenkonstruktion.* Heidelberg: Springer.

Gittler, G. (1990). *Dreidimensionaler Würfeltest (3DW). Ein Rasch-skalierter Test zur Messung des räumlichen Vorstellungsvermögens.* Weinheim: Beltz.

Gittler, G. & Wild, B. (1988). Der Einsatz des LLTM bei der Konstruktion eines Itempools für das adaptive Testen. In K. D. Kubinger (Hrsg.), *Moderne Testtheorie* (S. 115-139). Weinheim: Psychologie Verlags Union.

Glas, C. A. W. & Verhelst, N. D. (1989). Extensions of the partial credit model. *Psychometrika, 54,* 635-659.

Gollwitzer, M. (2007). Latent Class-Analysis. In H. Moosbrugger & A. Kelava (Hrsg.), *Testtheorie und Fragebogenkonstruktion.* Heidelberg: Springer.

Goodman, L. A. (1974). Exploratory latent structure analysis using both identifiable and unidentifiable models. *Biometrika, 61,* 215-231.

Graf, M., Greb. K. & Jeising, E. (In Vorbereitung). Mathematiktest Eingangsuntersuchung. In: Faust, G. & F. Lipowsky (Hrsg.). *Dokumentation der Erhebungsinstrumente zur Eingangsuntersuchung im Projekt »Persönlichkeits- und Lernentwicklung von Grundschulkindern (PERLE)«.*

Greb, K. (2007). Measuring number reading skills of students entering elementary school. Poster präsentiert auf der *Summer Academy 2007 on Educational Measurement.* Berlin.

Guttman, L. (1950). The basis for scalogram analysis. In S. A. Stouffer (Ed.), *The American Soldier. Studies in social psychology in World War II.* Princeton: Princeton University Press.

Guttmann, G. & Ettlinger, S. C. (1991). Susceptibility to stress and anxiety in relation to performance, emotion, and personality: The ergopsychometric approach. In C. D. Spielberger, I. G. Sarason, J. Strelau & J. M. T. Brebner (Eds.), *Stress and anxiety, Vol. 13* (pp.23-52). New York: Hemisphere Publishing Corporation.

Hambleton, R. K. & Swaminathan, H. (1985). *Item response theory. Principles and applications.* Boston: Kluwer-Nijhoff Publishing.

Hartig, J. (2007). Skalierung und Definition von Kompetenzniveaus. In Klieme, E. & Beck, B. (Hrsg.) 2007. *Sprachliche Kompetenzen - Konzepte und Messung. DESI-Studie (Deutsch Englisch Schülerleistungen International)* (S. 83-99). Weinheim: Beltz.

Hartig, J., Frey, A. & Jude, N. (2007). Validität. In H. Moosbrugger & A. Kelava (Hrsg.), *Testtheorie und Fragebogenkonstruktion.* Heidelberg: Springer.

Hartig, J. & Klieme, E. (2006). Kompetenz und Kompetenzdiagnostik. In K. Schweizer (Hrsg.): *Leistung und Leistungsdiagnostik* (S. 127-143). Berlin: Springer.

Helmke, A. & Hosenfeld, I. (2004). Vergleichsarbeiten – Standards – Kompetenzstufen: Begriffliche Klärungen und Perspektiven. In R. S. Jäger & A. Frey (Hrsg.) *Lernprozesse, Lernumgebung und Lerndiagnostik. Wissenschaftliche Beiträge zum Lernen im 21. Jahrhundert.* Landau: Verlag Empirische Pädagogik.

Hill, C. H., Schilling, S. G., Loewenberg Ball, D. (2004). Developing Measures of Teachers' Mathematics Knowledge for Teaching. *The Elementary School Journal,* 105 (1), 11-30.

Jonkisz, E. & Moosbrugger, H. (2007). Planung und Entwicklung von psychologischen Tests und Fragebogen. In H. Moosbrugger & A. Kelava (Hrsg.), *Testtheorie und Fragebogenkonstruktion.* Heidelberg: Springer.

Kelava, A. & Moosbrugger, M. (2007). Deskriptivstatistische Analyse von Items (Itemanalyse) und Testwertverteilungen. In H. Moosbrugger & A. Kelava (Hrsg.), *Testtheorie und Fragebogenkonstruktion.* Heidelberg: Springer.

Klauer, K. C. (1991). An exact and optimal standardized person fit test for assessing consistency with the Rasch model. *Psychometrika, 56,* 213-228.

Klauer, K. C. (1995). The assessment of person fit. In G. H. Fischer & I. W. Molenaar (Eds.), *Rasch models: Foundations, recent developments, and applications* (pp.97-110). New York: Springer.

Klieme, E., Baumert, J., Köller, O. & Bos, W. (2000). Mathematische und naturwissenschaftliche Grundbildung: Konzeptuelle Grundlagen und die Erfassung und Skalierung von Kompetenzen. In J. Baumert, W. Bos & R. H. Lehmann (Hrsg.)

TIMSS/III. Dritte internationale Mathematik- und Naturwissenschaftsstudie. Band 1: Mathematische und naturwissenschaftliche Grundbildung am Ende der Pflichtschulzeit. Opladen: Leske + Buderich.

Klieme, E. & Beck, B. (Hrsg.). 2007. *Sprachliche Kompetenzen – Konzepte und Messung. DESI-Studie (Deutsch Englisch Schülerleistungen International)* Weinheim: Beltz.

Köller, O. (1993). Die Identifikation von Ratern bei Leistungstests mit Hilfe des Mixed-Rasch-Modells. Vortrag auf der 1. Tagung der Fachgruppe Methoden der Deutschen Gesellschaft für Psychologie in Kiel. Empirische Pädagogik (o. A.).

Kubinger, K. D. (Hrsg.). (1989). *Moderne Testtheorie – Ein Abriß samt neuesten Beiträgen* (2. Aufl.). Weinheim: Beltz.

Kubinger, K. D. (1995). *Einführung in die Diagnostik.* Weinheim: Psychologie Verlags Union.

Kubinger, K. D. (2003). Adaptives Testen. In K. D. Kubinger & R. S. Jäger (Hrsg.), *Schlüsselbegriffe der Psychologischen Diagnostik.* Weinheim: Beltz PVU.

Kubinger, K. D. & Wurst, E. (2000). *Adaptives Intelligenz Diagnostikum (AID 2).* Göttingen: Hogrefe.

Lazarsfeld, P. F. & Henry, N. W. (1968). *Latent structure analysis.* Boston: Houghton Mifflin.

Lord, F. M. (1980). *Applications of item response theory to practical testing problems.* Hillsdale: Erlbaum.

Lord, F. N. & Nowick, M. R. (1968). *Statistical theories of mental test scores.* Reading, MA: Addison-Wesley.

Masters, G. N. (1982). A Rasch model for partial credit scoring. *Psychometrika, 47,* 149-174.

Masters, G. N. & Wright, B. D. (1984). The essential process in a family of measurement models. *Psychometrika, 49,* 529-544.

Molenaar, I. W. (1995). Estimation of item parameters. In G. H. Fischer & I. W. Molenaar (Eds.), *Rasch models: Foundations, recent developments, and applications* (pp. 39-51). Berlin, Heidelberg, New York: Springer

Molenaar, I. W. & Hoijtink, H. (1990). The many null distributions of person fit indices. *Psychometrika, 55,* 75-106.

Moosbrugger, H. (1984). Konzeptuelle Probleme und praktische Brauchbarkeit von Modellen zur Erfassung von Persönlichkeitsmerkmalen. In M. Amelang & H. J. Ahrens (Hrsg.), *Brennpunkte der Persönlichkeitsforschung* (S. 67-86). Göttingen: Hogrefe.

Moosbrugger, H. (2002). *Lineare Modelle. Regressions- und Varianzanalysen.* (3. Auflage). Bern, Göttingen: Verlag Hans Huber.

Moosbrugger, H. (2006). Item-Response-Theorie (IRT). In Amelang & Schmidt-Atzert, *Psychologische Diagnostik und Intervention.* (4. Auflage). Heidelberg: Springer.

Moosbrugger, H. (2007a). Klassische Testtheorie: Testtheoretische Grundlagen. In H. Moosbrugger & A. Kelava (Hrsg.), *Testtheorie und Fragebogenkonstruktion.* Heidelberg: Springer.

Moosbrugger, H. & Frank, D. (1992). *Clusteranalytische Methoden in der Persönlichkeitsforschung.* Bern, Göttingen: Huber.

Moosbrugger, H. & Frank, D. (1995). Clusteranalytische Verfahren zur typologischen Analyse. In K. Pawlik & M. Amelang (Hrsg.), *Enzyklopädie der Psychologie: Serie VIII: Differentielle Psychologie* (Bd. 1, S. 731-774). Göttingen: Hogrefe.

Moosbrugger, H. & Goldhammer, F. (2007). *FAKT II. Frankfurter Adaptiver Konzentrationsleistungs-Test.* (2. Aufl.). Bern: Huber.

Moosbrugger, H. & Kelava, A. (2007). Qualitätsanforderungen an einen psychologischen Test. In H. Moosbrugger & A. Kelava (Hrsg.), *Testtheorie und Fragebogenkonstruktion.* Heidelberg: Springer.

Müller, H. (1987). A Rasch model for continuous ratings. *Psychometrika, 52,* 165-181.

Müller, H. (1999). *Probabilistische Testmodelle für diskrete und kontinuierliche Ratingskalen.* Bern: Huber.

Nold, G. & Rossa, H. (2007). Hörverstehen. In Klieme, E. & Beck, B. (Hrsg.) 2007. *Sprachliche Kompetenzen - Konzepte und Messung. DESI-Studie (Deutsch Englisch Schülerleistungen International)* (S. 178-196). Weinheim: Beltz.

OECD (2001). *Lernen für das Leben. Erste Ergebnisse der internationalen Schulleistungsstudie PISA 2000.* Paris: OECD.

OECD. (2004a). *Lernen für die Welt von morgen. Erste Ergebnisse von PISA 2003.* Paris: OECD.

OECD. (2004b). *Problem Solving for Tomorrow's World – First Measures of Cross-Curricular Skills from PISA 2003.* Paris: OECD.

PISA-Konsortium Deutschland (Hrsg.) (2004). *PISA 2003. Der Bildungsstand der Jugendlichen in Deutschland – Ergebnisse des zweiten internationalen Vergleichs.* Münster: Waxmann.

Rasch, G. (1960). *Probabilistic models for some intelligence and attainment tests.* Kopenhagen: The Danish Institute for Educational Research.

Rasch, G. (1961). On general laws and the meaning of measurement in psychology. In J. Neyman (Ed.), *Proceedings of the Fourth Berkeley Symposium on Mathematical Statistics and Probability* (Vol. 4, pp. 321-333). Berkeley, CA: University of California Press.

Rauch, D. & Hartig J. (2007). Interpretation von Testwerten in der IRT. In H. Moosbrugger & A. Kelava (Hrsg.), *Testtheorie und Fragebogenkonstruktion.* Heidelberg: Springer.

Roskam, E. E. (1996). Latent-Trait-Modelle. In E. Erdfelder, R. Mausfeld, Th. Meiser & G. Rudinger (Hrsg.), *Handbuch Quantitative Methoden* (S. 431-458). Weinheim: Psychologie Verlags Union.

Rost, J. (1988). *Quantitative und qualitative probabilistische Testtheorie.* Bern: Huber.

Rost, J. (1990). Rasch models in latent classes: An integration of two approaches to item analysis. *Applied Psychological Measurement, 14,* 271-282.

Rost, J. (2004). *Lehrbuch Testtheorie – Testkonstruktion* (2. Aufl.). Bern: Huber.

Rost, J. (2006). Item-Response-Theorie. In F. Petermann & M. Eid (Hrsg.), *Handbuch der psychologischen Diagnostik.* Göttingen: Hogrefe.

Rost, J. & Langenheine, R. (Eds.). (1996). *Applications of latent trait and latent class models in the social sciences.* Münster: Waxmann.

Rost, J. & Spada, H. (1983). Die Quantifizierung von Lerneffekten anhand von Testdaten. *Zeitschrift für Differentielle und Diagnostische Psychologie, 4,* 29-49.

Rost, J. & Strauß, B. (1992). Review: Recent developments in psychometrics and test-theory. *The German Journal of Psychology, 16, 2,* 91-119.

Scheiblechner, H. (1972). Das Lernen und Lösen komplexer Denkaufgaben. *Zeitschrift für experimentelle und angewandte Psychologie, 19,* 476-506.

Scheiblechner, H. (1996). Item-Response-Theorie: Prozeßmodelle. In E. Erdfelder, R. Mausfeld, Th. Meiser & G. Rudinger (Hrsg.), *Handbuch Quantitative Methoden* (S. 459-466). Weinheim: Psychologie Verlags Union.

Schermelleh-Engel, K. & Werner, Ch. (2007) Methoden der Reliabilitätsbestimmung. In H. Moosbrugger & A. Kelava (Hrsg.), *Testtheorie und Fragebogenkonstruktion.* Heidelberg: Springer.

Skrondal, A. & Rabe-Hesketh, S. (2004). Generalized latent variable modeling: Multilevel, longitudinal, and structural equation models. Boca Raton, London, New York, Washington, D.C.: Chapman & Hall/CRC.

Steyer, R. & Eid, M. (2001). *Messen und Testen.* 2. Aufl., Berlin, Heidelberg, New York: Springer.

Strauß, B., Köller, O. & Möller, J. (1996). Geschlechtsrollentypologien – eine empirische Prüfung des additiven und des balancierten Modells. *Zeitschrift für Differentielle und Diagnostische Psychologie, 17,* 67-83.

Tarnai, C. & Rost, J. (1990). *Identifying aberrant response patterns in the Rasch model. The Q Index. Sozialwissenschaftliche Forschungsdokumentation.* Münster: Institut für sozialwissenschaftliche Forschung e.V.

van der Linden, W. J. & Hambleton, R. K. (Eds.). (1996). *Handbook of modern item response theory.* New York: Springer.

van den Wollenberg, A. L. (1988). Testing a latent trait model. In R. Langeheine & J. Rost (Eds.), *Latent trait and latent class models* (pp. 31-50). New York: Plenum.

von Davier, M. (2001). *WINMIRA (Version 2001)* [Computer Software]. University Ave, St. Paul: Assessment Systems Corporation.

Weiss, D. J. & Davison, M. L. (1981). Test theory and methods. *Annual Review of Psychology, 32,* 629-658.

Wilson, M. R. (2003). On choosing a model for measuring. *Methods of Psychological Research Online,* 8, 1-22.

Wilson, M. & De Boeck, P. (2004). Descriptive and explanatory item response models. In P. De Boeck, & M. Wilson (Eds.), *Explanatory item response models: A generalized linear and nonlinear approach* (S. 43-74). New York: Springer.

Wright, B. D. & Masters, G. N. (1982). *Rating scale analysis.* Chicago: MESA Press.

11 Adaptives Testen

Andreas Frey

Bei den meisten Fragebogen- und Testverfahren wird allen Probanden eine festgelegte Menge von Items in einer festen Reihenfolge vorgegeben. Beim adaptiven Testen werden abweichend davon aufgrund des Antwortverhaltens des untersuchten Probanden nur solche Items zur Bearbeitung vorgelegt, die möglichst viel diagnostische Information über die individuelle Ausprägung des zu messenden Merkmals liefern.

Definition

Unter *adaptivem Testen* versteht man ein spezielles Vorgehen bei der Messung individueller Ausprägungen von Personmerkmalen, bei dem sich die Auswahl der zur Bearbeitung vorgelegten Items am Antwortverhalten des untersuchten Probanden orientiert.

Beispiel

Das konkrete Vorgehen beim adaptiven Testen kann man sich gut am Beispiel eines typischen Verhaltens von Prüfern bei mündlichen Prüfungen verdeutlichen. Prüfer passen den Schwierigkeitsgrad ihrer Fragen oftmals dem Leistungsvermögen des Prüflings an. Kann ein Prüfling beispielsweise mehrere als mittelschwer eingeschätzte Fragen problemlos beantworten, werden viele Prüfer die Schwierigkeit der Fragen steigern, um herauszufinden, wie fundiert das Wissen des Prüflings ist. Für einen anderen Prüfling stellen mittelschwere Fragen unter Umständen bereits eine Überforderung dar, sodass dieser nur mit Achselzucken reagieren kann. Es ist wahrscheinlich, dass er auch weitere Fragen mittlerer Schwierigkeit nicht wird beantworten können. In diesem Falle werden viele Prüfer leichtere Fragen stellen, um zu erfahren, ob das Wissen zum Bestehen der Prüfung ausreicht oder ob eine Wiederholung der Prüfung notwenig ist. Die Beurteilung der Prüfungsleistung erfolgt durch eine integrierende Betrachtung der gegebenen Antworten unter Berücksichtigung der Fragenschwierigkeit. Durch die geschilderte an das Antwortverhalten angepasste Auswahl von Fragen wird es möglich, über einen breiten Leistungsbereich differenzierende Aussagen treffen zu können. Würden hingegen nur schwere Fragen gestellt, dann könnte nicht gut im niedrigen Leistungsbereich differenziert werden; würden nur leichte Fragen gestellt, wäre eine Differenzierung leistungsfähiger Prüflinge problematisch. Eine Differenzierung über einen breiten Leistungsbereich wäre prinzipiell auch bei einer zufälligen Auswahl der Fragen möglich, allerdings müssten dann bedeutend mehr Fragen gestellt werden. Das Beispiel beschreibt ein Vorgehen, bei dem solche Fragen ausgewählt werden, deren Schwierigkeit in Abhängigkeit des vorherigen Antwortverhaltens als angemessen erscheint. Das Vorgehen des Prüfers wird vermutlich meistens implizit und ohne explizite Regel ablaufen.

Die Itemauswahl beim adaptiven Testen verläuft ganz ähnlich wie das im Beispiel geschilderte Vorgehen: Auch hier orientiert sich die Auswahl der vorzugebenden Items am vorab gezeigten Antwortverhalten. Adaptives Testen ist allerdings bezüglich zweier Punkte exakter. Einerseits wird ein expliziter, vorab festgelegter *adaptiver Algorithmus* eingesetzt. Ein adaptiver Algorithmus ist ein Regelsystem, welches die Itemauswahl zu Beginn und während des Tests sowie Kriterien der Testbeendigung spezifiziert. Er stellt das zentrale Element eines adaptiven Tests dar. Andererseits werden nur solche Items

Adaptiver Algorithmus

verwendet, die den Annahmen eines adäquaten *Messmodells* entsprechen. Beide Punkte werden im Laufe des Kapitels näher ausgeführt.

Geschichte

Die Geschichte des adaptiven Testens – wie wir es heute verstehen – beginnt in den 1970er Jahren. Obschon bereits vorher einzelne Versuche unternommen wurden, antwortabhängige Testverfahren zu entwickeln, wurden tragfähige Konzepte des adaptiven Testens erst in den 1970er Jahren formuliert und untersucht. In den wegweisenden Büchern von Lord (1980) und Weiss (1983) wurden die wesentlichen Aspekte adaptiven Testens erstmals zusammenhängend dargestellt. Seit Beginn der 1980er Jahre wurden viele grundlegende Fragen, die für eine praktische Anwendung adaptiven Testens von Relevanz sind, im Rahmen der Entwicklung der »Computerized Adaptive Testing version of the Armed Services Vocational Aptitude Battery« (CAT-ASVAB; Sands, Waters & McBride, 1997) untersucht. Diese Testbatterie wird beim US-amerikanischen Militär bis heute zur Personalauswahl eingesetzt. Die CAT-ASVAB ist eines der am gründlichsten untersuchten, und mit rund 400.000 Probanden pro Jahr eines der am meisten verwendeten psychodiagnostischen Testinstrumente überhaupt.

In jüngerer Zeit erfolgt die Administration adaptiver Tests in der Regel computerbasiert. Durch die anwachsende Verfügbarkeit leistungsfähiger Computer sowie geeigneter Computerprogramme stieg seit Mitte der 1990er Jahre die Anzahl einsatzfähiger adaptiver Tests vor allem im US-amerikanischen Bereich kontinuierlich an. Im europäischen Raum wurden bislang nur wenige einsatzfähige adaptive Tests entwickelt. Eine umfassende und gut lesbare Darstellung des adaptiven Testens mit praktischen Hinweisen findet man bei Wainer (2000). Für die tiefergehende Lektüre zur Einarbeitung in aktive Forschungsfelder im Bereich des adaptiven Testens eignet sich das Buch von van der Linden und Glas (2000).

In den folgenden Abschnitten werden wichtige Aspekte des adaptiven Testens dargestellt. In ▶ Abschn. 11.1 wird erläutert, welcher Grundgedanke dieser speziellen Form des Testens zugrunde liegt. In ▶ Abschn. 11.2 werden Bestimmungsstücke adaptiver Testalgorithmen beschrieben. In ▶ Abschn. 11.3 werden die Auswirkungen der Verwendung adaptiver Tests auf psychometrische Kenngrößen und auf Reaktionen seitens der Probanden zusammenfassend dargestellt. In ▶ Abschn. 11.4 wird die jüngst erfolgte Erweiterung des ursprünglich eindimensional angelegten Konzepts des adaptiven Testens zu einem multidimensionalen Ansatz in Grundzügen dargestellt. In ▶ Abschn. 11.5 werden die Inhalte abschließend zusammengefasst. Wenn nichts gesondert angegeben wird, beziehen sich alle Ausführungen der Einfachheit halber immer auf Leistungstests mit dichotomem Antwortmodus, wobei anzumerken ist, dass adaptives Testen grundsätzlich auch bei der Messung von nicht-leistungsbezogenen Merkmalen wie Persönlichkeitsmerkmalen und Einstellungen sowie bei polytomen Antwortmodi verwendet werden kann.

11.1 Der Grundgedanke des adaptiven Testens

Beim adaptiven Testen orientiert sich die Auswahl der vorzugebenden Items am vorher gezeigten Antwortverhalten des Probanden. Dieses Vorgehen verfolgt das Ziel, einem Individuum solche Items vorzulegen, die möglichst viel diagnostische Information über die individuelle Ausprägung des zu messenden Merkmals liefern. In den meisten Fällen geschieht dies durch eine Abstimmung der Schwierigkeit der vorgegebenen Items mit der individuellen Ausprägung des zu messenden Merkmals. Ein Proband mit einer hohen Merkmalsausprägung bekommt schwierigere Items vorgelegt als ein Proband mit einer niedrigeren Merkmalsausprägung. Hierdurch wird vermieden, dass leistungsfähige Probanden wiederholt Items bearbeiten müssen, die für sie zu leicht sind und problemlos gelöst werden können bzw. dass Probanden mit geringer Leistungsfähigkeit wiederholt zu schwere Items bearbeiten müssen, die nicht gelöst werden können.

Eine adaptive Anpassung der Itemauswahl bringt es allerdings mit sich, dass verschiedene Probanden mit unterschiedlichen Ausprägungen des zu messenden Merkmals in der Regel auch unterschiedliche Items vorgelegt bekommen. Da Probanden mit hoher Merkmalsausprägung schwierigere Items vorgelegt bekommen als Probanden mit niedrigerer Merkmalsausprägung, kann ein fairer interindividueller Vergleich der Testwerte nicht durch die im Rahmen der KTT häufig verwendete Anzahl korrekt beantworteter Items erfolgen: Zehn gelöste Items hoher Schwierigkeit sind Ausdruck einer höheren Merkmalsausprägung als zehn korrekt gelöste Items niedriger Schwierigkeit.

IRT-Modell als Messmodell

Legt man einem adaptiven Test jedoch ein IRT-Modell (vgl. Moosbrugger, 2007, ► Kap. 10 in diesem Band) als Messmodell zugrunde, dann können die resultierenden Personenparameter auch bei Vorgabe unterschiedlicher Items problemlos miteinander verglichen werden. Hierbei ist es von zentraler Bedeutung, dass die Menge aller Testitems (der sog. *Itempool*) Konformität mit den Annahmen des verwendeten IRT-Modells aufweist.

Lokale stochastische Unabhängigkeit

Ein Vergleich ist in erster Linie deshalb möglich, weil für IRT-konforme Items lokale stochastische Unabhängigkeit angenommen wird. Lokale stochastische Unabhängigkeit drückt aus, dass die Antwort eines Probanden auf ein Item unabhängig von der Beantwortung anderer Items ist (vgl. Moosbrugger, 2007, ► Kap. 10 in diesem Band). Bei Gültigkeit eines eindimensionalen IRT-Modells bedeutet dies, dass unabhängig davon, welches Item einem Probanden vorgelegt wird, aufgrund der gegebenen Antwort immer auf die zugrunde liegende Merkmalsdimension geschlossen werden kann. Aus dem gleichen Grund ist es unerheblich, in welcher Reihenfolge die Items vorgegeben werden; ein Schluss auf die zugrunde liegende Merkmalsdimension ist immer in gleicher Weise möglich.

Es bleibt festzuhalten, dass die Bestimmung von Testwerten bei adaptiv vorgegebenen Items problemlos möglich ist, wenn ein IRT-konformer Itempool verwendet wird. Auf Basis der KTT hingegen könnten in den meisten Fällen keine eindeutig interpretierbaren Leistungsmaße berechnet werden.

Somit ist die Sicherstellung der IRT-Konformität des Itempools eine Voraussetzung für adaptives Testen. Meistens kommen relativ einfache logistische IRT-Modelle für dichotome Items mit einem Parameter (1PL; *one-parameter logistic model*), zwei Parametern (2PL) oder drei Parametern (3PL) zum Einsatz (vgl. Moosbrugger, 2007, ► Kap. 10 in diesem Band; Hambleton, Swaminathan & Rogers, 1991).

Beispiel

Der konkrete **Ablauf eines typischen adaptiven Tests** soll an einem Beispiel illustriert werden: Gegeben sei eine Menge von 400 dichotomen Items. Die Items weisen Konformität mit dem 1PL auf und messen demnach alle die gleiche Merkmalsdimension, die mit ξ bezeichnet werden soll. Ferner sei für jedes Item i der Itemparameter σ_i (Itemschwierigkeit) bekannt. Als gemeinsame Skala (*joint-scale*) soll für die Personen- und Itemparameter eine Logitskala (z. B. Rost, 2004) verwendet werden, wobei der Wert 0 eine mittlere Merkmalsausprägung anzeigt. Getestet werde ein Individuum v mit einer leicht überdurchschnittlichen individuellen Ausprägung des zu messenden Merkmals von $\xi_v = 1$ (diese Information liegt in realen Testsituationen zunächst nicht vor). Der Ablauf einer exemplarischen adaptiven Testung des Individuums ist in ◘ Abbildung 11.1 dargestellt. Wie bei IRT-Modellen üblich sind Personen- und Itemparameter auf der gleichen Achse, der joint-scale, abgetragen. Ferner ist zu erkennen, dass zu Beginn ein Item 1 mit einer unterdurchschnittlichen Schwierigkeit von $\sigma_1 = -1$ vorgegeben wird. Die Wahrscheinlichkeit, dass der untersuchte Proband dieses Item lösen kann, ist relativ hoch, da die Ausprägung des zu messenden Merkmals mit $\xi_v = 1$ weitaus höher ist als die Schwierigkeit des präsentierten Items. In der Tat wird das erste Item auch gelöst. Als zweites bekommt der Proband ein schwierigeres Item mit $\sigma_2 = 0.20$ vorgelegt, das ebenfalls gelöst werden kann, weshalb nachfolgend ein noch schwierigeres Item mit $\sigma_3 = 0.65$ vorgegeben wird. Die Schwierigkeit des als viertes vorgelegten Items entspricht mit $\sigma_4 = 1.00$ exakt dem Personenparameter des untersuchten Individuums. Da die Items Konformität mit dem 1PL aufweisen, beträgt für das untersuchte Individuum die Wahrscheinlichkeit das Item zu lösen $P(i+ \mid \xi_v) = .5$; im vorliegenden Beispiel kann der Proband das Item lösen. Nachfolgend wird

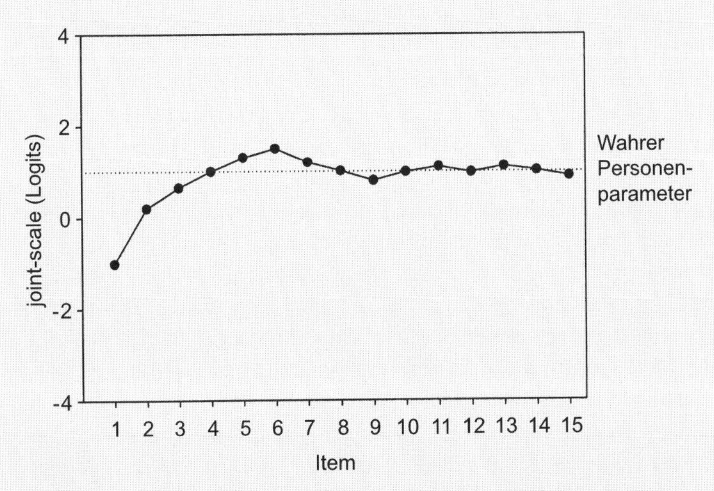

◘ **Abb. 11.1.** Illustration eines adaptiven Testablaufs. Die Punkte repräsentieren Itemschwierigkeiten.

deshalb ein Item ausgewählt, dessen Itemschwierigkeit mit $\sigma_5 = 1.3$ noch höher ausfällt. Der weitere Verlauf der Testung folgt der gleichen Logik: Wird ein Item gelöst, dann wird als nächstes ein schwierigeres Item vorgegeben; wird ein Item nicht gelöst, dann wird als nächstes ein leichteres Item vorgegeben. Bei der Wahl der Itemschwierigkeit wird das Antwortverhalten auf alle zuvor bearbeiteten Items beachtet. Im Beispiel pendelt sich die Schwierigkeit der vorgegebenen Items recht schnell um die individuelle Ausprägung des Probanden in dem zu messenden Merkmals ein. Sie ist in der Abbildung durch eine gestrichelte Linie gekennzeichnet.

11.2 Bestimmungsstücke adaptiver Testalgorithmen

Für den konkreten Ablauf von adaptiven Testalgorithmen müssen drei Bestimmungsstücke genauer spezifiziert werden, die im nachfolgenden Kapitel einzeln besprochen werden, nämlich
- die Itemauswahl zu Beginn der Testung,
- die Itemauswahl während der Testung sowie
- Kriterien für die Beendigung der Testung.

11.2.1 Itemauswahl zu Beginn der Testung

Laut Definition orientiert sich die Itemauswahl bei einem adaptiven Test am Antwortverhalten des untersuchten Probanden. Dies wirft die Frage auf, welches Item zu Beginn der Testung zu wählen ist, also zu einem Zeitpunkt an dem der Proband noch gar kein Antwortverhalten gezeigt hat.

Bei vielen adaptiven Tests wird als erstes ein Item i vorgelegt, das eine mittlere Schwierigkeit und somit für durchschnittliche Probanden eine mittlere Lösungswahrscheinlichkeit von $P(i+) \approx .5$ aufweist. Um einen problemlosen Einstieg in den Test zu ermöglichen, werden manchmal auch leichtere Items mit bis zu $P(i+) = .8$ vorgegeben (sog. Eisbrecheritems).

Liegen zusätzliche Vorinformationen über die Ausprägung der Probanden in dem zu messenden Merkmal vor, dann können diese für eine Auswahl des ersten Items genutzt werden. Als Vorinformationen können Testresultate aus vorherigen Testungen mit dem gleichen Test, Resultate bei Tests, die ähnliche Merkmale messen, sowie alle anderen Maße verwendet werden, von denen ein enger Zusammenhang mit dem zu messenden Merkmal angenommen wird. Aufgrund von Vorinformationen kann eine mehr oder weniger genaue a-priori Schätzung der Merkmalsausprägung des untersuchten Individuums erfolgen, auf deren Basis es dann möglich ist, ein Item mit gewünschter Itemschwierigkeit aus dem Itempool auszuwählen und zur Bearbeitung vorzugeben (vgl. z. B. van der Linden, 1999a).

Die Entscheidung, welcher Ansatz zur Auswahl des ersten Items zu verwenden ist, sollte nach diagnostischer Zielsetzung, untersuchter Stichprobe und Vorinformationen über die untersuchten Individuen erfolgen. Sowohl bei Simulations- als auch bei empirischen Studien zeigte sich jedoch, dass die Auswahl des ersten Items zumindest auf Stichprobenebene einen vergleichsweise geringen Einfluss auf den am Ende der Testung resultierenden Testwert hat. Auf diesen Ergebnissen aufbauend, ordnen die meisten Autoren der Wahl des ersten Items bei einem adaptiven Test nur eine untergeordnete Wichtigkeit zu (z. B. Hambleton, Zaal & Pieters, 1991).

11.2.2 Itemauswahl während der Testung

Aufgrund der Antwort auf das erste Item kann eine erste grobe Schätzung der Merkmalsausprägung des Probanden erfolgen und ein weiteres passendes Item ausgewählt und zur Bearbeitung vorgelegt werden. Die Auswahl folgt im Wesentlichen einer einfachen Grundregel: Hat ein Proband ein Item gelöst, dann wird als nächstes ein schwierigeres Item vorgelegt; hat ein Proband ein Item nicht gelöst, dann wird als nächstes eine leichteres Item vorgelegt. Diese Grundregel kann auf unterschiedliche Weise umgesetzt werden. Die bestehenden Ansätze lassen sich grundlegend in zweistufige Strategien und mehrstufige Strategien unterscheiden.

Grundregel

Zweistufige Strategie

Bei der *zweistufigen Strategie* (Lord, 1971a, 1980) bekommen alle Probanden zunächst einen kurzen Test (engl.: *routing-test)* vorgelegt, der eine Klassifikation der geschätzten individuellen Ausprägung des zu messenden Merkmals in drei bis fünf Leistungsniveaus erlaubt. In Abhängigkeit des Ergebnisses bei diesem Test wird dem Probanden ein längerer zweiter Test (engl.: *measurement test)* vorgelegt, dessen mittlere Itemschwierigkeit auf das geschätzte Leistungsniveau abgestimmt ist. Für die zweite Stufe steht je Leistungsniveau eine Testform mit entsprechendem Schwierigkeitsgrad zur Verfügung. Die Schätzung der individuellen Ausprägung des zu messenden Merkmals erfolgt durch eine Kombination der Ergebnisse beider Tests. Die zweistufige Strategie weist den Vorteil auf, dass sie ohne Computer durchgeführt werden kann. Nachteilig ist allerdings, dass die Anpassung der Schwierigkeit der vorgegebenen Items an die individuelle Merkmalsausprägung im Vergleich zu den nachfolgend dargestellten Strategien relativ starr und dadurch weniger effizient ist.

Mehrstufige Strategie

Während bei der zweistufigen Strategie nur eine Verzweigung erfolgt, wird bei *mehrstufigen Strategien* nach jeder Antwort eines Probanden entschieden, welches Item als nächstes vorzulegen ist. Die mehrstufigen Strategien lassen sich in fest verzweigte (engl.: *fixed-branched*) und maßgeschneiderte Strategien (engl.: *tailored*) differenzieren.

Fest verzweigte Strategie

Man spricht von einem *fest verzweigten Test*, wenn bereits vor Testbeginn feststeht, welche Items bei welchem Antwortverhalten vorgelegt werden. Bei mehrstufigen, fest verzweigten adaptiven Tests wird zu Beginn allen Probanden zumeist ein Item mittlerer Schwierigkeit präsentiert. Wird dieses Item gelöst, dann wird als nächstes ein vor Testbeginn festgelegtes schwierigeres Item vorgelegt. Wird das Item hingegen nicht gelöst, dann wird ein leichteres Item präsentiert, das ebenso vorher festgelegt wurde. Bei der Schätzung des Personenparameters am Ende des Tests macht man es sich zunutze, dass Itemschwierigkeit und Personenparameter bei IRT-Modellen auf der gleichen Skala abgetragen werden. Zur Schätzung der individuellen Merkmalsausprägung sind zwei Ansätze zu unterscheiden: Die Schwierigkeit des Items, das als nächstes Item vorgelegt worden wäre oder aber die mittlere Schwierigkeit aller im Testverlauf vorgelegten Items inklusive des Items, das als nächstes vorgelegt worden wäre, aber ohne das erste Item, das für alle Probanden identisch war (s. Hambleton, Zaal & Pieters, 1991). Zwei Beispiele für fest verzweigte mehrstufige Strategien sind der *flexilevel-test* (Lord, 1971b) und der *strataptive* Test (Weiss, 1982).

Maßgeschneiderte variabel verzweigte Strategie

Mehrstufige *maßgeschneiderte Strategien* sind die heute vorherrschende Form des adaptiven Testens. Sie erlauben eine sehr feine Anpassung der vorzugebenden Items an das Antwortverhalten der Probanden. Ihre Umsetzung setzt einen Computer voraus. Bei mehrstufigen maßgeschneiderten Strategien ergibt sich die Verzweigung erst während der Testung, weshalb sie zuweilen auch variabel verzweigte Tests (engl.: *variable branched*) genannt werden. Eine maßgeschneiderte Strategie setzt ein, nachdem ein oder manchmal auch mehrere Items vorgegeben wurden und eine erste Schätzung der individuellen Ausprägung (des Personenparameters $\hat{\xi}_v$) des zu messenden Merkmals vorliegt (zur Personenparameterschätzung s. u., vgl. auch Moosbrugger, 2007, ► Kapitel 10 in diesem Band). Nun wird dasjenige Item aus dem Itempool ausgewählt und vorgelegt, das unter der Bedingung von $\hat{\xi}_v$ optimale Eigenschaften aufweist. Wurde das Item beantwortet, wird die Schätzung der individuellen Merkmalsausprägung unter Einbeziehung dieser Antwort aktualisiert und das als nächstes vorzulegende Item ausgewählt, das unter der Bedingung der aktualisierten Schätzung optimale Eigenschaften aufweist. Dieser Prozess wird solange fortgesetzt, bis ein Abbruchkriterium (► Abschn. 11.2.3) erfüllt ist. Die Schritte der maßgeschneiderten Strategie sind in ■ Tabelle 11.1 zusammenfassend dargestellt.

Itemauswahl

In der Praxis werden vornehmlich zwei Ansätze zur Itemauswahl bei mehrstufigen maßgeschneiderten adaptiven Tests verwendet, die auf unterschiedliche Weise die optimalen Eigenschaften eines Items unter Bedingung von $\hat{\xi}_v$ definieren. Der erste Ansatz wählt dasjenige Item aus, das unter Bedingung von $\hat{\xi}_v$ maximale Iteminformation I_{iv} aufweist (Lord, 1980, vgl. Moos-

■ **Tabelle 11.1** Ablauf eines maßgeschneiderten adaptiven Tests

Schritt	Beschreibung
1. Berechne vorläufigen Personenparameterschätzer	Die vorläufige Schätzung der individuellen Merkmalsausprägung $\hat{\xi}_v$ basiert auf den ersten k Antworten
2. Wähle das als nächstes vorzulegende Item	Es wird das Item mit optimalen Eigenschaften unter Bedingung von $\hat{\xi}_v$ ausgewählt
3. Lege das Item vor und registriere die Antwort	
4. Wiederhole Schritt 1 bis 3	Die Wiederholungen werden durchgeführt bis ein Abbruchkriterium erfüllt ist
5. Berechne endgültigen Personenparameterschätzer	Die endgültige Schätzung der individuellen Merkmalsausprägung $\hat{\xi}_v$ basiert auf allen gegebenen Antworten

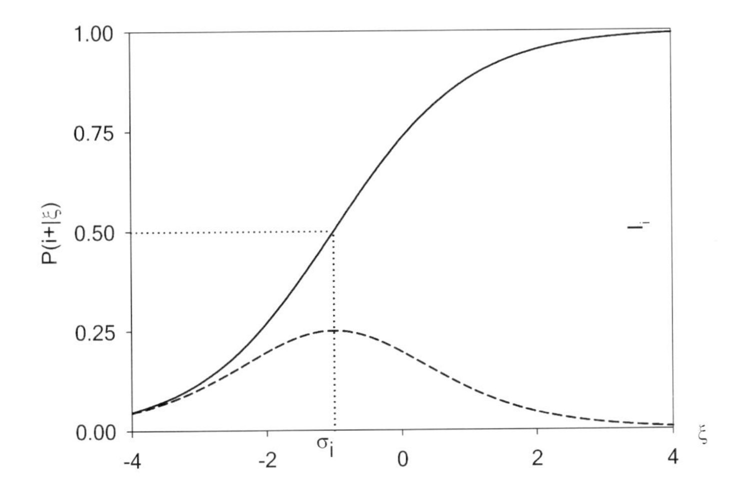

Abb. 11.2. Itemcharakteristische Kurve (durchgezogene Linie) mit Iteminformationsfunktion (gestrichelte Linie) eines Items mit einer Schwierigkeit von $\sigma_i = 1$ bei Gültigkeit des 1PL.

brugger, 2007, ► Kap. 10 in diesem Band). Allgemein berechnet sich die Iteminformation I_i von Item i durch die Multiplikation der Wahrscheinlichkeit das Item korrekt zu beantworten mit der Gegenwahrscheinlichkeit als

$$I_i = P(i+|\xi) \cdot (1 - P(i+|\xi)). \tag{11.1}$$

In der ◘ Abbildung 11.2 wird eine logistische itemcharakteristische Kurve (ICC) für ein Item i mit zugehöriger Iteminformationsfunktion I_i dargestellt. Als Messmodell wird das 1PL verwendet. Die Itemschwierigkeit σ_i ist als der Punkt auf der latenten Merkmalsdimension ξ definiert, an dem die ICC die größte Steigung aufweist bzw. die Lösungswahrscheinlichkeit P(i+)=.5 beträgt. Genau an diesem Punkt wird die Iteminformationsfunktion I_i maximal. Bei der Itemauswahl nach maximaler Information wird im Rahmen des 1PL somit immer dasjenige Item ausgewählt, dessen Itemschwierigkeit σ_i bestmöglich mit dem geschätzten Personenparameter übereinstimmt. Zu beachten ist, dass diese Regelmäßigkeit nur für das 1PL uneingeschränkt gilt. Für andere IRT-Modelle wie das 2PL oder das 3PL muss nicht immer dasjenige Item maximale Information haben, dessen Schwierigkeit zum geschätzten Personenparameter $\hat{\xi}_v$ die geringste Distanz aufweist (s. z. B. Hambleton, Swaminathan & Rogers, 1991). Unabhängig davon werden auch bei diesen Messmodellen, in der Regel Items mit mittlerer Schwierigkeit für das untersuchte Individuum ausgewählt.

Ein zweiter Ansatz zur Itemauswahl während der Testung, der hier nicht näher verfolgt werden soll, ist ein Bayes-statistisches Verfahren, das auf Owen (1975) zurückgeht. Dieser Ansatz orientiert sich nicht an der Iteminformation, sondern wählt das jeweils nächste Item so aus, dass der a-posteriori zu erwartende Standardfehler von $\hat{\xi}_v$ in Abhängigkeit der gegebenen Antworten minimiert wird. Weitere Angaben zur Bayes-statistischen Itemauswahl können z. B. Thissen und Mislevy (2000) entnommen werden. Der Fokus des weiteren Kapitels liegt auf dem zuerst genannten Kriterium der Itemauswahl nach maximaler Information.

Exposure control

Beide Ansätze zur Itemauswahl während der Testung können dazu führen, dass einzelne Items oder ganze Reihen von Items sehr vielen Probanden zur Bearbeitung vorgegeben werden, wohingegen andere Items sehr wenigen oder im Extremfall keinem Probanden vorgegeben werden. Mit der Häufigkeit der Vorgabe einzelner Items steigt allerdings auch die Wahrscheinlichkeit, dass der Iteminhalt seitens der Probanden im Gedächtnis behalten und weitergetragen wird. Dies ist besonders bei Tests zu erwarten, von deren Resultat persönlich relevante Entscheidungen abhängen (wie z.B. die Zuweisung eines Studienplatzes). Werden Items in der Population potenzieller Probanden bekannt, steht die Validität der betroffenen Items in Frage. Dies ist deshalb der Fall, da eine Antwort auf ein vorab bekanntes und ggf. auswendig gelerntes Item nicht mehr eindeutig auf das zu messende Merkmal zurückgeführt werden kann, sondern auch auf andere Merkmale wie Gedächtnisprozesse oder auch Einbindung in ein soziales Netz, in dem die Iteminhalte bekannt sind. Unter dem englischen Begriff *exposure control* wurden zur Vermeidung unerwünschter Verteilungen der Vorgabehäufigkeiten mehrere Strategien entwickelt. Hierbei wird einem der oben beschriebenen Ansätze zur Itemauswahl eine stochastische Komponente hinzugefügt. Beispielsweise kann alternativ zu der Auswahl des jeweils informativsten Items unter Bedingung von $\hat{\xi}_v$ ein Item aus den 5 (8, 10, ...) informativsten Items unter Bedingung von $\hat{\xi}_v$ per Zufall ausgewählt werden. Bei einem hinreichend großen Itempool kann mit diesem Ansatz eine unerwünscht ungleichmäßige Vorgabehäufigkeit der Items vermieden werden. Oft kann die gewünschte Verteilung der Vorgabehäufigkeiten durch das genannte Vorgehen aber nicht erzielt werden, so dass kompliziertere Algorithmen wie die sog. *Sympson-Hetter-Methode* (Sympson & Hetter, 1985) oder sog. *Shadow Tests* (van der Linden & Veldkamp, 2004) zum Einsatz gebracht werden.

Personenparameterschätzung

Zur Personenparameterschätzung während und am Ende des Tests werden bei maßgeschneiderten adaptiven Tests vor allem zwei Methoden eingesetzt. Einerseits werden Maximum-Likelihood-Schätzer wie der WLE-Schätzer (weighted likelihood estimate; Warm, 1989) und andererseits Bayes-statistische Schätzer, wie der EAP-Schätzer (expected a-posteriori; Bock & Mislevy, 1982) verwendet. Beide Methoden eignen sich gut zur Schätzung der individuellen Ausprägung latenter Merkmalsausprägungen, weisen aber kleine Unterschiede bezüglich der Schätzgüte auf. Bayes-statistische Ansätze neigen bei adaptiven Tests im Vergleich zu Maximum-Likelihood-Ansätzen zu kleineren bedingten Standardfehlern $SE(\hat{\xi}|\xi)$, weisen aber gleichzeitig den Nachteil eines größeren Bias $B(\xi) = E(\hat{\xi}|\xi) - \xi$, vor allem in extremen ξ-Bereichen auf. Die Wahl des Verfahrens zur Personenparameterschätzung beinhaltet demnach eine Abwägung zwischen kleinen Standardfehlern bei Bayes-statistischen Ansätzen und kleinem Bias bei Maximum-Likelihood-Ansätzen (Segall, 2005). Vergleiche verschiedener Methoden der Personenparameterschätzung bei adaptiven Tests findet man beispielsweise bei Cheng und Liou (2000) oder auch bei Wainer und Thissen (1987).

11.2.3 Kriterien für die Beendigung der Testung

Abbruchkriterien

Ein adaptiver Test wird solange fortgesetzt, bis ein oder mehrere vorab definierte Abbruchkriterien erfüllt sind. Nachfolgend werden vier häufig verwen-

dete Abbruchkriterien angeführt (vgl. auch Linacre, 2000). Ein adaptiver Test ist zu beenden wenn,
(1) eine bestimmte Anzahl von Items vorgelegt wurde und/oder
(2) der Standardfehler der Personenparameterschätzung hinreichend klein ist und/oder
(3) eine maximale Testzeit erreicht wurde oder
(4) alle im Itempool verfügbaren Items vorgelegt wurden.

In der Anwendung wird zumeist eine Kombination verschiedener Abbruchkriterien eingesetzt oder unterschiedliche Abbruchkriterien zur Auswahl durch den Testleiter bereitgestellt.

Beispiel 11.2

Frankfurter Adaptiver Konzentrationsleistungs-Test FAKT
Beim Frankfurter Adaptiven Konzentrationsleistungs-Test FAKT (Moosbrugger & Heyden, 1997; FAKT-II, Moosbrugger & Goldhammer, 2007) werden zwei Möglichkeiten zur Testbeendigung angeboten. Einerseits kann mit einer frei wählbaren Testzeit zwischen 2 und 30 Minuten getestet werden. Dies führt dazu, dass die Standardfehler der ermittelten Testwerte interindividuell variieren, bietet aber den Vorteil, dass der Test gut bei gegebenen Zeitbeschränkungen oder bei Gruppentestungen eingesetzt werden kann. Andererseits kann der Test beendet werden, wenn die Schwankung der gemessenen Konzentrationsleistungswerte im Testverlauf eine festgelegte Grenze unterschreitet. Hierbei resultieren für alle Probanden Testwerte mit nahezu identischen Standardfehlern, die Testzeit kann allerdings interindividuell variieren.

Segall (2005) weist darauf hin, dass die Wahl des Abbruchkriteriums stark vom jeweiligen Anwendungskontext, der Beschaffenheit des Itempools und einschränkenden Rahmenbedingungen bei der Durchführung des Tests abhängt. Sollen die individuellen Testwerte beispielsweise für interindividuelle Vergleiche (z. B. in der Persönlichkeitspsychologie) verwendet werden, sind Schätzungen individueller Merkmalsausprägungen mit über die Stichprobe vergleichbaren Standardfehlern wünschenswert, wie sie bei (2) resultieren (z.B. Frey & Ehmke, in Druck). Werden hingegen Gruppen (z. B. Schulklassen) gemeinsam getestet, dann wird es aufgrund von Rahmenbedingungen oft nicht möglich sein, einen adaptiven Test mit flexibler Testlänge durchzuführen. In diesen Fällen wird häufig eine Kombination der Punkte (2) und (3) verwendet.

11.3 Auswirkungen adaptiven Testens

Grundlegend ist anzumerken, dass adaptive Tests heute fast ausschließlich computerbasiert vorgegeben werden. Deshalb weisen sie fast immer die Vor- und Nachteile auf, die mit einer computerbasierten Testadministration verbunden sind. Solche Effekte gehen auf den Computer als Administrationsme-

Computerbasierte Testadministration

dium und nicht auf den Einsatz adaptiver Testalgorithmen zurück, weshalb sie nur in Stichpunkten angeführt werden. Zu den möglichen Vorteilen einer computerbasierten Testadministration im Vergleich zu einem Papier und Bleistift-Test gehören: Hohe Testsicherheit, standardisierter Testablauf, probandenbestimmte Testgeschwindigkeit, schnelle und fehlerfreie Testwertbestimmung, Auswertung ohne psychometrisches Fachwissen, schnelle Ergebnisrückmeldung und neue Itemformate (z. B. interaktive Items bei denen das Stimulusmaterial durch den Probanden modifiziert werden kann). Die potenziellen Nachteile einer computerbasierten Testadministration sind weniger dem konzeptuellen, sondern vielmehr dem organisatorischen Bereich zuzurechnen. Sie bestehen im hohen Entwicklungsaufwand, in mangelnder Verfügbarkeit von Computern am Testort, in höheren Kosten und in problematischer Fairness hinsichtlich computerbezogenen Personmerkmalen (z. B. Erfahrung mit Computern, Computerängstlichkeit; zu Vor- und Nachteilen computerbasierter Testadministration s. auch Linacre, 2000).

In konzeptueller Hinsicht lassen sich darüber hinaus Auswirkungen des adaptiven Testens auf psychometrische Kenngrößen sowie auf Reaktionen seitens der Probanden feststellen. Als Auswirkungen in psychometrischer Hinsicht werden die Auswirkungen auf die Messeffizienz (► Abschn.11.3.1) und auf die Validität (► Abschn. 11.3.2) dargestellt. Abschließend wird das kontrovers diskutierte Thema der Auswirkungen adaptiven Testens auf die Motivation zur Testbearbeitung besprochen (► Abschn. 11.3.3).

11.3.1 Messeffizienz

Messeffizienzsteigerung

Der Hauptvorteil adaptiver Tests im Vergleich zu nicht-adaptiven Tests besteht in der Möglichkeit einer beachtlichen Messeffizienzsteigerung. Die Messeffizienz eines Tests ist als Quotient von Messpräzision und Testlänge definiert (Segall, 2005). Die Testlänge wird in der Regel durch die Anzahl präsentierter Items quantifiziert.

Messpräzision

Unter Messpräzision wird der Grad der Genauigkeit von Testwerten verstanden. Bei IRT-Modellen kann die Messpräzision als Funktion der zu messenden Merkmalsdimension (ξ) variieren und ist durch die Testinformationsfunktion darstellbar (s. Moosbrugger, 2007; ► Kap. 10 in diesem Band). Soll für einen Test ein einzelner Wert für die Messeffizienz bestimmt werden, kann vereinfachend für einen konkreten ξ-Bereich die mittlere Testinformation als Maß der Messpräzision berechnet und durch die durchschnittliche Anzahl präsentierter Items dividiert werden.

Die Itemauswahl erfolgt beim adaptiven Testen häufig nach dem Kriterium maximaler Information (s. o.). Hierbei wird also explizit eine Maximierung der Messpräzision und nachfolgend der Messeffizienz angestrebt. In der Testpraxis zeigen sich entsprechend zwei Vorteile adaptiven Testens hinsichtlich der Messpräzision.

Verringerung vorzugebender Items

Erstens ergibt sich im Vergleich zum nicht-adaptiven Testen in der Regel eine beachtliche Verringerung der Anzahl vorzugebender Items bei vergleichbarer Messpräzision. Oft werden bei adaptiver Itemvorgabe nur 40 – 60% der Items benötigt, um genauso präzise zu messen, wie bei nicht-adaptiver Itemvorgabe.

Vergleichbarer Standardmessfehler

Zweitens werden die Standardfehler der Personenparameterschätzungen von verschiedenen Probanden angeglichen; dies allerdings nur dann in bestmöglichem Umfang, wenn ein variables Abbruchkriterium wie z. B. (2) (s. o.) verwendet wird. Inwieweit bei einer Anwendung adaptiven Testens tatsächlich gleiche Standardfehler resultieren, hängt auch von der Beschaffenheit des Itempools ab. Für eine optimale Angleichung müssen für die individuelle Merkmalsausprägung eines jeden Probanden hinreichend viele Items mit adäquater Schwierigkeit vorhanden sein. Enthält ein Itempool beispielsweise nur wenige sehr leichte Items, dann kann bei Probanden mit niedriger Merkmalsausprägung die Anpassung der Itemschwierigkeit nicht in optimaler Weise erfolgen, was in der Regel zu größeren Standardfehlern führt. Um eine optimale Anpassungsfähigkeit eines adaptiven Tests zu gewährleisten, ist es deshalb von zentraler Wichtigkeit, dass im gesamten Merkmalsbereich hinreichend viele Items vorliegen. Im Gegensatz zum nicht-adaptiven Testen, bei dem in der Regel viele Items mit mittlerer Schwierigkeit erwünscht sind, sollten sich die Schwierigkeiten bei einem adaptiven Test nach Möglichkeit einer Gleichverteilung annähern.

11.3.2 Validität

Zu den Auswirkungen adaptiven Testens auf die Validität liegen belastbare empirische Befunde bislang hinsichtlich der konvergenten Validität und der diskriminanten Validität vor.

Konvergente Validität

Die *konvergente Validität* (vgl. Hartig, Frey & Jude 2007, ► Kapitel 7 in diesem Band) von adaptiven und nicht-adaptiven Testformen fiel bei empirischen Studien meistens ähnlich aus. Der Befund ist wenig verwunderlich, wenn man bedenkt, dass die Mehrzahl adaptiver Tests als äquivalente Testformen zu bereits bestehenden, nicht-adaptiven Tests entwickelt wurde und die Äquivalenz ja gerade durch eine Übereinstimmung der Messpräzision und der Validität (z. B. Korrelation zwischen adaptiver und nicht-adaptiver Testform) festgestellt wird. Rein rechnerisch sollte adaptives Testen zu einer Steigerung der konvergenten Validität führen, wenn der Messeffizienzvorteil adaptiven Testens zur Erstellung eines Tests mit höherer Messpräzision anstelle einer Verringerung der vorzulegenden Items bei vergleichbarer Messpräzision eingesetzt werden würde. Aufgrund des geringeren Anteils unsystematischer Varianz an der Gesamtvarianz der Personenparameter wären im ersten Falle höhere Korrelationen mit konvergenten Merkmalen zu erwarten (vgl. Frey, 2006). Empirische Studien zur Untersuchung dieser mathematisch begründeten Annahme fehlen aber bislang.

Diskriminante Validität

Hinsichtlich der *diskriminanten Validität* (vgl. Hartig, Frey & Jude 2007, ► Kapitel 7 in diesem Band) liegen umfassendere Befunde vor als zur konvergenten Validität. Einleitend ist anzumerken, dass bei Leistungstests das diagnostische Interesse zumeist in der Messung von Maximalleistungen besteht. Aus diesem Grund ist zur Absicherung der diskriminanten Validität von Leistungsmaßen zu klären, ob die Maximalleistung durch potenzielle Störvariablen wie z. B. Testangst vermindert wird. Zeigen sich Effekte potenzieller Störvariablen auf Leistungsmaße, dann ist die diskriminante Validität des zur Leistungsermittlung verwendeten Tests in Zweifel zu ziehen, da die gemessenen Werte nicht die maximale Leistung, sondern eine Mischung

Potenzielle Störvariablen

der interessierenden Maximalleistung und der potenziellen Störvariablen repräsentieren. Zur Sicherstellung der diskriminanten Validität werden deshalb meistens Korrelationen nahe 0 zwischen Leistungswerten und potenziellen Störvariablen angestrebt (für eine weiterführende Diskussion s. Frey, 2006).

Die Auswirkungen des adaptiven Testens auf die diskriminante Validität wurden bisher vornehmlich anhand des Frankfurter Adaptiven Konzentrationsleistungs-Tests (FAKT; Moosbrugger & Heyden, 1997) und im Bereich des selbstadaptierten Testens untersucht. In beiden Bereichen zeigte sich, dass durch adaptives Testen Steigerungen der diskriminanten Validität erzielt werden können. Bei der Konzentrationsleistungsmessung mit dem FAKT ergab sich, dass durch die Anwendung der adaptiven Testformen im Vergleich zur nicht-adaptiven Testform Verzerrungen vermieden werden können. Während die untersuchten potenziellen Störvariablen bei adaptiver Testung keinen signifikanten Einfluss auf die Konzentrationsleistung hatten, zeigten sich bei nicht-adaptiver Testung in fast allen Fällen signifikante, verzerrende Effekte auf die Konzentrationsleistung. Dieses einheitliche Befundmuster ergab sich für die potenziellen Störvariablen *Aktivierung* (Frey & Moosbrugger, 2004), *State-Ärger* vor der Testung (Frey, 2006), *Veränderung von negativem Affekt* während der Testung (Frey, 2006; Loßnitzer, 2003), *Trait-Prüfungsangst* vor der Testung (Frey, 2006) und *Lärm* während der Testung (Loßnitzer, Frey & Moosbrugger, 2006). Inwieweit die Ergebnisse auf andere adaptive Tests übertragbar sind oder nur für den FAKT Gültigkeit besitzen, ist bislang noch offen. Für den Bereich des selbstadaptierten Testens wurde mehrfach berichtet, dass unerwünschte Zusammenhänge von Testleistungen und potenziellen Störvariablen wie Prüfungsangst oder verbales Selbstkonzept bei nicht-adaptiven Tests höher ausfallen als bei selbstadaptierten Tests (vgl. Frey, 2006 für eine Zusammenstellung der Befunde).

Selbstadaptierte Tests

Selbstadaptierte Tests sind eine spezielle Form adaptiver Tests, bei denen die Schwierigkeit des jeweils nächsten Items durch den Probanden selbst gewählt wird (Rocklin & O'Donnell, 1987). Sie realisieren damit keine psychometrisch orientierte, sondern eine durch den Probanden gesteuerte Itemauswahl.

11.3.3 Motivation zur Testbearbeitung

Pro Motivationssteigerung

Viele Jahre lang galt es als gesichertes Lehrbuchwissen, dass adaptives Testen die Motivation zur Testbearbeitung der untersuchten Probanden steigert. Diese Annahme lässt sich bis zu frühen Arbeiten zum adaptiven Testen von Betz (1975) sowie Betz und Weiss (1976a, 1976b) zurückverfolgen. Aufgrund experimenteller Ergebnisse folgerten Betz und Weiss (1976b), dass adaptives Testen vor allem bei leistungsschwächeren Individuen eine Steigerung der Motivation zur Testbearbeitung bewirke. Der Befund wurde damit erklärt, dass die Probanden bei adaptiver Testung Items vorgelegt bekamen, die auf ihr individuelles Leistungsniveau abgestimmt waren. Dabei werde die Vorgabe von Items vermieden, die für ein Individuum viel zu leicht sind und damit Langeweile hätten auslösen können oder viel zu schwer sind und damit Frustration hätten auslösen können. Über diese Befunde hinaus liegen allerdings keine fundierten empirischen Ergebnisse vor, die die Annahmen einer motivationssteigernden Wirkung adaptiven Testens stützen.

Contra Motivationssteigerung

Aktuelle Arbeiten stellen die Annahme einer motivationssteigernden Wirkung adaptiven Testens allerdings nachdrücklich in Frage. Sie stützen sich auf der Argumentation, dass die bei adaptiven Tests zumeist realisierte Vorgabe von Items mit mittlerer individueller Lösungswahrscheinlichkeit von $P(i+|\xi_v) \approx .5$ nicht zu einer hohen Motivation zur Testbearbeitung führen könne (z. B. Bergstrom, Lunz & Gershon, 1992; Eggen, 2004; Ponsoda, Olea, Rodriguez & Revuelta, 1999). Gerade für leistungsfähige Probanden stelle ein solcher Test im Gegenteil ein ungewohnt demotivierendes Ereignis dar, da im Mittel nur die Hälfte der vorgelegten Items gelöst werden kann und dies unabhängig von der eigenen Anstrengung. Bei den meisten nicht-adaptiven Tests können leistungsfähige Probanden hingegen größere Anteile der Items lösen, weshalb eine höhere Motivation zur Testbearbeitung zu vermuten sei. Die Position wird durch ein Experiment von Frey, Hartig & Moosbrugger (2007) unterstützt. Es zeigte sich, dass die Motivation zur Testbearbeitung bei Vorgabe einer adaptiven Testform des FAKT signifikant niedriger ausfällt als bei Vorgabe der nicht-adaptiven Testform.

Zum gegenwärtigen Zeitpunkt kann noch nicht abschließend beurteilt werden, welche Auswirkungen adaptives Testen auf die Motivation zur Testbearbeitung im Allgemeinen hat. Es ist zu vermuten, dass das Ausmaß der Motivation zur Testbearbeitung durch ein Zusammenwirken verschiedener Test-, Person- und Situationsmerkmale bedingt wird und deshalb differenzierter als bisher betrachtet werden muss. Die Untersuchung dieser Zusammenhangsstrukturen stellt eine spannende, aktuelle Forschungsfrage dar.

11.4 Multidimensionales adaptives Testen

Eine viel versprechende Erweiterung des herkömmlich eindimensional angelegten adaptiven Testens ist das kürzlich entwickelte multidimensionale adaptive Testen. Während das Antwortverhalten bei herkömmlichen adaptiven Tests auf eine einzelne latente Dimension zurückgeführt wird, werden bei multidimensionalen adaptiven Tests mehrere latente Dimensionen als ursächlich für das beobachtete Antwortverhalten angesehen. Als Messmodelle werden mehrdimensionale IRT-Modelle verwendet (z. B. Carstensen, 2000). Das Ziel eines multidimensionalen adaptiven Tests besteht nicht in der Messung der individuellen Ausprägung eines Individuums in einem Merkmal, sondern in der simultanen Messung individueller Ausprägungen in mehreren Merkmalen.

Geschichte

Die kurze Geschichte des multidimensionalen adaptiven Testens beginnt Ende der 1990er Jahre mit der Konkretisierung der formal-mathematischen Grundlagen (Segall, 1996; van der Linden, 1999b). Es wurden unterschiedliche adaptive Algorithmen vorgeschlagen, die sich bei Simulationsstudien in vergleichbarer Weise bewährten. Empirische Ergebnisse zum Einsatz von multidimensionalem adaptivem Testen stehen aufgrund der Aktualität des Ansatzes noch aus.

Messeffizienz

Beim multidimensionalen adaptiven Testen können Erkenntnisse über Zusammenhänge der zu messenden Merkmalsdimensionen direkt bei der Messung berücksichtigt werden. Werden mehrere korrelierte Dimensionen erhoben, dann geben die Antworten eines Probanden auf Items, die eine Dimension messen, nicht nur Hinweise über die Ausprägung des Probanden auf dieser Merkmalsdimension, sondern auch über seine Ausprägung auf den anderen Merkmalsdimensionen. Zeigt beispielsweise ein Schüler eine hohe mathematische Kompetenz, dann ist es wahrscheinlich (obgleich nicht sicher), dass er auch eine hohe naturwissenschaftliche Kompetenz aufweist. Dies führt dazu, dass beim multidimensionalen adaptiven Testen ein hohes Maß an diagnostischer Information pro Item gewonnen wird. Hierdurch kann die hohe Messeffizienz eindimensionaler adaptiver Tests weiter gesteigert werden. Bei Simulationsstudien zeigte sich, dass bei multidimensionalen adaptiven Tests bei vergleichbarer Messpräzision 25–40 % weniger Items nötig sind als bei der Erfassung der einzelnen Dimensionen mit je einem eindimensionalen adaptiven Test (Luecht, 1996; Segall, 2000). Je mehr Dimensionen gemessen werden und je höher diese miteinander korrelieren, desto weniger Items werden beim multidimensionalen adaptiven Testen benötigt (Wang & Chen, 2004).

Fazit

Aus heutiger Sicht stellt multidimensionales adaptives Testen eine sehr vielversprechende Messkonzeption dar. Für die Zukunft sind praktische Umsetzungen in anwendbare Messinstrumente zu erwarten, mit deren Hilfe empirisch untersucht werden kann, ob die bei Simulationsstudien gefundenen Effizienzsteigerungen auch in der Testpraxis aufzufinden sind.

11.5 Zusammenfassung und Anwendungsempfehlungen

Unter adaptivem Testen versteht man einen Ansatz zur Messung individueller Ausprägungen von Personmerkmalen, bei dem sich die Auswahl der zur Bearbeitung vorgelegten Items am Antwortverhalten des untersuchten Probanden orientiert. Der Grundgedanke des adaptiven Testens besteht in der Vorgabe von Items, die möglichst viel diagnostische Information über die individuelle Ausprägung des zu messenden Merkmals liefern. In der Regel wird dabei eine nahezu optimale Passung zwischen Merkmalsausprägung und Itemschwierigkeit realisiert. Als Voraussetzung adaptiven Testens muss ein IRT-konformer Itempool vorliegen. Ferner ist es erforderlich, die Itemauswahl zu Beginn und während des Tests sowie ein Kriterium für die Beendigung des Tests zu spezifizieren. Der Hauptvorteil adaptiven Testens besteht in einer Messeffizienzsteigerung, die in den meisten Fällen beachtlich ausfällt. Darüber hinaus sind positive Auswirkungen auf die Validität der Messung zu verzeichnen. Offene Forschungsfragen bestehen hinsichtlich der positiven oder negativen Auswirkungen des adaptiven Testens auf die Motivation zur Testbearbeitung und im Bereich des kürzlich entwickelten multidimensionalen adaptiven Testens.

Die Erstellung eines adaptiven Tests ist als aufwändig einzustufen. Neben der Erstellung und Kalibrierung eines geeigneten Itempools muss ein dem Gegenstand und Einsatzbereich angemessener adaptiver Algorithmus spezifiziert und in ein Computerprogramm umgesetzt werden. Bislang existieren nur wenige Computerprogramme, auf die bei der Entwicklung eines adaptiven Tests zurückgegriffen werden kann, so dass eigene Programmierarbeiten in den meisten Fällen nötig sind. Ein umfassendes Computerprogramm stellt das kommerziell vertriebene Programm FastTest Pro 2.0 dar, das die Verwaltung von Itempools, die Spezifikation adaptiver Algorithmen und die Vorgabe und Auswertung adaptiver Tests ermöglicht. Eine für 30 Tage voll funktionstüchtige Demo-Version kann über die URL www.assess.com bezogen werden.

Literatur

Bergstrom, B. A., Lunz, M. E. & Gershon, R. C. (1992). Altering the level of difficulty in computer adaptive testing. *Applied Measurement in Education, 5*, 137–149.

Betz, N. E. (1975). New types of information and psychological implications. In D. J. Weiss (Ed.), *Computerized adaptive trait measurement: Problems and Prospects* (Research Report 75-5, pp. 32–43). Minneapolis: University of Minnesota, Department of Psychology, Psychometric Methods Program.

Betz, N. E. & Weiss, D. J. (1976a). *Effects of immediate knowledge of results and adaptive testing on ability test performance (Research Rep. 76-3).* Minneapolis: University of Minnesota, Department of Psychology, Psychometric Methods Program.

Betz, N. E. & Weiss, D. J. (1976b). *Psychological effect of immediate knowledge of results and adaptive ability testing (Research Rep. 76-4).* Minneapolis: University of Minnesota, Department of Psychology, Psychometric Methods Program.

Bock, R. D. & Mislevy, R. J. (1982). Adaptive EAP estimation of ability in a microcomputer environment. *Applied Psychological Measurement, 6*, 431–444.

Carstensen, C. H. (2000). *Ein Mehrdimensionales Testmodell mit Anwendungen in der pädagogisch-psychologischen Diagnostik.* IPN-Schriftenreihe 171. Kiel: IPN.

Cheng, P. E. & Liou, M. (2000). Estimation of trait level in computerized adaptive testing. *Applied Psychological Measurement, 24*, 257–265.

Eggen, T. J. H. M. (2004). *Contributions to the theory and practice of computerized adaptive testing.* Enschede: Print Partners Ipskamp.

Frey, A. (2006). *Validitätssteigerungen durch adaptives Testen.* Frankfurt am Main: Peter Lang.

Frey, A. & Ehmke, T. (Im Druck). Hypothetischer Einsatz adaptiven Testens bei der Messung von Bildungsstandards in Mathematik. *Zeitschrift für Erziehungswissenschaft.*

Frey, A., Hartig, J. & Moosbrugger, H. (2007). Effekte des adaptiven Testens auf die Motivation zur Testbearbeitung. Manuskript eingereicht zur Publikation.

Frey, A. & Moosbrugger, H. (2004). Kann die Konfundierung von Konzentrationsleistung und Aktivierung durch adaptives Testen mit dem Frankfurter Adaptiven Konzentrationsleistungs-Test FAKT vermieden werden? *Zeitschrift für Differentielle und Diagnostische Psychologie, 25*, 1–17.

Hambleton, R. K., Swaminathan, H. & Rogers, H. J. (1991). *Fundamentals of item response theory.* Newbury Park: Sage.

Hambleton, R. K., Zaal, J. N. & Pieters, J. P. M. (1991). Computerized adaptive testing: Theory, applications, and standards. In R. K. Hambleton & J. N. Zaal (Eds.), *Advances in educational and psychological testing: Theory and applications* (pp. 341–366). New York, NY, US: Kluwer Academic/Plenum Publishers.

Hartig, J., Frey, A. & Jude, N. (2007). Validität. In H. Moosbrugger & A. Kelava (Hrsg.). *Testtheorie und Fragebogenkonstruktion.* Heidelberg: Springer.

Linacre, J. M. (2000). Computer-Adaptive Testing: A methodolgy whose time has come. In C. Sunhee, K. Unson, J. Eunhwa and J. M. Linacre (Eds.), *Development of Computerized Middle School Achievement Test.* Seoul, South Korea: Komesa Press.

Lord, F. M. (1971a). The self-scoring flexilevel test. *Educational and Psychological Measurement, 8*, 147–151.

Lord, F. M. (1971b). A theoretical study of two-stage testing. *Psychometrika, 36*, 227–242.

Lord, F. M. (1980). *Applications of item response theory to practical testing problems.* Hillsdale: Lawrence Erlbaum Associates.

Loßnitzer, T. (2003). Vermeidung der Konfundierung von Konzentrationsleistung mit negativer Affektivität durch Adaptives Testen mit dem Frankfurter Adaptiven Konzentrationsleistungs-Test (FAKT). *Unveröffentlichte Diplomarbeit an der Humboldt-Universität zu Berlin.*

Loßnitzer, T., Frey, A. & Moosbrugger, H. (2006). *Controlling unwanted effects of noise on performance by adaptive testing.* Manuscript submitted for publication.

Luecht, R. M. (1996). Multidimensional computerized adaptive testing in a certification or licensure context. *Applied Psychological Measurement, 20*, 389–404.

Moosbrugger, H. (2007). Item Response Theorie. In H. Moosbrugger & A. Kelava (Hrsg.). *Testtheorie und Fragebogenkonstruktion.* Heidelberg: Springer.

Moosbrugger, H. & Heyden, M. (1997). *Frankfurter Adaptiver Konzentrationsleistungs-Test.* Bern: Huber.

Moosbrugger, H. & Goldhammer, F. (2007). FAKT-II. *Frankfurter Adaptiver Konzentrationsleistungs-Test.* Bern: Huber.

Owen, R. J. (1975). A Bayesian sequential procedure for quantal response in the context of adaptive mental testing. *Journal of the American Statistical Association, 70*, 351–356.

Ponsoda, V., Olea, J., Rodriguez, M. S. & Revuelta, J. (1999). The effects of test difficulty manipulation in computerized adaptive testing and self-adapted testing. *Applied Measurement in Education, 12*, 167–184.

Rocklin, T. R. & O'Donnell, A. M. (1987). Self-adapted testing: A performance-improving variant of computerized adaptive testing. *Journal of Educational Psychology, 79*, 315–319.

Rost, J. (2004). *Lehrbuch Testtheorie, Testkonstruktion* (2. Aufl.). Bern: Huber.

Sands, W. A., Waters, B. K. & McBride, J. R. (Eds.) (1997). *Computerized adaptive testing: From inquiry to operation.* Washington: American Psychological Association.

Segall, D. O. (1996). Multidimensional adaptive testing. *Psychometrika, 61*, 331–354.

Segall, D. O. (2000). Principles of multidimensional adaptive testing. In W. J. van der Linden & C. A. Glas (Eds.), Computerized Adaptive Testing: Theory and Practice. Dordrecht, Boston, London: Kluwer Academic Publishers.

Segall, D. O. (2005). Computerized Adaptive Testing. In K. Kempf-Leonard (Ed.), *Encyclopedia of Social Measurement.* Amsterdam: Elsevier.

Sympson, J. B. & Hetter, R. D. (1985). Controlling item-exposure rates in computerized adaptive testing. In *Proceedings of the 27th annual meeting of the Military Testing Association* (pp. 973–977). San Diego: Navy Personnel Research and Development Center.

Thissen, D. & Mislevy, R. J. (2000). Testing Algorithms. In H. Wainer (Ed.), *Computerized Adaptive Testing: A Primer* (pp. 101–133). Mahwah: Lawrence Erlbaum Associates.

van der Linden, W. J. (1999a). A procedure for empirical initialization of the trait estimator on ability estimates. *Applied Psychological Measurement, 23*, 21–29.

van der Linden, W. J. (1999b). Multidimensional adaptive testing with a minimum error-variance criterion. *Journal of Educational and Behavioral Statistics, 28*, 398–412.

van der Linden, W. J. & Glas, C. A. (Eds.) (2000). *Computerized Adaptive Testing: Theory and Practice.* Dordrecht, Boston, London: Kluwer Academic Publishers.

van der Linden, W. J. & Veldkamp, B. P. (2004). Constraining item exposure in computerized adaptive testing with shadow tests. *Journal of Educational and Behavioral Statistics, 29*, 273–291.

Wainer, H. (2000) (Ed.). *Computerized adaptive testing: A primer* (2nd Ed.). Mahwah: Lawrence Erlbaum Associates.

Wainer, H. & Thissen, D. (1987). Estimating ability with the wrong model. *Journal of Educational Statistics, 12*, 339–368.

Wang, W. & Chen, P. (2004). Implementation and measurement efficiency of multidimensional computerized adaptive testing. *Applied Psychological Measurement, 28*, 450–480.

Warm, T. A. (1989). Weighted likelihood estimation of ability in item response theory. *Psychometrika, 54*, 427–450.

Weiss, D. J. (1982). Improving measurement quality and efficiency with adaptive testing. *Applied Psychological Measurement, 6*, 473–492.

Weiss, D. J. (1983). *New horizons in testing: Latent trait test theory and computerized adaptive testing.* New York: Academic Press.

12 Latent-Class-Analysis

Mario Gollwitzer

12.1 Einleitung und Überblick

12.1.1 Quantitative vs. qualitative Personvariablen

Personen unterscheiden sich hinsichtlich einer Vielzahl von Eigenschaften, zum Beispiel ihres Geschlechts, ihrer Körpergröße, oder ihres Temperaments: Manche Menschen sind eher extravertiert, andere eher introvertiert. Solche Personvariablen sind zum einen entweder direkt beobachtbar (Geschlecht, Körpergröße) oder nur indirekt über Indikatorvariablen zu erschließen (Extraversion bzw. Introversion). Zum anderen sind Personvariablen entweder dimensional oder kategorial definiert. Die Körpergröße z.B. ist eine dimensionale Personvariable: Je größer eine Person ist, desto höher ist ihr »Wert« auf dem jeweiligen Messinstrument (z.B. einem Zentimetermaß), wobei zwischen zwei Werten unendlich viele mögliche Werte liegen können. Das Geschlecht hingegen ist eine kategoriale Personvariable: Man ist entweder männlich oder weiblich. Im Falle kategorialer Variablen gibt es lediglich so viele Werte wie Kategorien; Zwischenwerte, d.h. graduelle Unterschiede zwischen Werten, gibt es hier nicht.

Ob Extraversion bzw. Introversion eher kategoriale oder eher dimensionale Merkmale der Person sind, ist im Gegensatz zu Körpergröße oder Geschlecht schwieriger zu beantworten. Auch die Fachliteratur ist hier inkonsistent: Während in den Temperamentstheorien von Eysenck (1990) oder Gray (1982) Extraversion und Introversion als zwei Pole eines eindimensionalen Kontinuums aufgefasst werden (d.h. Extraversion als das Gegenteil von Introversion), fasste C. G. Jung (1921) beide Konstrukte als »Typen« auf. Ob eine latente Persönlichkeitseigenschaft dimensional (synonym: stetig, kontinuierlich, quantitativ) oder eher typologisch (synonym: diskret, kategorial, qualitativ) angenommen wird, ist also eine Frage der zugrunde liegenden Theorie.

Typenbegriffe

Der Begriff des »Typs« kann dabei entweder streng oder aber liberal konzipiert sein. Ein strenger Typenbegriff geht davon aus, dass ein Merkmal nur in bestimmten diskreten Ausprägungen vorliegt – diese Konzeption würde einem dimensionalen Ansatz widersprechen. Ein liberaler Typenbegriff geht von der Annahme aus, dass man bestimmte Ausprägungsbereiche dimensionaler Merkmale in Kategorien zusammenfassen kann – diese Konzeption wäre mit einem dimensionalen Modell vereinbar. Das Extraversionskonzept von Eysenck (1990) lässt sich in eine Typologie sensu Jung (1921) überführen, wenn man auf dem Kontinuum zwischen Introversion und Extraversion einen »cutoff«-Punkt definiert; Personen mit Ausprägungen oberhalb dieses Punktes wären dem extravertierten, Personen mit Ausprägungen unterhalb dieses Punktes wären dem introvertierten Typus zuzurechnen. Im Idealfall sollte ein solcher »cutoff«-Punkt theoretisch definiert und begründbar sein. Das ist jedoch meist nicht der Fall. Oft wird der Punkt lediglich anhand empirischer Kriterien festgelegt, beispielsweise anhand des Medians der Verteilung. Diese so genannte Mediansplit-Methode birgt jedoch eine Vielzahl methodischer Schwierigkeiten (siehe z.B. MacCallum, Zhang, Preacher & Rucker, 2002).

Cutoff-Punkt

Mehrdimensionale Typenansätze

Ein Beispiel für einen mehrdimensionalen Typenansatz findet sich in der Forschung zum psychologischen Geschlecht (z.B. Alfermann, 1996). Hier wird angenommen, dass sich Personen hinsichtlich der beiden unabhängigen Dimensionen »Femininität« und »Maskulinität« in vier Typen einteilen lassen (Spence, Helmreich & Stapp, 1975): Als »feminin« werden Personen bezeichnet, die hohe Werte auf der Dimension Femininität und niedrige Werte auf der Dimension Maskulinität haben. »Maskuline« Personen weisen ein umgekehrtes Muster auf. Als »androgyn« werden Personen bezeichnet, die auf beiden Dimensionen hohe Werte haben; als »undifferenziert« werden schließlich all jene bezeichnet, die auf beiden Dimensionen niedrige Werte aufweisen.

Das Vier-Typen-Modell des Geschlechtsrollenselbstkonzepts von Spence et al. (1975) basiert auf der Annahme, dass jede Person einem der vier Typen zuzuordnen ist. Das bedeutet: Obwohl die Typenbildung auf dimensionalen Variablen (Maskulinität und Femininität) basiert, ist die latente Personvariable, die hier erfasst werden soll, kategorialer (oder: qualitativer) Natur. Diejenigen Testmodelle, die im Rahmen der »Item-Response-Theorie (IRT)« (Moosbrugger, 2007b, ▶ Kap. 10 in diesem Band) behandelt wurden (z.B. Rasch-Modell, Birnbaum-Modell), sind für den Fall kategorialer bzw. qualitativer Personvariablen daher nicht mehr angemessen. Vielmehr ist in diesem Fall die »Latent-Class-Analyse« das geeignete Auswertungsverfahren.

12.1.2 Die »Latent-Class-Analyse« im Überblick

Gegeben sei das Antwortverhalten x einer Reihe von Personen ($v \in \{1,\ldots,n\}$) auf Testitems ($i \in \{1,\ldots,m\}$). Der Vektor der Messwerte einer Person v auf den m Items wird auch als Antwortmuster oder »response pattern« a_v bezeichnet. Die Grundannahme einer Latent-Class-Analyse (LCA) besagt, dass jede Person einer von mehreren Subgruppen (Klassen, »classes«) angehört. Diese Klassen (abgekürzt durch g mit $g \in \{1,\ldots,G\}$ Klassen) sind jedoch latent, d.h. nicht direkt beobachtbar.

Antwortmuster

Unbekannt hierbei ist

- erstens, wie viele latente Klassen G es in einer Stichprobe gibt
- zweitens, wie viele Personen den einzelnen Klassen angehören (der entsprechende Modellparameter, die »relative Klassengröße«, wird mit π_g bezeichnet) und
- drittens, welche Person welcher Klasse angehört.

Da es sich bei der LCA um ein Modell der Item-Response-Theorie handelt, ist die Zugehörigkeit einer Person v zu einer latenten Klasse g nicht deterministisch, sondern vielmehr probabilistisch. Das bedeutet: Eine Person gehört mit einer mehr oder weniger großen Wahrscheinlichkeit einer bestimmten latenten Klasse an. Für jede Person v – genauer: für das Antwortmuster a_v einer Person – kann eine bedingte Klassenzuordnungswahrscheinlichkeit $P(g \mid a_v)$ berechnet werden, d.h. die Wahrscheinlichkeit, mit der eine Person mit dem Antwortmuster a_v zur Klasse g gehört. Auch die relativen Klassengrößen π_g können innerhalb eines Modells geschätzt werden.

Bedingte Klassenzuordnungswahrscheinlichkeit

Die einzige Größe, die *nicht* modellimmanent geschätzt werden kann, ist G, die Anzahl der latenten Klassen in der Stichprobe. Diese Größe sollte theoriegeleitet festgelegt werden; anschließend kann anhand von Modellgüteindizes (► Abschn. 12.4) ermittelt werden, ob die a priori vorgegebene Klassenanzahl auf die Daten passt. In diesem Zusammenhang können mehrere unterschiedliche Modelllösungen hinsichtlich ihrer Passung auf die Daten miteinander verglichen werden. Ein solches Vorgehen ähnelt der Suche nach der »geeigneten« Anzahl von Faktoren bei der exploratorischen Faktorenanalyse (vgl. Moosbrugger & Schermelleh-Engel, 2007, ► Kap. 13 in diesem Band).

Übertragen auf das Modell von Spence et al. (1975) würde man a priori von einer Vier-Klassen-Struktur ausgehen. Diese Lösung könnte man mit konkurrierenden Modellen vergleichen (z.B. mit einer Drei-Klassen-Struktur ohne die Klasse von »Undifferenzierten«, wie sie für das Geschlechtsrollenselbstkonzept etwa von Bem, 1974, vorgeschlagen wurde). Solche Vergleiche wurden z.B. in der Untersuchung von Strauß, Köller & Möller (1996) vorgenommen.

Dichotome und polytome Antwortformate

Übrigens spielt es prinzipiell keine Rolle, ob die Items ein dichotomes oder ein polytomes Antwortformat haben. Aus didaktischen Gründen wird zunächst davon ausgegangen, dass das Antwortformat der Items dichotom ist, d.h. dass es $k = 2$ Antwortkategorien gibt (»nein« $\Rightarrow x_{vi} = 0$; »ja« $\Rightarrow x_{vi} = 1$; ◘ Beispiel 12.1). In Abschnitt 12.5.1 werden wir LCA-Modelle für polytome Antwortformate, d.h. Items mit $k > 2$ Antwortkategorien, kennen lernen.

Beispiel 12.1

Ideale Antwortmuster

Ein Test zur Messung des Geschlechtsrollenselbstkonzepts bestehe aus $m = 6$ Items. Drei von ihnen (1, 2, 3) messen Femininität, die drei restlichen (4, 5, 6) Maskulinität. Alle Items haben ein dichotomes Antwortformat: $x_{vi} \in \{0,1\}$. ◘ Tabelle 12.1 zeigt vier hypothetische Antwortmuster a_v (mit $v \in \{1,\ldots,4\}$), welche so gewählt wurden, dass sie den vier von Spence et al. (1975) postulierten Typen genau entsprechen.

◘ **Tabelle 12.1.** Idealtypische Antwortmuster im Falle von 4 Klassen

	Femininitäts-Items			**Maskulinitäts-Items**		
Item	**Item 1**	**Item 2**	**Item 3**	**Item 4**	**Item 5**	**Item 6**
Idealmuster a_1: »Femininer Typ«	1	1	1	0	0	0
Idealmuster a_2: »Maskuliner Typ«	0	0	0	1	1	1
Idealmuster a_3: »Androgyner Typ«	1	1	1	1	1	1
Idealmuster a_4: »Undifferenzierter Typ«	0	0	0	0	0	0

Eine perfekte Anpassung der Daten an die Vier-Typen-Hypothese wäre gegeben, wenn es in einer Stichprobe mit n Personen lediglich die vier in ◘ Tabelle 12.1 abgebildeten Antwortmuster gäbe. In der Realität wird man eine solche Eindeutigkeit aber nicht finden; es wird immer Antwortmuster geben, die dem Idealmuster mehr oder weniger widersprechen.

Anzahl maximal möglicher Antwortmuster N_a^{max}

Die Anzahl der maximal möglichen Antwortmuster N_a^{max} ist dabei begrenzt: Sie berechnet sich bei einem dichotomen Antwortformat als $N_a^{max} = 2^m$. Im Falle von m = 6 dichotomen Items gäbe es $N_a^{max} = 2^6 = 64$ mögliche Antwortmuster. Man sieht übrigens, dass die Zahl der möglichen Antwortmuster in Abhängigkeit von der Anzahl der Items rasch in die Höhe schnellt: Schon bei m = 10 dichotomen Items gibt es bereits $2^{10} = 1024$ mögliche Antwortmuster!

Anzahl empirisch beobachteter Antwortmuster N_a

Die Anzahl der empirisch beobachteten Antwortmuster N_a ist meist kleiner als N_a^{max}, da nicht jedes Antwortmuster in der Stichprobe auch tatsächlich vorkommt. Und das ist auch wünschenswert, denn zu viele Antwortmuster in der Stichprobe tragen dazu bei, dass die Klassenlösung weniger gut interpretierbar ist. Zudem ist N_a durch die Stichprobengröße begrenzt: Schließlich kann es nur so viele unterschiedliche Antwortmuster wie Personen in der Stichprobe geben: $N_a \leq n$. Wenn N_a zu klein ist, treten allerdings sowohl bei der Parameterschätzung als auch bei der Diagnose der Modellgüte Probleme auf (mehr dazu ► Abschn. 12.3).

12.2 Herleitung der Modellgleichung

Im Folgenden leiten wir die allgemeine Modellgleichung für eine LCA mit dichotomen Items her. Ziel ist es, für jedes beobachtete Antwortmuster a_v die Wahrscheinlichkeit zu bestimmen, mit der die entsprechende Person einer latenten Klasse angehört. *Gesucht ist also die bedingte Wahrscheinlichkeit, dass eine Person v der Klasse g angehört, gegeben das Antwortmuster a_v* (bedingte Klassenzuordnungswahrscheinlichkeit, $P(g \mid a_v)$). Um diese Wahrscheinlichkeit bestimmen zu können, benötigen wir drei Informationen:

Bedingte Klassenzuordnungswahrscheinlichkeit

- die *bedingte Antwortmusterwahrscheinlichkeit, $P(a_v|g)$*, d.h. die Wahrscheinlichkeit eines Antwortmusters a_v unter der Bedingung, dass die Person v zur Klasse g gehört,
- die *unbedingte Antwortmusterwahrscheinlichkeit $P(a_v)$*, d.h. die relative Häufigkeit, mit der dieses Antwortmuster überhaupt vorkommt, und
- die *unbedingte Klassenzuordnungswahrscheinlichkeit* (oder relative Klassengröße) π_g, d.h. die Wahrscheinlichkeit, dass eine beliebige Person v zur Klasse g gehört.

12.2.1 Bedingte Wahrscheinlichkeiten für einzelne Testitems

Die Wahrscheinlichkeit, mit der eine Person v ein Item i bejaht ($x_{vi} = 1$), bezeichnen wir als $P(x_{vi} = 1) = P_{vi}$. Die Wahrscheinlichkeit, mit der die Person v ein Item i verneint ($x_{vi} = 0$), ist dementsprechend die Gegenwahrscheinlichkeit: $P(x_{vi} = 0) = 1-P_{vi}$.

Wir nehmen nun an, dass es von der Zugehörigkeit einer Person zu einer bestimmten latenten Klasse abhängt, wie groß ihre Bejahungswahrscheinlichkeit P_{vi} ist: In Anlehnung an ■ Beispiel 12.1 sollte das Item 1 (z.B. »Ich bin feinfühlig«) eher von Personen des »femininen Typs« oder des »androgynen Typs« anstatt von Personen des »maskulinen« (oder »undifferenzierten«) Typs bejaht werden. Bei Item 4 (z.B. »Ich bin risikofreudig«) sollte die Bejahungswahrscheinlichkeit hingegen unter »maskulinen« (und »androgynen«) Typen größer sein als unter »femininen« (und »undifferenzierten«). Wir suchen also die bedingte Wahrscheinlichkeit, mit der eine Person v das Item i bejaht ($x_{vi} = 1$) unter der Bedingung, dass sie der Klasse g angehört. Diese bedingte Bejahungswahrscheinlichkeit bezeichnen wir als $P(x_{vi} = 1 | g)$. Die Gegenwahrscheinlichkeit entspricht $P(x_{vi} = 0 | g) = 1–P(x_{vi} = 1 | g)$.

An dieser Stelle kommt eine erste einfache, aber wichtige Modellannahme der LCA ins Spiel.

Annahme 1: Konstante Bejahungswahrscheinlichkeiten innerhalb einer Klasse

Wir nehmen an, dass die Bejahungswahrscheinlichkeit bzw. die Verneinungswahrscheinlichkeit eines Items für alle Personen innerhalb einer latenten Klasse gleich ist.

Weiß man, zu welcher Klasse eine Person gehört, so kennt man die Antwortwahrscheinlichkeit für diese Person auf jedem Item. Insofern kann man den Index v weglassen und die bedingte Bejahungs- und Verneinungswahrscheinlichkeit wie folgt verkürzen: $P(x_{vi} = 1 | g) = P_{ig}$ und $P(x_{vi} = 0 | g) = 1–P_{ig}$. Beide Wahrscheinlichkeiten lassen sich in einer einzigen Gleichung ausdrücken:

$$P(x_{vi} \mid g) = P_{ig}^{x_{vi}} \cdot (1 - P_{ig})^{1-x_{vi}} \qquad (12.1)$$

Dies ist nichts anderes als eine Reformulierung, denn für den Fall einer »ja«-Antwort ($x_{vi} = 1$) verkürzt sich die Gleichung auf der rechten Seite zu P_{ig}; im Falle einer »nein«-Antwort ($x_{vi} = 0$) verkürzt sich die rechte Seite zu $1–P_{ig}$.

12.2.2 Bedingte Wahrscheinlichkeiten für Antwortmuster

In (12.1) wurde die bedingte Antwortwahrscheinlichkeit für ein einzelnes Item formal bestimmt. Nun bestimmen wir die bedingte Wahrscheinlichkeit für ein ganzes Antwortmuster a_v (formal: $P(a_v | g)$. Damit ist die Wahrscheinlichkeit für ein Antwortmuster a_v (d.h. für die Antworten einer Person v auf alle m Items) unter der Bedingung, dass die Person v der Klasse g angehört, gemeint.

Lokale stochastische Unabhängigkeit

An dieser Stelle wird die Annahme der »lokalen stochastischen Unabhängigkeit« der Items untereinander bedeutsam. Diese Annahme ist zentral für probabilistische Testmodelle. In Anlehnung an das Multiplikationstheorem für unabhängige Ereignisse besagt die Annahme lokaler stochastischer Unabhängigkeit (vgl. Moosbrugger, 2007b, ▶ Kap. 10 in diesem Band), dass die Wahrscheinlichkeit, mit der eine Person v aus der Klasse g zwei Items eines Tests bejaht $P(x_{v1} = 1, x_{v2} = 1|g)$, dem Produkt der bedingten Bejahungswahrscheinlichkeiten für beide Items einzeln entspricht:

$$P(x_{v1} = 1, x_{v2} = 1 \mid g) = P(x_{v1} = 1 \mid g) \cdot P(x_{v2} = 1 \mid g) \qquad (12.2)$$

Das bedeutet: Die Wahrscheinlichkeit, beide Items zu bejahen, hängt nur von der Klassenzugehörigkeit g ab und nicht etwa von der Reihenfolge, in der die Items beantwortet wurden. Erweitert auf ein Antwortmuster a_v, das aus den Antworten $x_{vi} = 1$ bzw. $x_{vi} = 0$ auf den m Items besteht, multipliziert man die bedingten Antwortmusterwahrscheinlichkeiten über alle Items $i \in \{1,\ldots,m\}$ hinweg auf:

$$P(a_v \mid g) = \prod_{i=1}^{m} P(x_{vi} \mid g) \qquad (12.3a)$$

Annahme 2: Lokale stochastische Unabhängigkeit innerhalb einer Klasse

Die Wahrscheinlichkeit, zwei oder mehrere unabhängige Testitems gemeinsam zu bejahen, hängt nur davon ab, welcher Klasse g eine Person angehört.

Allgemeine Modellgleichung der LCA

Setzen wir nun die rechte Seite der Gleichung 12.1 in Gleichung 12.3a ein, so erhalten wir die allgemeine Modellgleichung der dichotomen LCA

$$\begin{aligned} P(a_v \mid g) &= \prod_{i=1}^{m} P(x_{vi} \mid g) \\ &= \prod_{i=1}^{m} (P_{ig}^{x_{vi}} \cdot (1 - P_{ig})^{1-x_{vi}}) \end{aligned} \qquad (12.3b)$$

Die Modellgleichung besagt, dass sich die Wahrscheinlichkeit eines Antwortmusters a_v unter der Bedingung, dass die Person v der Klasse g angehört, aus dem Produkt der bedingten Bejahungs- bzw. Verneinungswahrscheinlichkeiten über alle m Items ergibt.

12.2.3 Unbedingte Wahrscheinlichkeiten für Antwortmuster

Relative Klassengröße

Die einzige Modellannahme, die wir nun noch einführen müssen, um die unbedingten Wahrscheinlichkeiten für die Antwortmuster a_v bestimmen zu können, betrifft die relativen Klassengrößen bzw. die unbedingten Klassenzuordnungswahrscheinlichkeiten π_g. Wenn wir davon ausgehen, dass jede Person genau einer Klasse angehört, sind 2 Teilannahmen impliziert:

Annahme 3: Disjunkte und exhaustive Klassen

(1) Jede Person kann klassifiziert werden (d.h. die Klassen sind exhaustiv).
(2) Eine Person kann nur einer Klasse angehören, nicht mehreren (d.h. die Klassen sind disjunkt).

Unter dieser Annahme sind die relativen Klassengrößen π_g so zu wählen, dass sie sich in der Stichprobe zu 1 aufaddieren: $\sum_{g=1}^{G} \pi_g = 1$. Das bedeutet gleichzeitig, dass sich die bedingten Wahrscheinlichkeiten für ein Antwortmuster a_v (Gleichung 12.3b) über alle Klassen g hinweg zu einer unbedingten Antwortmusterwahrscheinlichkeit $P(a_v)$ aufaddieren:

$$P(a_v) = \sum_{g=1}^{G} \left[\pi_g \prod_{i=1}^{m} (P_{ig}^{x_{vi}} \cdot (1 - P_{ig})^{1-x_{vi}}) \right] \quad (12.4)$$

12.2.4 Bedingte Klassenzuordnungswahrscheinlichkeiten

Bayes-Theorem

In Abschn. 12.1.2 hatten wir bereits angekündigt, dass es möglich ist, für jedes beliebige Antwortmuster a_v vorherzusagen, wie groß die Wahrscheinlichkeit ist, mit der sich die entsprechende Person v in Klasse g befindet. Diese bedingte Klassenzuordnungswahrscheinlichkeit $P(g\,|\,a_v)$ lässt sich mit Hilfe des Bayes-Theorems aus der relativen Klassengröße π_g sowie aus der bedingten und der unbedingten Wahrscheinlichkeit für das Antwortmuster a_v bestimmen:

$$P(g\,|\,a_v) = \frac{\pi_g \cdot P(a_v\,|\,g)}{P(a_v)} \quad (12.5)$$

Alle drei Größen auf der rechten Seite der Gleichung sind bereits eingeführt: Die bedingte Wahrscheinlichkeit $P(a_v|g)$ für ein Antwortmuster a_v unter der Bedingung g (► Gleichung 12.3b), die unbedingte Wahrscheinlichkeit $P(a_v)$ für ein Antwortmuster a_v (► Gleichung 12.4) sowie die unbedingten Klassenzuordnungswahrscheinlichkeiten (relative Klassengrößen) π_g in ► Abschn. 12.2.3.

Beispiel 12.2

Ist Fritz eher der »feminine« oder der »maskuline« Typ?

Unter der Annahme eines Vier-Klassen-Modells (G = 4) mit $\pi_1 = 43\%$; $\pi_2 = 28\%$; $\pi_3 = 17\%$ und $\pi_4 = 12\%$ seien für einen Test mit m = 6 Items folgende bedingte Bejahungswahrscheinlichkeiten P_{ig} gemäß Gleichung 12.1 gegeben (◘ Tabelle 12.2).

▼

Tabelle 12.2. Bedingte Bejahungswahrscheinlichkeiten für m = 6 Items in G = 4 Klassen

(P_{ig})	Item 1 (P_{1g})	Item 2 (P_{2g})	Item 3 (P_{3g})	Item 4 (P_{4g})	Item 5 (P_{5g})	Item 6 (P_{6g})
Klasse 1 $(\pi_1 = 43\%)$	0.83	0.77	0.90	0.56	0.24	0.43
Klasse 2 $(\pi_2 = 28\%)$	0.33	0.28	0.45	0.75	0.81	0.69
Klasse 3 $(\pi_3 = 17\%)$	0.90	0.86	0.59	0.77	0.56	0.40
Klasse 4 $(\pi_4 = 12\%)$	0.32	0.22	0.09	0.19	0.31	0.29

Eine bestimmte Person v in der Stichprobe (»Fritz«) habe folgendes Antwortmuster produziert: $a_{Fritz} = \{1,0,1,1,0,0\}$. Welcher latenten Klasse gehört Fritz am ehesten an? Diese Frage können wir beantworten, indem wir die durch sein Antwortmuster a_{Fritz} bedingten Klassenzuordnungswahrscheinlichkeiten $P(g \mid a_{Fritz})$ berechnen. Aus Gleichung (12.5) wissen wir, dass hierzu die unbedingten und bedingten Antwortmusterwahrscheinlichkeiten sowie die relativen Klassengrößen (π_g) bekannt sein müssen. Die bedingten Antwortmusterwahrscheinlichkeiten ergeben sich – wie wir aus Gleichung (12.3b) wissen – aus dem Produkt der Bejahungs- bzw. Verneinungswahrscheinlichkeiten für jedes einzelne Item. In Tabelle 12.2 sind nun zum einen die relativen Klassengrößen π_1 bis π_4 (siehe Spalte 1) sowie die klassenspezifischen Bejahungswahrscheinlichkeiten (P_{ig}) für die sechs Items angegeben. Diese sind jedoch nur auf die tatsächlich von Fritz bejahten Items (1, 3 und 4) anzuwenden. Für die von Fritz verneinten Items (2, 5 und 6) müssen die klassenspezifischen Verneinungswahrscheinlichkeiten $(1 - P_{ig})$ verwendet werden. Es ergeben sich die folgenden klassenspezifischen (bedingten) Antwortmusterwahrscheinlichkeiten:

$$P(a_{Fritz} \mid g=1) = 0.83 \cdot (1-0.77) \cdot 0.90 \cdot 0.56 \cdot (1-0.24) \cdot (1-0.43) \approx 0.042$$
$$P(a_{Fritz} \mid g=2) = 0.33 \cdot (1-0.28) \cdot 0.45 \cdot 0.75 \cdot (1-0.81) \cdot (1-0.69) \approx 0.005$$
$$P(a_{Fritz} \mid g=3) = 0.90 \cdot (1-0.86) \cdot 0.59 \cdot 0.77 \cdot (1-0.56) \cdot (1-0.40) \approx 0.015$$
$$P(a_{Fritz} \mid g=4) = 0.32 \cdot (1-0.22) \cdot 0.09 \cdot 0.19 \cdot (1-0.31) \cdot (1-0.29) \approx 0.002$$

Die unbedingte Wahrscheinlichkeit für Fritz' Antwortmuster können wir leicht ermitteln, indem wir – Gleichung (12.4) folgend – die bedingten Antwortmusterwahrscheinlichkeiten mit der relativen Klassengröße gewichten und dann über alle vier Klassen hinweg aufaddieren:

$$P(a_{Fritz}) = \sum_{g=1}^{G} \pi_g \cdot P(a_{Fritz} \mid g) =$$
$$0.43 \cdot 0.042 + 0.28 \cdot 0.005 + 0.17 \cdot 0.015 + 0.12 \cdot 0.002 = 0.022$$

▼

Nun können wir gemäß Gleichung 12.5 die bedingten Klassenzuordnungswahrscheinlichkeiten berechnen:

$$P(g=1|a_{Fritz}) = \frac{0.43 \cdot 0.042}{0.022} = 0.812$$
$$P(g=2|a_{Fritz}) = \frac{0.28 \cdot 0.005}{0.022} = 0.060$$
$$P(g=3|a_{Fritz}) = \frac{0.17 \cdot 0.015}{0.022} = 0.116$$
$$P(g=4|a_{Fritz}) = \frac{0.12 \cdot 0.002}{0.022} = 0.011$$

Das Ergebnis ist eindeutig: Mit der höchsten Wahrscheinlichkeit $P^{max}(g|a_v) = 0.812$ gehört Fritz in die Klasse 1. Unter der Annahme, dass die Klassen tatsächlich in Anlehnung an die von Spence et al. (1975) vorgeschlagene Typologie interpretiert werden dürfen, könnte man also behaupten, Fritz sei eher dem »femininen« Typus zuzuordnen.

12.3 Parameterschätzung und Überprüfung der Modellgüte

12.3.1 Die Likelihood-Funktion

Ziel der LCA ist eine möglichst genaue und zuverlässige Schätzung der unbekannten Modellparameter, d.h.

- der Klassengrößenparameter π_g. Hiervon sind lediglich G – 1 Parameter zu schätzen, da sich die Parameter über die Klassen hinweg zu 1 addieren und der g-te Parameter dadurch festliegt;
- der klassenspezifischen Antwortwahrscheinlichkeiten für jedes Item P_{ig} gemäß 12.1. Die Anzahl dieser Wahrscheinlichkeiten ergibt sich aus der Anzahl Items (m) mal der Anzahl der Klassen (G).

Die Anzahl der unbekannten Modellparameter wird mit t bezeichnet und hängt von der Anzahl der Klassen und der Anzahl der Items ab. Wenn wir also, bezogen auf das Beispiel in Abschn. 12.1, weiterhin von $G = 4$ latenten Klassen sowie $m = 6$ dichotomen Items ausgehen, so müssen 3 Klassengrößenparameter und 24 klassenspezifische Antwortwahrscheinlichkeiten, also insgesamt $t = 27$ Parameter geschätzt werden.

Anzahl der unbekannten Modellparameter

Die Anzahl der unbekannten Modellparameter t einer LCA berechnet sich als $t = G \cdot (m + 1) - 1$.

Iteratives Schätzverfahren

Die unbekannten Modellparameter müssen iterativ geschätzt werden. Das bedeutet, die Parameter werden schrittweise angepasst mit dem Ziel, ein bestimmtes Optimierungskriterium zu erfüllen. Im ersten Schritt werden für die Modellparameter so genannte Startwerte eingesetzt, wobei die Anpassung an das Optimierungskriterium noch relativ schlecht ist. In weiteren Schritten (Iterationen) werden die Parameter dann so lange adjustiert, bis die Anpassung an das Optimierungskriterium nicht mehr verbessert werden kann.

Likelihood

Das Optimierungskriterium bei der LCA ist die Likelihood L der Daten Sie ist definiert als das Produkt der unbedingten Antwortmusterwahrscheinlichkeiten $P(a_v)$ über alle beobachteten (Anzahl N_a) Antwortmuster in der Stichprobe hinweg:

$$L = \prod_{v=1}^{N_a} P(a_v) \tag{12.6}$$

Maximum Likelihood (ML)

Das Optimierungskriterium besteht nun darin, dass die unbekannten Modellparameter π_g und P_{ig} so geschätzt werden sollen, dass die Likelihood so groß wie möglich ist. Dieses Verfahren wird daher »Maximum Likelihood« (ML) genannt. Die Modellparameter werden also so lange adjustiert, bis sich die Likelihood nicht mehr weiter erhöht bzw. bis die Adjustierung nur noch zu unbedeutenden Veränderungen in den Parametern führt. Dieser Zustand wird Konvergenz genannt.

Die Logik hinter dem Gedanken, dass eine Maximierung der Likelihood zum optimalen Modell führt, lässt sich gut an der Frage beschreiben, was eigentlich der Unterschied zwischen einem »optimalen« und einem »schlechten« Modell ist. Bei einem optimalen Modell ist die Wahrscheinlichkeit sehr hoch, dass sich mit den geschätzten Modellparametern die Verteilung der Antwortmuster in der Stichprobe vollständig reproduzieren lässt. Anders gesagt: Die Wahrscheinlichkeit, mit den Modellparametern genau jene Daten (Antwortmuster) zu bekommen, die man auch tatsächlich beobachtet hat, ist sehr hoch. Bei einem schlechten Modell hingegen ist die Wahrscheinlichkeit, die empirischen Daten aus den Modellparametern zu reproduzieren, gering. Das bedeutet: Je höher die Antwortmusterwahrscheinlichkeiten (d.h. je größer die Likelihood), desto zutreffender sind die Modellparameter. Je unzutreffender hingegen die Modellparameter, desto unwahrscheinlicher die Antwortmuster, d.h. desto kleiner die Likelihood.

Obwohl das Prinzip des ML-Verfahrens zunächst sehr einleuchtend klingt, stellen sich einige mathematische Probleme: Was ist zum Beispiel, wenn mehrere Kombinationen von Modellparametern zu einer identischen (maximalen) Likelihood führen (»multiple Maxima«)? Auf das Problem genauer einzugehen, würde an dieser Stelle zu weit führen. Wichtig ist lediglich zu sagen, dass die Problematik multipler Maxima umso geringer wird, je größer die Stichprobe ist und je mehr beobachtete Antwortmuster vorliegen.

Ein weiteres Problem besteht darin, dass die Likelihood nicht nur von der tatsächlichen Passung eines Modells, sondern auch von Aspekten abhängt, die mit der Modellgüte zunächst gar nichts zu tun haben, nämlich der Stichprobengröße bzw. der Anzahl vorkommender Antwortmuster und der Anzahl der Items. Die absolute Höhe der Likelihood eignet sich also nicht als

Kriterium für die Modellgüte. Aus diesem Grund wird zur Prüfung der Modellgüte statt der absoluten eine standardisierte Likelihood verwendet. Auch hier ist die Konstruktionslogik intuitiv plausibel: Man vergleicht die vom Modell geschätzten unbedingten Musterwahrscheinlichkeiten $P(a_v)$ mit den tatsächlichen, empirisch beobachteten relativen Häufigkeiten der Antwortmuster $f(a_v)$. Das Produkt der *geschätzten* Antwortmusterwahrscheinlichkeiten über alle in der Stichprobe vorkommenden Antwortmuster hinweg (► Gleichung 12.6) nennen wir L_1. Das Produkt der *beobachteten* relativen Antwortmusterhäufigkeiten über alle in der Stichprobe vorkommenden Antwortmuster hinweg nennen wir L_0:

Standardisierte Likelihood

$$L_0 = \prod_{v=1}^{N_a} f(a_v) \tag{12.7}$$

Ein Vergleich zwischen L_1 und L_0 ist also nichts anderes als eine Quantifizierung des Ausmaßes, in dem die Vorhersagen des Modells von den empirisch vorgefundenen Gegebenheiten in der Stichprobe abweichen. Je größer diese Abweichung, desto schlechter der »Modellfit«; je kleiner diese Abweichung, desto besser passt das Modell auf die Daten.

12.3.2 Der »Likelihood-Ratio-Test«

Eine Möglichkeit, den Unterschied zwischen L_1 und L_0 zu quantifizieren, besteht in der Quotientenbildung beider Größen. Dieser Quotient wird »Likelihood Ratio« (LR) genannt:

$$LR = \frac{L_1}{L_0} \tag{12.8}$$

Je näher LR am Wert 1 liegt, desto besser passt das Modell auf die Daten. Je weiter LR unter 1 liegt, desto schlechter passt das Modell. Dieser Quotient ist unabhängig von der Größe der Stichprobe, von der Anzahl latenter Klassen und von der Itemanzahl. Unter der Voraussetzung, dass die Stichprobe groß genug ist, kann der LR-Quotient zur inferenzstatistischen Absicherung in einen Wert L^2 umgerechnet werden, der approximativ einer χ^2-Verteilung folgt:

$$L^2 \approx \chi^2 = -2 \cdot \log\left(\frac{L_1}{L_0}\right) = 2 \cdot (\log(L_0) - \log(L_1)) \tag{12.9}$$

Freiheitsgrade

Die Freiheitsgrade (df) des χ^2-Tests ergeben sich aus der Differenz zwischen der Anzahl gegebener Informationen (s) und der Anzahl benötigter (zu schätzender) Informationen (t):

$$df = s - t \tag{12.10a}$$

Die Anzahl gegebener Informationen (s) entspricht der Anzahl der möglichen Antwortmuster (► Abschn. 12.1.2) minus Eins: $s = N_a^{max} - 1$, im Falle dichotomer Items also $s = 2^m-1$. Die Anzahl zu schätzender Modellparameter entspricht $t = G \cdot (m+1)-1$ (► Abschn. 12.3.1). Also berechnen sich die Freiheitsgrade des χ^2-Tests im Falle dichotomer Items wie folgt:

$$\begin{aligned} df &= (2^m - 1) - (G \cdot (m+1) - 1) \\ &= 2^m - G \cdot (m+1) \end{aligned} \tag{12.10b}$$

Ist der χ^2-Wert signifikant (üblicherweise $p < .05$), so ist die Abweichung überzufällig groß; das Modell passt nicht auf die Daten und sollte verworfen werden. Entscheidend für die Robustheit des LR-Tests ist die Stichprobengröße n, denn nur mit ausreichend großer Stichprobe ist L^2 tatsächlich approximativ χ^2-verteilt. Als Faustregel wird vorgeschlagen (z.B. Formann, 1984), dass die Stichprobe mindestens so viele Personen umfassen sollte wie es mögliche Antwortmuster gibt, also $n \geq N_a^{max}$ (besser noch: $n \geq 5 \cdot N_a^{max}$). Die erforderliche Stichprobengröße wird in Abhängigkeit von der Anzahl der Items (und der Anzahl der Antwortkategorien) daher sehr schnell sehr groß.

12.3.3 Der »klassische« χ^2-Test

Eine zweite Möglichkeit, die Abweichung zwischen den Modellvorhersagen und der tatsächlichen Datenlage zu quantifizieren und inferenzstatistisch abzusichern, besteht darin, die aus den geschätzten Modellparametern rekonstruierte Häufigkeit eines Antwortmusters a_v direkt mit der empirisch beobachteten Häufigkeit dieses Antwortmusters zu vergleichen, ohne den Umweg über die Likelihood. Die aus den geschätzten Modellparametern rekonstruierte absolute Häufigkeit eines Antwortmusters a_v ergibt sich aus dem Produkt der unbedingten Wahrscheinlichkeit für dieses Antwortmuster $P(a_v)$ mit dem Stichprobenumfang n. Die beobachtete relative Häufigkeit eines Antwortmusters $f(a_v)$ ist in den Daten gegeben. Konkret bildet man die quadrierte Differenz zwischen empirischer und geschätzter relativer Antwortmusterhäufigkeit und standardisiert diese an der empirischen relativen Antwortmusterhäufigkeit. Dies macht man für alle beobachteten Antwortmuster ($v=1, \ldots, N_a$) und bildet dann die Summe. Das statistische Resultat ist ein Pearson χ^2-Wert:

$$\chi^2 = \sum_{v=1}^{N_a} \frac{(f(a_v) - P(a_v))^2}{f(a_v)} \tag{12.11}$$

Die Freiheitsgrade berechnen sich auch hier nach Gleichung 12.10b. In der Regel führen der LR-Test (Gl. 12.9) und der »klassische« χ^2-Test (12.11) zu annähernd gleichen Ergebnissen (Rost, 2004).

Vor- und Nachteile des Chi-Quadrat Tests

Die inferenzstatistische Absicherbarkeit der Diskrepanz eines Modells ist ein großer Vorteil beider Tests; die starke Abhängigkeit von der Stichprobengröße stellt hingegen einen allfälligen Nachteil dar: Ist die Stichprobe zu klein, ist der χ^2-Test nicht exakt, da die entsprechende Wahrscheinlichkeitsverteilung nicht ausreichend approximiert wird. Ist die Stichprobe »zu groß«, so werden auch praktisch irrelevante Unterschiede zwischen L_1 und L_0 bzw. zwischen $f(a_v)$ und $P(a_v)$ signifikant.

12.3.4 Bootstrap-Verfahren

Für den Fall, dass die Stichprobengröße zu klein ist, um eine robuste χ^2-Approximation zu erreichen, besteht eine Lösungsmöglichkeit darin, die Prüfverteilung durch simulierte Daten selbst zu erzeugen und die Kennwerte (L^2 oder den »klassischen« χ^2-Wert) anhand dieser simulierten Verteilung auf Signifikanz zu prüfen.

Ein solches Verfahren wird »bootstrap«-Verfahren genannt (*bootstrap* = engl. Stiefelschlaufen; die Anpassung eines Modells X anhand von Daten zu prüfen, die unter der Annahme der Gültigkeit von X simuliert wurden, hat etwas von der Münchhausenschen Fähigkeit, sich am eigenen Zopf – oder eben an den eigenen Stiefelschlaufen – aus dem Sumpf zu ziehen). Es ermöglicht, die Vorteile einer inferenzstatistischen Absicherung der Modelldiskrepanz selbst dann zu nutzen, wenn die Voraussetzungen für einen üblichen χ^2-Test nicht erfüllt sind.

Im konkreten Fall kann eine solche simulierte χ^2-Verteilung erzeugt werden, indem man eine große Zahl künstlicher Datensätze generiert, für die das Modell gilt (Resimulation). Für die jeweils zu berechnenden Kennwerte (z.B. L^2 oder χ^2) erhält man eine Wahrscheinlichkeitsverteilung, anhand derer man die Wahrscheinlichkeit des empirisch beobachteten Kennwertes eindeutig bestimmen kann. Ist diese Wahrscheinlichkeit zu gering (üblicherweise $p < .05$), so ist das Modell zu verwerfen.

12.3.5 Informationskriterien

Informationskriterien

Eine Alternative zu den in den vorangegangenen Abschnitten behandelten Verfahren stellt die Inspektion so genannter informationstheoretischer Maße bzw. Informationskriterien dar. Auch sie basieren auf der Likelihood L eines Modells (► Abschnitt 12.3.1). Der wesentliche Unterschied und konzeptuelle Vorteil der Informationskriterien liegt jedoch darin, dass die Anzahl der Modellparameter berücksichtigt wird, um Modelle mit zu vielen unnötigen Parametern zu »bestrafen«. Diese Logik wird nachvollziehbar, wenn man sich vergegenwärtigt, dass ein Modell mit vielen latenten Klassen trivialerweise besser auf die Daten passt als ein sparsames Modell mit nur wenigen latenten Klassen. Etwas Ähnliches finden wir auch bei anderen statistischen Verfahren: Ein Regressionsmodell mit vielen Prädiktoren erklärt mehr Varianz als ein Modell mit wenigen Prädiktoren; eine Faktorenanalyse, in der viele Faktoren extrahiert wurden, erklärt die Varianz aller Items besser als ein Faktorenmodell mit wenigen Faktoren usw. Akzeptiert man das – wissenschaftstheoretisch begründete – Argument, dass sparsame Modelle belohnt werden sollten (»Parsimonitätsprinzip«), so liegt es nahe, die Likelihood eines (zu) komplexen Modells mit Hilfe eines Bestrafungsfaktors abzuwerten.

Parsimonitätsprinzip

Im Allgemeinen unterscheidet man drei Informationskriterien, die sich jedoch alle stark ähneln: das AIC (Akaike Information Criterion), das BIC (Bayesian Information Criterion) und das CAIC (Consistent AIC). Für alle gilt: Je niedriger der Wert, desto besser passt das Modell auf die Daten.

$$
\begin{aligned}
\text{AIC} &= -2 \cdot \log(L) + 2 \cdot t \\
\text{BIC} &= -2 \cdot \log(L) + \log(n) \cdot t \\
\text{CAIC} &= -2 \cdot \log(L) + \log(n) \cdot t + t
\end{aligned}
\qquad (12.12)
$$

In die Indizes gehen also die (logarithmierte) Likelihood des Modells (L), die Anzahl der Modellparameter (t) und – bei BIC und CAIC – zusätzlich die Stichprobengröße (n) ein. Hatte die Anzahl der Modellparameter t zunächst eine Vergrößerung der Likelihood bewirkt, (d.h. je mehr Klassen im Modell vorgesehen sind, desto besser ist die Modellanpassung), so sorgen die Informationskriterien – bei gleicher Likelihood – nun dafür, dass die Modellanpassung wieder abgewertet wird. Die Stichprobengröße macht diese »Bestrafung« noch einmal härter: Je größer die Stichprobe, desto stärker schlägt die Bestrafung zu Buche.

12.3.6 Genauigkeit der Klassenzuordnung

Eine weitere, eher deskriptive Möglichkeit, die Modellanpassung zu überprüfen, besteht in der Analyse der Treffsicherheit (»hitrate«) d.h. der Anzahl korrekt zugeordneter Fälle. Die Treffsicherheit T kann dabei über die Höhe der bedingten Klassenzuordnungswahrscheinlichkeiten geschätzt werden. Eine Person v mit dem Antwortmuster a_v wird der Klasse mit der höchsten bedingten Klassenzuordnungswahrscheinlichkeit zugewiesen (im Beispiel von Fritz in Kasten 2 war dies die Klasse 1, ► Abschn. 12.2.4). Je höher nun diese maximalen bedingten Klassenzuordnungswahrscheinlichkeiten, desto treffsicherer dürfte die Klassenzuordnung insgesamt sein. Daher ist die Treffsicherheit T definiert als die durchschnittliche Höhe der höchsten bedingten Klassenzuordnungswahrscheinlichkeit $P^{max}(g \mid a_v)$ über alle in der Stichprobe vorkommenden Antwortmuster (N_a) hinweg:

Treffsicherheit

$$
T = \frac{\sum_{v=1}^{N_a} P^{max}(g \mid a_v)}{N} \qquad (12.13)
$$

Umgekehrt lässt sich die Wahrscheinlichkeit einer falschen Klassenzuordnung (E) wie folgt berechnen (vgl. Lazarsfeld & Henry, 1968):

Wahrscheinlichkeit einer falschen Klassenzuordnung

$$
E = 1 - \sum_{v=1}^{N_a} P(a_v) \cdot P^{max}(g \mid a_v) \qquad (12.14)
$$

Die Treffsicherheit (T) und die Wahrscheinlichkeit einer falschen Klassenzuordnung (E) ähneln in ihrer Bedeutung den Begriffen »Reliabilität« und »Messfehler« aus der Klassischen Testtheorie (vgl. Moosbrugger, 2007a,

► Kap. 5 in diesem Band). Insofern ist es nicht verwunderlich, dass die Treffsicherheit ansteigt, je mehr Items der Test umfasst – vorausgesetzt, dass alle Items das gleiche kategoriale Merkmal messen.

12.3.7 Eliminierung nicht trennscharfer Items

Da die Anzahl möglicher Antwortmuster mit wachsender Itemanzahl (m) exponentiell ansteigt, kann es sinnvoll sein, nicht trennscharfe Items von Vornherein zu vermeiden bzw. im Nachhinein aus dem Itemsatz zu eliminieren (zu entfernen).

Trennschärfe eines Items

In der Klassischen Testtheorie ist die Trennschärfe eines Items ein mögliches (empirisches) Eliminierungskriterium (vgl. Kelava & Moosbrugger, 2007, ► Kap. 4 in diesem Band): Je geringer ein Item mit der Summe der übrigen Testitems korreliert, desto schlechter repräsentiert es den Gesamttest, weshalb auf das Item verzichtet werden kann. Ein ähnliches Vorgehen kann man auch auf die LCA anwenden: Ein trennscharfes Item zeichnet sich dadurch aus, dass sich die Bejahungswahrscheinlichkeit zwischen den unterschiedlichen latenten Klassen stark unterscheidet. Ein nicht trennscharfes Item hätte hingegen annähernd gleiche Bejahungswahrscheinlichkeiten in allen latenten Klassen: Ein solches Item würde zur Treffsicherheit, mit der von dem Antwortmuster einer Person auf ihre Klassenzugehörigkeit geschlossen werden kann, nur wenig oder nichts beitragen.

Diskriminationsindex

Rost (2004) schlägt daher einen Diskriminationsindex (D_i) vor, der angibt, wie groß die Unterschiedlichkeit (Varianz) der erwarteten Itemantworten zwischen den verschiedenen latenten Klassen ist, wobei diese »Zwischen-Klassen-Varianz« an der Unterschiedlichkeit (Varianz) der Itemantworten innerhalb einer Klasse, summiert über die Klassen hinweg, relativiert wird. Man kann zeigen, dass durch die Eliminierung von Items mit geringem Diskriminationsindex die Treffsicherheit der Klassenzuordnung vergrößert werden kann. Auf der anderen Seite führt die Eliminierung von Items unter Umständen dazu, dass die Treffsicherheit (analog quasi die Reliabilität) sinkt. Das Dilemma ist also das gleiche wie bei der Itemselektion im Rahmen der Klassischen Testtheorie.

12.4 Exploratorische und konfirmatorische Anwendungen der LCA

Ohne irgendwelche Restriktionen bezüglich der Struktur der Antwortwahrscheinlichkeiten ist die LCA ein strukturentdeckendes Verfahren und insofern exploratorisch. Lediglich die Anzahl der Klassen muss von vornherein spezifiziert werden, aber alles andere entscheidet die Empirie. A priori formulierte Annahmen darüber, wie sich die Klassen möglicherweise im Antwortverhalten unterscheiden könnten, sind nicht direkt testbar. Es ist jedoch möglich, der Schätzung der bedingten Antwortmusterwahrscheinlichkeiten

Restriktionen

Bedingungen (»Restriktionen«) aufzuerlegen. Hierbei werden theoretisch begründete Erwartungen bezüglich der Klassenlösung und der Parameterschätzung eingeführt, die in definierbaren Modellrestriktionen münden. Solche Anwendungen der LCA sind konfirmatorisch.

12.4.1 Exploratorische Anwendungen der LCA: Finden des besten Modells

Bevor die Frage beantwortet werden kann, wie sich die latenten Klassen hinsichtlich ihres Antwortverhaltens unterscheiden, muss zunächst geklärt werden, wie viele Klassen sinnvollerweise angenommen werden sollen. Diese Frage kann über einen Vergleich verschiedener Modelle beantwortet werden. Die Werkzeuge, die für einen deskriptiven Modellvergleich zur Verfügung stehen, haben wir bereits in ▶ Abschn. 12.3 kennen gelernt. Ein Beispiel für einen Vergleich von Modellen mit unterschiedlicher Klassenzahl sei in ◘ Beispiel 12.3 wiedergegeben.

Beispiel 12.3

Wie viele »Geschlechtsrollentypen« gibt es?

Die fiktive (!) Forscherin Gisela Kreuzwald habe mit $n = 2350$ Studierenden eine Befragung zum Thema »Geschlechtsrollenselbstkonzept« anhand von $m = 6$ Testitems durchgeführt und vier LCA-Modelle berechnet: Ein Ein-Klassen-Modell, ein Zwei-Klassen-Modell, ein Drei-Klassen-Modell und ein Vier-Klassen-Modell. In ◘ Tabelle 12.3 seien für jedes Modell die Anzahl der zu schätzenden Modellparameter (t), die logarithmierte Likelihood (log(L)), der L^2-Wert, der χ^2-Wert inklusive df , das Ergebnis eines »bootstrap«-Tests mit jeweils 100 resimulierten Datensätzen sowie AIC, BIC und CAIC angegeben.

◘ Tabelle 12.3. Modellgüteindizes für vier LCA-Lösungen

Modell	1-Klassen-Modell	2-Klassen-Modell	3-Klassen-Modell	4-Klassen-Modell
t	6	13	20	27
log(L)	–4499.97	–4148.68	–4080.85	–4077.23
Inferenzstatistische Absicherung der Modellgüte				
L^2	888.33 $p < .001$	185.76 $p < .001$	50.10 $p = .22$	42.85 $p = .20$
χ^2	4770.41 $p < .001$	6142.50 $p < .001$	68.33 $p = .01$	57.96 $p = .01$
df	57	50	43	36
Bootstrap-Test	$p < .000$	$p < .000$	$p = .03$	$p = .10$
Informationskriterien				
AIC	9011.94	8323.37	8201.71	8208.46
BIC	9046.51	8398.28	8316.95	8364.04
CAIC	9052.51	8411.28	8336.95	8391.04

▼

Anhand der inferenzstatistischen Kriterien sollten das Ein- und das Zwei-Klassen-Modell in jedem Fall verworfen werden, da die jeweiligen Parameter hoch signifikant von Null abweichen. Das Drei- und das Vier-Klassen-Modell passen wesentlich besser auf die Daten. Anhand des Bootstrap-Tests müsste man das Drei-Klassen-Modell ebenfalls verwerfen. Die Informationskriterien sind allerdings für das Drei-Klassen-Modell am günstigsten. Gisela Kreuzwald gewichtet das Modellsparsamkeitskriterium höher als das inferenzstatistische Ergebnis und entscheidet sich daher für das Drei-Klassen-Modell.

Interpretation der Klassenunterschiede

Die Tatsache, dass es sich hier um eine unrestringierte, also rein exploratorische LCA handelt, impliziert ein für den Bezug zur psychologischen Theorienbildung und -testung wesentliches Problem: Noch weiß man nichts darüber, wie sich die Klassen des Modells voneinander unterscheiden. Man wäre geneigt zu sagen, dass es sich bei einem Test zur Messung des Geschlechtsrollenselbstkonzepts im Falle einer Drei-Klassen-Lösung um »drei Geschlechtsrollentypen« handelt. Aber: Möglicherweise sind es völlig andere Merkmale, die die drei Klassen voneinander unterscheiden. So wäre es möglich, dass Klasse 1 aus Personen besteht, die in allen Fragebögen eher »nein« ankreuzen, während Personen in Klasse 2 aufgrund einer dispositionellen Akquieszenzneigung (vgl. »Antworttendenzen«, Jonkisz & Moosbrugger, 2007, ► Kap. 3 in diesem Band) viele Items eher mit »ja« ankreuzen. Personen in Klasse 3 könnten sich schließlich durch ein stereotypes Antwortmuster auszeichnen (z.B. $a_v = 0,1,0,1,0,1$). Dieses Extrembeispiel macht deutlich, dass – ähnlich wie bei der exploratorischen Faktorenanalyse (vgl. Moosbrugger & Schermelleh-Engel, 2007, ► Kap. 13 in diesem Band) – die Anzahl der latenten Klassen noch nichts darüber aussagt, ob sich die Klassen hinsichtlich der inhaltlich vermuteten bzw. theoretisch relevanten Merkmale unterscheiden. Im ungünstigsten Fall handelt es sich um Merkmale, die mit der eigentlich interessierenden latenten Personvariablen (hier: dem Geschlechtsrollenselbstkonzept) überhaupt nichts zu tun haben. Genau wie bei der exploratorischen Faktorenanalyse ist man im Falle der exploratorischen LCA gezwungen, Unterschiede zwischen den latenten Klassen durch Inspektion der bedingten Antwortwahrscheinlichkeiten per Augenschein zu beurteilen und anschließend an externen Kriterien zu validieren. Ein Beispiel hierfür ist in ◘ Beispiel 12.4 wiedergegeben.

Beispiel 12.4

Wie sind Klassenunterschiede zu interpretieren?

In unserem Beispieldatensatz wurden folgende klassenspezifische Bejahungswahrscheinlichkeiten P_{ig} für die sechs Items ermittelt bzw. berechnet (◘ Tabelle 12.4).

▼

Tabelle 12.4. Bedingte Bejahungswahrscheinlichkeiten ohne Restriktion

	Femininitäts-Items			Maskulinitäts-Items		
(P_{ig})	Item 1 (P_{1g})	Item 2 (P_{2g})	Item 3 (P_{3g})	Item 4 (P_{4g})	Item 5 (P_{5g})	Item 6 (P_{6g})
Klasse 1 ($\pi_1 = 73\%$)	.11	.04	.08	.02	.01	.02
Klasse 2 ($\pi_2 = 25\%$)	.85	.44	.65	.02	.02	.00
Klasse 3 ($\pi_3 = 2\%$)	.14	.08	.13	.49	.56	66

Klasse 1 umfasst mit 73% die große Mehrheit der Stichprobe. Personen dieser Klasse zeichnen sich durch niedrige Bejahungswahrscheinlichkeiten auf allen sechs Items aus. Personen der Klasse 2 neigen dazu, vor allem Item 1 zu bejahen; die Items 4, 5 und 6 lehnen sie mit großer Wahrscheinlichkeit ab. Klasse 3 besteht aus Personen, die den Items 1, 2 und 3 im Vergleich zu den Items 4, 5 und 6 weniger zustimmen. In Anlehnung an die Typologie von Spence et al. (1975) könnte man Klasse 1 als Personen des »undifferenzierten Typs«, Klasse 2 als Personen des »femininen Typs« und Klasse 3 als Personen des »maskulinen Typs« interpretieren. Ob dem so ist, kann streng genommen nur über eine konvergente und diskriminante Validierung mit externen Kriterien überprüft werden (vgl. Hartig, Frey & Jude, 2007, ► Kap. 7 in diesem Band).

12.4.2 Konfirmatorische Anwendungen der LCA: Testen von Modellrestriktionen

In konfirmatorischen Anwendungen der LCA werden begründete Annahmen über die Struktur der Unterschiede zwischen den latenten Klassen eingeführt. Diese Strukturannahmen münden in Bedingungen oder Einschränkungen im Wertebereich bei der Schätzung der Modellparameter. Im Allgemeinen gibt es drei Formen der Parameterrestriktion: Das Fixieren von Parametern auf einen bestimmten Wert, das Gleichsetzen zweier (oder mehrerer) Parameter und die Einführung von Ordnungsrestriktionen.

Fixierungsrestriktionen

Sowohl die Klassengrößen als auch die bedingten Antwortwahrscheinlichkeiten lassen sich auf konkrete Werte fixieren. Bezogen auf das Beispiel in ◘ Tabelle 12.2 könnte man die bedingte Bejahungswahrscheinlichkeit der Items 1, 2 und 3 in Klasse 1 und die der Items 4, 5 und 6 in Klasse 2 aus theoretischen Gründen jeweils auf 0.90 festsetzen. Lediglich die »restlichen« Parameter würden dann frei geschätzt.

Gleichheitsrestriktionen

Beim Gleichsetzen von Parametern werden nicht konkrete Werte für die Parameter vorgegeben, sondern es wird lediglich verfügt, dass bestimmte Parameter gleich sein müssen. So wäre es möglich, die LCA zu zwingen, zwei gleich große Klassen zu produzieren ($\pi_1 = \pi_2 = 0.5$). Eine solche Restriktion könnte man als das qualitative Pendant eines Mediansplits (bei einer kontinuierlichen, unidimensionalen Personvariablen, ▶ Abschn. 12.1.1) bezeichnen. Auch bedingte Antwortwahrscheinlichkeiten können innerhalb und zwischen Klassen gleichgesetzt werden (◘ Beispiel 12.5).

Beispiel 12.5

Gleiche Antwortwahrscheinlichkeiten in den Klassen

Bei einer Zwei-Klassen-Lösung wird folgende Restriktion eingeführt: Zum einen müssen die drei Feminitäts-Items in Klasse 1 identische Bejahungswahrscheinlichkeiten haben, zum zweiten müssen auch die drei Maskulinitäts-Items in Klasse 2 identische Bejahungswahrscheinlichkeiten haben (diese Parameter sind in der nachfolgenden Tabelle jeweils mit * gekennzeichnet). Formal lassen sich die beiden Gleichheitsrestriktionen wie folgt ausdrücken: $\{P_{11} = P_{21} = P_{31}\}$ und $\{P_{42} = P_{52} = P_{62}\}$. Alle anderen Parameter werden frei geschätzt. Eine solche Restriktion führt zu folgender Parameterschätzung (◘ Tabelle 12.5):

◘ Tabelle 12.5. Bedingte Bejahungswahrscheinlichkeiten mit Gleichheitsrestriktion

	Femininitäts-Items			Maskulinitäts-Items		
(P_{ig})	Item 1 (P_{1g})	Item 2 (P_{2g})	Item 3 (P_{3g})	Item 4 (P_{4g})	Item 5 (P_{5g})	Item 6 (P_{6g})
Klasse 1 ($\pi_1 = 68\%$)	.05*	.05*	.05*	.03	.03	.04
Klasse 2 ($\pi_2 = 32\%$)	.79	.35	.56	.01*	.01*	.01*

Das Ergebnis verwundert – angesichts der Parameter, die in ◘ Beispiel 12.4 abgebildet waren – nicht: Für Klasse 1 werden die Bejahungswahrscheinlichkeiten aller Items sehr niedrig geschätzt. Klasse 2 hat lediglich auf den Items 1, 2 und 3 hohe Bejahungswahrscheinlichkeiten.

Ordnungsrestriktionen

Eine weitere Möglichkeit besteht darin, eine bestimme Ordnungsrelation der Parameter zu erzwingen. Beispielsweise könnte man verfügen, dass die Antwortwahrscheinlichkeiten in Klasse 1 auf jedem Item höher liegen als die Antwortwahrscheinlichkeiten in Klasse 2. In solchen Fällen würde man zwei geordnete Klassen erzwingen. Eine sinnvolle Ordnungsrestriktion könnte – angewandt auf das Geschlechtsrollenbeispiel – etwa darin bestehen, dass die Bejahungswahrscheinlichkeiten für die Feminitäts-Items (1, 2 und 3) in Klasse 1 höher sind als in Klasse 2, während die für die Maskulinitäts-Items (4, 5 und 6) das umgekehrte Muster erwartet wird.

12.4.3 Modellvergleichstests

Neben der Möglichkeit, verschiedene Klassenlösungen anhand unterschiedlicher Maße deskriptiv miteinander zu vergleichen (▶ Abschn. 12.3), kann man zwei Modelle auch direkt gegeneinander testen. Dies ist allerdings nur dann möglich, wenn eine restriktivere Modellvariante gegen eine weniger restriktive getestet wird (»*nested models*«). Dabei muss es sich um eine »echte« Restriktion handeln (▶ Abschn. 12.4.2) und nicht bloß um die Fixierung einzelner Modellparameter auf den Wert Null. Aus diesem Grund ist es auch nicht möglich, zwei Modelle miteinander zu vergleichen, die sich lediglich in der Anzahl latenter Klassen voneinander unterscheiden: Zwar ist beispielsweise ein Zwei-Klassen-Modell restriktiver als ein Drei-Klassen-Modell, aber da der formale Unterschied zwischen ihnen darin besteht, dass alle Parameter der dritten Klasse (also π_3 und $P(x_i \mid g_3)$) gleich Null gesetzt werden, ist ein direkter Vergleich nicht möglich (vgl. Rost, 2004).

Nested Models

Möglich ist es hingegen, ein Modell mit einer Fixierungs-, Gleichheits- oder Ordnungsrestriktion gegen ein unrestringiertes Modell zu testen. Hierzu wird die Likelihood des restringierten Modells (L_1) durch die Likelihood des unrestringierten Modells (L_2) geteilt. Man erhält also – ähnlich wie bereits in Abschn. 12.3.2 beschrieben – einen Likelihood-Quotienten (»Likelihood Ratio«):

Likelihood-Quotienten-Test (Likelihood Ratio)

$$LR = \frac{L_1}{L_2} \tag{12.15}$$

Restriktionen verschlechtern im Allgemeinen die Modellanpassung, denn die konkreten Vorgaben (beispielsweise die numerische Gleichheit zweier Parameter) bilden theoretische Vorstellungen ab, die mit den Daten nur selten vollständig kompatibel sind. Insofern ist L_2 in den allermeisten Fällen größer als L_1. Würde die Restriktion exakt den empirischen Gegebenheiten entsprechen, so wären L_1 und L_2 identisch und der Quotient wäre $LR = 1$. Je weiter LR unterhalb von 1 liegt, desto schlechter ist die Anpassung des restringierten Modells. Wir wissen bereits, dass der LR-Quotient in einen Wert L^2 umgerechnet werden kann, der im Falle großer Stichproben approximativ χ^2-verteilt ist (▶ Gleichung 12.9). Dieser χ^2-Test stellt die Basis für den inferenzstatistischen Modellvergleich dar: Ist der Test signifikant, ist das restringierte Modell bedeutsam schlechter als das unrestringierte Modell. In diesem Fall sollte die Restriktion verworfen werden. Ein Beispiel hierfür ist in ◘ Beispiel 12.6 gegeben.

Beispiel 12.6

Direkte Testung eines Modells mit Gleichheitsrestriktionen

Das in Beispiel 12.5 (▶ Abschn. 12.4.2) dargestellte restringierte Zwei-Klassen-Modell hat eine Log-Likelihood von $\log(L_1) = -4160.21$. Das unrestringierte Zwei-Klassen-Modell hat eine Log-Likelihood von $\log(L_2) = -4148.68$ (◘ Beispiel 12.3). Der L^2-Wert kann nun – in Anlehnung an Gleichung 12.9 – wie folgt berechnet werden:

▼

$$L^2 = \chi^2 \approx -2 \cdot \log\left(\frac{L_1}{L_2}\right)$$
$$= 2 \cdot (\log(L_2) - \log(L_1))$$
$$= 2 \cdot ((-4148.68 - (-4160.21)) = 23.06$$

Die Freiheitsgrade dieses χ^2-Tests ergeben sich aus der Differenz der Anzahl der zu schätzenden Modellparameter: Im unrestringierten Zwei-Klassen-Modell werden eine Klassengröße und 12 bedingte Antwortwahrscheinlichkeiten geschätzt (t_1 = 13). Im restringierten Modell hingegen werden aufgrund der Gleichheitsrestriktion eine Klassengröße, aber nur 8 Antwortwahrscheinlichkeiten geschätzt (t_2 = 9), denn mit der Schätzung von P_{11} liegen auch P_{21} und P_{31} fest (man hat also 2 Freiheitsgrade eingespart), und mit der Schätzung von P_{42} lagen automatisch auch P_{52} und P_{62} fest (man hat also weitere 2 Freiheitsgrade eingespart). Der »Likelihood-Ratio«-Test hat demnach $df = t_1 - t_2 = 4$ Freiheitsgrade. Damit hat ein Wert von $\chi^2_{df=4} = 23.06$ unter der statistischen Nullhypothese (d.h. keine Abweichung zwischen L_1 und L_2) eine Wahrscheinlichkeit von $p = .0001$. Das Ergebnis ist hoch signifikant; die eingeführte Gleichheitsrestriktion entspricht nicht den empirischen Gegebenheiten und sollte demnach verworfen werden.

12.5 Erweiterte Anwendungen der LCA

Alle LCA-Modelle, die in den vorangegangenen Abschnitten besprochen wurden, gingen von der Annahme aus, dass die latente Personvariable qualitativ ist und dass alle Items ein dichotomes Antwortformat haben. Im folgenden Abschnitt werden zwei erweiterte Anwendungen der LCA angesprochen. In ► Abschn. 12.5.1 wird gezeigt, wie sich die LCA auf Items mit mehreren nominalen (d.h. polytomen) Antwortkategorien generalisieren lässt. In ► Abschn. 12.5.2 wird gezeigt, wie die LCA mit dem Rasch-Modell kombiniert werden kann. Die resultierenden latenten Mischverteilungsmodelle gehen von der Annahme aus, dass es in der Stichprobe eine endliche Anzahl latenter Klassen gibt, in der jeweils ein spezifisches Rasch-Modell gilt.

12.5.1 LCA für polytome Antwortformate

Im Falle dichotomer Items gibt es nur zwei Antwortkategorien ($x_{vi} \in \{0,1\}$). Im Falle polytomer Items gibt es mehr als zwei Antwortkategorien ($x_{vi} \in \{0,...,k,...,K-1\}$), man kann also nicht mehr von Bejahungs- oder Verneinungswahrscheinlichkeiten sprechen. Vielmehr hat jede der K Antwortkategorien eine eigene Kategorienwahrscheinlichkeit. Die Wahrscheinlichkeit, mit der eine Person v bei Item i die Antwortkategorie k ankreuzt, wird als $P(x_{vi} = k)$ bezeichnet. Die Wahrscheinlichkeit, mit der eine Person v bei

Item i die Antwortkategorie k ankreuzt unter der Bedingung, dass die entsprechende Person einer latenten Klasse g angehört (bedingte Kategorienwahrscheinlichkeit), wird als $P(x_{vi} = k \mid g)$ bezeichnet. Es kann also für jede Antwortkategorie k eine bedingte Kategorienwahrscheinlichkeit berechnet werden. Über alle Kategorien hinweg addieren sich diese bedingten Kategorienwahrscheinlichkeiten zu 1 auf:

Bedingte Kategorienwahrscheinlichkeit

$$\sum_{k=0}^{K-1} P(x_{vi} = k \mid g) = 1 \qquad (12.16)$$

Für einen Test, der aus m = 4 Items mit jeweils den drei Antwortkategorien »nein« ($x_{vi} = 0$), »ja« ($x_{vi} = 1$) und »vielleicht« ($x_{vi} = 2$) besteht, wären theoretisch $K^m = 3^4 = 81$ Antwortmuster möglich. Die einzelnen Antwortmuster werden – genau wie bei der dichotomen LCA – mit a_v bezeichnet (◘ Beispiel 12.7).

Modellannahmen für die polytome LCA

Die zentralen Annahmen, die wir für die dichotome LCA bereits in den Abschnitten 12.2.1 bis 12.2.3 kennen gelernt haben, gelten analog auch für die polytome LCA.

- Zunächst wird angenommen, dass die bedingten Kategorienwahrscheinlichkeiten für alle Personen innerhalb einer latenten Klasse gleich sind (▶ Abschn. 12.2.1). Daher kann man für die bedingte Kategorienwahrscheinlichkeiten den Index v weglassen und diese kürzer schreiben als $P(x_{vi} = k \mid g) = P_{ikg}$
- Ferner wird angenommen, dass für alle Items innerhalb einer latenten Klasse die Annahme lokaler stochastischer Unabhängigkeit (▶ Abschn. 12.2.2) erfüllt ist. Daher kann die bedingte Antwortmusterwahrscheinlichkeit in Anlehnung an Gleichung 12.3a wie folgt ausgedrückt werden:

Bedingte Antwortmusterwahrscheinlichkeit

$$P(a_v \mid g) = \prod_{i=1}^{m} P_{ikg} \qquad (12.17)$$

- Schließlich wird angenommen, dass die latenten Klassen disjunkt und exhaustiv sind (▶ Abschn. 12.2.3). Damit kann die unbedingte Antwortmusterwahrscheinlichkeit in Anlehnung an Gleichung 12.4 wie folgt ausgedrückt werden:

Unbedingte Antwortmusterwahrscheinlichkeit

$$P(a_v) = \sum_{g=1}^{G} \pi_g \prod_{i=1}^{m} P_{ikg} \qquad (12.18)$$

Beispiel 12.7

Berechnung von bedingten Klassenwahrscheinlichkeiten

Für ein Modell mit G = 2 Klassen bei einem Test mit m = 4 Items mit jeweils K = 3 Antwortkategorien ergeben sich folgende bedingte Kategorienwahrscheinlichkeiten (◘ Tabelle 12.6):

▼

Tabelle 12.6. Bedingte Klassenwahrscheinlichkeiten für m = 4 Items, K = 3 Antwortkategorien und G = 2 Klassen

(P_{ikg})	Item 1 (P_{1kg})	Item 2 (P_{2kg})	Item 3 (P_{3kg})	Item 4 (P_{4kg})
Klasse 1 ($\pi_1 = 31\%$)	$x_{v1} = 0: P_{101} = .65$ $x_{v1} = 1: P_{111} = .22$ $x_{v1} = 2: P_{121} = .13$	$x_{v2} = 0: P_{201} = .83$ $x_{v2} = 1: P_{211} = .07$ $x_{v2} = 2: P_{221} = .10$	$x_{v3} = 0: P_{301} = .21$ $x_{v3} = 1: P_{311} = .66$ $x_{v3} = 2: P_{321} = .13$	$x_{v4} = 0: P_{401} = .02$ $x_{v4} = 1: P_{411} = .12$ $x_{v4} = 2: P_{421} = .86$
Klasse 2 ($\pi_2 = 69\%$)	$x_{v1} = 0: P_{102} = .32$ $x_{v1} = 1: P_{112} = .20$ $x_{v1} = 2: P_{122} = .48$	$x_{v2} = 0: P_{202} = .09$ $x_{v2} = 1: P_{212} = .11$ $x_{v2} = 2: P_{222} = .80$	$x_{v3} = 0: P_{302} = .26$ $x_{v3} = 1: P_{312} = .14$ $x_{v3} = 2: P_{322} = .60$	$x_{v4} = 0: P_{402} = .40$ $x_{v4} = 1: P_{412} = .11$ $x_{v4} = 2: P_{422} = .49$

Eine der Probandinnen in der Stichprobe, Gerlinde, weist das Antwortmuster $a_{Gerlinde} = \{1,0,0,2\}$ auf. Welcher latenten Klasse gehört Gerlinde am ehesten an? Diese Frage beantworten wir anhand der bedingten Klassenzuordnungswahrscheinlichkeiten $P(g=1 \mid a_{Gerlinde})$ und $P(g=2 \mid a_{Gerlinde})$. Gerlinde wird eher derjenigen Klasse angehören, für die ihre bedingte Zuordnungswahrscheinlichkeit höher ist. Um diese berechnen zu können, benötigen wir noch die unbedingte Antwortmusterwahrscheinlichkeit für das Muster $a_{Gerlinde} = \{1,0,0,2\}$. Diese berechnet sich nach Gleichung (12.18), wobei die bedingten Kategorienwahrscheinlichkeiten bereits in Tabelle 12.6 abgetragen sind:

$$
\begin{aligned}
P(a_{Gerlinde}) &= \sum_{g=1}^{G} \pi_g \cdot P(a_{Gerlinde} | g) \\
&= \sum_{g=1}^{2} \pi_g \cdot P_{11g} \cdot P_{20g} \cdot P_{30g} \cdot P_{42g} \\
&= 0.31 \cdot (0.22 \cdot 0.83 \cdot 0.21 \cdot 0.86) + 0.69 \cdot (0.20 \cdot 0.09 \cdot 0.26 \cdot 0.49) \\
&= 0.0102 + 0.0016 = 0.012
\end{aligned}
$$

Nun können wir in Anlehnung an Gleichung 12.5 (Bayes-Theorem) die bedingten Klassenzuordnungswahrscheinlichkeiten berechnen:

$$
\begin{aligned}
P(g = 1 | a_{Gerlinde}) &= \frac{0.31 \cdot 0.03}{0.012} = 0.87 \\
P(g = 2 | a_{Gerlinde}) &= \frac{0.69 \cdot 0.002}{0.012} = 0.13
\end{aligned}
$$

Die Wahrscheinlichkeit, dass Gerlinde der ersten Klasse angehört, beträgt 87%; die Wahrscheinlichkeit, dass sie der zweiten Klasse angehört, beträgt hingegen nur 13%. Es liegt also nahe, Gerlinde der ersten Klasse zuzuordnen.

12.5.2 Mischverteilungs-Rasch-Modelle

Kombination von Modellen mit qualitativen und quantitativen Variablen

Bei der LCA ist die latente Personvariable qualitativ, d.h. kategorial: Gesucht wird die Wahrscheinlichkeit, mit der eine Person v mit dem Antwortmuster a_v einer von G latenten Klassen angehört. Das Rasch-Modell, das von Moosbrugger (2007b, ► Kap. 10 in diesem Band) besprochen wurde, geht hingegen von einer quantitativen (oder dimensionalen) latenten Personvariablen aus. Beide Ansätze lassen sich auch kombinieren, wie im Folgenden zu zeigen sein wird.

Das Rasch-Modell macht eine sehr restriktive Annahme, nämlich dass die Schwierigkeit eines Items für alle Personen in der Stichprobe identisch sein muss (Itemhomogenität). Dies ist eine Implikation des Modells, welche ihrerseits mit anderen Implikationen des Rasch-Modells, z.B. mit der, dass die Summe der bejahten Items – insofern Modellgeltung nachgewiesen wurde – eine ausreichende (suffiziente) Statistik für die Schätzung des latenten Personparameters darstellt, untrennbar verbunden ist.

Itemhomogenität

Man kann sich jedoch leicht Fälle vorstellen, bei denen die Annahme identischer Itemschwierigkeiten verletzt ist. Ein Beispiel: Petra und Michael sind in exakt gleicher Weise extravertiert. Beide sollen das Extraversions-Item »Ich fühle mich in Gesellschaft anderer Leute wohl« bejahen oder verneinen. Petra fallen beim Nachdenken über ihre Antwort sofort eine Menge Fälle ein, in denen das erfragte Verhalten bei ihr tatsächlich zugetroffen hat. Michael hingegen hält die Itemformulierung für irreführend: Meint der Testkonstrukteur mit »Gesellschaft anderer Leute« gute Freunde? Irgendwelche Leute? Und in welchem Kontext: Auf einer Party oder im Schwimmbad? Michael ist unsicher und entscheidet sich, das Item eher zu verneinen. Die unterschiedlichen Bejahungswahrscheinlichkeiten haben in diesem Beispiel also nichts mit einem »wahren« Unterschied in der Extraversion zu tun. Vielmehr bedeutet eine Bejahung für Michael etwas ganz anderes als für Petra. Anders gesagt: Das Item ist für Michael schwieriger als für Petra.

Unterschiede im Antwortverhalten zwischen Personen können viele Gründe haben: Einige Personen neigen habituell dazu, Items zu bejahen (»Akquieszenz-Neigung«). Andere Personen neigen – im Falle eines ordinalen Antwortformats – dazu, die Extreme der Antwortskala nie zu verwenden (Tendenz zur Mitte). Wieder andere Personen haben sich über das erfragte Verhalten noch nie Gedanken gemacht und neigen vorsichtigerweise dazu, das Item zu verneinen (niedrige Konzeptklarheit) usw. Solche Unterschiede in der Nutzung der Antwortkategorien werden als *response sets* (vgl. Jonkisz & Moosbrugger, 2007, ▶ Kap. 3 in diesem Band) bezeichnet.

Response Sets

Man könnte nun annehmen, dass es in der Stichprobe eine endliche Anzahl (latenter) Klassen gibt, die sich hinsichtlich solcher *response sets* unterscheiden. Innerhalb einer Klasse haben die Personen dabei das gleiche *response set*. Anders gesagt: Innerhalb jeder Klasse wird versucht, jeweils ein eigenes Rasch-Modell anzupassen. Die bisherige, nicht-klassenspezifische Form des Rasch-Modells lautete (vgl. Moosbrugger, 2007b, ▶ Kap. 10 in diesem Band):

$$P(x_{vi} = 1) = \frac{\exp(\xi_v - \sigma_i)}{1 + \exp(\xi_v - \sigma_i)} \qquad (12.19)$$

Diese allgemeine Formulierung wird nun um einen weiteren Parameter, die Klassenzugehörigkeit g, erweitert. Die bedingte (klassenspezifische) Wahrscheinlichkeit, mit der eine Person v ein Item i bejaht, wenn sie sich in Klasse g befindet, lässt sich also wie folgt ausdrücken:

$$P(x_{vi} = 1 | g) = \frac{\exp(\xi_{vg} - \sigma_{ig})}{1 + \exp(\xi_{vg} - \sigma_{ig})} \quad (12.20)$$

Allgemeine Modellgleichung des »Mixed-Rasch-Modells«

Unter der Annahme, dass die latenten Klassen disjunkt und exhaustiv sind, dass sich die relativen Klassengrößen also zu 1 aufaddieren, lässt sich für das so genannte Mischverteilungs-Rasch-Modell (»Mixed-Rasch Model«) im Falle dichotomer Antwortformate die folgende allgemeine Modellgleichung formulieren:

$$P(x_{vi} = 1) = \sum_{g=1}^{G} \left[\pi_g \frac{\exp(\xi_{vg} - \sigma_{ig})}{1 + \exp(\xi_{vg} - \sigma_{ig})} \right] \quad (12.21)$$

Gibt es nur eine latente Klasse in der Stichprobe, entfallen alle Klassenindizes g und das Modell entspricht dem einfachen Rasch-Modell. Sind umgekehrt die Personparameter innerhalb jeder Klasse für alle Personen gleich, so entspricht das Modell einer einfachen LCA. Insofern stellt das Mischverteilungs-Rasch-Modell ein gemeinsames Obermodell von Klassenanalyse und dichotomem Rasch-Modell dar (Rost, 2004).

Die Kombination item-response-theoretischer Modelle mit latent-class-analytischen Ansätzen ist nicht auf dichotome Itemformate beschränkt: Auch für nominale oder ordinale Formate lassen sich entsprechende Mischverteilungs-Rasch-Modelle konstruieren. Ein besonderer Vorteil der LCA ist hier, dass nicht a priori bekannt sein muss, was die latenten Klassen hinsichtlich ihres Antwortformates genau unterscheidet. Vielmehr lassen sich Mischverteilungs-Rasch-Modelle explorativ dazu nutzen, qualitative Unterschiede zwischen Personengruppen hinsichtlich der Itembeantwortung zu untersuchen (■ Beispiele 12.8).

Beispiele 12.8

Beispiel A: Persönlichkeitsdiagnostik

Rost (1997) berichtet beispielsweise von einer Analyse der Skala »Gewissenhaftigkeit« im NEO-FFI (Costa & McCrae, 1992), in der zwei Klassen von Personen identifiziert werden konnten ($\pi_1 = 65{,}2\%$; $\pi_2 = 34{,}8\%$). Personen der ersten (größeren) Klasse nutzten die Antwortskala eher im Einklang mit der zu messenden latenten Variablen. Personen der zweiten Klasse hingegen wiesen sich dadurch aus, dass sie eher zu extremen Urteilen auf allen Items neigten und die zweite Antwortkategorie (bezeichnet mit »stimme nicht zu«) gar nicht erst verwendeten. Die Befunde deuten darauf hin, dass Personen der zweiten Klasse das Antwortformat der Items nicht adäquat nutzten. Für sie das gleiche Testmodell anzunehmen wie für die erste Klasse wäre diagnostisch problematisch.

Beispiel B: Klinische Diagnostik

Auch für die klinische Diagnostik sind solche qualitativen Unterschiede bedeutsam: Beispielsweise neigen Personen in klinischen Stichproben

▼

dazu, ihre Leiden und Probleme entweder herunterzuspielen (»faking good«) oder als wesentlich schlimmer darzustellen als sie eigentlich sein dürften (»faking bad«). So fanden Gollwitzer, Eid und Jürgensen (2005) für die dispositionelle Neigung, Ärger in sich hineinzufressen (anstatt ihn entweder kontrolliert oder unkontrolliert auszuleben), gemessen durch die Skala »Anger-In« des State-Trait-Ärgerausdrucksinventars (STAXI; Schwenkmezger, Hodapp & Spielberger, 1992), bei weiblichen, stationär behandelten Patientinnen eine Drei-Klassen-Struktur: Frauen der ersten Klasse ($\pi_1 = 48\%$) waren eher unauffällig in ihrem Antwortverhalten. Frauen der zweiten Klasse ($\pi_2 = 27\%$) zeichneten sich durch ein Antwortmuster aus, das eher auf eine Neigung zur sozialen Erwünschtheit schließen ließ. Frauen der dritten Klasse schließlich ($\pi_3 = 25\%$) neigten eher zu einer Extremisierung ihrer »Anger-In«-Tendenz. Dieser Befund hat für die klinische Einzelfalldiagnostik eine wichtige Implikation: Würde man aus jeder der drei Klassen eine Patientin mit identischen Rohwerten in der »Anger-In«-Skala des STAXI herausnehmen, so wären ihre »wahren« latenten Merkmalsausprägungen nicht gleich, denn während eine Patientin aus Klasse 2 aufgrund ihrer »faking good«-Neigung eine höhere »wahre« Merkmalsausprägung erzielen würde, wäre diese für eine Patientin aus Klasse 3 wahrscheinlich niedriger. Durch die Schätzung klassenspezifischer Personparameter werden solche klassenbedingten Unterschiede in den Rohwerten also quasi korrigiert.

Faking good and faking bad

12.6 Zusammenfassung

Während Latent-Trait-Modelle auf der Annahme beruhen, dass es sich bei dem zu erfassenden Merkmal um eine dimensionale (d.h. stetige, kontinuierliche, quantitative) Variable handelt, gehen Latent-Class-Modelle von kategorialen (d.h. diskreten, qualitativen) Merkmalen aus, also beispielsweise von der Zugehörigkeit zu einem bestimmten Persönlichkeitstypus. Mit einer Latent-Class-Analyse (LCA) kann die Wahrscheinlichkeit ermittelt werden, mit der eine Person v, die auf m Items ein Antwortmuster a_v produziert, einer bestimmten latenten Klasse g angehört. Die Anzahl der latenten Klassen in der Population (G) ist unbekannt und muss über Modellvergleiche ermittelt werden. Alle anderen Parameter können von der LCA direkt berechnet werden. Voraussetzung ist, dass (1) die Antwortwahrscheinlichkeiten auf den m Items für alle Personen innerhalb einer latenten Klasse identisch sind, (2) innerhalb einer latenten Klasse die Annahme lokaler stochastischer Unabhängigkeit erfüllt ist und (3) die latenten Klassen disjunkt und exhaustiv sind.

Die Anwendung einer LCA ist insbesondere dann sinnvoll, wenn (1) das Ziel der Analyse die Klassifikation von Personen ist, (2) es nicht möglich oder sinnvoll ist, über Items hinweg Summenwerte zu bilden, sondern lediglich die Antwortmuster (Profile) auszuwerten, oder (3) das Ziel der Analyse darin besteht, ein bestimmtes theoretisches typologisches Modell zu testen.

Die Güte eines LCA-Modells kann mit Hilfe eines Likelihood-Ratio-Tests, eines »klassischen« χ^2-Tests, eines bootstrap-Verfahrens oder anhand von Informationskriterien beurteilt werden.

Einem LCA-Modell können bestimmte Restriktionen (z.B. Fixierungs-, Gleichheits- oder Ordnungsrestriktionen) auferlegt werden; in diesem Fall wird aus der »exploratorischen« eine »konfirmatorische« Analyse. Ein restringiertes Modell kann mit Hilfe eines Likelihood-Ratio-Tests direkt gegen ein unrestringiertes Modell getestet werden (nested models).

Die Auswertung eines LCA-Modells erfordert spezielle Softwareanwendungen wie etwa WINMIRA (von Davier, 2001), LEM (Vermunt, 1997) oder Latent GOLD (Vermunt & Magidson, 2005). Eine Übersicht über aktuelle LCA-Software findet sich auf folgender Webseite:

http://ourworld.compuserve.com/homepages/jsuebersax/soft.htm

Literatur

Alfermann, D. (1996). *Geschlechterrollen und geschlechtstypisches Verhalten*. Stuttgart: Kohlhammer.

Bem, S. L. (1974). The measurement of psychological androgyny. *Journal of Consulting and Clinical Psychology, 42*, 155–162.

Costa, P. T. & McCrae, R. R. (1992). *Revised NEO Personality Inventory (NEO PI-R) and NEO Five Factor Inventory. Professional manual.* Odessa, FL: Psychological Assessment Resources.

Eysenck, H. J. (1990). Biological dimensions of personality. In L. A. Pervin (Ed.), *Handbook of personality: Theory and research* (S. 244–276). New York: Guilford.

Formann, A. K. (1984). *Die Latent-Class-Analyse: Einführung in Theorie und Anwendung*. Weinheim: Beltz.

Gollwitzer, M., Eid, M. & Jürgensen, R. (2005). Response styles in the assessment of anger expression. *Psychological Assessment, 17*(1), 56–69.

Gray, J. A. (1982). *The neuropsychology of anxiety: An enquiry into the functions of the septo-hippocampal system*. Oxford: Oxford University Press.

Hartig, J., Frey, A. & Jude, N. (2007). Validität. In H. Moosbrugger & A. Kelava (Hrsg.), *Testtheorie und Fragebogenkonstruktion*. Heidelberg: Springer.

Jonkisz, E. & Moosbrugger, H. (2007). Planung und Entwicklung von Tests und Fragebogen. In H. Moosbrugger & A. Kelava (Hrsg.). *Testtheorie und Fragebogenkonstruktion*. Heidelberg: Springer.

Jung, C. G. (1921). *Psychologische Typen*. Zürich: Rascher.

Kelava, A. & Moosbrugger, H. (2007). Deskriptivstatistische Itemanalyse. In H. Moosbrugger & A. Kelava (Hrsg.), *Testtheorie und Fragebogenkonstruktion*. Heidelberg: Springer.

Lazarsfeld, P. F. & Henry, N. W. (1968). *Latent structure analysis*. Boston: Houghton Mifflin.

MacCallum, R. C., Zhang, S., Preacher, K. J. & Rucker, D. D. (2002). On the practice of dichotomization of quantitative variables. *Psychological Methods 7*, 19–40.

Moosbrugger, H. (2007a). Klassische Testtheorie (KTT). In H. Moosbrugger & A. Kelava (Hrsg.), *Testtheorie und Fragebogenkonstruktion*. Heidelberg: Springer.

Moosbrugger, H. (2007b). Item-Response-Theorie (IRT). In H. Moosbrugger & A. Kelava (Hrsg.), *Testtheorie und Fragebogenkonstruktion*. Heidelberg: Springer.

Moosbrugger, H. & Schermelleh-Engel, K. (2007). Exploratorische (EFA) und Konfirmatorische Faktorenanalyse (CFA). In H. Moosbrugger & A. Kelava (Hrsg.), *Testtheorie und Fragebogenkonstruktion*. Heidelberg: Springer.

Rost, J. (1997). Logistic mixture models. In W. J. van der Linden & R. Hambleton (Hrsg.), *Handbook of modern item response theory* (S. 449–463). New York: Springer.

Rost, J. (2004). *Lehrbuch Testtheorie, Testkonstruktion* (2. Aufl.). Bern: Huber.

Schwenkmezger, P., Hodapp, V. & Spielberger, C.D. (1992). *State-Trait Anger Expression Inventory (STAXI)*. Bern: Huber.

Spence, J. T., Helmreich, R. L. & Stapp, J. (1975). Ratings of self and peers on sexrole attributes and their relation to self-esteem and conception of masculinity and femininity. *Journal of Personality and Social Psychology, 32*, 29–39.

Strauß, B., Köller, O. & Möller, J. (1996). Geschlechtsrollentypologien – Eine empirische Prüfung des additiven und des balancierten Modells. *Zeitschrift für Differentielle und Diagnostische Psychologie 2*, 67–83.

von Davier, M. (2001). *WINMIRA 2001* (Software). St. Paul, MN: Assessment Systems Corp.

Vermunt, J.K. (1997). *LEM: A general program for the analysis of categorical data* (Software). Tilburg, NL: Department of Methodology and Statistics, Tilburg University.

Vermunt, J.K. & Magidson, J. (2005). *Latent GOLD 4.0 User's guide*. Belmont, MA: Statistical Innovations Inc.

13 Exploratorische (EFA) und Konfirmatorische Faktorenanalyse (CFA)

Helfried Moosbrugger & Karin Schermelleh-Engel

13.1 Einleitung

Zur Konstruktvalidierung eines neu entwickelten Fragebogens oder Tests wird häufig entweder die exploratorische Faktorenanalyse oder die konfirmatorische Faktorenanalyse eingesetzt, um zu überprüfen, ob die Items hoch mit den Faktoren (Konstrukten, Dimensionen, Merkmalen) korrelieren, die mit Hilfe der Items gemessen werden sollen.

Beispiel 13.1

Optimismus

Soll z.B. ein Fragebogen zur Messung des Konstruktes »Optimismus« entwickelt werden, der über die beiden Unterskalen »Personaler Optimismus« (Beispiel-Item: »Ich freue mich über meinen Erfolg«) und »Sozialer Optimismus« (Beispiel-Item: »Die Umweltverschmutzung wird zurückgehen«) zwei unterschiedliche Aspekte des Optimismus erfassen soll (vgl. Schweizer, Schneider & Beck-Seyffer, 2001), so könnte anhand einer Faktorenanalyse überprüft werden, ob die Items, die den personalen Optimismus messen sollen, auf dem Faktor »Personaler Optimismus« laden und jene Items, die den sozialen Optimismus messen sollen, auf dem Faktor »Sozialer Optimismus«. Items, die nicht eindeutig einem Faktor zugeordnet werden könnten oder aber auf einem anderen als dem erwarteten Faktor laden, würden gegen die Konstruktvalidität des Fragebogens sprechen und sollten in der Testkonstruktionsphase eliminiert werden.

Mit dem Begriff »Faktorenanalyse« wird allgemein eine Gruppe von multivariaten Analyseverfahren bezeichnet, die im wesentlichen für zwei Ziele eingesetzt wird: 1. zur Datenreduktion, indem die Variation einer Vielzahl von Variablen (z.B. Fragebogenitems) auf eine deutlich geringere Zahl von gemeinsamen Dimensionen zurückgeführt wird, die für weitere Analysen verwendet werden können, und 2. zur Überprüfung der Konstruktvalidität von Fragebogen oder Tests. Im Rahmen der Faktorenanalyse werden zwei verschiedene Klassen von Methoden unterschieden: die exploratorische Faktorenanalyse (EFA) als hypothesengenerierendes und die konfirmatorische Faktorenanalyse (CFA) als hypothesenprüfendes Verfahren. Zunächst soll die EFA (► Abschn.13.2) und danach die CFA (► Abschn.13.3) ausführlich erläutert und auf eine empirische Fragestellung angewandt werden, abschließend werden die Unterschiede zwischen den Verfahren herausgearbeitet (► Abschn.13.4).

13.2 Exploratorische Faktorenanalyse

Die EFA ist ein Verfahren, das immer dann zur Anwendung kommt, wenn der Untersucher keine konkreten Hypothesen über die Anzahl der einem Datensatz zugrunde liegenden Faktoren und über die Zuordnung der beobachteten Variablen zu den Faktoren hat. Aber selbst für den Fall, dass Hypothesen hierüber existieren würden, könnte man sie mit der EFA nicht überprüfen; hierfür müsste man die konfirmatorische Faktorenanalyse verwenden.

13.2.1 Ablaufschritte der EFA

Vor Anwendung der EFA müssen in Abhängigkeit von der untersuchten Fragestellung verschiedene Festlegungen getroffen werden. Zunächst wird eine Methode zur Faktorenextraktion ausgewählt, um mit dieser Methode die Faktoren zu extrahieren, wobei die Faktorladungen, die Eigenwerte und die Kommunalitäten bestimmt werden. Aufgrund eines vorher gewählten Abbruchkriteriums wird die Anzahl der Faktoren bestimmt; abschließend werden die Faktoren orthogonal (rechtwinklig) oder oblique (schiefwinklig) rotiert.

Erforderliche Festlegungen der EFA:
- die Art der Extraktionsmethode (z.B. Hauptkomponenten- oder Hauptachsenmethode),
- die Wahl des Abbruchkriteriums (z.B. Scree-Test oder Parallelanalyse) und
- die Methode der Faktorenrotation (z.B. orthogonale oder oblique Rotation).

Extraktionsmethoden

Zur Faktorenextraktion stehen verschiedene Methoden zur Verfügung, von denen die Hauptkomponentenanalyse und die Hauptachsenanalyse am häufigsten verwendet werden. Sie unterscheiden sich im Wesentlichen darin, dass die Hauptkomponentenanalyse versucht, möglichst viel Varianz der beobachteten Variablen zu erklären durch sog. Hauptkomponenten, d.h. Linearkombinationen von Variablen, die als »Faktoren« bezeichnet werden. Die Hauptachsenanalyse hat dagegen die Aufdeckung von latenten Faktoren zum Ziel, mit denen das Beziehungsmuster zwischen den manifesten Variablen erklärt werden kann (vgl. Fabrigar, Wegener, MacCallum & Strahan, 1999).

Hauptkomponentenanalyse

Die *Hauptkomponentenanalyse* (engl. principal components analysis, PCA) hat die implizite Annahme, dass die beobachteten Variablen messfehlerfrei erhoben wurden, obwohl dies in den meisten Fällen eine Idealvorstellung ist. Das bedeutet, dass die gesamte Varianz der Variablen durch gemeinsame Hauptkomponenten erklärt werden könnte. Das Ziel der EFA besteht jedoch in der Dimensionsreduktion (Datenreduktion), so dass in empirischen Anwendungen weniger Hauptkomponenten als theoretisch möglich extrahiert werden und ein Anteil an nicht erklärter Varianz entsteht. Da die Hauptkomponenten der PCA natürlich auch Messfehler der Variablen enthalten, sind sie im strengen Sinne keine latenten Variablen und können damit auch nichts »erklären« (vgl. Fabrigar, Wegener, MacCallum & Strahan, 1999). Die mit Hilfe der Hauptkomponenten aufzuklärende Varianz jeder einzelnen standardisierten Variablen ist bei der PCA gleich eins; die aufzuklärende Gesamtvarianz aller Variablen entspricht somit genau der Anzahl der beobachteten Variablen. Zur Datenreduktion werden in der Regel weniger Faktoren als beobachtete Variablen extrahiert, so dass ein Fehlerterm (»Uniqueness«), bestehend aus den Anteilen der nicht berücksichtigten Hauptkomponenten, resultiert.

Hauptachsenanalyse

Bei der *Hauptachsenanalyse* (engl. principal axes factor analysis, PFA) wird dagegen davon ausgegangen, dass die einzelnen beobachteten Variablen nicht nur wahre Varianz, sondern auch Messfehlervarianz aufweisen. Ziel der PFA ist es, latente Konstrukte bzw. Faktoren zu identifizieren, welche das Beziehungsmuster zwischen den Variablen erklären, wobei nicht die gesamte Varianz der beobachteten Variablen, sondern nur die wahre Varianz durch zugrunde liegende gemeinsame Faktoren erklärt werden kann. Deshalb werden die wahren Varianzanteile (Reliabilitäten) der Variablen zunächst geschätzt und in die Hauptdiagonale der Korrelationsmatrix eingetragen, wobei als Maß für die geschätzte Reliabilität häufig die quadrierte multiple Korrelation jeder einzelnen Variablen mit allen anderen Variablen genommen wird. Die aufzuklärende wahre Gesamtvarianz ist in diesem Fall kleiner als bei der PCA.

Da mit Hilfe bestimmter Abbruchkriterien in der Regel eine möglichst geringe Anzahl von Faktoren bestimmt wird, bleibt bei der PCA ebenso wie auch bei der PFA ein unerklärter Anteil, ein Fehlerterm, übrig, in dem sowohl unsystematische Messfehler als auch systematische Anteile der nicht berücksichtigten Faktoren enthalten sind.

Fundamentaltheorem der Faktorenanalyse

Fundamentaltheorem der Faktorenanalyse

Als Fundamentaltheorem der Faktorenanalyse bezeichnet man die Annahme, dass eine beobachtete *standardisierte Messung* z_{vi} der Person v in Item i in eine Linearkombination aus den mit den Faktorladungen λ_{ik} gewichteten Faktorwerten f_{kv} und einer Fehlerkomponente ε_{vi} zerlegt werden kann:

$$z_{vi} = \lambda_{i1}f_{1v} + \lambda_{i2}f_{2v} + \ldots + \lambda_{ik}f_{kv} + \ldots + \lambda_{iq}f_{qv} + \varepsilon_{vi} = \sum_{k=1}^{q} (\lambda_{ik}f_{kv}) + \varepsilon_{vi} \quad (13.1)$$

Für die *standardisierte Variable* z_i von Item i ergibt sich somit folgende Linearkombination aus den mit den Faktorladungen λ_{ik} gewichteten Faktoren F_k und einer Fehlerkomponente ε_i:

$$z_i = \lambda_{i1}F_1 + \lambda_{i2}F_2 + \ldots + \lambda_{ik}F_k + \ldots + \lambda_{iq}F_q + \varepsilon_i = \sum_{k=1}^{q} (\lambda_{ik}F_k) + \varepsilon_i \quad (13.2)$$

Faktorladung

Die Gewichtungskoeffizienten λ_{ik} der Variablen z_i auf den Faktoren F_k werden als Faktorladungen bezeichnet. Sie liegen üblicherweise – aber bei obliquer Faktorenrotation nicht notwendigerweise – zwischen –1 und +1 und können als Korrelationskoeffizienten zwischen der manifesten Variable und dem Faktor interpretiert werden.

Bei orthogonalen (unkorrelierten) Faktoren lässt sich die Varianz jeder einzelnen Variable z_i als Summe der quadrierten Faktorladungen und der Varianz der Fehlerkomponenten darstellen:

$$\mathrm{Var}(z_i) = 1.0 = \lambda_{i1}^2 + \lambda_{i2}^2 + \ldots + \lambda_{ik}^2 + \ldots + \lambda_{iq}^2 + \mathrm{Var}(\varepsilon_i) \quad (13.3)$$

In Gleichung (13.3) bezeichnet $\mathrm{Var}(z_i)$ die Varianz der standardisierten Variablen z_i, die 1.0 beträgt, λ_{ik} die quadrierte Faktorladung von Variable z_i auf Faktor F_k, $\mathrm{Var}(\varepsilon_i)$ die Varianz der Fehlerkomponente ε_i und q die Anzahl der Faktoren.

Eigenwert und Kommunalität

Die Höhe der durch jeweils einen Faktor erklärten Varianz aller beobachteten $i = 1,\ldots, m$ standardisierten Variablen wird als Eigenwert bezeichnet. Der Eigenwert des Faktors F_k ergibt sich aus der Summe der quadrierten Faktorladungen des Faktors über alle Variablen z_i:

Eigenwert

$$\mathrm{Eig}(F_k) = \sum_{i=1}^{m} \lambda_{ik}^2 \quad (13.4)$$

Da standardisierte Variablen eine Varianz von 1 aufweisen, bedeutet ein Eigenwert größer als eins, dass der Faktor F_k mehr Varianz erklärt als eine einzelne Variable z_i aufweist. Nur in diesem Fall erfüllt der Faktor den datenreduzierenden Zweck der Faktorenanalyse.

Um festzustellen, mit wie vielen extrahierten Faktoren wie viel Varianz der einzelnen beobachteten Variablen erklärt werden kann, bestimmt man bei der EFA die sog. *Kommunalität* jeder Variablen z_i durch Addition der quadrierten Ladungen über alle Faktoren:

Kommunalität

$$h_i^2 = \sum_{k=1}^{q} \lambda_{ik}^2 \quad (13.5)$$

Da die beobachteten Variablen z-standardisiert sind, kann die für eine Variable ermittelte Kommunalität im Fall der PCA maximal eins und im Fall der PFA (s. u.) maximal so groß wie die Reliabilität der jeweiligen Variablen sein.

Die Beziehungen zwischen Faktorladungen, Eigenwerten und Kommunalitäten sind in ◘ Tabelle 13.1 für ein Beispiel mit vier Variablen und zwei Faktoren veranschaulicht. Die Gesamtvarianz der vier standardisierten Variablen (Items) beträgt 4.0, da jede (standardisierte) Variable eine Varianz von 1.0 aufweist. Die erklärte Varianz lässt sich sowohl aufteilen in die beiden Eigenwerte, d. h. in die durch die einzelnen Faktoren über alle Variablen hinweg erklärte Varianz, als auch in die Kommunalitäten, d. h. in die durch die beiden Faktoren erklärte Varianz jeder der vier Variablen. Die Summe der Eigenwerte ist immer gleich der Summe der Kommunalitäten. Da i. d. R. weniger Faktoren extrahiert werden, als Variablen vorhanden sind, bleibt meist ein Teil an unerklärter Varianz übrig. Die erklärte Varianz wäre in diesem Fall kleiner als 4.0.

Wahl des Abbruchkriteriums

Die zentrale Entscheidung bei der Durchführung einer EFA ist die Festlegung der Anzahl von Faktoren, die als relevant zur Erklärung der Interkorrelationen der beobachteten Variablen angesehen wird. Typischerweise wird die

Tabelle 13.1. Schematische Veranschaulichung der Beziehungen zwischen Faktorladungen, Eigenwerten und Kommunalitäten anhand des Ladungsmusters von vier Variablen ($z_1 - z_4$) auf zwei orthogonalen Faktoren F_1 und F_2.

Variable	Faktor F_1		Faktor F_2		Kommunalität h_i^2
	Faktorladung λ_{i1}	quadrierte Faktorladung λ_{i1}^2	Faktorladung λ_{i2}	quadrierte Faktorladung λ_{i2}^2	
z_1	λ_{11}	λ_{11}^2	λ_{12}	λ_{12}^2	$\sum_{k=1}^{q}\lambda_{1k}^2 = \lambda_{11}^2 + \lambda_{12}^2 = h_1^2$
z_2	λ_{21}	λ_{21}^2	λ_{22}	λ_{22}^2	$\sum_{k=1}^{q}\lambda_{2k}^2 = \lambda_{21}^2 + \lambda_{22}^2 = h_2^2$
z_3	λ_{31}	λ_{31}^2	λ_{32}	λ_{32}^2	$\sum_{k=1}^{q}\lambda_{3k}^2 = \lambda_{31}^2 + \lambda_{32}^2 = h_3^2$
z_4	λ_{41}	λ_{41}^2	λ_{42}	λ_{42}^2	$\sum_{k=1}^{q}\lambda_{4k}^2 = \lambda_{41}^2 + \lambda_{42}^2 = h_4^2$
Eigenwert	$\sum_{i=1}^{m}\lambda_{i1}^2 = \text{Eig}(F_1)$		$\sum_{i=1}^{m}\lambda_{i2}^2 = \text{Eig}(F_2)$		$\sum_{k=1}^{q}\text{Eig}(F_k) = \sum_{i=1}^{m}h_i^2$

Anmerkung: $i = 1, \ldots, m$ Items; $k = 1, \ldots, q$ Faktoren.

Abbruchkriterien

Zahl der Faktoren auf Basis des Eigenwerteverlaufes bestimmt. Die gebräuchlichsten Kriterien (»Abbruchkriterien«) zur Bestimmung der Anzahl relevanter oder nichttrivialer Faktoren sind das Kaiser-Kriterium (auch Kaiser-Guttman-Kriterium genannt; Guttman, 1954; Kaiser & Dickmann, 1959), der Scree-Test (Cattell, 1966) und die Parallelanalyse (Horn, 1965).

Kaiser-Kriterium

Nach dem *Kaiser-Kriterium* werden alle Faktoren mit Eigenwerten größer als eins als bedeutsam erachtet, da sie mehr Varianz erklären als eine einzelne standardisierte Variable aufweist. Dieses Kriterium erweist sich in der Praxis oftmals als problematisch, weil es insbesondere bei sehr vielen beobachteten Variablen zu einer deutlichen Überschätzung der Anzahl der relevanten Faktoren führen kann. Einige der aus Stichprobendaten extrahierten Faktoren weisen nämlich per Zufall Eigenwerte größer als eins auf, auch wenn die Variablen auf Populationsebene in Wahrheit unkorreliert sind (Näheres s. Rauch & Moosbrugger, im Druck).

Scree-Test

Ein einfaches und in den meisten Fällen zuverlässiges Kriterium ist hingegen der *Scree-Test*. Hierbei wird der Eigenwerteverlauf anhand einer Graphik (»Screeplot«) dargestellt, in welcher die Faktoren zunächst nach ihrer Größe geordnet und die Ordnungszahl der Faktoren auf der Abszisse und die Ausprägung ihrer Eigenwerte auf der Ordinate abgetragen werden. Die nach ihrer Größe geordneten Eigenwerte werden durch eine Linie miteinander verbunden. In der Regel zeigt der Screeplot im Eigenwerteverlauf einen deutlichen Knick, ab dem sich der Graph asymptotisch der Abszisse annähert (vgl. Abbildung 13.1). Als inhaltlich relevant werden alle Faktoren erachtet, die vor diesem »Knick« liegen.

Parallelanalyse

Die *Parallelanalyse* trägt ausdrücklich dem Umstand Rechnung, dass einige Eigenwerte aus Stichprobendaten eine inhaltliche Relevanz nur vortäuschen, indem sie auch dann größer als eins werden können, wenn die Variablen in der Population in Wahrheit unkorreliert (orthogonal) sind, aber in der Stichprobe Zufallskorrelationen ungleich null aufweisen. Für die Parallelanalyse werden mindestens 100 Datensätze von Zufallszahlen generiert, wobei Variablenanzahl und Stichprobenumfang dem untersuchten empirischen Datensatz entsprechen müssen. In jedem der Zufallsdatensätze werden die zufällig korrelierenden Variablen einer Faktorenanalyse unterzogen und die aus jeder der Analysen gewonnenen Eigenwerte werden pro Faktor gemittelt. Als relevante nichttriviale Faktoren im Sinne der inhaltlichen Fragestellung werden alle diejenigen Faktoren interpretiert, deren Eigenwerte größer sind als die (gemittelten) Eigenwerte aus der Parallelanalyse. Bei uneindeutigen Eigenwerteverläufen ist der Parallelanalyse der Vorzug zu geben (◘ Abbildung 13.1).

Methoden der Faktorenrotation

Bei der bisher beschriebenen Faktorenextraktion wurden die Faktorladungen so gewählt, dass die Faktoren sukzessiv maximale Eigenwerte aufweisen. Der hieraus resultierende Faktorenraum ist hinsichtlich des Ladungsmusters der

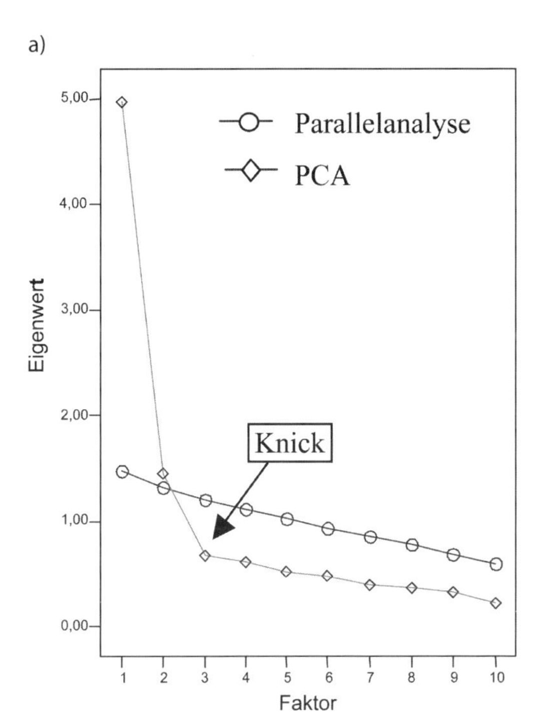

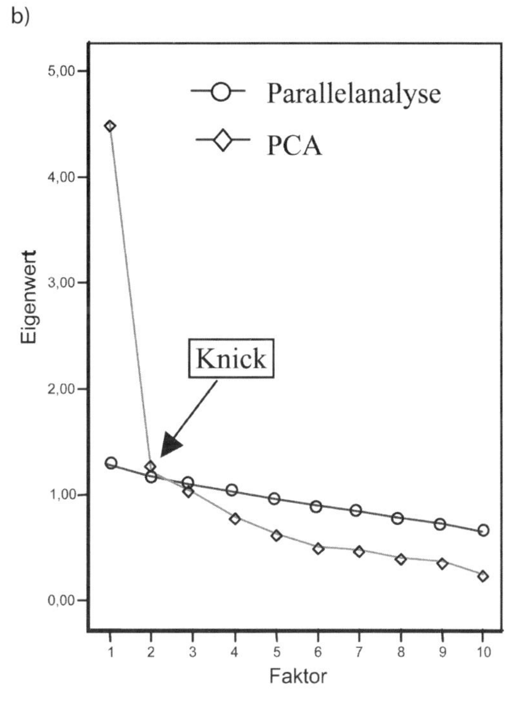

◘ **Abbildung 13.1.** Illustration der drei Abbruchkriterien zur Bestimmung der Anzahl relevanter Faktoren anhand des Eigenwerteverlaufes bei 10 Faktoren. In *Abbildung a)* mit einem eindeutigen Eigenwerteverlauf werden 2 Faktoren als relevant angesehen, da ihre Eigenwerte sowohl größer als eins sind (Kaiserkriterium) als auch vor dem »Knick« liegen (Scree-Test) und größer sind als die ersten beiden Faktoren der Parallelanalyse. In *Abbildung b)* ist das Ergebnis hingegen uneindeutig: 3 Faktoren haben Eigenwerte größer als eins (Kaiserkriterium), vor dem »Knick« liegt jedoch nur ein Faktor (Scree-Test), nach der Parallelanalyse müssten aber 2 Faktoren ausgewählt werden.

Variablen meist inhaltlich nicht interpretierbar, weshalb mittels einer Transformation der Faktorladungen eine Drehung des Faktorenraumes, die *Faktorenrotation*, vorgenommen wird. Ziel der Rotation ist es, ein Ladungsmuster zu erreichen, das dem Kriterium der so genannten *Einfachstruktur* (»simple structure«) entspricht. Bei der Einfachstruktur soll jede Variable nur auf einem einzigen Faktor eine hohe Ladung (Primärladung) aufweisen und auf allen anderen Faktoren keine oder nur geringe Ladungen (Sekundärladungen).

Einfachstruktur

Auch zur Faktorenrotation steht eine Vielzahl verschiedener Verfahren zur Verfügung, die auf unterschiedlichen Algorithmen beruhen. Unterschieden werden im Wesentlichen orthogonale (rechtwinklige) und oblique (schiefwinklige) Rotationen.

Orthogonale Rotationsverfahren

Bei orthogonalen Rotationsverfahren wird die Unkorreliertheit der eingangs extrahierten Faktoren beibehalten, so dass auch die rotierten Faktoren unabhängig voneinander interpretierbar sind. Das bekannteste orthogonale Verfahren ist die *Varimax-Rotation*, welche die Varianz der quadrierten Faktorladungen ($Var(\lambda^2_{ik})$) *innerhalb* der einzelnen Faktoren $F_1, \ldots, F_k$ maximiert (vgl. Bortz, 2005). Die Varianzmaximierung führt idealerweise zu Ladungsmustern mit einigen hohen Primärladungen und sonst sehr niedrigen Sekundärladungen innerhalb der einzelnen Faktoren. Weniger ausgeprägte Ladungsmuster würden nur geringere Varianzen der Ladungen aufweisen und werden durch die Varimax-Rotation vermieden. Für eine graphische Veranschaulichung der orthogonalen Faktorenrotation siehe Moosbrugger und Hartig (2003).

Oblique Rotationsverfahren

Bei obliquen Rotationsverfahren wird die Unkorreliertheit der Faktoren aufgegeben. Das bekannteste oblique Verfahren ist die *Oblimin-Rotation*, welche die simultane Optimierung eines orthogonalen und eines obliquen Rotationskriteriums anstrebt. Durch die Wahl der Gewichtung der beiden Aspekte kann der Grad der Faktoreninterkorrelation beeinflusst werden.

Erfolgt eine Faktorenanalyse primär mit dem Ziel der Datenreduktion und ohne theoretisch fundierte Annahmen über die Dimensionalität der untersuchten Variablen, ist immer ein *orthogonales* Rotationsverfahren empfehlenswert. Liegen dagegen theoretische Anhaltspunkte vor, die auf korrelierte Faktoren hinweisen, so ist der Einsatz eines *obliquen* Rotationsverfahrens zweckmäßig. Typische Fehlerquellen beim Einsatz der EFA sind in Moosbrugger und Hartig (2002) zusammengefasst.

13.2.2 Empirisches Beispiel

Zur *exploratorischen* Überprüfung der Konstruktvalidität eines Fragebogens zur Messung des Konstruktes »Optimismus« mit der EFA wurden 10 Items an einer Stichprobe von 120 Personen überprüft. Diese Items beinhalten Operationalisierungen des Optimismus bezogen einerseits auf persönliche Erwartungen, wie z.B. Erfolg und Lebensfreude, andererseits auf soziale Erwartungen, wie z.B. Umweltverschmutzung und Kriminalität.

Bei der Analyse mit der EFA wird in der Regel davon ausgegangen, dass keinerlei Vorannahmen bzgl. der faktoriellen Struktur aus einer Theorie existieren, so dass Ladungen aller Indikatoren auf allen Faktoren zugelassen werden. Als Extraktionsmethode wird im vorliegenden Beispiel die Hauptkomponentenmethode (PCA) gewählt und als Rotationsmethode die (orthogonale) Varimax-Rotation.

Die PCA und die Parallelanalyse ergaben die folgenden 10 Eigenwerte (▣ Tabelle 13.2), die in ▣ Abbildung 13.1a graphisch dargestellt sind.

▣ Tabelle 13.2. Eigenwerte der PCA und der Parallelanalyse, geordnet nach abnehmender Größe

PCA:	4.895	1.438	.719	.618	.551	.485	.393	.341	.302	.259
Parallelanalyse:	1.477	1.325	1.209	1.113	1.024	.937	.857	.775	.693	.590

Nach den verschiedenen Abbruchkriterien werden zwei Faktoren als relevant angesehen, da die ersten beiden Eigenwerte der PCA größer als eins sind (Kaiserkriterium), vor dem »Knick« liegen (Scree-Test) und größer als die ersten beiden Zufallsfaktoren der Parallelanalyse sind (▣ Abbildung 13.1a). Von der Gesamtvarianz der manifesten Variablen (10.0) werden durch die ersten beiden Faktoren der PCA 63.33% (4.895 + 1.438 = 6.333) erklärt. Wie in ▣ Tabelle 13.3 zu sehen ist, bewirkt die Faktorenrotation lediglich eine Umverteilung der erklärten Varianzanteile, so dass die Eigenwerte der rotierten

▣ Tabelle 13.3. *Tabellarische Darstellung der Faktorladungen und Kommunalitäten von zehn Optimismus-Items vor und nach Varimax-Rotation*

	unrotierte Faktoren					Varimax-rotierte Faktoren				
	F_1		F_2			F'_1		F'_2		
Item	λ_{i1}	λ^2_{i1}	λ_{i2}	λ^2_{i2}	h^2_i	λ'_{i1}	λ'^2_{i1}	λ'_{i2}	λ'^2_{i2}	h'^2_i
z_1	.835	.698	-.283	.080	.778	.838	.703	.274	.075	.778
z_2	.744	.553	-.276	.076	.629	.760	.578	.225	.051	.629
z_3	.788	.621	-.312	.097	.718	.817	.668	.223	.050	.718
z_4	.701	.492	-.369	.136	.628	.783	.612	.125	.016	.628
z_5	.812	.660	-.343	.118	.777	.856	.732	.213	.045	.777
z_6	.683	.467	.221	.049	.515	.414	.172	.586	.344	.515
z_7	.517	.267	.508	.258	.525	.109	.012	.716	.513	.525
z_8	.700	.490	.398	.158	.648	.321	.103	.738	.544	.648
z_9	.474	.225	.524	.275	.500	.065	.004	.704	.495	.500
z_{10}	.651	.424	.436	.190	.615	.260	.067	.740	.547	.615
		4.895 Eig(F_1)		1.438 Eig(F_2)	6.333 Σh^2_i		3.652 Eig(F'_1)		2.681 Eig(F'_2)	6.333 $\Sigma h'^2_i$

Anmerkung: Eig = Eigenwert, F = unrotierter Faktor, F' = rotierter Faktor, h^2 = Kommunalität, i = 1,...,10 Items, λ = Faktorladung, λ' = rotierte Faktorladung, z = standardisiertes Item; Abweichungen bei der Berechnung der Summen der quadrierten Faktorladungen beruhen auf Rundungsfehlern.

Faktoren nunmehr 3.652 und 2.681 betragen, während sich die Summe der durch die Faktoren erklärte Varianz durch die Rotation nicht ändert.

In der unrotierten Ladungsmatrix weisen alle Items mittlere bis hohe positive Ladungen auf dem ersten Faktor auf, wobei die Items z_1 – z_5 negativ und die Items z_6 – z_{10} positiv auf dem 2. Faktor laden. Eine inhaltliche Interpretation der Bedeutung dieser Faktoren wäre somit nur schwer möglich. Nach der Varimax-Rotation lädt die erste Hälfte der Items nur noch hoch auf dem Faktor F_1', die andere Hälfte dagegen nur noch hoch auf dem Faktor F_2', wodurch eine eindeutige Zuordnung der Variablen zu den rotierten Faktoren möglich wird. Die Kommunalitäten der unrotierten und der rotierten Lösung unterscheiden sich nicht, die durch die beiden Faktoren erklärten Varianzanteile werden lediglich umverteilt.

Nach diesen Ergebnissen liegen den Items offensichtlich zwei verschiedene Konstrukte zugrunde, die auch als inhaltlich sinnvoll akzeptiert werden können. Eine Inspektion der Inhalte der Items zeigt, dass diese beiden Faktoren als »Personaler Optimismus« (generalisierte Erwartung positiver Ergebnisse für die eigene Person, Faktor F_1') und »Sozialer Optimismus« (generalisierte Erwartung positiver Entwicklungen in der Umwelt, Faktor F_2') interpretiert werden können (vgl. Schweizer, Schneider & Beck-Seyffer, 2001).

13.3 Konfirmatorische Faktorenanalyse

Die konfirmatorische Faktorenanalyse (CFA) ist in die Verfahrensgruppe der Strukturgleichungsmodelle eingebettet, in der die CFA als sogenanntes Messmodell spezifiziert wird (Jöreskog, 1969). Auch hier wird wie bei der EFA eine Datenreduktion vorgenommen, aber im Gegensatz zur EFA erfolgt bei der CFA die Zuordnung der beobachteten Variablen zu den einzelnen Faktoren theoriegeleitet. Die CFA unterscheidet sich u. a. von der EFA darin, dass explizite Hypothesen formuliert werden hinsichtlich der Anzahl der den Variablen zugrunde liegenden Faktoren, der Beziehungen zwischen den Variablen und den Faktoren sowie der Beziehungen zwischen den Faktoren untereinander. Die CFA ist somit ein *hypothesenprüfendes* Verfahren. Die theoretische Zuordnung der manifesten, d. h. der beobachteten Variablen zu den Faktoren beinhaltet auch, dass die inhaltliche Bestimmung der Faktoren bereits vor der Analyse feststeht und nicht erst gesucht wird.

Theoriegeleitete Zuordnung von Variablen zu Faktoren

Mit der CFA wird allgemein geprüft, ob eine hinreichende Übereinstimmung (Modellfit) zwischen den empirischen Daten und dem theoretischen Modell besteht oder ob das Modell verworfen werden muss.

Die CFA kann einerseits strikt konfirmatorisch durchgeführt werden, indem das spezifizierte Modell überprüft und aufgrund der Modellgüte abgelehnt oder angenommen wird, andererseits können aber auch verschiedene konkurrierende Modelle an dem selben Datensatz getestet werden. Modelle, welche dieselbe Modellstruktur aufweisen und sich nur dadurch unterscheiden, dass einzelne Parameter zusätzlich fixiert oder freigesetzt werden, während die Modellstruktur ansonsten erhalten bleibt (▣ Abbildung 13.2b), werden auch als »hierarchisch geschachtelte Modelle« bezeichnet (vgl. Bollen, 1989).

Hierarchisch geschachtelte Modelle

13.3.1 Ablaufschritte der CFA

In der CFA wird zunächst ein Modell spezifiziert, in welchem alle Hypothesen in Gleichungen umgesetzt und als Pfadmodell dargestellt werden. Des Weiteren muss die Identifikation des Modells geprüft, die Parameterschätzung unter Festlegung der Schätzmethode erfolgen und die Modellevaluation vorgenommen werden, indem die Güte des Modells (bzw. mehrerer alternativer Modelle) anhand verschiedener Gütekriterien beurteilt wird. Soll ein Modellvergleich vorgenommen werden, so wird ein zweites Modell spezifiziert, in welchem einzelne Parameter zusätzlich fixiert oder freigesetzt sind; sodann sind ebenfalls alle Ablaufschritte durchzuführen. Beide Modelle können dann anhand des Modelldifferenztests miteinander verglichen werden.

Erforderliche Festlegungen für die CFA:

- die Modellspezifikation (Umsetzung der Hypothesen bzgl. der Zuordnung der Indikatoren zu den Faktoren und der Faktoreninterkorrelationen)
- die Methode der Parameterschätzung (meist Maximum-Likelihood-Methode) sowie die zu analysierende Matrix (meist die Kovarianzmatrix)
- die Modellevaluation (Auswahl der Gütekriterien für ein Modell oder für mehrere hierarchisch geschachtelte Modelle).

Modellspezifikation

Zunächst muss festgelegt werden, wie viele Faktoren den Daten zugrunde liegen sollen und welche Indikatoren (manifeste Variablen) auf welchen Faktoren laden sollen. Hierzu werden auf der Basis einer Theorie alle Hypothesen als Gleichungen formuliert (► Gleichung 13.6) und als Pfaddiagramm dargestellt (◘ Abbildung 13.2a). Im Pfaddiagramm werden latente Variablen (Faktoren) durch Kreise und manifeste Variablen (Items) durch Rechtecke symbolisiert; gerichtete Beziehungen werden mit geraden Pfeilen, ungerichtete Beziehungen (Kovarianzen, Korrelationen) mit einem geschwungenen Doppelpfeil dargestellt.

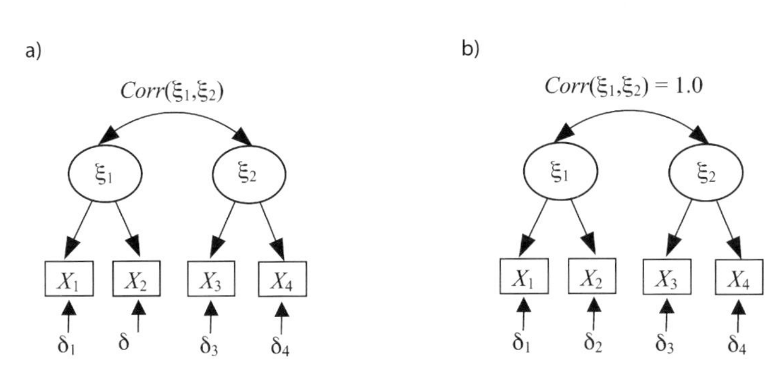

◘ Abbildung 13.2. Graphische Veranschaulichung von zwei hierarchisch geschachtelten CFA-Modellen mit zwei latenten Faktoren. Modell a) ist in Modell b) geschachtelt, da beide Modelle die gleiche faktorielle Struktur aufweisen, in Model b) aber zusätzlich die Korrelation zwischen den latenten Variablen auf eins fixiert wird, so dass Modell b) äquivalent ist zu einem Modell mit einer einzigen latenten Variable.

Wurden z.B. vier Variablen erhoben und wird angenommen, dass x_1 und x_2 nur auf dem ersten Faktor ξ_1 laden und x_3 und x_4 nur auf dem zweiten Faktor ξ_2 (■ Abbildung 13.2a), so ergeben sich vier Messmodellgleichungen, wobei hier – im Unterschied zu F_k und ε_i in ▶ Abschn. 13.2 – die Faktoren entsprechend der üblichen LISREL-Notation (Jöreskog & Sörbom, 1996) mit ξ_k, die Faktorladungen mit λ_{ik} und die Fehlervariablen mit δ_i bezeichnet ($i = 1, \ldots, 4$; $k = 1, 2$) werden.

$$\begin{aligned} x_1 &= \lambda_{11}\xi_1 + 0 \cdot \xi_2 + \delta_1 \\ x_2 &= \lambda_{21}\xi_1 + 0 \cdot \xi_2 + \delta_2 \\ x_3 &= 0 \cdot \xi_1 + \lambda_{32}\xi_2 + \delta_3 \\ x_4 &= 0 \cdot \xi_1 + \lambda_{42}\xi_2 + \delta_4 \end{aligned} \tag{13.6}$$

Im Gegensatz zur EFA liegen die Variablen x_i jedoch nicht standardisiert, sondern in ihrer Originalmetrik vor. Deshalb wird aus diesen Indikatorvariablen i. d. R. nicht die Korrelationsmatrix, sondern die empirische Kovarianzmatrix S als Grundlage für die Parameterschätzungen berechnet.

Modellidentifikation

Zur Schätzung der Modellparameter muss gewährleistet sein, dass das Modell identifiziert ist. Dies bedeutet, dass einerseits genügend empirische Informationen vorhanden sind, um die unbekannten Parameter des Modells (Faktorladungen, Faktorvarianzen und -kovarianzen sowie Fehlervarianzen) ermitteln zu können, und dass andererseits die latenten Variablen eine definierte Metrik aufweisen.

Identifikationsbedingung

Ein Modell ist in der Regel dann identifiziert, wenn die Anzahl s der empirischen Varianzen und Kovarianzen größer ist als die Anzahl t der zu schätzenden Parameter, so dass das Modell eine positive Anzahl von Freiheitsgraden (df) aufweist (Gleichung 13.7):

$$df = s - t > 0 \tag{13.7}$$

Nur wenn diese Bedingung erfüllt ist, erhält man für jeden Parameter eine eindeutige Schätzung.

Festlegung der Varianz der latenten Variablen

Während die Varianzen von manifesten Indikatorvariablen aus empirischen Daten direkt berechnet werden können, liegen die Varianzen der latenten Variablen nicht fest. Es gibt prinzipiell zwei Möglichkeiten, die Varianz einer latenten Variablen festzulegen. Man kann entweder

(1) die Varianz der latenten Variablen auf den Wert eins fixieren, so dass diese Variable standardisiert vorliegt, oder aber
(2) eine Faktorladung pro Konstrukt auf eins fixieren, so dass die Varianz der latenten Variablen gleich der *erklärten* Varianz dieser Indikatorvariablen ist und dadurch deren Skalierung übernimmt.

Die zweite Alternative sollte vor allem dann gewählt werden, wenn die Varianzen der latenten Variablen von Interesse sind, z.B. in Längsschnittanalysen, in denen die Veränderung der Varianzen über die Zeit eine wichtige Rolle spielt.

Methode der Parameterschätzung

Zur Schätzung der Parameter stehen verschiedene Schätzmethoden zur Verfügung, von denen die Maximum-Likelihood-Methode am häufigsten angewendet wird. Diese Methode setzt voraus, dass die Indikatorvariablen intervallskaliert und multivariat normalverteilt sind.

Ziel der Parameterschätzung

Allgemein ist es das Ziel aller Schätzmethoden, die Parameter für das theoretische Modell so zu bestimmen, dass mit ihnen die empirischen Varianzen und Kovarianzen möglichst gut reproduziert werden können (vgl. Bollen, 1989), d. h., dass die vom Modell implizierte theoretische Kovarianzmatrix unter Verwendung der geschätzten Parameter mit der empirischen Kovarianzmatrix möglichst gut übereinstimmt, was mittels verschiedener Fit-Maße (s. u.) festgestellt wird.

Modellevaluation

Modellfit

Die Beurteilung des Modellfits, d. h. der Anpassungsgüte eines Modells, erfolgt unter Berücksichtigung der Stichprobengröße mit Hilfe einer Likelihood-Ratio-Statistik, die bei hinreichend großer Stichprobe einer χ^2-Verteilung folgt. Der Modellfit kann inferentiell über den χ^2-Test oder deskriptiv über verschiedene weitere Fit-Maße beurteilt werden (s. z.B. Schermelleh-Engel, Moosbrugger & Müller, 2003). Nach einer Daumenregel sollte der aus dem Modelltest resultierende χ^2-Wert möglichst klein, für einen guten Modellfit kleiner als zweimal die Anzahl der Freiheitsgrade sein ($\chi^2 \leq 2df$).

χ^2-Test

Da der χ^2-Wert abhängig von der Stichprobengröße – aber unabhängig von der Güte des Modells – größer wird, werden zusätzlich deskriptive Gütemaße berücksichtigt. Der Root Mean Square Error of Approximation (RMSEA) ist ein Maß zur Beurteilung der ungefähren Passung eines Modells, der ebenso wie der χ^2-Wert möglichst klein sein sollte, für einen guten Modellfit < .05. Andere deskriptive Maße vergleichen das untersuchte Modell mit einem möglichst schlecht passenden Modell, dem sog. Unabhängigkeitsmodell, in welchem alle manifesten Variablen als unkorreliert angenommen werden. Beurteilt wird, wie viel besser das untersuchte Modell als dieses sehr restriktive Modell zu den Daten passt. Diese Maße, zu denen u. a. der Comparative Fit Index (CFI) und der Normed Fit Index (NFI) gehören, sollten im optimalen Fall Werte von 1.0 aufweisen, für einen guten Modellfit sollte der CFI ≥ .97 und der NFI ≥ .95 sein (◘ Tabelle 13.4).

RMSEA

CFI und NFI

Sollen mit der CFA zwei hierarchisch geschachtelte Modelle A und B spezifiziert und gegeneinander getestet werden, so kann der Unterschied im Modellfit statistisch über den Modelldifferenztest, d. h. über die Differenz der

◘ Tabelle 13.4. Beurteilung von ausgewählten Fit-Maßen

Fit-Maß	Guter Fit	Akzeptabler Fit
χ^2/df	.000 – 2.00	2.01 – 3.00
RMSEA	.000 – .050	.051 – .080
CFI	.970 – 1.00	.950 – .969
NFI	.950 – 1.00	.900 – .949

Modelldifferenztest

χ^2-Werte beider Modelle, überprüft werden, die wiederum χ^2-verteilt ist:

$$\chi^2_{\text{Modell B}}(df_B) - \chi^2_{\text{Modell A}}(df_A) = \Delta\chi^2(\Delta df) \tag{13.8}$$

Akzeptiert wird das Modell, das sowohl einen guten Modellfit entsprechend den Kriterien in ◘ Tabelle 13.4 als auch zusätzlich einen signifikant besseren Modellfit im χ^2-Modelldifferenztest als das Vergleichsmodell aufweist.

13.3.2 Empirisches Beispiel

Um die Konstruktvalidität des Fragebogens zur Messung des Konstruktes »Optimismus« *konfirmatorisch* zu überprüfen, wurde eine neue Stichprobe von N = 150 Personen erhoben und diesen Personen die 10 Items des Optimismus-Fragebogens vorgegeben. Zur konfirmatorischen Hypothesenprüfung mittels CFA sollte nicht derselbe Datensatz eingesetzt werden, an dem exploratorisch die Hypothesen generiert worden waren, damit sich zufällige Charakteristika der ersten Stichprobe nicht gleichermaßen auf beide Analysen auswirken können, was zu systematischen Fehlinterpretationen führen könnte.

Zwei hierarchisch geschachtelte Modelle

Aufgrund von theoretischen Annahmen wurden zwei Modelle spezifiziert, die hierarchisch geschachtelt sind.

Da alle Items – wenn auch verschiedene – Aspekte des Optimismus messen sollen, wurde mit dem ersten Modell (A) überprüft, ob die Items 1–5 Indikatoren des Konstruktes »Personaler Optimismus« und die Items 6–10 Indikatoren des Konstruktes »Sozialer Optimismus« sind, wobei die beiden latenten Variablen als korreliert spezifiziert wurden.

Mit dem zweiten Modell (B) wurde überprüft, ob alle 10 Optimismus-Items Indikatoren eines einzigen Optimismusfaktors sind (◘ Abbildung 13.2b). Dieses Modell (Modell B), in dem die Korrelation zwischen den Faktoren auf eins fixiert wird, ist äquivalent zu einem Modell, in dem nur ein einziger Faktor spezifiziert wurde, auf dem alle Indikatoren laden. Erwartet wurde, dass die zweifaktorielle Struktur besser zu den Daten passt als ein Modell mit einem gemeinsamen Faktor.

Zur Modellidentifikation wurden die Varianzen der latenten Variablen in beiden Modellen auf eins fixiert, zusätzlich wurde in Modell (B) die Kovarianz zwischen den latenten Variablen auf eins fixiert; dies bedeutet, dass in Modell (B) $\xi_1 = \xi_2$ angenommen wird.

Beide Modelle weisen positive Freiheitsgrade auf: In Modell (A) werden zehn Faktorladungen, zehn Fehlervarianzen und die Kovarianz zwischen den latenten Variablen, also 21 Parameter (t = 21) geschätzt, in Modell (B) nur 20 (t = 20), da die Kovarianz zwischen den latenten Variablen auf eins fixiert wird. Als empirische Informationen liegen 10 Varianzen und 45 Kovarianzen vor (s = 55), so dass Modell (A) 34 Freiheitsgrade aufweist, Modell (B) dagegen 35. Als Schätzmethode wurde die Maximum-Likelihood-Methode verwendet. Die Fit-Maße der beiden Modelle sind in ◘ Tabelle 13.5 aufgeführt.

Tabelle 13.5. Fit-Maße der beiden hierarchisch geschachtelten konfirmatorischen Faktorenanalysen

	χ^2-Wert	df	$\Delta\chi^2$	Δdf	RMSEA	CFI	NFI
Modell (B) mit einem Faktor	245.76**	35	–	–	.23	.90	.88
Modell (A) mit 2 korrelierten Faktoren	40.46	34	205.30**	1	.04	1.00	.97

** p < .01

Wie die Fit-Maße zeigen, weist Modell (B) einen *nicht* aktzeptablen Modellfit auf, Modell (A) dagegen einen guten Modellfit (χ^2 nicht signifikant, χ^2/df < 2, RMSEA < .05, CFI > .97 und NFI > .95). Zusätzlich ist der Modelldifferenztest signifikant: Modell (A) mit zwei korrelierten Faktoren passt signifikant besser zu den Daten als Modell (B) mit einem gemeinsamen Faktor.

Die geschätzten Faktorladungen in Tabelle 13.6 zeigen, dass die erklärten Varianzanteile (Kommunalitäten) der Indikatoren des Faktors »Personaler Optimismus« (PO) insgesamt höher sind als die Kommunalitäten der Indikatoren des Faktors »Sozialer Optimismus« (SO), ein Ergebnis, dass die EFA auch gezeigt hatte. Im Gegensatz zur EFA weisen die Variablen aber keine Doppelladungen auf; solche waren hypothesenkonform auch nicht spezifiziert worden. Zusätzlich korrelieren die beiden latenten Variablen erheblich (Corr(PO,SO) =.69), ein Ergebnis, das mit der EFA – orthogonale Rotation – nicht gezeigt werden konnte, aber inhaltlich plausibel ist: Personen, die

Tabelle 13.6. Ergebnisse der konfirmatorischen Faktorenanalysen

	1-Faktor-Modell			2-Faktoren-Modell				
	Optimismus			PO		SO		
Item	λ_{i1}	λ_{i1}^2	h_i^2	λ'_{i1}	λ'^2_{i1}	λ'_{i2}	λ'^2_{i2}	h'^2_i
x_1	.826	.682	.682	.816	.665	---	---	.665
x_2	.749	.560	.560	.750	.563	---	---	.563
x_3	.907	.823	.823	.957	.915	---	---	.915
x_4	.683	.466	.466	.707	.500	---	---	.500
x_5	.771	.594	.594	.794	.630	---	---	.630
x_6	.638	.408	.408	---	---	.764	.584	.584
x_7	.487	.237	.237	---	---	.686	.471	.471
x_8	.734	.538	.538	---	---	.886	.785	.785
x_9	.440	.194	.194	---	---	.592	.351	.351
x_{10}	.636	.405	.405	---	---	.761	.580	.580
				Corr(PO,SO) = .689				

Anmerkung. λ = Faktorladung, h = Kommunalität, PO = Personaler Optimismus, SO = Sozialer Optimismus.

bezogen auf ihre eigene Person optimistisch sind, sehen in der Regel auch die Umwelt eher optimistisch.

Mit der CFA konnte somit gezeigt werden, dass die 10 Optimismus-Items zwei miteinander korrelierende Konstrukte messen und dass die Items tatsächlich auf dem Faktor laden, auf dem sie nach der Theorie laden sollten. Die Bestätigung der angenommenen zweidimensionalen Struktur ist jedoch kein *hinreichender* Nachweis für die Konstruktvalidität eines Tests, da damit nicht untersucht wurde, was die zugrundeliegenden Dimensionen inhaltlich bedeuten (vgl. Schermelleh-Engel & Schweizer, 2007, ▫ Kap.14 in diesem Band; Kelava & Schermelleh-Engel, 2007, ▫ Kap. 15 in diesem Band; Nussbeck, Eid, Geiser & Courvoisier, 2007, ▫ Kap.16 in diesem Band).

13.4 Unterschiede zwischen der EFA und der CFA

Die beiden faktorenanalytischen Methoden EFA und CFA versuchen, die Zusammenhänge zwischen den beobachteten Variablen zu erklären. Die EFA ist ein theoriefreies (struktursuchendes) Verfahren, während die CFA ein theoriegeleitetes (strukturüberprüfendes) Verfahren ist. Diese unterschiedlichen Zielsetzungen (vgl. Thompson, 2004) wirken sich auch auf die möglichen Interpretationen der Ergebnisse aus. Die EFA reduziert die komplexen Informationen in der beobachteten Korrelationsmatrix und ermöglicht es, die Faktoren inhaltlich zu interpretieren, während mit der CFA Hypothesen bzgl. der faktoriellen Struktur gestestet werden, wobei die inhaltliche Interpretation der Faktoren bereits vor der Analyse festliegt.

Liegt eine Theorie vor, so sollte *immer* die CFA und nicht die EFA verwendet werden. Nur mit ihr ist es möglich, die Hypothesen konfirmatorisch zu prüfen und die Güte des resultierenden Modells zu beurteilen. Ohne theoretische Basis kann eine CFA überhaupt nicht durchgeführt werden. Ein empirisches EFA-Ergebnis kann dagegen keine Hypothesen bestätigen, auch wenn solche vorher existiert haben sollten, weil kein Modelltest möglich ist.

In ▫ Tabelle 13.7 werden die wesentlichen Unterschiede zwischen der exploratorischen und der konfirmatorischen Faktorenanalyse noch einmal übersichtlich zusammengefasst.

13.5 Zusammenfassung

Die Faktorenanalyse umfasst multivariate Analyseverfahren, die zur Datenreduktion eingesetzt werden, indem die Variation einer Vielzahl von Variablen (Testitems) auf eine deutlich geringere Zahl von gemeinsamen Dimensionen zurückgeführt wird. Im Rahmen der Faktorenanalyse werden zwei verschiedene Klassen von Methoden unterschieden: die exploratorische Faktorenanalyse (EFA) als hypothesengenerierendes und die konfirmatorische Faktorenanalyse (CFA) als hypothesenprüfendes Verfahren.

In der EFA wird zunächst eine Methode zur Faktorenextraktion ausgewählt. Mit ihr werden die Faktoren extrahiert, wobei die Faktorladungen, die Eigenwerte und die Kommunalitäten bestimmt werden. Die Bestimmung der

Tabelle 13.7. Vergleich der wesentlichen Merkmale der EFA und der CFA

	Merkmale	EFA	CFA
1.	Art des Verfahrens	hypothesengenerierendes Verfahren	hypothesenprüfendes Verfahren
2.	Datenbasis	Korrelationsmatrix	Kovarianzmatrix
3.	Anzahl der Faktoren	wird datenorientiert ermittelt	wird a priori festgelegt
4.	Korrelation der Faktoren	Die Faktoren werden so rotiert, dass entweder alle Faktoren miteinander korrelieren (oblique Rotation) oder alle unkorreliert sind (orthogonale Rotation)	Es wird a priori festgelegt, welche Faktoren miteinander korrelieren dürfen und welche nicht
5.	Zuordnung der Indikatoren zu den Faktoren	erfolgt datenorientiert im Wege der Einfachstruktur	erfolgt theoriegeleitet
6.	Interpretation der Faktoren	erfolgt post hoc	erfolgt a priori theoriegeleitet
7.	Vergleich verschiedener Modelle	Es können Modelle mit unterschiedlicher Anzahl an Faktoren vorgegeben werden. Ein Vergleich dieser Modelle ist aber nur deskriptiv möglich	Es können hierarchisch geschachtelte Modelle gegeneinander statistisch getestet werden
8.	Modellgüte	Modelltests stehen für die PCA und die PFA nicht zur Verfügung	Die Modellgüte kann sowohl für ein einzelnes Modell als auch für den Vergleich von hierarchisch geschachtelten Modellen bestimmt werden

Anzahl der Faktoren erfolgt datenorientiert aufgrund eines vorher gewählten Abbruchkriteriums. Die Faktoren werden anschließend orthogonal oder oblique rotiert, wobei es das Ziel der Rotation ist, ein Ladungsmuster zu erreichen, das dem Kriterium der so genannten Einfachstruktur entspricht. Zur Analyse der Daten mit der EFA können alle gängigen Statistikprogramme, z.B. SPSS, verwendet werden.

Auch bei der CFA wird wie bei der EFA eine Datenreduktion vorgenommen, aber im Gegensatz zur EFA erfolgt bei der CFA die Zuordnung der beobachteten Variablen zu den einzelnen Faktoren theoriegeleitet. Dazu werden explizite Hypothesen formuliert hinsichtlich der Anzahl der den Variablen zugrunde liegenden Faktoren, der Beziehungen zwischen den Variablen und den Faktoren sowie der Beziehungen zwischen den Faktoren untereinander. Die CFA prüft dann konfirmatorisch, ob diese Hypothesen verworfen werden müssen oder beibehalten werden können. Mit der CFA kann entweder ein einzelnes Modell geprüft werden; es können aber auch Vergleiche zwischen konkurrierenden Modellen vorgenommen werden. Zur Analyse der Daten mit der CFA eignen sich Programme zur Analyse von Strukturgleichungsmodellen, z.B. LISREL (Jöreskog & Sörbom, 1996), da die CFA ein Teilmodell eines Strukturgleichungsmodells darstellt.

Literatur

Bollen, K. A. (1989). *Structural equations with latent variables.* New York: Wiley.

Bortz, J. (2005). *Statistik für Sozialwissenschaftler.* Heidelberg: Springer.

Cattell, R. B. (1966). The scree test for the number of factors. *Multivariate Behavioral Research, 1,* 245–276.

Fabrigar, L. R., Wegener, D. T., MacCallum, R.C. & Strahan, E. J. (1999). Evaluating the use of exploratory factor analysis in psychological research. *Psychological Methods, 4,* 272–299.

Guttman, L. (1954). Some necessary conditions for common-factor analysis. *Psychometrika, 19,* 149–161.

Horn, J. L. (1965). A rationale and test fort the number of factors in factor analysis. *Psychometrika, 30,* 179–185.

Jöreskog, K. G. (1969). A general approach to confirmatory maximum likelihood factor analysis. *Psychometrika, 34,* 183–202.

Jöreskog, K. G. & Sörbom, D. (1996). *LISREL 8: User's Reference Guide.* Lincolnwood, IL: Scientific Software International, Inc.

Kaiser, H. F. & Dickmann, K. (1959). Analytic determination for common factors. *American Psychologist, 14,* 425–439.

Kelava, A. & Schermelleh-Engel, K. (2007). Latent-State-Trait-Theorie. In H. Moosbrugger & A. Kelava (Hrsg.), *Testtheorie und Fragebogenkonstruktion* (Kap. 15). Heidelberg: Springer.

Moosbrugger, H. & Hartig, J. (2002). Factor analysis in personality research: Some artefacts and their consequences for psychological assessment. *Psychologische Beiträge, 44,* 136–158.

Moosbrugger, H. & Hartig, J. (2003). Faktorenanalyse. In K. Kubinger und R. Jäger (Hrsg.), *Schlüsselbegriffe der Psychologischen Diagnostik* (S. 137–145). Weinheim: Beltz.

Nussbeck, F. W., Eid, M., Geiser, C., Courvoisier, D. S. & Cole, D. A. (2007). Konvergente und diskriminante Validität über die Zeit: Integration von Multitrait-Multimethod-Modellen und der Latent-State-Trait-Theorie. In H. Moosbrugger & A. Kelava (Hrsg.), *Testtheorie und Fragebogenkonstruktion.* Heidelberg: Springer.

Rauch, W. & Moosbrugger H. (im Druck) Klassische Testtheorie. Grundlagen und Erweiterungen für heterogene Tests und Mehrfacettenmodelle. In M. Amelang & C. Hornke (Hrsg.), *Enzyklopädie der Psychologie: Themenbereich B Methodologie und Methoden, Serie II Psychologie Diagnostik, Band 2 Methoden.* Göttingen: Hogrefe.

Schermelleh-Engel, K., Moosbrugger, H. & Müller, H. (2003). Evaluating the fit of structural equation models: Tests of significance and descriptive goodness-of-fit measures. *Methods of Psychological Research-Online, 8,* 23–74. Available: http://www.mpr-online.de

Schermelleh-Engel, K. & Schweizer, K. (2007). Multitrait-Multimethod-Analysen. In H. Moosbrugger & A. Kelava (Hrsg.), *Testtheorie und Fragebogenkonstruktion* (Kap. 14). Heidelberg: Springer.

Schweizer, K., Schneider, R. & Beck-Seyffer, A. (2001). Personaler und sozialer Optimismus. *Zeitschrift für Differentielle und Diagnostische Psychologie, 22,* 13–24.

Thompson, B. (2004). *Exploratory and confirmatory factor analysis: understanding concepts and applications.* Washington, DC: American Psychological Association.

14 Multitrait-Multimethod-Analysen

Karin Schermelleh-Engel & Karl Schweizer

14.1 Grundüberlegungen zur Multitrait-Multimethod-Analyse

Unter der Bezeichnung »Multitrait-Multimethod-Analyse« (MTMM-Analyse) wird eine Gruppe von Verfahren zum Nachweis der Konstruktvalidität eines Tests oder Fragebogens verstanden. Charakteristischer Weise wird für diesen Nachweis eine systematische Kombination von mehreren Traits (Merkmalen) mit mehreren Messmethoden vorgenommen.

14.1.1 Konvergente und diskriminante Validität

Häufig wird die Konstruktvalidität (vgl. Moosbrugger & Kelava, 2007, ► Kap. 2, sowie Hartig & Frey, 2007, ► Kap. 7 in diesem Band) eines neu entwickelten Tests oder Fragebogens – neben experimentellen Untersuchungen – durch Korrelationen mit anderen Testverfahren bestimmt, die dasselbe Merkmal erfassen sollen. Durch ein solches Vorgehen wird die konvergente Validität fokussiert, indem hohe Korrelationen zwischen verschiedenen Messinstrumenten, die dasselbe Merkmal messen sollen, als Beleg für die Konstruktvalidität des neuen Tests interpretiert werden. Wird z. B. ein neuer Fragebogen zur Erfassung des Traits »Extraversion« konzipiert, so sollte er hoch mit anderen Verfahren korrelieren, die dasselbe Konstrukt messen.

Erst seit dem wegweisenden Artikel von Campbell und Fiske (1959) wurde auch die diskriminante Validität neben der konvergenten Validität als ein wesentlicher Teil der Konstruktvalidität erkannt. Dem Konzept der diskriminanten Validität liegt die Überlegung zugrunde, dass Messungen von *verschiedenen* Merkmalen miteinander geringer korrelieren sollten als Messungen *desselben* Merkmals. So sollte ein neu entwickelter Fragebogen zur Erfassung des Traits »Extraversion« z. B. mit einem Verfahren zur Messung des trait-fremden Konstruktes »Neurotizismus« nicht oder zumindest geringer korrelieren als mit einem anderen Extraversionstest.

Konvergente Validität

Diskriminante Validität

Info-Box

- *Konvergente Validität* liegt vor, wenn Messungen eines Konstrukts, das mit verschiedenen Methoden erfasst wird, hoch miteinander korrelieren.
- *Diskriminante Validität* liegt vor, wenn Messungen verschiedener Konstrukte mit derselben Methode nicht oder nur gering miteinander korrelieren.

14.1.2 Methodeneffekte

Über die konvergente und die diskriminante Validität hinausgehend ist es als ein besonderes Verdienst von Campbell und Fiske (1959) anzusehen, erstmals thematisiert zu haben, dass die für die Erfassung eines Traits verwendeten Methoden bei der Bestimmung der Validität ebenfalls eine bedeutsame Rolle spielen und dass die Einflüsse dieser Methoden kontrolliert werden sollten. Nach der Vorstellung von Campbell und Fiske setzt sich jede Messung aus einer systematischen Trait-Methoden-Einheit und einem unsystematischen Fehleranteil zusammen, weshalb nicht nur der gemessene Trait (z. B. Extraversion), sondern darüber hinaus die verwendete Erfassungsmethode (z. B. Selbsteinschätzung anhand eines Fragebogens) als Bestandteil der Messung berücksichtigt werden muss.

Trait-Methoden-Einheit

Methodeneffekte

Methodeneffekte können die Validität von Schlussfolgerungen erheblich beeinträchtigen (vgl. Podsakoff, MacKenzie, Lee & Podsakoff, 2003). Werden Schüler z. B. von ihren Freunden hinsichtlich zweier Persönlichkeitsmerkmale beurteilt, so können die Beziehungen zwischen den Merkmalen eine systematische Verzerrung (engl. Bias) aufweisen, in dem die Freunde anders urteilen, als z. B. Lehrer. Dies kann sich u. U. dahingehend auswirken, dass die beiden Merkmale in der einen Untersuchung höher oder niedriger mit einander korrelieren als in der anderen, was zu Validitätsverfälschungen führen würde. Methodeneffekte können daher alternative Erklärungen für beobachtete Zusammenhänge zwischen Konstrukten liefern.

Der Begriff »Methodeneffekt« ist ein Sammelbegriff für verschiedene systematische Varianzquellen, die sich über den Trait hinausgehend auf die Validität der Messung auswirken können. Mögliche Ursachen für Methodeneffekte können Charakteristika von Messinstrumenten oder Beurteilern sein sowie von Situationen, in denen Messungen durchgeführt werden, die sich systematisch auf die Messungen auswirken. Systematische Varianz kann somit nicht nur von dem jeweils gemessenen Trait resultieren, sondern darüber hinaus auch von der verwendeten Methode.

Quellen der Methodenvarianz

Quellen der Methodenvarianz

1. Messinstrument (*Method*)
   - Verschiedene Arten von Messinstrumenten (z. B. ein Fragebogen oder ein sprachfreier Test etc.) werden zur Messung verschiedener Merkmale (z. B. logisches Denken, räumliches Verständnis) verwendet. Die Zusammenhänge zwischen den Merkmalen können mögicherweise anders ausfallen, je nachdem, ob der Fragebogen oder der sprachfreie Test verwendet wird.
   - → Der *messmethodenspezifische Bias* kann also zu einer Verzerrung der Beziehung zwischen den Merkmalen führen.
2. Beurteiler (*Informant*)
   - Verschiedene Typen von Beurteilern (z. B. Freunde oder Eltern etc.) schätzen eine Person bzgl. mehrerer Merkmale (z. B. Aggressivität,

▼

Risikobereitschaft) ein. Der Typus des Beurteilers kann einen systematischen Einfluss auf die Beziehung zwischen den Merkmalen haben, da Freunde möglicherweise zu systematisch anderen Einschätzungen kommen als Eltern.

→ Der *beurteilerspezifische Bias* kann also zu einer Verzerrung der Beziehung zwischen den Merkmalen führen.

3. Kontext (*Occasion*)
   - In verschiedenen Situationen (z. B. normales Wetter oder ein schwülheißer Sommertag etc.) werden Studierende bzgl. mehrerer Merkmale (z. B. Aufmerksamkeit, Gedächtnisleistung etc.) untersucht. Die Umgebungsbedingungen können sich systematisch auf die Beziehung zwischen den Merkmalen auswirken, da an einem schwülheißen Sommertag möglicherweise andere Leistungen erbracht werden als bei Normalwetter.

   → Der *kontextspezifische Bias* kann also zu einer Verzerrung der Beziehung zwischen den Merkmalen führen.

Maßnahmen zur Isolierung von Methodeneffekten

Um Methodeneffekte isolieren zu können, sollten strukturell unterschiedliche Messmethoden verwendet werden. Je nach Fragestellung kann dann der *messmethodenspezifische*, der *beurteilerspezifische* oder der *kontextspezifische* Bias der Beziehung zwischen den Merkmalen kontrolliert werden, indem z. B. sowohl sprachgebundene als auch sprachfreie Tests eingesetzt, Selbsteinschätzungen und Fremdeinschätzungen erhoben und/oder Messungen zu verschiedenen Zeitpunkten (Situationen) durchgeführt werden.

Die *Art der verwendeten Methoden* **bestimmt die Bezeichnung der** *Art der MTMM-Analyse*:

- Multitrait-Multimethod-Analyse (Campbell & Fiske, 1959): Zur Kontrolle der Methodenvarianz werden mehrere Messinstrumente (Methods) eingesetzt.
- Multitrait-Multiinformant-Analyse (Biesanz & West, 2004): Zur Kontrolle der Methodenvarianz werden mehrere Beurteiler (Informants) eingesetzt.
- Multitrait-Multioccasion-Analyse (Biesanz & West, 2004; Steyer, Schmitt & Eid, 1999): Zur Kontrolle der Methodenvarianz werden mehrere Messzeitpunkte (Occasions) eingesetzt.

14.2 Das MTMM-Design

Die Multitrait-Multimethod-Analyse beruht auf der Annahme, dass valide Messungen nur dann vorliegen, wenn einerseits Messungen desselben Konstrukts mit verschiedenen Methoden zu hoher Merkmalskonvergenz führen (konvergente Validität) und andererseits eine Diskrimination zwischen inhaltlich unterschiedlichen Konstrukten sowohl innerhalb einer Methode als auch zwischen verschiedenen Methoden nachgewiesen werden kann (diskriminante Validität). Auf diese Weise soll verhindert werden, dass hohe Korrelationen fälschlicherweise im Sinne einer hohen Merkmalskonvergenz interpretiert werden, obwohl sie maßgeblich auf die Methodeneinflüsse zurückzuführen sind. Valide Messungen sollten einen möglichst geringen methodenspezifischen Anteil aufweisen. Deutliche Methodeneffekte würden sich in überhöhten Korrelationen der Traits innerhalb einer Methode zeigen sowie in erhöhten Korrelationen zwischen zwei Methoden, wenn diese Methoden miteinander korreliert sind.

Um nun sowohl die konvergente als auch die diskriminante Validität psychologischer Messungen überprüfen zu können, müssen mindestens zwei (besser drei) Traits jeweils durch mindestens zwei (besser drei) Methoden gemessen werden.

Multitrait-Multimethod-Matrix

Anhand der Multitrait-Multimethod-Matrix, einer systematisch zusammengesetzten Korrelationsmatrix mit den Korrelationen aller Traits, die jeweils mit allen Methoden gemessen wurden, können die konvergente und die diskriminante Validität der Messungen bestimmt und die Methodenanteile von den Traitanteilen separiert werden.

Aufbau der MTMM-Matrix

Das allgemeine Schema der MTMM-Matrix für drei Traits und drei Methoden ist in ◘ Tabelle 1 dargestellt.

Monomethod-Blöcke

In der MTMM-Matrix werden zwei Arten von Blöcken unterschieden, die als Monomethod- und Heteromethod-Blöcke bezeichnet werden:

- Die *Monomethod-Blöcke*, zur Verdeutlichung in ◘ Tabelle 14.1 mit durchgezogenen Strichen markiert, enthalten die Korrelationen zwischen den untersuchten Traits, die jeweils mit der *gleichen* Methode erfasst wurden.

Heteromethod-Blöcke

- Die *Heteromethod-Blöcke*, in ◘ Tabelle 14.1 gestrichelt markiert, enthalten die Korrelationen zwischen den untersuchten Traits, die jeweils mit *verschiedenen* Methoden erfasst wurden.

Arten von Korrelationskoeffizienten

In der MTMM-Matrix werden vier verschiedene Arten von Koeffizienten unterschieden, nämlich die Monotrait- und die Heterotrait-Korrelationskoeffizienten, die jeweils unter der Monomethod- bzw. der Heteromethod-Bedingung erfasst werden:

Monotrait-Monomethod-Koeffizienten

- Die *Monotrait-Monomethod-Koeffizienten* in der Hauptdiagonalen der Matrix (auch *Reliabilitätsdiagonale* genannt) sind die Reliabilitätskoeffizienten der Messinstrumente; so bezeichnet z. B. *Rel*(A1) die Reliabilität von Trait 1 gemessen mit Methode A. Nach Campbell und Fiske (1959) sollten die Reliabilitätskoeffizienten möglichst hoch und nicht zu unterschiedlich sein. Diese Forderung kann jedoch nur selten eingehalten werden und wird von verschiedenen Autoren als unrealistisch angesehen.

Monotrait-Heteromethod-Koeffizienten

- Die *Monotrait-Heteromethod-Koeffizienten* in den Nebendiagonalen sind die konvergenten Validitäten der Traits, weshalb die Nebendiagonalen

Tabelle 14.1. Schema der Multitrait-Multimethod-Matrix für drei Methoden (A, B, C) und drei Traits (1, 2, 3).

		Methode A			Methode B			Methode C		
	Trait	1	2	3	1	2	3	1	2	3
Methode A	1	*Rel*(A1)								
	2	r_{A2A1}	*Rel*(A2)							
	3	r_{A3A1}	r_{A3A2}	*Rel*(A3)						
Methode B	1	$\mathbf{r_{B1A1}}$	r_{B1A2}	r_{B1A3}	*Rel*(B1)					
	2	r_{B2A1}	$\mathbf{r_{B2A2}}$	r_{B2A3}	r_{B2B1}	*Rel*(B2)				
	3	r_{B3A1}	r_{B3A2}	$\mathbf{r_{B3A3}}$	r_{B3B1}	r_{B3B2}	*Rel*(B2)			
Methode C	1	$\mathbf{r_{C1A1}}$	r_{C1A2}	r_{C1A3}	$\mathbf{r_{C1B1}}$	r_{C1B2}	r_{C1B3}	*Rel*(C1)		
	2	r_{C2A1}	$\mathbf{r_{C2A2}}$	r_{C2A3}	r_{C2B1}	$\mathbf{r_{C2B2}}$	r_{C2B3}	r_{C2C1}	*Rel*(C2)	
	3	r_{C3A1}	r_{C3A2}	$\mathbf{r_{C3A3}}$	r_{C3B1}	r_{C3B2}	$\mathbf{r_{C3B3}}$	r_{C3C1}	r_{C3C2}	*Rel*(C3)

Anmerkung. Die durchgezogenen Striche markieren Monomethod-Blöcke, die gestrichelten Linien Heteromethod-Blöcke; mit *Rel* werden die Reliabilitätskoeffizienten in der Hauptdiagonalen, der »Reliablitätsdiagonalen« innerhalb der Monomethod-Blöcke, bezeichnet, mit fettgedruckten Koeffizienten die konvergenten Validitäten in den Nebendiagonalen, den »Validitätsdiagonalen« innerhalb der Heteromethod-Blöcke.

auch als Validitätsdiagonalen bezeichnet werden. So bezeichnet z. B. r_{B1A1} die Höhe der konvergenten Validität von Trait 1 gemessen mit den Methoden B und A, und r_{C3B3} die konvergente Validität von Trait 3 gemessen mit den Methoden C und B.

Heterotrait-Monomethod-Koeffizienten

- Die **Heterotrait-Monomethod-Koeffizienten**, angeordnet in Dreiecksmatrizen der Monomethod-Blöcke unterhalb der Reliablitätsdiagonalen, beinhalten die Korrelationen zwischen unterschiedlichen Traits, die jeweils mit derselben Methode gemessen wurden. So bezeichnet z. B. r_{A2A1} die Korrelation zwischen Trait 2, gemessen mit Methode A, und Trait 1, gemessen mit Methode A. Zusammen mit den Korrelationen zwischen unterschiedlichen Traits, die jeweils mit unterschiedlichen Methoden gemessen werden (Heterotrait-Heteromethod-Koeffizienten, z. B. r_{B2A1} oder r_{B2A3}) sind sie Indikatoren der diskriminanten Validität.

Heterotrait-Heteromethod-Koeffizienten

- Die **Heterotrait-Heteromethod-Koeffizienten,** angeordnet in Dreiecksmatrizen der Heteromethod-Blöcke oberhalb und unterhalb der Validitätsdiagonalen, beinhalten die Korrelationen zwischen unterschiedlichen Traits, die jeweils mit unterschiedlichen Methoden gemessen wurden. So bezeichnet z. B. r_{B1A2} die Korrelation von Trait 1, gemessen mit Methode B, und Trait 2, gemessen mit Methode A. Hierbei handelt es sich somit um Korrelationen zwischen verschiedenen Traits, die mit verschiedenen Methoden erfasst werden, also um Koeffizienten der diskriminanten Validität, welche um den Einfluss der Methoden bereinigt wurden.

14.3 Analysemethoden

Zur Analyse der MTMM-Matrix wird die Korrelationsmatrix entsprechend den Vorgaben von Campbell und Fiske beurteilt. Dementsprechend sollten die Korrelationen zwischen Messvariablen, die denselben Trait mit unterschiedlichen Methoden (konvergente Validität) erfassen, deutlich höher ausfallen als die Korrelationen zwischen Messvariablen, die dieselbe Methode verwenden, aber unterschiedliche Traits erfassen (diskriminante Validität).

In den letzten Jahrzehnten haben sich neben der ursprünglichen korrelationsbasierten MTMM-Analyse weitere Verfahren etabliert, nämlich die Varianzanalyse (Stanley, 1961), die exploratorische Faktorenanalyse (Schweizer, 2003) sowie vor allem verschiedene Modelle der konfirmatorischen Faktorenanalyse (vgl. Moosbrugger & Schermelleh-Engel, 2007, ► Kap. 13 in diesem Band). Die konfirmatorische Faktorenanalyse erscheint am besten dazu geeignet, die Ideen von Campbell und Fiske (1959) umzusetzen. Mit diesem Verfahren können Trait- und Methodenanteile der Messungen getrennt voneinander geschätzt werden (vgl. Marsh & Grayson, 1995).

14.3.1 Die korrelationsbasierte MTMM-Analyse

Zum Nachweis der Konstruktvalidität nach den Campell-Fiske-Kriterien werden die Korrelationen in der Korrelationsmatrix inspiziert, d.h. durch paarweise Vergleiche dahingehend beurteilt, ob die Kriterien der konvergenten und der diskriminanten Validität erfüllt sind. Werden nicht alle Kriterien 100%ig erfüllt, so spricht dies trotzdem nicht unbedingt gegen die Konstruktvalidität; allerdings gibt es für die Beurteilung von Abweichungen keine verbindlichen Regeln, so dass es dem Beurteiler überlassen ist, zu entscheiden, ob die Kriterien in hinreichendem Maße erfüllt wurden, oder ob die Konstruktvalidität insgesamt in Frage gestellt bzw. in bestimmten Teilaspekten eingeschränkt werden muss.

Nachweis der konvergenten Validität

Zum Nachweis der *konvergenten Validität* sollte folgendes Kriterium erfüllt sein:

(1) Die Korrelationen von Messungen *eines* Traits gemessen mit jeweils zwei *verschiedenen* Methoden (Monotrait-Heteromethod-Koeffizienten) in den Validitätsdiagonalen sollen statistisch signifikant von null verschieden und hoch sein. Ein absolutes Maß für die Höhe der Korrelationen wird von Campbell und Fiske (1959) nicht vorgegeben. Gelingt der Nachweis der konvergenten Validität nicht, so muss davon ausgegangen werden, dass mit den unterschiedlichen Methoden verschiedene Konstrukte gemessen werden.

Nachweis der diskriminanten Validität

Zum Nachweis der *diskriminanten Validität* sollten drei Kriterien erfüllt sein:

(1) *Verschiedene* Traits, die durch die *gleiche* Methode erfasst werden (Heterotrait-Monomethod-Koeffizienten, in ◘ Tabelle 14.1 in den Dreieckmatrizen unterhalb der Reliablitätsdiagonalen), sollen miteinander geringer korrelieren als Messungen des selben Traits mit verschiedenen Methoden (Monotrait-Heteromethod-Koeffizienten in den Validitätsdiagonalen).

(2) Die Korrelationen zwischen *verschiedenen* Traits, die durch *verschiedene* Methoden erfasst werden (Hetrotrait-Heteromethod-Koeffizienten, in ◘ Tabelle 14.1 in den gestrichelten Dreiecksmatrizen über und unter den Validitätsdiagonalen), sollen niedriger sein als die konvergenten Validitätskoeffizienten in den Validitätsdiagonalen. Trifft dieses Kriterium nicht zu, so diskriminieren die inhaltlich verschiedenen Konstrukte nicht. Ursache hierfür könnte z. B. ein gemeinsamer Faktor sein, der mehrere Traits in der MTMM-Matrix umfasst.

(3) Die Muster der Korrelationskoeffizienten sollen sowohl innerhalb einer Methode (Dreiecksmatrizen unterhalb der Reliablitätsdiagonalen) als auch zwischen den Methoden (Dreieckmatrizen über und unter den Validitätsdiagonalen) etwa gleich sein. Ein exaktes Kriterium für die Übereinstimmung wird nicht vorgegeben, je nach Autor werden unterschiedliche Auswertungsempfehlungen genannt. Am häufigsten wird überprüft, ob die Rangreihe der Korrelationen über alle Teilmatrizen hinweg konstant ist oder ob die Vorzeichen der Korrelationen in allen Heterotrait-Teilmatrizen (sowohl in den Monomethod- als auch in den Heteromethod-Matrizen) übereinstimmen. Erhöhte Korrelationen innerhalb einer Methode können auf einen Methodeneffekt, erhöhte Korrelationen zwischen zwei Methoden auf korrelierte Methoden hinweisen.

Empirische Anwendung der korrelationsbasierten MTMM-Analyse

Empirisches Anwendungsbeispiel

In der Literatur wird des öfteren berichtet, dass die Big-Five-Persönlichkeitsfaktoren (vgl. Costa & McCrae, 1988, McCrae & Costa, 1987, 1999) in empirischen Untersuchungen miteinander korrelieren, obwohl sie nach der Theorie unabhängig voneinander sein sollten. Biesanz und West (2004) untersuchten dieses Problem anhand von Multitrait-Multimethod-Analysen und konnten zeigen, dass die Persönlichkeitsfaktoren tatsächlich unabhängig voneinander sind, wenn zur Erfüllung der Multimethod-Forderung verschiedene Beurteiler (Multitrait-Multiinformant-Analyse, s.o.) verwendet wurden, dass sie jedoch miteinander korrelieren, wenn zur Erfüllung der Multimethod-Forderung mehrere Messzeitpunkte (Multitrait-Multioccasion-Analyse, s.o.) untersucht wurden.

Nachfolgend sollen die Ergebnisse der MTMM-Analyse vorgestellt werden, bei der die Auswertung auf der Multitrait-Multiinformant-Matrix beruht. In der vorliegenden Studie wurden u. a. drei Persönlichkeitsmerkmale (Verträglichkeit, Gewissenhaftigkeit und Extraversion) von N = 309 Studierenden anhand von drei Methoden (drei verschiedenen Beurteilertypen) erfasst: Selbsteinschätzung (»Selbst«), Fremdeinschätzung durch einen Kommilitonen (»Peer«) sowie Fremdeinschätzung durch ein Elternteil (»Eltern«).

Tabelle 14.2. Empirische Multitrait-Multiinformant-Matrix mit drei Traits (Verträglichkeit, Gewissenhaftigkeit, Extraversion) und drei Methoden (Selbst, Peer, Eltern) (nach Biesanz & West, 2004, S. 863).

		Methode A Selbst			Methode B Peer			Methode C Eltern		
	Trait	1 Ver	2 Gew	3 Ext	1 Ver	2 Gew	3 Ext	1 Ver	2 Gew	3 Ext
Methode A Selbst	1 Ver	(.90)								
	2 Gew	.47	(.89)							
	3 Ext	.29	.19	(.89)						
Methode B Peer	1 Ver	**.20**	.08	.02	(.93)					
	2 Gew	.01	**.39**	-.11	.40	(.89)				
	3 Ext	.03	.04	**.43**	.23	.08	(.89)			
Methode C Eltern	1 Ver	**.22**	.07	.03	**.18**	.08	.05	(.93)		
	2 Gew	.04	**.35**	-.06	-.05	**.27**	-.12	.48	(.92)	
	3 Ext	.02	.04	**.41**	.02	-.03	**.43**	.20	.07	(.92)

Anmerkung. Traits: VER = Verträglichkeit, GEW = Gewissenhaftigkeit, EXT = Extraversion; Methoden (Beurteilertypen): Selbst = Selbsteinschätzung, Peer = Fremdeinschätzung durch einen Freund oder eine Freundin, Eltern = Fremdeinschätzung durch ein Elternteil.

In die MTMM-Analyse gingen somit neun Messvariablen zur Erfassung von drei Persönlichkeitsfaktoren (Traits) anhand von drei Beurteilertypen (Methoden) ein.

Die Korrelationen zwischen den neun Messvariablen sind in der MTMM-Matrix (Tabelle 14.2) aufgeführt. Die Skalen weisen zufriedenstellende bis hohe Reliabilitäten auf (Koeffizienten in der Reliablitätsdiagonalen).

Die Ergebnisse sprechen gemäß den Auswertungskriterien von Campbell und Fiske für das Vorliegen von konvergenter und diskriminanter Validität.

Nachweis der konvergenten Validität:

(1) Im vorliegenden Beispiel sind alle neun Validitätskoeffizienten mit Werten zwischen .20 und .43 signifikant von null verschieden und auch bedeutsam, so dass die konvergente Validität als nachgewiesen gelten kann.

Nachweis der diskriminanten Validität:

(1) Die Koeffizienten der Heterotrait-Heteromethod-Blöcke sind bei allen 36 Vergleichen (12 pro Block) niedriger als die Validitätskoeffizienten; z.B. ist die Korrelation zwischen Gewissenhaftigkeit, gemessen mit Methode »Peer«, und Verträglichkeit, gemessen mit Methode »Selbst« mit $r_{B2A1} = .01$ niedriger als die Korrelation zwischen Verträglichkeit, gemessen mit Methode »Peer«, und Verträglichkeit, gemessen mit Methode »Selbst« ($r_{B1A1} = .20$). Diese Koeffizienten erfüllen damit das erste Kriterium der diskriminanten Validität.

(2) Zusätzlich sollten die Korrelationen zwischen verschiedenen Traits, die durch die gleiche Methode gemessen werden (Heterotrait-Monomethod-Koeffizienten), niedriger sein als die konvergenten Validitätskoeffizienten. Das zweite Kriterium ist nicht erfüllt: Von insgesamt 36 Vergleichen treffen nur 3 zu; z. B. ist die Korrelation zwischen Gewissenhaftigkeit und Verträglichkeit, gemessen jeweils mit der Methode »Selbst« mit $r_{A2A1} = .47$ ebenso wie die Korrelation zwischen Gewissenhaftigkeit und Verträglichkeit, gemessen jeweils mit der Methode »Peer«, mit $r_{B2B1} = .40$ höher als die Korrelation zwischen den Messungen des Traits »Verträglichkeit« mit den Methoden »Peer« und »Selbst« ($r_{B1A1} = .20$).

(3) Die Muster der Merkmalsinterkorrelationen sind sowohl innerhalb als auch zwischen den Methoden etwa gleich und erfüllen damit das dritte Kriterium der diskriminanten Validität. Wie aus empirischen Studien bekannt ist, korrelieren Verträglichkeit und Gewissenhaftigkeit immer am höchsten miteinander (z. B. $r_{A2A1} = .47$), Extraversion und Gewissenhaftigkeit dagegen immer am niedrigsten (z. B. $r_{A3A2} = .19$). Von neun Dreiecksmatrizen stimmt die Rangreihe der Korrelationen nur bei den drei unteren Dreieckmatrizen nicht mit den übrigen Dreiecksmatrizen überein, in denen die Koeffizienten zwar sehr gering, jedoch der Höhe nach vertauscht sind (z. B. entspricht die Rangreihe $r_{B2A1} < r_{B3A1} < r_{B3A2}$ *nicht* der Rangreihe $r_{A2A1} > r_{A3A1} > r_{A3A2}$). Allerdings sind die Koeffizienten alle sehr niedrig und die meisten nicht signifikant von null verschieden, so dass die Unterschiede zwischen den Koeffizienten nicht substanziell sind und vernachlässigt werden können.
Die etwas höheren Korrelationen innerhalb der ersten Methode könnten – wie auch die Nichterfüllung des Heterotrait-Monomethod-Kriteriums, s. o. – auf einen Methodeneffekt hinweisen, der aber anhand der korrelationsbasierten Analyse nicht quantifiziert werden kann.

Insgesamt gibt die Analyse der MTMM-Matrix nach den Campell-Fiske-Kriterien deutliche Hinweise auf die konvergente und die diskriminante Validität der drei untersuchten Big-Five-Faktoren.

Kritik an der korrelationsbasierten MTMM-Analyse

Die von Campbell und Fiske (1959) vorgeschlagene Auswertung auf Korrelationsebene erfolgt über einfache Häufigkeitsauszählungen bzw. viele Einzelvergleiche von Korrelationskoeffizienten und ist ein geeignetes Verfahren, um einen groben Überblick über die Datenstruktur zu erhalten. Campbell und Fiske kommt damit das Verdienst zu, durch die Einführung ihrer Methode das frühere nur auf dem Konvergenzprinzip aufbauende Validierungskonzept um den Aspekt der diskriminanten Validität erweitert zu haben.

Kritikpunkte

Kritikpunkte
Mit der Auswertung auf der Korrelationsebene sind jedoch verschiedene Probleme verbunden.

1) Es werden einfache Häufigkeitsauszählungen bzw. viele Einzelvergleiche von Korrelationskoeffizienten vorgenommen. Eine Häufigkeitsauszählung von Korrelationen kann nur einen groben Überblick über die Struk-

tur der Variablen geben. Es handelt sich somit um kein zufallskritisches Vorgehen, denn in der Statistik werden Korrelationskoeffizienten üblicherweise nur unter Berücksichtigung eines Konfidenzintervalls als »größer« oder »kleiner« bezeichnet.

2) Am schwerwiegendsten ist das Problem, dass die Auswertung der Korrelationsmatrix auf einer Inspektion der manifesten Variablen basiert, während die Interpretation der Kriterien als Schlussfolgerung über zugrundeliegende latente Traits und Methoden erfolgt.
3) Ein weiteres Problem besteht darin, dass das Vorgehen bei der Auswertung auf der Korrelationsebene keine objektive, d. h. voneinander unabhängige Bestimmung der konvergenten und diskriminanten Validität ermöglicht, da Trait- und Methodeneffekte in den Schlussfolgerungen über die konvergente und diskriminante Validität konfundiert sind.
4) Da keine exakten Entscheidungsregeln vorliegen, bleibt es dem Anwender zu einem großen Teil selbst überlassen, ob er trotz Verletzung eines Kriteriums die konvergente und diskriminante Validität als nachgewiesen annehmen will. Die Auswertung ist somit sehr subjektiv.

Nach Campbell und Fiske (1959) setzt die Anwendung ihrer Auswertungskriterien strenggenommen voraus, dass alle Merkmale mit gleicher Zuverlässigkeit gemessen werden, eine Voraussetzung, die jedoch nur selten eingehalten werden kann. Bestehen größere Unterschiede in der Reliabilität einzelner Merkmale oder der verwendeten Methoden, so können Fehleinschätzungen der einzelnen Kriterien resultieren. Unterscheiden sich die Methoden systematisch in ihrer Reliabilität, so sind auch die Korrelationen innerhalb einer zuverlässigeren Methode generell höher als solche innerhalb einer unreliableren Methode.

Aufgrund der methodischen Probleme mit der ursprünglichen Auswertung von MTMM-Matrizen wurden andere Auswertungsmethoden eingesetzt, von denen sich die konfirmatorische Faktorenanalyse (Jöreskog, 1971) in den letzten Jahren als Standardmethode etabliert hat.

14.3.2 Die konfirmatorische MTMM-Analyse

Konfirmatorische Faktorenanalyse

MTMM-Matrizen können, ebenso wie andere Korrelationsmatrizen, mit konfirmatorischen Faktorenanalysen (CFA) analysiert werden (vgl. Jöreskog, 1971; Kenny & Kashy, 1992; Moosbrugger & Schermelleh-Engel, 2007, ► Kap. 13 in diesem Band). Die verschiedenen CFA-Modelle werden u. a. deshalb so häufig eingesetzt, weil sie nicht nur eine Trennung von Trait-, Methoden- und Messfehleranteilen erlauben, sondern auch eine Überprüfung der Gültigkeit der zugrunde liegenden Annahmen ermöglichen, so z. B. die Überprüfung der Eindimensionalität der einzelnen Traits und der Unkorreliertheit oder Korreliertheit von Methoden- oder Traitfaktoren. Außerdem besteht die Möglichkeit, die latenten Traitfaktoren mit Kriterien in Beziehung zu setzen, so dass zusätzlich zur Konstruktvalidität auch die Kriteriumsvalidität (vgl. Hartig, Frey & Jude 2007, ► Kap. 7 in diesem Band) auf latenter Ebene überprüft werden kann.

Faktorenanalytische MTMM-Modelle

Mit der konfirmatorischen Faktorenanalyse können je nach den zugrunde liegenden Hypothesen unterschiedliche Modelle spezifiziert werden. Am häufigsten werden Modelle mit Trait- und Methodenfaktoren verwendet. Wird jedoch davon ausgegangen, dass die Einflüsse der Methoden auf die manifesten Variablen uneinheitlich oder die Methoden nicht eindimensional sind, werden die Methodenfaktoren durch korrelierte Messfehler ersetzt.

Modelle mit Trait- und Methodenfaktoren

Die Umsetzung des MTMM-Modells erfolgt am besten mit einem konfirmatorischen Faktorenmodell (CFA-Modell), in welchem die Traits und die Methoden als Faktoren spezifiziert werden. Dieses Modell sollte mindestens drei Traits und drei Methoden beinhalten, die durch mindestens 9 (3 × 3) Indikatoren (Messvariablen) gemessen werden, wobei jeder Indikator jeweils auf einem Traitfaktor und auf einem Methodenfaktor lädt, nicht aber auf den anderen Faktoren (vgl. ◼ Abbildung 14.1). Die Traitfaktoren und die Methodenfaktoren können jeweils miteinander korrelieren, es dürfen jedoch keine Beziehungen zwischen diesen beiden Faktorengruppen bestehen, da solche Modelle nicht identifiziert wären.

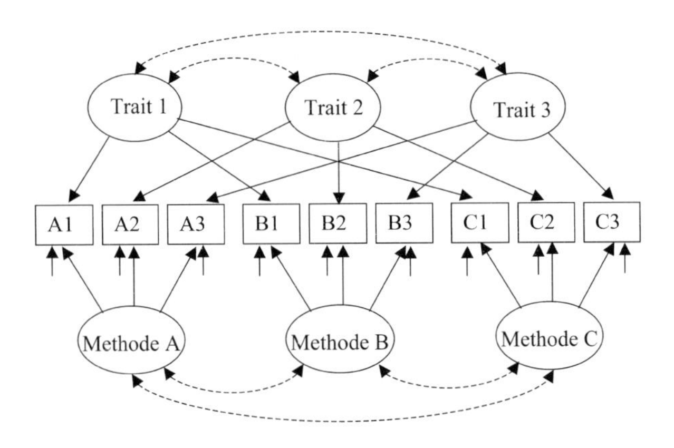

◼ **Abbildung 14.1.** CFA-Modell mit neun Indikatorvariablen, drei Traits (1, 2, 3) und drei Methoden (A, B, C). Die Traits und die Methoden können jeweils untereinander korreliert sein, was entsprechend durch gestrichelte gebogene Pfeile symbolisiert ist. Die Messfehler sind hier durch kleine Pfeile angedeutet.

Abhängig davon, ob die Faktoren innerhalb einer Faktorengruppe (Traits bzw. Methoden) miteinander korrelieren oder nicht, werden verschiedene CFA-Modelle mit Methodenfaktoren unterschieden (vgl. Marsh & Grayson, 1995; Widaman, 1985).

CFA-Modelle mit Trait- und Methodenfaktoren

CFA-Modelle mit Trait- und Methodenfaktoren

- CTCM-Modell (*correlated trait correlated method*): CFA-Modell mit korrelierten Traits und korrelierten Methoden
- CTUM-Modell (*correlated trait uncorrelated method*): CFA-Modell mit korrelierten Traits und unkorrelierten Methoden
- UTCM-Modell (*uncorrelated trait correlated method*): CFA-Modell mit unkorrelierten Traits und korrelierten Methoden
- UTUM-Modell (*uncorrelated trait uncorrelated method*): CFA-Modell mit unkorrelierten Traits und unkorrelierten Methoden

Am ehesten werden die Annahmen von Campbell und Fiske mit dem CTUM-Modell umgesetzt. Kann man aber davon ausgehen, dass die Traits nicht miteinander korrelieren sollten, so wäre das UTUM-Modell angemessen (vgl. empirisches Anwendungsbeispiel, s. u.). Die Vorteile dieser Modelle liegen darin, dass die Trait- und Methodenvarianz der Indikatoren voneinander getrennt geschätzt und die konvergente und diskriminante Validität unabhängig von der verwendeten Methode bestimmt werden können: Konvergente Validität wird durch hohe Faktorladungen auf den Traitfaktoren und diskriminante Validität durch geringe Korrelationen zwischen den Traits nachgewiesen. Der Einfluss der Methoden zeigt sich anhand der Höhe der Faktorladungen auf den Methodenfaktoren. Somit setzt sich jede Messung aus einem Traitanteil, einem Methodenanteil und einem unsystematischen Messfehler zusammen.

Modelle mit Traitfaktoren und korrelierten Messfehlern

Einflüsse von eindimensionalen Methodenfaktoren lassen sich oftmals nicht nachweisen. Werden keine Einflüsse gefunden, so kann dies einerseits daran liegen, dass tatsächlich keine systematischen Effekte der Methoden bestehen, andererseits können aber auch Schätzprobleme bei der Analyse von Modellen mit Methodenfaktoren auftreten, so dass Methodenfaktoren nicht spezifiziert werden können. In solchen Fällen können korrelierte Messfehler die Methoden ersetzen (vgl. ◘ Abbildung 14.2).

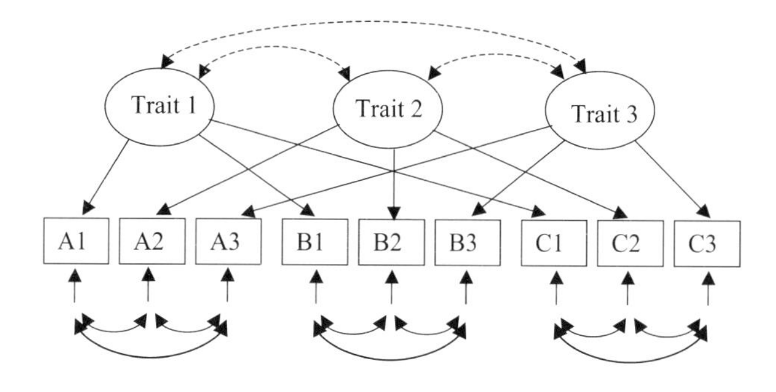

◘ Abbildung 14.2. CFA-Modell mit neun Indikatorvariablen, drei Traits (1, 2, 3) und korrelierten Messfehlern der Indikatoren innerhalb jeder »Methode« (A, B, C).

Abhängig davon, ob die Traits miteinander korrelieren oder nicht, werden zwei CFA-Modelle mit korrelierten Messfehlern unterschieden (vgl. Widaman, 1985).

CFA-Modelle mit korrelierten Messfehlern

CFA-Modelle mit korrelierten Messfehlern

- CTCU-Modell (*correlated trait correlated uniqueness*):
  CFA-Modell mit korrelierten Traits und korrelierten Messfehlern innerhalb jeder einzelnen »Methode«, wobei diese aber nicht explizit als Methodenfaktoren spezifiziert werden.
- UTCU-Modell (*uncorrelated trait correlated uniqueness*):
  CFA-Modell mit unkorrelierten Traits und korrelierten Messfehlern innerhalb der einzelnen »Methoden«.

Bei den Modellen mit korrelierten Messfehlern wird die Methodenvarianz aus der Gesamtvarianz der Indikatoren herauspartialisiert, so dass die konvergente und die diskriminante Validität unabhängig vom Einfluss der verwendeten Methoden bestimmt werden kann. Die Methodeneffekte sind in den Fehlervariablen als systematische Anteile enthalten.

Empirische Anwendung der CFA

Zum Vergleich mit dem korrelationsbasierten Ansatz soll die Multitrait-Multiinformant-Matrix (vgl. Biesanz & West, 2004) nun mit dem UTUM-Modell der konfirmatorischen Faktorenanalyse überprüft werden (◘ Abbildung 14.3). Dieses Modell wird hier gewählt, weil einerseits nach der Theorie die Traits voneinander unabhängig sein sollten und andererseits auch die Methoden als voneinander unabhängig angenommen werden können, da nicht davon ausgegangen werden kann, dass systematische Beziehungen zwischen den Einschätzungen der untersuchten Personen mit denen der Eltern und denen der Peers bestehen. Eine Überprüfung dieser Daten mit anderen MTMM-Modellen findet sich in Biesanz und West (2004).

Die Überprüfung der Güte des gesamten Modells zeigt (vgl. Schermelleh-Engel, Moosbrugger & Müller, 2003), dass eine gute Passung zwischen Modell und den Daten besteht: Der χ^2-Wert, der möglichst klein, für einen guten Modellfit kleiner als zweimal die Anzahl der Freiheitsgrade (df) des Modells sein sollte, ist χ^2 (18 *df*) = 26.51. Auch die deskriptiven Gütemaße weisen einen guten Modellfit auf mit einem RMSEA (Root Mean Square Error of Approximation) von .03 (dieser Wert sollte <.05 sein) und zwei weiteren Gütekriterien, CFI (Comparative Fit Index) und NFI (Normed Fit Index), die möglichst nahe an eins herankommen sollten: CFI = .98 und NFI = .96 (vgl. auch Moosbrugger & Schermelleh-Engel, 2007, ◘ Kap. 13 in diesem Band).

Wie die einzelnen Parameterschätzungen zeigen, weist *Extraversion* die höchsten Faktorladungen auf, *Gewissenhaftigkeit* mittlere und *Verträglichkeit* die niedrigsten Faktorladungen, aber alle Werte sind ein Beleg für die konvergente Validität der Messungen. Die diskriminante Validität zeigt sich darin, dass die Traits nicht miteinander korrelieren. Die Varianz jeder gemessenen

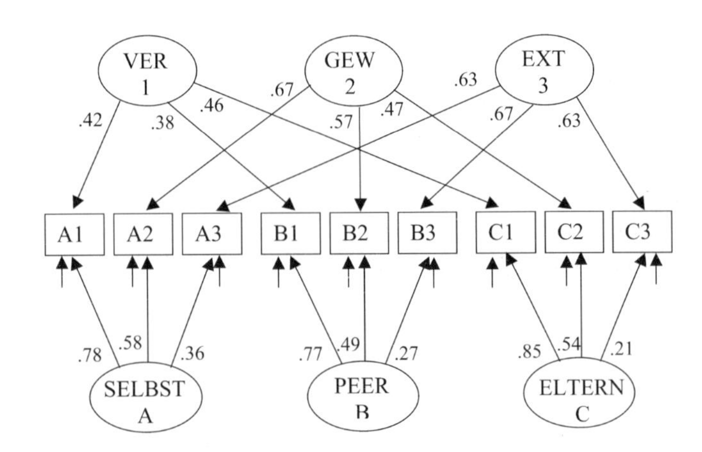

◘ Abbildung 14.3. Ergebnisse des UTUM-Modells, in welchem die Traits *Verträglichkeit* (VER), *Gewissenhaftigkeit* (GEW) und *Extraversion* (EXT) ebenso wie die Methoden *Selbsteinschätzung* (Selbst), *Fremdeinschätzung durch einen Freund oder eine Freundin* (Peer) sowie *Fremdeinschätzung durch ein Elternteil* (Eltern) jeweils als untereinander unkorreliert angenommen werden. Alle Faktorladungen sind signifikant von null verschieden.

Variablen (hier: z-standardisiert mit einer Varianz von 1.00) setzt sich additiv aus Trait-, Methoden- und Fehlervarianz zusammen. Betrachtet man z. B. die Indikatorvariable B3 (*Extraversion, Fremdeinschätzung durch einen Peer*), so ist die Traitvarianz .45 (= .67 · .67), die Methodenvarianz .07 (= .27 · .27) und die Fehlervarianz .48 (= 1.00 – (.45 + .07)). Ein anderes Bild ergibt sich z. B. bei der Indikatorvariablen A1 (*Verträglichkeit*, gemessen per *Selbsteinschätzung*): Hier beträgt die Traitvarianz nur .18, die Methodenvarianz dagegen .61 und die Fehlervarianz .21. Offensichtlich messen die Indikatoren des Traits *Verträglichkeit* nur zu einem geringen Anteil den Trait, zu einem recht hohen Anteil dagegen die jeweilige Methode. Als Ursache hierfür könnte vermutet werden, dass eine studentische Population untersucht wurde, somit Personen, die in der Regel recht verträglich sind und sich in diesem Konstrukt kaum unterscheiden dürften, so dass die Streuung dieses Traits in dieser Population eingeschränkt sein könnte. Würde dagegen eine weniger homogene Population untersucht, so könnte erwartet werden, dass das Merkmal ausreichend variieren würde und somit die Traitvarianz einen größeren Anteil an der Gesamtvarianz als die Methodenvarianz aufweisen dürfte.

Insgesamt zeigen die Ergebnisse der Untersuchung, dass mit dieser MTMM-Analyse sowohl die konvergente als auch die diskriminante Validität der drei Traits nachgewiesen werden konnte, wobei Trait- und Methodenanteile voneinander getrennt bestimmt werden konnten.

Kritik an der konfirmatorischen MTMM-Analyse

Trotz der hohen Popularität und der unbestrittenen Vorteile, die konfirmatorische Faktorenanalysen bei der Analyse von MTMM-Matrizen haben, bestehen doch auch einige Probleme bei der Anwendung dieser Methode (Eid, 2000; Eid & Diener, 2006; Grayson & Marsh, 1994; Kenny & Kashy, 1992; Marsh, 1989; Nussbeck, Eid, Geiser, Courvoisier & Cole, 2007, ► Kap. 16 in diesem Band). Nicht selten treten Schätzprobleme auf, die sich in negativen Fehlervarianzen oder standardisierten Faktorladungen größer als eins manifestieren, des weiteren existieren Probleme der Identifikation dieser Modelle. Wie Marsh und Bailey (1991) anhand der Analyse von empirischen und simulierten Daten zeigen konnten, treten die Schätzprobleme vor allem bei CTCM- und CTUM-Modellen auf, während das CTCU-Modell fast immer zu korrekten Lösungen kommt. Schätzprobleme sind vor allem dann wahrscheinlich, wenn Modelle mit drei Traits und drei Methoden, d. h. mit relativ wenigen Faktoren analysiert werden und wenn die untersuchte Stichprobe klein ist. Um diese Probleme zu verringern, schlagen Marsh und Grayson (1995) vor, mindestens vier Traits und drei Methoden mit einer Stichprobe von $N > 250$ zu erheben. Zwar werden dadurch die Modelle deutlich stabiler, so dass Schätzprobleme geringer werden, jedoch können Identifikationsprobleme auch weiterhin auftreten.

CTC(*M*-1)-Modell

Eid (2000) konnte dagegen zeigen, dass die Identifikationsprobleme dann beseitigt sind, wenn eine Methode weniger spezifiziert wird, als Methoden erhoben wurden (vgl. Nussbeck, Eid, Geiser, Courvoisier & Cole, 2007, ► Kap. 16 in diesem Band) Dieses als CTC(*M*-1)-Modell bezeichnete Modell stellt eine spezielle Variante des CTCM-Modells dar und unterscheidet sich von diesem nur dadurch, dass eine Methode als Standardmethode definiert und nicht mitmodelliert wird; alle anderen Methoden werden dann im Vergleich zur Standardmethode interpretiert. Auch mit diesem Modell können wie mit den übrigen Modellen Trait-, Methoden- und Fehlervarianz unabhängig voneinander geschätzt werden. Durch die Vermeidung einer Überparametrisierung wird das Identifikationsproblem mit diesem Modell behoben. Allerdings ist eine wesentliche Eigenschaft des CTC(*M*-1)-Modells, dass es nicht symmetrisch ist, d.h. dass die Modellgüte je nach gewählter Standardmethode unterschiedlich ausfällt. Eid (2000) empfiehlt deshalb, die Wahl der Standardmethode nach theoretischen Überlegungen vorzunehmen.

14.4 Zusammenfassung

Nach Campbell und Fiske (1959) setzt sich jede Messung aus einer systematischen Trait-Methoden-Einheit und einem unsystematischen Fehleranteil zusammen, so dass nicht nur der gemessene Trait, sondern darüber hinaus die verwendete Methode als Bestandteil der Messung berücksichtigt werden muss. Konstruktvalidität liegt nach Campbell und Fiskes Konzept nur dann vor, wenn einerseits Messungen desselben Konstrukts mit verschiedenen Messmethoden zu einer hohen Übereinstimmung führen (konvergente Validität) und andererseits eine Diskrimination zwischen inhaltlich unterschiedlichen Konstrukten, sowohl innerhalb einer Messmethode als auch zwischen den Methoden, nachgewiesen werden kann (diskriminante Validität).

Anhand der Multitrait-Multimethod-Matrix, einer Korrelationsmatrix von mindestens drei Traits gemessen mit mindestens drei Methoden, die systematisch aus den erhobenen Messvariablen zusammengesetzt ist, kann die konvergente und die diskriminante Validität der Messungen bestimmt werden.

Zum Nachweis der Konstruktvalidität anhand der korrelationsbasierten MTMM-Analyse werden die Korrelationen in der Korrelationsmatrix durch systematische Vergleiche deskriptiv dahingehend beurteilt, ob die Kriterien der konvergenten und der diskriminanten Validität erfüllt sind. Mit den Modellen der konfirmatorischen MTMM-Analyse ist es möglich, Trait-, Methoden- und unsystematische Messfehleranteile der gemessenen Variablen unabhängig voneinander zu schätzen und die Gültigkeit der zugrunde liegenden Annahmen zu überprüfen.

Zur korrelationsbasierten MTMM-Analyse kann jedes Statistikprogramm, z. B. SPSS, verwendet werden, das Korrelationen berechnet. Die verschiedenen Modelle der konfirmatorischen MTMM-Analyse können mit Verfahren zur Analyse von linearen Strukturgleichungsmodellen überprüft werden. Hierzu bieten sich die Programme LISREL (Jöreskog & Sörbom, 1996) oder M*plus* (Muthén & Muthén, 2004) an, mit denen konfirmatorische Faktorenanalysen entsprechend der Hypothesen spezifiziert und die Ergebnisse anhand der Gütekriterien evaluiert werden (vgl. Schermelleh-Engel, Moosbrugger & Müller, 2003).

Literatur

Biesanz, J. C. & West, S. G. (2004). Towards understanding assessments of the Big Five: multitrait-multimethod analyses of convergent and discriminant validity across measurement occasion and type of observer. *Journal of Personality, 72,* 845–876.

Campbell, D. T. & Fiske, D. W. (1959). Convergent and discriminant validation by the multitrait-multimethod matrix. *Psychological Bulletin, 56,* 81–105.

Costa, P. T., Jr., & McCrae, R. R. (1988). From catalog to classification: Murray's needs and the five-factor model. *Journal of Personality and Social Psychology, 55,* 258–265.

Eid, M. (2000). A multitrait-multimethod model with minimal assumptions. *Psychometrika, 65,* 241–261.

Eid, M. & Diener, E. (Eds.) (2006). *Handbook of multimethod measurement in psychology.* Washington, DC: American Psychological Association.

Grayson, D., & Marsh, H. W. (1994). Identification with deficient rank loading matrices in confirmatory factor analysis: Multitrait-multimethod models. *Psychometrika, 59,* 121–134.

Hartig, J., Frey, A. & Jude, N. (2007). Validität. In H. Moosbrugger & A. Kelava (Hrsg.), *Testtheorie und Fragebogenkonstruktion.* Heidelberg: Springer.

Jöreskog, K. (1971). Statistical analysis of sets of congeneric tests. *Psychometrika, 36,* 109–133.

Jöreskog, K. G. & Sörbom, D. (1996). *LISREL 8: User's Reference Guide.* Lincolnwood, IL: Scientific Software International, Inc.

Kelava, A. & Schermelleh-Engel, K. (2007). Latent-State-Trait-Theorie. In H. Moosbrugger & A. Kelava (Hrsg.), *Testtheorie und Fragebogenkonstruktion* (Kapitel 15). Heidelberg: Springer.

Kenny, D. A., & Kashy, D. A. (1992). Analysis of the multitrait-multimethod matrix by confirmatory factor analysis. *Psychological Bulletin, 112,* 165–172.

Marsh, H. W. (1989). Confirmatory factor analyses of multitrait-multimethod data: Many problems and a few solutions. *Applied Psychological Measurement, 13,* 335–361.

Marsh, H. W. & Bailey, M. (1991). Confirmatory factor analysis of multitrait-multimethod data: A comparison of alternative models. *Applied Psychological Measurement, 15,* 47–70.

Marsh, H. W. & Grayson, D. (1995). Latent variable models of multitrait-multimethod data. In R. H. Hoyle (Ed.), *Structural equation modeling: Concepts, issues, and applications* (pp. 177–187). Thousand Oaks, London: Sage.

McCrae, R. R., & Costa, P. T., Jr. (1987). Validation of the five-factor model of personality across instruments and observers. *Journal of Personality and Social Psychology, 52,* 81–90.

McCrae, R. R., & Costa, P. T., Jr. (1999). A five-factor theory of personality. In L. A. Pervin & O. P. John (Eds.), *Handbook of personality: Theory and research* (2nd ed., pp. 139–196). New York: Guilford Press.

Moosbrugger, H. & Kelava, A. (2007). Qualitätsanforderungen an einen psychologischen Test (Testgütekriterien). In H. Moosbrugger & A. Kelava (Hrsg.), *Testtheorie und Fragebogenkonstruktion.* Heidelberg: Springer.

Moosbrugger, H. & Schermelleh-Engel, K. (2007). Exploratorische (EFA) und Konfirmatorische Faktorenanalyse (CFA). In H. Moosbrugger & A. Kelava (Hrsg.), *Testtheorie und Fragebogenkonstruktion.* Heidelberg: Springer.

Muthén, L. K. & Muthén, B. (2004). *Mplus User's Guide* (3rd ed.). Los Angeles, CA: Muthén & Muthén.

Nussbeck, F. W., Eid, M., Geiser, C., Courvoisier, D. S. & Cole, D. A. (2007). Konvergente und diskriminante Validität über die Zeit: Integration von Multitrait-Multimethod-Modellen und der Latent State-Trait-Theorie. In H. Moosbrugger & A. Kelava (Hrsg.), *Testtheorie und Fragebogenkonstruktion.* Heidelberg: Springer.

Podsakoff, P. M., MacKenzie, S. B., Lee, J.-Y. & Podsakoff, N. P. (2003). Common method biases in behavioral research: A critical review of the literature and recommended remedies. *Psychological Methods, 88,* 879–903.

Schermelleh-Engel, K., Moosbrugger, H. & Müller, H. (2003). Evaluating the fit of structural equation models: Tests of significance and descriptive goodness-of-fit measures. *Methods of Psychological Research Online, 8,* 23–74. Available: http://www.mpr-online.de

Schweizer, K. (2003). The role of expectations in investigating multitrait-multimethod matrices by Procrustes rotation. *Methods of Psychological Research Online, 8,* 1-19. Available: http://www.mpr-online.de

Stanley, J. C. (1961). Analysis of unreplicated three-way classifications with applications to rater bias and trait independence. *Psychometrika, 26,* 205–219.

Steyer, R., Schmitt, M., & Eid, M. (1999). Latent state-trait theory and research in personality and individual differences. *European Journal of Personality, 13,* 389–408.

Widaman, K. F. (1985). Hierarchically nested covariance structure models for multitrait-multimethod data. *Applied Psychological Measurement, 10,* 1–22.

15 Latent-State-Trait-Theorie (LST-Theorie)

Augustin Kelava & Karin Schermelleh-Engel

15.1 Einleitung

Unterscheidung von States und Traits

In der psychologischen Diagnostik ist man einerseits daran interessiert, stabile Merkmale zu messen (Dispositionen wie z.B. Neurotizismus oder Extraversion), deren Ausprägung bei einer Person sich nicht von Situation zu Situation ändern sollte. Andererseits ist man aber auch daran interessiert, die Veränderung von Merkmalen zu erfassen, z.B. von Schmerzintensität oder Heiterkeit, welche situationsabhängig variieren können. Konsistente, d.h. zeitlich stabile Merkmale werden in diesem Zusammenhang meist als »Traits« bezeichnet, wohingegen inkonsistente, d.h. zeitlich instabile Merkmale, als »States« bezeichnet werden.

Trait (Eigenschaft, Disposition, Merkmal): zeitlich stabiles, zustands- und situationsunabhängiges Merkmal (z.B. Extraversion oder Gewissenhaftigkeit)
State (Zustand): zeitlich instabiles, zustands- und situationsabhängiges Merkmal (z.B. Stimmung oder Befinden)

Trait-Forschung

Die Unterscheidung zwischen States und Traits reicht in der Differentiellen Psychologie weit zurück. Während das Trait-Konzept bereits in den Anfängen der Persönlichkeitsforschung entwickelt wurde (vgl. z.B. Allport, 1937; Cattell, 1946), wurde das State-Konzept erst viel später in die Persönlichkeitsforschung eingeführt (vgl. z.B. Bowers, 1973). Die Trait-Forschung führte zur Entwicklung der bekannten Eigenschaftsmodelle (vgl. z.B. Eysenck, 1947), die eine faktorenanalytische Grundlage haben und auf der Annahme beruhen, dass die interindividuellen Verhaltens- und Erlebensunterschiede zwischen Personen auf generalisierte Unterschiede in Eigenschaften zurückgeführt werden können.

Konsistenzkontroverse

Ob und wie sehr die Konsistenz und Stabilität individueller Verhaltensunterschiede als Voraussetzung des Eigenschaftsmodells jedoch tatsächlich erfüllt sind, wurde in der Psychologie wiederholt kontrovers diskutiert (vgl. dazu Schmitt, 1990). In dieser sog. Konsistenzkontroverse ging es um die prinzipielle Frage, ob die Annahme von überdauernden Persönlichkeitsmerkmalen oder Traits, anhand derer sich Verhalten erklären und vorhersagen lässt, überhaupt sinnvoll ist. Stark vereinfacht lässt sich die Kontroverse auf die Frage reduzieren, ob das Verhalten einer Person in einer bestimmten Situation durch deren Persönlichkeit determiniert ist (Dispositionismus, auch Personalismus) oder ob das Verhalten vielmehr von der Situation determiniert wird (Situationismus).

Dispositionismus vs. Situationismus

Typischerweise stand für die in der Differentiellen Psychologie dominierende personalistische Position die *inter*individuelle Variation im Mittelpunkt des Interesses, was dazu führte, dass situative Einflüsse als störende Fehler interpretiert wurden, die folglich eliminiert werden sollten. Umgekehrt wurde im Rahmen des allgemeinpsychologischen Ansatzes versucht, die *intra*individuellen situativen Einflüsse z.B. durch experimentelle Manipulation aufzuzeigen, wobei Unterschiede zwischen den Personen als störende Fehler interpretiert wurden (vgl. auch Steyer, Ferring & Schmitt, 1992). Während noch vor 20 Jahren die Dispositionismus-Situationismus-Debatte ausgefochten wurde, geht man heute davon aus, dass in jede psychodiagnostische Messung sowohl konsistente Merkmale der Person als auch inkonsistente Merkmale der Situation einfließen (■ Bsp. 15.1).

Beispiel 15.1

State-Angst und Trait-Angst

Als Beispiel für die explizite Unterscheidung von States und Traits sei die State-Trait-Theorie der Angst von Spielberger (1972) genannt.

State-Angst

Die State-Angst wird als vorübergehender emotionaler Zustand aufgefasst, in dem sich eine Person zu einem gegebenen Zeitpunkt im Laufe ihres Lebens befindet. Die State-Angst fluktuiert über die Zeit hinweg, kann aber prinzipiell wiederholt auftreten, wenn entsprechende Umweltbedingungen jeweils gegeben sind, oder auch andauern, falls dieselben Umweltbedingungen fortbestehen.

Trait-Angst

Die Trait-Angst hingegen wird als relativ überdauernd aufgefasst bezüglich der spezifischen Art und Weise, in der die Umwelt wahrgenommen wird bzw. in der auf Umweltgegebenheiten reagiert wird. Die Trait-Angst bedingt zum Teil die State-Angst: Personen, die eine hohe Trait-Angst aufweisen, werden in ganz unterschiedlichen Situationen eher dazu neigen, mit erhöhter Angst auf Umweltgegebenheiten zu reagieren, als Personen, die nur wenig ängstlich sind.

Beispiel-Items. Die Unterscheidung zwischen States und Traits kann entweder durch unterschiedliche Operationalisierungen, d.h. mit unterschiedlichen Itemformulierungen erzielt werden oder mit ähnlichen Itemformulierungen, aber mit unterschiedlichen Instruktionen im Fragebogen.

Zur Messung von State- und Trait-Angst in der deutschen Form des »State-Trait Anxiety Inventory« werden beispielsweise unterschiedliche Instruktionen vorgegeben (vgl. Laux, Glanzmann, Schaffner & Spielberger, 1981), die sich entweder auf den augenblicklichen Zustand der Person beziehen (State-Angst) oder auf die allgemeine Tendenz, in verschiedenen Situationen in gleicher Weise ängstlich zu reagieren (Trait-Angst). Probanden sollen entweder ankreuzen, wie sie sich im Moment fühlen (State-Angst) oder aber, wie sie sich im Allgemeinen fühlen (Trait-Angst). Die Items des Fragebogens unterscheiden sich jedoch nicht substantiell voneinander.

Beispiel für ein State-Angst-Item: »Ich bin besorgt, dass etwas schief gehen könnte.«

Beispiel für ein Trait-Angst-Item: »Ich mache mir Sorgen über ein mögliches Missgeschick.«

In der Latent-State-Trait-Theorie (LST-Theorie; vgl. Steyer, 1987; Steyer et al., 1992; Steyer, Schmitt & Eid, 1999) werden neben Einflüssen von Personenmerkmalen (Traits) auch Einflüsse der Situation (States) sowie die Interaktion von Person und Situation zur Erklärung menschlichen Verhaltens und Erlebens herangezogen. Bezogen auf das Beispiel der Angst werden Veränderungen über mehrere Messzeitpunkte hinweg als Abweichung von einer stabilen

Trait-Angst angesehen, die durch situative Einflüsse bedingt sind. Im Gegensatz zur experimentellen Persönlichkeitsforschung wird aber bei der LST-Theorie ausdrücklich nicht vorausgesetzt, dass die Situation, in der sich eine Person befindet, bekannt ist (s.u.).

15.2 Die Klassische Testtheorie als Grundlage

Ausgangspunkt: KTT

Die Latent-State-Trait-Theorie stellt eine Erweiterung der Klassischen Testtheorie dar (KTT; vgl. Moosbrugger, 2007, ► Kap. 5 in diesem Band). Um auf die formalen Grundlagen der LST-Theorie näher eingehen zu können, ist es zweckmäßig, die Klassische Testtheorie nochmals als Ausgangspunkt heranzuziehen, auf der die LST-Theorie aufgebaut ist.

In der KTT ist der »wahre Wert« einer Person v in Messvariable i (im Kontext diese Kapitels typerischerweise kein Item, sondern eine Test- oder Fragebogenhälfte) wie folgt definiert[1]:

$$\tau_{vi} := E(X_{vi}) \tag{15.1}$$

Der wahre Wert τ_{vi} ergibt sich als zu erwartender Wert aus einer intraindividuellen Verteilung X_{vi} von möglichen Werten x_{vi} einer Person v bei Messvariable i (vgl. Lord & Novick, 1968). Bei einer konkreten Messung x_{vi} tritt ein Messfehler ε_{vi} auf, so dass

$$\begin{aligned} x_{vi} &:= \tau_{vi} + \varepsilon_{vi} \\ &= E(X_{vi}) + \varepsilon_{vi} \end{aligned} \tag{15.2}$$

Der Messfehler (das Residuum) ε_{vi} beschreibt somit die Abweichung der Messung x_{vi} vom wahren Wert τ_{vi}. Die eben beschriebene Zerlegung des Messwertes sei in ◻ Abbildung 15.1 nochmals veranschaulicht:

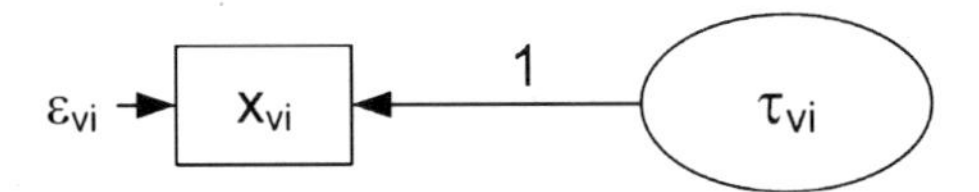

◻ **Abbildung 15.1.** Zerlegung des beobachteten Messwertes x_{vi} in den wahren Wert τ_{vi} und in einen Fehlerwert ε_{vi}

Als Maß der Messgenauigkeit eines Messinstrumentes i wird in der KTT der Reliabilitätskoeffizient Rel bestimmt (vgl. Schermelleh-Engel & Werner, 2007, ► Kap. 6 in diesem Band). Dazu betrachtet man über alle Personen hinweg zum einen die Varianz der wahren Werte $Var(\tau_i)$, die sich daraus ergibt, dass die Personen verschiedene wahre Werte haben. Zum anderen betrachtet man über alle Personen hinweg die Gesamtvarianz der Messwerte $Var(X_i)$. Die Reliabilität ist definiert als der Anteil der wahren Varianz $Var(\tau_i)$ an der Gesamtvarianz $Var(X_i)$ der Messwerte x_{vi}:

$$Rel(X_i) := \frac{Var(\tau_i)}{Var(X_i)} \tag{15.3}$$

[1] Hinweis: In diesem Kapitel kennzeichnet X_{vi} (großes X) eine Variable und x_{vi} (kleines x) einen konkreten Wert dieser Variablen.

Im Rahmen dieser formalen Konzeption ist es möglich, den Anteil der Messung zu bestimmen, der »reliabel« ist. Es ist aber nicht möglich, die Anteile der Messung zu bestimmen, die auf eine Disposition, eine Situation und die Interaktion von Disposition und Situation zurückzuführen sind. Erst die Erweiterung der KTT zur LST-Theorie erlaubt eine solche Zerlegung.

15.3 Die LST-Theorie als Erweiterung der Klassischen Testtheorie

15.3.1 Grundgedanke

Ausgangspunkt der Latent-State-Trait-Theorie (vgl. Steyer, 1987; Steyer et al., 1999) ist die Vorstellung, dass sich jede Person v zu einer Messgelegenheit t in einer persönlichen, d.h. interindividuell variierenden (Lebens-)Situation befindet. Diese Vorstellung trägt dem Umstand Rechnung, dass die Messung nicht in einem situativen Vakuum stattfinden kann, sondern dass sich das Messergebnis auf die »Person in einer Situation« bezieht und folglich von der Situation beeinflusst wird. Damit ist nicht ausschließlich der wahre Wert einer Person Gegenstand der Untersuchung, sondern der wahre Wert einer Person in einer Situation zu einer gegebenen Messgelegenheit (vgl. ◘ Beispiel 15.2).

Messung der Person in einer Situation

Beispiel 15.2

Ängstlichkeit

Um den situativen Einfluss zu veranschaulichen, wollen wir folgendes Beispiel betrachten:

Michael nimmt an einer Untersuchung teil, die vorsieht, dass zu zwei Messgelegenheiten die situative Ängstlichkeit jeweils anhand zweier Fragebogenhälften erfasst wird. Bei der ersten Messgelegenheit ist Michael sehr aufgeregt, weil er an diesem Tag noch seine Fahrprüfung ablegen soll. Zur zweiten Messgelegenheit befindet er sich nicht in einer ihn persönlich beanspruchenden Situation. Demzufolge schätzt Michael sich zur ersten Messgelegenheit in beiden Fragebogenhälften deutlich höher ängstlich ein (35, 33), als zur zweiten Messgelegenheit (14, 16). Neben ihm nehmen auch andere, einander unbekannte, Personen an dieser Untersuchung teil. Wie es den anderen Personen ergeht, wissen wir nicht. Fest steht aber, dass sich jede Person zu jeder der zwei Messgelegenheiten in einer anderen Situation befindet.

15.3.2 Der wahre Wert in der LST-Theorie und dessen Zerlegung

Im Rahmen der Latent-State-Trait-Theorie wird der wahre Wert τ_{vit} definiert als der zu erwartende Wert aus einer intraindividuellen Verteilung X_{vit} von möglichen Werten x_{vi} einer Person v in Messvariable i zu Messgelegenheit t.

Wie auch in der KTT tritt bei einer (konkreten) Messung x_{vit} ein Messfehler ε_{vit} auf:

$$\begin{aligned} x_{vit} := & \quad \tau_{vit} + \varepsilon_{vit} \\ & = E(X_{vit}) + \varepsilon_{vit} \end{aligned} \tag{15.4}$$

Wahrer Wert τ_{vit} einer Person in einer Situation

Im Unterschied (vgl. Gl. (15.1)) zur KTT entspricht nun der wahre Wert dem Erwartungswert einer Verteilung von möglichen Messwerten einer Person in einer Situation. Der wahre Wert in der Latent-State-Trait-Theorie ist der wahre Wert einer Person in einer Situation und wird deshalb als *latenter State-Wert* bezeichnet.

Latente State-Variable

$$\tau_{it} := \xi_{it} + \zeta_{it} \tag{15.6}$$

In der Latent-State-Trait-Theorie wird nun dieser latente State-Wert τ_{it} in zwei weitere Werte zerlegt, nämlich in den latenten Trait-Wert ξ_{it} und den latenten State-Residuum Wert ζ_{it}. Damit ergibt sich ein Messwert x_{vit} als

$$\begin{aligned} x_{vit} = & \quad \tau_{vit} + \varepsilon_{vit} \\ & = \overbrace{\xi_{vit} + \zeta_{vit}} + \varepsilon_{vit} \end{aligned} \tag{15.5}$$

Auch dies wollen wir durch die nachfolgende ◘ Abbildung 15.2 veranschaulichen.

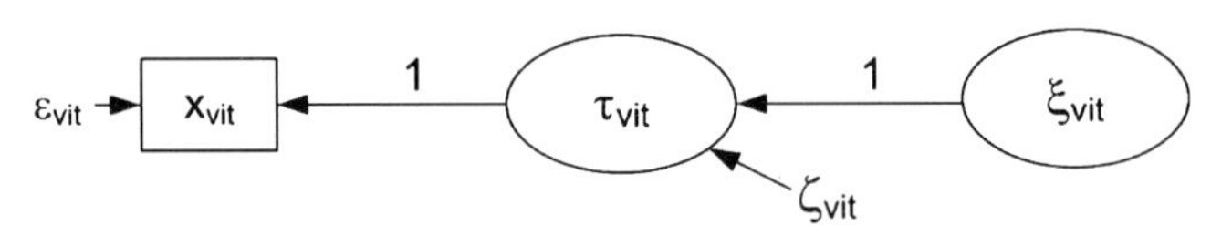

◘ **Abbildung 15.2**. Zerlegung des beobachteten Messwertes x_{vit} in einen Fehlerwert ε_{vit} sowie in den latenten State-Wert τ_{vit}, der in einen latenten Trait-Wert ξ_{vit} sowie in einen latenten State-Residuum-Wert ζ_{vit} weiterzerlegt wird.

Betrachtet man nun nicht nur eine Person, sondern eine ganze Reihe von Personen, so wird jede einzelne ihren eigenen wahren Wert haben. Die sich daraus ergebende Variable τ_{it} wird als *latente State-Variable* bezeichnet.

Latente Trait-Variable ξ_{it}

Die *latente Trait-Variable* ξ_{it} beinhaltet den zeitlich stabilen, d. h. situationsunabhängigen Einfluss der Merkmalsausprägungen der Personen auf die Messungen. Die Trait-Variable beschreibt somit die Variation der Dispositionen der Personen.

Latentes State-Residuum ζ_{it}

Die *latente State-Residuum-Variable* ζ_{it} repräsentiert die Einflüsse der Situation und der Interaktion von Person und Situation. Beide Einflüsse werden durch ζ_{it} repräsentiert. Man erhält ζ_{it} als Differenz von τ_{it} und ξ_{it}.

Dementsprechend lässt sich die Varianz der Messvariablen i zu Messgelegenheit t folgendermaßen zerlegen:

$$\begin{aligned} \mathrm{Var}(X_{it}) := & \quad \mathrm{Var}(\tau_{it}) \quad + \mathrm{Var}(\varepsilon_{it}) \\ & = \overbrace{\mathrm{Var}(\xi_{it}) + \mathrm{Var}(\zeta_{it})} + \mathrm{Var}(\varepsilon_{it}) \end{aligned} \tag{15.7}$$

15

15.3.3 Konsistenz und Spezifität

Auf Grundlage der Varianzzerlegung (15.7) kann analog zur KTT ein Maß der *Reliabilität* definiert werden. Über die KTT hinausgehend können zusätzlich Maße der *Konsistenz Con*(X_{it}) und *Spezifität Spe*(X_{it}) definiert werden (Steyer et al., 1999)[2]:

$$\text{Rel}(X_{it}) := \frac{\text{Var}(\tau_{it})}{\text{Var}(X_{it})} = \frac{\text{Var}(\xi_{it}) + \text{Var}(\zeta_{it})}{\text{Var}(X_{it})} \quad (15.8)$$

$$\text{Con}(X_{it}) := \frac{\text{Var}(\xi_{it})}{\text{Var}(X_{it})} \quad (15.9)$$

$$\text{Spe}(X_{it}) := \frac{\text{Var}(\zeta_{it})}{\text{Var}(X_{it})} \quad (15.10)$$

Wie man Gleichungen (15.8)–(15.10) entnehmen kann, gilt:

$$\text{Rel}(X_{it}) = \text{Con}(X_{it}) + \text{Spe}(X_{it}) \quad (15.11)$$

Reliabilitätskoeffizient Rel (X_{it})

Der Reliabilitätskoeffizient Rel(X_{it}) gibt (wie auch in der KTT) an, wie hoch der Anteil der wahren Varianz an der Gesamtvarianz der Variable X_{it} ist. Die wahre Varianz entspricht der Varianz der latenten State-Variablen τ_{it}. Somit beschreibt der Reliabilitätskoeffizient die Messgenauigkeit der Messvariablen i zu Messgelegenheit t.

Konsistenzkoefffizient Con (X_{it})

Der Konsistenzkoeffizient Con(X_{it}) ist Bestandteil des Reliabilitätskoeffizienten (vgl. Gl. (15.8)–(15.10)). Er gibt den Anteil der Varianz der latenten Trait-Variable ξ_{it} an der Gesamtvarianz der Variable X_{it} an und beschreibt den rein auf die Personen zurückführbaren Anteil der gemessenen Varianz. Es handelt sich hierbei um konsistente, d.h. situations-unabhängige interindividuelle Unterschiede, die die Gesamtvarianz von X_{it} bedingen. Je höher der Konsistenzkoeffizient ist, desto größer ist der Trait-Anteil an der Messung zu Messgelegenheit t; der situative Einfluss ist dann entsprechend geringer.

Spezifitätskoeffizient Spe (X_{it})

Der Spezifitätskoeffizient Spe(X_{it}) schließlich ist der verbleibende Rest des Reliabilitätskoeffizienten und damit das Gegenstück zum Konsistenzkoeffizienten (vgl. Gl. (15.10)). Er gibt den Anteil der Varianz der latenten State-Residuum-Variable ζ_{it} an der Gesamtvarianz der Variable X_{it} an und beschreibt den Anteil an der Gesamtvarianz, der auf die Situation und auf die Interaktion von Person und Situation zurückzuführen ist. Ein hoher Spezifitätskoeffizient bedeutet, dass ein hoher situativer Einfluss auf die Messung vorliegt (d.h. ein Einfluss der Situation und der Interaktion von Person und Situation).

Wie man den Gleichungen (15.8)–(15.11) entnehmen kann, sind bei gegebener Reliabilität die Konsistenz- und die Spezifitätsanteile der Varianz einer

---

[2] Der Begriff »Spezifität«, wie er im Rahmen der LST-Theorie gebraucht wird, ist nicht zu verwechseln mit dem Spezifitätsbegriff in der ROC-Analyse (s. Goldhammer & Hartig, 2007, ▶ Kap. 8 in diesem Band).

Messvariablen X_{it} gegenläufig. Je höher der eine Koeffizient bzw. Anteil, desto niedriger ist der andere. Beide Anteile repräsentieren »reliable« Anteile der Gesamtvarianz, d.h. Anteile, die durch Person und Situation erklärbar sind.

Je nach Messintention werden die Messinstumente (d. h. die Items und damit die Tests) so konstruiert, dass entweder der Konsistenzanteil überwiegt (bei der Messung von Dispositionen) oder der Spezifitätsanteil (bei der Messung von situativen Einflüssen).

15.4 Modelltypen

Auf Grundlage der dargestellten Konzepte lassen sich innerhalb der Latent-State-Trait-Theorie unterschiedliche Modelltypen spezifizieren. Dabei werden Annahmen bzgl. der Äquivalenz von latenten State- und Trait-Variablen von verschiedenen Messungen X aufgestellt (z.B., dass ein latenter Trait-Wert zu zwei Messgelegenheit gleich ist). Um die situativen und dispositionellen Anteile der Messung trennen zu können, werden die Messinstrumente zu mehreren Messgelegenheiten eingesetzt. Auch innerhalb jeder Messgelegenheit müssen mehrere Messungen mit mehreren parallelen Testhälften (oder parallelen Items oder parallelen Fragebogenhälten) vorliegen, damit dispositionelle und situationsbedingte Einflüsse von Messfehlereinflüssen getrennt werden können.

Äquivalenzhypothesen

Die aus bestimmten »Äquivalenzhypothesen« (vgl. Steyer et al., 1992; Yousfi & Steyer, 2006) resultierenden Modelle erlauben eine Bestimmung der Reliabilität, der Konsistenz und Spezifität der Messungen X_{it}. Wenn diese Kennwerte der Messungen bekannt sind, kann man beurteilen, ob das entwickelte Messinstrument seinem Anwendungszweck gerecht wird. Um beispielsweise die situative Ängstlichkeit einer Person zu messen, wäre es notwendig, dass das Instrument einerseits eine hohe Reliabilität aufweist, welche auf einem hohen Anteil an situationsbedingter Varianz (Spezifität) basiert. Darüber hinaus lassen sich mit Modellen der Latent-State-Trait-Theorie weitere inhaltliche Fragestellungen untersuchen, z.B. zur Stabilität von Traits.

Im Folgenden sollen drei Modelltypen vorgestellt werden: Das Multistate-Modell, das Singletrait-Multistate-Modell und das Multitrait-Multistate-Modell (Steyer et al., 1999; Yousfi & Steyer, 2006).

15.4.1 Multistate-Modell

Das Multistate-Modell beinhaltet auf Personenebene die Äquivalenzannahme, dass zwei Messwerte x_{vit} und x_{vjt} einer Person v bei zwei Messinstrumenten i und j (z.B. zwei parallelen Testhälften) zu Messgelegenheit t gleiche latente State-Werte τ_{vit} und τ_{vjt} haben:

$$x_{vit} = \tau_{vit} + \varepsilon_{vit} = \tau_{vt} + \varepsilon_{vit} \tag{15.12}$$

$$x_{vjt} = \tau_{vjt} + \varepsilon_{vjt} = \tau_{vt} + \varepsilon_{vjt} \tag{15.13}$$

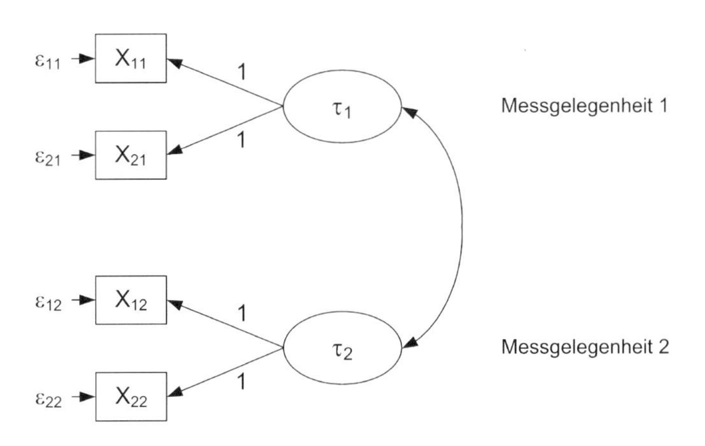

Abbildung 15.3. Multistate-Modell als Pfaddiagramm

Auf Variablenebene bedeutet dies, dass die Messvariablen X_{it} und X_{jt} zu Messgelegenheit t äquivalente latente State-Variablen τ_{it} und τ_{jt} haben, woraus eine gemeinsame latente State-Variable τ_t definiert wird:

$$\tau_{it} = \tau_{jt} =: \tau_t \tag{15.14}$$

In Abbildung 15.3 wird die Äquivalenzannahme gleicher State-Variablen τ_{it} und τ_{jt} zu Messgelegenheit t dadurch veranschaulicht, dass in dem Pfaddiagramm die Ladungen auf der latenten Variablen τ_t jeweils auf dem gleichen Wert 1 fixiert sind.

Wie man der Abbildung entnehmen kann, wurden hierbei zwei Messinstrumente (z.B. zwei parallele Testhälften) zu zwei Messgelegenheiten vorgelegt.

Unter der Annahme, dass die Variablen der wahren Werte der beiden Messinstrumente tatsächlich für eine Messgelegenheit t identisch sind, lässt sich die Reliabilität der Testhälfte i wie folgt darstellen:

$$\mathrm{Rel}(X_{it}) = \frac{\mathrm{Var}(\tau_t)}{\mathrm{Var}(X_{it})} = \frac{\mathrm{Cov}(\tau_t, \tau_t)}{\mathrm{Var}(X_{it})} = \frac{\mathrm{Cov}(\tau_{it}, \tau_{jt})}{\mathrm{Var}(X_{it})} = \frac{\mathrm{Cov}(X_{it}, X_{jt})}{\mathrm{Var}(X_{it})} \tag{15.15}$$

wobei $\mathrm{Cov}(\tau_{it}, \tau_{jt}) = \mathrm{Cov}(X_{it}, X_{jt})$, da die Messfehlervariablen untereinander und mit den Variablen der wahren Werte unkorreliert sind (vgl. Moosbrugger, 2007 ► Kap. 5 in diesem Band; τ-äquivalente Messungen).

Stabilität der latenten State-Variablen

Wie man Abb. 15.3 darüber hinaus entnehmen kann, ist eine Modellierung der Stabilität der latenten State-Variablen anhand der Schätzung der Korrelation zwischen τ_1 und τ_2 möglich. Da keine Modellierung der Trait-Variablen und der State-Residuum vorgenommen wurde, ist im Multistate-Modell eine Trennung von Konsistenz und Spezifität hingegen nicht möglich.

15.4.2 Singletrait-Multistate-Modell

Erweitert man das Multistate-Modell um die Annahme, dass die latenten Trait-Variablen über zwei Messgelegenheiten (t und s) hinweg und zwischen den Messvariablen X_{it} und X_{jt} einer Messgelegenheit identisch sind, so kann man die Trait-Variablen ξ_{it}, ξ_{jt}, ξ_{is} und ξ_{js} durch eine einzige Trait-Variable ξ ersetzen. Formal bedeutet das also:

$$\xi_{it} = \xi_{jt} = \xi_{is} = \xi_{js} =: \xi \tag{15.16}$$

Das resultierende »Singletrait-Multistate-Modell« geht davon aus, dass über die Messgelegenheiten hinweg die Merkmalsausprägungen auf den Trait-Variablen konstant bleiben, dass folglich keine Trait-Veränderungen eintreten. Für die Messvariable X_{it} ergibt sich mit dieser zusätzlichen Annahme die Gleichung (15.17):

$$\begin{aligned} X_{it} &= \overbrace{\tau_t}^{} + \varepsilon_{it} \\ &= \xi + \zeta_t + \varepsilon_{it} \end{aligned} \tag{15.17}$$

Dabei sind sowohl die latente State-Residuum-Variable ζ_t als auch die Messfehlervariable ε_{it} jeweils unabhängig voneinander.

Unter der Gültigkeit der oben gemachten Annahmen lässt sich die *Reliabilität* der Testhälfte i analog zum Multistate-Modell bestimmen (vgl. Gleichung (15.15)):

$$\mathrm{Rel}(X_{it}) = \frac{\mathrm{Var}(\tau_t)}{\mathrm{Var}(X_{it})} = \frac{\mathrm{Cov}(X_{it}, X_{jt})}{\mathrm{Var}(X_{it})} \tag{15.18}$$

Die Bestimmung der *Konsistenz* erfolgt folgendermaßen:

$$\mathrm{Con}(X_{it}) = \frac{\mathrm{Var}(\xi)}{\mathrm{Var}(X_{it})} = \frac{\mathrm{Cov}(\xi_{it}, \xi_{js})}{\mathrm{Var}(X_{it})} = \frac{\mathrm{Cov}(\tau_t, \tau_s)}{\mathrm{Var}(X_{it})} = \frac{\mathrm{Cov}(X_{is}, X_{jt})}{\mathrm{Var}(X_{it})} \tag{15.19}$$

Die *Spezifität* ergibt sich als:

$$\mathrm{Spe}(X_{it}) = \frac{\mathrm{Var}(\zeta_t)}{\mathrm{Var}(X_{it})} \tag{15.20}$$

wobei hier die Annahmen verwendet wurden, dass die Ausprägungen der latenten Trait-Variablen über die Messgelegenheiten konstant und die State-Residuen unabhängig voneinander sind. Über die Messgelegenheiten und Messvariablen hinweg variieren lediglich die Messfehler und die State-Residuen. Unterschiedliche Messwerte einer Person v sind nur durch Messfehler und Situationseinflüsse und Person-Situation-Interaktions-Einflüsse bedingt.

◻ Abb. 15.4 veranschaulicht das Modell als Pfaddiagramm, wie es z.B. im Rahmen von konfirmatorischen Faktorenanalysen (vgl. Moosbrugger & Schermelleh-Engel, 2007, ▶ Kap. 13 in diesem Band) erstellt und getestet werden könnte. Auch hier sind die Identitätsabbildungen der latenten Variablen durch Ladungen mit auf 1 fixierten Werten repräsentiert.

Die in dieser Darstellung gewählte Stabilität der Trait-Variablen (symbolisiert durch die auf 1 fixierten Koeffizienten) lässt sich konfirmatorisch testen (vgl. Moosbrugger & Schermelleh-Engel, 2007, ▶ Kap. 13 in diesem Band), wenn man mindestens drei Messgelegenheiten hat. Ist das der Fall, so kann man das auf ξ-Äquivalenz restringierte Modell gegen ein Modell testen, bei dem die Äquivalenz aufgehoben wurde und die Faktorladungen höherer Ordnung frei geschätzt werden.

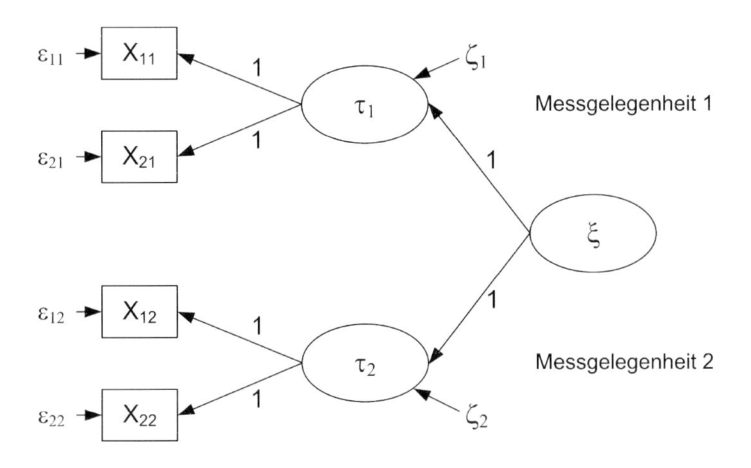

Abbildung 15.4. Single-trait-Multistate-Modell als Pfaddiagramm

15.4.3 Multitrait-Multistate-Modell

Ein weiterer interessanter Modelltyp ergibt sich, wenn man annimmt, dass die latenten Trait-Variablen identisch sind, die zu derselben Messvariable i (z.B. Testhälfte oder Fragebogenhälfte i) bei unterschiedlichen Messgelegenheiten s und t gehören; z.B. $\xi_{i1} = \xi_{i2} = \xi_i$. Das bedeutet, dass es pro Messvariable jeweils eine über die Messgelegenheiten hinweg stabile latente Trait-Variable gibt. Die latenten Trait-Variablen ξ_i und ξ_j zweier verschiedener Messvariablen X_i und X_j können sich unterscheiden. X_i und X_j könnten z.B. zwei Fragebogenhälften i und j zur Messung der Depressivität oder Ängstlichkeit darstellen. Die Bestimmung der Korrelation zwischen den Trait-Variablen ξ_i und ξ_j für die verschiedenen Messvariablen i und j erlaubt eine Schätzung der Homogenität von je zwei verschiedenen Messinstrumenten i und j über zwei verschiedenen Messgelegenheiten t und s hinweg, d.h. auch eine Schätzung der Homogenität von zwei Fragebogen- oder Testhälften.

In Abb. 15.5 sind das Multitrait-Multistate-Modell und seine Annahmen anhand eines Pfaddiagramms veranschaulicht.

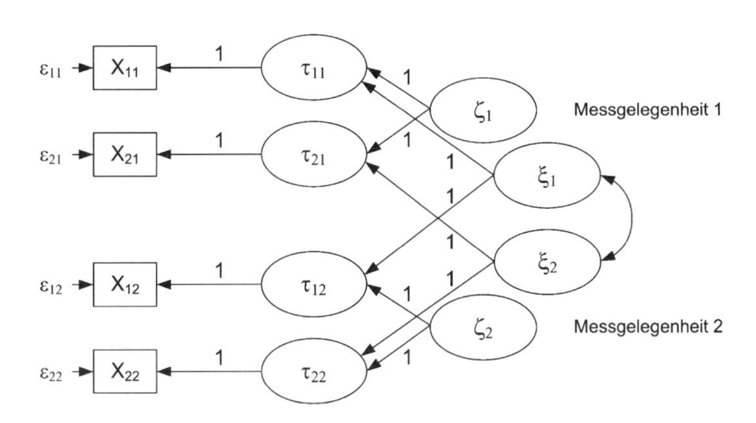

Abbildung 15.5. Multitrait-Multistate-Modell als Pfaddiagramm

Wie auch in den Modellen zuvor, wird davon ausgegangen, dass die latenten State-Residuum-Variablen ζ_{it} und ζ_{jt} innerhalb einer Messgelegenheit t identisch sind (d.h. $\zeta_i = \zeta_{it} = \zeta_{jt}$) und über die Messgelegenheiten hinweg untereinander unkorreliert sind. Darüber hinaus sind ebenso alle Fehlervariablen ε_{jt} untereinander unabhängig und unabhängig von den latenten State- und Trait-Variablen sowie von den State-Residuum-Variablen.

Die Messvariable X_{it} lässt sich nun in die folgenden Komponenten zerlegen:

$$\begin{aligned} X_{it} &= \overbrace{\tau_{it}}^{} + \varepsilon_{it} \\ &= \xi_i + \zeta_t + \varepsilon_{it} \end{aligned} \tag{15.21}$$

Die *Reliabilität* und *Spezifität* einer Messvariablen X_{it} (z.B. Test- oder Fragebogenhälfte i zu Messgelegenheit t) bestimmt man genauso wie in den vorangegangenen Modellen, nämlich als (für Messgelegenheit s analog):

$$\mathrm{Rel}(X_{it}) = \frac{\mathrm{Var}(\tau_{it})}{\mathrm{Var}(X_{it})} = \frac{\mathrm{Var}(\xi_i) + \mathrm{Var}(\zeta_t)}{\mathrm{Var}(X_{it})} \tag{15.22}$$

$$\mathrm{Spe}(X_{it}) = \frac{\mathrm{Var}(\zeta_t)}{\mathrm{Var}(X_{it})} \tag{15.23}$$

Die *Konsistenz* einer Messvariablen X_{it} ergibt sich formal wie folgt:

$$\mathrm{Con}(X_{it}) = \frac{\mathrm{Var}(\xi_i)}{\mathrm{Var}(X_{it})} = \frac{\mathrm{Cov}(\xi_{it}, \xi_{is})}{\mathrm{Var}(X_{it})} = \frac{\mathrm{Cov}(\tau_{it}, \tau_{is})}{\mathrm{Var}(X_{it})} = \frac{\mathrm{Cov}(X_{it}, X_{is})}{\mathrm{Var}(X_{it})} \tag{15.24}$$

Man sieht, dass man unter der Gültigkeit der Modellannahmen im Multitrait-Multistate-Modell die Konsistenz der Messvariablen X_{it} schätzen kann, indem man die Kovarianz $\mathrm{Cov}(X_{it}, X_{is})$ der interessierenden Messvariablen zu zwei verschiedenen Messgelegenheiten t und s an der Varianz $\mathrm{Var}(X_{it})$ der Messvariablen X_{it} relativiert.

15

15.5 Anwendungen der Latent-State-Trait-Theorie

Die Anwendung der Latent-State-Trait-Theorie kann verschiedene Ziele haben. So kann man das Ziel verfolgen, Maße der Reliabilität, Konsistenz und Situationsspezifität zu berechnen, um die Messeigenschaften eines Messinstrumentes (z.B. einer Fragebogen- oder Testhälfte) zu bestimmen. Man kann aber auch genauso das Ziel verfolgen, latente State-, Trait- und messgelegenheitsspezifische Unterschiede durch weitere Variablen zu erklären. So ist es z.B. in der therapeutischen Praxis wichtig zu wissen, ob die Veränderungen in Depressivitätsmaßen auf Veränderungen der Trait-Variable oder auf situative Einflüsse zurückzuführen sind.

In jedem Fall lassen sich diese Ziele nur dann erreichen, wenn man zu mind. zwei Messgelegenheiten Messungen anhand von mind. zwei Fragebogenhälften (oder Testhälften) durchführt. Wie wir in ▶ Abschn. 15.4 gesehen haben, haben sich darüber hinaus Modellannahmen hinsichtlich der Äquivalenz von Variablen anzustellen.

Hat man z.B. das Konstruktionsziel, ein Instrument zu entwickeln, dass als Merkmal relativ stabile Traits misst, dann geht damit die Vorstellung einher, dass in der Varianz der Messvariablen X_{it} möglichst wenig situative Einflüsse nachweisbar sein sollen. Vernachlässigt der Konstrukteur die Kontrolle potentiell situativer Einflüsse auf die Messung bei der Entwicklung des Messinstruments, führt die Anwendung des Messinstrumentes leicht zu Fehlinterpretationen. Die Konstruktvalidität würde etwa dann gemindert, wenn situative Einflüsse irrtümlich als Traiteinflüsse interpretiert werden. Die Voraussetzung für das Ziel, »eher Traits zu messen« ist also, dass das Messinstrument eine hohe Reliabilität und einen hohen Konsistenzkoeffizienten aufweist. Die Separierbarkeit der beiden Konzepte, Konsistenz und Spezifität, ermöglicht somit eine Präzisierung des Begriffes der *Messgenauigkeit*. Die Konsistenz ist als Messgenauigkeit hinsichtlich der Traits zu begreifen und die Reliabilität als Messgenauigkeit hinsichtlich der State-Variablen. Die Spezifität bezeichnet den Anteil an der Reliabilität, der auf die situativen Einflüsse zurückgeht.

Wie oben bereits erwähnt, ist die State-Angst-Skala des STAI (Laux et al., 1981) ein Beispiel für eine gelungene Konstruktion zur Messung der State-Angst. Diese Skala weist explizit einen hohen Spezifitätsanteil auf, um situationsspezifische Einflüsse zu erfassen. Auch im Bereich der State-Angst-Messung haben Weiterentwicklungen der Modelle stattgefunden, um die situationsbedingten Einflüsse von traitbedingten Einflüssen auf das Messinstrument (die Messvariable X_{it}) zu separieren (vgl. Schermelleh-Engel, Keith, Moosbrugger & Hodapp, 2004). Weitere inhaltliche Anwendungen der Latent-State-Trait-Theorie findet man u.a. bei Eid und Diener (1999), Kirschbaum et al. (1990), Rauch, Schweizer und Moosbrugger (2007), Schmitt und Steyer (1993).

15.5.1 Empirisches Beispiel

Im Folgenden wollen wir noch ein konkretes empirisches Beispiel aufführen, bei dem das Ziel verfolgt wurde, die Messeigenschaften eines Fragebogens zu überprüfen.

Zur Überprüfung, ob die vier Skalen »Aufgeregtheit«, »Besorgtheit«, »Mangel an Zuversicht« und »Interferenz« der deutschen Version des »Test Anxiety Inventory« (TAI-G, vgl. Hodapp, 1991, 1996) einen Trait oder eher einen State messen, wurden diese Skalen einer Stichprobe von N = 395 Studierenden zu drei Messgelegenheiten vorgelegt (vgl. Keith, Hodapp, Schermelleh-Engel & Moosbrugger, 2003). Zu Demonstrationszwecken der LST-Analyse sollen hier nur die Skala »Aufgeregtheit« und nur zwei Messgelegenheiten in die Darstellung eingehen.

Die Skala »Aufgeregtheit« umfasst acht Items, die sich auf subjektive Gefühle der Anspannung und auf die wahrgenommene körperliche Erregung beziehen (z.B. »Ich habe ein beklemmendes Gefühl«). Aus den acht Items wurden zwei parallele Fragebogenhälften von jeweils vier Items gebildet, um die Messfehler bei einer Modellierung im LST-Modell mit berücksichtigen zu können. Zu jeder der beiden Messgelegenheiten lagen somit dieselben zwei Fragebogenhälften zur Messung des Konstruktes »Aufgeregtheit« vor, insgesamt also vier Messvariablen (»Indikatoren«).

Singletrait-Multistate-Modell

Im vorliegenden Beispiel wurde ein Singletrait-Multistate-Modell mit zwei State-Variablen für die beiden Messgelegenheiten sowie einer Trait-Variablen »Aufgeregtheit« spezifiziert (vgl. ■ Abb. 15.6(a)), wobei davon ausgegangen wurde, dass die Fragebogenhälften parallele Messinstrumente darstellen, sodass alle Faktorladungen auf den State-Variablen auf eins fixiert und die Fehlervarianzen pro Messgelegenheit gleichgesetzt werden konnten; zusätzlich wurden auch die Ladungen auf der Traitvariablen »Aufgeregtheit« auf eins fixiert (Annahme von ξ-äquivalenten Messungen).

Da bei wiederholten Messungen zusätzlich auch noch mit indikatorspezifischen Methodeneffekten zu rechnen ist, wurden Kovarianzen zwischen

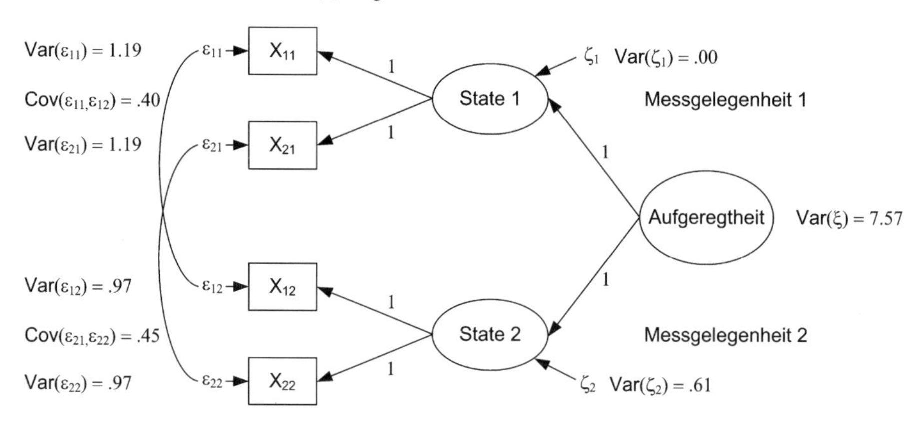

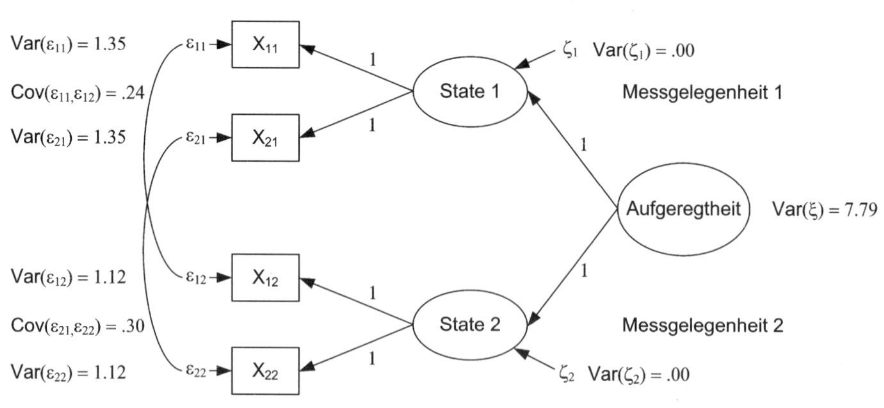

■ **Abbildung 15.6.** Ergebnisse der hierarchisch geschachtelten Modelle. Im *Singletrait-Multistate-Modell (a)* wurden die Varianzen der State-Residuum-Variablen geschätzt (da die ζ_1-Varianz nicht signifikant wurde, ist sie mit null angegeben). Im reinen *Trait-Modell (b)* wurden die Varianzen der State-Residuum-Variablen auf null fixiert.

den testhälftenspezifischen Messfehlervariablen zugelassen, eine Vorgehensweise, die von der Multitrait-Multimethod-Analyse mit korrelierten Messfehlern (correlated trait correlated uniqueness) bekannt ist (vgl. Schermelleh-Engel & Schweizer, 2007, ▶ Kap. 14 in diesem Band; Nussbeck, Eid, Geiser, Courvoisier & Cole, 2007, ▶ Kap. 16 in diesem Band). Zur Überprüfung, ob mit den Messungen neben dem gemeinsamen Trait »Aufgeregtheit« auch situationsspezifische Anteile erfasst werden, wurden zwei hierarchisch geschachtelte Modelle (vgl. Moosbrugger & Schermelleh-Engel, 2007, ▶ Kap. 13 in diesem Band) gegeneinander getestet. Hierarchisch geschachtelte Modelle beinhalten dieselbe Modellstruktur und dieselbe Datenstruktur (d.h. dieselben Indikatoren), unterscheiden sich aber darin, dass in einem der beiden Modelle ein oder mehrere Parameter auf null fixiert sind.

Trait-Modell

Im reinen Trait-Modell (s. ◘ Abb. 15.6(b)) wurden alle Varianzen der latenten State-Residuen auf null fixiert, so dass hier die Annahme geprüft wird, dass die Fragebogenhälften ausschließlich den Trait, aber keine State-Anteile messen. Dieses Modell ist äquivalent mit einem Modell, in welchem nur ein Trait spezifiziert wird, also mit einem eindimensionalen Faktorenmodell, in dem die Trait-Variable mit den State-Variablen identisch ist. Im Singletrait-Multistate-Modell, in dem das Trait-Modell hierarchisch geschachtelt ist, wurden zusätzlich zum Trait-Modell noch die State-Residuen frei geschätzt, so dass mit diesem Modell die Annahme geprüft wird, dass die Indikatoren nicht nur den Trait, sondern zusätzlich auch situationsspezifische Anteile messen.

Konfirmatorische Beurteilung der Modellgüte

Zur konfirmatorischen Beurteilung der Modellgüte wurde der χ^2-Wert bestimmt, der nach einer Daumenregel (vgl. z.B. Schermelleh-Engel, Moosbrugger & Müller, 2003) möglichst klein, für eine gute Modellanpassung kleiner als zweimal die Anzahl der Freiheitsgrade sein sollte (d.h., $\chi^2 \leq 2 \cdot df$). Zusätzlich wurde auch der Root Mean Square Error of Approximation (RMSEA) zur Modellbeurteilung herangezogen, der ein Maß dafür ist, wie gut das Modell an die Daten angepasst worden ist und für einen guten Modellfit kleiner als .05 sein sollte. Bei hierarchisch geschachtelten Modellen kann der Unterschied in der Modellanpassung statistisch mit dem Modelldifferenztest auf Signifikanz geprüft werden, d.h. mittels der Differenz der χ^2-Werte beider Modelle, die ihrerseits χ^2-verteilt ist (vgl. Moosbrugger & Schermelleh-Engel, 2007, ▶ Kap. 13 in diesem Band). Akzeptiert wird das Modell, das sowohl eine gute Modellanpassung als auch zusätzlich eine signifikant bessere Modellanpassung als das Vergleichsmodell aufweist.

Die Analysen ergaben, dass sich die Varianz des State-Residuums der ersten Messgelegenheit nicht signifikant von null unterschied, so dass dieser Parameter auf null gesetzt werden konnte. Die beiden Modelle unterschieden sich somit nur noch in einem Parameter, nämlich dem State-Residuum der zweiten Messgelegenheit, dessen Varianz im Trait-Modell auf null fixiert und im Singletrait-Multistate-Modell frei geschätzt wurde. Wie die Ergebnisse zeigen (◘ Tab. 15.1), passt das Trait-Modell nicht gut zu den Daten, da der χ^2-Wert hochsignifikant deutlich größer als $2 \cdot df$ ist sowie der RMSEA größer als .05.

Die Modellgüte des Singletrait-Multistate-Modells ist dagegen sehr gut: Der χ^2-Wert von 2.37 ist bei 4 Freiheitsgraden insignifikant und deutlich kleiner

Tabelle 15.1. Gütekriterien der beiden hierarchisch geschachtelten Modelle

	χ^2-Wert	df	$\Delta\chi^2$	Δdf	RMSEA
Trait-Modell	48.65**	5	---	---	.15
Singletrait-Multistate-Modell	2.37	4	46.28**	1	.00
**p < .01					

als 2 · df und der RMSEA ist optimal mit .00. Zusätzlich ist der Modelldifferenztest hochsignifikant ($\chi^2_{\text{Trait-Modell}} - \chi^2_{\text{Singletrait-Multistate-Modell}} = 48.65 - 2.37 = 46.28$ bei $\Delta df = 1$), so dass das Singletrait-Multistate-Modell akzeptiert und das Trait-Modell verworfen wird.

Auf Grundlage der im Singletrait-Multistate-Modell enthaltenen Varianzanteile ($Var(X_{it}) = Var(\xi) + Var(\zeta_t) + (Var(\varepsilon_{it}))$ lassen sich nun die Reliabilitätskoeffizienten für je zwei parallele Fragebogenhälften zur ersten bzw. zweiten Messgelegenheit bestimmen (Tabelle 15.2). Eine Aufwertung der Reliabilität der parallelen Fragebogenhälften zur Paralleltestreliabilität kann nach der Spearman-Brown-Formel vorgenommen werden (vgl. Schermelleh-Engel & Werner, 2007, ► Kap. 6 in diesem Band).

Tabelle 15.2. Varianzen der parallelen Fragebogenhälften zu den beiden Messgelegenheiten; Reliabilität, Konsistenz und Spezifität für das Singletrait-Multistate-Modell

	Varianz der beiden parallelen Fragebogenhälften	**Trait-Varianz**	**State-Residuum-Varianz**	**Messfehler-Varianz**	**Rel**	**Con**	**Spe**
1. Messgelegenheit X_{11}, X_{21}	8.76	7.57	.00	1.19	.86	.86	.00
2. Messgelegenheit X_{12}, X_{22}	9.15	7.57	.61	.97	.89	.83	.07

Die Konsistenz ergibt sich für jede Fragebogenhälfte jeweils aus dem Verhältnis der Trait-Varianz zur Varianz der Fragebogenhälften. Zu Messgelegenheit 1 beträgt die Konsistenz beider parallelen Fragebogenhälften 7.57/8.76 = .86. Zu Messgelegenheit 2 beläuft sie sich auf 7.57/9.15 = .83. Die Spezifität ergibt sich aus dem Verhältnis der State-Residuum-Varianz zur Varianz der Fragebogenhälfte. Zu Messgelegenheit 1 beträgt die Spezifität beider parallelen Fragebogenhälften .00/8.76 = .00. Zu Messgelegenheit 2 entspricht sie einem Wert von .61/9.15 = .07. Mit der Analyse der hierarchisch geschachtelten Modelle konnte somit gezeigt werden, dass die Fragebogenhälften tatsächlich im Wesentlichen den Trait messen und dass nur geringe situative Einflüsse bestehen.

Durch die Erweiterung der KTT zur LST-Theorie ist es somit möglich, getrennte Schätzungen der Trait-Anteile und der situationsspezifischen Anteile an der wahren Varianz vorzunehmen. Auch wenn der Einfluss der Situation im vorliegenden Beispiel relativ gering ist, so wurde doch deutlich, dass eine Messung nicht in einem situativen Vakuum stattfinden kann.

15.6 Zusammenfassung

Der State- und der Trait-Begriff sind in der Differentiellen Psychologie und in der psychologischen Diagnostik etablierte Konzepte. Der State-Begriff beschreibt einen Zustand, in dem sich eine Person in einer Situation befindet, während der Trait-Begriff eine mehr oder weniger zeitlich überdauernde Merkmalsausprägung beschreibt.

Ausgehend von der Klassischen Testtheorie führte dieses Kapitel zunächst in die formale Repräsentation der Latent-State-Trait-Theorie (LST-Theorie) ein, die eine Erweiterung der KTT darstellt. Dabei ist die *latente State-Variable* τ_{it} die Variable der wahren Werte der Personen bei Item i in Situation t und entspricht der Variable der wahren Werte in der KTT. Mit ξ_{it} wurde die *latente Trait-Variable* eingeführt, die die Variable der Erwartungswerte der Personen unabhängig von Situation t darstellt. Die latente *State-Residuum-Variable* ζ_{it} entspricht formal der Differenz zwischen der latenten State-Variablen und der Trait-Variablen. Inhaltlich repräsentiert die State-Residuum-Varianz den Anteil an der wahren Varianz, der nicht durch die Person, sondern durch die Situation und die Interaktion von Person und Situation bedingt ist.

Nach der formalen Definition der Konzepte der Latent State-Trait Theorie erfolgte die Darstellung von drei typischen Modellen der LST-Theorie und ihren inhaltlichen Eigenschaften: das Multistate-Modell, das Singletrait-Multistate-Modell und das Multitrait-Multistate-Modell. Abschließend wurden Anwendungen der LST-Theorie und ein empirisches Beispiel kurz vorgestellt.

Literatur

Allport, G. W. (1937). *Personality, a psychological interpretation.* New York: Holt & Co.

Bowers, K. S. (1973). Situationism in psychology: An analysis and a critique. *Psychological Review,* 80, 307–336.

Cattell, R. (1946). *The description and measurement of personality.* New York: World Book.

Eid, M. & Diener, E. (1999). Intraindividual variability in affect: Reliability, validity, and personality correlates. *Journal of Personality and Social Psychology, 76,* 662–676.

Eysenck, H. (1947). *Dimensions of personality.* London: Routledge and Keagan Paul.

Goldhammer, F. & Hartig, J. (2007). Interpretation von Testresultaten und Testeichung. In H. Moosbrugger & A. Kelava (Hrsg.), *Testtheorie und Fragebogenkonstruktion.* Heidelberg: Springer.

Hodapp, V. (1991). Das Prüfungsängstlichkeitsinventar TAI-G: Eine erweiterte und modifizierte Version mit vier Komponenten. *Zeitschrift für Pädagogische Psychologie, 5,* 121–130.

Hodapp, V. (1996). The TAI-G: A multidimensional approach to the assessment of test anxiety. In C. Schwarzer & M. Zeidner (Hrsg.), *Stress, anxiety, and coping in academic settings.* (S. 95–130). Tübingen: Francke.

Keith, N., Hodapp, V., Schermelleh-Engel, K. & Moosbrugger, H. (2003). Cross-sectional and longitudinal confirmatory factor models for the German Test Anxiety Inventory: A construct validation. *Anxiety, Stress & Coping, 16,* 251–270.

Kirschbaum, C., Steyer, R., Eid, M., Patalla, U., Hellhammer, D.H. & Schwenkmezger, P. (1990). Cortisol and Behavior: 2. Application of a Latent State Trait Model to Salivary Cortisol. *Psychoneuroendocrinology, 15,* 297–307.

Laux, L., Glanzmann, P., Schaffner, P. & Spielberger, C. (1981). STAI. Das State-Trait- Angst-Inventar: *Theoretische Grundlagen und Handweisung.* Weinheim: Beltz Testgesellschaft.

Moosbrugger, H. (2007). Klassische Testtheorie (KTT). In H. Moosbrugger & A. Kelava (Hrsg.), *Testtheorie und Fragebogenkonstruktion*. Heidelberg: Springer.

Moosbrugger, H. & Schermelleh-Engel, K. (2007). Exploratorische (EFA) und Konfirmatorische (CFA) Faktorenanalyse. In H. Moosbrugger & A. Kelava (Hrsg.), *Testtheorie und Fragebogenkonstruktion*. Heidelberg: Springer.

Nussbeck, F., Eid, M., Geiser, C., Courvoisier, D. S. & Cole, D. A. (2007). Konvergente und diskriminante Validität über die Zeit: Integration von Multitrait-Multimethod Modellen und der Latent State-Trait-Theorie. In H. Moosbrugger & A. Kelava (Hrsg.), *Testtheorie und Fragebogenkonstruktion*. Heidelberg: Springer.

Rauch, W., Schweizer, K. & Moosbrugger, H. (2007). Method effects due to social desirability as a parsimonious explanation of the deviation from unidimensionality in LOT-R scores. *Personality and Individual Differences, 42*, 1597–1607.

Schermelleh-Engel, K., Keith, N., Moosbrugger, H. & Hodapp, V. (2004). Decomposing person and occasion-specific effects: An extension of latent state-trait theory to hierarchical LST models. *Psychological Methods, 9*, 198–219.

Schermelleh-Engel, K., Moosbrugger, H. & Müller, H. (2003). Evaluating the fit of structural equation models: Test of significance and descriptive goodness-of-fit measures. *Methods of Psychological Research – Online, 8* (2), 23–74.

Schermelleh-Engel, K. & Schweizer, K. (2007). Multitrait-Multimethod-Analyse. In H. Moosbrugger & A. Kelava (Hrsg.), *Testtheorie und Fragebogenkonstruktion*. Heidelberg: Springer.

Schermelleh-Engel, K. & Werner, C. (2007). Methoden der Reliabilitätsbestimmung. In H. Moosbrugger & A. Kelava (Hrsg.), *Testtheorie und Fragebogenkonstruktion*. Heidelberg: Springer.

Schmitt, M. (1990). *Konsistenz als Persönlichkeitseigenschaft? Moderatorvariablen in der Persönlichkeits- und Einstellungsforschung*. Berlin: Springer.

Schmitt, M. & Steyer, R. (1993). A latent state-trait model (not only) for social desirability. *Personality and Individual Differences, 14*, 519–529.

Spielberger, C. (1972). *Anxiety: Current trends in research*. London: Academic Press.

Steyer, R. (1987). Konsistenz und Spezifität: Definition zweier zentraler Begriffe der Differentiellen Psychologie und ein einfaches Modell zu ihrer Identifikation. *Zeitschrift für Differentielle und Diagnostische Psychologie, 8*, 245–258.

Steyer, R., Ferring, D. & Schmitt, M. J. (1992). States and traits in psychological assessment. *European Journal of Psychological Assessment, 8*, 79–98.

Steyer, R., Schmitt, M. & Eid, M. (1999). Latent state-trait theory and research in personality and individual differences. *European Journal of Personality, 13*, 389–408.

Yousfi, S. & Steyer, R. (2006). Latent-State-Trait-Theorie. In F. Petermann & M. Eid (Hrsg.), *Handbuch der Psychologischen Diagnostik* (S. 346–357). Göttingen: Hogrefe.

16 Konvergente und diskriminante Validität über die Zeit: Integration von Multitrait-Multimethod-Modellen und der Latent-State-Trait-Theorie

Fridtjof W. Nussbeck, Michael Eid, Christian Geiser, Delphine S. Courvoisier & David A. Cole

16.1 Einleitung

Psychologische Messungen unterliegen einer Vielzahl von Einflüssen. Die Ausprägung der Ängstlichkeit von Schulkindern beispielsweise hängt nicht nur von ihrer dispositionellen Ängstlichkeit, sondern auch von situativen Einflüssen (die bekannt oder unbekannt sind) ab, wie z.B. dem gerade wütenden Sturm oder dem Albtraum der letzten Nacht. Außerdem fallen die Messungen je nach Messmethode, z.B. ob die Schüler sich selbst einschätzen oder ob sie von ihren Lehrern oder Eltern eingeschätzt werden, unterschiedlich aus. In vorangegangenen Kapiteln wurden bereits statistische Modelle beschrieben, die verschiedene Einflussfaktoren auf Messungen trennen und in ihrer Größe messbar machen können. Schermelleh-Engel und Schweizer (2007, ► Kap. 14 in diesem Band) beschreiben Modelle, die den Einfluss verschiedener Messmethoden auf die Messergebnisse untersuchen. Diese Methoden beinhalten ganz unterschiedliche inhaltliche Aspekte. So können z.B. die Einflüsse verschiedener Fragebögen, unterschiedlicher Rater, unterschiedlicher Facetten eines Konstruktes oder verschiedener Messgelegenheiten mit den vorgestellten Multitrait-Multimethod- (MTMM-) Modellen analysiert werden. Werden verschiedene Messgelegenheiten analysiert, bieten sich darüber hinaus Modelle der Latent-State-Trait-Theorie (vgl. Kelava & Schermelleh-Engel, 2007, ► Kap. 15 in diesem Band; Steyer, 1987, 1989; Steyer, Ferring, & Schmitt, 1992) an. Diese Modelle teilen viele strukturelle Bestandteile mit den MTMM-Modellen mit latenten Variablen, entstammen jedoch einer eigenständigen Forschungstradition.

16.1.1 MTMM - Modelle

MTMM-Modelle können herangezogen werden, um die konvergente und diskriminante Validität beispielsweise der Ratings von Fremdeinschätzung (Lehrer) und Selbsteinschätzung (Schüler) der Ängstlichkeit und Depression von Kindern zu bestimmen. Mit Hilfe der vorgestellten MTMM-Modelle lassen sich die Messfehler von den wahren Werten trennen. Die wahren Werte können dann in die Bestandteile, die auf den Einfluss des Konstrukts und der Messmethode (also der Lehrer oder der Schüler) zurückzuführen sind, zerlegt werden. Je nach ausgewähltem Modell (s. Eid, Lischetzke & Nussbeck, 2006) erhält man einen gemeinsamen Faktor als Trait und zusätzlich Abweichungsvariablen für die Selbsturteile der Schüler sowie für die Fremdurteile der Lehrer als Methodenfaktoren (Correlated Trait-Uncorrelated Method- oder Correlated Trait-Correlated Method-Modelle). In diesen Modellen werden die Traitvariablen wie ein Faktor einer Faktorenanalyse bestimmt. Alle Urteile mit allen Messmethoden tragen zur Schätzung des Faktorwertes (traits) bei. Die gemeinsamen systematischen Abweichungen der Urteile innerhalb der Methoden (also der gemeinsame Varianzanteil der Urteile, der nicht durch den Faktor erklärt werden kann) bilden die Methodenvariable.

Correlated Trait Correlated Method minus one-Modell

Im Sinne des Correlated Trait-Correlated Method-1 [CTC(M-1)]-Modells (Eid, 2000; Eid, Lischetzke, Nussbeck, & Trierweiler, 2003) kann eine

Methode als Standard gewählt werden, die allein zur Schätzung der Traitvariablen herangezogen wird und gegen die die anderen Methoden kontrastiert werden. Dienen die Ratings der Schüler als *Standardmethode*, so entspricht die Traitausprägung dem True-Score (also dem wahren Wert, vgl. Moosbrugger, 2007, ▶ Kap. 5 in diesem Band) der Schülerratings. In der True-Score-Variable der Schüler sind sowohl Einflüsse des tatsächlich zu messenden Merkmals als auch der Methode (Selbstbericht) enthalten. Die Traitvariable, die mit der Standardmethode gemessen wird, wird explizit als Variable aufgefasst, die diese beiden Komponenten enthält. Aus diesem Grund muss die Wahl der Standardmethode aus theoretischen Überlegungen erfolgen, wobei z.B. die Methode als Standard gewählt werden kann, von der die beste Einschätzung des zu messenden Merkmals erwartet werden kann. Die Traitvariable dient als Prädiktor in einer latenten Regression, die die True-Score-Variablen der Lehrer (Nicht-Standardmethoden) vorhersagen soll. Die Abweichungen der True-Scores der Lehrer werden dann in den Methodenfaktoren abgebildet (siehe Eid, Lischetzke, Nussbeck & Trierweiler, 2003). Die Methodenfaktoren sind in diesem Modell Residuen einer latenten Regression, die die Abweichung der Nicht-Standardmethoden von der Vorhersage durch die Standardmethode abbilden (vgl. Schermelleh-Engel & Schweizer, 2007, ▶ Kap. 14 in diesem Band).

16.1.2 Methodeneffekte

Im Rahmen von MTMM-Modellen gibt es verschiedene Möglichkeiten, Methodeneffekte zu konzeptualisieren. In den vorangegangenen Kapiteln (Moosbrugger & Schermelleh-Engel, 2007, ▶ Kap. 13 in diesem Band; Schermelleh-Engel & Schweizer, 2007, Kap. 14 in diesem Band; Kelava & Schermelleh-Engel, 2007, ▶ Kap. 15 in diesem Band) wurden bereits mehrere auf Strukturgleichungsmodellen aufbauende Ansätze vorgestellt. Zur Modellierung ist es notwendig zu unterscheiden, welche inhaltlichen Fragen mit den Modellen beantwortet werden sollen und welche Struktur in den Daten vorliegt. Es geht darum, die Frage zu erörtern, wie der manifeste Messwert eines Konstruktes Y_{ikmt} (i = Indikator, i.d.R. Items bzw. Itempäckchen[1], k = Konstrukt, m = Methode[2] und t = Messgelegenheit) mit bedeutungsvollen latenten Variablen erklärt werden kann. Wir wollen dies am Beispiel von Lehrer- und Schülerratings über die Zeit zu verdeutlichen. Im Wesentlichen gibt es drei Formen, wie man Methodenfaktoren in ein Modell integrieren kann (Eid, 2006; Eid et al., 2006, Eid, Nussbeck, Geiser, Cole, Gollwitzer & Lischetzke, eingereicht):

Austauschbare Methoden

a) *Die Methoden sind untereinander gleichberechtigt, bzw. austauschbar.* Dieser Fall tritt zum Beispiel ein, wenn mehrere Messgelegenheiten realisiert

[1] Um metrische Indikatoren zu erhalten, können mehrere Items, die ein Konstrukt messen, gemittelt werden. Die neu entstandene Variable nennt man Itempäckchen (item-parcel). Dieses Vorgehen ist nicht gänzlich unumstritten (siehe dazu Little, Cunningham, Shahar, and Widaman, 2002).

[2] Der Leser beachte bitte, dass m im Unterschied zu den vorangegangenen Kapiteln nicht die Zahl der Items beschreibt (1…m), sondern als Index für eine ausgewählte Methode m verwendet wird.

werden und sich keine der Messgelegenheiten von den anderen abhebt, alle Messgelegenheiten somit statistisch einer Zufallsauswahl entsprechen. Dies wäre der Fall, wenn in regelmäßigen Abständen Schüler in Bezug auf ihre Ängstlichkeit interviewt würden. Dabei darf es keine Kriterien für die Auswahl der Messgelegenheiten geben, die mit der Ausprägung des Konstrukts zusammenhängen. Die Schüler befinden sich dann zu jeder Messgelegenheit in einer zufälligen Situation, deren Einfluss auf das Konstrukt wir nicht kennen. Dies wäre natürlich nicht mehr der Fall, wenn sie vor und nach einem Selbstbewusstseinstraining gefragt würden. Genauso sind Lehrerratings prinzipiell austauschbar. Für die Fälle austauschbarer Methoden ist es sinnvoll, den Trait als einen gemeinsamen Faktor zu definieren (wie z. B. im CTUM- oder LST-Modell; Eid et al., eingereicht) (◘ Abb. 16.1a). Die Abweichungen der austauschbaren Methoden (einer Messgelegenheit oder eines Lehrers) vom gemeinsamen Faktor sind oft von substantiellem Interesse. Erklärende Konstrukte können evtl. herangezogen werden, um die Abweichung der Methoden vom gemeinsamen Faktor zu erklären.

Strukturell unterschiedliche Methoden

b) *Die Methoden sind nicht austauschbar, sie unterscheiden sich strukturell.* Werden z. B. Schüler und Lehrer zur Ängstlichkeit der Schüler befragt, stehen den Ratern unterschiedliche Informationen zur Verfügung, da die Schüler einen Selbstbericht abgeben, während die Lehrer aus der Fremdperspektive beurteilen müssen (vgl. ◘ Abb. 16.1b). Die Schüler (im Selbstbericht) können sowohl ihr eigenes Verhalten als auch ihr Erleben als Grundlage ihrer Einschätzungen nutzen. Lehrer (im Fremdbericht) müssen hingegen auf manifestes Verhalten oder Äußerungen der Schüler und Mutmaßungen über das Erleben der Schüler zurückgreifen. Es gibt Schüler, denen man ihre Angst »ansieht« und wieder andere, die sie recht gut zu verstecken wissen. Manche Schüler sind vorsichtiger und werden alleine deshalb als ängstlicher eingeschätzt. Deshalb ist es sinnvoll, die Schülerratings als Standardmethode einzusetzen und die Lehrerratings gegen diese zu kontrastieren. Dies ist im CTC(M-1)-Modell der Fall. Ungünstiger ist es, einen Trait als das den verschiedenen Ratings gemeinsame zu definieren. Denkt beispielsweise ein Kind, dass es das traurigste Kind der Welt ist, der Lehrer hingegen, dass es ein sehr glückliches Kind ist, dann ist es nicht sinnvoll, die »wahre Stimmung« als bspw. den Mittelwert der beiden Ratings zu definieren. In diesem Fall hätte das Kind einen mittleren Stimmungswert. Viel aussagekräftiger ist es, beide Methoden zu kontrastieren, um untersuchen zu können, warum sich Schüler- und Lehrerratings unterscheiden.

Gleichwertige Methoden

c) *Die Methoden sind gleichwertige Repräsentationen eines Traits,* wie z.B. Testhälften oder parallele Tests (◘ Abb. 16.1c). In MTMM-Datensätzen kann es vorkommen, dass Indikatoren trotz sehr hoher Korrelationen mit den Indikatoren desselben Traits einen spezifischen systematischen Varianzanteil binden. Dies liegt daran, dass sich die Inhalte der Items in den verschiedenen Indikatoren nicht vollständig replizieren, sondern neben den gemeinsamen sprachlichen Inhalten auch stets eigene Aspekte beinhalten.

Vor allem in longitudinalen Datensätzen kommt es oft vor, dass Indikatoren über Messgelegenheiten hinweg stärker miteinander korrelieren als mit den anderen Indikatoren zur gleichen Messgelegenheit (Eid, 1996; Marsh & Grayson, 1994; Steyer, Ferring, & Schmitt, 1992). Dieser Autokorrelations-

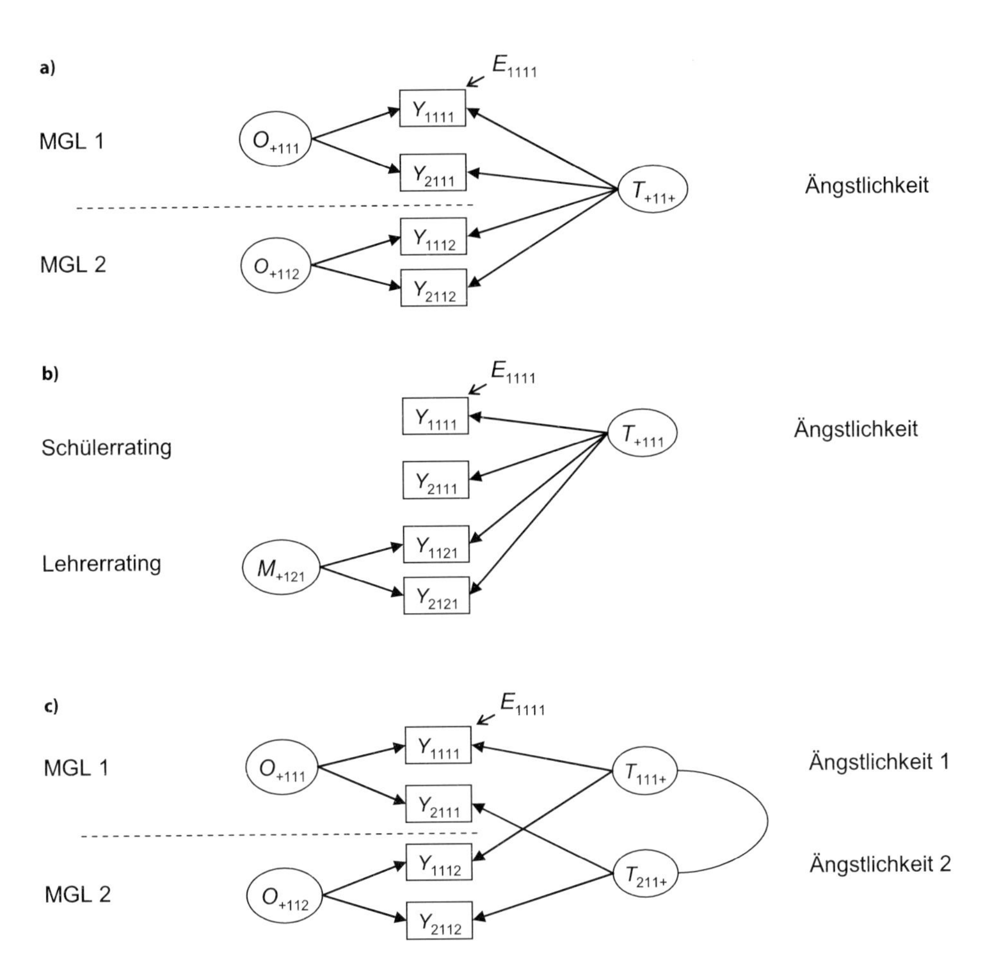

Abb. 16.1. Verschiedene Formen von Methodenfaktoren: **a)** *austauschbare Situationen (occasions)* (O_{ikmt}), **b)** *Methodenfaktor als Residualfaktor* [M_{ikmt}; CTC(M-1)-Modell] und **c)** *Methodeneffekte, die durch separate Traitvariablen abgebildet sind* (T_{ikm+} und $T_{i'km+}$). MGL: Messgelegenheit; + zeigt an, dass diese Variable sich auf mehrere Ausprägungen des betreffenden Indexes bezieht (Platzhalter). Fehlervariablen sind nur für den jeweils ersten Indikator (Item bzw. Itempäckchen) abgebildet. Korrelationen sind als Bögen symbolisiert. Die Traitvariablen in den Modellen a) und c) sind als gemeinsame Faktoren definiert, sie sind zwischen den Methoden abgebildet. Die Traitvariable im Modell b) entspricht dem Faktor für das Schülerrating, sie ist deswegen auf der Höhe der Indikatoren des Schülerratings abgebildet. Näheres siehe Text.

effekt entspricht der spezifischen, zeitlich stabilen und reliablen Varianz eines einzelnen Indikators. Die Autokorrelation kann man auch als Methodeneffekt des Indikators interpretieren.

Oft ist dieser Effekt (der Unterschied zwischen den Indikatoren) aber nicht von substantiellem Interesse sondern eher nebensächlich, wenn es darum geht, die Varianzquellen Methode, Messgelegenheit und Messfehler vom Trait zu trennen. Aus diesem Grund spezifiziert man in vielen Anwendungen separate Traitfaktoren für beide Testhälften, obwohl beide zum gleichen Konstrukt gehören (vgl. Kelava & Schermelleh-Engel, 2007, ▶ Kap. 15

in diesem Band). In den meisten Fällen korrelieren diese Faktoren sehr hoch positiv miteinander, was darauf hinweist, dass die indikatorspezifischen Effekte meist gering sind. In den hier vorgestellten Modellen ist jedoch davon auszugehen, dass dieser Autokorrelationseffekt eintritt.

Methodeneffekte sind traitspezifisch

Allen Konzeptualisierungen ist gemeinsam, dass Methodeneffekte *trait-spezifisch* sind. Wir gehen also davon aus, dass der Effekt einer Methode sich zwischen Merkmalen unterscheidet. Daraus folgt, dass für jede Kombination von Trait und Methoden ein Methodenfaktor geschätzt wird[3]. Fremdberichte können also starke Verzerrungen, z. B. bei Einschätzungen der Depression, zeigen, bei der Einschätzung der Ängstlichkeit dagegen nur geringe Verzerrungen aufweisen; ebenso können bestimmte Messgelegenheiten die Messwerte von Angst erhöhen, sich auf die Depressivität hingegen kaum auswirken.

16.1.3 LST-Modelle

Die Latent-State-Trait-Modelle (LST-Modelle) können genutzt werden, um zeitstabile von messgelegenheitsspezifischen Einflüssen auf Merkmalsausprägungen zu trennen (vgl. Kelava & Schermelleh-Engel, 2007, ► Kap. 15 in diesem Band). Hier werden ebenfalls wahre Werte und Messfehler getrennt und dann der wahre Wert in einen zeitstabilen Anteil (die Traiteinflüsse) und messgelegenheitsspezifische Anteile (Messgelegenheitseinflüsse) zerlegt. Die situativen Einflüsse schwanken bei gültigen Modellen um den stabilen Traitwert. Situative Schwankungen können viele Ursachen haben. Einerseits könnten die Schüler (aus obigem Beispiel) bei der Einschätzung ihrer Ängstlichkeit stark durch momentane Einflüsse gesteuert werden: Dies könnte das vorherrschende schwere Gewitter sein oder der gerade vergangene Aufenthalt im Schullandheim. Sie können aber auch durch nicht oder nur schwer messbare Faktoren beeinflusst sein: Dies könnte ein Alptraum in der vergangenen Nacht, eine Magenverstimmung oder ein Streit mit einem der Geschwister sein. Die messgelegenheitsspezifischen Faktoren umfassen alle möglichen momentanen Einflüsse und integrieren sie in einen sog. inneren Zustand.

Unterschied zwischen MTMM- und LST-Modellen

Der wesentliche Unterschied zwischen MTMM- und LST-Modellen ist, dass in LST-Modellen typischerweise ein bestimmter Trait unter expliziter Berücksichtigung von zeitlichen Schwankungen über einen längeren Zeitraum wiederholt gemessen wird, während in MTMM-Modellen mehrere Traits ohne Berücksichtigung von zeitlichen Schwankungen mit verschiedenen Methoden gemessen werden. LST-Modelle werden vornehmlich in Längsschnittanalysen zur Bestimmung der Reliabilität, Konsistenz und Messgelegenheitsspezifität eingesetzt (vgl. Kelava & Schermelleh-Engel, 2007, ► Kap. 15 in diesem Band; Yousfi & Steyer, 2006), können aber auch zur Überprüfung inhaltlicher Hypothesen eingesetzt werden (siehe dazu Courvoisier, Eid & Nussbeck, 2007). MTMM-Modelle werden vornehmlich in Quer-

[3] Für die Standardmethode im CTC(*M*-1)-Modell wird jedoch keine Methodenvariable spezifiziert.

schnittsanalysen eingesetzt, um Konstrukte hinsichtlich ihrer konvergenten und diskriminanten Validität zu untersuchen (u.a. Eid, Lischetzke & Nussbeck, 2006).

16.1.4 Beschränkungen der LST- und MTMM-Modelle

Die bislang vorgestellten Modelle erlauben eine Zerlegung der Varianz der beobachteten multimethodal erhobenen Daten in verschiedene Bestandteile. Im LST-Modell werden die Bestandteile identifiziert, die von stabilen Dispositionen (Traits), messgelegenheitsspezifischen Einflüssen (Situationen) und Messfehlern abhängen. In MTMM-Modellen werden die Bestandteile identifiziert, die von stabilen Dispositionen (Traits), Effekten, die auf unterschiedliche Messmethoden (Methoden) zurückzuführen sind, und Messfehlern abhängen. Im ersten Fall können Hypothesen darüber getestet werden, wie sehr Messungen über die Zeit um einen stabilen Traitwert schwanken und ob ein Trait tatsächlich zeitlich stabil ist, und im zweiten Fall kann die konvergente und die diskriminante Validität theoretischer Konstrukte überprüft werden.

In konventionellen LST-Modellen kann jedoch die Hypothese, dass Lehrer- und Schülerratings übereinstimmen, nicht überprüft werden. In MTMM-Modellen kann nicht überprüft werden, ob die konvergenten und diskriminanten Validitäten mehrerer Konstrukte zeitlich stabil sind. Gerade in den empirischen Sozialwissenschaften kann man jedoch nicht davon ausgehen, dass die Einflüsse unterschiedlicher Methoden auf ein Messergebnis über die Zeit stabil bleiben oder sich in gleichem Maße verändern.

Das Ergebnis einer querschnittlichen MTMM-Studie kann nicht ohne Zusatzannahmen auf spätere Zeitpunkte übertragen werden. Wenn zu einer Messgelegenheit eine hohe Konvergenz von Lehrer- und Schülerratings festgestellt werden konnte, können wir nicht automatisch davon ausgehen, dass ein halbes Jahr später keine Veränderungen in der Übereinstimmung der beiden Ratings auftreten werden. Die Entwicklung der konvergenten und diskriminanten Validität eines Konstrukts kann nur mit Hilfe *längsschnittlicher MTMM-Modelle* untersucht werden. Ebenso kann die konvergente und diskriminante Validität auf der Ebene von Traits und messgelegenheitsspezifischen Einflüssen untersucht werden. Dabei geht es um die stabilen Anteile der konvergenten Validität, die auf das überdauernde Merkmal zurückzuführen sind und um variable Anteile der konvergenten Validität, die dadurch zustande kommen, dass sich Effekte der Situation und der Interaktion von Situation und Person auf alle Methoden gleichmäßig auswirken.

16.1.5 Verbindung beider Ansätze

Längsschnittliche Analyse der konvergenten und diskriminanten Validität

Bislang sind wenige Modelle formuliert worden, die eine Verbindung der beiden Ansätze ermöglichen. Aber gerade eine *längsschnittliche Analyse der konvergenten und diskriminanten Validität* kann von sehr großem Nutzen sein. Querschnittsmodelle können immer nur eine Momentaufnahme sein.

Es ist nicht auszuschließen, dass aufgrund einer bestimmten zeitlichen Konstellation der Methoden zueinander die situativen Schwankungen für eine erhebliche Erhöhung oder Verringerung der Koeffizienten der konvergenten und diskriminanten Validität führen.

Die konvergente Validität zwischen zwei Ratern und die diskriminante Validität zwischen den Konstrukten Extraversion und Verträglichkeit könnten bei einer einzigen Messgelegenheit verzerrt sein, z. B. bei einer studentischen Stichprobe, bei der kurz vor der MTMM-Untersuchung die Big Five-Persönlichkeitsfaktoren (Costa & McCrae, 1998) Gegenstand in der Vorlesung zur Persönlichkeitspsychologie waren. Nach der Veranstaltung haben die studentischen Rater die Konstrukte Extraversion und Verträglichkeit besonders gut verstanden und evtl. mit Kommilitonen darüber diskutiert. Sie haben sich vielleicht sogar im Hinblick auf diese beiden Konstrukte untereinander verglichen. In diesem Moment wird die Studie im Vergleich zu »normalen« Bedingungen erhöhte Validitäten aufweisen, da die Studierenden die Konstrukte gerade kognitiv besser verfügbar haben und feiner zwischen ihnen unterscheiden können als dies üblicherweise der Fall wäre.

Ein anderes Beispiel kommt aus der Entwicklungspsychologie: Kinder reifen sehr schnell, lernen viele neue Verhaltensweisen und entwickeln in kurzer Zeit neue Fähigkeiten. Cole und Martin (2005) berichten, dass die Depressionsselbsteinschätzung bei Kindern zunächst stark von situativen Faktoren abhängt. Bei älteren Kindern im Übergang zur Pubertät werden die Einschätzungen jedoch stabiler und das Konstrukt der Depression bekommt stärker den Charakter eines Traits. Eltern hingegen schätzen die Depression ihrer Kinder von Beginn an eher wie ein stabiles Merkmal ein.

Mit der Kombination von MTMM- und LST-Modellen können darüber hinaus Analysen der konvergenten und diskriminanten Validität auch für variable Zustände vorgenommen werden. Variable Zustände wie Stimmungen zeichnen sich dadurch aus, dass sie über die Zeit schwanken. Sie variieren jedoch nicht beliebig sondern um ein »mittleres Niveau«, das für jede Person unterschiedlich sein kann. Für Stimmungsforscher ist es daher interessant, die konvergente und diskriminante Validität auf Ebene der Traits und auf Ebene der Messgelegenheiten zu untersuchen. Die Frage, ob sich dieselben Situations-Interaktions-Effekte auf mehrere Methoden homogen auswirken, ist dabei von besonderem Interesse.

Wie sehen nun aber die Zusammenhänge dieser Einschätzungen aus? Gelten dieselben Schlussfolgerungen für die Ängstlichkeit wie für die Depression? Generalisieren Eltern im Sinne eines Halo-Effektes (Thorndike, 1920), kommen sie also zu nahezu identischen Einschätzungen von Ängstlichkeit und Depression? Wie sehr hängen die Einschätzungen der Eltern von den stabilen oder situativen Faktoren ab? All diese Fragen sind im diagnostisch-therapeutischen Kontext von höchster Relevanz; sie können aber weder mit LST- noch mit MTMM-Modellen umfassend beantwortet werden, sondern müssen in Kombinationen der beiden Ansätze erörtert werden.

In dem folgenden Abschnitt werden drei Modelle vorgestellt, die eine Beantwortung dieser Fragen ermöglichen: (1) das Multioccasion-MTMM-Modell (Burns & Haynes, 2006), (2) das Multiconstruct-LST-Modell (Schermelleh-Engel, Keith, Moosbrugger & Hodapp, 2004) und (3) das Multimethod-LST-Modell (Courvoisier, 2006; Courvoisier, Eid, Nussbeck, Geiser & Cole, eingereicht). Die drei Ansätze unterscheiden sich darin, wie sie den Verlauf über die Zeit und die Einflüsse unterschiedlicher Methoden in die Modellierung aufnehmen. Da das LST-Modell strukturell einem Correlated Trait-Uncorrelated Method-Modell entspricht (CTUM; Marsh & Grayson, 1995), werden im folgenden Abschnitt auch Messgelegenheiten als Methoden aufgefasst.

16.2 Längsschnittliche MTMM-Modelle

Längsschnittuntersuchungen, in welchen mehrere Konstrukte mit mehreren Methoden wiederholt gemessen werden, sind aufwendig erhobene Datensätze, die gewissen Anforderungen genügen müssen. Die Konstrukte sollten zu allen Messgelegenheiten mit den gleichen Methoden erhoben werden. Darüber hinaus sollten identische Indikatoren in den einzelnen Trait-Methoden-Einheiten erhoben werden. Aufgrund dieser recht hohen Anforderungen an die Daten und die Komplexität der zu analysierenden Strukturgleichungsmodelle ist es kaum verwunderlich, dass bislang wenige Längsschnitt-MTMM-Modelle vorgestellt wurden.

16.2.1 Das Multioccasion-MTMM-Modell

Burns und Haynes (2006) stellen eine längsschnittliche Erweiterung des Correlated Trait-Correlated Method-Modells (Marsh & Grayson, 1995) vor. Die Autoren schlagen ein Modell vor, in dem zu jeder der Messgelegenheiten ein MTMM-Modell geschätzt wird. In ihrem Multioccasion-MTMM-Modell kann die Stabilität von States und Methodeneffekten überprüft werden. Da zu jeder Messgelegenheit ein MTMM-Modell geschätzt wird, sind die »Traitvariablen« dieser Modelle State-Variablen im Sinne der LST-Theorie. Im Folgenden werden wir deshalb von States sprechen. Die Korrelationen derselben Statevariablen zu unterschiedlichen Messzeitpunkten gibt die Stabilität der Rangplätze der Testpersonen auf dem Merkmal wieder. Korrelationen zwischen den Methodenvariablen zu verschiedenen Messgelegenheiten zeigen an, ob sich die Einflüsse der Methoden über die Zeit verändern. Überträgt man den Ansatz des CTC(M-1)-Modells auf den Vorschlag von Burns und Haynes (2006), erhält man ein Multioccasion-Correlated States-Correlated Method minus 1-Modell (CSC(M-1)-Modell, s. auch Geiser, Eid, Nussbeck, Courvoisier & Cole, eingereicht), in dem die Schülerratings als Standardmethode herangezogen werden.

Multioccasion-Correlated States-Correlated Method minus 1-Modell

Das Multioccasion-CSC(M-1)-Modell in ◘ Abb. 16.2 kann dazu genutzt werden, die Stabilität von Schülern im Hinblick auf ihre Depressions- und Ängstlichkeitszustände zu analysieren. Die bivariate Korrelation zwischen den Depressionsvariablen (oder Ängstlichkeitsvariablen) zur ersten und zweiten Messgelegenheit spiegelt diese Stabilität wider. Die Methodenfaktoren stellen die Abweichungen der Lehrerratings von den Schülerratings dar. Korrelationen zwischen den Methodenfaktoren zeigen somit an, ob Lehrer,

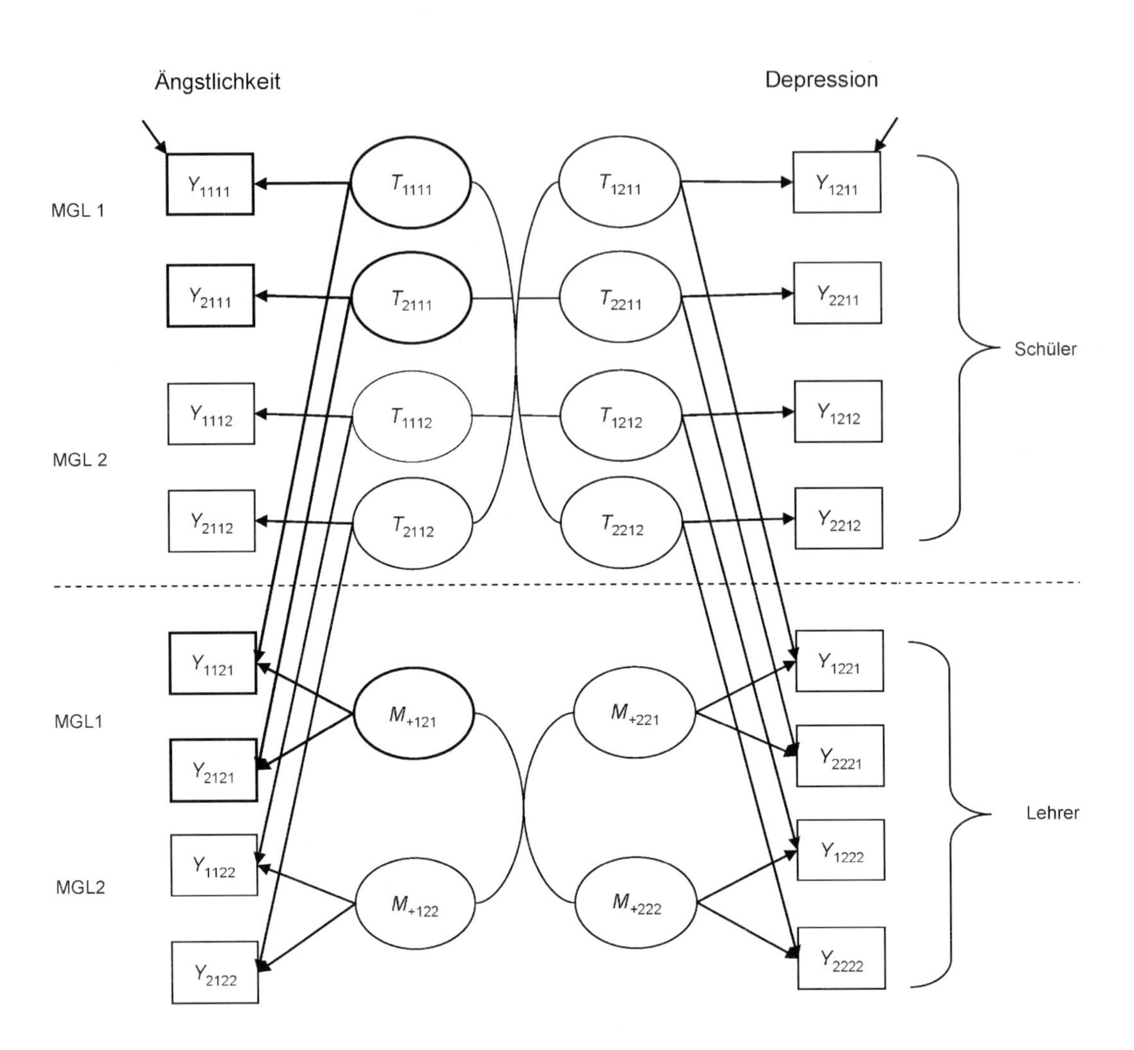

◼ Abb. 16.2. Das Multioccasion CSC(*M*-1)-Modell für zwei Traits gemessen mit zwei Methoden zu zwei Messgelegenheiten. T_{ikmt}: Traitfaktor; M_{+kmt}: Methodenfaktor; MGL: Messgelegenheit. Fehlervariablen sind nur für die ersten Indikatoren angezeigt. Die Korrelation zwischen den Traits bzw. Methoden sind durch Bögen symbolisiert.

die die Depression einer Schülerin oder eines Schülers zur ersten Messgelegenheit überschätzten (unterschätzten), dies auch zur zweiten Messgelegenheit tun. Die traitspezifischen Methodenfaktoren der Lehrer (M_{+kmt}) dürfen auch über die Konstrukte hinweg korrelieren (in ◼ Abb. 16.2 nicht enthalten). Diese Korrelationen geben den Grad der Generalisierbarkeit von Methodeneffekten an. Je höher diese Korrelation ausfällt, desto homogener ist der Einfluss der Methode auf die Verzerrung der Lehrerratings. Sie gibt an, ob Lehrer die Depression und die Ängstlichkeit der Kinder in gleichem Maße über- bzw. unterschätzen. Die Methodenfaktoren können darüber hinaus auch über Trait und Messgelegenheiten hinweg korrelieren. Diese Korrelationen geben z. B. an, ob Lehrer, die zu einer Messgelegenheit die Depression überschätzen, die Ängstlichkeit zu einer späteren Messgelegenheit ebenfalls überschätzen.

16.2.2 Das Multiconstruct-LST-Modell

Multiconstruct-LST-Modell

Das Multiconstruct-LST-Modell (Dumenci & Windle, 1998; Eid, Notz, Steyer & Schwenkmezger, 1994; Majcen, Steyer & Schwenkmezger, 1988; Schermelleh-Engel, Keith, Moosbrugger & Hodapp, 2004; Schmitt, 2000; Steyer, Majcen, Schwenkmezger & Buchner, 1989; Steyer, Schwenkmezger & Auer, 1990) wird zur Erfassung mehrerer Konstrukte im zeitlichen Verlauf eingesetzt. Im Gegensatz zu dem von Burns und Haynes (2006) vorgeschlagenen Modell werden hier nicht zu jeder Messgelegenheit MTMM-Modelle, sondern für jede Trait-Methoden-Einheit LST-Modelle (Abb. 16.3) geschätzt.

Wie in den klassischen LST-Modellen gibt es eine (indikatorspezifische) Traitvariable für jede Kombination von Trait und Methoden, d. h. es gibt beispielsweise eine Traitvariable für die Ängstlichkeit in der Einschätzung der Schüler und eine Traitvariable für die Einschätzung der Lehrer. Die Korrelationen dieser Traitvariablen eines Konstruktes über verschiedene Messgelegenheiten hinweg geben in diesem Modell die konvergente Validität an (z. B. Corr (T_{1k1+}, T_{1k2+}), die Korrelation der ersten Traitvariable ($i = 1$) für ein beliebiges Konstrukt (k) gemessen im Schülerbericht ($m = 1$) und im Lehrerbericht ($m = 2$)).. Die Korrelationen verschiedener Traitvariablen für unterschiedliche Konstrukte (Ängstlichkeit und Depression) geben die diskriminante Validität an (z. B. $Corr(T_{111+}, T_{121+})$). Korrelationen zwischen einer Traitvariablen und der Traitvariablen eines anderen Konstrukts, das mit einer anderen Methode gemessen wurde, spiegeln ebenfalls die diskriminante Validität wider, wobei in diese zusätzlich die Unterschiede der Methoden einfließen (z.B. $Corr(T_{111+}, T_{122+})$).

Die Korrelation der messgelegenheitsspezifischen Variablen einer Methode und einer anderen Methode desselben Konstruktes zu einer Messgelegenheit spiegelt dabei wider, ob die beiden Methoden zu dieser Messgelegenheit in gleicher Weise vom jeweiligen stabilen Trait abweichen (z. B.

Abb. 16.3. Das Multiconstruct-LST-Modell. T_{ikm+}: Traitvariable; O_{+kmt}: Messgelegenheitsvariable; MGL: Messgelegeneheit. Die zulässigen Korrelationen zwischen den Messgelegenheitsvariablen sind aus Gründen der Lesbarkeit nicht alle abgebildet. Korrelationen zwischen Traitvariablen sind nur exemplarisch durch Bögen eingezeichnet. Prinzipiell korrelieren alle Traitvariablen miteinander. Fehlervariablen sind nur für die ersten Indikatoren dargestellt

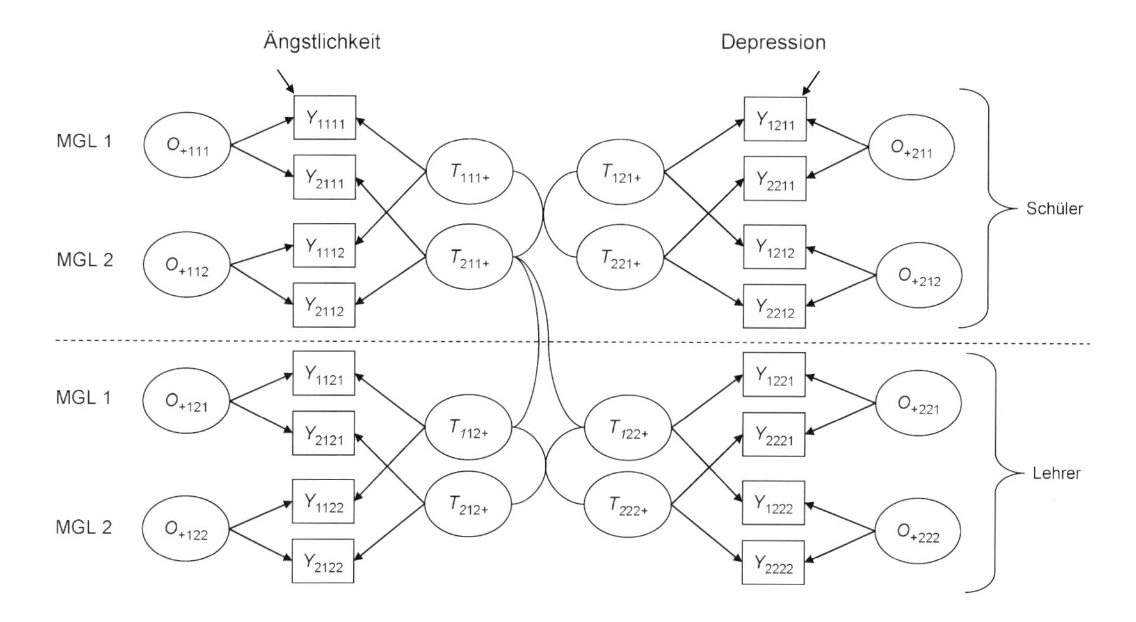

Corr(O_{+111}, O_{+121})). Dies entspricht einem Effekt der Messgelegenheit, der sich auf die Messungen beider Methoden auswirkt und gleichzeitig ein weiteres Kennzeichen für die konvergente Validität darstellt. Die Korrelation zweier messgelegenheitsspezifischer Variablen einer Methode, die zu zwei Konstrukten gehören (z. B. Corr(O_{+111}, O_{+211})), zeigt den Einfluss der Messgelegenheit auf beide Konstrukte an; sie ist ein Maß für die diskriminante Validität der Konstrukte auf messgelegenheitsspezifischer Ebene. Die Korrelationen zwischen den messgelegenheitsspezifischen Variablen einer Methode mit den messgelegenheitsspezifischen Variablen der anderen Methode sind auch über die Zeit hinweg erlaubt, jedoch nicht einfach zu interpretieren. Sie geben keinen Hinweis auf die konvergente oder diskriminante Validität und werden deshalb hier nicht weiter erläutert (s. dazu Courvoisier, 2006).

Wendet man das Multiconstruct-LST-Modell erneut auf das Beispiel der Ängstlichkeits- und Depressionsbeurteilungen bei Schulkindern an, so müssten vier LST-Modelle geschätzt werden: Das erste für die Kombination von Depression mit dem Schülerrating, das zweite für die Depression im Lehrerrating, das dritte für die Ängstlichkeit im Schülerrating und das vierte für die Ängstlichkeit im Lehrerrating. Finden wir eine hohe Korrelation von Schüler- und Lehrerrating für die Einschätzungen der Depression, ist dies ein Beleg für die Übereinstimmung der Methoden. Die Korrelationen der Traitvariablen für Ängstlichkeit und Depression des Schülerratings (Lehrerratings) gibt die diskriminante Validität an. Die Korrelation der messgelegenheitsspezifischen Variablen der Schüler und der Lehrer eines Konstruktes zu einer Messgelegenheit spiegelt wider, ob die beiden Methoden in gleicher Weise vom jeweiligen stabilen Trait abweichen. Schätzt sich der Schüler momentan erhöht auf der Skala der Depression ein, so ist dies auch tendenziell für den Lehrer der Fall (bei positiver Korrelation).

Im Gegensatz zum Multioccasion-MTMM-Modell können in diesem Modell die stabilen Varianzkomponenten von den situativ bedingten Varianzkomponenten und den Residualkomponenten getrennt werden. Eine Erweiterung des Multiconstruct-LST-Modells zum hierarchischen LST-Modell findet sich bei Schermelleh-Engel et al. (2004).

16.2.3 Das Multimethod-LST-Modell

Das Multioccasion-MTMM- und das Multiconstruct-LST-Modell ermöglichen die Analyse unterschiedlicher Aspekte der Daten. Beim ersten Modell steht der MTMM-Charakter, beim zweiten der LST-Charakter stärker im Vordergrund. Je nach wissenschaftlicher Fragestellung kann eines dieser Modelle ausgewählt werden und entsprechend aussagekräftige Resultate liefern. Liegt das Augenmerk jedoch auf der Analyse von konvergenter und diskriminanter Validität über die Zeit und möchte man die unterschiedlichen Varianzkomponenten identifizieren, die durch den Trait, die Methode, die Messgelegenheit und den Messfehler bedingt sind, so muss die Verknüpfung von LST- und MTMM-Modellen noch stärker erfolgen als in den vorangegangenen Modellen. Courvoisier (2006) und Courvoisier et al. (eingereicht) stellen das Multimethod-LST-Modell vor, bei dem die longitudinalen und

Verknüpfung von LST- und MTMM-Modellen

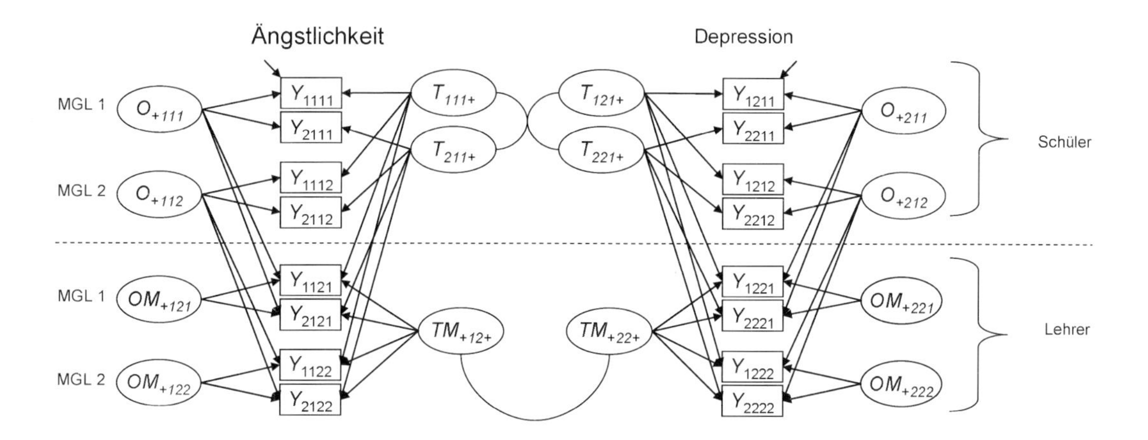

Abb. 16.4. Das Multimethod- LST-Modell. T_{ikm+}: Traitvariable; TM_{+km+}: Methodenvariable; O_{+kmt}: messgelegenheitsspezifische Variable; OM_{+kmt}: messgelegenheitsspezifische Abweichungsvariable; MGL: Messgelegenheit. Korrelationen sind durch Bögen symbolisiert. Die zulässigen Korrelationen zwischen sämtlichen messgelegenheitsspezifischen Variablen sind aus Gründen der Lesbarkeit nicht abgebildet. Fehlervariablen sind nur für die obersten Indikatoren angezeigt.

multimethodalen Bestandteile der einzelnen Modelle nicht nebeneinander gestellt, sondern ineinander verschränkt werden (Abb. 16.4).

Das hier vorgestellte Modell verbindet die Eigenschaften des LST-Modells mit denen des CTC(*M*-1)-Modells. Das Modell lässt sich in verschiedene Subkomponenten unterteilen. In der oberen Hälfte der Abb. 16.4 befinden sich zwei klassische LST-Modelle für die Standardmethode. Die indikatorspezifischen Traitvariablen (T_{ik1+}) entsprechen den stabilen Komponenten der Standardmethode, also ihren stabilen Trait- und Methodeneinflüssen. Es ist wichtig, die Standardmethode anhand theoretischer Überlegungen zu wählen, da sämtliche Methodeneinflüsse und deren Interaktionen mit dem Trait in die Traitvariable einfließen. Die messgelegenheitsspezifischen Variablen (O_{+k1t}) entsprechen den situationsspezifischen Abweichungen der Standardmethode von den stabilen Traitvariablen. Die Methodenvariablen der Nichtstandardmethoden (TM_{+km+}) entsprechen dem zeitlich stabilen Bias der Nichtstandardmethoden gegenüber dem Standard, die messgelegenheitsspezifischen Abweichungsvariablen (OM_{+kmt}) den momentanen Abweichungen der Nichtstandardmethoden von den durch die ersten drei Variablen (T_{ik1+}, O_{+k1t} und TM_{+km+}) vorhergesagten Werten.

Die Korrelationen zwischen den Variablen der Standardmethode haben praktisch dieselben Bedeutungen wie im Multiconstruct-LST-Modell. Korrelationen zwischen Traitvariablen spiegeln die konvergente oder diskriminante Validität wider, Korrelationen der messgelegenheitsspezifischen Variablen zu einer Messgelegenheit den traitübergreifenden Einfluss der Messgelegenheit. Die Korrelationen in der unteren Hälfte des Modells sind aus der Perspektive des CTC(*M*-1)-Modells zu interpretieren. Die Korrelationen zwischen den Methodenfaktoren zeigen den generellen Methodenbias an ($Corr(TM_{+12+}, TM_{+22+})$). Korrelationen zwischen den messgelegenheitsspezifischen Abweichungsvariablen zu einer Messgelegenheit (z. B. $Corr(OM_{+121}, OM_{+221})$, in Abb. 16.4 nicht eingezeichnet) spiegeln den merkmalsübergreifenden Einfluss der Messgelegenheit wider, der sich ausschließlich auf die Nichtstandardmethode auswirkt (die gemeinsame Auswirkung auf die Standard- und Nichtstandardmethode steckt bereits in der messgelegenheitsspezifischen Variable).

Bezogen auf das Beispiel der Ängstlichkeit und der Depression von Schulkindern bietet es sich an, das Schülerrating als Standardmethode einzusetzen, um die Lehrerratings vorherzusagen. Die Interpretation der Variablen für die Schüler entspricht der Interpretation derselben Variablen im klassischen LST-Modell. Ihre manifesten Variablen werden in einen stabilen Anteil (T) und einen messgelegenheitsspezifischen Anteil (O) zerlegt. Die Ratings der Lehrer werden ebenfalls durch diese Variablen vorhergesagt. Darüber hinaus wird die stabile Abweichung der Lehrer in der Methodenvariable abgebildet (TM). Dies ist die stabile Abweichung (Über- oder Unterschätzung) der Lehrerratings von den Ratings der Schüler, sie ist unabhängig von situativen Einflüssen auf die Lehrerratings. Situationsspezifische Abweichungen der Lehrerratings werden durch die messgelegenheitsspezifische Abweichungsvariable abgebildet (OM). Diese Variable zeigt Veränderungen des Bias der Lehrer von ihren stabilen Abweichungen an. Sie kann als interner Zustand der Lehrer aufgefasst werden, der nicht mit dem internen Zustand der Schüler geteilt wird. Beispielsweise wären gemeinsame Einflüsse auf Schüler- und Lehrerratings durch die bevorstehenden Ferien in der messgelegenheitsspezifischen Variablen (O) gefasst; Einflüsse, wie etwa die zusätzliche Arbeit, die fälligen Zeugnisse auszustellen, beeinflussen nur die Lehrer und werden in der messgelegenheitsspezifischen Abweichungsvariable (OM) abgebildet.

Die Konvergenz der Lehrer- und Schülerratings ergibt sich aus dem Anteil der Varianz der Lehrerratings, der durch den Trait *und* die messgelegenheitsspezifische Variable der Schüler vorhergesagt werden kann. Sie besteht also aus stabilen und variablen Anteilen. Ob die Lehrer die Schwankungen der Schüler richtig nachvollziehen können, zeigt sich in der Größe des Einflusses der messgelegenheitsspezifischen Variable der Schüler (O_{+k1t}) auf die beobachteten Variablen der Lehrer (dieser Einfluss wäre bei optimaler Übereinstimmung genau so hoch wie der Einfluss dieser Variable auf die Schülerratings). Die Unterschiede zwischen den beiden Methoden werden durch zwei Faktoren abgebildet. Zunächst wirkt sich der stabile Bias der Lehrer aus, d. h. über- oder unterschätzt der Lehrer konsistent die Ängstlichkeit oder Depression der Schüler? Da sich aber auch der Lehrer zu jeder Messgelegenheit in einer bestimmten Situation befindet, wird noch eine messgelegenheitsspezifische Abweichungsvariable in Betracht gezogen, die den momentanen Bias der Lehrer darstellt (OM_{+kmt}).

Die diskriminante Validität der beiden Konstrukte Ängstlichkeit und Depression zeigt sich in der Höhe der Korrelation der beiden Traitvariablen.

Die Generalisierbarkeit eines messgelegenheitsspezifischen Einflusses kann über die Korrelation der messgelegenheitsspezifischen Variablen zu einer Messgelegenheit ermittelt werden. Ob der stabile Anteil des Bias der Lehrer über beide Konstrukte generalisiert, kann an der Korrelation der beiden Methodenvariablen abgelesen werden. Inwiefern der instabile (momentane) Bias der Lehrer für die Ängstlichkeit und die Depression identisch ist, kann mit der Korrelation der beiden messgelegenheitsspezifischen Abweichungsvariablen zu einer Messgelegenheit überprüft werden.

Im Multimethod-LST-Modell sind noch weitere Korrelationen latenter Variablen zulässig, die wir hier aber nicht besprechen werden, da sie für die Bestimmung der konvergenten und der diskriminanten Validität im Längsschnitt von nachgeordneter Priorität sind. Nicht erlaubt sind hingegen Korrelationen von Variablen, die in derselben Modellgleichung für eine bestimmte beobachtete Variable vorkommen. So sind die Traitvariablen (T), die messgelegenheitsspezifischen Variablen (O), die Methodenvariablen (TM) und die messgelegenheitsspezifischen Abweichungsvariablen (OM) unkorreliert, wenn sie zur Erklärung einer bestimmten beobachteten Variablen herangezogen werden. Folglich sind alle latenten Variablen einer Trait-Methoden-Einheit zu einer Messgelegenheit unkorreliert (das sind fast alle latenten Variablen, die zu einem Konstrukt gehören)[4]. Hingegen können alle latenten Variablen einer Trait-Methoden-Einheit mit allen latenten Variablen einer anderen Trait-Methoden-Einheit korrelieren. Zu beachten ist, dass die oben aufgeführten Korrelationen am leichtesten und sinnvoll zu interpretieren sind. Andere Korrelationen sind testtheoretisch erlaubt, jedoch schwierig zu interpretieren.

16.2.4 Vergleich der drei längsschnittlichen MTMM-Modelle

In ◘ Tabelle 16.1 sind die Verfahren zur Bestimmung der Stabilität, der Messgelegenheitsspezifität, der konvergenten und diskriminanten Validität sowie der Methodenspezifität in den drei longitudinalen MTMM-Modellen übersichtlich zusammengestellt und in ◘ Box 16.1 die zugehörigen Modellgleichungen und Varianzdekompositionen.

Varianzkomponenten

Die drei hier vorgestellten längsschnittlichen MTMM-Modelle unterscheiden sich im Wesentlichen in ihrer Komplexität. Das Multioccasion-MTMM-Modell und das Multiconstruct-LST-Modell ermöglichen die Varianzzerlegung in drei Komponenten: Den Anteil des Traits und des Fehlerterms sowie den Anteil einer Methode oder der Messgelegenheit. Das MTMM-LST-Modell zerlegt die Varianz in fünf Bestandteile: Den Anteil des Traits, der Methode, des messgelegenheitsspezifischen Einflusses auf die Standardmethode, des messgelegenheitsspezifischen Einflusses auf die Nicht-Standardmethode und des Fehlerterms.

Der State im *Multioccasion-MTMM-Modell* enthält sowohl stabile Bestandteile als auch messgelegenheitsspezifische Bestandteile, da er für jede Situation neu geschätzt wird. Die Methodenvariable enthält die momentane Abweichung der Nicht-Standardmethode, die sich theoretisch aus stabilen und situativen Komponenten zusammensetzen könnte, da sie auch für jede neue Messgelegenheit neu berechnet wird.

Die Traitvariable im *Multiconstruct-LST-Modell* setzt sich aus den zeitlich stabilen Varianzanteilen der jeweiligen Methode zusammen. Sie beinhaltet also sowohl Anteile, die auf die wahre Ausprägung zurückzuführen sind als auch Anteile des Methodenbiases. Die messgelegenheitsspezifischen Variablen setzen sich ebenfalls aus Einflüssen der Messgelegenheit und Methodeneinflüssen zusammen und spiegeln die momentanen Abweichungen wider.

[4] Lediglich die messgelegenheitsspezifischen Variablen dürfen mit den messgelegenheitsspezifischen Abweichungsvariablen zu einem anderen Messzeitpunkt korrelieren (z. B. $Corr(O_{+111}, OM_{+112})$). Diese Korrelation ist jedoch theoretisch nicht einfach zu interpretieren. In vielen Anwendungen bietet es sich an, diese Korrelationen nicht zuzulassen.

Tabelle 16.1. Bestimmung der Stabilität, der Messgelegenheitsspezifität, der konvergenten und diskriminanten Validität sowie der Methodenspezifität in den drei longitudinalen MTMM-Modellen

	Multioccasion MTMM Modell	**Multiconstruct LST Modell**	**Multimethod LST Modell**
Stabilität	Korrelation der Statevariablen über die Zeit: $Corr(T_{ik1t}, T_{ik1t'}),\ t \neq t'$	$\frac{\lambda^2_{Tik1t} Var(T_{ik1t})}{Var(Y_{ik1t})}$	Für die Standardmethode: $\frac{\lambda^2_{Tik1t} Var(T_{ik1t})}{Var(Y_{tik1t})}$ Für die Nichtstandardmethode: $\frac{\lambda^2_{Tikmt} Var(T_{ik1t}) + \lambda^2_{TMikmt} Var(TM_{+kmt})}{Var(Y_{ikmt})}$
Messgelegenheits-spezifischer Einfluss	–	$\frac{\lambda^2_{Oikmt} Var(O_{+kmt})}{Var(Y_{ikmt})}$	Für die Standardmethode: $\frac{\lambda^2_{Oik1t} Var(O_{+k1t})}{Var(Y_{ik1t})}$ Für die Nicht-Standardmethode: $\frac{\lambda^2_{Oikmt} Var(O_{+k1t}) + \lambda^2_{OMikmt} Var(OM_{+kmt})}{Var(Y_{ikmt})}$
Konvergente Validität	Für Nicht-Standardmethoden: $\frac{\lambda^2_{Tikmt} Var(T_{ik1t})}{Var(Y_{ikmt})}$	–	Für Nicht-Standardmethoden: $\frac{\lambda^2_{Tikmt} Var(T_{ik1t}) + \lambda^2_{Oikmt} Var(O_{+k1t})}{Var(Y_{ikmt})}$
Diskriminante Validität	Korrelation der Statevariablen zweier Konstrukte zu einer Messgelegenheit $Corr(T_{ik1t}, T_{ik'1t}),\ k \neq k'$	Korrelationskoeffizienten der Traitfaktoren: $Corr(T_{ikmt}, T_{ik'mt}),\ k \neq k'$	Korrelationskoeffizienten der Traitfaktoren: $Corr(T_{ik1t}, T_{ik'1t}),\ k \neq k'$
Methodenspezifität	Für die Nicht-Standardmethode: $\frac{\lambda^2_{Mikmt} Var(M_{+kmt})}{Var(Y_{ikmt})}$	–	Für die Nicht-Standardmethode: $\frac{\lambda^2_{TMikmt} Var(TM_{+kmt}) + \lambda^2_{OMikmt} Var(OM_{+kmt})}{Var(Y_{ikmt})}$ Davon stabil: $\frac{\lambda^2_{TMikmt} Var(TM_{+kmt})}{Var(Y_{ikmt})}$ Davon messgelegenheitsspezifisch: $\frac{\lambda^2_{OMikmt} Var(OM_{+kmt})}{Var(Y_{ikmt})}$

Generalisierbarkeit der Methodeneffekte	Korrelation der Methodeneffekte: $Corr(M_{+kmt}, M_{+k'mt})$, $k \neq k'$	–	Stabil: $Corr(TM_{+kmt}, TM_{+k'mt})$, $k \neq k'$ Abhängig von der Situation: $Corr(TM_{+kmt} + OM_{+kmt}, TM_{+k'mt} + OM_{+k'mt})$, $k \neq k'$
Reliabilität	$Rel(Y_{ikmt}) = \frac{\lambda^2_{Tikmt} Var(T_{ikmt}) + \lambda^2_{Mikmt} Var(M_{+kmt})}{Var(Y_{ikmt})}$	$Rel(Y_{ikmt}) = \frac{\lambda^2_{Tikmt} Var(T_{ikmt}) + \lambda^2_{Oikmt} Var(O_{ikmt})}{Var(Y_{ikmt})}$	Für die Standardmethode: $Rel(Y_{ik1t}) = \frac{\lambda^2_{Tik1t} Var(T_{ik1t}) + \lambda^2_{Oik1t} Var(O_{+k1t})}{Var(Y_{ik1t})}$ Für die Nicht-Standardmethode: $Rel(Y_{ik2t}) = \left(\lambda^2_{Tik2t} Var(T_{ik1t}) + \lambda^2_{Oik2t} Var(O_{+k1t}) + \lambda^2_{TMik2t} Var(TM_{+k2t}) + \lambda^2_{OMik2t} Var(OM_{+k2t})\right) / Var(Y_{ik2t})$

Anm. Leere Zellen zeigen an, dass es keinen direkten Koeffizienten gibt. Oft lassen sich allerdings Korrelationen oder Vergleiche von Korrelationen im Sinne dieser Koeffizienten interpretieren.

Box 16.1.
Definition:
Modellgleichungen und Varianzdekomposition der längsschnittlichen MTMM-Modelle (für Abweichungsvariablen, siehe z. B. Bollen, 1989).

Für alle Modelle gilt:
α_{ikmt}: Intercept des Indikators
λ_{Tikmt}: Ladungsparameter auf dem Traitfaktor
λ_{Oikmt}: Ladungsparameter auf dem messgelegenheitsspezifischen Faktor
λ_{Mik2t}: Ladungsparameter auf dem Methodenfaktor (λ_{TMik2t} im Multimethod-LST-Modell)
λ_{OMikmt}: Ladungsparameter auf dem messgelegenheitsspezifischen Methodenfaktor
i: Indikator; k: Trait; m: Methode; t: Messgelegenheit

Das Multioccasion-MTMM-Modell:
Standardmethode (m=1) zu allen Messgelegenheiten:

$$Y_{ik1t} = \alpha_{ik1t} + \lambda_{Tik1t} T_{ik1t} + E_{ik1t}$$
$$\Rightarrow Var(Y_{ik1t}) = \lambda^2_{Tik1t} Var(T_{ik1t}) + Var(E_{ik1t})$$

Nichtstandardmethode (m=2) zu allen Messgelegenheiten:

$$Y_{ik2t} = \alpha_{ik2t} + \lambda_{Tik2t} T_{ik1t} + \lambda_{Mik2t} M_{+k2t} + E_{ik2t}$$
$$\Rightarrow Var(Y_{ik2t}) = \lambda^2_{Tik2t} Var(T_{ik1t}) + \lambda^2_{Mik2t} Var(M_{+k2t}) + Var(E_{ik2t})$$

Das Multiconstruct-LST-Modell
Für alle Methoden zu allen Messgelegenheiten:

$$Y_{ikmt} = \alpha_{ikmt} + \lambda_{Tikmt} T_{ikmt} + \lambda_{Oikmt} O_{ikmt} + E_{ikmt}$$
$$\Rightarrow Var\,(Y_{ikmt}) = \lambda^2_{Tikmt} Var(T_{ikmt}) + \lambda^2_{Oikmt} Var\,(O_{ikmt}) + Var\,(E_{ikmt})$$

Das Multimethod-LST-Modell
Standardmethode (m=1) zu allen Messgelegenheiten:

$$Y_{ik1t} = \alpha_{it1t} + \lambda_{Tik1t} T_{ik1t} + \lambda_{Oik1t} O_{ik1t} + E_{ik1t}$$
$$\Rightarrow Var\,(Y_{ik1t}) = \lambda^2_{Tik1t} Var(T_{ik1t}) + \lambda^2_{Oik1t} Var\,(O_{ik1t}) + Var\,(E_{ik1t})$$

Nichtstandardmethode (m=2) zu allen Messgelegenheiten:

$$Y_{ik2t} = \alpha_{ik2t} + \lambda_{Tik2t} T_{ik1t} + \lambda_{Oik2t} O_{ik1t} + \lambda_{TMik2t} TM_{+k2t} + \lambda_{OM+k2t} OM_{+k2t} + E_{ik2t}$$
$$\Rightarrow Var\,(Y_{ik2t}) =$$
$$\lambda^2_{Tik2t} Var(T_{ik1t}) + \lambda^2_{Oik2t} Var\,(O_{+k1t}) + \lambda^2_{TMik2t} Var\,(TM_{+k2t})$$
$$+ \lambda^2_{OMik2t} Var\,(OM_{+k2t}) + Var\,(E_{ik2t})$$

Lediglich das komplexeste Modell, das *Multimethod-LST-Modell*, ermöglicht es, die stabilen Einflüsse von Trait und Nicht-Standardmethode von den variablen Einflüssen von Messgelegenheiten und messgelegenheitsspezifischen Methodeneffekten zu trennen. In diesem Modell ist die feinste Zerlegung der Varianz einer beobachteten Variablen möglich.

Beim Einsatz des Multioccasion-MTMM-Modells entspricht die Anzahl der Traitfaktoren dem Produkt von Traits und Messgelegenheiten pro Methode. So entstehen schon bei nur drei Messgelegenheiten eine Vielzahl von Korrelationen, die sowohl die zeitliche Stabilität des Konstruktes, aber auch die diskriminante Validität zwischen den Traits kennzeichnen. Ein Maß für die mittlere Konvergenz der Methoden oder die mittlere diskriminante Validität ist nicht einfach zu berechnen (s. Bortz, 2005, zur Mittelung von Korrelationen). Aus diesem Grund werden im folgenden Beispiel nur das Multiconstruct-LST-Modell und das Multimethod-LST-Modell eingesetzt.

16.3 Das Multiconstruct-LST- und das Multimethod-LST-Modell in der empirischen Anwendung

Cole und Kollegen (Cole, Truglio & Peeke, 1997; Cole, Martin, Powers & Truglio, 1996; Cole & Martin, 2005) befragten u. a. 375 Schüler und deren Lehrer einer amerikanischen »elementary school« zu vier Messgelegenheiten im Hinblick auf ihre Ängstlichkeit und Depression. Die Depression der Schüler wurde mit dem Child Depression Inventory (Kovacs, 1981, 1982) und ihre Ängstlichkeit mit der Revised Children's Manifest Anxiety Scale (Reynolds & Richmond, 1978) gemessen. Die Ratings der Lehrer wurden mit dem Teacher Report Index of Depression (Cole & Jordan, 1995) und dem Teacher Report Index of Anxiety (Cole & Jordan, 1995; Lefkowitz & Tesiny, 1980) gemessen.

Das Multiconstruct-LST-Modell (Dumenci & Windle, 1998; Eid et al., 1994; Majcen et al., 1998; Schermelleh-Engel et al., 2004; Schmitt, 2000; Steyer et al., 1989, 1990) und das Multimethod-LST-Modell (Courvoisier, 2006; Courvoisier et al., eingereicht) wurden in einer Reanalyse mit dem Maximum Likelihood Robust Estimator und der Complex-Option von M*plus* 4 (Muthén & Muthén, 2006) geschätzt[5].

16.3.1 Das Multiconstruct-LST-Modell

Das Multiconstruct-LST-Modell stimmte in der ersten Schätzung nicht mit den Daten überein (χ^2= 842.2, df = 396, p = .00, CFI = .964, *RMSEA* = .055). Ein möglicher Grund für die Fehlanpassung kann darin liegen, dass die Lehrer von der zweiten zur dritten Messgelegenheit mit dem Schuljahr wechselten. Dadurch ist die Annahme eines stabilen Traits für die Lehrer zu stark. Teilt man die Submodelle für die Schüler und Lehrer in je zwei neue LST-Modelle (entsprechend des Schuljahres) und setzt man zusätzlich alle Traitladungen gleich[6], verbessert sich die Modellanpassung erheblich und weist einen guten Fit auf (χ^2= 362.4, df = 312, p = .03, CFI = .996, RMSEA = .021, ◘ Abb. 16.5 Teilmodell für die Ängstlichkeit).

[5] Diese Spezifikation berücksichtigt die Homogenität der Schüler in den einzelnen Schulklassen (Schachtelung von Ratings, Multilevelstruktur) und korrigiert die Standardfehler der Parameterschätzungen und den χ^2-Wert entsprechend.

[6] Durch diese Restriktion wird sichergestellt, dass in beiden Modellen die gleiche Beziehung zwischen Indikatoren und Traits besteht, also das identische Konstrukt gemessen wird.

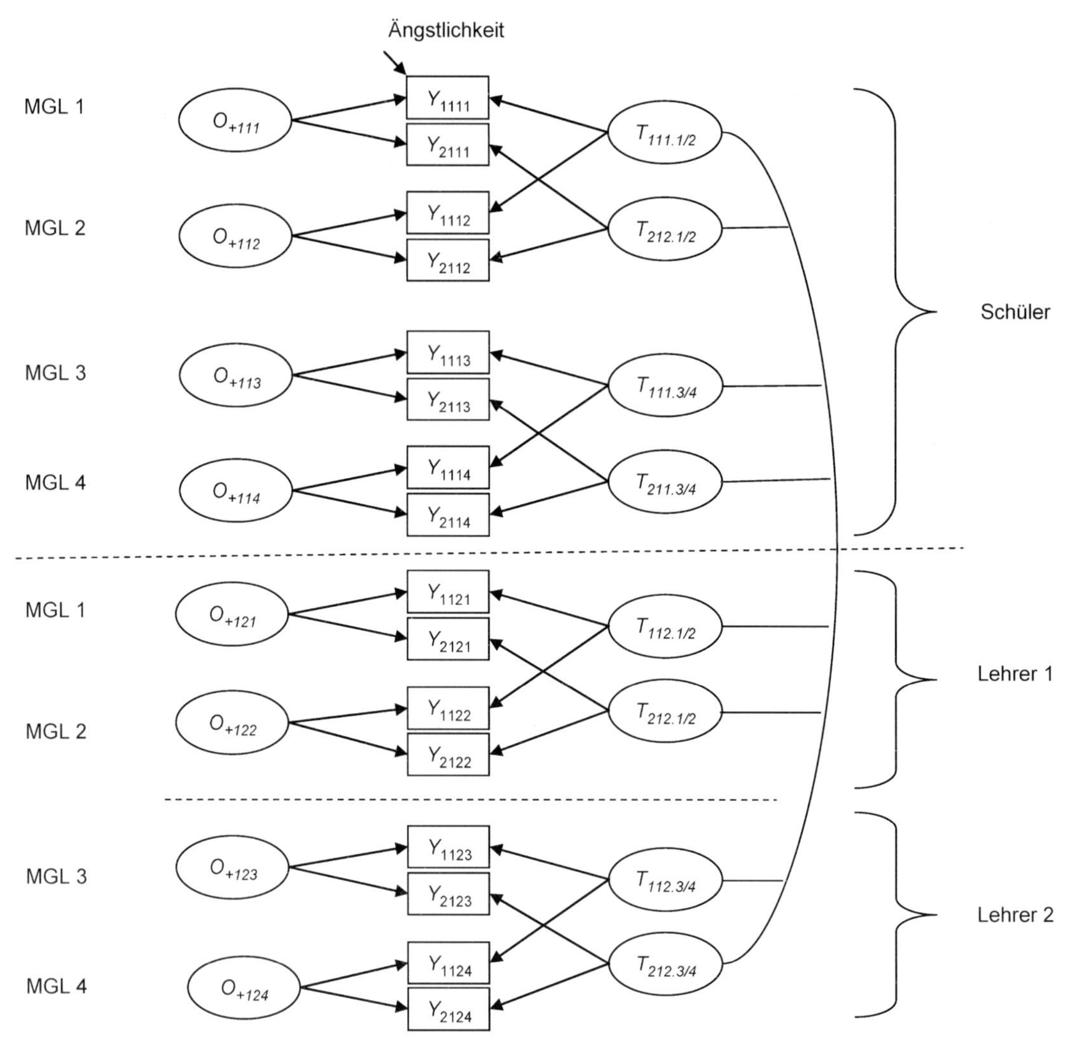

Abb. 16.5. Eine Traiteinheit des Multiconstruct-LST-Modells für vier Messgelegenheiten. T_{ikm+}: Traitvariable; O_{+kmt}: Messgelegenheitsvariable; T_{ikmt}: t = 1/2 kennzeichnet die Traitvariablen des ersten Schuljahres (MGL 1 + 2), 3/4 den Trait der Lehrer des zweiten Schuljahres (MGL 3 + 4); MGL: Messgelegenheit. Korrelationen sind durch Bögen symbolisiert. Die Korrelationen zwischen den Messgelegenheitsfaktoren sind aus Gründen der Lesbarkeit nicht abgebildet. Die Fehlervariable ist nur für den ersten Indikator angegeben.

Stabilität, Variabilität und Reliabilität

Wir präsentieren nur den Auszug der Ergebnisse der Stabilität, Variabilität und Reliabilität für die Ängstlichkeit der Schüler (vgl. ◘ Tab. 16.2), da an diesem Auszug bereits die wesentlichen Merkmale des Multiconstruct-LST-Modells für die Varianzzusammensetzung deutlich gemacht werden können. Die Ergebnisse (einschließlich der Korrelationstabellen) sind in detaillierter Form bei Courvoisier et al. (eingereicht) beschrieben.

Zunächst können wir feststellen, dass alle Indikatoren hoch reliabel gemessen wurden. Sowohl die Schüler als auch die Lehrer zeigten eine recht stabile Einschätzung der Ängstlichkeit, da ein großer Teil der aufgeklärten Varianz auf die Traitvariablen zurückgeführt werden kann (52% bis 87%). Auffallend ist weiterhin, dass mit zunehmender Dauer der Untersuchung die Stabilität der Ratings zunimmt. Bei den Schülern sinkt die Variabilität von der ersten bis zur dritten Messung und steigt dann wieder an. Bei den Lehrern ist die jeweils zweite Messgelegenheit eines Schuljahres durch eine geringere Variabilität gekennzeichnet (Messgelegenheiten 2 und 4), wenngleich die Lehrer im zweiten Schuljahr der Untersuchung insgesamt etwas variablere Einschätzungen zeigen.

Konvergente und diskriminante Validität

Wie sehr hängen nun die Schüler- und Lehrerratings zusammen? Eine Analyse der Korrelationen der indikatorspezifischen Traitvariablen zeigt, dass diese nur zu zwischen .19 und .29 zwischen den Schülern und den Lehrern korrelieren. Lehrer und Schüler stimmen offensichtlich in ihren Ratings nicht sehr hoch überein. Darüber hinaus stimmen die Lehrer der unterschiedlichen Schuljahre in ihren Einschätzungen auch nur zu einem sehr geringen Teil überein (alle Korrelationen sind kleiner als .17). Die testhälftenspezifischen Traits der Schüler und der beiden Lehrer sind jedoch sehr hoch miteinander korreliert, was auf die Homogenität der Testhälften hinweist (alle Korrelationen sind höher als .86 für die Schüler und .94 für die Lehrerratings innerhalb eines Schuljahres).

Tabelle 16.2. Stabilitäten, Messgelegenheitsspezifitäten und Reliabilitäten der Indikatoren im Multiconstruct-LST-Modell für die Ängstlichkeit

Testhälfte	Stabilität	Messgelegenheitsspezifität	Reliabilität
Ängstlichkeit im Schülerrating			
Y_{1111}	.59	.31	.90
Y_{2111}	.56	.32	.88
Y_{1112}	.86	.07	.93
Y_{2112}	.82	.08	.90
Y_{1113}	.83	.07	.90
Y_{2113}	.87	.06	.93
Y_{1114}	.69	.21	.90
Y_{2114}	.73	.19	.92
Ängstlichkeit im Lehrerrating			
Y_{1121}	.60	.31	.91
Y_{2121}	.58	.32	.90
Y_{1122}	.87	.04	.91
Y_{2122}	.85	.04	.89
Y_{1123}	.55	.37	.92
Y_{2123}	.52	.38	.90
Y_{1124}	.62	.29	.91
Y_{2124}	.61	.31	.92

Die Korrelationen zwischen den Traits Ängstlichkeit und Depression der Schüler sind alle größer als .68, ein deutliches Zeichen für die Verwandtschaft der beiden Konstrukte und mangelnde diskriminante Validität der beiden Konstrukte. Bei den Lehrern wird die mangelnde Trennbarkeit der beiden Konstrukte noch stärker sichtbar. Die Korrelationen der Traitvariablen der beiden Konstrukte in einem Schuljahr sind alle größer als .83.

Wie gut können die Lehrer Schwankungen der Ängstlichkeit und der Depression der Schüler nachvollziehen? Wirken sich die Situationen in gleichem Maße auf die Einschätzungen der beiden Konstrukte für die Schüler und die Lehrer aus? Zur Beantwortung dieser Fragen können die Korrelationen der messgelegenheitsspezifischen Variablen herangezogen werden. Die Schwankungen der Einschätzungen der Schüler und der Lehrer sind sehr unterschiedlich. Schätzen die Schüler ihre momentane Ängstlichkeit höher ein als gewöhnlich, so schätzen die Lehrer die Schüler tendenziell sogar weniger ängstlich ein als gewöhnlich (zwei der vier möglichen Korrelationen der Messgelegenheitsfaktoren sind negativ (-.09 und -.25, eine ist 0), lediglich eine Korrelation ist positiv mit .19).

Ein ähnliches Muster zeigt sich für die messgelegenheitspezifischen Variablen der Depression. Die messgelegenheitsspezifischen Variablen der Schüler für Ängstlichkeit und Depression sind zwischen .41 und .74 korreliert, was für einen gleichartigen Einfluss der Messgelegenheit auf beide Konstrukte spricht. Für die Lehrer zeigen sich sehr hohe Korrelationen der messgelegenheitsspezifischen Variablen für die beiden Konstrukte zur jeweils ersten Messgelegenheit (.80 und .84). Die situativen Einflüsse generalisieren somit sehr stark über die beiden Konstrukte hinweg. Zur zweiten Messgelegenheit fallen diese Korrelationen auf .40 und .58. Dies spricht dafür, dass die Lehrer (zumindest in ihrer Wahrnehmung) besser zwischen den beiden Konstrukten differenzieren, wenn sie die Schüler besser kennen.

16.3.2 Das Multimethod-LST-Modell

Das Multimethod-LST-Modell mit den Selbsteinschätzungen der Schüler als Standardmethode (◘ Abb. 16.6, Teilmodell für die Ängstlichkeit) passt ebenfalls gut auf die Daten ($\chi^2 = 338.4$, $df = 288$, $p = .02$, CFI = .996, RMSEA = .022). Die Reliabilitäten und Varianzkomponenten sind für die Ängstlichkeit in ◘ Tab. 16.3 wiedergegeben. Im Gegensatz zum vorherigen Modell können hier die gemeinsamen Varianzkomponenten direkt bestimmt werden. Wieder sind die Ratings der Schüler relativ stabil über die Zeit. Auch die Ratings der Lehrer zeigen sich fast ebenso stabil. Analysiert man die Stabilität der Lehrerratings etwas genauer, so zeigt sich, dass sie fast ausschließlich auf die Stabilität des Methodeneffektes zurückgeführt werden kann und nicht an einer erhofften Übereinstimmung mit den Schülern liegt (die maximale Stabilität, die auf den Trait der Schüler zurückzuführen ist, liegt bei .06). Die Ratings der Lehrer sind in keiner Weise von den situativen Schwankungen der Schüler beeinflusst, sondern die Schwankungen der Lehrer hängen ausschließlich von den internen Zuständen der Lehrer ab (alle auf die situativen Variablen der Schüler zurückzuführenden Varianzkomponenten sind kleiner als .01).

Tabelle 16.3. Stabilitäten, Variabilitäten und Reliabilitäten der Indikatoren im Multimethod-LST-Modell für die Ängstlichkeit

Ratings der Schüler							
Testhälfte	**Stabilität**			**Messgelegenheitsspezifität**			**Reliabilität**
Y_{1111}	.59			.28			.87
Y_{2111}	.55			.35			.91
Y_{1112}	.86			.06			.92
Y_{2112}	.80			.12			.92
Y_{1113}	.84			.03			.87
Y_{2113}	.86			.14			1.00
Y_{1114}	.68			.24			.92
Y_{2114}	.74			.17			.91
Ratings der Lehrer							
Testhälfte	**Stabilität**	**Stabilität des Traits**	**Stabilität der Methode**	**Messgelegenheitsspezifität**	**Mit den Schülern geteilte Messgelegenheitsspezifität**	**Messgelegenheitsspezifität der Lehrer**	**Reliabilität**
Y_{1121}	.76	.06	.70	.16	.00	.16	.92
Y_{2121}	.74	.03	.71	.17	.00	.17	.91
Y_{1122}	.69	.05	.64	.21	.01	.20	.89
Y_{2122}	.67	.04	.63	.21	.00	.21	.88
Y_{1123}	.62	.01	.61	.30	.00	.30	.92
Y_{2123}	.60	.02	.58	.31	.00	.31	.91
Y_{1124}	.58	.04	.54	.33	.00	.33	.91
Y_{2124}	.56	.05	.52	.35	.00	.35	.91

Konvergente und diskriminante Validität

Die Ergebnisse der Depressionsratings weichen kaum von den Ergebnissen der Ängstlichkeitsratings ab. Das Multimethod-LST-Modell zeigt somit sehr deutlich die starke Divergenz der Schüler- und Lehrerratings. Die Korrelationen zwischen den Traitfaktoren und den Methodenvariablen zeigen ein nahezu identisches Bild wie im Multiconstruct-LST-Modell. Die beiden Konstrukte sind in den Ratings der Schüler hoch miteinander korreliert. Zur besseren Anpassung des Modells wurden für jede Testhälfte separat Methodenvariablen spezifiziert. Die Einflüsse der Methode erweisen sich als recht homogen auf beide Testhälften. Darüber hinaus generalisieren sie über die Konstrukte hinweg, d. h. überschätzt ein Lehrer die Ängstlichkeit der Schüler, so überschätzt er tendenziell auch deren Depression.

Die messgelegenheitsspezifischen Effekte der Schüler wirken sich auf beide Konstrukte auf einem ähnlich hohen Niveau wie im vorhergehenden Modell aus. Die messgelegenheitsspezifischen Abweichungsvariablen der

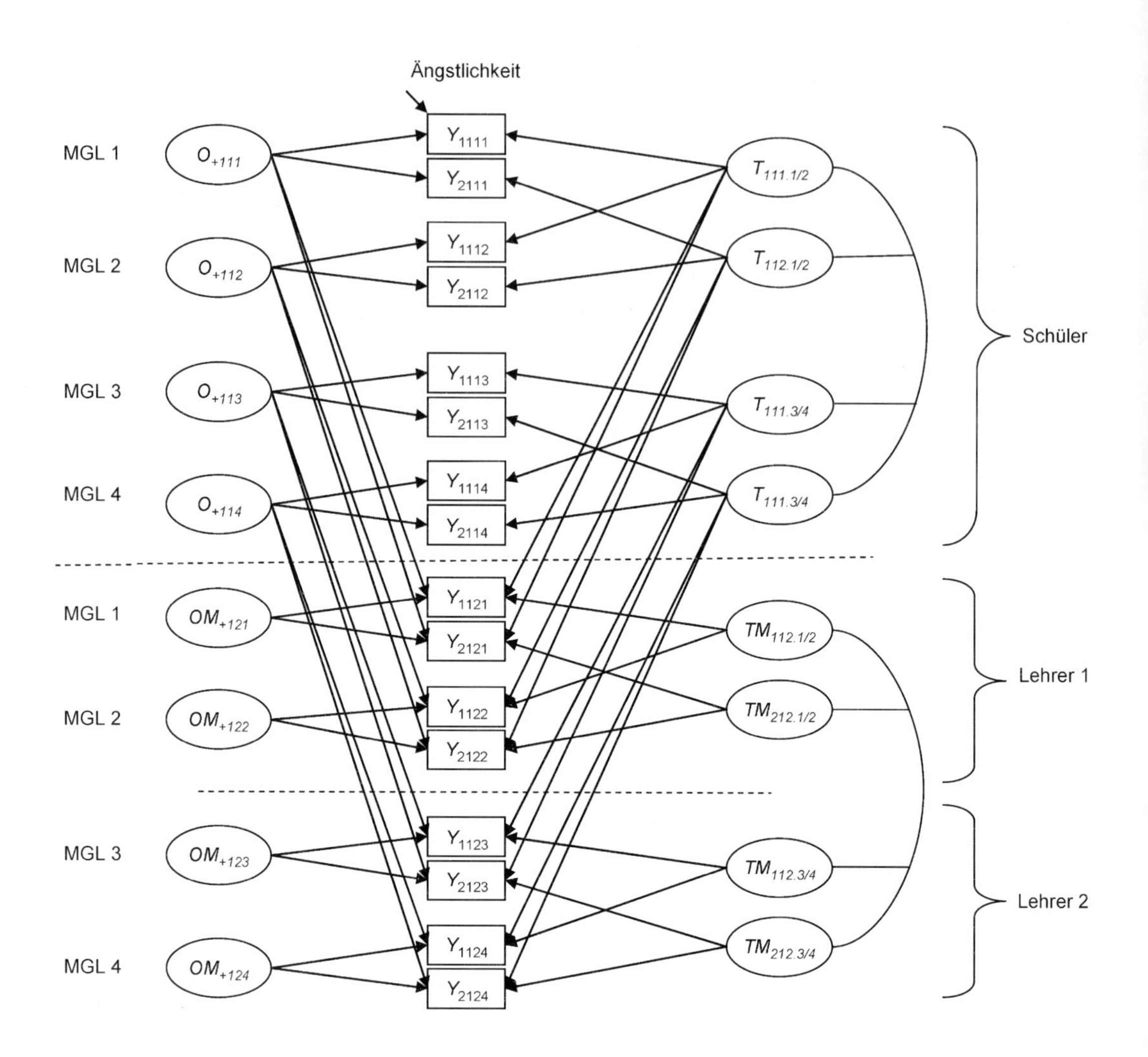

Abbildung 16.6. Das Multimethod-LST-Submodell für die Ängstlichkeit zum ersten Schuljahr. $T_{i11.1/2}$: Traitvariable; $TM_{+12.1/2}$: Methodenvariable; O_{+kmt}: messgelegenheitsspezifische Variable; OM_{+kmt}: messgelegenheitsspezifische Abweichungsvariable; MGL: Messgelegenheit. Korrelationen sind durch Bögen symbolisiert und aus Gründen der Lesbarkeit nur zwischen den Traitvariablen abgebildet. Die Fehlervariable ist nur für den ersten Indikator angezeigt.

Lehrer generalisieren ebenfalls über die Konstrukte hinweg. Die messgelegenheitsspezifischen Variablen der Schüler können nicht herangezogen werden, um die Abweichungen der Lehrer in der Einschätzung des anderen Konstruktes zu erklären; d. h. Schüler, die sich selbst ängstlicher als sonst erleben, werden von den Lehrern nicht depressiver als sonst eingeschätzt (die Korrelationen zwischen den messgelegenheitsspezifischen Variablen der Schüler für die Ängstlichkeit mit den messgelegenheitsspezifischen Abweichungsvariablen der Lehrer für die Depression und vice versa sind alle nahe 0).

16.3.3 Fazit der Anwendungen der beiden multimethodalen LST-Modelle

Die Anwendungen der beiden multimethodalen LST-Modelle illustrieren den Nutzen dieser Modelle und ermöglichen interessante Einblicke in den Zusammenhang von Schüler- und Lehrerratings:

Lehrerratings können nicht dazu herangezogen werden, die von den Schülern berichtete Ängstlichkeit und Depression angemessen widerzuspiegeln. Vielmehr zeigen Lehrer einen stabilen Bias in ihren Einschätzungen sowohl im Querschnitt als auch im Verlauf eines Schuljahres. Sie sind nicht nur nicht in der Lage, die stabile Ängstlichkeit oder Depression der Schüler einzuschätzen, sie können auch die jeweiligen situativen Schwankungen in der Ängstlichkeit oder Depression der Schüler nicht nachvollziehen. Gesteht man den Schülern der vierten und fünften Klasse in US-amerikanischen Schulen die Fähigkeit zu, ihre eigene Ängstlichkeit und Depression angemessen einzuschätzen, können sich Psychologen und Psychologinnen nach diesen Ergebnissen überhaupt nicht auf die Einschätzungen der Lehrer verlassen. Die landläufige Annahme, dass Lehrer nach einem Schuljahr in der Lage sein sollten, die Gefühle der Schüler ihrer Klasse einschätzen zu können, wird zumindest mit dieser Studie widerlegt.

16.4 Zusammenfassung und praktische Hinweise

Ziel dieses Kapitels war es, zu verdeutlichen, dass Merkmalsausprägungen von Individuen über die Zeit schwanken können, und dass somit auch die konvergente und diskriminante Validität verschiedener Methoden und Konstrukte zeitlichen Veränderungen unterworfen sind.

Die Analyse konvergenter und diskriminanter Validität ist Basis jeder diagnostischen Entscheidung. Nur bei gesicherter Qualität der eingesetzten Verfahren können Indikationen für mögliche Interventionen zuverlässig getroffen werden. Besonders bei Individuen wie Kindern, die sich in einem Entwicklungsprozess befinden, aber auch bei Erwachsenen, ist es notwendig, die zeitliche Stabilität der gefundenen Testscores zu untersuchen. Nur bei gegebener Stabilität der Messungen kann von einem stabilen Trait ausgegangen werden. Darüber hinaus ist es wichtig, zu analysieren, wie sich die konvergente Validität verschiedener Messmethoden entwickelt.

Drei longitudinale multimethodale Modelle für mehrere Traits wurden vorgestellt, die es erlauben, die Konvergenz verschiedener Methoden und die diskriminante Validität von Traits und States zu untersuchen. Die empirische Anwendung zeigt deutlich, dass implizite Annahmen über die Übereinstimmung verschiedener Methoden prinzipiell überprüft werden müssen.

Im folgenden sollen praktische Hinweise zur Analyse der komplexen Modelle gegeben werden. Da in diesen Modellen eine Vielzahl von Parametern geschätzt werden, kann erst ab relativ hohen Stichprobengrößen mit verlässlichen Ergebnissen gerechnet werden. Die Bestimmung der benötigten minimalen Stichprobengrößen ist Gegenstand gegenwärtiger Forschung.

Es empfiehlt sich, longitudinale multimethodale Modelle schrittweise in den empirischen Anwendungen aufzubauen. Wir wollen den Aufbau dieser Modelle skizzieren und auf mögliche Probleme eingehen:

i) *Ein Konstrukt und eine Methode*
Zunächst empfiehlt es sich, für jedes Konstrukt und jede Methode getrennte Analysen vorzunehmen. Für jede dieser Trait-Methoden-Einheiten kann ein

Modell geschätzt werden, in dem für jede Messgelegenheit nur eine State-Variable eingeführt wird. Die Korrelationen dieser (Single-Method-) *State-Variablen* sollten signifikant sein, damit im nächsten Schritt überprüft werden kann, ob ein LST-Modell diese Daten angemessen repräsentiert. Korrelieren die State-Variablen nicht miteinander, d. h. handelt es sich um ein vollständig zeitlich instabiles Merkmal, so kann auch kein LST-Modell angepasst werden. Eine Möglichkeit, konvergente und diskriminante Validität im zeitlichen Verlauf festzustellen, bietet dann das Multioccasion-MTMM-Modell. Es sei ausdrücklich darauf hingewiesen, dass Methoden gut übereinstimmen können, auch wenn keine zeitliche Stabilität vorliegt. Psychologische Konstrukte haben nicht immer einen stabilen zeitlichen Charakter (Stimmungen, Hormonlevel, Ärgererleben etc.).

ii) *Das LST-Modell*
Im zweiten Schritt kann für jede Trait-Methoden-Einheit ein (Mono-Method-) LST-Modell berechnet werden. Dieses Modell kann die zeitliche Stabilität eines Konstruktes einer einzigen Methode überprüfen. Mögliche Gründe für eine schlechte Anpassung des Modells an die Daten können hier neben mangelnder Stabilität noch weitere Faktoren sein:

- Der sogenannte Sokrates-Effekt: Testpersonen kennen nicht alle psychologischen Konstrukte und verfügen folglich nicht über eine kognitive Repräsentation der Traitausprägung. Durch die Befragung entwickeln die Testpersonen evtl. eine Vorstellung darüber, welches Konstrukt gemessen werden sollte, in weiteren Befragungen werden sie dann evtl. konformer im Hinblick auf das von ihnen vermutete Konstrukt antworten. Bei messinvarianten Modellen kann dies zu Problemen führen. Liegt ein Sokrates-Effekt vor, können die Ladungen der Indikatoren des ersten Messzeitpunktes von der Annahme der Messinvarianz ausgenommen werden.
- Eine oder mehrere messgelegenheitsspezifische Variablen haben keine Varianz: Dieses Phänomen tritt bei sehr stabilen Merkmalen auf (wie der Intelligenz), die keinen oder kaum situativen Schwankungen unterliegen; es kann aber auch bei weniger stabilen Konstrukten auftreten. Durch Eliminierung der betreffenden Messgelegenheitsvariablen kann das LST-Modell an die Daten angepasst werden. Im extremen Fall, wenn alle Messgelegenheitsvariablen eliminiert werden, bleibt ein reines Latent-Trait-Modell bestehen.
- Die verschiedenen Indikatoren eines Traits sind nicht perfekt homogen: Dieses Problem wurde bereits in ► Abschn. 16.1.2 behandelt.
- Das Konstrukt unterliegt einem Veränderungsprozess und ist nicht stabil über die Zeit. In diesem Fall müssen andere longitudinale Modelle wie das Latent-Difference-Modell (Geiser et al., eingereicht) das Latent-Curve-Modell oder ein Modell mit autoregressiven Strukturen (siehe dazu Bollen & Curran, 2006) herangezogen werden.

iii) Je nach inhaltlicher Fragestellung kann eines der vorgestellten MTMM-LST-Modelle analysiert werden.

Literatur

Bollen, K. A. (1989). *Structural equations with latent variables.* New York: Wiley.

Bollen, K. A. & Curran, P. J. (2006). *Latent curve models: A structural equations perspective.* New Jersey: Wiley.

Bortz, J. (2005). *Statistik für Human- und Sozialwissenschaftler.* Berlin: Springer.

Burns, G. L. & Haynes, S. N. (2006). Clinical Psychology: Construct validation with multiple sources of information and multiple settings. In M. Eid and E. Diener (Eds.), *Handbook of Multimethod Measurement in Psychology.* Washington, DC: American Psychological Association.

Cole, D. A. & Jordan, A. E. (1995). Competence and Memory: Integrating psychosocial and cognitive correlates of child depression. *Child Development, 66,* 459-473.

Cole, D. A, & Martin N. C. (2005). The longitudinal structure of the children's depression inventory: Testing a latent trait-state model. *Psychological Assessment, 17,* 144-155.

Cole, D. A., Martin, J. M., Powers, B., & Truglio, R. (1996). Modeling causal relations between academic and social competence and depression: A multitrait-multimethod longitudinal study of children. *Journal of Abnormal Psychology, 105,* 258-270.

Cole, D. A., Truglio, R., & Peeke, L. (1997). Relation between symptoms of anxiety and depression in children: A multitrait-multimethod-multigroup assessment. *Journal of Consulting and Clinical Psychology, 65,* 110-119.

Costa, P.T. & McCrae, R.R. (1998). Trait theories of personality. In Barone, D.F., Hersen, M., and Van Hasselt, V.B. (Eds.), *Advances Personality* (pp.103-121). New York: Plenum Press.

Courvoisier, D. S. (2006). *Unfolding the constituents of psychological scores: Development and application of mixture and multitrait-multimethod LST models.* Unpublished doctoral dissertation, University of Geneva, Switzerland.

Courvoisier, D. S., Nussbeck, F. W., Eid, M., Geiser, C., & Cole, D.A. (2007). Development and application of multimethod Latent State-Trait models for continuous variables. Manuscript submitted for publication.

Dumenci, L. & Windle, M. (1998). A multitrait-multioccasion generalization of the latent trait-state model: Description and application. *Structural Equation Modeling, 5,* 391-410.

Eid, M. (1996). Longitudinal confirmatory factor analysis for polytomous item responses: Model definition on the basis of stochastic measurement theory. *Methods of Psychological Research, 1,* 65-85.

Eid, M. (2000). A multitrait-multimethod model with minimal assumptions. *Psychometrika, 65,* 241-261.

Eid, M. (2006). Methodological approaches for analyzing multimethod data. In M. Eid & E. Diener (Eds.), *Handbook of psychological measurement: A multimethod perspective* (pp. 223-230). Washington , DC: American Psychological Association.

Eid, M., Lischetzke, T., & Nussbeck, F. W. (2006). Structural equation models for Multitrait-Multimethod data. In M. Eid and E. Diener (Eds.), *Handbook of Multimethod Measurement in Psychology.* Washington, DC: American Psychological Association.

Eid, M., Lischetzke, T., Nussbeck, F. W., & Trierweiler, L. I. (2003). Separating trait effects from method-specific effects in multitrait-multimethod models: A multiple indicator CTC(*M*-1) model. *Psychological Methods, 8,* 38-60.

Eid, M. Notz, P., Steyer, R. & Schwenkmezger, P. (1994). Validating scales for the assessment of mood level and variability by latent state-trait analysis. *Personality and Individual Differences, 16,* 63-76.

Eid, M., Nussbeck, F. W., Geiser, C., Cole, D. A., Gollwitzer, M. & Lischetzke, T. (eingereicht). Analyzing multitrait-multimethod data with structural equation modeling: Some guidelines for selecting an appropriate model. Manuscript submitted for publication.

Geiser, C., Eid, M., Nussbeck, F. W., Courvoisier, D. S., & Cole D. A. (2007). Analyzing the convergent and discriminant validity of change: Structural equation modeling of multitrait-multimethod-multioccasion data. Manuscript submitted for publication.

Kelava, A. & Schermelleh-Engel, K. (2007). Latent-State-Trait-Theorie. In H. Moosbrugger & A. Kelava (Hrsg.), *Testtheorie und Fragebogenkonstruktion.* Heidelberg: Springer.

Kovacs, M. (1981). Rating scales to assess depression in school-aged children. *Acta Paedopsychiatrica, 46,* 305-315.

Kovacs, M. (1982). *The children's depression inventory: A self-rating depression scale for school-aged youngsters.* (Unpublished Manuscript).

Lefkowitz, M. & Tesiny, E. (1980). Assessment of childhood depression. *Journal of Consulting Clinical Psychologists, 48,* 43-50.

Little, T. D., Cunningham, W. A., Shahar, G., & Widaman, K. F. (2002). To parcel or not to parcel: Exploring the question, weighing the merits. *Structural Equation Modeling, 9,* 151–173.

Majcen, A.-M., Steyer, R., & Schwenkmezger, P. (1988). Konsistenz und Spezifität bi Eigenschafts- und Zustandsangst. *Zeitschrift für Differentielle und Diagnostische Psychologie, 9,* 105-120.

Marsh, H. W. & Grayson, D. (1994). Longitudinal confirmatory factor analysis: Common time-specific, item-specific, and residual-error components of variance. *Structural Equation Modeling, 1,* 116-145.

Marsh, H. W. & Grayson, D. (1995) Latent variable models of multitrait-multimethod data. In R. E. Hoyle (Ed.), *Structural equation modeling: Concepts, issues, and applications* (pp. 117-187). Thousand Oaks, London: Sage.

Moosbrugger, H. (2007). Klassische Testtheorie. In H. Moosbrugger & A. Kelava (Hrsg.), *Testtheorie und Fragebogenkonstruktion.* Heidelberg: Springer

Moosbrugger, H. & Schermelleh-Engel, K. (2007). Exploratorische (EFA) und Konfirmatorische Faktorenanalyse (CFA). In H. Moosbrugger & A. Kelava (Hrsg.), *Testtheorie und Fragebogenkonstruktion.* Heidelberg: Springer.

Muthén, L. K. & Muthén, B. O. (2006). *Mplus user's guide.* Los Angeles, CA: Muthén & Muthén.

Reynolds, C. R. & Richmond, B. O. (1978). What I think and feel: A revised measure of children's manifest anxiety. *Journal of Abnormal Child Psychology, 6,* 271-280.

Schermelleh-Engel, K., Keith, N., Moosbrugger, H., & Hodapp, V. (2004). Decomposing person and occasion-specific effects: An extension of the Latent State-Trait (LST) Theory to hierarchical LST models. *Psychological Methods, 9,* 198-219.

Schermelleh-Engel, K. & Schweizer, K. (2007). Multitrait-Multimethod-Analysen. In H. Moosbrugger & A. Kelava (Hrsg.), *Testtheorie und Fragebogenkonstruktion.* Heidelberg: Springer.

Schmitt, M. J. (2000). Mother-daughter attachment and family cohesion: Single and multi-trait latent state-trait models of current and retrospective perceptions. *European Journal of Psychological Assessment, 16,* 115-124.

Steyer, R. (1987). Konsistenz und Spezifität: Definition zweier zentraler Begriffe der Differentiellen Psychologie und einfaches Modell zu ihrer Identifikation. *Zeitschrift für Differentielle und Diagnostische Psychologie, 8, 245-258.*

Steyer, R. (1989). Models of classical test theory as stochastic measurement models: Representation, uniqueness, meaningfulness, and testability. *Methodika, 3, 25-60.*

Steyer, R., Ferring, D., & Schmitt, M. (1992). States and traits in psychological assessment. *European Journal of Psychological Assessment, 8, 79-98.*

Steyer, R., Majcen, A.-M., Schwenkmezger, P. & Buchner, A. (1989). A latent state-trait anxiety model and its application to determine consistency and specifity coefficients. *Anxiety Research, 1,* 281-299.

Steyer, R., Schwenkmezger, P., & Auer, A. (1990). The emotional and cognitive components of trait anxiety: A latent state trait anxiety model. *Personality and Individual Differences, 11,* 125-134.

Thorndike, E. L. (1920). A constant error in psychological rating. *Journal of Applied Psychology, 4,* 25-29.

Yousfi, S. & Steyer, R. (2006). Latent-State-Trait-Theorie. In F. Petermann & M. Eid (Eds.), *Handbuch der Psychologischen Diagnostik* (S. 346-357). Göttingen: Hogrefe.

Anhang

Glossar

A

Adaptiver Algorithmus Ein adaptiver Algorithmus ist ein Regelsystem, welches beim adaptiven Testen die Itemauswahl zu Beginn und während des Tests regelt sowie Kriterien der Testbeendigung spezifiziert.

Adaptives Testen Ein spezielles Vorgehen bei der Messung individueller Ausprägungen von Personmerkmalen, bei dem sich die Auswahl der zur Bearbeitung vorgelegten Items an der Leistungsfähigkeit des untersuchten Probanden orientiert.

AIC Unter dem AIC (Akaike's Information Criterion) versteht man ein Maß für die Anpassungsgüte des geschätzten Modells an die vorliegenden empirischen Daten (Stichprobe) unter Berücksichtigung der Komplexität des Modells. Daraus hervorgegangen sind BIC und CAIC.

Akquieszenz Mit Akquieszenz bezeichnet man die Antworttendenz, auf Aussagen (Statements) unabhängig vom Inhalt eher mit Zustimmung zu reagieren.

Austauschbare Methoden Austauschbare Methoden in MTMM Modellen sind solche Methoden, die einer Zufallsauswahl aus einer Menge gleichberechtigter (gleichadäquater) Methoden entsprechen. Beispielsweise wären verschiedene Messgelegenheiten austauschbar, wenn sie einer Zufallsauswahl entsprechen und keine der Messgelegenheiten sich von den anderen Messgelegenheiten strukturell unterscheidet.

Auswahlaufgaben Aufgabentyp, bei dem die Probanden vor die Anforderung gestellt werden, aus mehreren vorgegebenen Antwortalternativen die richtige bzw. zutreffende Antwort zu identifizieren.

Auswertungsobjektivität (Gütekriterium) Ein Test ist dann auswertungsobjektiv, wenn das Testergebnis unabhängig davon ist, wer den Test auswertet.

Autokorrelationseffekt In longitudinalen Strukturgleichungsmodellen korrelieren Indikatoren oft stärker über die Messgelegenheiten hinweg als mit anderen Indikatoren derselben Messgelegenheit, die dasselbe Konstrukt messen.

Axiom Axiome sind theoretische Grundannahmen, die ohne weitere Überprüfung als gegeben angesehen werden.

B

Bedingte Antwortmusterwahrscheinlichkeit $P(a_v|g)$ Bei der dichotomen LCA: Wahrscheinlichkeit eines Antwortmusters a_v unter der Bedingung, dass die Person v zur Klasse g gehört.

Bedingte Itembejahungswahrscheinlichkeit $P(x_{vi}=1|g)$ Bei der dichotomen LCA: Wahrscheinlichkeit, mit der ein Item i bejaht wird, wenn die entsprechende Person v zur Klasse g gehört.

Bedingte Kategorienwahrscheinlichkeit $P(x_{vi}=k|g)$ Bei der polytomen LCA: Wahrscheinlichkeit, mit der ein Item i mit der Antwortkategorie k beantwortet wird, wenn die entsprechende Person v zur Klasse g gehört.

Bedingte Klassenzuordnungswahrscheinlichkeit $P(g|a_v)$ Bei der dichotomen LCA: Wahrscheinlichkeit, mit der eine Person v mit dem Antwortmuster a_v zur Klasse g gehört.

Beurteilungsaufgaben Aufgabentyp, bei dem der individuelle Zustimmungs- oder Ablehnungsgrad zu einer vorgelegten Aussage (Statement) erfasst wird.

BIC Unter dem BIC (Bayesian Information Criterion) wird ein dem AIC ähnliches Kriterium der Anpassungsgüte des Modells an die Daten verstanden, das im Unterschied zum AIC die Nicht-Sparsamkeit von Modellparametern stärker bestraft.

C

CAIC Das Corrected-Information-Criterion (CAIC) ist eine Abwandlung des AIC, bei dem der Stichprobenumfang berücksichtigt wird.

Cognitive Lab »Cognitive Lab« beschreibt eine explorative Methode zur Untersuchung von Antwortprozessen. Dabei werden Probanden unmittelbar nach der Bearbeitung der Items zu ihrem Lösungsverhalten interviewt oder bei der Bearbeitung der Items gebeten, laut zu denken.

Consequential Validity Consequential Validity beschäftigt sich mit der Frage, ob mit dem Einsatz eines Testverfahrens das damit in der Praxis verfolgte Ziel erreicht wird.

Cronbachs α Koeffizient der internen Konsistenz als Reliabilitätsschätzung. Cronbachs α beruht auf dem Verhältnis zwischen der Summe aus Varianzen und Kovarianzen der Items eines Tests und der Varianz der Testwertvariablen. Je höher die Kovarianzen zwischen den Testitems sind, desto höher wird die interne Konsistenz und damit die Reliabilität.

Curriculare Validität Curriculare Validität bezeichnet die Übereinstimmung von Inhalten eines Tests, der zur Überprüfung der Erreichung eines Lernziels dienen soll, mit den Inhalten des Lehrplans.

D

Debriefing Debriefing beschreibt die Qualitätssicherungsmaßnahme, nach der Testung den Testleiter nach Besonderheiten während der Testung zu befragen.

Deterministische Modelle Deterministische Modelle nehmen an, dass die Wahrscheinlichkeit, ein Item zu lösen, nur 0 oder 1 betragen kann; die Wahrscheinlichkeit, ein Items zu lösen bzw. ihm zuzustimmen, »springt« ab einem bestimmten Punkt auf der Merkmalsdimension ξ von 0 auf 1. Die IC-Funktion entspricht einer Sprungfunktion/Treppenfunktion.

DIN 33430 Die DIN 33430 ist eine verbindliche Norm von Qualitätsstandards für die berufsbezogene Eignungsbeurteilung, die verwendeten Tests und die einzelnen Ablaufschritte.

Disjunktheit von Antwortalternativen Disjunktheit von Antwortalternativen liegt vor, wenn zwischen den Antwortalternativen keine Überlappungen bestehen.

Diskriminante Validität Im Rahmen der Konstruktvalidierung gilt die diskriminante Validität als nachgewiesen, wenn Messungen verschiedener Konstrukte mit derselben Methode nicht oder nur gering miteinander korrelieren.

Diskriminationsindex Unter dem Diskriminationsindex versteht man einen Kennwert zur Identifizierung »nicht trennscharfer« Items bei der LCA.

Distraktoren Als Distraktoren bezeichnet man plausibel erscheinende, aber nicht zutreffende Antwortalternativen bei Auswahlaufgaben.

Dreiparameter-Logistisches-Modell (3PL-Modell) Im 3PL-Modell wird zusätzlich zu den Parametern des 2PL-Modells noch die Ratewahrscheinlichkeit als Parameter ρ_i in das Modell aufgenommen und geschätzt.

Durchführungsobjektivität (Gütekriterium) Ein Test ist dann durchführungsobjektiv, wenn das Testergebnis unabhängig davon ist, wer den Test vorgibt.

E

Eichstichprobe Stichprobe, die zur Normierung eines Tests eingesetzt wird. Die Eichstichprobe besteht idealerweise aus einer hinreichend großen, repräsentativen Zufallsstichprobe der Zielpopulation, für die der Test beim späteren Einsatz Gültigkeit haben soll.

Eichung (Gütekriterium) ► Normierung

Eigenwert Der Eigenwert eines Faktors gibt an, wie viel Varianz von allen Items (Variablen) durch diesen Faktor erklärt wird.

Einparameter-Logistisches-Modell (1PL-Modell) Das 1PL-Modell der Item-Response-Theorie beschreibt den Zusammenhang zwischen dem beobachtbaren dichotomen Antwortverhalten und dem dahinter stehenden latenten Merkmal auf Grundlage einer Wahrscheinlichkeitsfunktion mit einem Itemparameter, nämlich dem Schwierigkeitsparameter σ_i.

Erschöpfende (suffiziente) Statistiken Die Zeilen- und Spaltensummenscores einer (0/1)-Datenmatrix werden als solche bezeichnet, wenn die Wahrscheinlichkeit der Daten nicht davon abhängt, welche Personen welche Items gelöst haben, sondern lediglich davon, wie viele Personen ein Item gelöst haben (Schwierigkeit des Items), bzw. wie viele Items eine Person lösen konnte (Fähigkeit der Person).

Exhaustivität von Antwortalternativen Exhaustivität von Antwortalternativen liegt vor, wenn alle möglichen Antworten auf den vorgegebenen Antwortalternativen abgebildet werden können.

Exploratorische Faktorenanalyse Die exploratorische Faktorenanalyse (EFA) ist ein strukturierendes datenreduzierendes Verfahren, das typischerweise dann zur Anwendung kommt, wenn keine Hypothesen über die Anzahl der zugrundeliegenden Faktoren und über die Zuordnung der beobachteten Variablen zu den Faktoren vorliegen.

Exposure Control Strategie zur Vermeidung der öffentlichen Bekanntheit von Items durch unerwünscht häufige Vorgabe der Items oder der Itemgruppen. Beim adaptiven Testen kann Exposure Control leichter erzielt werden.

F

Fairness (Gütekriterium) Ein Test erfüllt das Gütekriterium der Fairness, wenn die resultierenden Testwerte zu keiner systematischen Benachteiligung bestimmter Personen aufgrund ihrer Zugehörigkeit zu ethnischen, soziokulturellen oder geschlechtsspezifischen Gruppen führen.

Faktorladung Die Gewichtungszahl λ_{jk} einer beobachteten Variablen j auf dem latenten Faktor k heißt Faktorladung und beschreibt die Stärke des Zusammenhangs zwischen Faktor und Variable (meist Item). Sie kann bei orthogonal rotierten Faktoren als Korrelation interpretiert werden.

Faktorwert Der Faktorwert f_{kv} gibt an, wie stark ein Faktor F_k bei der v-ten Person ausgeprägt ist.

Fehlervarianz Var(ε) Die Varianz der Fehlerwerte Var(ε) der Personen stellt in der KTT den unerklärten Anteil der Testwertevarianz Var(x) dar.

Freies Antwortformat Bei Aufgaben mit einem freien Antwortformat sind keine Antwortalternativen vorgegeben. Die Antwort wird von der Person selbst formuliert bzw. produziert.

G

Geschwindigkeitstests ► Speedtests

Gleichwertige Methoden Im Rahmen von MTMM-Modellen sind gleichwertige Methoden solche Methoden, die das zu erfassende Trait gleichwertig repräsentatieren. Z.B. sind parallele Tests oder Testhälften gleichwertige Methoden. Im Unterschied zu austauschbaren Methoden, ist die Erklärung der Methodeneffekte für gleichwertige Methoden nachrangig.

Gütekriterien ► Testgütekriterien

H

Hauptachsenanalyse Methode der EFA, mit der versucht wird, das Beziehungsmuster zwischen den manifesten Variablen mit dahinterliegenden latenten Faktoren zu erklären.

Hauptkomponentenanalyse Methode der EFA, mit der versucht wird, möglichst viel Varianz der beobachteten Variablen durch möglichst wenige Faktoren (sog. Hauptkomponenten) zu beschreiben.

Hierarchisch geschachtelte Modelle Mehrere CFA-Modelle werden als hierarchisch geschachtelt bezeichnet, wenn sie dieselbe Modellstruktur aufweisen, sich jedoch in der Anzahl der fixierten oder freigesetzten Parameter unterscheiden. Sie heißen hierarchisch geschachtelt, weil in den verschiedenen Modellen zunehmend mehr Parameter fixiert oder freigesetzt werden, so dass sie durch Parameterrestriktionen bzw. Freisetzung ineinander übergeführt werden können, während die Modellstruktur ansonsten erhalten bleibt.

Homogenität Homogenität von Items liegt vor, wenn die verschiedenen Items eines (Sub-)Tests dasselbe Merkmal messen.

I

Informationskriterien Maße zur deskriptiven, relativen Beurteilung der Güte eines Modells. Häufig verwendete Informationskriterien sind der AIC, der BIC und der CAIC.

Inkrementelle Validität Inkrementelle Validität bezeichnet das Ausmaß, in dem die Vorhersage eines externen Kriteriums verbessert werden kann, wenn zusätzliche Testaufgaben oder (Sub-)Tests zu den bereits eingesetzten Verfahren hinzugenommen werden.

Interne Konsistenz (Konsistenzanalyse) Methode der Reliabilitätsschätzung. Die Kovarianzen zwischen den Items eines Tests werden als wahre Varianz angesehen und zur Bestimmung der Reliabilität verwendet. Siehe auch: Cronbachs α.

Interpretationsobjektivität (Gütekriterium) Ein Test ist dann interpretationsobjektiv, wenn bezüglich der Interpretation der Testwerte eindeutige Richtlinien (z. B. Normentabellen) vorliegen.

Invertierte Items Invertierte Items sind »umgepolte« Items, bei denen nicht die Bejahung, sondern die Verneinung symptomatisch für eine hohe Merkmalsausprägung ist.

Itemcharakteristische Funktion (IC-Funktion) Die IC-Funktion beschreibt die Beziehung zwischen dem latenten Merkmal und dem Reaktionsverhalten der Probanden auf ein Item in Form einer Wahrscheinlichkeitsaussage.

Itemhomogenität Verschiedene Items sind bezüglich einer latenten Dimension ξ dann homogen, wenn das Antwortverhalten auf die Items nur von diesem Merkmal (der latenten Dimension) und keinem anderen systematisch beeinflusst wird.

Iteminformationsfunktion I_i Die Iteminformationsfunktion I_i gibt im Rahmen der Itemselektion in der Item-Response-Theorie an, wie hoch der Informationsgehalt eines Items i bzgl. der Diskrimination zwischen verschiedenen Merkmalsausprägungen ist. Die Iteminformationsfunktion I_i eines Items i ist für die Ausprägung ξ maximal, die mit dem Itemparameter σ_i übereinstimmt.

Itempool Eine Menge von Items für die mit einem IRT-Modell Itemhomogenität festgestellt wurde; beim adaptiven Testen können beliebige Items aus dem Intempool zur Vorgabe ausgewählt werden.

Item-Response-Theorie (IRT) Die Item-Response-Theorie (IRT, auch Probabilistische Testtheorie) beschreibt den Zusammenhang zwischen beobachtbarem Antwortverhalten und dem dahinterstehenden Persönlichkeitsmerkmal auf Grundlage eines wahrscheinlichkeitstheoretischen Modells. Dabei wird die Wahrscheinlichkeit für das beobachtbare (gezeigte) Antwortverhalten als von der latenten Merkmalsausprägung abhängig modelliert (▶ IC-Funktion).

Itemschwierigkeit/Schwierigkeitsindex Die Schwierigkeit eines Items (Schwierigkeitsindex) beschreibt in der KTT das mit 100 multiplizierte Verhältnis des durchschnittlich erreichten Itempunktwertes zum maximal möglichen Itempunktwert. Je größer der Schwierigkeitsindes, desto leichter ist das Item.

Itemparameter ▶ Schwierigkeitsparameter

Itemselektion Die Itemselektion beschreibt den Prozess, Items hinsichtlich ihrer Eignung zur Erfassung des interessierenden Merkmals auszuwählen. Neben der Betrachtung deskriptivstatistisch gewonnener Kennwerte (z.B. Itemschwierigeit, Itemtrennschärfe und Itemvarianz) fließen auch inhaltliche und modelltheoretische Überlegungen in den Selektionsprozess ein.

Itemtrennschärfe Die Trennschärfe eines Items gibt an, wie stark die mit dem jeweiligen Item erzielte Differenzierung zwischen den Probanden mit der Differenzierung durch den Gesamttests übereinstimmt.

Itemvarianz Die Varianz eines Items ist ein Maß für die Differenzierungsfähigkeit des Items; es gibt an, wie unterschiedlich die Probanden auf das Item antworten.

Itemzwillinge oder Itempaarlinge Methode der Aufteilung eines Tests in Testhälften zur Bestimmung der Splithalf-Reliabilität. Items werden in Paare zu zwei Items mit möglichst gleicher Schwierigkeit und Trennschärfe (Zwillinge, Paarlinge) gruppiert. Jeder Testhälfte wird zufällig jeweils eines der beiden Items zugeordnet.

K

Kognitives Vortesten Beim kognitiven Vortesten legt der Testleiter in Erprobung befindliche Items vor und bittet die Probanden alle Überlegungen, die zur Beantwortung der Frage führen, zu formulieren. Diese Äußerungen werden meist auf Video aufgenommen.

Kommunalität Die Kommunalität h_i^2 einer Variablen i gibt an, in welchem Ausmaß die Varianz der Variablen durch die extrahierten q Faktoren erklärt wird.

Konfidenzintervall Das Konfidenzintervall kennzeichnet denjenigen Bereich um einen empirisch ermittelten individuellen Testwert x_v, in dem sich 95% (99%) aller möglichen wahren Testwerte τ_v befinden, die den Testwert x_v erzeugt haben können.

Konfirmatorische Faktorenanalyse Die konfirmatorische Faktorenanalyse (CFA) ist ein Verfahren zur Datenreduktion, mit dem Hypothesen über die Anzahl der Faktoren, die Korrelationen zwischen den Faktoren und die Zuordnung der beobachteten Variablen zu den einzelnen Faktoren theoriegeleitet überprüft werden. Die CFA bildet das sog. Messmodell der Verfahrensgruppe der Strukturgleichungsmodelle.

Konsistenz Die Konsistenz einer Messvariablen beschreibt in der Latent-State-Trait-Theorie das Ausmaß der durch ein Trait erklärten Varianz relativiert an der Gesamtvarianz der Messvariablen.

Konsistenzeffekte Konsistenzeffekte treten dann auf, wenn Probanden versuchen, »stimmige Antworten« aufgrund ihrer Antworten auf vorangegangene Items zu geben.

Konstrukt Bezeichnung für ein nicht direkt beobachtbares, aber empirisch verankerbares latentes Persönlichkeitsmerkmal.

Konstruktäquivalenz Die Konstruktäquivalenz ist die empirisch bestätigte Äquivalenz eines psychologischen Konstrukts über Sprachen und Kulturen hinweg.

Konstruktvalidität Konstruktvalidität liegt vor, wenn ein Test tatsächlich das Konstrukt erfasst, das er erfassen soll.

Konvergente Validität Im Rahmen der Konstruktvalidierung gilt die konvergente Validität als nachgewiesen, wenn Messungen eines Konstrukts, das mit verschiedenen Methoden erfasst wird, hoch miteinander korrelieren.

Kriteriumsorientierte Testwertinterpretation Bei der kriteriumsorientierten Testwertinterpretation erfolgt die Interpretation des Testwertes nicht in Bezug zur Testwerteverteilung einer Bezugsgruppe (► Normorientierte Testwertinterpretation), sondern in Bezug auf ein spezifisches inhaltliches Kriterium. Es wird vorab festgelegt, welches Testverhalten zum Erreichen des Kriteriums führt.

Kriteriumsvalidität Kriteriumsvalidität liegt vor, wenn von einem Testergebnis auf ein für diagnostische Entscheidungen praktisch relevantes Kriterium außerhalb der Testsituation geschlossen werden kann. Kriteriumsvalidität kann durch empirische Zusammenhänge zwischen dem Testwert und möglichen Außenkriterien belegt werden.

L

Latent-Class-Analyse (LCA) Probabilistisches Verfahren zur Kategorisierung von Personen (Objekten) in qualitative latente Klassen.

Latent-State-Trait-Theorie (LST-Theorie) Die Latent State-Trait-Theorie ist eine formale Erweiterung der Klassischen Testtheorie, die neben der Aufteilung der Messvariable X_{it} einer Messung i zu Messgelegenheit t in eine Messfehlervariable ε_{it} und in eine Variable der wahren Werte τ_{it} eine Trennung von situationalen und dispositionellen Einflüssen erlaubt. Dazu wird die Variable der wahren Werte τ_{it} einer Messung X_{it} zusätzlich in eine Trait-Variable ξ_{it} und in eine State-Residuums-Variable ζ_{it} zerlegt: $X_{it} = \tau_{it} + \varepsilon_{it} = \xi_{it} + \zeta_{it} + \varepsilon_{it}$

Latent-Class-Modelle Bezeichnung für IRT-Modelle, die davon ausgehen, dass das latente Persönlichkeitsmerkmal zur Charakterisierung von Personenunterschieden aus qualitativen kategorialen latenten Klassen besteht.

Latente Dimension Nicht direkt beobachtbare Variable zu Erfassung von Merkmalsausprägungen in Leistungs-, Einstellungs- oder Persönlichkeitsmerkmalen, von welchen das manifeste Verhalten als abhängig angesehen wird.

Latentes State-Residuum Das State-Residuum ist der Teil eines States, der ausschließlich die Situation und die Interaktion zwischen Person und Situation repräsentiert.

Latent-Trait-Modelle/IRT Bezeichnung für IRT-Modelle, die davon ausgehen, dass es sich bei dem latenten Persönlickeitsmerkmal zur Charakterisierung von Personenunterschieden um eine quantitative kontinuierliche latente Dimension handelt.

Leistungstests Tests zur Erfassung der individuellen kognitiven Leistungsfähigkeit in Problemlösesituationen. Beispiele: Intelligenztests, Konzentrationsleistungstests etc.

Likelihood/IRT In der IRT ist die Likelihood das Anpassungskriterium bei der Parameterschätzung. Sie ist dort definiert als die Wahrscheinlichkeit aller beobachteten Daten unter Annahme der Modellgültigkeit. Bei der Modellschätzung werden die Parameter iterativ so lange verändert, bis die Likelihood maximal ist.

Likelihood/LCA In der LCA ist die Likelihood das Anpassungskriterium bei der Parameterschätzung. Es ist dort definiert als das Produkt der unbedingten Antwortmusterwahrscheinlichkeiten $P(a_v)$ über alle Antwortmuster in der Stichprobe (N_a) hinweg.

Likelihood-Ratio-Test Möglichkeit zur inferenzstatistischen Absicherung der Güte eines LCA-Modells: Der LRT wird zur inferenzstatistischen Absicherung des Unterschieds zweier geschachtelter Modelle (»nested models«) verwendet.

Linear-logistische Modelle Linear-logistische Modelle zerlegen die Schwierigkeitsparameter der Items in für die Bearbeitung des Items erforderliche Basisoperationen. Jeder der Schwierigkeitsparameter wird als Linearkombination einer möglichst geringen Anzahl von Basisparametern ausgedrückt.

Lizenzprüfung nach DIN 33430 Nachweis einschlägiger Kenntnisse von Auftragnehmern (Lizenz A), bzw. Mitwirkenden an Verhaltensbeobachtungen (Lizenz MV) und von Mitwirkenden an Eignungsinterviews (Lizenz ME) gemäß DIN 33430.

Lokale stochastische Unabhängigkeit Bedingung, die erfüllt sein muss, um die Korrelation zwischen zwei Testitems auf eine dahinterliegende latente Persönlichkeitsvariable zurückführen zu können. Die lokale stochastische Unabhängigkeit liegt dann vor, wenn die Korrelation zwischen den Items verschwindet, wenn man sie auf den einzelnen (»lokalen«) Stufen des latenten Persönlichkeitsmerkmals untersucht.

M

Manifeste Variablen Variablen zur Erfassung des beobachtbaren Antwortverhaltens mit verschiedenen Items, die Indikatoren für die latente Dimensionen darstellen.

Messeffizienz Die Effizienz eines Tests berechnet sich durch den Quotienten aus Messpräzision und

Testlänge, wobei letztere häufig durch die Anzahl präsentierten Items quantifiziert wird.

Messmodell Im Rahmen von Strukturgleichungsmodellen werden die Teilmodelle, in denen die Zuordnungen der beobachteten Variablen zu den Faktoren erfolgt, als Messmodelle bezeichnet.

Messpräzision Grad der Übereinstimmung von wahren Merkmalsaupräqungen und den Testwerten. Auf Skalenebene oft durch die mittlere quadratische Abweichung von wahrer und geschätzter Merkmalsausprägung bestimmt.

Methodeneffekte Ein Sammelbegriff für verschiedene systematische Varianzquellen bei der Multitrait-Multimethod-Analyse, die sich über den Trait hinausgehend auf die Validität der Messung auswirken können. Hierbei kann es sich u.a. um Charakteristika der eingesetzten Messinstrumente, der Beurteiler oder der Situationen, in der eine Messung erfolgt, handeln.

Methodenspezifitätskoeffizient Der Methodenspezifitätskoeffizient gibt den Anteil an beobachteter Varianz wieder, der auf den Einfluss eines Methodeneffektes zurückzuführen ist. Je höher der Methodenspezifitätskoeffizient ausfällt, desto stärker ist der Einfluss der Messmethode auf die Messung.

Mischverteilungs-Rasch-Modelle (Mixed-Rasch Models) Kombination aus Rasch-Modell und Latent-Class-Analyse. Innerhalb jeder Klasse wird versucht, jeweils ein eigenes Rasch-Modell anzupassen. Zwischen den latenten Klassen unterscheiden sich die Parameter des Rasch-Modells.

Mixed-Rasch-Models ► Mischverteilungs-Rasch-Modelle.

Modelldifferenztest Werden mit der CFA hierarchisch geschachtelte Modelle spezifiziert und gegeneinander getestet, so kann der Unterschied im Modellfit statistisch über die Differenz der χ^2-Werte beider Modelle überprüft werden, die wiederum χ^2-verteilt ist.

Modellfit Der bezeichnet in der Statistik ganz allgemein die Güte der Anpassung des Modells an die Daten. Je schlechter die Passung von Modell und Daten, desto »schlechter« ist der zur Beurteilung der Passung gewählte Index (z.B. χ^2-Wert, BIC etc.).

Multidimensionales adaptives Testen Eine spezielle Form des adaptiven Testens, bei der mehrere latente Dimensionen als ursächlich für das beobachtete Antwortverhalten angesehen werden; aus den Antworten wird simultan auf mehrere latente Merkmale geschlossen.

Multiple Regression Mittels einer multiplen Regression wird eine Kriteriumsvariable anhand mehrerer Prädiktoren vorhergesagt.

Multitrait-Multimethod-Analyse Verfahren zum Nachweis der Konstruktvalidität unter Berücksichtigung einer systematischen Kombination von mehreren Traits und mehreren Messmethoden.

N

Nested Models Unter »nested models« versteht man ► geschachtelte Modelle, die durch Parameterrestriktionen ineinander überführbar sind.

Niveautests ► Powertests

Nomologisches Netz Ein nomologisches Netz stellt ein Beziehungsgeflecht zwischen (latenten) Konstrukten und beobachtbaren Testvariablen dar. Die beiden Ebenen werden mit Axiomen bzw. empirischen Gesetzen beschrieben und durch Korrespondenzregeln miteinander verbunden.

Normaktualisierung Unter Normaktualisierung versteht man eine erneute Testeichung, sobald die empirische Überprüfung der Gültigkeit von Normen ergeben hat, dass sich die Merkmalsverteilung in der Bezugsgruppe seit der vorherigen Testeichung bedeutsam verändert hat.

Normalisierung Bei der Normalisierung wird eine nicht-normalverteilte Testwertvariable zur besseren Interpretierbarkeit so transformiert, dass die Variable danach normalverteilt ist. Die Normalisierung ist von der Normierung zu unterscheiden, die bei der Testeichung vorgenommen wird.

Normdifferenzierung Unter Normdifferenzierung versteht man die Bildung von separaten Normen für die einzelnen Subpopulationen aus der Eichstichprobe hinsichtlich eines mit dem Untersuchungsmerkmal korrelierten Hintergrundfaktors (z.B. separate Normen für Männer und Frauen).

Normierung, auch Testeichung (Gütekriterium) Die Normierung dient dazu, zur normorientierten Testwertinterpretation Vergleichswerte zu gewinnen. Dazu werden Testergebnisse von Personen einer »Eichstichprobe« in Normierungstabellen zusammengestellt.

Normorientierte Testwertinterpretation Die normorientierte Testwertinterpretation besteht darin, dass zu einem individuellen Testwert ein Normwert bestimmt wird, anhand dessen die Testperson bezüglich ihrer individuellen Merkmalsausprägung hinsichtlich ihrer relativen Position innerhalb der Bezugsgruppe eingeordnet wird.

Normwert Ein Normwert (z.B. Prozentrang, z_v-Wert) ermöglicht es, den Testwert x_v einer Testperson hinsichtich seiner Position in der Testwerteverteilung einer bestimmten Bezugsgruppe zu interpretieren.

Nützlichkeit (Gütekriterium) Ein Test ist dann nützlich, wenn die auf seiner Grundlage getroffenen Entscheidungen (Maßnahmen) mehr Nutzen als Schaden erwarten lassen.

O

Objektivität eines Tests (Gütekriterium) Ein Test ist dann objektiv, wenn er dasjenige Merkmal, das er misst, unabhängig von Testleiter, Testauswerter und von der Ergebnisinterpretation misst.

Odd-Even-Methode Methode der Aufteilung eines Tests in Testhälften zur Bestimmung der Splithalf-Reliabilität. Die Items des Tests werden nach ihrer Schwierigkeit geordnet und abwechselnd den beiden Halbtests zugewiesen. Ein Halbtest enthält so alle ungeradzahligen (»odd«) Items, der andere die geradzahligen (»even«) Items des Gesamttests.

Ordnungsaufgabe Aufgabentyp, bei dem die einzelnen Bestandteile der Aufgabe so umgeordnet oder einander zugeordnet werden, dass idealerweise eine logisch passende Ordnung entsteht.

P

Parallele Tests Zwei Tests heißen parallel, wenn sie gleiche wahre Werte und gleiche Fehlervarianzen aufweisen.

Paralleltest-Reliabilität Methode der Reliabilitätsschätzung. Die Reliabilität eines Tests, von dem zwei parallele Formen existieren, wird über die Korrelation der Testwerte der beiden parallelen Testformen geschätzt.

Personenparameter Der Personenparameter kennzeichnet in der IRT die Merkmalsausprägung ξ_v einer Person v auf der latenten Variable ξ.

Persönlichkeitsmerkmale Persönlichkeitsmerkmale sind mehr oder weniger zeitlich stabile psychische und physische Eigenschaften von Probanden (z.B. Extraversion, Körpergröße).

Persönlichkeitstests Persönlichkeitstests dienen der Erfassung von individuell typischem Verhalten als Indikator für die Ausprägung von Persönlichkeitsmerkmalen (Verhaltens- oder Erlebensdispositionen).

Perzentil Das Perzentil bezeichnet jenen Testwert x_v, der einem bestimmten Prozentrang in der Normierungsstichprobe entspricht. Beispielsweise wird derjenige Testwert, welcher von 30% der Testwerte unterschritten bzw. höchstens erreicht wird, als 30. Perzentil bezeichnet.

Powertests, auch Niveautests Powertests sind Leistungstests mit eher schwierigen Aufgaben, wobei erhoben wird, welches Schwierigkeitsniveau der Aufgaben der Proband ohne Zeitbegrenzung bewältigen kann.

Probabilistische Modelle Gehen im Unterschied zu deterministischen Modellen davon aus, dass die Wahrscheinlichkeit, ein Item zu lösen bzw. ihm zuzustimmen, jeden Wert zwischen 0 und 1 annehmen kann; die IC-Funktion entspricht einer monoton steigenden Funktion.

Projektive Tests Bei projektiven Tests kommt mehrdeutiges Stimulusmaterial (meist Bilder) zum Einsatz. Es wird angenommen, dass Probanden unbewusste oder verdrängte Bewusstseinsinhalte in das Bildmaterial hineinprojizieren und dadurch Persönlichkeitsmerkmale ermittelt werden können.

Prozentrang Ein Prozentrang gibt an, wie viel Prozent der Bezugsgruppe bzw. Normierungsstichprobe einen Testwert erzielten, der niedriger oder maximal ebenso hoch ist, wie der Testwert x_v der Testperson v.

Q

Quartil Das erste, zweite bzw. dritte Quartil (Q1, Q2, Q3) ist jener Testwert x_v, der von 25%, 50% bzw. 75% der Testwerte unterschritten bzw. höchstens erreicht wird (vgl. Perzentil).

R

Rasch-Modelle Rasch-Modelle stellen eine Klasse von spezifisch objektiven Modellen in der IRT (Item-Response-Theorie) dar.

Ratekorrektur Die Ratekorrektur zieht bei der Testwertbestimmung jene Anzahl an »richtigen« Lösungen ab, die nur durch Erraten der richtigen Antworten entstanden ist.

Reliabilität (Gütekriterium) Reliabilität bezeichnet die Messgenauigkeit eines Tests. Ein Testverfahren ist perfekt reliabel, wenn die damit erhaltenen Testwerte frei von zufälligen Messfehlern sind. Je höher die Einflüsse solcher zufälligen Messfehler sind, desto weniger reliabel ist das Testverfahren.

Reliabilitätskoeffizient (KTT) Konkrete Bezeichnung für die Messgenauigkeit eines Tests (► Reliabilität Gütekriterium). In der KTT wird Reliabilitätskoeffizient als das Verhältnis zwischen true score-Varianz Var(τ) und Testwertevarianz Var(x) definiert.

Repräsentative Aufgabenstichprobe Eine repräsentative Aufgabenstichprobe stimmt hinsichtlich der Schwierigkeitsverteilung mit der Grundgesamtheit aller merkmalsrelevanten Aufgaben überein und erlaubt somit eine kriteriumsorientierte Testwertinterpretation in Bezug auf die Aufgabeninhalte.

Repräsentativität Eine Stichprobe ist dann repräsentativ, wenn sie hinsichtlich ihrer Zusammensetzung die jeweilige Zielpopulation möglichst genau abbildet.

Retest-Reliabilität Methode der Reliabilitätsschätzung. Ein Test wird zu zwei Messzeitpunkten der gleichen Stichprobe vorgegeben. Die Korrelation der Testwerte beider Messzeitpunkte dient als Maß der Reliabilität des Tests.

Retrospektive Befragung In der Testentwicklungsphase wird der Proband »zurückblickend« über Schwierigkeiten bei der Beantwortung der einzelnen Items befragt.

ROC-Analyse Die Receiver-Operating-Characteristics (ROC)-Analyse ermöglicht für eine binäre Klassifikation (z.B. gefährdet vs. nicht gefährdet) den zur Fallunterscheidung verwendeten Schwellenwert optimal in der Weise festzulegen, dass Trefferquote und Quote korrekter Ablehnungen maximiert werden.

S

Schwellenwert Im Rahmen kriteriumsorientierter Testwertinterpretation bezeichnet ein Schwellenwert jenen Testwert, ab dem das Kriterium als zutreffend angenommen wird. Schwellenwerte können z.B. mittels ROC-Analyse empirisch bestimmt werden.

Schwierigkeitsparameter/IRT σ_i ist ein Itemparameter, der durch jene Merkmalsausprägung ξ definiert ist, bei der die Lösungswahrscheinlichkeit des Items 50% beträgt.

Sicherung Unter Sicherung versteht man die Pflicht zur Regelung der Verfügbarkeit, Aufbewahrungsdauer und Verwendung von Testdaten (incl. des Testprotokolls und aller schriftlichen Belege) und Schutz der Identität von Probanden.

Skalierung (Gütekriterium) Ein Test erfüllt das Gütekriterium Skalierung, wenn die laut Verrechnungsregel resultierenden Testwerte die empirischen Merkmalsrelationen adäquat abbilden.

Soziale Erwünschtheit, auch soziale Desirabilität Die Soziale Erwünschtheit beinhaltet die Antworttendenz eines Probanden, sich selbst so darzustellen, wie es soziale Normen seiner Wahrnehmung nach erfordern.

Spearman-Brown-Korrektur Formel zur Schätzung der Reliabilität eines Tests bei Verlängerung des Tests um homogene Testteile; findet auch bei der Splithalf-Reliabilität Verwendung, bei der die Halbtest-Reliabilität auf die Reliabilität des Gesamttests aufgewertet wird.

Speedtests, auch Geschwindigkeitstests Speedtests sind Leistungstests mit meist einfachen Aufgaben, wobei erhoben wird, wie viele Aufgaben unter Zeitdruck gelöst werden können.

Spezifische Objektivität/FRT Spezifische Objektivität liegt vor, wenn alle IC-Funktionen die gleiche Form aufweisen, d.h. lediglich entlang der ξ-Achse parallel verschoben sind. Ist dies der Fall, kann der Schwierigkeitsunterschied zweier Items $(\sigma_j - \sigma_i)$ unabhängig davon festgestellt werden, ob Personen mit niedrigen oder hohen Merkmalsausprägungen ξ untersucht wurden. In Umkehrung kann auch der Fähigkeitsunterschied zweier Personen $(\xi_w - \xi_v)$ unabhängig von den verwendeten Items festgestellt werden.

Spezifität Die Spezifität einer Messvariablen beschreibt in der Latent-State-Trait-Theorie das Ausmaß der durch die Situation und die Person-Situation-Interaktion erklärten Varianz relativiert an der Gesamtvarianz der Messvariablen.

Splithalf-(Testhalbierungs-) Reliabilität Methode der Reliabilitätsschätzung. Aus den Items eines Tests werden zwei möglichst parallele Testhälften gebildet (s. h.: Itemzwillinge, Odd-Even-Methode, Zeitpartitionierungsmethode). Aus der Korrelation der Testwerte der Halbtests wird mittels Spearman-Brown-Korrektur die Reliabilität des Gesamttests geschätzt.

Standardabweichung SD(x) Die Standardabweichung gibt die Streuung der Testwertvariable x um den Mittelwert $\bar{x}$ an. Ist die Testwertvariable normalverteilt, so befinden sich im Bereich $\bar{x} \pm 1\ SD(x)$ ca. 68% der Testwerte, im Bereich $\bar{x} \pm 2\ SD(x)$ ca. 95% der Testwerte.

Standardmessfehler SD(ε) Der Standardmessfehler SD(ε) eines Tests resultiert aus der Unreliabilität des Tests und errechnet sich als Wurzel aus der Fehlervarianz eines Tests. Dabei gilt: $SD(\varepsilon) = SD(x) \cdot \sqrt{1 - Rel}$. Der Standardmessfehler ist bei höherer Reliabilität kleiner und bei niedrigerer Reliabilität größer.

Standardnormen Als Standardnormen werden die z-Norm sowie weitere durch Lineartransformationen gewonnene Normen (z.B. IQ- oder T-Norm) bezeichnet.

State Ein State ist ein zeitlich begrenzter biologischer, emotionaler und kognitiver Zustand, in dem sich eine Person befinden kann. Er kennzeichnet sich durch personenbedingte (d. h. trait-bedingte), situativ bedingte und durch die Interaktion zwischen Person und Situation bedingte Einflüsse.

Stichprobenunabhängigkeit Stichprobenunabhängigkeit bedeutet, dass in Rasch-Modellen die Itemparameter unabhängig von den Personen und die Personenparameter unabhängig von den Items geschätzt werden können.

Strukturell unterschiedliche Methoden Strukturell unterschiedliche Methoden sind solche Methoden, die nicht austauschbar sind, weil sie sich qualitativ von anderen Methoden unterscheiden und kein Zufallsauswahl darstellen. Strukturell unterschiedliche Methoden sind z.B. Selbst- und Fremdbeurteilungen.

T

τ-Äquivalenz Zwei Tests p und q heißen τ-äquivalent, wenn beide den gleichen wahren Wert τ messen.

TBS-TK Das TBS-TK ist ein veröffentlichtes Testbeurteilungssystem des ► Testkuratoriums zur standardisierten Erstellung und Publikation von Testrezensionen anhand eines vorgegebenen Kriterienkataloges.

Teaching to the test Ist ein Phänomen, das die Validität bewertender Interpretationen im Bildungssystem dadurch gefährdet, dass gezielt spezielle Aufgaben geübt werden, um ein besseres Abschneiden der Schülerinnen und Schüler bei den Tests zu gewährleisten.

Tendenz zur Mitte Als Tendenz zur Mitte wird eine Antworttendenz bezeichnet, die extreme Antworten eher vermeidet und mittlere Antwortkategorien eher bevorzugt.

Testadaptation Testadaptation bezeichnet den Prozess einer qualitativ hochwertigen Übertragung (Übersetzung unter Berücksichtigung von Konstruktäquivalenz) und empirischen Evaluation psychologischer Tests aus anderen Sprachen und in andere Sprachen unter Beachtung der kulturellen Unterschiede.

Testeichung Die Testeichung dient dazu, Normwerte zur normorientierten Testwertinterpretation zu gewinnen. Dazu wird der Test an Personen einer Normierungsstichprobe, welche hinsichtlich einer definierten Bezugsgruppe repräsentativ ist, durchgeführt.

Testgütekriterien/Gütekriterien Testgütekriterien stellen ein System zur Qualitätsbeurteilung psychologischer Tests dar. Üblicherweise werden folgende 10 Kriterien unterschieden: Objektivität, Reliabilität, Validität, Skalierung, Normierung (Eichung), Testökonomie, Nützlichkeit, Zumutbarkeit, Unverfälschbarkeit und Fairness.

Testitem Zu beantwortende Aufgabe (Frage, Statement etc.) eines Tests.

Testkuratorium Das Testkuratorium ist ein Gremium der Föderation Deutscher Psychologievereinigungen (Deutsche Gesellschaft für Psychologie e.V. und Berufsverband Deutscher Psychologinnen und Psychologen e.V. (DGPs und BDP)), dessen Aufgabe es ist, die Öffentlichkeit vor unzureichenden diagnostischen Verfahren und vor unqualifizierter Anwendung diagnostischer Verfahren zu schützen.

Testökonomie (Gütekriterium) Ein Test erfüllt das Gütekriterium Ökonomie, wenn er, gemessen am diagnostischen Erkenntnisgewinn, relativ wenig Ressourcen wie Zeit, Geld oder andere Formen beansprucht.

Teststandards Teststandards sind vereinheitlichte Leitlinien, in denen sich allgemein anerkannte Zielsetzungen zur Entwicklung, Adaptation, Anwendung und Qualitätsbeurteilung psychologischer Tests widerspiegeln.

Testwert Der Testwert (= Rohwert) x_v ist das individuelle numerische Testresultat und wird aus den registrierten Antworten einer Testperson durch Anwendung definierter Regeln unmittelbar gebildet (vgl. aber ► Personenparameter).

Testwertestreuung SD(x) Die Testwertestreuung sagt aus, wie breit die empirisch gewonnenen Testwerte einer Stichprobe um den Mittelwert der Testwerte verteilt sind. Die Streuung der Testwerte wird meist als ► Standardabweichung SD(x) angegeben; man gewinnt sie als Wurzel aus der Testwertevarianz Var(x).

Testwertevarianz Var(x) Die Testwertevarianz Var(x) ist die Varianz der beobachteten Testwerte. Sie setzt sich aus der wahren Varianz Var(τ) und der Fehlervarianz Var(ε) zusammen.

Trait Ein Trait ist ein mehr oder weniger zeitlich stabiles Merkmal (Disposition), das personeninhärent und transsituativ überdauernd ist.

Trait-Methoden-Einheit In der Multitrait-Multimethod Analyse wird angenommen, dass in jeder Messung Einflüsse des zu messenden Konstrukts und der verwendeten Messmethode zu finden sind.

Messungen eines Traits repräsentieren somit eine Trait-Methoden-Einheit.

Treffsicherheit Index zur Beurteilung der Güte eines LCA-Modells. Definiert als die durchschnittliche Höhe der maximalen bedingten Klassenzuordnungswahrscheinlichkeit $P^{max}(g|a_v)$ über alle in der Stichprobe vorkommenden Antwortmuster (N_a) hinweg.

Trennschärfe ► Itemtrennschärfe

True score τ_v Der »true score« bzw. wahre Wert τ_v ist die wahre Ausprägung des Probanden v in dem von einem Test gemessenen Merkmal. Da Messungen in der Regel fehlerbehaftet sind, stimmen Testwert x_v und wahrer Wert τ_v nicht völlig überein. Ein Konfidenzintervall für τ_v kann mit Hilfe des ► Standardmessfehlers bestimmt werden.

U

Unbedingte Antwortmusterwahrscheinlichkeit $P(a_v)$ Bei der dichotomen LCA: Wahrscheinlichkeit eines Antwortmusters a_v in der Stichprobe.

Unbedingte Itembejahungswahrscheinlichkeit $P(x_{vi}=1)$ Bei der dichotomen LCA: Wahrscheinlichkeit, mit der ein Item i bejaht wird.

Unbedingte Kategorienwahrscheinlichkeit $P(x_{vi}=k)$ Bei der polytomen LCA: Wahrscheinlichkeit, mit der ein Item i mit der Antwortkategorie k beantwortet wird.

Unbedingte Klassenzuordnungswahrscheinlichkeit $P(g)$ Bei der dichotomen LCA: Wahrscheinlichkeit, mit der eine beliebige Person v zur Klasse g gehört (auch: relative Klassengröße π_g).

Unverfälschbarkeit (Gütekriterium) Unverfälschbarkeit eines Tests liegt vor, wenn das Verfahren derart konstruiert ist, dass die zu testende Person durch vorgetäuschtes Verhalten (»Faking«) die konkreten Ausprägungen ihrer Testwerte nicht steuern bzw. verzerren kann.

V

Validität (Gütekriterium) Ein Test gilt dann als valide (»gültig«), wenn er das Merkmal, das er messen soll, auch wirklich misst und nicht irgendein anderes. Validität bezeichnet darüber hinaus die Menge der zutreffenden Schlussfolgerungen, die aus einem Testergebnis gezogen werden können.

W

Wahre Varianz Die wahre Varianz $Var(\tau)$ ist die Varianz der wahren Werte τ_v in einem Test. Sie ist meistens niedriger als die Testwertevarianz $Var(x)$. Aus dem Verhältnis beider Varianzanteile resultiert in der KTT die Reliabilität.

Z

Zeitpartitionierungsmethode (auch: Zeitfraktionierungsmethode) Methode der Aufteilung eines Tests in Testhälften zur Bestimmung der Splithalf-Reliabilität, wobei die Testhälften aus den Items von zwei jeweils gleich langen Bearbeitungsabschnitten gebildet werden.

Zielpopulation Die im Rahmen der Testeichung zu definierende Zielpopulation ist diejenige Bezugsgruppe, für welche die zu erstellenden Testnormen gelten sollen und aus der entsprechend die ► Normierungsstichprobe zu ziehen ist.

Zumutbarkeit (Gütekriterium) Zumutbarkeit liegt vor, wenn ein Test absolut sowie relativ zu dem aus seiner Anwendung resultierenden Nutzen die zu testende Person in zeitlicher, psychischer sowie körperlicher Hinsicht nicht über Gebühr belastet.

Zweiparameter-Logistisches-Modell (2PL-Modell) Im Unterschied zum 1PL-Modell wird beim 2PL-Modell ein zusätzlicher Itemparameter λ_i ins Modell aufgenommen, der die Diskriminierungsfähigkeit des Items (ähnlich der Trennschärfe in der KTT) repräsentiert.

z_v-Normwert Der z_v-Normwert gibt an, wie stark der Testwert x_v einer Testperson v vom Mittelwert $\bar{x}$ der Verteilung der Bezugsgruppe in Einheiten der Standardabweichung $SD(x)$ abweicht.

Sachverzeichnis

E

F

G

H

J

L

M

N

O

P

Q

R

S

T

Z

Druck: Krips bv, Meppel
Verarbeitung: Stürtz, Würzburg